俄罗斯数学精品译丛

“十二五”国家重点图书

矩阵论（上）

Matrix Theory (I)

[俄] 甘特马赫尔 著

柯召 郑元禄 译

哈爾濱工業大學出版社
HARBIN INSTITUTE OF TECHNOLOGY PRESS

内容简介

本书是根据苏联国立技术理论书籍出版社于1953年出版的甘特马赫尔所著的《矩阵论》来译出的，本书分上、下两册，上册为原书第一部分：矩阵的理论基础，包括第1至10章．分别为矩阵及其运算，高斯算法及其一些应用，n维向量空间中线性算子，矩阵的特征多项式与最小多项式，矩阵函数，多项式矩阵的等价变换．初等因子的解析理论，n维空间中线性算子的结构，矩阵方程，U一空间中线性算子，二次型与埃尔米特型．

本书可供高等院校本科生、研究生、数学及物理科学研究人员和工程师参考之用．

图书在版编目(CIP)数据

矩阵论．上/(俄罗斯)甘特马赫尔著；柯召，郑元禄译．—哈尔滨：哈尔滨工业大学出版社，2013.6(2015.7重印)

ISBN 978-7-5603-3909-2

Ⅰ．①矩…　Ⅱ．①甘…　②柯…　③郑…　Ⅲ．①矩阵论　Ⅳ．①O151.21

中国版本图书馆CIP数据核字(2012)第314998号

策划编辑　刘培杰　张永芹
责任编辑　张永芹　刘家琳
封面设计　孙茵艾
出版发行　哈尔滨工业大学出版社
社　　址　哈尔滨市南岗区复华四道街10号　邮编150006
传　　真　0451-86414749
网　　址　http://hitpress.hit.edu.cn
印　　刷　哈尔滨工业大学印刷厂
开　　本　787mm×1092mm　1/16　印张　21.5　字数448千字
版　　次　2013年6月第1版　2015年7月第2次印刷
书　　号　ISBN 978-7-5603-3909-2
定　　价　58.00元

◎书缘

从柯召先生译著《矩阵论》谈起

白苏华(四川大学数学学院)

很高兴哈尔滨工业大学出版社将再版柯召先生的译著《矩阵论》.

时光荏苒,岁月蹉跎.柯老已然作古,我们这批当时的青年学子,也都年逾古稀,垂垂老矣.我有幸撰写过《柯召传》一书,比较留心他的史料,不免思绪绵绵,联想到柯老的几桩往事,愿借此机会向读者谈谈.

前苏联数学家甘特马赫尔的《矩阵论》是一部数学名著,1953年问世,很快就被译成德文、英文、法文与中文出版.柯老的中译本出版于1955年,是该书最早的译本之一.

回顾20世纪50年代初,随着社会大变革,我国的高等教育也来了个大的转向,全面学习苏联.所以,欧美的教材与体系都弃之不用.而国人编写的大学教材少之又少,各大学数学系有条件的可自编讲义,大多则采用苏联的数学教材.困难之处在于:当时连懂得俄语的教师都不多,大学生更没法阅读俄语原文数学教材.因此,迫切需要将它们翻译成中文出版.在这方面,柯老做了一件很有意义的工作,他精选并翻译出版了三部苏联数学教材:线性代数基础(马力茨夫著,上海,商务印书馆,1953)、高等代数教程(库洛什著,北京,高等教育出版社,1955)、矩阵论(甘特马赫尔著,北京,高等教育出版社,1955).

柯老的工作很忙，为了能及时完成译书工作，他请人先把俄文原文抄写在笔记本上，每两行原文之间都留下足够的空白，自己则在空白处把译文添上.译文配好后，由他的夫人和女儿帮着抄写，他再修改润色完成译稿.这是柯老独创的十分有效的工作方法.

诚然，苏联的教材未必都好.但柯老选译的这三部书，却是当时苏联最好的代数类大学教材，它至少在代数类教学领域避免了国内大学因缺乏合适教材带来的不便.柯老是既有眼力选书也有能力译书的学者，他1935年留学英国时就学过俄语，又是精通这一领域的专家，自然有能力选译出好的苏联数学教材，介绍给国内的大学使用.

这三部书在国内的影响很大.它们是大学数学系代数类课程的主要教材，被当时全国各大专院校普遍采用.许多人(包括我本人)，当年就是从读这几本书开始入门的.

柯老与数学教材的渊源颇深.1963年，他受聘担任教育部数学教材编审委员会委员.按教育部的安排，他负责拟定全国统编教材《高等代数》的教学大纲，供编写学校(北京大学)参考.他还担任过多种数学丛书和数学刊物的主编或编委.另一方面，柯老自己也参与数学教材的编写工作.他和孙琦合编的《数论讲义》(上、下)，由高等教育出版社出版(1986，1987).

柯老翻译及撰写过十余部数学著作，他自己编写而未出版的教材也不少.从数论组合论的教材与专著到优选法等科普著作，以及为工农兵学员补课的初等数学讲义等等，其中有不少精品.1991年，《数论讲义》获国家教委优秀教材二等奖.2010年，科学出版社将他和魏万迪合著的《组合论》(上册)列入"中国科学技术经典文库"再版；2011年，哈尔滨工业大学出版社将他和孙琦合著的《谈谈不定方程》与《初等数论100例》列入"中国数论名家著作系列"再版.这次哈尔滨工业大学出版社再版的《矩阵论》则是柯老译著中的精品.

柯老酷爱数学，他曾经说过，读数学书"比看小说还有趣."他与数学书籍有着不解之缘.这里，我再谈谈他与书籍之间的一些缘分吧.

一.与商务印书馆的一件往事

老一辈的科教界学人都知道，商务印书馆曾经是中国民族出版业最著名的出版机构.极盛时期，所出书刊占全国半壁江山以上.抗日战争时期，它在非常困难的情况下，仍然尽力地出版大、中、小学等各类教科书.

1938年柯老回国不久，缺少外汇的商务印书馆便找上门来，跟他商议以国内货币(法币)兑换他在英国时从生活费中节省下来的外币，以用于向国外购买纸张印刷教科书.其实，对于商务印书馆的困难来说，柯老手里那点外币不过是杯水车薪而已，但他很爽快地答应了，可谓倾囊相助.因为柯老深知：支持的人多了，便可集腋成裘，成事有望.其实，柯老手边并不宽裕，法币贬值很快(有文献称:1937 年可买两头黄牛的法币,1938 年能买一头黄牛,再过四年就只能买一只鸡了),换出外币是件很吃亏的事.后来他回忆到这件事的时候,却自感欣慰,“别人也会这样做的”.

1953 年,柯老翻译的《线性代数基础》是由商务印书馆出版的.1954 年商务印书馆并入高等教育出版社后,《高等代数教程》和《矩阵论》于 1955 年改由高等教育出版社出版,却也有商务印书馆的背景.

二.与外文书店的书缘

柯老最有兴趣的一个习惯就是逛书店.他是成都外文书店的常客,他对数学新书的兴趣几近痴迷,堪称书痴.有两个小故事就是他逛外文书店时发生的.

第一个故事算名人轶事吧.在 20 世纪 50,60 年代,成都市市区的范围不大,四川大学位于市区外东九眼桥一带的郊区,周边还间杂着片片农田.虽然安静,但大一点的新华书店和外文书店都在城内,交通却不大方便.柯老的生活很有规律,星期日如果有空,他就和夫人与女儿一起到城里的春熙路去,那是成都的商业区,四川最大的外文书店也在那里.夫人与女儿去商店购物,自己就去逛外文书店.有一次,大家约好中午 12 点钟到附近一个餐馆午餐,可是夫人和女儿等到下午 1 点钟以后,柯老还没有来.原来他在外文书店的楼上看书入了迷,午餐的事,早已忘到九霄云外.

另一个故事却有点苦涩了.1974 年夏天,柯老计划为国防科技部门在川大的培训班开设一门新的数学课《组合论》.那时,近代组合论还是一门新兴学科,没有现成的教材,必须自己编写.一天,他从外文书店购书出来后,脑子里一边想着问题一边信步而行,没有注意到一辆自行车迎面而来,将他撞翻在地.附近有一家医院,但柯老无暇他顾,只想到要赶快回去工作.文革时期,电车和公共汽车都不正常,时有时无,更没有出租车,他只好一步一步硬撑着慢慢走回家中.可是回家以后就发现伤得不轻,疼痛难忍.为了按时写完这份讲义,他没有上医院,只是请人到家里来给他上药治疗.就这样忍着疼痛坚持工作了整整一个月,终于在病榻上完成了这份《组合论》讲义.后来人们才发现,这份讲义也许是国内最早的一份讲述近代组合论的教材.

三.清理图书的收获

文革前期,什么业务工作都不能做.到了 1971 年,开始有了点松动.这年 10 月前后,我和柯老、蒲保明等几位老先生一起被安排去清理川大数学系的图书.没有他人的过问,又可翻翻书,那倒是一份相对好过的美差.工作时,我们交谈的话题多半是评论一下翻到的书中哪些书是好书,哪些书不怎么样.休息时候,闲聊的次数多了,也就渐渐随便起来,老先生们偶尔还谈及他们留学时的见闻.有一次我们曾谈到一个观点:只要有一套好的教材和教学计划,完全可以通过自学来完成数学系学业.这其实是针对当时大学里教学秩序混乱且耽误学习的时间太多而谈的,却还不便明言.后来我还向朋友谈过这个看法.

特别令人高兴的是整理那些文革前订购,到达后尚未编目的书.那是我们没有见过的新书,从中不时可发现一些自己感兴趣的书.那自然是近水楼台,我们就带回家去看了.

柯老在清理图书时带回家的书中,有两本书特别值得一提,那就是瑞塞尔(H. J. Ryser)的专著《组合数学》和赫尔(Hall)的专著《组合论》,它们是国际上面世最早的、最有影响的两部组合数学专著.柯老研读这两本专著的认真程度,也是值得后人学习的.他在研读瑞塞尔的《组合数学》时,写下了长达271页的读书笔记.而柯老1974年完成的《组合论》讲义,则是以赫尔的专著为蓝本编译而成的.

再回来谈谈柯召先生的译著《矩阵论》.

在五六十年前,《高等代数》和《线性代数》是数学系的基础课,而《矩阵论》是专门组课,相当于现在的选修课或者研究生课,主要供数学工作者学习使用.那时,我国才刚刚开始着手发展计算数学,矩阵论是计算数学的必备知识.以后,随着电子技术和计算机科学的快速发展,矩阵论为众多科学技术领域提供了数学理论支撑.这些话本是常识,无需赘言.我想说的是:柯老当年将《矩阵论》这部名著介绍到国内来,无疑是很有前瞻性的.

事实上,柯老自己也是研究矩阵论的行家.他的学术论文中,有相当一部分就是矩阵代数方面的研究成果.他还为国防应用数学出过力,其中也有与大型矩阵有关的研究任务.

另一方面,柯老的学生中由熟悉矩阵论而成才者也不少.中科院数学所研究员张同是川大1956年毕业生,他回忆说:"1956年春天开始写学士论文,柯老师给了我一个矩阵论的题目,我很快就做出来了.老师很高兴,毕业前夕,与我联名在《川大学报》上发表了那个结果.我想,也许就是由于这篇论文,毕业后我被分配到科学院数学所工作.……到数学所后,我选择了研究偏微分方程.我的第一篇研究偏微分方程的论文所用的数学工具,正好就是矩阵.这篇论文帮助我顺利地走上数学研究之路."后来,张同成为一位优秀的微分方程专家.

时至今日,国内已有多种矩阵论的教材供大学生和研究人员学习.但是正如本书第4版编者序及对甘特马赫尔的介绍中所说:"虽然矩阵论的剧烈发展与最近几十年关于矩阵论基础和专门方向有许多新名著问世,但是甘特马赫尔的专著迄今没有失去其卓越的作用.……在50多年中本书并没有失去现实意义,它仍然是数学这个领域中最为普及与深受欢迎的参考书."所以,将这本著名的数学译著介绍给读者,无疑是很有意义的.

岁月不掩当年事,佳作有缘伴书痴.我相信,更多的读者会从这部书中受益的.

◎第1版作者序

在近代，矩阵的研究在数学、力学、理论物理、理论电工技术等等的各种领域中有广泛的应用.同时在苏联和在外国文献中，都没有充分剖释矩阵论问题及其各种应用的书籍.这一本书是企图填补数学文献中这一个空白的.

这本书所根据的，是著者在近17年中，在以姆·维·罗蒙诺索夫命名的莫斯科国立大学，以约·维·斯大林命名的第比利斯国立大学与莫斯科物理技术学院中，先后讲授矩阵论及其应用这一课程的讲义.

本书不仅顾及数学家（大学生、研究生、科学工作者），亦顾及在其邻近的领域中（物理学家、工程研究者）关心数学及其应用的专家.因此著者力图使内容的表达尽可能为读者所易于接受，仅假定读者学过行列式论与高等工业学校教学计划范围内的高等数学这一课程.只是在本书的以后诸章个别的节中对于读者需要补充的数学知识.此外，著者企图使各别章中的叙述尽可能彼此无关.例如，第5章"矩阵函数"并没有依靠第1、第3章中所述的内容.同时在第5章中第一次应用第4章中所引进的概念时有相应的引证.这样一来，已经熟悉矩阵的初等理论的读者，有可能直接开始阅读书中他所关心的诸章.

本书分上、下册，内容共分17章.

在第1与第3章中引进关于矩阵与线性算子的初步的基本知识且建立算子与矩阵间的联系.

在第2章中叙述高斯消去法的理论基础以及与之相结合的

解 n 较大时含有 n 个方程线性方程组的有效方法. 在这一章中读者将获得分解矩阵为长方"子块"或"块"的运算技术.

在第 4 章中引进有基本意义的方阵的"特征多项式"与"最小多项式",矩阵的"伴随矩阵"与"简化伴随矩阵".

在第 5 章中所讨论的是矩阵的函数,给予一般的定义与 $f(\boldsymbol{A})$ 的实际计算方法,其中 $f(\lambda)$ 为纯量变数 λ 的函数,而 $\boldsymbol{A}$ 为一个方阵. 在这一章的 §5, §6 中应用矩阵函数的概念来求出并且详细地研究常系数一阶线性微分方程组的解. 关于矩阵函数的概念以及与之有关的常系数一阶线性微分方程组的研究,都只应用关于矩阵的最小多项式这一概念(与平常的说法不同),并不用及在以后的第 6 章与第 7 章中所述的"初等因子理论".

前 5 章包含关于矩阵及其应用的某些知识. 矩阵的更深入的问题与化矩阵为范式有关联. 这种演化奠基于魏尔斯特拉斯的初等因子理论. 由于这一理论的重要性,在本书中给予两种叙述方法:在第 6 章中的解析方法与在第 7 章中的几何方法. 读者要注意第 6 章 §7, §8 中所讨论的求出化已给予矩阵为范式的变换矩阵的有效方法. 在第 7 章 §8 中详细地讨论了阿·恩·克雷洛夫院士对于实际算出特征多项式系数的方法.

在第 8 章中解出某些类型的矩阵方程. 此处亦曾讨论关于与已知矩阵可交换的全部矩阵问题而且详细的研究了矩阵的多值函数 $\sqrt[m]{\boldsymbol{A}}$, $\ln \boldsymbol{A}$.

第 9 与第 10 章分别从事于 U—空间中线性算子理论与二次型及埃尔米特型的理论. 这两章并未用及魏尔斯特拉斯的初等因子理论,对于以前的东西,只用到本书第 1 与第 3 章中所述的关于矩阵与线性算子的基本知识. 在第 10 章的 §8 中给予二次型在有 n 个自由度微振动系统研究中的应用. 在同一章的 §10 中给出弗罗贝尼乌斯对于冈恰列夫型理论的细致的研究. 这些结果以后在第 15 章中,对于路斯—胡尔维茨问题中特殊情形的讨论,是要用到的.

最后 7 章组成本书的下册. 在第 11 章中定出复对称、复反对称与复正交矩阵的范式,而且在这些矩阵,与同类型的实矩阵,与 U—矩阵之间建立了有趣味的联系.

在第 12 章中所述的是 $\boldsymbol{A}+\lambda\boldsymbol{B}$ 型矩阵束的普遍理论,其中 $\boldsymbol{A}$ 与 $\boldsymbol{B}$ 为同维数的任意长方矩阵. 有如正则矩阵束 $\boldsymbol{A}+\lambda\boldsymbol{B}$ 的研究是奠基于魏尔斯特拉斯的初等因子理论,奇异矩阵束的研究有赖于罗涅凯尔的最小指标理论,这是魏尔斯特拉斯初等因子理论的进一步的发展. 借助于克罗内克的理论(著者相信,本书中对于这一理论在表达上的简化是很成功的),在第 12 章中建立了矩阵束 $\boldsymbol{A}+\lambda\boldsymbol{B}$ 在普遍情形的范式. 我们应用所得出的结果来研究常系数线性微分方程组.

在第 13 章中所述的是非负元素所构成的矩阵的著名的谱性质并且讨论到这类矩阵两种重要的应用范围:(1)在概率论中的纯马尔可夫链与(2)在力学中

弹性振动的振荡性质.用矩阵的方法来研究纯马尔可夫链在甫·伊·罗曼诺夫斯基的工作“Вычислительные методы линейной алгебры”中得到它的发展,这有赖于这样的事实,在有限多状态的纯马尔可夫链中条件概率矩阵是一种特殊类型的,元素都是非负的矩阵(“随机矩阵”).

弹性振动的振荡性质与另外一类重要的非负矩阵——“振荡矩阵”——是密切联系着的.这些矩阵及其应用曾被蒙·格·克莱茵与本书著者所合作研究过.在第13章中只述及这一领域中一些主要的结果.

在第15章中讨论矩阵论对于有变量系数微分方程组的应用.这一章中所研究的中心问题(§5～§9)是乘法积分的理论及其与沃尔泰拉的关系.在联系数学文献上对于这些问题几乎完全没有给予说明.在前面几节和§11中所研究的是与关于运动的稳定性问题有关的(按照李雅普诺夫的)可化组和恩·叶鲁金的一些结果.§9～§11讲到微分方程组的解析理论.此处剖明了伯克霍夫基本定理的错误,这个定理平常是用来研究微分方程组在奇点领域的解以及在正则奇点这一情形建立解的标准形式的.

在第15章的§12中概略地写出伊·阿·拉波—丹尼列夫斯基对于多个矩阵的解析函数及其应用于微分方程组的基本研究的一些结果.

第16章所讨论的,是应用二次型(特别是冈恰列夫型)理论于关于定出多项式的位于右半平面($\mathrm{Re}\, z>0$)中根的个数的路斯—胡尔维茨问题.在这一章的前几节中引进这个问题的古典的论述.在§5中给予阿·蒙·李雅普诺夫定理,这个定理建立了与路斯—胡尔维茨判定等价的稳定性判定.与路斯—胡尔维茨稳定性判定同时,在这一章的§13中提出不是很著名的列纳尔与希帕尔判定,在这个判定中行列式不等式的个数比路斯—胡尔维茨判定中的个数约少一半.

在第16章的末尾证明了与稳定性问题密切联系的阿·阿·马尔可夫与普·尔·切比雪夫的两个著名定理,这些定理是两位伟大的学者从把某种特殊类型连分式展为变数的降幂级数的展开式理论来得出的.此处还给予这两个定理以矩阵的证明.

在第17章讨论了一些不等式,这些不等式满足n维U—空间中线性算子的特征数与奇异数.

这样我们简略地列举了本书的内容.

最后,在本书准备付印时,达·克·法捷耶夫,甫·普·波达波夫与达·蒙·柯切利亚斯基阅读了本书的原稿且提出许多主要的注释来帮助著者,著者表示衷心的感谢.在写出本书时著者用及蒙·格·克莱因与阿·伊·乌兹可夫的宝贵的意见,著者亦在此向他们表示感谢.

Φ·Р·甘特马赫尔

◎第2版作者序

在矩阵论的现有图书中，费·卢·甘特马赫尔的专著被公认占有最重要的地位之一．这是由于此书的系统性、所研究问题的广泛性与叙述的清晰性．本书第1版于1953～1954年问世，然后被译成德文、英文、法文与中文出版．

在甘特马赫尔一生的最后几年，他用很多时间来修改与扩充本书．所做的改变部分也是涉及书写风格（根据新的惯例，引入一些术语，改进了个别证明等）．但除此之外，还补充了许多新材料，主要在下册．独立的新一章第14章（特征数的各种正则性判定与局部化）致力于求特征数近似值的各种方法．还补充了第5章§5（矩阵函数的某些性质）、第16章§17（胡尔维茨行列式与马尔可夫行列式之间的联系）以及关于伪逆算子与伪逆矩阵的两节（第1章§5，第9章§16）．

众所周知，作者打算在自己的书中包括一系列最新研究的关于矩阵代数中特征值组合分析问题．特别，属于这些问题的有两个矩阵之和与乘积的特征数分布问题，以及著名的魏尔不等式及其推广．在本版中，В·Б·李德斯基撰写了相应的补充内容，这个方向的首批工作属于李德斯基，他还参加了本书第2版的准备与编辑工作．

可以相信，本书篇幅的一些扩充不会增加阅读的困难，但是，恰恰相反，会给读者许多新的有趣的并且有价值的信息．

Д·П·勒洛本科

◎第4版作者序

费·卢·甘特马赫尔的专著《矩阵论》现在的第4版与第2版(1966年)完全相同.虽然矩阵论的剧烈发展与最近几十年关于矩阵论基础和专门方向有许多新名著问世,但是甘特马赫尔的专著迄今没有失去其卓越的作用.这个原因不仅是它思想丰富,而且有效地利用矩阵方法于力学问题,奇异积分方程、稳定性问题及其他的重要数学分支.

В·Б·李德斯基

◎作者简介

费·卢·甘特马赫尔(1908—1964),1933年在敖德萨师同C·O·沙图诺夫斯基、Γ·K·苏斯洛夫与H·T·切波塔列夫教授学习,迁往莫斯科,在那里先在博士预备部学习,后在苏联科学院B·A·斯切克洛夫数学研究所工作.

在第二次世界大战时期,从事著名的“喀秋莎”火箭炮的改进工作,因此在1944年被授予红星勋章,1948年因军事科学工作荣获斯大林奖金一等奖.他是莫斯科物理技术学院创立者之一,在他一生最后15年中,他在那里主持了理论力学讲座.

他是以下图书的作者:

《振荡矩阵与力学系统的微振动》(与M·T·克莱因合作),1941年;

《矩阵论》,1953年;

《不可控制火箭的飞行理论》(与Л·M·列维尼合作),1958年;

《分析力学讲义》,1960年初版,2001年再版;

《可控制系统的绝对稳定性》(与M·A·埃捷尔曼合作).

本书第1版于1953年问世.本版已经是俄文版第5版了.此外还出版了两个英文版,两个德文版,一个法文版与两个中文版.在50多年中本书并没有失去现实意义,它仍然是数学这个领域中最为普及与深受欢迎的参考书.

◎目录

第1章 矩阵及其运算

§1 矩阵. 主要的符号记法

设给予某一数域 K[①]

定义 1 域 K 中的数的长方阵列

$$\begin{pmatrix} a_{11} & a_{12} & \cdots & a_{1n} \\ a_{21} & a_{22} & \cdots & a_{2n} \\ \vdots & \vdots & & \vdots \\ a_{m1} & a_{m2} & \cdots & a_{mn} \end{pmatrix} \tag{1}$$

称为矩阵. 如果 $m=n$，那么称之为方阵，而相等的两数 m 与 n 称为它的阶. 在一般的情形，矩阵称为 $m\times n$ 维长方矩阵. 在矩阵中的那些数称为它的元素.

符号记法 元素的两个下标记法是这样的，它的第一个下标永远指行的序数，而其第二个下标是指列的序数，这个元素就位于这组行列相交的地方.

同时我们亦用以下简便记法来记矩阵(1)

$$(a_{ik})\quad(i=1,2,\cdots,m;k=1,2,\cdots,n)$$

① 数域是指数的任何一个集合，在它里面常可施行四个运算：加法，减法，乘法与以不为零的数来除的除法，而且所得出结果是唯一确定的.

可用所有有理数的集合，所有实数的集合或所有复数的集合作为数域的例子.

我们假设以后所有遇到的数都是属于事先所给予的数域里面的.

有时亦用一个符号，例如矩阵 $\mathbf{A}$，来记矩阵(1). 如果 $\mathbf{A}$ 是一个 n 阶方阵，那么写之为：$\mathbf{A}=(a_{ik})_1^n$. 方阵 $\mathbf{A}=(a_{ik})_1^n$ 的行列式将记为：$|a_{ik}|_1^n$ 或 $|\mathbf{A}|$.

引进由所给予矩阵中元素所组成的行列式的一种简便记法

$$\mathbf{A}\begin{pmatrix} i_1 & i_2 & \cdots & i_p \\ k_1 & k_2 & \cdots & k_p \end{pmatrix} = \begin{vmatrix} a_{i_1k_1} & a_{i_1k_2} & \cdots & a_{i_1k_p} \\ a_{i_2k_1} & a_{i_2k_2} & \cdots & a_{i_2k_p} \\ \vdots & \vdots & & \vdots \\ a_{i_pk_1} & a_{i_pk_2} & \cdots & a_{i_pk_p} \end{vmatrix} \tag{2}$$

行列式(2) 称为矩阵 $\mathbf{A}$ 的 p 阶子式，如果 $1 \leqslant i_1 < i_2 < \cdots < i_p \leqslant m, 1 \leqslant k_1 < k_2 < \cdots < k_p \leqslant n$.

长方矩阵 $\mathbf{A}=(a_{ik})(i=1,2,\cdots,m;k=1,2,\cdots,n)$ 有 $C_m^p \cdot C_n^p$ 个 p 阶子式

$$\mathbf{A}\begin{pmatrix} i_1 & i_2 & \cdots & i_p \\ k_1 & k_2 & \cdots & k_p \end{pmatrix} \quad \left(1 \leqslant \begin{matrix} i_1 < i_2 < \cdots < i_p \leqslant m \\ k_1 < k_2 < \cdots < k_p \leqslant n \end{matrix}; p \leqslant m, n\right) \tag{2'}$$

当 $i_1 = k_1, i_2 = k_2, \cdots, i_p = k_p$ 时，称子式(2′) 为主子式.

用(2) 的记法，可将方阵 $\mathbf{A}=(a_{ik})_1^n$ 的行列式写为

$$|\mathbf{A}| = \mathbf{A}\begin{pmatrix} 1 & 2 & \cdots & n \\ 1 & 2 & \cdots & n \end{pmatrix}$$

矩阵中不为零的诸子式的最大阶，称为这个矩阵的秩. 如果 r 是 $m \times n$ 维长方矩阵 $\mathbf{A}$ 的秩，那么显然有 $r \leqslant m, n$.

由一个列所组成的长方矩阵

$$\begin{pmatrix} x_1 \\ x_2 \\ \vdots \\ x_n \end{pmatrix}$$

称为单列(或列) 矩阵且记之以：$(x_1, x_2, \cdots, x_n)$.

由一个行所组成的长方矩阵

$$(z_1, z_2, \cdots, z_n)$$

称为单行(或行) 矩阵且记之以：$[z_1, z_2, \cdots, z_n]$.

在主对角线以外的所有元素都等于零的方阵

$$\begin{pmatrix} d_1 & 0 & \cdots & 0 \\ 0 & d_2 & \cdots & 0 \\ \vdots & \vdots & & \vdots \\ 0 & 0 & \cdots & d_n \end{pmatrix}$$

称为对角方阵且记之以：$(d_i\delta_{ik})_1^n$[①] 或

$$\{d_1,d_2,\cdots,d_n\}$$

再引入 $m\times n$ 矩阵 $\mathbf{A}=(a_{ik})$ 的行与列的专门记号，以 $a_{i\cdot}$ 记矩阵 $\mathbf{A}$ 的第 i 行，以 $a_{\cdot j}$ 记第 j 列

$$a_{i\cdot}=[a_{i1},a_{i2},\cdots,a_{in}],a_{\cdot j}=(a_{1j},a_{2j},\cdots,a_{mj})\quad(i=1,\cdots,m;j=1,\cdots,n)\tag{3}$$

设 m 个量 $y_1,y_2,\cdots,y_m$ 经另外 n 个量 $x_1,x_2,\cdots,x_n$ 齐次线性表出

$$\begin{cases}y_1=a_{11}x_1+a_{12}x_2+\cdots+a_{1n}x_n\\ y_2=a_{21}x_1+a_{22}x_2+\cdots+a_{2n}x_n\\ \qquad\vdots\\ y_m=a_{m1}x_1+a_{m2}x_2+\cdots+a_{mn}x_n\end{cases}\tag{4}$$

或简写为

$$y_i=\sum_{k=1}^n a_{ik}x_k\quad(i=1,2,\cdots,m)\tag{4'}$$

用式(4) 来变诸值 $x_1,x_2,\cdots,x_n$ 为值 $y_1,y_2,\cdots,y_m$ 的变换称为线性变换.

这一个变换的系数构成一个 $m\times n$ 维的长方矩阵(1).

已知的线性变换(4) 唯一的确定矩阵(1)，反之亦然.

在下节中，从线性变换(4) 的性质来定义长方矩阵的基本运算.

§2　长方矩阵的加法与乘法

我们来定义矩阵的基本运算：矩阵的加法、数与矩阵的乘法及矩阵间的乘法.

1. 设诸量 $y_1,y_2,\cdots,y_m$，由量 $x_1,x_2,\cdots,x_n$ 用线性变换

$$y_i=\sum_{k=1}^n a_{ik}x_k\quad(i=1,2,\cdots,m)\tag{5}$$

来表出，而量 $z_1,z_2,\cdots,z_m$ 由同一组量 $x_1,x_2,\cdots,x_n$ 用线性变换

$$z_i=\sum_{k=1}^n b_{ik}x_k\quad(i=1,2,\cdots,m)\tag{6}$$

来表出，则

$$y_i+z_i=\sum_{k=1}^n(a_{ik}+b_{ik})x_k\quad(i=1,2,\cdots,m)\tag{7}$$

与之相对应的我们建立：

---

① 此处的 δ_{ik} 是克罗内克符号：$\delta_{ik}=\begin{cases}1&(i=k).\\0&(i\neq k).\end{cases}$

定义 2 两个有相同维数 $m \times n$ 的矩阵 $\boldsymbol{A}=(a_{ik})$ 与 $\boldsymbol{B}=(b_{ik})$ 的和是指一个同维数的矩阵 $\boldsymbol{C}=(c_{ik})$，它的元素等于所给予两个矩阵的对应元素的和

$$\boldsymbol{C}=\boldsymbol{A}+\boldsymbol{B}$$

如其

$$c_{ik}=a_{ik}+b_{ik} \quad (i=1,2,\cdots,m;k=1,2,\cdots,n)$$

得出两个矩阵的和的运算称为矩阵的加法.

例 1 有如下等式

$$\begin{pmatrix} a_1 & a_2 & a_3 \\ b_1 & b_2 & b_3 \end{pmatrix}+\begin{pmatrix} c_1 & c_2 & c_3 \\ d_1 & d_2 & d_3 \end{pmatrix}=\begin{pmatrix} a_1+c_1 & a_2+c_2 & a_3+c_3 \\ b_1+d_1 & b_2+d_2 & b_3+d_3 \end{pmatrix}$$

按照定义 2，只有同维数的长方矩阵才能相加.

由这一定义知变换(7)的系数矩阵为变换(5)与(6)的两个系数矩阵的和.

由矩阵的加法定义直接推知，这一运算有可交换与可结合的性质：

1° $\boldsymbol{A}+\boldsymbol{B}=\boldsymbol{B}+\boldsymbol{A}$；

2° $(\boldsymbol{A}+\boldsymbol{B})+\boldsymbol{C}=\boldsymbol{A}+(\boldsymbol{B}+\boldsymbol{C})$.

此处 $\boldsymbol{A},\boldsymbol{B},\boldsymbol{C}$ 是任何三个同维数的长方矩阵.

矩阵的加法运算很自然地可以推广到任意多个矩阵相加的情形.

2. 在变换(5)中，将诸量 $y_1,y_2,\cdots,y_m$ 乘以 K 中某一数 α，则得

$$\alpha y_i=\sum_{k=1}^{n}(\alpha a_{ik})x_k \quad (i=1,2,\cdots,m)$$

与之相对应的我们有：

定义 3 K 中数 α 与矩阵 $\boldsymbol{A}=(a_{ik})(i=1,2,\cdots,m;k=1,2,\cdots,n)$ 的乘积是指矩阵 $\boldsymbol{C}=(c_{ik})(i=1,2,\cdots,m;k=1,2,\cdots,n)$，它的元素都是矩阵 $\boldsymbol{A}$ 中的对应元素与数 α 的乘积

$$\boldsymbol{C}=\alpha\boldsymbol{A}$$

如其

$$c_{ik}=\alpha a_{ik} \quad (i=1,2,\cdots,m;k=1,2,\cdots,n)$$

得出数与矩阵的乘积的运算称为数与矩阵的乘法.

例 2 有如下等式

$$\alpha\begin{pmatrix} a_1 & a_2 & a_3 \\ b_1 & b_2 & b_3 \end{pmatrix}=\begin{pmatrix} \alpha a_1 & \alpha a_2 & \alpha a_3 \\ \alpha b_1 & \alpha b_2 & \alpha b_3 \end{pmatrix}$$

易知：

1° $\alpha(\boldsymbol{A}+\boldsymbol{B})=\alpha\boldsymbol{A}+\alpha\boldsymbol{B}$；

2° $(\alpha+\beta)\boldsymbol{A}=\alpha\boldsymbol{A}+\beta\boldsymbol{A}$；

3° $(\alpha\beta)\boldsymbol{A}=\alpha(\beta\boldsymbol{A})$.

此处 $\boldsymbol{A},\boldsymbol{B}$ 为同维数的长方矩阵，α,β 为域 K 中的数.

两个同维数长方矩阵的差 $\boldsymbol{A}-\boldsymbol{B}$ 是由等式

$$\boldsymbol{A}-\boldsymbol{B}=\boldsymbol{A}+(-1)\boldsymbol{B}$$

来定出的.

如果 $\boldsymbol{A}$ 是一个 n 阶方阵,而 α 为 K 中的数,那么①

$$|\alpha\boldsymbol{A}|=\alpha^n|\boldsymbol{A}|$$

3. 设诸量 $z_1,z_2,\cdots,z_m$ 由量 $y_1,y_2,\cdots,y_n$ 用线性变换

$$z_i=\sum_{k=1}^{n}a_{ik}y_k\quad(i=1,2,\cdots,m)\tag{8}$$

来表出,而量 $y_1,y_2,\cdots,y_n$ 由量 $x_1,x_2,\cdots,x_q$ 用线性变换

$$y_k=\sum_{j=1}^{q}b_{kj}x_j\quad(k=1,2,\cdots,n)\tag{9}$$

来表出.则把 $y_k(k=1,2,\cdots,n)$ 的这些表示式代入式(8)中,我们就可以把 z_1, $z_2,\cdots,z_m$ 由 $x_1,x_2,\cdots,x_q$ 用"复合的"变换

$$z_i=\sum_{k=1}^{n}a_{ik}\sum_{j=1}^{q}b_{kj}x_j=\sum_{j=1}^{q}\Big(\sum_{k=1}^{n}a_{ik}b_{kj}\Big)x_j\quad(i=1,2,\cdots,m)\tag{10}$$

来表出.与之相对应的得出:

定义 4 两个长方矩阵

$$\boldsymbol{A}=\begin{pmatrix}a_{11}&a_{12}&\cdots&a_{1n}\\a_{21}&a_{22}&\cdots&a_{2n}\\\vdots&\vdots&&\vdots\\a_{m1}&a_{m2}&\cdots&a_{mn}\end{pmatrix},\boldsymbol{B}=\begin{pmatrix}b_{11}&b_{12}&\cdots&b_{1q}\\b_{21}&b_{22}&\cdots&b_{2q}\\\vdots&\vdots&&\vdots\\b_{n1}&b_{n2}&\cdots&b_{nq}\end{pmatrix}$$

的乘积是指矩阵

$$\boldsymbol{C}=\begin{pmatrix}c_{11}&c_{12}&\cdots&c_{1q}\\c_{21}&c_{22}&\cdots&c_{2q}\\\vdots&\vdots&&\vdots\\c_{m1}&c_{m2}&\cdots&c_{mq}\end{pmatrix}$$

其中位于第 i 行与第 j 列相交地方的元素 c_{ij},等于第一个矩阵 $\boldsymbol{A}$ 的第 i 行中元素与第二个矩阵 $\boldsymbol{B}$ 的第 j 列中元素的"乘积"②

$$c_{ij}=\sum_{k=1}^{n}a_{ik}b_{kj}\quad(i=1,2,\cdots,m;j=1,2,\cdots,q)\tag{11}$$

得出两个矩阵的乘积的运算称为矩阵的乘法.

---

① 这里的符号 $|\boldsymbol{A}|$ 与 $|\alpha\boldsymbol{A}|$ 各指矩阵 $\boldsymbol{A}$ 与 $\alpha\boldsymbol{A}$ 的行列式(参考 §1).

② 对于两个数列 $a_1,a_2,\cdots,a_n$ 与 $b_1,b_2,\cdots,b_n$ 的乘积,是指它们的对应数的乘积的和:$\sum_{i=1}^{n}a_ib_i$.

例 3　有如下等式

$$\begin{pmatrix} a_1 & a_2 & a_3 \\ b_1 & b_2 & b_3 \end{pmatrix} \begin{pmatrix} c_1 & d_1 & e_1 & f_1 \\ c_2 & d_2 & e_2 & f_2 \\ c_3 & d_3 & e_3 & f_3 \end{pmatrix} =$$

$$\begin{pmatrix} a_1c_1+a_2c_2+a_3c_3 & a_1d_1+a_2d_2+a_3d_3 & a_1e_1+a_2e_2+a_3e_3 & a_1f_1+a_2f_2+a_3f_3 \\ b_1c_1+b_2c_2+b_3c_3 & b_1d_1+b_2d_2+b_3d_3 & b_1e_1+b_2e_2+b_3e_3 & b_1f_1+b_2f_2+b_3f_3 \end{pmatrix}$$

由定义 4 知变换(10) 的系数矩阵,等于变换(8) 的系数矩阵与变换(9) 的系数矩阵的乘积.

我们注意:两个长方矩阵的相乘,只有在第一个因子的列数等于第二个因子的行数时,才可以施行.特别的,如果两个因子都是同阶的方阵,乘法常可施行.但是我们还要注意,即使对于这一个特殊的情形,矩阵的乘法都不一定是可交换的.例如

$$\begin{pmatrix} 1 & 2 \\ 3 & 4 \end{pmatrix} \cdot \begin{pmatrix} 2 & 0 \\ 3 & -1 \end{pmatrix} = \begin{pmatrix} 8 & -2 \\ 18 & -4 \end{pmatrix}$$

$$\begin{pmatrix} 2 & 0 \\ 3 & -1 \end{pmatrix} \cdot \begin{pmatrix} 1 & 2 \\ 3 & 4 \end{pmatrix} = \begin{pmatrix} 2 & 4 \\ 0 & 2 \end{pmatrix}$$

如果 $\boldsymbol{AB}=\boldsymbol{BA}$,那么称矩阵 $\boldsymbol{A}$ 与 $\boldsymbol{B}$ 是彼此可交换的.

例 4　矩阵

$$\boldsymbol{A}=\begin{pmatrix} 1 & 2 \\ -2 & 0 \end{pmatrix} \quad 与 \quad \boldsymbol{B}=\begin{pmatrix} -3 & 2 \\ -2 & -4 \end{pmatrix}$$

彼此可交换,因为

$$\boldsymbol{AB}=\begin{pmatrix} -7 & -6 \\ 6 & -4 \end{pmatrix}, \boldsymbol{BA}=\begin{pmatrix} -7 & -6 \\ 6 & -4 \end{pmatrix}$$

容易检验,矩阵的乘法是可结合的,同时亦有结合乘法与加法的分配律存在:

1° $(\boldsymbol{AB})\boldsymbol{C}=\boldsymbol{A}(\boldsymbol{BC})$;

2° $(\boldsymbol{A}+\boldsymbol{B})\boldsymbol{C}=\boldsymbol{AC}+\boldsymbol{BC}$;

3° $\boldsymbol{A}(\boldsymbol{B}+\boldsymbol{C})=\boldsymbol{AB}+\boldsymbol{AC}$.

很自然地可以推广矩阵的乘法运算到许多个矩阵相乘的情形.

4. 如果利用长方矩阵的乘法,那么线性变换

$$\begin{cases} y_1=a_{11}x_1+a_{12}x_2+\cdots+a_{1n}x_n \\ y_2=a_{21}x_1+a_{22}x_2+\cdots+a_{2n}x_n \\ \quad\vdots \\ y_m=a_{m1}x_1+a_{m2}x_2+\cdots+a_{mn}x_n \end{cases} \tag{12}$$

可以写为一个矩阵的等式

$$\begin{pmatrix} y_1 \\ y_2 \\ \vdots \\ y_m \end{pmatrix} = \begin{pmatrix} a_{11} & a_{12} & \cdots & a_{1n} \\ a_{21} & a_{22} & \cdots & a_{2n} \\ \vdots & \vdots & & \vdots \\ a_{m1} & a_{m2} & \cdots & a_{mn} \end{pmatrix} \begin{pmatrix} x_1 \\ x_2 \\ \vdots \\ x_n \end{pmatrix} \tag{13}$$

或者简写为

$$\boldsymbol{y} = \boldsymbol{A}\boldsymbol{x} \tag{13'}$$

这里 $\boldsymbol{x}=(x_1,x_2,\cdots,x_n)$，$\boldsymbol{y}=(y_1,y_2,\cdots,y_m)$ 为单列矩阵，而 $\boldsymbol{A}=(a_{ik})$ 为一个 $m\times n$ 维长方矩阵.

等式(13)表示一个事实，即列 $\boldsymbol{y}$ 是含系数 $x_1,x_2,\cdots,x_n$ 的矩阵 $\boldsymbol{A}$ 诸列的线性组合

$$\boldsymbol{y} = x_1 a_{\cdot 1} + x_2 a_{\cdot 2} + \cdots + x_n a_{\cdot n} = \sum_{k=1}^{n} x_k a_{\cdot k} \tag{13''}$$

现在回到等式(11)，它等价于一个矩阵等式

$$\boldsymbol{C} = \boldsymbol{A}\boldsymbol{B} \tag{14}$$

这些等式可以写成形式

$$c_{\cdot j} = \sum_{k=1}^{n} b_{kj} a_{\cdot k} \quad (j=1,2,\cdots,q) \tag{14'}$$

或形式

$$c_{i\cdot} = \sum_{k=1}^{n} a_{ik} b_{k\cdot} \quad (i=1,2,\cdots,m) \tag{14''}$$

这样，矩阵乘积 $\boldsymbol{C}=\boldsymbol{A}\boldsymbol{B}$ 的任一第 j 列是第一个余因子诸列的线性组合，即矩阵 $\boldsymbol{A}$，并且这个线性相关性的系数构成第二个余因子的第 j 列. 同理，矩阵 $\boldsymbol{C}$ 的任一第 i 行是矩阵 $\boldsymbol{B}$ 诸行的线性组合，这个线性相关性的系数是矩阵 $\boldsymbol{A}$ 第 i 行的元素①.

还要提到一个特殊情形，就是在乘积 $\boldsymbol{C}=\boldsymbol{A}\boldsymbol{B}$ 中，其第二个因子是一个对角方阵 $\boldsymbol{B}=\{d_1,d_2,\cdots,d_n\}$，那么从式(11)得出

$$c_{ij} = a_{ij} d_j \quad (i=1,2,\cdots,m;j=1,2,\cdots n)$$

亦即

$$\begin{pmatrix} a_{11} & a_{12} & \cdots & a_{1n} \\ a_{21} & a_{22} & \cdots & a_{2n} \\ \vdots & \vdots & & \vdots \\ a_{m1} & a_{m2} & \cdots & a_{mn} \end{pmatrix} \begin{pmatrix} d_1 & 0 & \cdots & 0 \\ 0 & d_2 & \cdots & 0 \\ \vdots & \vdots & & \vdots \\ 0 & 0 & \cdots & d_n \end{pmatrix} = \begin{pmatrix} a_{11}d_1 & a_{12}d_2 & \cdots & a_{1n}d_n \\ a_{21}d_1 & a_{22}d_2 & \cdots & a_{2n}d_n \\ \vdots & \vdots & & \vdots \\ a_{m1}d_1 & a_{m2}d_2 & \cdots & a_{mn}d_n \end{pmatrix}$$

---

① 因此，如果 $\boldsymbol{A}$ 与 $\boldsymbol{C}$ 分别是已知的 $m\times n$ 矩阵与 $m\times q$ 矩阵，而 $\boldsymbol{X}$ 是要求的 $n\times q$ 矩阵，那么矩阵方程 $\boldsymbol{A}\boldsymbol{X}=\boldsymbol{C}$ 有解的充分必要条件是，矩阵 $\boldsymbol{C}$ 的诸列是矩阵 $\boldsymbol{A}$ 诸列的线性组合. 方程 $\boldsymbol{X}\boldsymbol{B}=\boldsymbol{C}$ 有解 $\boldsymbol{X}$ 存在的充分必要条件是，矩阵 $\boldsymbol{C}$ 的诸行是矩阵 $\boldsymbol{B}$ 诸行的线性组合.

同样的

$$\begin{pmatrix} d_1 & 0 & \cdots & 0 \\ 0 & d_2 & \cdots & 0 \\ \vdots & \vdots & & \vdots \\ 0 & 0 & \cdots & d_m \end{pmatrix} = \begin{pmatrix} a_{11} & a_{12} & \cdots & a_{1n} \\ a_{21} & a_{22} & \cdots & a_{2n} \\ \vdots & \vdots & & \vdots \\ a_{m1} & a_{m2} & \cdots & a_{mn} \end{pmatrix} \begin{pmatrix} d_1a_{11} & d_1a_{12} & \cdots & d_1a_{1n} \\ d_2a_{21} & d_2a_{22} & \cdots & d_2a_{2n} \\ \vdots & \vdots & & \vdots \\ d_ma_{m1} & d_ma_{m2} & \cdots & d_ma_{mn} \end{pmatrix}$$

这样一来，当右(左)长方矩阵 **A** 乘以对角矩阵 $\{d_1, d_2, \cdots\}$ 时，就是在矩阵 **A** 的所有的列(行)上顺次地乘上数 $d_1, d_2, \cdots$

5. 设方阵 $\boldsymbol{C}=(c_{ij})_1^m$ 是各为 $m\times n$ 与 $n\times m$ 维的两个长方矩阵 $\boldsymbol{A}=(a_{ik})$ 与 $\boldsymbol{B}=(b_{kj})$ 的乘积

$$\begin{pmatrix} c_{11} & \cdots & c_{1m} \\ \vdots & & \vdots \\ c_{m1} & \cdots & c_{mm} \end{pmatrix} = \begin{pmatrix} a_{11} & a_{12} & \cdots & a_{1n} \\ \vdots & \vdots & & \vdots \\ a_{m1} & a_{m2} & \cdots & a_{mn} \end{pmatrix} \begin{pmatrix} b_{11} & \cdots & b_{1m} \\ b_{21} & \cdots & b_{2m} \\ \vdots & & \vdots \\ b_{n1} & \cdots & b_{nm} \end{pmatrix} \tag{15}$$

亦即

$$c_{ij} = \sum_{\alpha=1}^{n} a_{i\alpha} b_{\alpha j} \quad (i, j = 1, 2, \cdots, m) \tag{15'}$$

我们来建立重要的比内一柯西公式，这个公式用矩阵 **A** 与 **B** 的子式来表出行列式 $|\boldsymbol{C}|$

$$\begin{vmatrix} c_{11} & \cdots & c_{1m} \\ \vdots & & \vdots \\ c_{m1} & \cdots & c_{mm} \end{vmatrix} = \sum_{1\leqslant k_1<k_2<\cdots<k_m\leqslant n} \begin{vmatrix} a_{1k_1} & \cdots & a_{1k_m} \\ \vdots & & \vdots \\ a_{mk_1} & \cdots & a_{mk_m} \end{vmatrix} \begin{vmatrix} b_{k_11} & \cdots & b_{k_1m} \\ \vdots & & \vdots \\ b_{k_m1} & \cdots & b_{k_mm} \end{vmatrix} \tag{16}$$

或写为简便的记法(参考 §1)

$$\boldsymbol{C}\begin{pmatrix} 1 & 2 & \cdots & m \\ 1 & 2 & \cdots & m \end{pmatrix} = \sum_{1\leqslant k_1<k_2<\cdots<k_m\leqslant n} \boldsymbol{A}\begin{pmatrix} 1 & 2 & \cdots & m \\ k_1 & k_2 & \cdots & k_m \end{pmatrix} \boldsymbol{B}\begin{pmatrix} k_1 & k_2 & \cdots & k_m \\ 1 & 2 & \cdots & m \end{pmatrix} \text{①} \tag{16'}$$

按照这一个公式，矩阵 **C** 的行列式，等于矩阵 **A** 中所有可能的最大阶(m 阶)② 子式与矩阵 **B** 中对应的同阶子式的乘积的和.

比内一柯西公式的推论，从公式(13)知矩阵 **C** 的行列式可以写为以下形状

① 如果 $m>n$，那么矩阵 **A** 与 **B** 不能有 m 阶子式. 在此时公式(14)与(14′)的右边都要换为零.

② 参考上面的足注.

$$\begin{vmatrix} c_{11} & \cdots & c_{1m} \\ \vdots & & \vdots \\ c_{m1} & \cdots & c_{mm} \end{vmatrix} = \begin{vmatrix} \sum_{\alpha_1=1}^{n} a_{1\alpha_1} b_{\alpha_1 1} & \cdots & \sum_{\alpha_m=1}^{n} a_{1\alpha_m} b_{\alpha_m m} \\ \vdots & & \vdots \\ \sum_{\alpha_1=1}^{n} a_{m\alpha_1} b_{\alpha_1 1} & \cdots & \sum_{\alpha_m=1}^{n} a_{m\alpha_m} b_{\alpha_m m} \end{vmatrix} =$$

$$\sum_{\alpha_1,\cdots,\alpha_m=1}^{n} \begin{vmatrix} a_{1\alpha_1} b_{\alpha_1 1} & \cdots & a_{1\alpha_m} b_{\alpha_m m} \\ \vdots & & \vdots \\ a_{m\alpha_1} b_{\alpha_1 1} & \cdots & a_{m\alpha_m} b_{\alpha_m m} \end{vmatrix} =$$

$$\sum_{\alpha_1,\cdots,\alpha_m=1}^{n} \mathbf{A}\begin{pmatrix} 1 & 2 & \cdots & m \\ \alpha_1 & \alpha_2 & \cdots & \alpha_m \end{pmatrix} b_{\alpha_1 1} b_{\alpha_2 2} \cdots b_{\alpha_m m} \tag{16''}$$

如果 $m > n$，那么在数 $\alpha_1, \alpha_2, \cdots, \alpha_m$ 中间，总可找到两个相等的数，故等式(16″) 的右边的每一项都等于零. 这就是说，此时 $|\mathbf{C}| = 0$.

现在假设 $m \leqslant n$，那么位于等式(16″) 右边的和中，只要在下标 $\alpha_1, \alpha_2, \cdots, \alpha_m$ 里面有两个或两个以上的数彼此相等时，那一项就等于零. 这个和里面所有其余的项可以分为各含 $m!$ 个项的许多类，每一类都是合并那些下标组 $\alpha_1, \alpha_2, \cdots, \alpha_m$ 彼此仅有次序不同的项所得的(每一类中各项的下标 $\alpha_1, \alpha_2, \cdots, \alpha_m$ 按照它的全部数值来说，都是相同的). 那么在一个类里面所有诸项的和将等于[①]

$$\sum \varepsilon(\alpha_1, \alpha_2, \cdots, \alpha_m) \mathbf{A}\begin{pmatrix} 1 & 2 & \cdots & m \\ k_1 & k_2 & \cdots & k_m \end{pmatrix} b_{\alpha_1 1} b_{\alpha_2 2} \cdots b_{\alpha_m m} =$$

$$\mathbf{A}\begin{pmatrix} 1 & 2 & \cdots & m \\ k_1 & k_2 & \cdots & k_m \end{pmatrix} \sum \varepsilon(\alpha_1, \alpha_2, \cdots, \alpha_m) b_{\alpha_1 1} b_{\alpha_2 2} \cdots b_{\alpha_m m} =$$

$$\mathbf{A}\begin{pmatrix} 1 & 2 & \cdots & m \\ k_1 & k_2 & \cdots & k_m \end{pmatrix} \mathbf{B}\begin{pmatrix} k_1 & k_2 & \cdots & k_m \\ 1 & 2 & \cdots & m \end{pmatrix}$$

因此从式(16″) 得出式(16′).

例 5 有如下等式

$$\begin{pmatrix} a_1 c_1 + a_2 c_2 + \cdots + a_n c_n & a_1 d_1 + a_2 d_2 + \cdots + a_n d_n \\ b_1 c_1 + b_2 c_2 + \cdots + b_n c_n & b_1 d_1 + b_2 d_2 + \cdots + b_n d_n \end{pmatrix} =$$

$$\begin{pmatrix} a_1 & a_2 & \cdots & a_n \\ b_1 & b_2 & \cdots & b_n \end{pmatrix} \begin{pmatrix} c_1 & d_1 \\ c_2 & d_2 \\ \vdots & \vdots \\ c_n & d_n \end{pmatrix}$$

---

① 此处 $k_1 < k_2 < \cdots < k_m$ 是下标 $\alpha_1, \alpha_2, \cdots, \alpha_m$ 的标准位置，而 $\varepsilon(\alpha_1, \alpha_2, \cdots, \alpha_m) = (-1)^N$，其中 N 为变排列 $\alpha_1, \alpha_2, \cdots, \alpha_m$ 为标准位置 $k_1 < k_2 < \cdots < k_m$ 所必需的对换的个数.

故公式(16)给予所谓柯西恒等式

$$\begin{vmatrix} a_1c_1+a_2c_2+\cdots+a_nc_n & a_1d_1+a_2d_2+\cdots+a_nd_n \\ b_1c_1+b_2c_2+\cdots+b_nc_n & b_1d_1+b_2d_2+\cdots+b_nd_n \end{vmatrix}=$$

$$\sum_{1\leqslant i<k\leqslant n}\begin{vmatrix} a_i & a_k \\ b_i & b_k \end{vmatrix}\begin{vmatrix} c_i & d_i \\ c_k & d_k \end{vmatrix} \tag{17}$$

在这一恒等式中取 $a_i=c_i, b_i=d_i(i=1,2,\cdots,n)$,我们得出

$$\begin{vmatrix} a_1^2+a_2^2+\cdots+a_n^2 & a_1b_1+a_2b_2+\cdots+a_nb_n \\ a_1b_1+a_2b_2+\cdots+a_nb_n & b_1^2+b_2^2+\cdots+b_n^2 \end{vmatrix}=\sum_{1\leqslant i<k\leqslant n}\begin{vmatrix} a_i & a_k \\ b_i & b_k \end{vmatrix}^2$$

故在 a_i 与 $b_i(i=1,2,\cdots,n)$ 都是实数的情形,得出著名的不等式

$$(a_1b_1+a_2b_2+\cdots+a_nb_n)^2\leqslant(a_1^2+a_2^2+\cdots+a_n^2)(b_1^2+b_2^2+\cdots+b_n^2) \tag{18}$$

当且仅当所有的数 a_i 都同其对应数 $b_i(i=1,2,\cdots,n)$ 成比例时,这个式子才能取等号.

例 6 有如下等式

$$\begin{bmatrix} a_1c_1+b_1d_1+\cdots+a_1c_n+b_1d_n \\ \vdots \\ a_nc_1+b_nd_1+\cdots+a_nc_n+b_nd_n \end{bmatrix}=\begin{bmatrix} a_1 & b_1 \\ \vdots & \vdots \\ a_n & b_n \end{bmatrix}\begin{pmatrix} c_1 & \cdots & c_n \\ d_1 & \cdots & d_n \end{pmatrix}$$

故当 $n>2$ 时

$$\begin{bmatrix} a_1c_1+b_1d_1+\cdots+a_1c_n+b_1d_n \\ \vdots \\ a_nc_1+b_nd_1+\cdots+a_nc_n+b_nd_n \end{bmatrix}=\mathbf{0}$$

讨论一个特殊的情形,就是 $\boldsymbol{A},\boldsymbol{B}$ 同为 n 阶方阵且在式(16′)中设 $m=n$. 那么就得到熟悉的行列式的乘法

$$\boldsymbol{C}\begin{pmatrix} 1 & 2 & \cdots & n \\ 1 & 2 & \cdots & n \end{pmatrix}=\boldsymbol{A}\begin{pmatrix} 1 & 2 & \cdots & n \\ 1 & 2 & \cdots & n \end{pmatrix}\boldsymbol{B}\begin{pmatrix} 1 & 2 & \cdots & n \\ 1 & 2 & \cdots & n \end{pmatrix}$$

或者用另一种记法

$$|\boldsymbol{C}|=|\boldsymbol{AB}|=|\boldsymbol{A}|\cdot|\boldsymbol{B}| \tag{19}$$

这样一来,两个方阵的乘积的行列式,等于这两个方阵的行列式的乘积.

6. 比内 - 柯西公式给予了这样的可能性,在一般的情形,可以把两个长方矩阵的乘积的子式经其因子的子式来表出,设

$$\boldsymbol{A}=(a_{ik}),\boldsymbol{B}=(b_{kj}),\boldsymbol{C}=(c_{ij})$$

$$(i=1,2,\cdots,m;k=1,2,\cdots,n;j=1,2,\cdots,q)$$

且有

$$\boldsymbol{C}=\boldsymbol{AB}$$

讨论矩阵 $\boldsymbol{C}$ 的任何一个子式

$$\boldsymbol{C}\begin{pmatrix} i_1 & i_2 & \cdots & i_p \\ j_1 & j_2 & \cdots & j_p \end{pmatrix} \quad \left(1 \leqslant \begin{matrix} i_1 < i_2 < \cdots < i_p \leqslant m \\ j_1 < j_2 < \cdots < j_p \leqslant q \end{matrix}; p \leqslant m, q\right)$$

用这个子式的元素所组成的矩阵可以表为以下两长方矩阵的乘积

$$\begin{pmatrix} a_{i_1 1} & a_{i_1 2} & \cdots & a_{i_1 n} \\ \vdots & \vdots & & \vdots \\ a_{i_p 1} & a_{i_p 2} & \cdots & a_{i_p n} \end{pmatrix}\begin{pmatrix} b_{1j_1} & \cdots & b_{1j_p} \\ b_{2j_1} & \cdots & b_{2j_p} \\ \vdots & & \vdots \\ b_{nj_1} & \cdots & b_{nj_p} \end{pmatrix}$$

因此,应用比内－柯西公式,我们得出

$$\boldsymbol{C}\begin{pmatrix} i_1 & i_2 & \cdots & i_p \\ \vdots & \vdots & & \vdots \\ j_1 & j_2 & \cdots & j_p \end{pmatrix} = \sum_{1 \leqslant k_1 < k_2 < \cdots < k_p \leqslant n} \boldsymbol{A}\begin{pmatrix} i_1 & i_2 & \cdots & i_p \\ k_1 & k_2 & \cdots & k_p \end{pmatrix} \boldsymbol{B}\begin{pmatrix} k_1 & k_2 & \cdots & k_p \\ j_1 & j_2 & \cdots & j_p \end{pmatrix} \text{①} \tag{20}$$

当 $p=1$ 时,公式(20) 变为公式(11). 当 $p>1$ 时,公式(20) 是公式(11) 的自然推广.

还要注意公式(20) 的一个推论:

两个长方矩阵的乘积的秩不能超过其任一因子的秩.

如果 $\boldsymbol{C}=\boldsymbol{AB}$ 而且矩阵 $\boldsymbol{A},\boldsymbol{B},\boldsymbol{C}$ 的秩各为 $r_{\boldsymbol{A}}, r_{\boldsymbol{B}}, r_{\boldsymbol{C}}$,那么

$$r_{\boldsymbol{C}} \leqslant r_{\boldsymbol{A}}, r_{\boldsymbol{B}}$$

7. 如果 $\boldsymbol{X}$ 是矩阵方程 $\boldsymbol{AX}=\boldsymbol{C}$ 的解(矩阵 $\boldsymbol{A},\boldsymbol{X}$ 与 $\boldsymbol{C}$ 的维数分别为 $m\times n$, $n\times q$ 与 $m\times q$),那么 $r_{\boldsymbol{X}} \leqslant r_{\boldsymbol{C}}$. 我们来证明,在矩阵方程 $\boldsymbol{AX}=\boldsymbol{C}$ 的解中,存在一个最小秩的解,对此解有 $r_{\boldsymbol{X}_0}=r_{\boldsymbol{C}}$.

事实上,设 $r=r_{\boldsymbol{C}}$,那么在矩阵 $\boldsymbol{C}$ 的诸列中有 r 个线性无关列[②]. 为具体起见,设前 r 个列 $c_{\cdot 1},\cdots,c_{\cdot r}$ 线性无关,其余的诸列是前 r 个列的线性组合

$$c_{\cdot j}=\sum_{k=1}^{r} a_{jk} c_{\cdot k} \quad (j=r+1,\cdots,q) \tag{21}$$

设 $\boldsymbol{X}$ 是方程 $\boldsymbol{AX}=\boldsymbol{C}$ 的任一解,那么(参考 §2)

$$\boldsymbol{A}x_{\cdot k}=c_{\cdot k} \quad (k=1,\cdots,r) \tag{22}$$

用以下等式来确定诸列 $\tilde{x}_{\cdot r+1},\cdots,\tilde{x}_{\cdot q}$

$$\tilde{x}_{\cdot j}=\sum_{k=1}^{r} a_{jk} x_{\cdot k} \quad (j=r+1,\cdots,q)$$

---

① 由比内－柯西公式,知矩阵 $\boldsymbol{C}$ 的 p 阶子式,当 $p>n$ 时(如果有这种阶数的子式存在),常等于零. 在此时,公式(19) 的右边须换为零,参考本节 4 的第一个足注.

② 我们引证一个众所周知的结论:矩阵的秩等于矩阵线性无关列(行) 的个数. 第 3 章 §1 援引这个结论的证明.

对这些等式左乘以 $\boldsymbol{A}$,由等式(21) 与(22) 求出

$$\boldsymbol{A}\tilde{x}_{\cdot j}=c_{\cdot j}\quad(j=r+1,\cdots,q)\tag{22'}$$

由式(22) 与(22′) 的 q 个等式构成的等式组等价于一个矩阵等式

$$\boldsymbol{A}\boldsymbol{X}_0=\boldsymbol{C}$$

其中 $\boldsymbol{X}_0=(x_{\cdot 1},\cdots,x_{\cdot r},\tilde{x}_{\cdot r+1},\cdots,\tilde{x}_{\cdot q})$ 是秩为 r 的矩阵[①].

矩阵方程 $\boldsymbol{AX}=\boldsymbol{C}$ 的最小秩 r_C 的解 $\boldsymbol{X}_0$ 常可表示为

$$\boldsymbol{X}_0=\boldsymbol{VC}$$

其中 $\boldsymbol{V}$ 是某一 $n\times m$ 矩阵.

事实上,从等式 $\boldsymbol{AX}_0=\boldsymbol{C}$ 推出,矩阵 $\boldsymbol{C}$ 的诸行是矩阵 $\boldsymbol{X}_0$ 的行的线性组合.因为无论在矩阵 $\boldsymbol{C}$ 的诸行中,还是矩阵 $\boldsymbol{X}_0$ 的诸行中,都有同一个线性无关的个数 r_C[②],所以相反,矩阵 $\boldsymbol{X}_0$ 的诸行是矩阵 $\boldsymbol{C}$ 诸行的线性组合,从而得出 $\boldsymbol{X}_0=\boldsymbol{VC}$.

现在证明以下命题.

设 $\boldsymbol{A},\boldsymbol{B}$ 是已知矩阵,$\boldsymbol{X}$ 是未知长方矩阵[③],那么矩阵方程

$$\boldsymbol{AXB}=\boldsymbol{C}\tag{23}$$

有解的充分必要条件,是矩阵方程

$$\boldsymbol{AY}=\boldsymbol{C},\boldsymbol{ZB}=\boldsymbol{C}\tag{24}$$

同时有解,即矩阵 $\boldsymbol{C}$ 的列是矩阵 $\boldsymbol{A}$ 的列的线性组合,矩阵 $\boldsymbol{C}$ 的行是矩阵 $\boldsymbol{B}$ 的行的线性组合.

事实上,如果矩阵 $\boldsymbol{X}$ 是方程(21) 的解,那么矩阵 $\boldsymbol{Y}=\boldsymbol{XB}$ 与 $\boldsymbol{Z}=\boldsymbol{AX}$ 是方程(24) 的解.

反之,设方程(24) 的解 $\boldsymbol{Y},\boldsymbol{Z}$ 存在,那么这些方程中的第一个有最小秩为 r_C 的解 $\boldsymbol{Y}_0$,由所证明得知这个解可表示为

$$\boldsymbol{Y}_0=\boldsymbol{VC}$$

因此

$$\boldsymbol{C}=\boldsymbol{AY}_0=\boldsymbol{AVC}=\boldsymbol{AVZB}$$

那么矩阵 $\boldsymbol{X}=\boldsymbol{VZ}$ 是方程(23) 的解.

§3 方　阵

1. 一个 n 阶方阵,位于其主对角线上的元素全为1,而所有其余元素均为零者,称为单位矩阵且记之以 $\boldsymbol{E}^{(q)}$ 或简单地记为 $\boldsymbol{E}$."单位矩阵"这一名称是与矩

---

① 在矩阵 $\boldsymbol{X}_0$ 中最后 $n-r$ 个列是前 r 个列的线性组合;前 r 个列 $x_{\cdot 1},\cdots,x_{\cdot r}$ 线性无关,因为由等式(22),这些列之间的线性相关性引起了诸列 $c_{\cdot 1},\cdots,c_{\cdot r}$ 之间的线性相关性.

② 参考 §2.

③ 假设矩阵 $\boldsymbol{A},\boldsymbol{X},\boldsymbol{B},\boldsymbol{C}$ 的维数使乘积 $\boldsymbol{AXB}$ 有意义,且有矩阵 $\boldsymbol{C}$ 的维数.

阵 $\boldsymbol{E}$ 的以下性质相联系的:对于任一长方矩阵

$$\mathbf{A}=(a_{ik}) \quad (i=1,2,\cdots,m;k=1,2,\cdots,n)$$

都有等式

$$\boldsymbol{E}^{(m)}\mathbf{A}=\mathbf{A}\boldsymbol{E}^{(n)}=\mathbf{A}$$

显然

$$\boldsymbol{E}^{(n)}=(\delta_{ik})_1^n$$

设 $\mathbf{A}=(a_{ik})_1^n$ 为一方阵,则以平常的方式来定义矩阵的幂

$$\mathbf{A}^p=\underbrace{\mathbf{AA}\cdots\mathbf{A}}_{p\text{个}} \quad (p=1,2,\cdots), \quad \mathbf{A}^0=\boldsymbol{E}$$

由矩阵乘法的可结合性得出

$$\mathbf{A}^p\mathbf{A}^q=\mathbf{A}^{p+q} \tag{25}$$

此处 p,q 是任意的非负整数.

讨论系数在域 K 中的多项式(整有理函数)

$$f(t)=\alpha_0t^m+\alpha_1t^{m-1}+\cdots+\alpha_m$$

我们将 $f(\mathbf{A})$ 写为矩阵

$$f(\mathbf{A})=\alpha_0\mathbf{A}^m+\alpha_1\mathbf{A}^{m-1}+\cdots+\alpha_m\boldsymbol{E}$$

这就定义了矩阵的多项式.

设多项式 $f(t)$ 等于多项式 $h(t)$ 与 $g(t)$ 的乘积

$$f(t)=h(t)g(t) \tag{26}$$

多项式 $f(t)$ 是由 $h(t)$ 与 $g(t)$ 中的项逐项相乘且合并同类项后所得出的.此时所用的是指数定律:$t^pt^q=t^{p+q}$,因为所有这些运算,在换纯量 t 为矩阵 $\mathbf{A}$ 时,都是合法的,故由式(26)得出

$$f(\mathbf{A})=h(\mathbf{A})g(\mathbf{A})$$

因此,特别的有

$$h(\mathbf{A})g(\mathbf{A})=g(\mathbf{A})h(\mathbf{A})^{①} \tag{27}$$

即,同一矩阵的两个多项式是彼此可交换的.

例 7 约定在长方矩阵 $\mathbf{A}=(\alpha_{ik})$ 中的第 p 个上对角线(下对角线)是指元素列 α_{ik},其中 $k-i=p$(对应的 $i-k=p$),以 $\boldsymbol{H}^{(n)}$ 记一个 n 阶方阵,其中第一个上对角线的元素都等于1,而所有其余元素都等于零.矩阵 $\boldsymbol{H}^{(n)}$ 亦将简记为 $\boldsymbol{H}$,那么

① 因为 $g(t)h(t)=f(t)$,故在这些乘积中,每一个都等于同一的 $f(\mathbf{A})$.但须注意,在多个变数的代数恒等式中不许用矩阵来代换.不过,如所代入的矩阵都是两两可交换的时候,这种代换是允许的.

$$\boldsymbol{H}=\boldsymbol{H}^{(n)}=\begin{pmatrix}0&1&0&\cdots&0\\0&0&1&\cdots&0\\\vdots&\vdots&\vdots&&\vdots\\0&0&0&\cdots&1\\0&0&0&\cdots&0\end{pmatrix},\boldsymbol{H}^2=\begin{pmatrix}0&0&1&&\boldsymbol{0}\\&&&\ddots&\\&&\ddots&\ddots&1\\&&&&0\\\boldsymbol{0}&&&&0\end{pmatrix}$$

诸如此类

$$\boldsymbol{H}^p=\boldsymbol{0}\quad(p\geqslant n)$$

如果

$$f(t)=a_0+a_1t+a_2t^2+\cdots+a_{n-1}t^{n-1}+\cdots$$

为 t 的多项式,那么由上面这些等式得出

$$f(\boldsymbol{H})=a_0\boldsymbol{E}+a_1\boldsymbol{H}+a_2\boldsymbol{H}^2+\cdots=\begin{pmatrix}a_0&a_1&a_2&\cdots&a_{n-1}\\&&&\ddots&\vdots\\&&\ddots&\ddots&a_2\\&&&&a_1\\\boldsymbol{0}&&&&a_0\end{pmatrix}$$

同样的,如果 $\boldsymbol{F}$ 是一个 n 阶方阵,其中第一个下对角线的元素都等于 1,而其余的元素都等于零,那么

$$f(\boldsymbol{F})=a_0\boldsymbol{E}+a_1\boldsymbol{F}+a_2\boldsymbol{F}^2+\cdots=\begin{pmatrix}a_0&&&\boldsymbol{0}\\a_1&a_0&&\\\vdots&&\ddots&\\a_{n-1}&\cdots&a_1&a_0\end{pmatrix}$$

读者自己验证矩阵 $\boldsymbol{H}$ 与 $\boldsymbol{F}$ 的以下诸性质:

1° 在左乘任一 $m\times n$ 维长方矩阵 $\boldsymbol{A}$ 以 m 阶矩阵 $\boldsymbol{H}$(矩阵 $\boldsymbol{F}$) 所得出的结果中,矩阵 $\boldsymbol{A}$ 中所有的行都上升(下降) 了一位,矩阵 $\boldsymbol{A}$ 的最先(最后) 一行不再出现,而结果中最后(最先) 一行中都是零元素,例如

$$\begin{pmatrix}0&1&0\\0&0&1\\0&0&0\end{pmatrix}\begin{pmatrix}a_1&a_2&a_3&a_4\\b_1&b_2&b_3&b_4\\c_1&c_2&c_3&c_4\end{pmatrix}=\begin{pmatrix}b_1&b_2&b_3&b_4\\c_1&c_2&c_3&c_4\\0&0&0&0\end{pmatrix}$$

$$\begin{pmatrix}0&0&0\\1&0&0\\0&1&0\end{pmatrix}\begin{pmatrix}a_1&a_2&a_3&a_4\\b_1&b_2&b_3&b_4\\c_1&c_2&c_3&c_4\end{pmatrix}=\begin{pmatrix}0&0&0&0\\a_1&a_2&a_3&a_4\\b_1&b_2&b_3&b_4\end{pmatrix}$$

2° 在右乘任一 $m\times n$ 维长方矩阵 $\boldsymbol{A}$ 以 n 阶矩阵 $\boldsymbol{H}$(矩阵 $\boldsymbol{F}$) 所得出的结果中,矩阵 $\boldsymbol{A}$ 中所有的列都右(左) 移了一位,矩阵 $\boldsymbol{A}$ 的最后(最先) 一列不再出

现,而结果中最先(最后)一列中都是零元素.例如

$$\begin{pmatrix} a_1 & a_2 & a_3 & a_4 \\ b_1 & b_2 & b_3 & b_4 \\ c_1 & c_2 & c_3 & c_4 \end{pmatrix} \begin{pmatrix} 0 & 1 & 0 & 0 \\ 0 & 0 & 1 & 0 \\ 0 & 0 & 0 & 1 \\ 0 & 0 & 0 & 0 \end{pmatrix} = \begin{pmatrix} 0 & a_1 & a_2 & a_3 \\ 0 & b_1 & b_2 & b_3 \\ 0 & c_1 & c_2 & c_3 \end{pmatrix}$$

$$\begin{pmatrix} a_1 & a_2 & a_3 & a_4 \\ b_1 & b_2 & b_3 & b_4 \\ c_1 & c_2 & c_3 & c_4 \end{pmatrix} \begin{pmatrix} 0 & 0 & 0 & 0 \\ 1 & 0 & 0 & 0 \\ 0 & 1 & 0 & 0 \\ 0 & 0 & 1 & 0 \end{pmatrix} = \begin{pmatrix} a_2 & a_3 & a_4 & 0 \\ b_2 & b_3 & b_4 & 0 \\ c_2 & c_3 & c_4 & 0 \end{pmatrix}$$

2. 方阵 $\boldsymbol{A}$ 称为降秩的,如果 $|\boldsymbol{A}|=0$. 在相反的情形,称方阵 $\boldsymbol{A}$ 为满秩的.

设 $\boldsymbol{A}=(a_{ik})_1^n$ 为一个满秩方阵($|\boldsymbol{A}|\neq 0$). 讨论以 $\boldsymbol{A}$ 为其系数矩阵的线性变换

$$y_i=\sum_{k=1}^{n} a_{ik}x_k \quad (i=1,2,\cdots,n) \tag{28}$$

视等式(28) 为关于 $x_1,x_2,\cdots,x_n$ 的方程组,且注意由已给予条件方程组(28) 的行列式不为零,我们可以用已知的公式把 $x_1,x_2,\cdots,x_n$ 用 $y_1,y_2,\cdots,y_n$ 单值地表出

$$x_i=\frac{1}{|\boldsymbol{A}|}\begin{vmatrix} a_{11} & \cdots & a_{1,i-1} & y_1 & a_{1,i+1} & \cdots & a_{1n} \\ a_{21} & \cdots & a_{2,i-1} & y_2 & a_{2,i+1} & \cdots & a_{2n} \\ \vdots & & & \vdots & & & \vdots \\ a_{n1} & \cdots & a_{n,i-1} & y_n & a_{n,i+1} & \cdots & a_{nn} \end{vmatrix} \equiv \sum_{k=1}^{n} a_{ik}^{(-1)} y_k \quad (i=1,2,\cdots,n) \tag{29}$$

我们得出了式(28) 的逆变换,我们称这一变换的系数矩阵

$$\boldsymbol{A}^{-1}=(a_{ik}^{(-1)})_1^n$$

为矩阵 $\boldsymbol{A}$ 的逆矩阵,由(29) 易知

$$a_{ik}^{(-1)}=\frac{A_{ki}}{|\boldsymbol{A}|} \quad (i,k=1,2,\cdots,n) \tag{30}$$

其中 A_{ki} 为行列式 $|\boldsymbol{A}|$ 中元素 a_{ki} 的代数余子式(余因子)$(i,k=1,2,\cdots,n)$.

例如,如果

$$\boldsymbol{A}=\begin{pmatrix} a_1 & a_2 & a_3 \\ b_1 & b_2 & b_3 \\ c_1 & c_2 & c_3 \end{pmatrix} \quad 而且 \quad |\boldsymbol{A}|\neq 0$$

那么

$$\boldsymbol{A}^{-1}=\frac{1}{|\boldsymbol{A}|}\begin{pmatrix} b_2c_3-b_3c_2 & a_3c_2-a_2c_3 & a_2b_3-a_3b_2 \\ b_3c_1-b_1c_3 & a_1c_3-a_3c_1 & a_3b_1-a_1b_3 \\ b_1c_2-b_2c_1 & a_2c_1-a_1c_2 & a_1b_2-a_2b_1 \end{pmatrix}$$

从已给予变换(28)与其逆变换(29)照某一次序或其相反的次序继续施行,所得出的变换都是恒等变换(其系数矩阵为单位矩阵),故有

$$\boldsymbol{A}\boldsymbol{A}^{-1}=\boldsymbol{A}^{-1}\boldsymbol{A}=\boldsymbol{E} \tag{31}$$

直接把矩阵 $\boldsymbol{A}$ 与 $\boldsymbol{A}^{-1}$ 相乘,亦可以验证等式(31).事实上,由(30)①

$$[\boldsymbol{A}\boldsymbol{A}^{-1}]_{ij}=\sum_{k=1}^{n}a_{ik}a_{kj}^{(-1)}=\frac{1}{|\boldsymbol{A}|}\sum_{k=1}^{n}a_{ik}A_{jk}=\delta_{ij}\quad(i,j=1,2,\cdots,n)$$

同理

$$[\boldsymbol{A}^{-1}\boldsymbol{A}]_{ij}=\sum_{k=1}^{n}a_{ik}^{(-1)}a_{kj}=\frac{1}{|\boldsymbol{A}|}\sum_{k=1}^{n}A_{ki}a_{kj}=\delta_{ij}\quad(i,j=1,2,\cdots,n)$$

不难看出,矩阵方程

$$\boldsymbol{A}\boldsymbol{X}=\boldsymbol{E}\quad 与\quad \boldsymbol{X}\boldsymbol{A}=\boldsymbol{E}\quad(|\boldsymbol{A}|\neq 0) \tag{32}$$

除解 $\boldsymbol{X}=\boldsymbol{A}^{-1}$ 外,没有别的解.事实上,左乘第一个方程的两边以 $\boldsymbol{A}^{-1}$,右乘第二个方程的两边以 $\boldsymbol{A}^{-1}$,且用矩阵乘法的可结合性质与等式(31),我们在这两种情形都得出②

$$\boldsymbol{X}=\boldsymbol{A}^{-1}$$

同样的方法可以证明,每一个矩阵方程

$$\boldsymbol{A}\boldsymbol{X}=\boldsymbol{B},\boldsymbol{X}\boldsymbol{A}=\boldsymbol{B}\quad(|\boldsymbol{A}|\neq 0) \tag{33}$$

其中 $\boldsymbol{X}$ 与 $\boldsymbol{B}$ 是同维数的长方矩阵,$\boldsymbol{A}$ 为有对应阶数的方阵,有一个且仅有一个解:各为

$$\boldsymbol{X}=\boldsymbol{A}^{-1}\boldsymbol{B}\quad 与\quad \boldsymbol{X}=\boldsymbol{B}\boldsymbol{A}^{-1} \tag{34}$$

矩阵(34)各为以矩阵 $\boldsymbol{A}$“除”矩阵 $\boldsymbol{B}$ 的“左”与“右”商.由(33)与(34)对应的得出(参考 §2 的末尾)$r_{\boldsymbol{B}}\leqslant r_{\boldsymbol{X}}$ 与 $r_{\boldsymbol{X}}\leqslant r_{\boldsymbol{B}}$,亦即 $r_{\boldsymbol{X}}=r_{\boldsymbol{B}}$.比较(33)我们有:

在左或右乘一个长方矩阵以满秩方阵时,不变原矩阵的秩.

还须注意,由(31)推知 $|\boldsymbol{A}||\boldsymbol{A}^{-1}|=1$,亦即

$$|\boldsymbol{A}^{-1}|=\frac{1}{|\boldsymbol{A}|}$$

对于两个满秩矩阵的乘积有

$$(\boldsymbol{A}\boldsymbol{B})^{-1}=\boldsymbol{B}^{-1}\boldsymbol{A}^{-1} \tag{35}$$

---

① 此处我们用到已知的行列式的性质.按照它的性质,任一列的元素与其代数余子式的乘积之和等于行列式的值,而任一列的元素与其他一列的对应元素的代数余子式的乘积之和等于零.

② 如果 $\boldsymbol{A}$ 是一个降秩矩阵,那么方程(32)就没有解.事实上,如果在这些方程中任何一个有解 $\boldsymbol{X}=(x_{ik})_1^n$,那么由关于行列式相乘的定理[参考公式(19)],$|\boldsymbol{A}||\boldsymbol{X}|=|\boldsymbol{E}|=1$,这当 $|\boldsymbol{A}|=0$ 时是不可能的.

3. 所有 n 阶矩阵构成一个有单位元素 $\boldsymbol{E}$ 的环①. 因为在这一个环中定义了域 K 中的数与矩阵的乘法,而且有由 n^2 个线性无关矩阵所构成的基底存在,使所有的 n 阶矩阵都可以经它们线性表出②,所以 n 阶矩阵环是一个代数③.

所有的 n 阶方阵对于加法运算构成一个交换群④. 所有的满秩 n 阶矩阵对于乘法构成一个(非交换) 群.

方阵 $\boldsymbol{A}=(a_{ik})_1^n$ 称为上三角形的(下三角形的),如果在这一个矩阵中所有位于主对角线的下方(主对角线的上方) 的元素都等于零,即

$$\boldsymbol{A}=\begin{pmatrix} a_{11} & a_{12} & \cdots & a_{1n} \\ 0 & a_{22} & \cdots & a_{2n} \\ \vdots & \vdots & & \vdots \\ 0 & 0 & \cdots & a_{nn} \end{pmatrix}$$

$$\boldsymbol{A}=\begin{pmatrix} a_{11} & 0 & \cdots & 0 \\ a_{21} & a_{22} & \cdots & 0 \\ \vdots & \vdots & & \vdots \\ a_{n1} & a_{n2} & \cdots & a_{nn} \end{pmatrix}$$

对角矩阵是上或下三角矩阵的特例.

因为三角矩阵的行列式等于其对角线上诸元素的乘积,所以三角(特别是对角) 矩阵是满秩的充分必要条件为其对角线上元素都不等于零.

容易验证,任何两个对角(上三角、下三角) 矩阵的和是一个对角(上三角形、下三角形) 矩阵,而且对于满秩对角(上三角、下三角) 矩阵的逆矩阵仍然是同一类型的矩阵. 所以:

1° 所有 n 阶对角矩阵,所有 n 阶上三角矩阵,所有 n 阶下三角矩阵关于加法运算构成三个交换群.

2° 所有满秩对角矩阵关于乘法运算构成一个交换群.

---

① 环是元素的一个集合,在它里面确定有常可唯一施行的两个运算:两个元素的"加法"(适合交换律与结合律) 与两个元素的"乘法"(适合结合律与关于加法的分配律),而且对加法有逆运算存在. 参考,例如 Курс высшей алгебры(1952) 的第 6,19 与 115 页(柯召译本的第 7,19 与 109 页) 或 Высшая алгебра(1938) 的第 333 页.

② 事实上,元素在 K 中的任一矩阵 $\boldsymbol{A}=(a_{ik})_1^n$ 都可以表为 $\boldsymbol{A}=\sum\limits_{i,k=1}^{n} a_{ik}\boldsymbol{E}_{ik}$ 的形状,其中 $\boldsymbol{E}_{ik}$ 是一个 n 阶矩阵,只有在第 i 行与第 k 列相交的地方有元素 1,而所有其余的元素都是 0.

③ 参考,例如Курс высшей алгебры(1952) 的第 116 页(柯召译本的第 111 页).

④ 群是某些元素的一个集合,在它里面建立了一个运算,对于集合中任两元素 a 与 b 都在这一集合中唯一的确定第三个元素 $a*b$,而且(1) 这个运算是可结合的$[(a*b)*c=a*(b*c)]$,(2) 在集合中有一个单位元素 e 存在($a*e=e*a=a$),(3) 对集合中任一元素 a 都有逆元素 a^{-1} 存在($a*a^{-1}=a^{-1}*a=e$). 它的运算适合可交换律者称为交换群或阿贝尔群,关于群的概念可参考,例如,Курс высшей алгебры(1952),见下册(柯召译本的第 351 页与以后诸页).

3° 所有满秩上(下)三角矩阵关于乘法运算构成群(非交换的).

4° 在结束本节时,我们指出对于矩阵的一个重要运算 —— 矩阵的转置与转化到共轭矩阵.

如果$\boldsymbol{A}=(a_{ik})(i=1,2,\cdots,m;k=1,2,\cdots,n)$,那么转置矩阵$\boldsymbol{A}'$为等式$\boldsymbol{A}'=(a'_{ki})$所确定,其中$a'_{ki}=a_{ik}(i=1,2,\cdots,m;k=1,2,\cdots,n)$.如果矩阵$\boldsymbol{A}$的维数为$m\times n$,那么矩阵$\boldsymbol{A}'$的维数为$n\times m$.

容易验证以下诸性质①:

1° $(\boldsymbol{A}+\boldsymbol{B})'=\boldsymbol{A}'+\boldsymbol{B}',(\boldsymbol{A}+\boldsymbol{B})^*=\boldsymbol{A}^*+\boldsymbol{B}^*$;

2° $(\alpha\boldsymbol{A})'=\alpha\boldsymbol{A}',(\alpha\boldsymbol{A})^*=\alpha\boldsymbol{A}^*$;

3° $(\boldsymbol{AB})'=\boldsymbol{B}'\boldsymbol{A}',(\boldsymbol{AB})^*=\boldsymbol{B}^*\boldsymbol{A}^*$;

4° $(\boldsymbol{A}^{-1})'=(\boldsymbol{A}')^{-1},(\boldsymbol{A}^{-1})^*=(\boldsymbol{A}^*)^{-1}$;

5° $(\boldsymbol{A}')'=\boldsymbol{A}',(\boldsymbol{A}^*)^*=\boldsymbol{A}^*$.

如果方阵$\boldsymbol{S}=(s_{ij})_1^n$同它自己的转置矩阵重合($\boldsymbol{S}'=\boldsymbol{S}$),那么称这样的矩阵为对称的.如果方阵$\boldsymbol{H}=(h_{ik})$与其共轭矩阵相同($\boldsymbol{H}^*=\boldsymbol{H}$),那么它称为埃尔米特矩阵.在对称矩阵中,位于对主对角线相对称的位置上的元素彼此相等.注意,两个对称矩阵(埃尔米特矩阵)的乘积,一般地说,不一定是对称矩阵(埃尔米特矩阵).由3°,知其乘积仍为对称矩阵或埃尔米特矩阵的充分必要条件是所给予的两个对称矩阵或埃尔米特矩阵是彼此可交换的.

如果$\boldsymbol{A}$是一个实矩阵,即含实元素的矩阵,那么$\boldsymbol{A}^*=\boldsymbol{A}'$.埃尔米特实矩阵总是对称矩阵.

两个维数分别为$m\times m$与$n\times n$的埃尔米特矩阵$\boldsymbol{AA}^*$与$\boldsymbol{A}^*\boldsymbol{A}$和每个$m\times n$维长方矩阵$\boldsymbol{A}=(a_{ik})$有关.等式$\boldsymbol{AA}^*=\boldsymbol{0}$或$\boldsymbol{A}^*\boldsymbol{A}=\boldsymbol{0}$中任一个导致②等式$\boldsymbol{A}=\boldsymbol{0}$.

如果方阵$\boldsymbol{K}=(k_{ij})_1^n$同它的转置矩阵只差一个因子$-1(\boldsymbol{K}'=-\boldsymbol{K})$,那么称这样的矩阵为反对称的.在反对称矩阵中,位于对主对角线相对称的位置上的元素,彼此之间只有一个因子-1的差别,而主对角上面的所有元素都等于零.由3°,知两个彼此可交换的反对称矩阵的乘积是一个对称矩阵③.

---

① 在公式1°,2°,3°中,$\boldsymbol{A},\boldsymbol{B}$为其对应运算可以施行的任何长方矩阵.在公式4°中,$\boldsymbol{A}$为任何一个满秩方阵.

② 这由$\boldsymbol{AA}^*$与$\boldsymbol{A}^*\boldsymbol{A}$中每个矩阵的对角线元素之和等于$\sum_{i=1}^{m}\sum_{k=1}^{n}|a_{ik}|^2$得出.

③ 关于表方阵$\boldsymbol{A}$为两个对称矩阵的乘积($\boldsymbol{A}=\boldsymbol{S}_1\boldsymbol{S}_2$)或为两个反对称矩阵的乘积($\boldsymbol{A}=\boldsymbol{K}_1\boldsymbol{K}_2$)的问题,可参考 Ueber die Darstellbarkeit einer Matrix als Produkt von zwei symmetrischen Matrizen(1922).

§4 相伴矩阵.逆矩阵的子式

1. 设给予矩阵 $\mathbf{A}=(a_{ik})_1^n$. 讨论矩阵 $\mathbf{A}$ 的所有可能的 $p(1\leqslant p\leqslant n)$ 阶子式

$$\mathbf{A}\begin{pmatrix} i_1 & i_2 & \cdots & i_p \\ k_1 & k_2 & \cdots & k_p \end{pmatrix} \quad \left(1\leqslant \begin{matrix} i_1<i_2<\cdots<i_p \\ k_1<k_2<\cdots<k_p \end{matrix} \leqslant n\right) \tag{36}$$

这些子式的个数等于 N^2,其中 $N=C_n^p$ 为从 n 个元素中取出 p 个元素的组合数. 为了把(36) 诸子式布置成一个方形阵列,我们要给予所有从 n 个下标 $1,2,\cdots,n$ 中所取出的 p 个数的组合以确定的(例如,字汇排列的) 次序记数法.

如果对于这一个记数法,下标的组合 $i_1<i_2<\cdots<i_p$ 与 $k_1<k_2<\cdots<k_p$ 有序数 α 与 β,那么子式(36) 将记为

$$\mathfrak{a}_{\alpha\beta}=\mathbf{A}\begin{pmatrix} i_1 & i_2 & \cdots & i_p \\ k_1 & k_2 & \cdots & k_p \end{pmatrix}$$

给予 α 与 β 以彼此无关的所有从 1 到 N 的值,我们就得到矩阵 $\mathbf{A}=(a_{ik})_1^n$ 的所有的 p 阶子式.

N 阶方阵

$$\mathfrak{A}_p=(\mathfrak{a}_{\alpha\beta})_1^N$$

称为矩阵 $\mathbf{A}=(a_{ik})_1^n$ 的 p 层相伴矩阵;p 可取数值 $1,2,\cdots,n$. 此处 $\mathfrak{A}_1=\mathbf{A}$,而矩阵 $\mathfrak{A}_n$ 是由一个元素所组成的,等于 $|\mathbf{A}|$.

注 下标的组合的记数次序要首先给它确定下来,同矩阵 $\mathbf{A}$ 的选择无关.

例 8 设

$$\mathbf{A}=\begin{pmatrix} a_{11} & a_{12} & a_{13} & a_{14} \\ a_{21} & a_{22} & a_{23} & a_{24} \\ a_{31} & a_{32} & a_{33} & a_{34} \\ a_{41} & a_{42} & a_{43} & a_{44} \end{pmatrix}$$

把从四个下标 1,2,3,4 中取出两个的组合的记数,排列成以下次序

$$(1\quad 2)\quad (1\quad 3)\quad (1\quad 4)\quad (2\quad 3)\quad (2\quad 4)\quad (3\quad 4)$$

那么

$$\mathfrak{A}_2=\begin{pmatrix} A\begin{pmatrix}1&2\\1&2\end{pmatrix} & A\begin{pmatrix}1&2\\1&3\end{pmatrix} & A\begin{pmatrix}1&2\\1&4\end{pmatrix} & A\begin{pmatrix}1&2\\2&3\end{pmatrix} & A\begin{pmatrix}1&2\\2&4\end{pmatrix} & A\begin{pmatrix}1&2\\3&4\end{pmatrix} \\ A\begin{pmatrix}1&3\\1&2\end{pmatrix} & A\begin{pmatrix}1&3\\1&3\end{pmatrix} & A\begin{pmatrix}1&3\\1&4\end{pmatrix} & A\begin{pmatrix}1&3\\2&3\end{pmatrix} & A\begin{pmatrix}1&3\\2&4\end{pmatrix} & A\begin{pmatrix}1&3\\3&4\end{pmatrix} \\ A\begin{pmatrix}1&4\\1&2\end{pmatrix} & A\begin{pmatrix}1&4\\1&3\end{pmatrix} & A\begin{pmatrix}1&4\\1&4\end{pmatrix} & A\begin{pmatrix}1&4\\2&3\end{pmatrix} & A\begin{pmatrix}1&4\\2&4\end{pmatrix} & A\begin{pmatrix}1&4\\3&4\end{pmatrix} \\ A\begin{pmatrix}2&3\\1&2\end{pmatrix} & A\begin{pmatrix}2&3\\1&3\end{pmatrix} & A\begin{pmatrix}2&3\\1&4\end{pmatrix} & A\begin{pmatrix}2&3\\2&3\end{pmatrix} & A\begin{pmatrix}2&3\\2&4\end{pmatrix} & A\begin{pmatrix}2&3\\3&4\end{pmatrix} \\ A\begin{pmatrix}2&4\\1&2\end{pmatrix} & A\begin{pmatrix}2&4\\1&3\end{pmatrix} & A\begin{pmatrix}2&4\\1&4\end{pmatrix} & A\begin{pmatrix}2&4\\2&3\end{pmatrix} & A\begin{pmatrix}2&4\\2&4\end{pmatrix} & A\begin{pmatrix}2&4\\3&4\end{pmatrix} \\ A\begin{pmatrix}3&4\\1&2\end{pmatrix} & A\begin{pmatrix}3&4\\1&3\end{pmatrix} & A\begin{pmatrix}3&4\\1&4\end{pmatrix} & A\begin{pmatrix}3&4\\2&3\end{pmatrix} & A\begin{pmatrix}3&4\\2&4\end{pmatrix} & A\begin{pmatrix}3&4\\3&4\end{pmatrix} \end{pmatrix}$$

我们来提出相伴矩阵的某些性质：

1° 由 $\boldsymbol{C}=\boldsymbol{AB}$ 可得：$\mathfrak{C}_p=\mathfrak{A}_p\mathfrak{B}_p\ (p=1,2,\cdots,n)$.

事实上，用公式(19) 把矩阵乘积 $\boldsymbol{C}$ 的 $p(1\leqslant p\leqslant n)$ 阶子式用矩阵因子的同阶子式来表出，我们有

$$\boldsymbol{C}\begin{pmatrix}i_1 & i_2 & \cdots & i_p\\ k_1 & k_2 & \cdots & k_p\end{pmatrix}=\sum_{1\leqslant l_1<l_2<\cdots<l_p\leqslant n}\boldsymbol{A}\begin{pmatrix}i_1 & i_2 & \cdots & i_p\\ l_1 & l_2 & \cdots & l_p\end{pmatrix}\boldsymbol{B}\begin{pmatrix}l_1 & l_2 & \cdots & l_p\\ k_1 & k_2 & \cdots & k_p\end{pmatrix}$$

$$\left(1\leqslant\begin{matrix}i_1<i_2<\cdots<i_p\\ k_1<k_2<\cdots<k_p\end{matrix}\leqslant n\right)\tag{37}$$

显然，用这一节的记法，等式(37) 可以写为

$$\mathfrak{c}_{\alpha\beta}=\sum_{\lambda=1}^{N}\mathfrak{a}_{\alpha\lambda}\,\mathfrak{b}_{\lambda\beta}\quad(\alpha,\beta=1,2,\cdots,N)$$

（此处 α,β,λ 各为下标组合 $i_1<i_2<\cdots<i_p$；$k_1<k_2<\cdots<k_p$；$l_1<l_2<\cdots<l_p$ 的记数），故得

$$\mathfrak{C}_p=\mathfrak{A}_p\mathfrak{B}_p\quad(p=1,2,\cdots,n)$$

2° 由 $\boldsymbol{B}=\boldsymbol{A}^{-1}$ 可得：$\mathfrak{B}_p=\mathfrak{A}_p^{-1}\ (p=1,2,\cdots,n)$.

这一个论断可以直接从上一结果推得，如果我们取 $\boldsymbol{C}=\boldsymbol{E}$ 且注意此时 $\mathfrak{C}_p$ 为一个 $N=\mathrm{C}_n^p$ 阶的单位矩阵.

从论断 2° 可以推得把逆矩阵的子式用已知矩阵的子式来表出的一个重要公式.

如果 $\boldsymbol{B}=\boldsymbol{A}^{-1}$，那么对于任何 $\left(1\leqslant\begin{matrix}i_1<i_2<\cdots<i_p\\ k_1<k_2<\cdots<k_p\end{matrix}\leqslant n\right)$，有

$$\boldsymbol{B}\begin{pmatrix} i_1 & i_2 & \cdots & i_p \\ k_1 & k_2 & \cdots & k_p \end{pmatrix} = \frac{(-1)^{\sum\limits_{v=1}^{p} i_v + \sum\limits_{v=1}^{p} k_v} \boldsymbol{A}\begin{pmatrix} k'_1 & k'_2 & \cdots & k'_{n-p} \\ i'_1 & i'_2 & \cdots & i'_{n-p} \end{pmatrix}}{\boldsymbol{A}\begin{pmatrix} 1 & 2 & \cdots & n \\ 1 & 2 & \cdots & n \end{pmatrix}} \tag{38}$$

其中 $i_1 < i_2 < \cdots < i_p$ 连同 $i'_1 < i'_2 < \cdots < i'_{n-p}$，$k_1 < k_2 < \cdots < k_p$ 连同 $k'_1 < k'_2 < \cdots < k'_{n-p}$ 都构成完全下标组 $1,2,\cdots,n$.

事实上，由 $\boldsymbol{AB} = \boldsymbol{E}$ 可得

$$\mathfrak{A}_p \mathfrak{B}_p = \mathfrak{C}_p$$

或者较详细地写为

$$\sum_{\alpha=1}^{N} \mathfrak{a}_{\gamma\alpha} \mathfrak{b}_{\alpha\beta} = \delta_{\gamma\beta} = \begin{cases} 1 & (\gamma = \beta) \\ 0 & (\gamma \neq \beta) \end{cases} \tag{39}$$

等式(39) 还可以写为

$$\sum_{1 \leqslant i_1 < i_2 < \cdots < i_p \leqslant n} \boldsymbol{A}\begin{pmatrix} j_1 & j_2 & \cdots & j_p \\ i_1 & i_2 & \cdots & i_p \end{pmatrix} \boldsymbol{B}\begin{pmatrix} i_1 & i_2 & \cdots & i_p \\ k_1 & k_2 & \cdots & k_p \end{pmatrix} =$$

$$\begin{cases} 1 & \text{如果} \sum\limits_{v=1}^{p} (j_v - k_v)^2 = 0 \\ 0 & \text{如果} \sum\limits_{v=1}^{p} (j_v - k_v)^2 > 0 \end{cases} \quad \left(1 \leqslant \begin{matrix} j_1 < j_2 < \cdots < j_p \\ k_1 < k_2 < \cdots < k_p \end{matrix} \leqslant n\right) \tag{39'}$$

另一方面，应用已知的行列式 $|\boldsymbol{A}|$ 的拉普拉斯展开式，我们得出

$$\sum_{1 \leqslant i_1 < i_2 < \cdots < i_p \leqslant n} \boldsymbol{A}\begin{pmatrix} j_1 & j_2 & \cdots & j_p \\ i_1 & i_2 & \cdots & i_p \end{pmatrix} \cdot (-1)^{\sum\limits_{v=1}^{p} i_v + \sum\limits_{v=1}^{p} k_v} \boldsymbol{A}\begin{pmatrix} k'_1 & k'_2 & \cdots & k'_{n-p} \\ i'_1 & i'_2 & \cdots & i'_{n-p} \end{pmatrix} =$$

$$\begin{cases} |\boldsymbol{A}| & \text{如果} \sum\limits_{v=1}^{p} (j_v - k_v)^2 = 0 \\ 0 & \text{如果} \sum\limits_{v=1}^{p} (j_v - k_v)^2 > 0 \end{cases} \tag{40}$$

其中 $i'_1 < i'_2 < \cdots < i'_{n-p}$ 连同 $i_1 < i_2 < \cdots < i_p$，$k'_1 < k'_2 < \cdots < k'_{n-p}$ 连同 $k_1 < k_2 < \cdots < k_p$ 都构成完全下标组 $1,2,\cdots,n$. 比较式(40) 同(39′)，(39) 证明了，等式(39) 是适合的，如果不取 $\boldsymbol{B}\begin{pmatrix} i_1 & i_2 & \cdots & i_p \\ k_1 & k_2 & \cdots & k_p \end{pmatrix}$ 为 $\mathfrak{b}_{\alpha\beta}$，而取以下式子

$$\frac{(-1)^{\sum\limits_{v=1}^{p} i_v + \sum\limits_{v=1}^{p} k_v} \boldsymbol{A}\begin{pmatrix} k'_1 & k'_2 & \cdots & k'_{n-p} \\ i'_1 & i'_2 & \cdots & i'_{n-p} \end{pmatrix}}{\boldsymbol{A}\begin{pmatrix} 1 & 2 & \cdots & n \\ 1 & 2 & \cdots & n \end{pmatrix}}$$

因为在等式组(39) 中，$\mathfrak{A}_p$ 的逆矩阵的元素 $\mathfrak{b}_{\alpha\beta}$ 是唯一单值确定的，所以我们有等式(38).

§5 长方矩阵的求逆. 伪逆矩阵

如果 $\boldsymbol{A}$ 是一个满秩方阵,那么它存在一个逆矩阵 $\boldsymbol{A}^{-1}$. 如果 $\boldsymbol{A}$ 不是方阵,而是 $m\times n$ 维长方矩阵($m\neq n$),或者是降秩方阵,那么矩阵 $\boldsymbol{A}$ 没有逆矩阵,符号 $\boldsymbol{A}^{-1}$ 没有意义. 但是正如以后将证明,任何长方矩阵 $\boldsymbol{A}$ 都有一个"伪逆"矩阵 $\boldsymbol{A}^{+}$,它具有逆矩阵的一些性质,并且对解线性方程组有重要的应用. 在 $\boldsymbol{A}$ 是一个满秩方阵的情形,伪逆矩阵与逆矩阵 $\boldsymbol{A}^{-1}$ 相同[①].

1. 矩阵的骨架展开式. 今后我们将利用秩 r 的任意 $m\times n$ 维长方矩阵 $\boldsymbol{A}=(a_{ik})$ 表示为两个矩阵 $\boldsymbol{B}$ 与 $\boldsymbol{C}$ 的乘积的形式,它们分别有维数 $m\times r$ 与 $r\times n$

$$\boldsymbol{A}=\boldsymbol{B}\,\boldsymbol{C}=\begin{pmatrix} b_{11} & \cdots & b_{1r} \\ b_{21} & \cdots & b_{2r} \\ \vdots & & \vdots \\ b_{m1} & \cdots & b_{mr} \end{pmatrix}\begin{pmatrix} c_{11} & c_{12} & \cdots & c_{1n} \\ \vdots & \vdots & & \vdots \\ c_{r1} & c_{r2} & \cdots & c_{rn} \end{pmatrix}\quad (r=r_{\boldsymbol{A}}) \tag{41}$$

此处余因子 $\boldsymbol{B}$ 与 $\boldsymbol{C}$ 的秩一定等于乘积 $\boldsymbol{A}$ 的秩:$r_{\boldsymbol{B}}=r_{\boldsymbol{C}}=r$. 事实上(参考 §2),$r\leqslant r_{\boldsymbol{B}},r_{\boldsymbol{C}}$. 但是秩 $r_{\boldsymbol{B}}$ 与 $r_{\boldsymbol{C}}$ 不能超过 r,因为 r 是矩阵 $\boldsymbol{B}$ 与 $\boldsymbol{C}$ 的一个维数. 因此 $r_{\boldsymbol{B}}=r_{\boldsymbol{C}}=r$.

为了得出展开式(41),只要取矩阵 $\boldsymbol{A}$ 的任何 r 个线性无关列或任何能线性表示矩阵 $\boldsymbol{A}$[②] 诸列的 r 个线性无关列,作为矩阵 $\boldsymbol{B}$ 的诸列即可. 于是矩阵 $\boldsymbol{A}$ 任何第 j 列将是含系数 $c_{1j},c_{2j},\cdots,c_{rj}$ 的矩阵 $\boldsymbol{B}$ 诸列的线性组合;这些系数也构成矩阵 $\boldsymbol{C}$ 的第 j 列($j=1,\cdots,n$,参考 §2,4)[③].

因为矩阵 $\boldsymbol{B}$ 与 $\boldsymbol{C}$ 有最大可能的秩 r,所以方阵 $\boldsymbol{B}^{*}\boldsymbol{B}$ 与 $\boldsymbol{C}\boldsymbol{C}^{*}$ 是满秩的

$$|\boldsymbol{B}^{*}\boldsymbol{B}|\neq 0,\ |\boldsymbol{C}\boldsymbol{C}^{*}|\neq 0 \tag{42}$$

事实上,设列 $\boldsymbol{x}$ 是方程

$$\boldsymbol{B}^{*}\boldsymbol{B}\boldsymbol{x}=\boldsymbol{0} \tag{43}$$

的任一解. 对这方程左乘以行 $\boldsymbol{x}^{*}$. 于是 $\boldsymbol{x}^{*}\boldsymbol{B}^{*}\boldsymbol{B}\boldsymbol{x}=(\boldsymbol{B}\boldsymbol{x})^{*}\boldsymbol{B}\boldsymbol{x}=\boldsymbol{0}$. 由此[④]得出 $\boldsymbol{B}\boldsymbol{x}=\boldsymbol{0}$,并且(因为 $\boldsymbol{B}\boldsymbol{x}$ 是矩阵 $\boldsymbol{B}$ 的线性无关列的线性组合;参考公式(13″))$\boldsymbol{x}=\boldsymbol{0}$. 由方程(43)只有零解 $\boldsymbol{x}=\boldsymbol{0}$ 得出 $|\boldsymbol{B}^{*}\boldsymbol{B}|\neq 0$. 类似地建立(42)的第二个不等

---

① 本节引用的伪逆矩阵的定义是莫尔 1920 年给出的 Amer. Math. Soc,他指出了这个概念的重要应用. 后来与莫尔独立,毕叶尔哈马尔与潘洛乌兹等人的工作中定义并研究了一些另外形式的伪逆矩阵.

② 我们根据熟知的命题:秩 r 的矩阵 $\boldsymbol{A}$ 有 r 个线性无关列来线性表示所有其余的列(即表示为这个域中数值系数线性组合形式). 类似命题对行也成立. 更详细可参考第 3 章 §1.

③ 同样,任何 r 行可以是矩阵 $\boldsymbol{C}$ 的诸行,这 r 行可表示矩阵 $\boldsymbol{A}$ 的一切行的线性组合. 于是这些线性组合的系数构成矩阵 $\boldsymbol{B}$ 的诸行.

④ 参考 §3 末尾.

式[①].

展开式(41) 将称为矩阵 $\boldsymbol{A}$ 的骨架展开式.

2. 伪逆矩阵的存在性与唯一性. 讨论矩阵方程

$$\boldsymbol{AXA}=\boldsymbol{A} \tag{44}$$

如果 $\boldsymbol{A}$ 是满秩方阵,那么这个方程有唯一解 $\boldsymbol{X}=\boldsymbol{A}^{-1}$. 如果 $\boldsymbol{A}$ 是任一 $m\times n$ 维长方矩阵,那么所求的解 $\boldsymbol{X}$ 为 $n\times m$ 维,但不是唯一确定的. 在一般情形下方程(44) 有无限解集. 下面将证明,在这些解中只有一个具有以下性质:它的行与列是共轭矩阵 $\boldsymbol{A}^*$ 相应的行与列的线性组合. 正是这个解我们称为 $\boldsymbol{A}$ 的伪逆矩阵,并记为 $\boldsymbol{A}^+$.

定义 5 $n\times m$ 维矩阵 $\boldsymbol{A}^+$ 称为 $m\times n$ 维矩阵 $\boldsymbol{A}$ 的伪逆矩阵,如果满足等式[②]

$$\boldsymbol{AA}^+\boldsymbol{A}=\boldsymbol{A} \tag{45}$$

$$\boldsymbol{A}^+=\boldsymbol{UA}^*=\boldsymbol{A}^*\boldsymbol{U} \tag{46}$$

其中 $\boldsymbol{U}$ 与 $\boldsymbol{V}$ 是某些矩阵.

首先证明,对于已知矩阵 $\boldsymbol{A}$ 不能存在两个不同的伪逆矩阵 $\boldsymbol{A}_1^+$ 与 $\boldsymbol{A}_2^+$. 事实上,由等式

$$\boldsymbol{AA}_1^+\boldsymbol{A}=\boldsymbol{AA}_2^+\boldsymbol{A}=\boldsymbol{A},\boldsymbol{A}_1^+=\boldsymbol{U}_1\boldsymbol{A}^*=\boldsymbol{A}^*\boldsymbol{V}_1,\boldsymbol{A}_2^+=\boldsymbol{U}_2\boldsymbol{A}^*=\boldsymbol{A}^*\boldsymbol{V}_2$$

令 $\boldsymbol{D}=\boldsymbol{A}_2^+-\boldsymbol{A}_1^+,\boldsymbol{U}=\boldsymbol{U}_2-\boldsymbol{U}_1,\boldsymbol{V}=\boldsymbol{V}_2-\boldsymbol{V}_1$,求出

$$\boldsymbol{ADA}=\boldsymbol{0},\boldsymbol{D}=\boldsymbol{UA}^*=\boldsymbol{A}^*\boldsymbol{V}$$

从而得

$$(\boldsymbol{DA})^*\boldsymbol{DA}=\boldsymbol{A}^*\boldsymbol{D}^*\boldsymbol{DA}=\boldsymbol{A}^*\boldsymbol{V}^*\boldsymbol{ADA}=\boldsymbol{0}$$

因此(参考 §3 末尾)

$$\boldsymbol{DA}=\boldsymbol{0}$$

但是这时 $\boldsymbol{DD}^*=\boldsymbol{DAU}^*=\boldsymbol{0}$,即 $\boldsymbol{D}=\boldsymbol{A}_2^+-\boldsymbol{A}_1^+=\boldsymbol{0}$.

为了证明矩阵 $\boldsymbol{A}^+$ 的存在,我们要利用骨架展开式(41),并首先寻找伪逆矩阵 $\boldsymbol{B}^+$ 与 $\boldsymbol{C}^+$[③]. 因为由定义以下等式应成立

$$\boldsymbol{BB}^+\boldsymbol{B}=\boldsymbol{B},\boldsymbol{B}^+=\hat{\boldsymbol{U}}\boldsymbol{B}^* \tag{47}$$

其中 $\hat{\boldsymbol{U}}$ 是某一矩阵,所以

$$\boldsymbol{B}\hat{\boldsymbol{U}}\boldsymbol{B}^*\boldsymbol{B}=\boldsymbol{B}$$

左乘以 $\boldsymbol{B}^*$,并注意到 $\boldsymbol{B}^*\boldsymbol{B}$ 是一满秩方阵,我们求出

---

① 不等式(42) 也可从比内一柯西公式直接推出. 根据这个公式,行列式 $|\boldsymbol{B}^*\boldsymbol{B}|$($|\boldsymbol{CC}^*|$) 等于矩阵 $\boldsymbol{B}$(相应 $\boldsymbol{C}$) 的一切 r 阶子式模的平方和.

② 条件(46) 表示,矩阵 $\boldsymbol{A}^+$ 的行(列) 是矩阵 $\boldsymbol{A}^*$ 的行(列) 的线性组合(参考 §2 的下标). 条件(46) 换为一个条件 $\boldsymbol{A}^+=\boldsymbol{A}^*\boldsymbol{WA}^*$,其中 $\boldsymbol{W}$ 是某一矩阵(参考 §2 末尾).

③ 从定义 5 立即推出,如果 $\boldsymbol{A}=\boldsymbol{0}$,那么也有 $\boldsymbol{A}^+=\boldsymbol{0}$. 因此,以后假设 $\boldsymbol{A}\neq\boldsymbol{0}$,因而 $r=r_A>0$.

$$\hat{U}=(\boldsymbol{B}^*\boldsymbol{B})^{-1}$$

但此时等式(47)中的第二个给出 $\boldsymbol{B}^+$ 所求的表示式

$$\boldsymbol{B}^+=(\boldsymbol{B}^*\boldsymbol{B})^{-1}\boldsymbol{B}^* \tag{48}$$

完全类似地求出

$$\boldsymbol{C}^+=\boldsymbol{C}^*(\boldsymbol{C}\boldsymbol{C}^*)^{-1} \tag{49}$$

现在来证明,矩阵

$$\boldsymbol{A}^+=\boldsymbol{C}^+\boldsymbol{B}^+=\boldsymbol{C}^*(\boldsymbol{C}\boldsymbol{C}^*)^{-1}(\boldsymbol{B}^*\boldsymbol{B})^{-1}\boldsymbol{B}^* \tag{50}$$

满足条件(45),(46),因此是 $\boldsymbol{A}$ 的伪逆矩阵.

事实上

$$\boldsymbol{A}\boldsymbol{A}^+\boldsymbol{A}=\boldsymbol{B}\boldsymbol{C}\boldsymbol{C}^*(\boldsymbol{C}\boldsymbol{C}^*)^{-1}(\boldsymbol{B}^*\boldsymbol{B})^{-1}\boldsymbol{B}^*\boldsymbol{B}\boldsymbol{C}=\boldsymbol{B}\boldsymbol{C}=\boldsymbol{A}$$

另一方面,从等式(48)~(50)并考虑到等式 $\boldsymbol{A}^*=\boldsymbol{C}^*\boldsymbol{B}^*$,令 $\boldsymbol{K}=(\boldsymbol{C}\boldsymbol{C}^*)^{-1}(\boldsymbol{B}^*\boldsymbol{B})^{-1}$,求出

$$\boldsymbol{A}^+=\boldsymbol{C}^*\boldsymbol{K}\boldsymbol{B}^*=\boldsymbol{C}^*\boldsymbol{K}(\boldsymbol{C}\boldsymbol{C}^*)^{-1}\boldsymbol{C}\boldsymbol{C}^*\boldsymbol{B}^*=\boldsymbol{U}\boldsymbol{C}^*\boldsymbol{B}^*=\boldsymbol{U}\boldsymbol{A}^*$$

$$\boldsymbol{A}^+=\boldsymbol{C}^*\boldsymbol{K}\boldsymbol{B}^*=\boldsymbol{C}^*\boldsymbol{B}^*\boldsymbol{B}(\boldsymbol{B}^*\boldsymbol{B})^{-1}\boldsymbol{K}\boldsymbol{B}^*=\boldsymbol{C}^*\boldsymbol{B}^*\boldsymbol{V}=\boldsymbol{A}^*\boldsymbol{V}$$

其中

$$\boldsymbol{U}=\boldsymbol{C}^*\boldsymbol{K}(\boldsymbol{C}\boldsymbol{C}^*)^{-1}\boldsymbol{C},\boldsymbol{V}=\boldsymbol{B}(\boldsymbol{B}^*\boldsymbol{V})^{-1}\boldsymbol{K}\boldsymbol{B}^*$$

这样就证明了,任何长方矩阵 $\boldsymbol{A}$ 都存在一个且只有一个伪逆矩阵 $\boldsymbol{A}^+$,它由公式(50)确定,其中 $\boldsymbol{B}$ 与 $\boldsymbol{C}$ 是矩阵 $\boldsymbol{A}$[①] 的骨架展开式 $\boldsymbol{A}=\boldsymbol{B}\boldsymbol{C}$ 中的余因子.从伪逆矩阵定义本身直接推出,在满秩方阵 $\boldsymbol{A}$ 的情形,伪逆矩阵 $\boldsymbol{A}^+$ 与逆矩阵相同.

例 9 令

$$\boldsymbol{A}=\begin{pmatrix}1 & -1 & 2 & 0\\ -1 & 2 & -3 & 1\\ 0 & 1 & -1 & 1\end{pmatrix}$$

此处 $r=2$.取矩阵 $\boldsymbol{A}$ 的前两列作为矩阵 $\boldsymbol{B}$ 的列.于是

$$\boldsymbol{A}=\boldsymbol{B}\boldsymbol{C}=\begin{pmatrix}1 & -1\\ -1 & 2\\ 0 & 1\end{pmatrix}\begin{pmatrix}1 & 0 & 1 & 1\\ 0 & 1 & -1 & 1\end{pmatrix}$$

与

$$\boldsymbol{B}^*\boldsymbol{B}=\begin{pmatrix}2 & -3\\ -3 & 6\end{pmatrix},(\boldsymbol{B}^*\boldsymbol{B})^{-1}=\begin{pmatrix}2 & 1\\ 1 & \frac{2}{3}\end{pmatrix}$$

① 展开式(41)不唯一地确定 $\boldsymbol{B}\boldsymbol{C}$ 的余因子.但是正如所证明的结果,因为只存在一个伪逆矩阵 $\boldsymbol{A}^+$,所以公式(50)在矩阵 $\boldsymbol{A}$ 的一切骨架展开式中,给 $\boldsymbol{A}^+$ 相同值.第2章 §5将叙述计算伪逆矩阵的另一方法,该法将原始矩阵分块.

$$CC^* = \begin{pmatrix} 3 & 0 \\ 0 & 3 \end{pmatrix}, (CC^*)^{-1} = \begin{bmatrix} \frac{1}{3} & 0 \\ 0 & \frac{1}{3} \end{bmatrix} = \frac{1}{3}E$$

因此根据公式(50)

$$A^+ = \frac{1}{3}\begin{bmatrix} 1 & 0 \\ 0 & 1 \\ 1 & -1 \\ 1 & 1 \end{bmatrix}\begin{bmatrix} 2 & 1 \\ 1 & \frac{2}{3} \end{bmatrix}\begin{pmatrix} 1 & -1 & 0 \\ -1 & 2 & 1 \end{pmatrix} = \begin{bmatrix} \frac{1}{3} & 0 & \frac{1}{3} \\ \frac{1}{9} & \frac{1}{9} & \frac{2}{9} \\ \frac{2}{9} & -\frac{1}{9} & \frac{1}{9} \\ \frac{4}{9} & \frac{1}{9} & \frac{5}{9} \end{bmatrix}$$

3. 伪逆矩阵的性质. 我们指出伪逆矩阵的以下性质：

1° $(A^*)^+ = (A^+)^*$；

2° $(A^+)^+ A$；

3° $(AA^+)^* = AA^+, (AA^+)^2 = AA^+$；

4° $(A^+ A)^* = A^+ A, (A^+ A)^2 = A^+ A$.

第一个性质表示，化成共轭矩阵与伪逆矩阵的运算是彼此可交换的. 等式 2° 表示伪逆矩阵概念的互反性，因为由 2° 知 A^+ 的伪逆矩阵是原始矩阵 A. 由等式 3° 与 4° 知，矩阵 AA^+ 与 A^+A 是埃尔米特矩阵与对合矩阵(这些矩阵每一个的平方等于矩阵本身).

为推导等式 1°，利用骨架展开式(41)：$A = BC$. 于是等式 $A^* = C^* B^*$ 给出矩阵 A^* 的骨架展开式. 因此在公式(50) 中把矩阵 B 换为 C^*，把矩阵 C 换为 B^*，得出

$$(A^*)^+ = B(B^*B)^{-1}(CC^*)^{-1}C = [C^*(CC^*)^{-1}(B^*B)^{-1}B^*]^* = (A^+)^*$$

等式 $A^+ = C^+ B^+, B^+ = (B^*B)^{-1}B^*, C^+ = C^*(CC^*)^{-1}$ 是骨架展开式. 因此

$$(A^+)^+ = (B^+)^+ (C^+)^+ = (B^*)^+ B^* BCC^* (C^*)^+$$

利用性质 1° 以及 B^+ 与 C^+ 的表示式，求出

$$(A^+)^+ = B(B^*B)^{-1}B^*BCC^*(CC^*)^{-1}C = BC = A$$

等式 3° 与 4° 的正确性，可直接在这些等式中用公式(50) 中相应表示式代替 A^+ 来验证.

注意，在展开式 $A = BC$ 不是骨架展开式的一般情形，等式 $A^+ = C^+ B^+$ 不总是成立. 例如

$$A = (1) = (0 \quad 1)\begin{pmatrix} 1 \\ 1 \end{pmatrix} = BC$$

此处

$$A^{+}=A^{-1}=(1),B^{+}=(0\quad 1)^{+}=[(1)\cdot(0\quad 1)]^{+}=\begin{pmatrix}0\\1\end{pmatrix}(1)=\begin{pmatrix}0\\1\end{pmatrix}$$

$$C^{+}=\begin{pmatrix}1\\1\end{pmatrix}^{+}=\left[\begin{pmatrix}1\\1\end{pmatrix}\cdot(1)\right]^{+}=(1)\cdot(2)^{-1}(1\quad 1)=\begin{pmatrix}\frac{1}{2} & \frac{1}{2}\end{pmatrix}$$

因此

$$C^{+}B^{+}=\begin{pmatrix}\frac{1}{2} & \frac{1}{2}\end{pmatrix}\begin{pmatrix}0\\1\end{pmatrix}=\begin{pmatrix}\frac{1}{2}\end{pmatrix}\neq A^{+}$$

4. 最佳近似解(根据最小二乘法). 讨论任一线性方程组

$$\begin{cases}a_{11}x_1+a_{12}x_2+\cdots+a_{1n}x_n=y_1\\a_{21}x_1+a_{22}x_2+\cdots+a_{2n}x_n=y_2\\\quad\vdots\\a_{m1}x_1+a_{m2}x_2+\cdots+a_{mn}x_n=y_m\end{cases}\tag{51}$$

或者用矩阵写法

$$Ax=y\tag{51'}$$

此外 $y_1,y_2,\cdots,y_m$ 是已知数,$x_1,x_2,\cdots,x_n$ 是未知数. 在一般情形下方程组(46)可能是不相容的.

列

$$x^0=(x_1^0,x_2^0,\cdots,x_n^0)\tag{52}$$

称为方程组(51)的最佳近似解,如果在数值 $x_1=x_1^0,x_2=x_2^0,\cdots,x_n=x_n^0$ 时"方差"

$$|y-Ax|^2=\sum_{i=1}^{m}|y_i-\sum_{k=1}^{n}a_{ik}x_k|^2\tag{53}$$

达到其最小值,在使这方差有最小值时的一切列 x 中,列 x^0 有最小"长度",即对这一列,值

$$|x|^2=x^*x=\sum_{i=1}^{n}|x_i|^2\tag{54}$$

有最小值.

我们来证明,方程组(51)总有一个且只有一个最佳近似解,这个近似解由以下公式确定

$$x^0=A^{+}y\tag{55}$$

其中 A^{+} 是矩阵的伪逆矩阵.

为此我们讨论任一列 x,并令

$$y-Ax=u+v$$

其中

$$u=y-Ax^0=y-AA^{+}y,v=A(x^0-x)\tag{56}$$

那么

$$|\boldsymbol{y}-\boldsymbol{A}\boldsymbol{x}|^2=(\boldsymbol{y}-\boldsymbol{A}\boldsymbol{x})^*(\boldsymbol{y}-\boldsymbol{A}\boldsymbol{x})=(\boldsymbol{u}+\boldsymbol{v})^*(\boldsymbol{u}+\boldsymbol{v})= \boldsymbol{u}^*\boldsymbol{u}+\boldsymbol{v}^*\boldsymbol{u}+\boldsymbol{u}^*\boldsymbol{v}+\boldsymbol{v}^*\boldsymbol{v} \tag{57}$$

但是

$$\boldsymbol{v}^*\boldsymbol{u}=(\boldsymbol{x}^0-\boldsymbol{x})^*\boldsymbol{A}^*(\boldsymbol{y}-\boldsymbol{A}\boldsymbol{A}^+\boldsymbol{y})=(\boldsymbol{x}^0-\boldsymbol{x})^*(\boldsymbol{A}^*-\boldsymbol{A}^*\boldsymbol{A}\boldsymbol{A}^+)\boldsymbol{y}_0 \tag{58}$$

由展开式(41) 与公式(50) 求出

$$\boldsymbol{A}^*\boldsymbol{A}\boldsymbol{A}^+=\boldsymbol{C}^*\boldsymbol{B}^*\boldsymbol{B}\boldsymbol{C}\boldsymbol{C}^*(\boldsymbol{C}\boldsymbol{C}^*)^{-1}(\boldsymbol{B}^*\boldsymbol{B})^{-1}\boldsymbol{B}^*=\boldsymbol{C}^*\boldsymbol{B}^*=\boldsymbol{A}^*$$

因此从等式(58) 推出

$$\boldsymbol{v}^*\boldsymbol{u}=\boldsymbol{0} \tag{59}$$

但是此时也有

$$\boldsymbol{u}^*\boldsymbol{v}=(\boldsymbol{v}^*\boldsymbol{u})^*=\boldsymbol{0} \tag{59'}$$

因此从等式(57) 求出

$$|\boldsymbol{y}-\boldsymbol{A}\boldsymbol{x}|^2=|\boldsymbol{u}|^2+|\boldsymbol{v}|^2=|\boldsymbol{y}-\boldsymbol{A}\boldsymbol{x}^0|^2+|\boldsymbol{A}(\boldsymbol{x}^0-\boldsymbol{x})|^2 \tag{60}$$

所以对于任一列 $\boldsymbol{x}$

$$|\boldsymbol{y}-\boldsymbol{A}\boldsymbol{x}|\geqslant|\boldsymbol{y}-\boldsymbol{A}\boldsymbol{x}^0| \tag{61}$$

现在令

$$|\boldsymbol{y}-\boldsymbol{A}\boldsymbol{x}|=|\boldsymbol{y}-\boldsymbol{A}\boldsymbol{x}^0|$$

那么由等式(60) 有

$$\boldsymbol{A}\boldsymbol{z}=\boldsymbol{0} \tag{62}$$

其中

$$\boldsymbol{z}=\boldsymbol{x}-\boldsymbol{x}^0$$

另一方面

$$|\boldsymbol{x}|^2=(\boldsymbol{x}^0+\boldsymbol{z})^*(\boldsymbol{x}^0+\boldsymbol{z})=|\boldsymbol{x}^0|^2+|\boldsymbol{z}|^2+(\boldsymbol{x}^0)^*\boldsymbol{z}+\boldsymbol{z}^*\boldsymbol{x}^0 \tag{63}$$

回忆起 $\boldsymbol{A}^+=\boldsymbol{A}^*\boldsymbol{V}$(参考定义 5),由式(62) 得

$$(\boldsymbol{x}^0)^*\boldsymbol{z}=(\boldsymbol{A}^+\boldsymbol{y})^*\boldsymbol{z}=(\boldsymbol{A}^*\boldsymbol{v}\boldsymbol{y})^*\boldsymbol{z}=\boldsymbol{y}^*\boldsymbol{v}^*\boldsymbol{A}\boldsymbol{z}=\boldsymbol{0} \tag{64}$$

但是此时又有

$$\boldsymbol{z}^*\boldsymbol{x}^0=((\boldsymbol{x}^0)^*\boldsymbol{z})^*=\boldsymbol{0}$$

因此从等式(63) 求出

$$|\boldsymbol{x}|^2=|\boldsymbol{x}^0|^2+|\boldsymbol{z}|^2$$

所以

$$|\boldsymbol{x}|^2\geqslant|\boldsymbol{x}^0|^2$$

并且等号只有在 $\boldsymbol{z}=\boldsymbol{0}$ 时,即在 $\boldsymbol{x}=\boldsymbol{x}^0$ 时才成立,其中 $\boldsymbol{x}^0=\boldsymbol{A}^+\boldsymbol{y}$.

例 10　根据最小二乘法求以下线性方程组的最佳近似解

$$\begin{cases} x_1-x_2+2x_2=3 \\ -x_1+2x_2-3x_3+x_4=6 \\ x_2-x_3+x_4=0 \end{cases} \tag{65}$$

此处

$$A=\begin{pmatrix}1 & -1 & 2 & 0\\ -1 & 2 & -3 & 1\\ 0 & 1 & -1 & 1\end{pmatrix}$$

但是此时(参考本节 2 的例)

$$A^{+}=\begin{pmatrix}\frac{1}{3} & 0 & \frac{1}{3}\\ \frac{1}{9} & \frac{1}{9} & \frac{2}{9}\\ \frac{2}{9} & -\frac{1}{9} & \frac{1}{9}\\ \frac{4}{9} & \frac{1}{9} & \frac{5}{9}\end{pmatrix}$$

因此

$$\boldsymbol{x}^{0}=\begin{pmatrix}x_1^0\\ x_2^0\\ x_3^0\\ x_4^0\end{pmatrix}=\begin{pmatrix}\frac{1}{3} & 0 & \frac{1}{3}\\ \frac{1}{9} & \frac{1}{9} & \frac{2}{9}\\ \frac{2}{9} & -\frac{1}{9} & \frac{1}{9}\\ \frac{4}{9} & \frac{1}{9} & \frac{5}{9}\end{pmatrix}\begin{pmatrix}3\\ 6\\ 0\end{pmatrix}$$

所以

$$x_1^0=1,x_2^0=1,x_3^0=0,x_4^0=2$$

我们把 $m\times n$ 矩阵 $\boldsymbol{A}=(a_{ij})$ 的范数 $\|\boldsymbol{A}\|$ 定义为一个由以下公式给出的非负数

$$\|\boldsymbol{A}\|^2=\sum_{i,j}|a_{ik}|^2 \tag{66}$$

此时显然有

$$\|\boldsymbol{A}\|^2=\sum_{k=1}^{n}|\boldsymbol{A}_k|^2=\sum_{i=1}^{n}|a_{i\cdot}|^2 \tag{66'}$$

讨论矩阵方程

$$\boldsymbol{AX}=\boldsymbol{Y} \tag{67}$$

其中 $\boldsymbol{A}$ 与 $\boldsymbol{Y}$ 是已知的 $m\times n$ 与 $m\times p$ 矩阵,而 $\boldsymbol{X}$ 是未知的 $n\times p$ 矩阵.

从条件 $\|\boldsymbol{Y}-\boldsymbol{AX}^0\|=\min\|\boldsymbol{Y}-\boldsymbol{AX}\|$,并在 $\|\boldsymbol{Y}-\boldsymbol{AX}\|=\|\boldsymbol{Y}-\boldsymbol{AX}^0\|$ 的情形下,要求使 $\|\boldsymbol{X}^0\|\leqslant\|\boldsymbol{X}\|$,我们来确定方程(67)的最佳近似解.从关系式

$$\| \boldsymbol{Y} - \boldsymbol{AX} \|^2 = \sum_{k=1}^{p} | Y_{\cdot k} - \boldsymbol{A}X_{\cdot k} |^2 \tag{68}$$

$$\| \boldsymbol{X} \|^2 = \sum_{k=1}^{p} | X_{\cdot k} |^2 \tag{69}$$

推出未知矩阵第 k 列应该是以下线性方程组的最佳近似解

$$\boldsymbol{A}X_{\cdot k} = Y_{\cdot k}$$

因此

$$X_{\cdot k}^0 = \boldsymbol{A}^+ Y_{\cdot k}$$

因为这个等式对任何 $k=1,\cdots,p$ 都是正确的，所以

$$\boldsymbol{X}^0 = \boldsymbol{A}^+ \boldsymbol{Y} \tag{70}$$

这样，方程(67)恒有一个且只有一个由公式(70)确定的最佳近似解.

在 $\boldsymbol{Y}=\boldsymbol{E}$ 是 m 阶单位矩阵的特殊情形，有 $\boldsymbol{X}^0=\boldsymbol{A}^+$. 因此，伪逆矩阵 $\boldsymbol{A}^+$ 是以下矩阵方程的最佳近似解(根据最小二乘法)

$$\boldsymbol{AX} = \boldsymbol{E}$$

伪逆矩阵 $\boldsymbol{A}^+$ 的这个性质可以取作它的定义.

5. 逐步求伪逆矩阵的格列维尔方法如下. 令 a_k 是 $m \times n$ 矩阵 $\boldsymbol{A}$ 的第 k 列，$\boldsymbol{A}_k=(a_1,\cdots,a_k)$ 是矩阵 $\boldsymbol{A}$ 前 k 列构成的矩阵，b_k 是矩阵 $\boldsymbol{A}_k^+$ 的最后一行($k=1,\cdots,n,\boldsymbol{A}_1=a_1,\boldsymbol{A}_n=\boldsymbol{A}$). 那么[①]

$$\boldsymbol{A}_1^+ = a_1^+ = \frac{a_1^*}{a_1^* a_1} \tag{71}$$

并且对于 $k>1$，以下递推公式成立

$$\boldsymbol{A}_k^+ = \begin{pmatrix} \boldsymbol{B}_k \\ b_k \end{pmatrix}, \boldsymbol{B}_k = \boldsymbol{A}_{k-1}^+ - d_k b_k, d_k = \boldsymbol{A}_{k-1}^+ a_k \tag{72}$$

同时，如果 $c_k = a_k - \boldsymbol{A}_{k-1} d_k \neq 0$，那么

$$b_k = c_k^+ = (a_k - \boldsymbol{A}_{k-1} d_k)^+ \tag{73}$$

如果 $c_k=0$，即 $a_k=\boldsymbol{A}_{k-1}d_k$，那么

$$b_k = (1 + d_k^* d_k)^{-1} d_k^* \boldsymbol{A}_{k-1}^+ \tag{74}$$

建议读者检验，如果矩阵 $\boldsymbol{B}_k$ 与行 b_k 由公式(66)～(69)确定，那么矩阵 $\begin{pmatrix} \boldsymbol{B}_k \\ b_k \end{pmatrix}$ 是 $\boldsymbol{A}_k^+$ 的伪逆矩阵. 这个方法不要求计算行列式，可以用来计算逆矩阵.

---

① 如果 $\boldsymbol{A}_1 = a_1 = \boldsymbol{0}$，那么也有 $\boldsymbol{A}_1^+ = \boldsymbol{0}$.

例 11　令

$$A=\begin{pmatrix}1 & -1 & 0\\ -1 & 2 & 1\\ 2 & -3 & -1\\ 0 & 1 & 1\end{pmatrix}$$

注意，对每个实矩阵 $\boldsymbol{M}$，我们可以写 $\boldsymbol{M}'$ 代替 $\boldsymbol{M}^*$. 那么

$$A_1^+=(A'_1A_1)^{-1}A'_1=\frac{1}{6}A'_1=\begin{pmatrix}\frac{1}{6} & \frac{1}{6} & \frac{1}{3} & 0\end{pmatrix}$$

$$d_2=A_1^+a_2=-\frac{3}{2},c_2-a_2-A_1d_2=\begin{pmatrix}\frac{1}{2}\\ \frac{1}{2}\\ 0\\ 1\end{pmatrix}$$

$$b_2=C_2^+=(c'_2c_2)^{-1},c'_2=\frac{2}{3}c_2=\begin{pmatrix}\frac{1}{3} & \frac{1}{3} & 0 & \frac{2}{3}\end{pmatrix}$$

$$B_2=A_1^+-d_2b_2=\begin{pmatrix}\frac{2}{3} & \frac{1}{3} & \frac{1}{3} & 1\end{pmatrix}$$

这样

$$A_2^+=\begin{pmatrix}\frac{2}{3} & \frac{1}{3} & \frac{1}{3} & 1\\ \frac{1}{3} & \frac{1}{3} & 0 & \frac{2}{3}\end{pmatrix}$$

其次

$$d_3=A_2^+a_3=\begin{pmatrix}1\\ 1\end{pmatrix},c_3=a_3-A_3d_3=0$$

因此

$$b_3=(1+d'_3d_3)^{-1}d'_3A^+=\begin{pmatrix}\frac{1}{3} & \frac{1}{3}\end{pmatrix}A_2^+=\begin{pmatrix}\frac{1}{3} & \frac{2}{9} & \frac{1}{9} & \frac{5}{9}\end{pmatrix}$$

与

$$B_3=A_2^+-d_3b_3=$$

$$\begin{pmatrix}\frac{2}{3} & \frac{1}{3} & \frac{1}{3} & 1\\ \frac{1}{3} & \frac{1}{3} & 0 & \frac{2}{3}\end{pmatrix}-\begin{pmatrix}\frac{1}{3} & \frac{2}{9} & \frac{1}{9} & \frac{5}{9}\\ \frac{1}{3} & \frac{2}{9} & \frac{1}{9} & \frac{5}{9}\end{pmatrix}=\begin{pmatrix}\frac{1}{3} & \frac{1}{9} & \frac{2}{9} & \frac{4}{9}\\ 0 & \frac{1}{9} & -\frac{1}{9} & \frac{1}{9}\end{pmatrix}$$

$$A^{+}=A_{3}^{+}=\begin{pmatrix}\frac{1}{3} & \frac{1}{9} & \frac{2}{9} & \frac{4}{9}\\ 0 & \frac{1}{9} & -\frac{1}{9} & \frac{1}{9}\\ \frac{1}{3} & \frac{2}{9} & \frac{1}{9} & \frac{5}{9}\end{pmatrix}$$

第2章 高斯算法及其一些应用

§1 高斯消去法

1. 设给予含有 n 个未知量 $x_1, x_2, \cdots, x_n$，n 个方程的线性方程组，且其右边为 $y_1, y_2, \cdots, y_n$

$$\begin{cases} a_{11}x_1 + a_{12}x_2 + \cdots + a_{1n}x_n = y_1 \\ a_{21}x_1 + a_{22}x_2 + \cdots + a_{2n}x_n = y_2 \\ \vdots \\ a_{n1}x_1 + a_{n2}x_2 + \cdots + a_{nn}x_n = y_n \end{cases} \tag{1}$$

这一方程组可以写为矩阵的形式

$$\boldsymbol{Ax} = \boldsymbol{y} \tag{1'}$$

此处 $\boldsymbol{x} = (x_1, x_2, \cdots, x_n)$，$\boldsymbol{y} = (y_1, y_2, \cdots, y_n)$ 都是单列矩阵，而 $\boldsymbol{A} = (a_{ik})_1^n$ 为系数方阵.

如果 $\boldsymbol{A}$ 是一个满秩矩阵，那么可以写为

$$\boldsymbol{x} = \boldsymbol{A}^{-1}\boldsymbol{y} \tag{2}$$

或者写为展开式

$$x_i = \sum_{k=1}^{n} a_{ik}^{(-1)} y_k \quad (i = 1, 2, \cdots, n) \tag{2'}$$

这样一来，计算逆矩阵 $\boldsymbol{A}^{-1} = (a_{ik}^{(-1)})_1^n$ 的元素问题相当于对任何右边 $y_1, y_2, \cdots, y_n$ 来解方程组(1) 的问题. 逆矩阵的元素为第 1 章的式(30) 所确定. 但当 n 很大时，用这一个公式来

实际计算矩阵 $\mathbf{A}^{-1}$ 的元素是非常困难的.所以用有效的方法来计算逆矩阵的元素而解出线性方程组是有其实际价值的①.

在本章中我们将叙述这些方法的某一些方法的理论基础,所说的方法是可以表为高斯消去法的各种形式,关于这方面的知识,是读者在中学的代数课程中所早已知道的.

2. 设在方程组(1) 中 $a_{11}\neq 0$.从第二个方程开始,我们来消去以后的所有方程中的 x_1,为了这一个目的,我们把第一个方程的 $-\dfrac{a_{21}}{a_{11}}$ 倍逐项加到第二个方程上去,把第一个方程的 $-\dfrac{a_{31}}{a_{11}}$ 倍逐项加到第三个方程上去,依此类推.此后方程(1) 就换为等价方程组

$$\begin{cases}a_{11}x_1+a_{12}x_2+\cdots+a_{1n}x_n=y_1\\ a_{22}^{(1)}x_2+\cdots+a_{2n}^{(1)}x_n=y_2^{(1)}\\ \quad\vdots\\ a_{n2}^{(1)}x_2+\cdots+a_{nn}^{(1)}x_n=y_n^{(1)}\end{cases}\tag{3}$$

在后 $n-1$ 个方程中,未知量的系数与右边诸项为以下诸等式所确定

$$a_{ij}^{(1)}=a_{ij}-\frac{a_{i1}}{a_{11}}a_{1j},y_i^{(1)}=y_i-\frac{a_{i1}}{a_{11}}y_1\quad(i,j=2,3,\cdots,n)\tag{3'}$$

设 $a_{22}^{(1)}\neq 0$,那么同样的我们可在方程组(3) 后 $n-2$ 个方程中消去 x_2,我们得出方程组

$$\begin{cases}a_{11}x_1+a_{12}x_2+a_{13}x_3+\cdots+a_{1n}x_n=y_1\\ a_{22}^{(1)}x_2+a_{23}^{(1)}x_3+\cdots+a_{2n}^{(1)}x_n=y_2^{(1)}\\ a_{33}^{(2)}x_3+\cdots+a_{3n}^{(2)}x_n=y_3^{(2)}\\ \quad\vdots\\ a_{n3}^{(2)}x_3+\cdots+a_{nn}^{(2)}x_n=y_n^{(2)}\end{cases}\tag{4}$$

此处的新系数与新的右边各项同上面一样有等式关系

$$a_{ij}^{(2)}=a_{ij}^{(1)}-\frac{a_{i2}^{(1)}}{a_{22}^{(1)}}a_{2j}^{(1)},y_i^{(2)}=y_i^{(1)}-\frac{a_{i2}^{(1)}}{a_{22}^{(1)}}y_2^{(1)}\quad(i,j=3,4,\cdots,n)\tag{5}$$

继续这个算法,我们在进行 $n-1$ 次之后,化原方程组(1) 为一个三角形的递推方程组

① 对于这些方法的详细知识,我们推荐法捷也娃的书 Вычислнтельные методы линейной алгебры(1950),还有载于"数学的成就"(俄文)5 卷 3 期(1950) 论文栏中的文章.

$$\begin{cases} a_{11}x_1 + a_{12}x_2 + a_{13}x_3 + \cdots + a_{1n}x_n = y_1 \\ a_{22}^{(1)}x_2 + a_{23}^{(1)}x_3 + \cdots + a_{2n}^{(1)}x_n = y_2^{(1)} \\ a_{33}^{(2)}x_3 + \cdots + a_{3n}^{(2)}x_n = y_3^{(2)} \\ \vdots \\ a_{nn}^{(n-1)}x_n = y_n^{(n-1)} \end{cases} \tag{6}$$

这种简化可以施行的充分必要条件，是在简化过程中所有出现的数 a_{11}，$a_{22}^{(1)}, a_{33}^{(2)}, \cdots, a_{n-1,n-1}^{(n-2)}$ 都不等于零.

高斯算法的过程是由同一类型的运算来完成的，容易用近代的计算机来计算.

3. 把简化出来的方程组的系数与其右边经原方程组(1) 的系数与其右边来表出. 此时我们并不预先假定，在简化过程中所有出现的数 $a_{11}, a_{22}^{(1)}, \cdots$，$a_{n-1,n-1}^{(n-2)}$ 都不是零，而来讨论一般的情形，设其前 p 个数不为零

$$a_{11} \neq 0, a_{22}^{(1)} \neq 0, \cdots, a_{pp}^{(p-1)} \neq 0 \quad (p \leqslant n-1) \tag{7}$$

这就可以(经 p 次简化后) 简化原方程组为以下形状

$$\begin{cases} a_{11}x_1 + a_{12}x_2 + \cdots + a_{1n}x_n = y_1 \\ a_{22}^{(1)}x_2 + \cdots + a_{2n}^{(1)}x_n = y_2^{(1)} \\ \vdots \\ a_{pp}^{(p-1)}x_p + \cdots + a_{pn}^{(p-1)}x_n = y_p^{(p-1)} \\ a_{p+1,p+1}^{(p)}x_{p+1} + \cdots + a_{p+1,n}^{(p)}x_n = y_{p+1}^{(p)} \\ \vdots \\ a_{n,p+1}^{(p)}x_{p+1} + \cdots + a_{nn}^{(p)}x_n = y_n^{(p)} \end{cases} \tag{8}$$

以 $\boldsymbol{G}_p$ 记这一个方程组的系数矩阵

$$\boldsymbol{G}_p = \begin{pmatrix} a_{11} & a_{12} & \cdots & a_{1p} & a_{1,p+1} & \cdots & a_{1n} \\ 0 & a_{22}^{(1)} & \cdots & a_{2p}^{(1)} & a_{2,p+1}^{(1)} & \cdots & a_{2n}^{(1)} \\ \vdots & \vdots & & \vdots & \vdots & & \vdots \\ 0 & 0 & \cdots & a_{pp}^{(p-1)} & a_{p,p+1}^{(p-1)} & \cdots & a_{pn}^{(p-1)} \\ 0 & 0 & \cdots & 0 & a_{p+1,p+1}^{(p)} & \cdots & a_{p+1,n}^{(p)} \\ \vdots & \vdots & & \vdots & \vdots & & \vdots \\ 0 & 0 & \cdots & 0 & a_{n,p+1}^{(p)} & \cdots & a_{nn}^{(p)} \end{pmatrix} \tag{9}$$

从矩阵 $\boldsymbol{A}$ 变到矩阵 $\boldsymbol{G}_p$ 是用以下方式来完成的：在矩阵 $\boldsymbol{A}$ 中，从第二行起到第 n 行止，顺次对每一行加上它前面诸行(从最先 p 个) 与某些数的乘积. 因此，对于矩阵 $\boldsymbol{A}$ 与 $\boldsymbol{G}_p$，包含在前 p 行里的所有 p 阶子式是相同的，以及包含在行数为 $1,2,\cdots,p,i(i > p)$ 的诸行里的所有$(p+1)$ 阶子式也是相同的

$$\boldsymbol{A}\begin{pmatrix}1 & 2 & \cdots & h\\ k_1 & k_2 & \cdots & k_h\end{pmatrix}=\boldsymbol{G}_p\begin{pmatrix}1 & 2 & \cdots & h\\ k_1 & k_2 & \cdots & k_h\end{pmatrix}\quad\begin{pmatrix}1\leqslant k_1<k_2<\cdots<k_h\leqslant n\\ h=1,2,\cdots,n\end{pmatrix}\tag{10}$$

从这些式子,再看一下矩阵 $\boldsymbol{G}_p$ 的构造(9),求得

$$\boldsymbol{A}\begin{pmatrix}1 & 2 & \cdots & p\\ 1 & 2 & \cdots & p\end{pmatrix}=a_{11}a_{22}^{(1)}\cdots a_{pp}^{(p-1)}\tag{11}$$

$$\boldsymbol{A}\begin{pmatrix}1 & 2 & \cdots & p & i\\ 1 & 2 & \cdots & p & k\end{pmatrix}=a_{11}a_{22}^{(1)}\cdots a_{pp}^{(p-1)}a_{ik}^{(p)}\quad(i,k=p+1,\cdots,n)\tag{12}$$

以前一等式除后一等式,得出基本公式①

$$a_{ik}^{(p)}=\frac{\boldsymbol{A}\begin{pmatrix}1 & 2 & \cdots & p & i\\ 1 & 2 & \cdots & p & k\end{pmatrix}}{\boldsymbol{A}\begin{pmatrix}1 & 2 & \cdots & p\\ 1 & 2 & \cdots & p\end{pmatrix}}\quad(i,k=p+1,\cdots,n)\tag{13}$$

如果条件(7)对于任一已知值 p 是适合的,那么这个条件对于任何一个小于 p 的值亦是适合的.因此公式(13)不仅对于所给的值 p 能成立,即对于所有比 p 小的值亦能成立.对于公式(11)亦有同样的说法.故可换写这些公式为以下诸等式

$$\boldsymbol{A}\begin{pmatrix}1\\ 1\end{pmatrix}=a_{11},\boldsymbol{A}\begin{pmatrix}1 & 2\\ 1 & 2\end{pmatrix}=a_{11}a_{22}^{(1)},\boldsymbol{A}\begin{pmatrix}1 & 2 & 3\\ 1 & 2 & 3\end{pmatrix}=a_{11}a_{22}^{(1)}a_{33}^{(2)},\cdots\tag{14}$$

这样一来,条件(7),亦即可以施行高斯算法的前 p 个步骤的充分必要条件,可以写为以下诸不等式的形式

$$\boldsymbol{A}\begin{pmatrix}1\\ 1\end{pmatrix}\neq 0,\boldsymbol{A}\begin{pmatrix}1 & 2\\ 1 & 2\end{pmatrix}\neq 0,\cdots,\boldsymbol{A}\begin{pmatrix}1 & 2 & \cdots & p\\ 1 & 2 & \cdots & p\end{pmatrix}\neq 0\tag{15}$$

则由(14)得出

$$a_{11}=\boldsymbol{A}\begin{pmatrix}1\\ 1\end{pmatrix},a_{22}^{(1)}=\frac{\boldsymbol{A}\begin{pmatrix}1 & 2\\ 1 & 2\end{pmatrix}}{\boldsymbol{A}\begin{pmatrix}1\\ 1\end{pmatrix}}$$

$$a_{33}^{(2)}=\frac{\boldsymbol{A}\begin{pmatrix}1 & 2 & 3\\ 1 & 2 & 3\end{pmatrix}}{\boldsymbol{A}\begin{pmatrix}1 & 2\\ 1 & 2\end{pmatrix}},\cdots,a_{pp}^{(p-1)}=\frac{\boldsymbol{A}\begin{pmatrix}1 & 2 & \cdots & p\\ 1 & 2 & \cdots & p\end{pmatrix}}{\boldsymbol{A}\begin{pmatrix}1 & 2 & \cdots & p-1\\ 1 & 2 & \cdots & p-1\end{pmatrix}}\tag{16}$$

为了在高斯消去法中可以顺次消去 $x_1,x_2,\cdots,x_p$,必须所有的值(16)都不

---

① 参考 К задаче численного решения систем совместных линейных алгебраических уравнений(1950)中第 101 页.

等于零,亦即不等式(15)完全适合.同时对于 $a_{ik}^{(p)}$ 的公式是有意义的,如果在条件(15)中,只要最后一个不等式能够成立.

4. 设方程组(1)的系数矩阵有秩 r,那么可以调动方程的次序以及变更未知量的序数,使得以下诸不等式全能适合

$$\boldsymbol{A}\begin{pmatrix}1 & 2 & \cdots & j \\ 1 & 2 & \cdots & j\end{pmatrix} \neq 0 \quad (j=1,2,\cdots,r) \tag{17}$$

这就使我们能够顺次消去 $x_1, x_2, \cdots, x_r$ 来得出方程组

$$\begin{cases} a_{11}x_1 + a_{12}x_2 + \cdots + a_{1n}x_n = y_1 \\ a_{22}^{(1)}x_2 + \cdots + a_{2n}^{(1)}x_n = y_2^{(1)} \\ \qquad \vdots \\ a_{rr}^{(r-1)}x_r + \cdots + a_{rn}^{(r-1)}x_n = y_r^{(r-1)} \\ a_{r+1,r+1}^{(r)}x_{r+1} + \cdots + a_{r+1,n}^{(r)}x_n = y_{r+1}^{(r)} \\ \qquad \vdots \\ a_{n,r+1}^{(r)}x_{r+1} + \cdots + a_{nn}^{(r)}x_n = y_n^{(r)} \end{cases} \tag{18}$$

此处的系数为(13)所确定.从这些式子,因为矩阵 $\mathbf{A}=(a_{ik})_1^n$ 的秩等于 r,知有

$$a_{ik}^{(r)} = 0 \quad (i,k=r+1,\cdots,n) \tag{19}$$

与矩阵 $\mathbf{A}=(a_{ik})_1^n$ 在应用高斯消去法第 r 步后所得的矩阵 $\boldsymbol{G}_r$ 有形式

$$\boldsymbol{G}_r = \begin{pmatrix} a_{11} & a_{12} & \cdots & a_{1r} & a_{1,r+1} & \cdots & a_{1n} \\ 0 & a_{22}^{(1)} & \cdots & a_{2r}^{(1)} & a_{2,r+1}^{(1)} & \cdots & a_{2n}^{(1)} \\ \vdots & \vdots & & \vdots & \vdots & & \vdots \\ 0 & 0 & \cdots & a_{rr}^{(r-1)} & a_{r,r+1}^{(r-1)} & \cdots & a_{rn}^{(r-1)} \\ 0 & 0 & \cdots & 0 & 0 & \cdots & 0 \\ \vdots & \vdots & & & \vdots & & \vdots \\ 0 & 0 & \cdots & 0 & 0 & \cdots & 0 \end{pmatrix} \tag{20}$$

所以(18)的后 $n-r$ 个方程化为相容性条件

$$y_i^{(r)} = 0 \quad (i=r+1,\cdots,n) \tag{21}$$

注意在消去法中,自由项的单列矩阵经过与任一系数列一样的变换.所以在矩阵 $\mathbf{A}=(a_{ik})_1^n$ 中,添加自由项的列为其第 $n+1$ 个列,我们得出

$$y_i^{(p)} = \frac{\boldsymbol{A}\begin{pmatrix}1 & \cdots & p & i \\ 1 & \cdots & p & n+1\end{pmatrix}}{\boldsymbol{A}\begin{pmatrix}1 & \cdots & p \\ 1 & \cdots & p\end{pmatrix}} \quad (i=1,2,\cdots,n; p=1,2,\cdots,r) \tag{22}$$

特别的,相容性条件(21)变为熟悉的条件

$$\boldsymbol{A}\begin{pmatrix}1 & \cdots & r & r+j \\ 1 & \cdots & r & n+1\end{pmatrix} = 0 \quad (j=1,2,\cdots,n-r) \tag{23}$$

如果 $r=n$,亦即矩阵 $\mathbf{A}=(a_{ik})_1^n$ 是满秩的,且有

$$\mathbf{A}\begin{pmatrix}1 & 2 & \cdots & j\\ 1 & 2 & \cdots & j\end{pmatrix}\neq 0 \quad (j=1,2,\cdots,n)$$

那么应用高斯消去法,可以顺次消去 $x_1,x_2,\cdots,x_{n-1}$ 后,得出(6) 形的方程组.

§2　高斯算法的力学解释

1. 讨论任何弹性静力系统 S,固定它的边缘(例如:弦线、轴、多跨距轴、膈膜、金属板或不连续的系统),且在它的上面取 n 个点(1),(2),$\cdots$,(n).

在系统 S 的点(1),(2),$\cdots$,(n) 上受到作用于这些点的力 $F_1,F_2,\cdots,F_n$ 时,我们来研究这些点的位移(垂度)$y_1,y_2,\cdots,y_n$. 我们假设这些力和位移都平行于同一的方向,因而它们就由它们的代数值来确定(图 1).

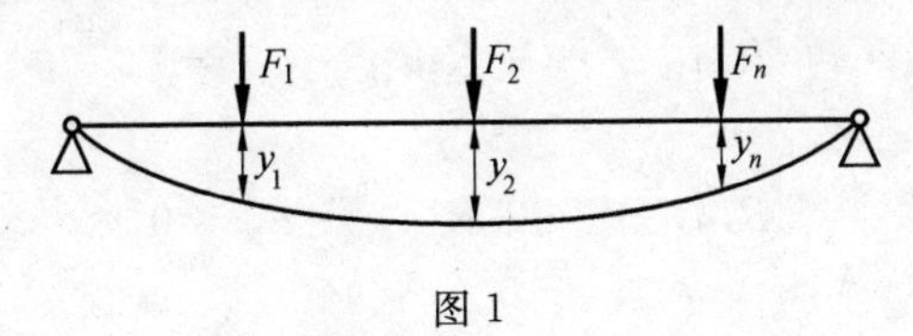

图 1

此外,我们还假定力的线性叠加原则是适合的:

1° 两组力叠加时,其对应的垂度要相加.

2° 所有的力都乘以同一的实数时,所有的垂度都要乘上这一个相同的数.

以 a_{ik} 表点(k) 在点(i) 上的影响系数,亦即在点(k) 作用一个单位力时在点(i) 所得出的垂度($i,k=1,2,\cdots,n$)(图 2),则对于力 $F_1,F_2,\cdots,F_n$ 的联合作用,垂度 $y_1,y_2,\cdots,y_n$ 为以下诸公式所决定

$$\sum_{k=1}^{n} a_{ik}F_k = y_i \quad (i=1,2,\cdots,n) \tag{24}$$

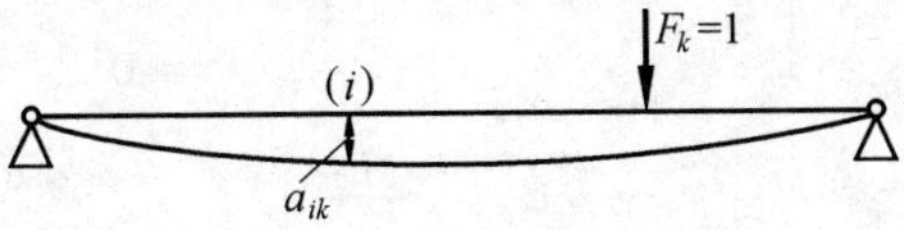

$F_k=1$

(i)

a_{ik}

图 2

比较(24) 与以前的方程组(1),我们来找出方程组(1) 的解这一个问题可作以下解释:

给予了垂度 $y_1,y_2,\cdots,y_n$. 求出对应的力 $F_1,F_2,\cdots,F_n$.

以 S_p 记由 S 在点(1),(2),$\cdots$,(p)($p\leqslant n$) 上加进 p 个固定的枢轴支承所得出的静止系统. 对于系统 S_p 的其余诸活动点($p+1$),$\cdots$,(n) 的影响系数记为

$$a_{ik}^{(p)} \quad (i,k=p+1,\cdots,n)$$

(对应 $p=1$ 时参考图 3).

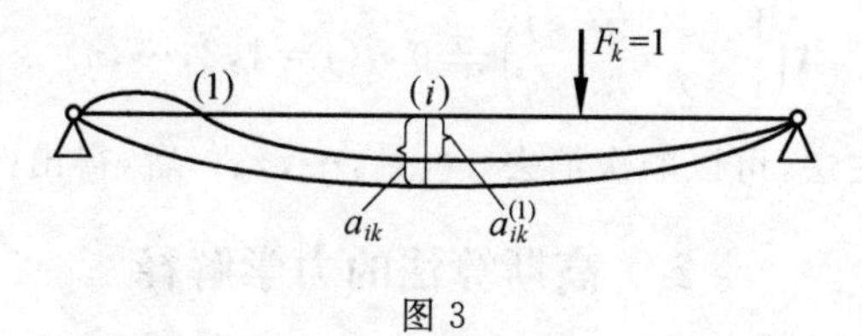

图 3

影响系数 $a_{ik}^{(p)}$ 可以视为一个垂度,即在系统 S 上将单位力作用于点(k),而加反作用力 $R_1,R_2,\cdots,R_p$ 于固定点$(1),(2),\cdots,(p)$ 时,系统 S 上点(i) 的垂度.因此

$$a_{ik}^{(p)}=R_1a_{i1}+\cdots+R_pa_{ip}+a_{ik} \tag{25}$$

另一方面,对于这一组力,系统 S 在点$(1),(2),\cdots,(p)$ 的垂度等于零

$$\begin{cases}R_1a_{11}+\cdots+R_pa_{1p}+a_{1k}=0\\ \qquad\vdots\\ R_1a_{p1}+\cdots+R_pa_{pp}+a_{pk}=0\end{cases} \tag{26}$$

如果

$$\boldsymbol{A}\begin{pmatrix}1 & 2 & \cdots & p\\ 1 & 2 & \cdots & p\end{pmatrix}\neq 0$$

那么我们可以从(26) 定出 $R_1,R_2,\cdots,R_p$ 的表示式来代入(25).可以这样来消去 $R_1,R_2,\cdots,R_p$.在方程组(26) 中加入等式(25),且将(25) 写为以下形状

$$R_1a_{i1}+\cdots+R_pa_{ip}+a_{ik}-a_{ik}^{(p)}=0 \tag{25'}$$

视(26) 与(25′) 为有 $p+1$ 个方程的齐次方程组.因为它有非零解 $R_1,R_2,\cdots,R_p,R_{p+1}=1$,故其行列式必须等于零

$$\begin{vmatrix}a_{11} & \cdots & a_{1p} & a_{1k}\\ \vdots & & \vdots & \vdots\\ a_{p1} & \cdots & a_{pp} & a_{pk}\\ a_{i1} & \cdots & a_{ip} & a_{ik}-a_{ik}^{(p)}\end{vmatrix}=0$$

因此

$$a_{ik}^{(p)}=\frac{\boldsymbol{A}\begin{pmatrix}1 & 2 & \cdots & p & i\\ 1 & 2 & \cdots & p & k\end{pmatrix}}{\boldsymbol{A}\begin{pmatrix}1 & 2 & \cdots & p\\ 1 & 2 & \cdots & p\end{pmatrix}}\quad (i,k=p+1,\cdots,n) \tag{27}$$

用这些式子可以把“支承的”系统 S_p 的影响系数用原先的系统 S 的影响系数来表出.

但式(27) 与上节的式(13) 相同.故对任一个 $p(\leqslant n-1)$,高斯算法中的系数 $a_{ik}^{(p)}(i,k=p+1,\cdots,n)$ 就是支承系统 S_p 的影响系数.

我们可以不用代数的知识推出公式(13)，纯粹从力学的推理来证明这一基本论断的正确性. 对此，我们首先讨论有一个支承的特殊情形：$p=1$(图 3). 此时，系统 S_1 的影响系数为以下诸式所确定[在(27)中设 $p=1$]

$$a_{ik}^{(1)}=\frac{A\begin{pmatrix}1 & i\\ 1 & k\end{pmatrix}}{A\begin{pmatrix}1\\ 1\end{pmatrix}}=a_{ik}-\frac{a_{i1}}{a_{11}}a_{1k}\quad (i,k=1,2,\cdots,n)$$

这些式子与式(3′)相同.

这样一来，如果在方程组(1)中的系数 $a_{ik}(i,k=1,2,\cdots,n)$ 是静止系统 S 的影响系数，那么高斯算法中的系数 $a_{ik}^{(1)}(i,k=2,\cdots,n)$ 就是系统 S_1 的影响系数. 应用同样的推理于系统 S_1，在它的点(2)加上第二个支承，我们就得出，方程组(4)中的系数 $a_{ik}^{(2)}(i,k=3,\cdots,n)$ 就是支承系统 S_2 的影响系数，一般的对于任何 $p(\leqslant n-1)$，高斯算法中的系数 $a_{ik}^{(p)}(i,k=p+1,\cdots,n)$ 就是支承系统 S_p 的影响系数.

显然从力学的推理，顺次加上 p 个支承相当于同时加上这些支承.

注 我们注意，对于消去法的力学的解释，并没有必要首先假定讨论其垂度的诸点与作用力 $F_1,F_2,\cdots,F_n$ 的诸点彼此重合. 可以取 $y_1,y_2,\cdots,y_n$ 为点(1)，(2)，…，(n)的垂度，而力 $F_1,F_2,\cdots,F_n$ 作用于点(1′)，(2′)，…，(n')上面. 此时 a_{ik} 为点(k')在点(i)上的影响系数. 对于这一个情形，我们代替在(j)的支承而讨论在点(j)，(j')的广义支承，就是说在点(j')选取一个适当的辅助力 R_j 使得点(j)的垂度常等于零. 可能在点(1)，(1′)；(2)，(2′)；…；(p)，(p')加上 p 个广义的支承，这一个可能性的条件就是说对于任何力 $F_{p+1},\cdots,F_n$，都有适当的力 $R_1=F_1,\cdots,R_p=F_p$ 使得 $y_1=0,y_2=0,\cdots,y_p=0$ 能够适合的条件，可表为不等式

$$A\begin{pmatrix}1 & 2 & \cdots & p\\ 1 & 2 & \cdots & p\end{pmatrix}\neq 0$$

§3 行列式的西尔维斯特恒等式

1. 在§1中应用比较矩阵 $\boldsymbol{A}$ 与 $\boldsymbol{G}_p$ 的方法我们得到等式(10)与(11).

从这些等式可以直接推出重要的行列式的西尔维斯特恒等式. 事实上，从(10)与(11)求得

$$|A|=A\begin{pmatrix}1 & 2 & \cdots & n\\ 1 & 2 & \cdots & n\end{pmatrix}=A\begin{pmatrix}1 & 2 & \cdots & p\\ 1 & 2 & \cdots & p\end{pmatrix}\begin{vmatrix}a_{p+1,p+1}^{(p)} & \cdots & a_{p+1,n}^{(p)}\\ \vdots & & \vdots\\ a_{n,p+1}^{(p)} & \cdots & a_{nn}^{(p)}\end{vmatrix}\qquad(28)$$

引进子式 $A\begin{pmatrix}1 & 2 & \cdots & p\\ 1 & 2 & \cdots & p\end{pmatrix}$ 的加边行列式

$$b_{ik}=\boldsymbol{A}\begin{pmatrix}1 & 2 & \cdots & p & i \\ 1 & 2 & \cdots & p & k\end{pmatrix} \quad (i,k=p+1,\cdots,n)$$

把由这些行列式所组成的矩阵记为

$$\boldsymbol{B}=(b_{ik})_{p+1}^{n}$$

则由式(13)知

$$\begin{vmatrix} a_{p+1,p+1}^{(p)} & \cdots & a_{p+1,n}^{(p)} \\ \vdots & & \vdots \\ a_{n,p+1}^{(p)} & \cdots & a_{nn}^{(p)} \end{vmatrix}=\frac{\begin{vmatrix} b_{p+1,p+1} & \cdots & b_{p+1,n} \\ \vdots & & \vdots \\ b_{n,p+1} & \cdots & b_{nn} \end{vmatrix}}{\left[\boldsymbol{A}\begin{pmatrix}1 & 2 & \cdots & p \\ 1 & 2 & \cdots & p\end{pmatrix}\right]^{n-p}}=\frac{|\boldsymbol{B}|}{\left[\boldsymbol{A}\begin{pmatrix}1 & 2 & \cdots & p \\ 1 & 2 & \cdots & p\end{pmatrix}\right]^{n-p}}$$

所以等式(27)可以写为

$$|\boldsymbol{B}|=\left[\boldsymbol{A}\begin{pmatrix}1 & 2 & \cdots & p \\ 1 & 2 & \cdots & p\end{pmatrix}\right]^{n-p-1}|\boldsymbol{A}| \tag{29}$$

这就是行列式的西尔维斯特恒等式. 它把由加边行列式所组成的行列式 $|\boldsymbol{B}|$ 利用原行列式与被加边的子式来表出.

等式(29)是建立于这样的矩阵 $\boldsymbol{A}=(a_{ik})_1^n$ 上的,它的元素适合不等式

$$\boldsymbol{A}\begin{pmatrix}1 & 2 & \cdots & j \\ 1 & 2 & \cdots & j\end{pmatrix}\neq 0 \quad (j=1,2,\cdots,p) \tag{30}$$

但从“连续性的推究”知道这一个限制可以除去,使得行列式的西尔维斯特恒等式对于任何矩阵都能成立. 事实上,设不等式(30)不能适合. 引进矩阵

$$\boldsymbol{A}_\varepsilon=\boldsymbol{A}+\varepsilon\boldsymbol{E}$$

显然,$\lim\limits_{\varepsilon\to 0}\boldsymbol{A}_\varepsilon=\boldsymbol{A}$. 另一方面,子式

$$\boldsymbol{A}_\varepsilon\begin{pmatrix}1 & 2 & \cdots & j \\ 1 & 2 & \cdots & j\end{pmatrix}=\varepsilon^j+\cdots \quad (j=1,2,\cdots,p)$$

表示 p 个关于 ε 的不恒等于零的多项式. 故可选取这样的序列 $\varepsilon_m\to 0$,使得

$$\boldsymbol{A}_{\varepsilon_m}\begin{pmatrix}1 & 2 & \cdots & j \\ 1 & 2 & \cdots & j\end{pmatrix}\neq 0 \quad (j=1,2,\cdots,p;m=1,2,\cdots)$$

对于矩阵 $\boldsymbol{A}_{\varepsilon_m}$ 我们可以写出恒等式(29). 当 $m\to\infty$ 时,在这恒等式的两边取极限,我们得出对于矩阵的极限 $\boldsymbol{A}=\lim\limits_{m\to\infty}\boldsymbol{A}_{\varepsilon_m}$ 的西尔维斯特恒等式①.

如果我们应用恒等式(29)于行列式

$$\boldsymbol{A}\begin{bmatrix}1 & 2 & \cdots & p & i_1 & i_2 & \cdots & i_q \\ 1 & 2 & \cdots & p & k_1 & k_2 & \cdots & k_q\end{bmatrix} \quad \left(p<\begin{matrix}i_1<i_2<\cdots<i_q \\ k_1<k_2<\cdots<k_q\end{matrix}\leqslant n\right)$$

---

① 矩阵序列 $\boldsymbol{B}_m=(b_{ik}^{(m)})_1^n$(当 $m\to\infty$ 时)的极限指的是矩阵 $\boldsymbol{B}=(b_{ik})_1^n$,其中 $b_{ik}=\lim\limits_{m\to\infty}b_{ik}^{(m)}$ $(i,k=1,2,\cdots,n)$.

那么我们就得出对于应用更方便的西尔维斯特恒等式的形状

$$\boldsymbol{B}\begin{pmatrix} i_1 & i_2 & \cdots & i_q \\ k_1 & k_2 & \cdots & k_q \end{pmatrix}=\left[\boldsymbol{A}\begin{pmatrix} 1 & 2 & \cdots & p \\ 1 & 2 & \cdots & p \end{pmatrix}\right]^{q-1}\boldsymbol{A}\begin{pmatrix} 1 & 2 & \cdots & p & i_1 & i_2 & \cdots & i_q \\ 1 & 2 & \cdots & p & k_1 & k_2 & \cdots & k_q \end{pmatrix} \tag{31}$$

§4 方阵化为三角形因子的分解式

1. 设给定秩为 r 的矩阵 $\boldsymbol{A}=(a_{ik})_1^n$. 对于这个矩阵的顺序的主子式引入以下记法

$$D_k=\boldsymbol{A}\begin{pmatrix} 1 & 2 & \cdots & k \\ 1 & 2 & \cdots & k \end{pmatrix} \quad (k=(1,2,\cdots,n)$$

我们假设高斯算法的条件是适合的

$$D_k \neq 0 \quad (k=1,2,\cdots,r)$$

以 $\boldsymbol{G}$ 记由方程组

$$\sum_{k=1}^{n} a_{ik}x_k=y_i \quad (i=1,2,\cdots,n)$$

用高斯消去法所得出的方程组(18) 的系数矩阵. 矩阵 $\boldsymbol{G}$ 有上三角形的形状，而且它的前 r 行的元素都为式(13) 所确定，后 $n-r$ 行的元素全等于零①

$$\boldsymbol{G}=\begin{pmatrix} a_{11} & a_{12} & \cdots & a_{1r} & a_{1,r+1} & \cdots & a_{1n} \\ 0 & a_{22}^{(1)} & \cdots & a_{2r}^{(1)} & a_{2,r+1}^{(1)} & \cdots & a_{2n}^{(1)} \\ \vdots & \vdots & & \vdots & \vdots & & \vdots \\ 0 & 0 & \cdots & a_{rr}^{(r-1)} & a_{r,r+1}^{(r-1)} & \cdots & a_{rn}^{(r-1)} \\ 0 & 0 & \cdots & 0 & 0 & \cdots & 0 \\ \vdots & \vdots & & \vdots & \vdots & & \vdots \\ 0 & 0 & \cdots & 0 & 0 & \cdots & 0 \end{pmatrix}$$

化矩阵 $\boldsymbol{A}$ 到矩阵 $\boldsymbol{G}$ 是用以下类型的运算若干次(例如 N 次) 后所完成的：把矩阵的第 j 行($j<i$) 与某一个数 α 的乘积加到第 i 行上去. 这一个运算相当于把所要变换的矩阵左乘以矩阵

① 参考式(19). 矩阵 $\boldsymbol{G}$ 与在 $p=r$ 时的矩阵 $\boldsymbol{G}_p$[参考(8),(9) 两式] 相同.

$$
\begin{array}{c}
\quad\quad (j) \quad\quad (i) \\
\left(\begin{array}{ccccccc}
1 & \cdots & 0 & \cdots & 0 & \cdots & 0 \\
\vdots & \ddots & \vdots & & \vdots & & \vdots \\
\vdots & & 1 & & \vdots & & \vdots \\
\vdots & & \vdots & \ddots & \vdots & & \vdots \\
0 & & \alpha & & 1 & & 0 \\
\vdots & & \vdots & & \vdots & \ddots & \vdots \\
0 & \cdots & 0 & \cdots & 0 & \cdots & 1
\end{array}\right)
\end{array}
\tag{32}
$$

在这个矩阵中,位于主对角线上的元素全为1,其他元素除元素α外全等于零.

这样一来

$$
\boldsymbol{G}=\boldsymbol{W}_N\cdots\boldsymbol{W}_2\boldsymbol{W}_1\boldsymbol{A}
$$

其中每一个矩阵$\boldsymbol{W}_1,\boldsymbol{W}_2,\cdots,\boldsymbol{W}_N$都是(32)型的矩阵,所以是位于主对角线上的元素全等于1的下三角矩阵.

设

$$
\boldsymbol{W}=\boldsymbol{W}_N\cdots\boldsymbol{W}_2\boldsymbol{W}_1 \tag{33}
$$

则有

$$
\boldsymbol{G}=\boldsymbol{W}\boldsymbol{A} \tag{34}
$$

矩阵$\boldsymbol{W}$称为在高斯消去法中对于矩阵$\boldsymbol{A}$的变换矩阵.矩阵$\boldsymbol{G}$与$\boldsymbol{W}$同时为所给定的矩阵$\boldsymbol{A}$所唯一确定.由(33)知$\boldsymbol{W}$为一个位于主对角线上的元素全等于1的下三角矩阵.

因为$\boldsymbol{W}$是满秩矩阵,所以由(34)得出

$$
\boldsymbol{A}=\boldsymbol{W}^{-1}\boldsymbol{G} \tag{34'}
$$

我们已经把矩阵$\boldsymbol{A}$表示为下三角矩阵$\boldsymbol{W}^{-1}$与上三角矩阵$\boldsymbol{G}$的乘积.关于分解矩阵$\boldsymbol{A}$为这种类型因子的问题为以下定理所全部说明:

定理1 每一个秩为r的矩阵$\boldsymbol{A}=(a_{ik})_1^n$,其前$r$个顺序的主子式都不为零时

$$
D_k=\boldsymbol{A}\begin{pmatrix}1 & 2 & \cdots & k\\ 1 & 2 & \cdots & k\end{pmatrix}\neq 0 \quad (k=1,2,\cdots,r) \tag{35}
$$

可以表为下三角矩阵$\boldsymbol{B}$与上三角矩阵$\boldsymbol{C}$的乘积的形状

$$
\boldsymbol{A}=\boldsymbol{B}\boldsymbol{C}=\begin{pmatrix}b_{11} & 0 & \cdots & 0\\ b_{21} & b_{22} & \cdots & 0\\ \vdots & \vdots & & \vdots\\ b_{n1} & b_{n2} & \cdots & b_{nn}\end{pmatrix}\begin{pmatrix}c_{11} & c_{12} & \cdots & c_{1n}\\ 0 & c_{22} & \cdots & c_{2n}\\ \vdots & \vdots & & \vdots\\ 0 & 0 & \cdots & c_{nn}\end{pmatrix} \tag{36}
$$

此处

$$
b_{11}c_{11}=D_1,b_{22}c_{22}=\frac{D_2}{D_1},\cdots,b_{rr}c_{rr}=\frac{D_r}{D_{r-1}} \tag{37}
$$

矩阵$\boldsymbol{B}$与$\boldsymbol{C}$的前r个主对角线上的元素可以给予适合条件(37)的任何值.

矩阵$\boldsymbol{B}$与$\boldsymbol{C}$的前r个主对角线上的元素有这样的功能,它们唯一的确定了矩阵$\boldsymbol{B}$的前r列或矩阵$\boldsymbol{C}$的前r行.对于这些元素有以下诸公式

$$b_{gk}=b_{kk}\frac{\boldsymbol{A}\begin{pmatrix}1 & 2 & \cdots & k-1 & g\\ 1 & 2 & \cdots & k-1 & k\end{pmatrix}}{\boldsymbol{A}\begin{pmatrix}1 & 2 & \cdots & k\\ 1 & 2 & \cdots & k\end{pmatrix}},c_{kg}=c_{kk}\frac{\boldsymbol{A}\begin{pmatrix}1 & 2 & \cdots & k-1 & k\\ 1 & 2 & \cdots & k-1 & g\end{pmatrix}}{\boldsymbol{A}\begin{pmatrix}1 & 2 & \cdots & k\\ 1 & 2 & \cdots & k\end{pmatrix}} \tag{38}$$

$$(g=k,k+1,\cdots,n;k=1,2,\cdots,r)$$

对于$r<n$的情形($|\boldsymbol{A}|=0$),矩阵$\boldsymbol{B}$的后$n-r$列中诸元素可以全为零,而对矩阵$\boldsymbol{C}$的后$n-r$行诸元素给予任何值,或者相反的,给矩阵$\boldsymbol{C}$的后$n-r$行全为零而在矩阵$\boldsymbol{B}$的后$n-r$列中取任何元素.

证明 把适合条件(35)的矩阵表示为乘积(36)的形状的可能性已经在前面证明[参考(34′)].

现在设$\boldsymbol{B}$与$\boldsymbol{C}$为其乘积等于$\boldsymbol{A}$的下三角矩阵与上三角形矩阵,应用关于两个矩阵的乘积的子式公式,求得

$$\boldsymbol{A}\begin{pmatrix}1 & 2 & \cdots & k-1 & g\\ 1 & 2 & \cdots & k-1 & k\end{pmatrix}=\sum_{\alpha_1<\alpha_2<\cdots<\alpha_k}\boldsymbol{B}\begin{pmatrix}1 & 2 & \cdots & k-1 & g\\ \alpha_1 & \alpha_2 & \cdots & \alpha_{k-1} & \alpha_k\end{pmatrix}\boldsymbol{C}\begin{pmatrix}\alpha_1 & \alpha_2 & \cdots & \alpha_k\\ 1 & 2 & \cdots & k\end{pmatrix}$$

$$(g=k,k+1,\cdots,n;k=1,2,\cdots,r) \tag{39}$$

因为$\boldsymbol{C}$是上三角矩阵,所以矩阵$\boldsymbol{C}$的前k列只含有一个不为零的k阶子式$\boldsymbol{C}\begin{pmatrix}1 & 2 & \cdots & k\\ 1 & 2 & \cdots & k\end{pmatrix}$.因此等式(39)可以写为

$$\boldsymbol{A}\begin{pmatrix}1 & 2 & \cdots & k-1 & g\\ 1 & 2 & \cdots & k-1 & k\end{pmatrix}=\boldsymbol{B}\begin{pmatrix}1 & 2 & \cdots & k-1 & g\\ 1 & 2 & \cdots & k-1 & k\end{pmatrix}=\boldsymbol{C}\begin{pmatrix}1 & 2 & \cdots & k\\ 1 & 2 & \cdots & k\end{pmatrix}=$$

$$b_{11}b_{22}\cdots b_{k-1,k-1}b_{gk}c_{11}c_{22}\cdots c_{kk} \tag{40}$$

$$(g=k,k+1,\cdots,n;k=1,2,\cdots,r)$$

首先假设$g=k$.那么就得出

$$b_{11}b_{22}\cdots b_{kk}c_{11}c_{22}\cdots c_{kk}=D_k\quad(k=1,2,\cdots,r) \tag{41}$$

这就已经推得关系式(37).

对于等式(36)毫无妨碍的,我们可以对矩阵$\boldsymbol{B}$右乘任一满秩对角矩阵$\boldsymbol{M}=(\mu_i\delta_{ik})_1^n$,而同时对矩阵$\boldsymbol{C}$左乘$\boldsymbol{M}^{-1}=(\mu_i\delta_{ik})_1^n$.这相当于各乘矩阵$\boldsymbol{B}$的诸列以$\mu_1,\mu_2,\cdots,\mu_n$,而各乘矩阵$\boldsymbol{C}$的诸行以$\mu_1^{-1},\mu_2^{-1},\cdots,\mu_n^{-1}$.所以对角线上的元素$b_{11},\cdots,b_{rr},c_{11},\cdots,c_{rr}$可以给予适合条件(37)的任何值.

再者,由(40)与(41)得出

$$b_{gk}=b_{kk}\frac{\boldsymbol{A}\begin{pmatrix}1 & 2 & \cdots & k-1 & g\\ 1 & 2 & \cdots & k-1 & k\end{pmatrix}}{\boldsymbol{A}\begin{pmatrix}1 & 2 & \cdots & k\\ 1 & 2 & \cdots & k\end{pmatrix}}\quad(g=k,k+1,\cdots,n;k=1,2,\cdots,r)$$

是即(38)的第一个式子.完全相类似的可以建立式(38)中关于矩阵 $\boldsymbol{C}$ 的元素的第二个式子.

注意在乘出矩阵 $\boldsymbol{B}$ 与 $\boldsymbol{C}$ 时,矩阵 $\boldsymbol{B}$ 的后 $n-r$ 列元素只与矩阵 $\boldsymbol{C}$ 的后 $n-r$ 行的元素彼此相乘.我们已经看到,矩阵 $\boldsymbol{C}$ 的后 $n-r$ 行的元素可以全取为零①.所以矩阵 $\boldsymbol{B}$ 的后 $n-r$ 列的元素可以取任何值.显然,如果我们取矩阵 $\boldsymbol{B}$ 的后 $n-r$ 列中元素全为零,而对于矩阵 $\boldsymbol{C}$ 的后 $n-r$ 行中元素取任何值,那么矩阵 $\boldsymbol{B}$ 与 $\boldsymbol{C}$ 的乘积并无变更.

定理已经证明.

从已经证明的定理推得一些有趣味的推论.

推论 1 矩阵 $\boldsymbol{B}$ 中前 r 列元素与 $\boldsymbol{C}$ 中前 r 行元素连同矩阵 $\boldsymbol{A}$ 的元素有递推关系

$$\begin{cases} b_{ik}=\dfrac{a_{ik}-\sum\limits_{j=1}^{k-1}b_{ij}c_{jk}}{c_{kk}} & (i\geqslant k;i=1,2,\cdots,n;k=1,2,\cdots,r) \\ c_{ik}=\dfrac{a_{ik}-\sum\limits_{j=1}^{i-1}b_{ij}c_{jk}}{b_{ii}} & (i\leqslant k;i=1,2,\cdots,r;k=1,2,\cdots,n) \end{cases} \tag{42}$$

关系式(42)可以直接从矩阵的等式(35)得出;可以适当的利用它们来实际计算矩阵 $\boldsymbol{B}$ 与 $\boldsymbol{C}$ 的元素.

推论 2 如果矩阵 $\boldsymbol{A}=(a_{ik})_1^n$ 是一个适合条件(34)的满秩矩阵($r=n$),那么只是在选取 $\boldsymbol{B},\boldsymbol{C}$ 的对角元素适合条件(37)以后,表示式(36)中的矩阵 $\boldsymbol{B}$ 与 $\boldsymbol{C}$ 是唯一确定的.

推论 3 如果 $\boldsymbol{S}=(s_{ik})_1^n$ 是一个 r 秩对称矩阵,而且

$$D_k=\boldsymbol{S}\begin{pmatrix}1 & 2 & \cdots & k\\ 1 & 2 & \cdots & k\end{pmatrix}\neq 0\quad (k=1,2,\cdots,r)$$

那么

$$\boldsymbol{S}=\boldsymbol{B}\boldsymbol{B}'$$

其中 $\boldsymbol{B}=(b_{ik})_1^n$ 为一下三角矩阵,而且

$$b_{gk}=\begin{cases}\dfrac{1}{\sqrt{D_kD_{k-1}}}\boldsymbol{A}\begin{pmatrix}1 & 2 & \cdots & k-1 & g\\ 1 & 2 & \cdots & k-1 & k\end{pmatrix} & (g=k,k+1,\cdots,n;k=1,2,\cdots,r)\\ 0 & (g=k,k+1,\cdots,n;k=r+1,\cdots,n)\end{cases} \tag{43}$$

① 这可从表示式(34′)来得出.此处对角线上的元素 $b_{11},\cdots,b_{rr},c_{11},\cdots,c_{rr}$ 已经证明,只要给予适当的因子 $\mu_1,\mu_2,\cdots,\mu_r$ 可以取适合条件(37)的任何值.

2. 设在表示式(36)中,矩阵 $\boldsymbol{C}$ 的后 $n-r$ 个列全等于零,则可令

$$\boldsymbol{B}=\boldsymbol{F}\cdot\begin{pmatrix} b_{11} & & & & & \boldsymbol{0} \\ & \ddots & & & & \\ & & b_{rr} & & & \\ & & & 0 & & \\ & & & & \ddots & \\ \boldsymbol{0} & & & & & 0 \end{pmatrix},\boldsymbol{C}=\begin{pmatrix} c_{11} & & & & & \boldsymbol{0} \\ & \ddots & & & & \\ & & c_{rr} & & & \\ & & & 0 & & \\ & & & & \ddots & \\ \boldsymbol{0} & & & & & 0 \end{pmatrix}\cdot\boldsymbol{L} \tag{44}$$

其中 $\boldsymbol{F}$ 为下三角矩阵,$\boldsymbol{L}$ 为上三角矩阵;而且矩阵 $\boldsymbol{F}$ 与 $\boldsymbol{L}$ 的前 r 个主对角线上元素都等于1,矩阵 $\boldsymbol{F}$ 的后 $n-r$ 个列上与矩阵 $\boldsymbol{L}$ 的后 $n-r$ 个行上的元素可以任意选取. 以表示式(44)中的 $\boldsymbol{B},\boldsymbol{C}$ 代入(36)且应用等式(37),得到以下定理:

定理 2 每一个秩为 r 且有

$$D_k=\boldsymbol{A}\begin{pmatrix} 1 & 2 & \cdots & k \\ 1 & 2 & \cdots & k \end{pmatrix}\neq 0 \quad (k=1,2,\cdots,r)$$

的矩阵 $\boldsymbol{A}=(a_{ik})_1^n$,都可以表成形为下三角矩阵 $\boldsymbol{F}$,对角矩阵 $\boldsymbol{D}$ 与上三角矩阵 $\boldsymbol{L}$ 的乘积

$$\boldsymbol{A}=\boldsymbol{FDL}=\begin{pmatrix} 1 & 0 & \cdots & 0 \\ f_{21} & 1 & \cdots & 0 \\ \vdots & \vdots & & \vdots \\ f_{n1} & f_{n2} & \cdots & 1 \end{pmatrix}\begin{pmatrix} D_1 & & & & & \\ & \dfrac{D_2}{D_1} & & & & \\ & & \ddots & & & \\ & & & \dfrac{D_r}{D_{r-1}} & & \\ & & & & 0 & \\ & & & & & \ddots \\ & & & & & & 0 \end{pmatrix}\begin{pmatrix} 1 & l_{12} & \cdots & l_{1n} \\ 0 & 1 & \cdots & l_{2n} \\ \vdots & \vdots & & \vdots \\ 0 & 0 & \cdots & 1 \end{pmatrix} \tag{45}$$

其中

$$f_{gk}=\frac{\boldsymbol{A}\begin{pmatrix} 1 & 2 & \cdots & k-1 & g \\ 1 & 2 & \cdots & k-1 & k \end{pmatrix}}{\boldsymbol{A}\begin{pmatrix} 1 & 2 & \cdots & k \\ 1 & 2 & \cdots & k \end{pmatrix}},\ l_{kg}=\frac{\boldsymbol{A}\begin{pmatrix} 1 & 2 & \cdots & k-1 & k \\ 1 & 2 & \cdots & k-1 & g \end{pmatrix}}{\boldsymbol{A}\begin{pmatrix} 1 & 2 & \cdots & k \\ 1 & 2 & \cdots & k \end{pmatrix}} \tag{46}$$

$$(g=k+1,\cdots,n;k=1,2,\cdots,r)$$

而当 $g=k+1,\cdots,n;k=r+1,\cdots,n$ 时,f_{gk},l_{kg} 为任意的数.

3. 应用高斯消去法得到 $D_k\neq 0(k=1,2,\cdots,r)$ 的 r 秩矩阵 $\boldsymbol{A}=(a_{ik})_1^n$,给予我们两个矩阵:主对角线上元素全等于1的下三角矩阵 $\boldsymbol{W}$ 与前 r 个主对角线上

元素为 $D_1, \frac{D_2}{D_1}, \cdots, \frac{D_r}{D_{r-1}}$，而后 $n-r$ 行的元素全为零的上三角形矩阵 $\boldsymbol{G}$. $\boldsymbol{G}$ 为矩阵 $\boldsymbol{A}$ 的高斯型，而 $\boldsymbol{W}$ 为其变换矩阵.

为了具体计算矩阵 $\boldsymbol{W}$ 的元素我们将给予以下方法.

如果对单位矩阵 $\boldsymbol{E}$ 应用对于矩阵 $\boldsymbol{A}$ 所做的高斯算法中所有的变换(定出了矩阵 $\boldsymbol{W}_1, \cdots, \boldsymbol{W}_N$)，我们就得出矩阵 $\boldsymbol{W}$(此处把等于 $\boldsymbol{G}$ 的乘积 $\boldsymbol{WA}$ 换为等于 $\boldsymbol{W}$ 的乘积 $\boldsymbol{WE}$). 因此在矩阵 $\boldsymbol{A}$ 的右边加上一个单位矩阵 $\boldsymbol{E}$

$$\begin{pmatrix} a_{11} & \cdots & a_{1n} & 1 & \cdots & 0 \\ \vdots & & \vdots & \vdots & & \vdots \\ a_{n1} & \cdots & a_{nn} & 0 & \cdots & 1 \end{pmatrix} \tag{47}$$

对这一个长方矩阵，应用高斯算法中的所有变换，我们得出一个由方阵 $\boldsymbol{G}$ 与 $\boldsymbol{W}$ 所组成的长方矩阵

$$(\boldsymbol{G}, \boldsymbol{W})$$

这样一来，对矩阵(47) 应用高斯算法可同时得出矩阵 $\boldsymbol{G}$ 与矩阵 $\boldsymbol{W}$.

如果 $\boldsymbol{A}$ 是一个满秩矩阵，亦即 $|\boldsymbol{A}| \neq 0$，那么，$|\boldsymbol{G}| \neq 0$. 此时由(34′) 得出 $\boldsymbol{A}^{-1} = \boldsymbol{G}^{-1}\boldsymbol{W}$. 因为矩阵 $\boldsymbol{G}$ 与 $\boldsymbol{W}$ 为高斯算法所完全确定，故求出逆矩阵 $\boldsymbol{A}^{-1}$ 的方法就化为决定 $\boldsymbol{G}^{-1}$，而后以 $\boldsymbol{G}^{-1}$ 来乘 $\boldsymbol{W}$.

虽然在确定矩阵 $\boldsymbol{G}$ 以后，不难求出逆矩阵 $\boldsymbol{G}^{-1}$，因为 $\boldsymbol{G}$ 是一个三角矩阵. 但是我们可以避免这一运算. 为此，同矩阵 $\boldsymbol{G}$ 与 $\boldsymbol{W}$ 一样，对于转置矩阵 $\boldsymbol{A}'$ 引进类似的矩阵 $\boldsymbol{G}_1$ 与 $\boldsymbol{W}_1$，则有 $\boldsymbol{A}' = \boldsymbol{W}_1^{-1}\boldsymbol{G}_1$，亦即

$$\boldsymbol{A} = \boldsymbol{G}'_1 \boldsymbol{W}'^{-1}_1 \tag{48}$$

比较等式(34′) 与(45)

$$\boldsymbol{A} = \boldsymbol{W}^{-1}\boldsymbol{G}, \boldsymbol{A} = \boldsymbol{FDL}$$

这些等式可视为(36) 型的两种不同的分解式；此处我们视乘积 $\boldsymbol{DL}$ 为第二个因子 $\boldsymbol{C}$. 因为在第一个因子中对角线上前 r 个元素与 $\boldsymbol{W}^{-1}$ 中的对应元素相同(都等于 1)，所以它们的前 r 个列是完全相同的. 故因矩阵 $\boldsymbol{F}$ 的后 $n-r$ 个列可以任意选取，就可以这样来选取，使得

$$\boldsymbol{F} = \boldsymbol{W}^{-1} \tag{49}$$

另一方面，比较等式(48) 与(45)

$$\boldsymbol{A} = \boldsymbol{G}'_1 \boldsymbol{W}'^{-1}_1, \boldsymbol{A} = \boldsymbol{FDL}$$

证明我们可以这样来选取 $\boldsymbol{L}$ 中允许任意选取的元素，使得

$$\boldsymbol{L} = \boldsymbol{W}'^{-1}_1 \tag{50}$$

以(49) 与(50) 中的表示式代入(45) 中的 $\boldsymbol{F}$ 与 $\boldsymbol{L}$，我们得出

$$\boldsymbol{A} = \boldsymbol{W}^{-1}\boldsymbol{D}\boldsymbol{W}'^{-1}_1 \tag{51}$$

比较这个等式与等式(34′) 及(48)，我们得到

$$G = DW'^{-1}_1, G'_1 = W^{-1}D \tag{52}$$

引入对角矩阵

$$\hat{D} = \left\{\frac{1}{D_1}, \frac{D_1}{D_2}, \cdots, \frac{D_{r-1}}{D_r}, 0, \cdots, 0\right\} \tag{53}$$

那么,因为

$$D = D\hat{D}D$$

从(51) 与(52) 得出

$$A = G'_1 \hat{D} G \tag{54}$$

公式(54) 证明了,矩阵 A 对于三角因子的分解式,可以应用高斯算法在矩阵 A 与 A' 上来得出.

现在设 A 为一个满秩矩阵($r = n$). 那么 $|D| \neq 0$,$\hat{D} = D^{-1}$. 故由(51) 得出

$$A^{-1} = W'_1 \hat{D} W \tag{55}$$

这个公式给予了应用高斯算法到长方矩阵

$$(A, E)(A', E)$$

上来有效的计算逆矩阵 A^{-1} 的可能性.

在特殊的情形,取对称矩阵 S 来替代矩阵 A,则矩阵 G_1 与 G 重合,而且矩阵 W_1 亦与矩阵 W 重合,因此式(54) 与(55) 取以下形状

$$S = G'\hat{D}G \tag{56}$$

$$S^{-1} = W'\hat{D}GW \tag{57}$$

§5 矩阵的分块. 分块矩阵的运算方法. 广义高斯算法

常常要利用这样的矩阵,把它裂分为长方部分 ——“子块”或“块”. 在本节中我们从事于这种“分块”矩阵的研究.

1. 假设给予长方矩阵

$$A = (a_{ik}) \quad (i = 1, 2, \cdots, m; k = 1, 2, \cdots, n) \tag{58}$$

利用水平的与垂直的直线我们把矩阵 A 分成许多长方形的块

$$A = \begin{matrix} \overbrace{}^{n_1} & \overbrace{}^{n_2} & \cdots & \overbrace{}^{n_t} & \\ \end{matrix}$$

$$A = \begin{bmatrix} A_{11} & A_{12} & \cdots & A_{1t} \\ A_{21} & A_{22} & \cdots & A_{2t} \\ \vdots & \vdots & & \vdots \\ A_{s1} & A_{s2} & \cdots & A_{st} \end{bmatrix} \begin{matrix} \}m_1 \\ \}m_2 \\ \vdots \\ \}m_s \end{matrix} \tag{59}$$

(列宽依次为 $n_1, n_2, \cdots, n_t$)

关于矩阵(59),是说把它分成 st 个 $m_\alpha \times n_\beta$ 维块($\alpha = 1, 2, \cdots, s; \beta = 1, 2, \cdots, t$),或者说把它表成分块矩阵的形状. (59) 亦可缩写为

$$A = (A_{\alpha\beta}) \quad (\alpha = 1, 2, \cdots, s; \beta = 1, 2, \cdots, t) \tag{60}$$

在 $s = t$ 的情形,可以应用这样的写法

$$\boldsymbol{A}=(\boldsymbol{A}_{\alpha\beta})_1^s \tag{61}$$

对分块矩阵来施行运算，关于把诸块换为数值元素的那些公式同样的能够成立.例如，设给定两个同维数的长方矩阵且分为对应的同维子块

$$\boldsymbol{A}=(\boldsymbol{A}_{\alpha\beta}),\boldsymbol{B}=(\boldsymbol{B}_{\alpha\beta})\quad(\alpha=1,2,\cdots,s;\beta=1,2,\cdots,t) \tag{62}$$

易知

$$\boldsymbol{A}+\boldsymbol{B}=(\boldsymbol{A}_{\alpha\beta}+\boldsymbol{B}_{\alpha\beta})\quad(\alpha=1,2,\cdots,s;\beta=1,2,\cdots,t) \tag{63}$$

详细的来建立分块矩阵的乘法.已知(参考第1章定义4下面的注)当两个长方矩阵$\boldsymbol{A}$与$\boldsymbol{B}$相乘时，第一个因子$\boldsymbol{A}$的行长必须等于第二个因子$\boldsymbol{B}$的列的长度.为了这些分块矩阵的相乘可以施行，我们要补充这样的条件，就是使第一个因子的块中所有横线上的维数与第二个因子的块中所有纵线上的维数彼此一致

$$\boldsymbol{A}=\begin{matrix} \overbrace{}^{n_1} & \overbrace{}^{n_2} & \cdots & \overbrace{}^{n_t} \\ \end{matrix}\!\begin{pmatrix} \boldsymbol{A}_{11} & \boldsymbol{A}_{12} & \cdots & \boldsymbol{A}_{1t} \\ \boldsymbol{A}_{21} & \boldsymbol{A}_{22} & \cdots & \boldsymbol{A}_{2t} \\ \vdots & \vdots & & \vdots \\ \boldsymbol{A}_{s1} & \boldsymbol{A}_{s2} & \cdots & \boldsymbol{A}_{st} \end{pmatrix}\begin{matrix} \}m_1 \\ \}m_2 \\ \vdots \\ \}m_s \end{matrix},\boldsymbol{B}=\begin{pmatrix} \boldsymbol{B}_{11} & \boldsymbol{B}_{12} & \cdots & \boldsymbol{B}_{1u} \\ \boldsymbol{B}_{21} & \boldsymbol{B}_{22} & \cdots & \boldsymbol{B}_{2u} \\ \vdots & \vdots & & \vdots \\ \boldsymbol{B}_{t1} & \boldsymbol{B}_{t2} & \cdots & \boldsymbol{B}_{tu} \end{pmatrix}\begin{matrix} \}n_1 \\ \}n_2 \\ \vdots \\ \}n_t \end{matrix} \tag{64}$$

(其中$\boldsymbol{A}$的各列块宽为$n_1,n_2,\cdots,n_t$，$\boldsymbol{B}$的各列块宽为$p_1,p_2,\cdots,p_u$)

那就容易验证

$$\boldsymbol{AB}=\boldsymbol{C}=(\boldsymbol{C}_{\alpha\beta}),\text{其中 }\boldsymbol{C}_{\alpha\beta}=\sum_{\delta=1}^{t}\boldsymbol{A}_{\alpha\delta}\boldsymbol{B}_{\delta\beta}\quad(\alpha=1,2,\cdots,s;\beta=1,2,\cdots,u) \tag{65}$$

我们特别注意这样的特殊情形，就是有一个因子是拟对角矩阵.设$\boldsymbol{A}$是一个拟对角矩阵，就是$s=t$且当$\alpha\neq\beta$时$\boldsymbol{A}_{\alpha\beta}=\boldsymbol{0}$.在这一个情形我们的式(65)给予

$$\boldsymbol{C}_{\alpha\beta}=\boldsymbol{A}_{\alpha\alpha}\boldsymbol{B}_{\alpha\beta}\quad(\alpha=1,2,\cdots,s;\beta=1,2,\cdots,u) \tag{66}$$

在左乘一个分块矩阵以拟对角矩阵时，分块矩阵的诸行各左乘以拟对角矩阵中对角线上的对应子块.

现在设$\boldsymbol{B}$是一个拟对角矩阵，亦即$t=u$且当$\alpha\neq\beta$时$\boldsymbol{B}_{\alpha\beta}=\boldsymbol{0}$.那么由(65)我们得出

$$\boldsymbol{C}_{\alpha\beta}=\boldsymbol{A}_{\alpha\beta}\boldsymbol{B}_{\beta\beta}\quad(\alpha=1,2,\cdots,s;\beta=1,2,\cdots,u) \tag{67}$$

在左乘一个分块矩阵以拟对角矩阵时，分块矩阵的诸列各左乘以拟对角矩阵中对角线上的对应子块.

我们注意，两个同阶的分块方阵常可施行乘法，只要把每一个因子都分解为子块的相同的方阵列且在每一因子的对角线上都是一些方阵.

分块矩阵(59)称为上(下)拟三角矩阵，如果$s=t$且当$\alpha>\beta$时所有$\boldsymbol{A}_{\alpha\beta}=\boldsymbol{0}$(对应的当$\alpha<\beta$时所有的$\boldsymbol{A}_{\alpha\beta}=\boldsymbol{0}$).拟对角矩阵是拟三角矩阵的一种特殊情

形.

从公式(65)容易看出：

两个上(下)拟三角矩阵的乘积仍然是一个上(下)拟三角矩阵①;此时乘积的对角线上的子块是由因子的对角线上对应子块来相乘所得出的.

事实上,在(65)中设 $s=t$ 且有

$$\boldsymbol{A}_{\alpha\beta}=\boldsymbol{0},\boldsymbol{B}_{\alpha\beta}=\boldsymbol{0}\quad(\alpha<\beta)$$

我们得出

$$\begin{cases}\boldsymbol{C}_{\alpha\beta}=\boldsymbol{0}\\ \boldsymbol{C}_{\alpha\alpha}=\boldsymbol{A}_{\alpha\alpha}\boldsymbol{B}_{\alpha\alpha}\end{cases}\quad(\alpha<\beta;\alpha,\beta=1,2,\cdots,s)$$

对于下拟三角矩阵的情形可以同样的来得出.

注意拟三角矩阵的行列式的计算规则.这一个规则可以从拉普拉斯展开式来得出.

如果 $\boldsymbol{A}$ 是一个拟三角(特别的是拟对角)矩阵,那么这个矩阵的行列式等于其对角线上诸子块的行列式的乘积

$$|\boldsymbol{A}|=|\boldsymbol{A}_{11}||\boldsymbol{A}_{22}|\cdots|\boldsymbol{A}_{ss}|^{②}\tag{68}$$

2. 设已给定分块矩阵

$$\boldsymbol{A}=\begin{pmatrix}\overbrace{\boldsymbol{A}_{11}}^{n_1} & \overbrace{\boldsymbol{A}_{12}}^{n_2} & \cdots & \overbrace{\boldsymbol{A}_{1t}}^{n_t}\\ \boldsymbol{A}_{21} & \boldsymbol{A}_{22} & \cdots & \boldsymbol{A}_{2t}\\ \vdots & \vdots & & \vdots\\ \boldsymbol{A}_{s1} & \boldsymbol{A}_{s2} & \cdots & \boldsymbol{A}_{st}\end{pmatrix}\begin{matrix}\}m_1\\ \}m_2\\ \vdots\\ \}m_s\end{matrix}\tag{69}$$

把第 β 行左乘以 $m_\alpha\times n_\beta$ 维长方矩阵 $\boldsymbol{X}$ 的结果加到第 α 行诸子块上,我们得出分块矩阵

$$\boldsymbol{B}=\begin{pmatrix}\boldsymbol{A}_{11} & \cdots & \boldsymbol{A}_{1t}\\ \vdots & & \vdots\\ \boldsymbol{A}_{\alpha1}+\boldsymbol{X}\boldsymbol{A}_{\beta1} & \cdots & \boldsymbol{A}_{\alpha t}+\boldsymbol{X}\boldsymbol{A}_{\beta t}\\ \vdots & & \vdots\\ \boldsymbol{A}_{\beta1} & \cdots & \boldsymbol{A}_{\beta t}\\ \vdots & & \vdots\\ \boldsymbol{A}_{s1} & \cdots & \boldsymbol{A}_{st}\end{pmatrix}\tag{70}$$

引入辅助方阵 $\boldsymbol{V}$,表为以下子块的方阵的形状

① 此处假定分块的相乘是可以施行的.

② 此处假定 $|\boldsymbol{A}_{11}|,\cdots,|\boldsymbol{A}_{ss}|$ 这些行列式都是有意义的——译者注.

$$
V=\begin{pmatrix}
\overbrace{E}^{m_1} & \cdots & \overbrace{0}^{m_\alpha} & \cdots & \overbrace{0}^{m_\beta} & \cdots & \overbrace{E}^{m_s} \\
\vdots & & \vdots & & \vdots & & \vdots \\
0 & \cdots & E & \cdots & X & \cdots & 0 \\
\vdots & & \vdots & & \vdots & & \vdots \\
0 & \cdots & 0 & \cdots & E & \cdots & 0 \\
\vdots & & \vdots & & \vdots & & \vdots \\
0 & \cdots & 0 & \cdots & 0 & \cdots & E
\end{pmatrix}
\begin{matrix} \}m_1 \\ \vdots \\ \}m_\alpha \\ \vdots \\ \}m_\beta \\ \vdots \\ \}m_s \end{matrix}
\tag{71}
$$

矩阵 V 的对角线上诸子块都是单位矩阵，其阶数顺次为 $m_1, m_2, \cdots, m_s$；除开位于第 α 子块行与第 β 子块列相交处的子块为 X 外，分块矩阵 V 的所有对角线以外的子块都等于零.

不难看出

$$VA=B \tag{72}$$

故因 V 是一个满秩矩阵，对于矩阵 A 与 B 的秩有以下关系①

$$r_A=r_B \tag{73}$$

在特别的情形，当 A 是一个方阵时，由(72)有

$$|V||A|=|B| \tag{74}$$

但是拟三角矩阵 V 的行列式等于 1

$$|V|=1 \tag{75}$$

故有

$$|A|=|B| \tag{76}$$

如果把矩阵(68)中某一列加上右乘适当维数的长方矩阵 X 的另一列上去，可得同样结论.

上面所得出的结果可以总结为以下定理：

定理 3　如果在分块矩阵 A 中，把左(右)乘第 β 个子块行(列)以 $m_\alpha \times m_\beta$ 维($m_\beta \times m_\alpha$ 维)的长方矩阵 X 后的结果加到第 α 个子块行(列)上，那么这一变换并不变动矩阵 A 的秩；又如 A 是一个方阵，则矩阵 A 的行列式亦无改变.

3. 现在来讨论这样的特殊情形，就是在矩阵 A 的对角线上，子块 A_{11} 是一个方阵而且是满秩的($|A_{11}|\neq 0$).

在矩阵 A 的第 α 行，加上第一行左乘 $A_{\alpha 1}A_{11}^{-1}(\alpha=2,\cdots,s)$ 的结果，我们就得出矩阵

---

① 参考第 1 章 §3 中式(34)后面的结果.

$$B_1 = \begin{pmatrix} A_{11} & A_{12} & \cdots & A_{1t} \\ 0 & A_{22}^{(1)} & \cdots & A_{2t}^{(1)} \\ \vdots & \vdots & & \vdots \\ 0 & A_{s2}^{(1)} & \cdots & A_{st}^{(1)} \end{pmatrix} \tag{77}$$

其中

$$A_{\alpha\beta}^{(1)} = -A_{\alpha 1}A_{11}^{-1}A_{1\beta} + A_{\alpha\beta} \quad (\alpha = 2,\cdots,s;\beta = 2,\cdots,t) \tag{78}$$

如果 $A_{22}^{(1)}$ 是一个满秩方阵，那么这一步骤可以继续进行.这样一来，我们得出广义的高斯算法.

设 A 为方阵，则有

$$|A| = |B_1| = |A_{11}| \begin{vmatrix} A_{22}^{(1)} & \cdots & A_{2t}^{(1)} \\ \vdots & & \vdots \\ A_{s2}^{(1)} & \cdots & A_{st}^{(1)} \end{vmatrix} \tag{79}$$

公式(79) 把含有 st 个块的行列式 $|A|$ 的计算化为只含 $(s-1)(t-1)$ 个子块的有较小阶数行列式的计算①.

讨论分为四块的行列式 Δ

$$\Delta = \begin{vmatrix} A & B \\ C & D \end{vmatrix} \tag{80}$$

其中 A 与 D 都是方阵.

设 $A \neq 0$，那么从第二行减去第一行左乘 CA^{-1} 之积，我们得出

$$\Delta = \begin{vmatrix} A & B \\ 0 & D - CA^{-1}B \end{vmatrix} = |A||D - CA^{-1}B| \tag{Ⅰ}$$

同样的，如果 $|D| \neq 0$，那么在 Δ 中从第一行减去第二行右乘 BD^{-1} 的乘积，我们得出

$$\Delta = \begin{vmatrix} A - BD^{-1}C & 0 \\ C & D \end{vmatrix} = |A - BD^{-1}C||D| \tag{Ⅱ}$$

在特殊的情形，四个矩阵 A,B,C,D 都是同为 n 阶的方阵时，由(Ⅰ)与(Ⅱ)得出舒尔公式，化 $2n$ 阶行列式的计算为 n 阶行列式的计算

$$\Delta = |AD - ACA^{-1}B| \quad (|A| \neq 0) \tag{Ⅰa}$$

$$\Delta = |AD - BD^{-1}CD| \quad (|D| \neq 0) \tag{Ⅱa}$$

如果矩阵 A 与 C 彼此可交换，那么由(Ⅰa)得出

$$\Delta = |AD - CB| \quad (\text{如其有条件 } AC = CA) \tag{Ⅰσ}$$

同样的，如果 C 与 D 彼此可交换，那么

① 如果 $A_{22}^{(1)}$ 是一个方阵且有 $|A_{22}^{(1)}| \neq 0$，那么对于所得出的有 $(s-1)(t-1)$ 个子块的行列式，我们可以再来应用同样的变换，诸如此类.

$$\Delta = |AD - BC| \quad (\text{如其有条件 } CD = DC) \tag{Ⅱσ}$$

公式(Ⅰσ)是在假设 $|A| \neq 0$ 下所得出的,而公式(Ⅱσ)是当 $|D| \neq 0$ 时得出的.但是从连续性的推究,这些限制是可以取消的.

从公式(Ⅰ)~(Ⅱσ),交换其右边的 A 与 D 且同时交换其 B 与 C,我们还可以得出六个公式.

例 1 有如下式子

$$\Delta = \begin{vmatrix} 1 & 0 & b_1 & b_2 \\ 0 & 1 & b_3 & b_4 \\ c_1 & c_2 & d_1 & d_2 \\ c_3 & c_4 & d_3 & d_4 \end{vmatrix}$$

由公式(Ⅰσ)得

$$\Delta = \begin{vmatrix} d_1 - c_1 b_1 - c_2 b_3 & d_2 - c_1 b_2 - c_2 b_4 \\ d_3 - c_3 b_1 - c_4 b_3 & d_4 - c_3 b_2 - c_4 b_4 \end{vmatrix}$$

4. 从定理 3 推得以下:

定理 4 如果表长方矩阵 R 为分块型

$$R = \begin{pmatrix} A & B \\ C & D \end{pmatrix} \tag{81}$$

其中 A 为 n 阶满秩方阵($|A| \neq 0$),那么矩阵 R 的秩等于 n 的充分必要条件是

$$D = CA^{-1}B \tag{82}$$

证明 从矩阵 R 的第二个块行减去左乘第一行以 CA^{-1} 的乘积,我们得出矩阵

$$T = \begin{pmatrix} A & B \\ 0 & D - CA^{-1}B \end{pmatrix} \tag{83}$$

由定理 3,矩阵 R 与 T 有相同的秩.矩阵 T 与矩阵 A 有相同的秩(亦即都等于 n)的充分必要条件是 $D - CA^{-1}B = 0$,亦即(82)能够成立.定理即已证明.

从定理 4 可推得逆矩阵 A^{-1} 与一般乘积 $CA^{-1}B$ 所构成的算法,其中 B,C 各为 $n \times p$,$q \times n$ 维长方矩阵.

用高斯算法[①]来把矩阵

$$\begin{pmatrix} A & B \\ -C & 0 \end{pmatrix} \quad (|A| \neq 0) \tag{84}$$

---

① 此处我们对矩阵(84)并没有完全用高斯算法,而只是用到它的前 n 个程序,其中 n 为这个矩阵的秩.如果当 $p = n$ 时,条件(15)成立,那么是可以这样做的.如果这个条件不能适合,那么因为 $|A| \neq 0$,我们可以调动矩阵(84)的前 n 个行(或前 n 个列),使得前 n 次高斯算法可以施行.当条件(15)对于 $p = n$ 能成立时,我们有时要用到这种有些变动的高斯算法.

变为以下形状

$$\begin{pmatrix} \boldsymbol{G} & \boldsymbol{B}_1 \\ \boldsymbol{0} & \boldsymbol{X} \end{pmatrix} \tag{85}$$

我们来证明

$$\boldsymbol{X}=\boldsymbol{C}\boldsymbol{A}^{-1}\boldsymbol{B} \tag{86}$$

事实上,应用于矩阵(84)的那个变换,使矩阵

$$\begin{pmatrix} \boldsymbol{A} & \boldsymbol{B} \\ -\boldsymbol{C} & -\boldsymbol{C}\boldsymbol{A}^{-1}\boldsymbol{B} \end{pmatrix} \tag{87}$$

变为以下矩阵

$$\begin{bmatrix} \boldsymbol{G} & \boldsymbol{B}_1 \\ \boldsymbol{0} & \boldsymbol{X}-\boldsymbol{C}\boldsymbol{A}^{-1}\boldsymbol{B} \end{bmatrix} \tag{88}$$

由定理4,知矩阵(87)有秩 n(n 为矩阵 $\boldsymbol{A}$ 的阶数).但此时矩阵(88)的秩亦必等于 n.故有 $\boldsymbol{X}-\boldsymbol{C}\boldsymbol{A}^{-1}\boldsymbol{B}=\boldsymbol{0}$,亦即得出式(86).

特别的,如果 $\boldsymbol{B}=\boldsymbol{y}$,其中 $\boldsymbol{y}$ 为单列矩阵且有 $\boldsymbol{C}=\boldsymbol{E}$,那么

$$\boldsymbol{X}=\boldsymbol{A}^{-1}\boldsymbol{y}$$

因此,对矩阵

$$\begin{pmatrix} \boldsymbol{A} & \boldsymbol{y} \\ -\boldsymbol{E} & \boldsymbol{0} \end{pmatrix}$$

应用高斯算法,我们得出以下方程组的解

$$\boldsymbol{A}\boldsymbol{x}=\boldsymbol{y}$$

再者,如果在(84)中取 $\boldsymbol{B}=\boldsymbol{C}=\boldsymbol{E}$,那么对矩阵

$$\begin{pmatrix} \boldsymbol{A} & \boldsymbol{E} \\ -\boldsymbol{E} & \boldsymbol{0} \end{pmatrix}$$

应用高斯算法后,我们可以得出

$$\begin{pmatrix} \boldsymbol{G} & \boldsymbol{W} \\ \boldsymbol{0} & \boldsymbol{X} \end{pmatrix}$$

其中

$$\boldsymbol{X}=\boldsymbol{A}^{-1}$$

求出 $\boldsymbol{A}^{-1}$ 的这一个方法可以用下例来说明.

例2 设

$$\boldsymbol{A}=\begin{bmatrix} 2 & 1 & 1 \\ 1 & 0 & 2 \\ 3 & 1 & 2 \end{bmatrix}$$

要算出 $\boldsymbol{A}^{-1}$.

应用经过变动的消去法[①]于以下矩阵

$$\begin{pmatrix} 2 & 1 & 1 & 1 & 0 & 0 \\ 1 & 0 & 2 & 0 & 1 & 0 \\ 3 & 1 & 2 & 0 & 0 & 1 \\ -1 & 0 & 0 & 0 & 0 & 0 \\ 0 & -1 & 0 & 0 & 0 & 0 \\ 0 & 0 & -1 & 0 & 0 & 0 \end{pmatrix}$$

对所有的行(除第二行外)都加上第二行的适当的倍数,使得除第二个元素外,第一列上所有的元素都等于零.此后除第二行第三行外,所有的行都加上第三行的适当倍数,使得除第二第三个元素外,第二列的元素全都等于零.最后,在后三行上,加上第一行的适当倍数,使得我们得出以下矩阵

$$\begin{pmatrix} * & * & * & * & * & * \\ * & * & * & * & * & * \\ * & * & * & * & * & * \\ 0 & 0 & 0 & -2 & -1 & 2 \\ 0 & 0 & 0 & 4 & 1 & -3 \\ 0 & 0 & 0 & 1 & 1 & -1 \end{pmatrix}$$

因此

$$\boldsymbol{A}^{-1} = \begin{pmatrix} -2 & -1 & 2 \\ 4 & 1 & -3 \\ 1 & 1 & -1 \end{pmatrix}$$

① 参考上面的足注.

n 维向量空间中线性算子

第3章

矩阵是研究 n 维向量空间中线性算子的基本分析工具.对于这些运算的研究,给出了把所有矩阵来分类的可能性,且得出所有同类矩阵的重要性质.

在本章中将叙述 n 维空间中线性算子的最简单性质.n 维空间中线性算子的进一步的研究将在第7与第9章中继续予以讨论.

§1 向量空间

1. 假设已经给定任意元素 $\boldsymbol{x},\boldsymbol{y},\boldsymbol{z},\cdots$ 的某一个集合 R,且在它里面确定了两个运算:"加法"运算与"对域 K 中的数的乘法"运算[①].我们假设这些运算对于 R 中任何元素 $\boldsymbol{x},\boldsymbol{y},\boldsymbol{z}$ 与 K 中任何元素 α,β,都可以在 R 中唯一的施行,且有:

1° $\boldsymbol{x}+\boldsymbol{y}=\boldsymbol{y}+\boldsymbol{x}$.

2° $(\boldsymbol{x}+\boldsymbol{y})+\boldsymbol{z}=\boldsymbol{x}+(\boldsymbol{y}+\boldsymbol{z})$.

3° R 中有这样的元素 $\mathbf{0}$ 存在,使数0与 R 中任何元素 $\boldsymbol{x}$ 的乘积都等于元素 $\mathbf{0}$

$$0\cdot\boldsymbol{x}=\mathbf{0}$$

4° $1\cdot\boldsymbol{x}=\boldsymbol{x}$.

5° $\alpha(\beta\boldsymbol{x})=(\alpha\beta)\boldsymbol{x}$.

6° $(\alpha+\beta)\boldsymbol{x}=\alpha\boldsymbol{x}+\beta\boldsymbol{x}$.

7° $\alpha(\boldsymbol{x}+\boldsymbol{y})=\alpha\boldsymbol{x}+\alpha\boldsymbol{y}$.

① 这些运算将用平常的符号"+"与"·"来标出,而且后一个符号常常省去而只是暗中含有在内.

定义 1 元素的集合 R，在它里面常可唯一的施行两个运算：元素的"加法"与"R 中元素对 K 中数的乘法"，而且这两个运算适合公设 $1^\circ \sim 7^\circ$ 时，我们称之为（域 K 上）向量空间，而称其元素为向量①.

定义 2 R 中向量 $\boldsymbol{x},\boldsymbol{y},\cdots,\boldsymbol{u}$ 称为线性相关，如果在 K 中有这样的数 α，$\beta,\cdots,\delta$ 存在，不全等于零，使得

$$\alpha\boldsymbol{x}+\beta\boldsymbol{y}+\cdots+\delta\boldsymbol{u}=\boldsymbol{0} \tag{1}$$

如果没有这样的线性相关性存在时，向量 $\boldsymbol{x},\boldsymbol{y},\cdots,\boldsymbol{u}$ 称为线性无关.

如果向量 $\boldsymbol{x},\boldsymbol{y},\cdots,\boldsymbol{u}$ 线性相关，那么在它们里面至少有一个可以表为系数在域 K 中的其余诸向量的线性组合. 例如，如果在(1) 中 $\alpha\neq 0$，那么

$$\boldsymbol{x}=-\frac{\beta}{\alpha}\boldsymbol{y}-\cdots-\frac{\delta}{\alpha}\boldsymbol{u}$$

定义 3 空间 R 称为有限维空间，而数 n 为这一个空间的维数，如果在 R 中有 n 个线性无关的向量存在，同时 R 中任何 $n+1$ 个向量都是线性相关的. 如果在空间中可以找出任意多个向量线性无关系统，那么称这一个空间为无限维空间.

在这一教程中，主要研究有限维空间.

定义 4 在 n 维空间中，给定了有一定次序的线性无关向量组 $\boldsymbol{e}_1,\boldsymbol{e}_2,\cdots$，$\boldsymbol{e}_n$，称为这个空间的基底.

2. 例 1 平常的向量集合（有向的几何线段）是一个三维向量空间. 这个空间中所有与某一个平面平行的向量构成一个二维空间，而与某一条直线平行的全部向量构成一个一维向量空间.

例 2 称域 K 中 n 个数的列 $\boldsymbol{x}=(x_1,x_2,\cdots,x_n)$ 为向量（n 为一个固定的数），以单列矩阵的运算为其基本运算

$$(x_1,x_2,\cdots,x_n)+(y_1,y_2,\cdots,y_n)=(x_1+y_1,x_2+y_2,\cdots,x_n+y_n)$$

$$\alpha(x_1,x_2,\cdots,x_n)=(\alpha x_1,\alpha x_2,\cdots,\alpha x_n)$$

列 $(0,0,\cdots,0)$ 为其零元素. 容易验证，所有的公设 $1^\circ \sim 7^\circ$ 都能适合，这些向量构成一个 n 维空间. 作为这个空间的基底，例如，可以取 n 阶单位矩阵的诸列

$$(1,0,\cdots,0),(0,1,\cdots,0),\cdots,(0,0,\cdots,1)$$

在这个例子中所讨论的空间，常称为 n 维数序空间.

例 3 无限序列 $(x_1,x_2,\cdots,x_n,\cdots)$ 的集合，其中很自然的定出运算

$$(x_1,x_2,\cdots,x_n,\cdots)+(y_1,y_2,\cdots,y_n,\cdots)=(x_1+y_1,x_2+y_2,\cdots,x_n+y_n,\cdots)$$

---

① 不难看出，由性质 $1^\circ \sim 7^\circ$ 可以得出所有平常数的相加与相乘的性质. 例如，对于 R 中的一元素 $\boldsymbol{x}$：$\boldsymbol{x}+\boldsymbol{0}=\boldsymbol{x}[\boldsymbol{x}+\boldsymbol{0}=1\cdot\boldsymbol{x}+0\cdot\boldsymbol{x}=(1+0)\boldsymbol{x}=1\cdot\boldsymbol{x}=\boldsymbol{x}]$，$\boldsymbol{x}+(-\boldsymbol{x})=\boldsymbol{0}$，其中 $-\boldsymbol{x}=(-1)\cdot\boldsymbol{x}$，诸如此类.

$$\alpha(x_1, x_2, \cdots, x_n, \cdots) = (\alpha x_1, \alpha x_2, \cdots, \alpha x_n, \cdots)$$

表现为一个无限维空间.

例 4 系数在域 K 中,次数小于 n 的多项式 $\alpha_0 + \alpha_1 t + \cdots + \alpha_{n-1} t^{n-1}$ 集合可以表为一个 n 维向量空间①. 作为这个空间的基底,例如,可以取幂序列 $t^0, t^1, t^2, \cdots, t^{n-1}$.

所有的多项式(不加次数的限制)构成一个无限维空间.

例 5 所有定义在闭区间$[a,b]$上的函数构成一个无限维空间.

3. 设向量 $\boldsymbol{e}_1, \boldsymbol{e}_2, \cdots, \boldsymbol{e}_n$ 构成 n 维向量空间 R 的基底,而 $\boldsymbol{x}$ 为这个空间的任一向量. 那么向量 $\boldsymbol{x}, \boldsymbol{e}_1, \boldsymbol{e}_2, \cdots, \boldsymbol{e}_n$ 是线性相关的(因为它的个数等于 $n+1$)

$$\alpha_0 \boldsymbol{x} + \alpha_1 \boldsymbol{e}_1 + \alpha_2 \boldsymbol{e}_2 + \cdots + \alpha_n \boldsymbol{e}_n = \boldsymbol{0}$$

且在数 $\alpha_0, \alpha_1, \cdots, \alpha_n$ 中至少有一个不等于零. 但由向量 $\boldsymbol{e}_1, \boldsymbol{e}_2, \cdots, \boldsymbol{e}_n$ 的线性无关性,在此时必须有 $\alpha_0 \neq 0$. 因此

$$\boldsymbol{x} = x_1 \boldsymbol{e}_1 + x_2 \boldsymbol{e}_2 + \cdots + x_n \boldsymbol{e}_n \tag{2}$$

其中 $x_i = -\dfrac{\alpha_i}{\alpha_0} (i = 1, 2, \cdots, n)$.

注意,数 $x_1, x_2, \cdots, x_n$ 是由所给向量 $\boldsymbol{x}$ 与基底 $\boldsymbol{e}_1, \boldsymbol{e}_2, \cdots, \boldsymbol{e}_n$ 所唯一确定的. 事实上,如果同(2) 并列的对于向量 $\boldsymbol{x}$ 有另一种表示式

$$\boldsymbol{x} = x'_1 \boldsymbol{e}_1 + x'_2 \boldsymbol{e}_2 + \cdots + x'_n \boldsymbol{e}_n \tag{2'}$$

那么,从(2′) 减去(2),我们得出

$$(x'_1 - x_1)\boldsymbol{e}_1 + (x'_2 - x_2)\boldsymbol{e}_2 + \cdots + (x'_n - x_n)\boldsymbol{e}_n = \boldsymbol{0}$$

故由基底向量的线性无关性推知

$$x'_1 - x_1 = x'_2 - x_2 = \cdots = x'_n - x_n = 0$$

亦即

$$x'_1 = x_1, x'_2 = x_2, \cdots, x'_n = x_n \tag{3}$$

数 $x_1, x_2, \cdots, x_n$ 称为在基底 $\boldsymbol{e}_1, \boldsymbol{e}_2, \cdots, \boldsymbol{e}_n$ 中向量 $\boldsymbol{x}$ 的坐标.

如果

$$\boldsymbol{x} = \sum_{i=1}^{n} x_i \boldsymbol{e}_i, \boldsymbol{y} = \sum_{i=1}^{n} y_i \boldsymbol{e}_i$$

那么

$$\boldsymbol{x} + \boldsymbol{y} = \sum_{i=1}^{n} (x_i + y_i) \boldsymbol{e}_i, \alpha \boldsymbol{x} = \sum_{i=1}^{n} \alpha x_i \boldsymbol{e}_i$$

亦即,向量和的坐标可由诸向量的对应坐标的相加来得出,在一个向量乘以数 α 时,所有的坐标都要乘上这一个数.

4. 设向量

---

① 可以取平常的多项式加法与多项式对数的乘法作为它的基本运算.

$$\boldsymbol{x}_k=\sum_{i=1}^{n} x_{ik}\boldsymbol{e}_i \quad (k=1,2,\cdots,n)$$

线性相关,亦即

$$\sum_{k=1}^{m} c_k\boldsymbol{x}_k=\boldsymbol{0} \tag{4}$$

且在数 $c_1,c_2,\cdots,c_m$ 中至少有一个不等于零.

如果一个向量等于零,那么它的坐标全等于零.故向量等式(4) 相当于以下纯量等式组

$$\begin{cases} c_1x_{11}+c_2x_{12}+\cdots+c_mx_{1m}=0 \\ c_1x_{21}+c_2x_{22}+\cdots+c_mx_{2m}=0 \\ \quad\vdots \\ c_1x_{n1}+c_2x_{n2}+\cdots+c_mx_{nm}=0 \end{cases} \tag{4'}$$

已知这个关于 $c_1,c_2,\cdots,c_m$ 的齐次线性方程组有非零解的充分必要条件,是它的系数矩阵的秩小于未知量的个数,亦即小于 m.因此,它的秩等于数 m 是向量 $\boldsymbol{x}_1,\boldsymbol{x}_2,\cdots,\boldsymbol{x}_m$ 线性无关的充分必要条件.这样一来,就有以下的定理.

定理 1 为了使向量 $\boldsymbol{x}_1,\boldsymbol{x}_2,\cdots,\boldsymbol{x}_m$ 线性无关的充分必要条件,是在任何基底中由这些向量的坐标所组成的矩阵

$$\boldsymbol{X}=\begin{pmatrix} x_{11} & x_{12} & \cdots & x_{1m} \\ x_{21} & x_{22} & \cdots & x_{2m} \\ \vdots & \vdots & & \vdots \\ x_{n1} & x_{n2} & \cdots & x_{nm} \end{pmatrix}$$

的秩等于 m,亦即等于向量的个数.

注 向量 $\boldsymbol{x}_1,\boldsymbol{x}_2,\cdots,\boldsymbol{x}_m$ 的线性无关性说明了矩阵 $\boldsymbol{X}$ 中诸列的线性无关性,因为位于第 k 个列的是向量 $\boldsymbol{x}_k$ 坐标($k=1,2,\cdots,m$).因此根据定理,如果在长方矩阵中诸列线性无关,那么这个矩阵的秩等于它的列的个数.故知在任一长方矩阵中,线性无关列的最大的数目等于这个矩阵的秩.再者,如果我们转置矩阵,亦即以行为列以列为行,那么显然此时矩阵的秩并无改变.因此,在长方矩阵中,线性无关列的列数,永远等于线性无关行的行数,亦等于这一个矩阵的秩①.

5. 如果在 n 维空间中已经取定基底 $\boldsymbol{e}_1,\boldsymbol{e}_2,\cdots,\boldsymbol{e}_n$,那么每一个向量 $\boldsymbol{x}$ 都唯一的对应于列 $\boldsymbol{x}=(x_1,x_2,\cdots,x_n)$,其中 $x_1,x_2,\cdots,x_n$ 为向量 $\boldsymbol{x}$ 在这一个给定基底

① 这个论断是从定理 1 来得出的,在定理 1 的证明中,我们用到齐次线性方程组的已知性质(只有在系数矩阵的秩小于未知量的个数时有非零解存在).我们亦可不用这一个性质来证明定理 1(参考§5).

中的坐标. 这样一来,给定了基底就在任何一个n维向量空间R中的向量与例2中所说的n维数序空间R'的向量之间构成了一个一一对应关系. 而且R中向量的和对应于在R'中的对应向量的和. 对于向量与域K中的数α的乘积亦有类似的情形. 换句话说,任何n维向量空间都与n维数序空间同构,因此,所有在同一个数域K上的维数同为n的向量空间都是彼此同构的. 这就说明了,如果把同构的空间当作一个来看待时,对于给定的数域只有一个n维向量空间存在.

可能发生这样的问题,如果把同构的空间当作一个来看待时,"抽象的"n维空间就与n维数序空间重合,为什么我们又引进"抽象的"n维空间. 事实上,我们可以把向量定义一定次序的n个数所成的组,且如例2一样建立对应这些向量的运算关系. 但此时会把与基底的选取无关的向量性质同对于特殊基底所发生的情况混在一起. 例如,向量的坐标全等于零是这个向量的性质,它与基底的选取无关. 向量的所有坐标彼此相等就不是这个向量的性质,因为变动基底后,这个性质就会消失. 向量空间的公理定义直接推出与基底的选取无关的向量性质.

6. 如果向量的某一集合R'是R的一部分,具有以下性质:R'中任两个向量之和与R'中任一向量与数$\alpha \in K$的乘积恒属于R',那么这样的簇R'本身是某一向量空间,即R中的子空间.

如果给出R中两个子空间R'与R'',且已知:

1° R'与R''没有零以外的公共向量;

2° R中任一向量$\boldsymbol{X}$可表示和的形式

$$\boldsymbol{X}=\boldsymbol{X}'+\boldsymbol{X}'' \quad (\boldsymbol{X}' \in R', \boldsymbol{X}'' \in R'') \tag{5}$$

那么我们将说空间R可分为两个子空间R'与R'',写作

$$R=R'+R'' \tag{6}$$

注意,条件1°表示了表示式(5)的唯一性. 事实上,如果某一向量$\boldsymbol{X}$有用R'与R''中的项和的形式表示的两个不同表示式,即表示式(5)与表示式

$$\boldsymbol{X}=\widetilde{\boldsymbol{X}}'+\widetilde{\boldsymbol{X}}'' \quad (\widetilde{\boldsymbol{X}}' \in R', \widetilde{\boldsymbol{X}}'' \in R'') \tag{7}$$

那么从(5)逐项减去(7),得出

$$\boldsymbol{X}'-\widetilde{\boldsymbol{X}}'=\widetilde{\boldsymbol{X}}''-\boldsymbol{X}''$$

即非零向量$\boldsymbol{X}'-\widetilde{\boldsymbol{X}}' \in R'$与$\widetilde{\boldsymbol{X}}''-\boldsymbol{X}'' \in R''$之间的等式,由1°这是不可能的.

这样,条件1°可以换为表示式(5)的唯一性要求. 分解定义可以这样地直接推广到子空间任意项数.

令

$$R=R'+R''$$

而$\boldsymbol{e}'_1,\boldsymbol{e}'_2,\cdots,\boldsymbol{e}'_{n'}$与$\boldsymbol{e}''_1,\boldsymbol{e}''_2,\cdots,\boldsymbol{e}''_{n''}$分别是$R'$与$R''$中的基底. 那么读者不难证

明，所有这 $n'+n''$ 个向量线性无关，构成 R 中一个基底，即由子空间各项的基底组成整个空间的基底. 特别由此推出 $n=n'+n''$.

例 6 令在三维空间中给出三个不平行同一平面的方向. 因为空间中任一向量可以按这三个方向分解为分量，并且是唯一的，所以

$$R=R'+R''+R'''$$

其中 R 是我们这一空间所有向量的集合，R' 是平行第一方向的所有向量的集合，R'' 是平行第二方向的所有向量的集合，R''' 是平行第三方向的所有向量的集合. 在这种情形下，$n=3$，$n'=n''=n'''=1$.

例 7 令在三维空间中给出一个平面与同它相交的一条直线. 那么

$$R=R'+R''$$

其中 R 是我们的空间的所有向量的集合，R' 是平行已知平面的所有向量的集合，R'' 是平行已知直线的所有向量的集合. 在本例中 $n=3$，$n'=2$，$n''=1$.

给出空间 R 中的基底在实际上表示把整个空间 R 分成 n 个一维子空间的一种分解.

§2 将 n 维空间映入 m 维空间的线性算子

1. 讨论线性变换

$$\begin{cases} y_1=a_{11}x_1+a_{12}x_2+\cdots+a_{1n}x_n \\ y_2=a_{21}x_1+a_{22}x_2+\cdots+a_{2n}x_n \\ \qquad\vdots \\ y_m=a_{m1}x_1+a_{m2}x_2+\cdots+a_{mn}x_n \end{cases} \tag{8}$$

其系数在域 K 中，同时讨论此域上的两个向量空间：n 维空间 R 与 m 维空间 S. 我们在 R 中选取某一基底 $\boldsymbol{e}_1,\boldsymbol{e}_2,\cdots,\boldsymbol{e}_n$ 且在 S 中选取某一基底 $\boldsymbol{g}_1,\boldsymbol{g}_2,\cdots,\boldsymbol{g}_m$. 那么变换(8)变 R 中每一个向量 $\boldsymbol{x}=\sum_{i=1}^{n}x_i\boldsymbol{e}_i$ 为 S 中某一个向量 $\boldsymbol{y}=\sum_{k=1}^{n}y_k\boldsymbol{g}_k$，亦即，变换(8)确定了一个算子 A，变向量 $\boldsymbol{x}$ 为向量 $\boldsymbol{y}$：$\boldsymbol{y}=A\boldsymbol{x}$. 不难看出，这个算子 A 有线性的性质，我们将其叙述为：

定义 5 将 R 映入 S 中的算子 A，亦即变 R 中每一个向量 $\boldsymbol{x}$ 为 S 中某一个向量 $\boldsymbol{y}=A\boldsymbol{x}$ 的算子，称为线性的，如果对于 R 中任何向量 $\boldsymbol{x}$，$\boldsymbol{x}_1$ 与 K 中任一数 α，都有

$$A(\boldsymbol{x}+\boldsymbol{x}_1)=A\boldsymbol{x}+A\boldsymbol{x}_1,A(\alpha\boldsymbol{x})=\alpha A\boldsymbol{x} \tag{9}$$

这样一来，对于 R 与 S 中已给的基底，变换(8)确定一个线性算子，R 映入 S 中.

现在我们来证明逆命题，即对于任何将 R 映入 S 中的线性算子 A 与 R 中任一基底 $\boldsymbol{e}_1,\boldsymbol{e}_2,\cdots,\boldsymbol{e}_n$，$S$ 中任一基底 $\boldsymbol{g}_1,\boldsymbol{g}_2,\cdots,\boldsymbol{g}_m$，都有元素在域 K 中的这样的

长方矩阵

$$\begin{pmatrix} a_{11} & a_{12} & \cdots & a_{1m} \\ a_{21} & a_{22} & \cdots & a_{2m} \\ \vdots & \vdots & & \vdots \\ a_{m1} & a_{m2} & \cdots & a_{mn} \end{pmatrix} \tag{10}$$

存在,利用这一矩阵的线性变换(8) 把变换后的向量 $\boldsymbol{y}=A\boldsymbol{x}$ 的坐标由向量 $\boldsymbol{x}$ 的坐标来表出.

事实上,应用算子 A 于基底的向量 $\boldsymbol{e}_k$ 来得出在基底 $\boldsymbol{g}_1,\boldsymbol{g}_2,\cdots,\boldsymbol{g}_m$ 中向量 $A\boldsymbol{e}_k$ 的坐标且记之为 $a_{1k},a_{2k},\cdots,a_{mk}(k=1,2,\cdots,n)$

$$A\boldsymbol{e}_k=\sum_{i=1}^{m}a_{ik}\boldsymbol{g}_i\quad(k=1,2,\cdots,n) \tag{11}$$

以 x_k 同乘等式(11) 的两边后对 k 从 1 至 n 将其全部加起,我们得出

$$\sum_{k=1}^{n}x_kA\boldsymbol{e}_k=\sum_{i=1}^{m}\Big(\sum_{k=1}^{n}a_{ik}x_k\Big)\boldsymbol{g}_i$$

故

$$\boldsymbol{y}=A\boldsymbol{x}=A\Big(\sum_{k=1}^{n}x_k\boldsymbol{e}_k\Big)=\sum_{k=1}^{n}x_kA\boldsymbol{e}_k=\sum_{i=1}^{m}y_i\boldsymbol{g}_i$$

其中

$$y_i=\sum_{k=1}^{n}a_{ik}x_k\quad(i=1,2,\cdots,m)$$

这就是所要证明的结果.

这样一来,对于 R 与 S 中已给的基底,每一个将 R 映入 S 中的线性算子 A 对应于一个维数为 $m\times n$ 的长方矩阵(10),反之,每一个这样的矩阵对应于某一个将 R 映入 S 中的线性算子.

此时在对应于算子 A 的矩阵 $\mathbf{A}$ 中,其第 k 列是向量 $A\boldsymbol{e}_k(k=1,2,\cdots,n)$ 的坐标所顺次组成的.

以 $\boldsymbol{x}=(x_1,x_2,\cdots,x_n)$ 与 $\boldsymbol{y}=(y_1,y_2,\cdots,y_m)$ 记向量 $\boldsymbol{x}$ 与 $\boldsymbol{y}$ 的坐标列. 那么向量等式

$$\boldsymbol{y}=\boldsymbol{A}\boldsymbol{x}$$

对应于矩阵等式

$$\boldsymbol{y}=\boldsymbol{A}\boldsymbol{x}$$

这就是变换(8) 的矩阵写法.

例 8　讨论所有的系数在数域 K 中,次数小于等于 $n-1$ 的 t 的多项式集合. 这一个集合可以表为 n 维向量空间 R_n(参考本章 §1 的 1 中的例 4). 同样的,系数在域 K 中,次数小于等于 $n-2$ 的 t 的全部多项式构成空间 R_{n-1}. 微分算

子$\frac{\mathrm{d}}{\mathrm{d}t}$变$R_n$中每一个多项式为$R_{n-1}$中某一个多项式.这样一来,这个算子映象$R_n$于$R_{n-1}$中.微分算子是一个线性算子,因为

$$\frac{\mathrm{d}}{\mathrm{d}t}[\varphi(t)+\psi(t)]=\frac{\mathrm{d}\varphi(t)}{\mathrm{d}t}+\frac{\mathrm{d}\psi(t)}{\mathrm{d}t},\frac{\mathrm{d}}{\mathrm{d}t}[\alpha\varphi(t)]=\alpha\frac{\mathrm{d}\varphi(t)}{\mathrm{d}t}$$

在空间R_n与R_{n-1}中,选取t的幂为基底

$$t^0=1,t,\cdots,t^{n-1}\quad 与 \quad t^0=1,t,\cdots,t^{n-2}$$

应用公式(11),组成在这些基底中对应于微分算子的$(n-1)\times n$维长方矩阵

$$\begin{pmatrix} 0 & 1 & 0 & \cdots & 0 \\ 0 & 0 & 2 & \cdots & 0 \\ \vdots & \vdots & \vdots & & \vdots \\ 0 & 0 & 0 & \cdots & n-1 \end{pmatrix}$$

§3　线性算子的加法与乘法

1. 设给定将R映入S中的两个线性算子A与B,且设其各对应于矩阵

$$\boldsymbol{A}=(a_{ik}),\boldsymbol{B}=(b_{ik})\quad(i=1,2,\cdots,m;k=1,2,\cdots,n)$$

定义 6　算子A与B的和是指由以下等式所确定的算子C

$$C\boldsymbol{x}=A\boldsymbol{x}+B\boldsymbol{x}\quad(\boldsymbol{x}\in R)^{①} \tag{12}$$

基于这一个定义,容易验证,线性算子A与B的和$C=A+B$亦是一个线性算子.

再者,$C\boldsymbol{e}_k=A\boldsymbol{e}_k+B\boldsymbol{e}_k=\sum\limits_{k=1}^{n}(a_{ik}+b_{ik})\boldsymbol{e}_k$.

故知运算子C对应于矩阵$\boldsymbol{C}=(c_{ik})$,其中$c_{ik}=a_{ik}+b_{ik}(i=1,2,\cdots,m;k=1,2,\cdots,n)$,亦即算子$C$对应于矩阵

$$\boldsymbol{C}=\boldsymbol{A}+\boldsymbol{B} \tag{13}$$

从对应于向量等式(12)的矩阵等式

$$\boldsymbol{Cx}=\boldsymbol{Ax}+\boldsymbol{Bx} \tag{14}$$

($\boldsymbol{x}$为向量$\boldsymbol{x}$的坐标列),可以得出同样的结果.因为$\boldsymbol{x}$是任意的列,所以由(14)可以推得(13).

2. 设给定三个向量空间R,S与T,各有维数q,n与m,且给定两个线性算子A与B,其中B将R映入S中而A将S映入T中;用符号的写法为

$$T\overset{A}{\leftarrow}S\overset{B}{\leftarrow}R$$

① $\boldsymbol{x}\in R$的意义是说元素$\boldsymbol{x}$属于集合R.我们是假设等式(12)对于R中任何$\boldsymbol{x}$都能成立.

定义 7 算子 A 与 B 的乘积是指这样的算子 C,对应 R 中任何 $\boldsymbol{x}$ 都有

$$C\boldsymbol{x}=A(B\boldsymbol{x}) \quad (\boldsymbol{x}\in R) \tag{15}$$

算子 C 将 R 映入 T 中

$$T \xrightarrow{C=AB} R$$

由算子 A 与 B 的线性性质可推得算子 C 的线性性质. 在空间 R,S,T 中选取任意基底,且以 $\boldsymbol{A},\boldsymbol{B},\boldsymbol{C}$ 记算子 A,B,C 在所选定的基底中的矩阵,那么向量等式

$$\boldsymbol{z}=A\boldsymbol{y},\ \boldsymbol{y}=B\boldsymbol{x},\ \boldsymbol{z}=C\boldsymbol{x} \tag{16}$$

将对应于矩阵等式

$$\boldsymbol{z}=\boldsymbol{A}\boldsymbol{y},\ \boldsymbol{y}=\boldsymbol{B}\boldsymbol{x},\ \boldsymbol{z}=\boldsymbol{C}\boldsymbol{x}$$

其中 $\boldsymbol{x},\boldsymbol{y},\boldsymbol{z}$ 各为向量 $\boldsymbol{x},\boldsymbol{y},\boldsymbol{z}$ 的坐标列. 故得

$$\boldsymbol{C}\boldsymbol{x}=\boldsymbol{A}(\boldsymbol{B}\boldsymbol{x})=(\boldsymbol{A}\boldsymbol{B})\boldsymbol{x}$$

再由列 $\boldsymbol{x}$ 的任意性,知有

$$\boldsymbol{C}=\boldsymbol{A}\boldsymbol{B} \tag{17}$$

这样一来,算子 A 与 B 的乘积 $C=AB$ 对应于矩阵 $\boldsymbol{C}=(c_{ij})$,$(i=1,2,\cdots,m;j=1,2,\cdots,q)$,它等于矩阵 $\boldsymbol{A}$ 与 $\boldsymbol{B}$ 的乘积.

让读者自己去证明,算子

$$C=\alpha A \quad (\alpha\in K)^{①}$$

对应于矩阵

$$\boldsymbol{C}=\alpha\boldsymbol{A}$$

这样一来,我们看到在第 1 章中所说的矩阵的运算可以定义为线性算子的和 $A+B$,积 AB 与 αA 所对应的矩阵 $\boldsymbol{A}+\boldsymbol{B},\boldsymbol{A}\boldsymbol{B}$ 与 $\alpha\boldsymbol{A}$,其中 $\boldsymbol{A}$ 与 $\boldsymbol{B}$ 为对应于算子 A 与 B 的矩阵,而 α 为 K 中的数.

§4 坐标的变换

讨论在 n 维向量空间中的两个基底:$\boldsymbol{e}_1,\boldsymbol{e}_2,\cdots,\boldsymbol{e}_n$(“旧”基底)与 $\boldsymbol{e}_1^*,\boldsymbol{e}_2^*,\cdots,\boldsymbol{e}_n^*$(“新”基底).

如果给定了其中一组基底的向量关于另一基底的坐标,那么基底中向量的相互关系就完全确定.

我们假设

① 这就是说对于这个算子有 $C\boldsymbol{x}=\alpha A\boldsymbol{x}(\boldsymbol{x}\in R)$.

$$\begin{cases} e_1^* = t_{11}e_1 + t_{21}e_2 + \cdots + t_{n1}e_n \\ e_2^* = t_{12}e_1 + t_{22}e_2 + \cdots + t_{n2}e_n \\ \vdots \\ e_n^* = t_{1n}e_1 + t_{2n}e_2 + \cdots + t_{nn}e_n \end{cases} \tag{18}$$

或者缩写为

$$e_k^* = \sum_{i=1}^{n} t_{ik}e_i \quad (k=1,2,\cdots,n) \tag{18'}$$

找出同一的向量在不同基底中的坐标间的关系.

设 $x_1, x_2, \cdots, x_n$ 与 $x_1^*, x_2^*, \cdots, x_n^*$ 为向量 $\boldsymbol{x}$ 各在"旧"基底与"新"基底中的坐标

$$\boldsymbol{x} = \sum_{i=1}^{n} x_i e_i = \sum_{k=1}^{n} x_k^* e_k^* \tag{19}$$

以式(18) 中向量 e_k^* 的表示式代入式(19) 中,我们得出

$$\boldsymbol{x} = \sum_{k=1}^{n} x_k^* \sum_{i=1}^{n} t_{ik}e_i = \sum_{i=1}^{n} \left(\sum_{k=1}^{n} t_{ik}x_k^*\right) e_i$$

比较这一个等式与式(19) 且注意向量的坐标为所给向量与所在基底所唯一确定的,我们得出

$$x_i = \sum_{k=1}^{n} t_{ik}x_k^* \quad (i=1,2,\cdots,k) \tag{20}$$

或者详细地写为

$$\begin{cases} x_1 = t_{11}x_1^* + t_{12}x_2^* + \cdots + t_{1n}x_n^* \\ x_2 = t_{21}x_1^* + t_{22}x_2^* + \cdots + t_{2n}x_n^* \\ \vdots \\ x_n = t_{n1}x_1^* + t_{n2}x_2^* + \cdots + t_{nn}x_n^* \end{cases} \tag{21}$$

式(21) 确定了从某一基底变到另一基底时向量坐标间的变换. 它们把"旧"坐标由"新"坐标来表出. 矩阵

$$\boldsymbol{T} = (t_{ik})_1^n \tag{22}$$

称为坐标的变换矩阵或演化矩阵. 在它里面的第 k 列是由"新"基底中第 k 个向量在"旧"基底中的坐标所组成的. 这可以从式(18) 来看出或者直接在式(21) 中取 $x_k^* = 1$,而当 $i \neq k$ 时取 $x_i^* = 0$ 来得出.

注意,矩阵 $\boldsymbol{T}$ 是满秩的,亦即

$$|\boldsymbol{T}| \neq 0 \tag{23}$$

事实上,在(21) 中取 $x_1 = x_2 = \cdots = x_n = 0$,我们得出行列式为 $|\boldsymbol{T}|$ 的 n 个未知矢量 $x_1^*, x_2^*, \cdots, x_n^*$ 的 n 个齐次方程的线性方程组. 这个方程组只有零解 $x_1^* = 0, x_2^* = 0, \cdots, x_n^* = 0$,因为否则由(19) 将得出向量 $e_1^*, e_2^*, \cdots, e_n^*$ 间的线

性相关性. 故有 $|\boldsymbol{T}|\neq 0$[①].

引进单列矩阵 $\boldsymbol{x}=(x_1,x_2,\cdots,x_n)$ 与 $\boldsymbol{x}^*=(x_1^*,x_2^*,\cdots,x_n^*)$ 的讨论. 那么坐标的变换公式(21) 可以写为以下矩阵等式

$$\boldsymbol{x}=\boldsymbol{T}\boldsymbol{x}^* \tag{24}$$

再将这个等式的两边乘以 $\boldsymbol{T}^{-1}$, 我们得出逆变换的表示式

$$\boldsymbol{x}^*=\boldsymbol{T}^{-1}\boldsymbol{x} \tag{25}$$

§5　等价矩阵. 算子的秩. 西尔维斯特不等式

1. 假设给定数域 K 上维数各为 n 与 m 的两个向量空间 R 与 S, 且将 R 映入 S 中的线性算子 A. 在本节中, 我们来说明, 当 R 与 S 中的基底变更后, 对应于所给线性算子 A 的矩阵是怎样变动的.

在 R 与 S 中各取基底 $\boldsymbol{e}_1,\boldsymbol{e}_2,\cdots,\boldsymbol{e}_n$ 与 $\boldsymbol{g}_1,\boldsymbol{g}_2,\cdots,\boldsymbol{g}_m$. 在这些基底中, 设算子 A 对应于矩阵 $\boldsymbol{A}=(a_{ik})$, $(i=1,2,\cdots,m;k=1,2,\cdots,n)$. 向量等式

$$\boldsymbol{y}=A\boldsymbol{x} \tag{26}$$

对应于矩阵等式

$$\boldsymbol{y}=\boldsymbol{A}\boldsymbol{x} \tag{27}$$

其中 $\boldsymbol{x}$ 与 $\boldsymbol{y}$ 为向量 $\boldsymbol{x}$ 与 $\boldsymbol{y}$ 各在基底 $\boldsymbol{e}_1,\boldsymbol{e}_2,\cdots,\boldsymbol{e}_n$ 与 $\boldsymbol{g}_1,\boldsymbol{g}_2,\cdots,\boldsymbol{g}_m$ 中的坐标列.

现在在 R 与 S 中取另外的基底 $\boldsymbol{e}_1^*,\boldsymbol{e}_2^*,\cdots,\boldsymbol{e}_n^*$ 与 $\boldsymbol{g}_1^*,\boldsymbol{g}_2^*,\cdots,\boldsymbol{g}_m^*$. 在新基底中, $\boldsymbol{x},\boldsymbol{y},\boldsymbol{A}$ 各换为: $\boldsymbol{x}^*,\boldsymbol{y}^*,\boldsymbol{A}^*$. 此处

$$\boldsymbol{y}^*=\boldsymbol{A}^*\boldsymbol{x}^* \tag{28}$$

以 $\boldsymbol{Q}$ 与 $\boldsymbol{N}$ 各记阶数为 n 与 m 的满秩方阵, 它们为空间 R 与 S 中当旧基底变换为新基底时的坐标的变换矩阵(参考 §4)

$$\boldsymbol{x}=\boldsymbol{Q}\boldsymbol{x}^*,\ \boldsymbol{y}=\boldsymbol{N}\boldsymbol{y}^* \tag{29}$$

那么从(27) 与(29), 我们得出

$$\boldsymbol{y}^*=\boldsymbol{N}^{-1}\boldsymbol{y}=\boldsymbol{N}^{-1}\boldsymbol{A}\boldsymbol{x}=\boldsymbol{N}^{-1}\boldsymbol{A}\boldsymbol{Q}\boldsymbol{x}^* \tag{30}$$

设 $\boldsymbol{P}=\boldsymbol{N}^{-1}$, 我们由(28) 与(30) 得出

$$\boldsymbol{A}^*=\boldsymbol{P}\boldsymbol{A}\boldsymbol{Q} \tag{31}$$

定义 8　两个维数相同的长方矩阵 $\boldsymbol{A}$ 与 $\boldsymbol{B}$ 称为等价的, 如果有两个满秩方阵 $\boldsymbol{P}$ 与 $\boldsymbol{Q}$ 存在,[②]使得

$$\boldsymbol{B}=\boldsymbol{P}\boldsymbol{A}\boldsymbol{Q} \tag{32}$$

---

① 不等式(23) 亦可从定理 1(本章 §1,4) 推出, 因为矩阵 $\boldsymbol{T}$ 的元素是线性无关向量组 $\boldsymbol{e}_1^*,\boldsymbol{e}_2^*,\cdots,\boldsymbol{e}_n^*$ 的"旧" 坐标.

② 如果矩阵 $\boldsymbol{A}$ 与 $\boldsymbol{B}$ 有维数 $m\times n$, 那么在(32) 中方阵 $\boldsymbol{P}$ 的阶数等于 m, 而方阵 $\boldsymbol{Q}$ 的阶数等于 n. 如果等价矩阵 $\boldsymbol{A}$ 与 $\boldsymbol{B}$ 的元素属于某一个数域, 那么矩阵 $\boldsymbol{P}$ 与 $\boldsymbol{Q}$ 亦可以这样选取, 使得他们的元素都属于同一的数域.

由(31)得知，在 R 与 S 中选取不同的基底时，对应于同一线性算子 A 的两个矩阵，是永远彼此等价的. 不难看出，相反的，如果在 R 与 S 中对于某一基底来说矩阵 $\boldsymbol{A}$ 对应于算子 A，而矩阵 $\boldsymbol{B}$ 与矩阵 $\boldsymbol{A}$ 等价，那么在 R 与 S 中一定可以对于某一个另外的基底来说，$\boldsymbol{B}$ 是对应于同一算子 A 的.

这样一来，每一个将 R 映入 S 中的线性算子，对应于元素在域 K 中的由彼此等价的矩阵所组成的矩阵类.

2. 以下定理给出两个矩阵的等价性的判定：

定理 2 两个同维数的长方矩阵彼此等价的充分必要条件是这两个矩阵有相同的秩.

证明 条件的必要性 在长方矩阵(左或右)乘以任一满秩方阵时，不变长方矩阵的秩(参考第1章式(34)下面的结论). 故由(32)得出

$$r_{\boldsymbol{A}} = r_{\boldsymbol{B}}$$

条件的充分性 设 $\boldsymbol{A}$ 为一个 $m \times n$ 维的长方矩阵. 它表出一个将空间 R(基底为 $\boldsymbol{e}_1, \boldsymbol{e}_2, \cdots, \boldsymbol{e}_n$ 时)映入 S(基底为 $\boldsymbol{g}_1, \boldsymbol{g}_2, \cdots, \boldsymbol{g}_m$ 时)中的线性算子 A. 以 r 记向量 $A\boldsymbol{e}_1, A\boldsymbol{e}_2, \cdots, A\boldsymbol{e}_n$ 中线性无关向量的个数. 不失其普遍性，可以假设向量 $A\boldsymbol{e}_1, A\boldsymbol{e}_2, \cdots, A\boldsymbol{e}_r$ 是线性无关的[①]，而其余的向量 $A\boldsymbol{e}_{r+1}, \cdots, A\boldsymbol{e}_n$ 可以由它们来线性表出

$$A\boldsymbol{e}_k = \sum_{j=1}^{r} c_{kj} A\boldsymbol{e}_j \quad (k = r+1, \cdots, n) \tag{33}$$

在 R 中定出以下形状的新基底

$$\boldsymbol{e}_i^* = \begin{cases} \boldsymbol{e}_i & (i = 1, 2, \cdots, r) \\ \boldsymbol{e}_i - \sum\limits_{j=1}^{r} c_{ij} \boldsymbol{e}_j & (i = r+1, \cdots, n) \end{cases} \tag{34}$$

那么由(33)，得

$$A\boldsymbol{e}_k^* = \boldsymbol{0} \quad (k = r+1, \cdots, n) \tag{35}$$

我们又假设

$$A\boldsymbol{e}_j^* = \boldsymbol{g}_j^* \quad (j = 1, 2, \cdots, r) \tag{36}$$

向量 $\boldsymbol{g}_1^*, \boldsymbol{g}_2^*, \cdots, \boldsymbol{g}_r^*$ 线性无关. 补充以某些向量 $\boldsymbol{g}_{r+1}^*, \cdots, \boldsymbol{g}_m^*$ 使 $\boldsymbol{g}_1^*, \boldsymbol{g}_2^*, \cdots, \boldsymbol{g}_m^*$ 成为 S 的基底.

那么在新基底 $\boldsymbol{e}_1^*, \cdots, \boldsymbol{e}_n^*; \boldsymbol{g}_1^*, \cdots, \boldsymbol{g}_m^*$ 中对应于同一算子 A 的矩阵，由(35)与(36)的将有以下形状

① 这可以由调动基底中向量 $\boldsymbol{e}_1, \boldsymbol{e}_2, \cdots, \boldsymbol{e}_n$ 的序数来得出.

$$\boldsymbol{I}_r=\begin{pmatrix} 1 & 0 & \cdots & 0 & 0 & \cdots & 0\\ 0 & 1 & \cdots & 0 & 0 & \cdots & 0\\ \vdots & \vdots & & \vdots & \vdots & & \vdots\\ 0 & 0 & \cdots & 1 & 0 & \cdots & 0\\ 0 & 0 & \cdots & 0 & 0 & \cdots & 0\\ \vdots & \vdots & & \vdots & \vdots & & \vdots\\ 0 & 0 & \cdots & 0 & 0 & \cdots & 0 \end{pmatrix} \tag{37}$$

（其中前 r 列由上方括号标出。）

在矩阵 $\boldsymbol{I}_r$ 中，沿主对角线由上向下有 r 个 1；矩阵 $\boldsymbol{I}_r$ 的其他元素全等于零. 因为矩阵 $\boldsymbol{A}$ 与 $\boldsymbol{I}_r$ 都对应于同一算子 A，所以他们是彼此等价的. 因为已经证明了等价矩阵有相同的秩，所以原矩阵 $\boldsymbol{A}$ 的秩等于 r.

我们已经证明了任何 r 秩长方矩阵都与“标准”矩阵 $\boldsymbol{I}_r$ 等价. 但矩阵 $\boldsymbol{I}_r$ 完全被维数 $m\times n$ 与数 r 所确定. 故所有 $m\times n$ 维的 r 秩长方矩阵都与同一矩阵 $\boldsymbol{I}_r$ 等价，因而彼此等价. 定理即已证明.

3. 假设已经给定了将 n 维空间 R 映入 m 维空间 S 中的线性算子 A. $A\boldsymbol{x}$ 形的向量集合，其中 $\boldsymbol{x}\in R$ 者；构成一个向量空间①. 我们以 AR 来记这一个空间；它是空间 S 的一部分，或者说它是空间 S 的子空间.

与 S 中子空间 AR 相伴的，我们考虑所有适合方程

$$A\boldsymbol{x}=\boldsymbol{0} \tag{38}$$

的所有向量 $\boldsymbol{x}(\boldsymbol{x}\in R)$ 集合，这些向量同样的构成 R 中子空间；我们以 N_A 来记这一个子空间.

定义 9 如果线性算子 A 将 R 映入 S 中，那么空间 AR 的维数 r 称为算子 A 的秩②，而由所有适合条件(38)的所有向量 $\boldsymbol{x}(\boldsymbol{x}\in R)$ 所构成的空间 N_A 的维数 d 称为算子 A 的亏数.

对于一个已给定的算子 A，在不同的基底中所对应的全部等价长方矩阵里面，有一个标准矩阵 $\boldsymbol{I}_r$[参考(37)]. 以 $\boldsymbol{e}_1^*,\boldsymbol{e}_2^*,\cdots,\boldsymbol{e}_n^*$ 与 $\boldsymbol{g}_1^*,\boldsymbol{g}_2^*,\cdots,\boldsymbol{g}_m^*$ 各记其在 R 与 S 中的对应基底，那么

$$A\boldsymbol{e}_1^*=\boldsymbol{g}_1^*,\cdots,A\boldsymbol{e}_r^*=\boldsymbol{g}_r^*,A\boldsymbol{e}_{r+1}^*=\cdots=A\boldsymbol{e}_n^*=\boldsymbol{0}$$

由 AR 与 N_A 的定义，知向量 $\boldsymbol{g}_1^*,\cdots,\boldsymbol{g}_r^*$ 构成 AR 的基底，而向量 $\boldsymbol{e}_{r+1}^*,\cdots,\boldsymbol{e}_n^*$ 构

---

① $A\boldsymbol{x}(\boldsymbol{x}\in R)$ 形向量集合适合 §1 的公设 1°～7°，因为两个 $A\boldsymbol{x}(\boldsymbol{x}\in R)$ 形的向量的和与这种向量对数的乘积仍然给出这种形状的向量.

② AR 的维数永远小于或等于空间 R 的维数，亦即 $r\leqslant n$. 这个可以由等式 $\boldsymbol{x}=\sum_{i=1}^{n}x_i\boldsymbol{e}_i$（$\boldsymbol{e}_1,\boldsymbol{e}_2,\cdots,\boldsymbol{e}_n$ 为 $\boldsymbol{R}$ 的基底）导致等式 $A\boldsymbol{x}=\sum_{i=1}^{n}x_iA\boldsymbol{e}_i$ 来得出.

成 N_A 的基底.因此推得 r 为算子 A 的秩而

$$d=n-r \tag{39}$$

如果 $\boldsymbol{A}$ 是任何一个对应于算子 A 的矩阵,那么它与 $\boldsymbol{I}_r$ 等价,因而有相同的秩 r.这样一来,算子 A 的秩与长方矩阵 $\boldsymbol{A}$ 的秩相同

$$\boldsymbol{A}=\begin{pmatrix} a_{11} & a_{12} & \cdots & a_{1n} \\ a_{21} & a_{22} & \cdots & a_{2n} \\ \vdots & \vdots & & \vdots \\ a_{m1} & a_{m2} & \cdots & a_{mn} \end{pmatrix}$$

为算子 A 在某两个基底 $\boldsymbol{e}_1,\boldsymbol{e}_2,\cdots,\boldsymbol{e}_n\in R$ 与 $\boldsymbol{g}_1,\boldsymbol{g}_2,\cdots,\boldsymbol{g}_m\in S$ 中所确定的.

矩阵 $\boldsymbol{A}$ 的诸列为向量 $A\boldsymbol{e}_1,A\boldsymbol{e}_2,\cdots,A\boldsymbol{e}_n$ 的坐标所组成.因为由 $\boldsymbol{x}=\sum\limits_{i=1}^{n}x_i\boldsymbol{e}_i$ 得出 $A\boldsymbol{x}=\sum\limits_{i=1}^{n}x_iA\boldsymbol{e}_i$,所以算子 A 的秩,亦即 AR 的维数,等于 $A\boldsymbol{e}_1,A\boldsymbol{e}_2,\cdots,A\boldsymbol{e}_n$ 中线性无关向量的个数的最大数.这样一来,矩阵的秩等于这个矩阵中线性无关列的列数.因在转置矩阵后,换行为列而不变其秩,所以矩阵的线性无关行的个数等于这个矩阵的秩[①].

4. 假设已经给出两个线性算子 A,B 与其乘积 $C=AB$.设算子 B 将 R 映入 S 中,而算子 A 将 S 映入 T 中.那么算子 C 将 R 映入 T 中

$$T\xleftarrow{A}S\xleftarrow{B}R,T\xleftarrow{C}R$$

对于 R,S 与 T 中某一选定基底,引入算子 A,B 与 C 的对应矩阵 $\boldsymbol{A},\boldsymbol{B}$ 与 $\boldsymbol{C}$.那么算子的等式 $C=AB$ 将对应于矩阵等式 $\boldsymbol{C}=\boldsymbol{AB}$.

以 $r_{\boldsymbol{A}},r_{\boldsymbol{B}},r_{\boldsymbol{C}}$ 记算子 A,B,C 的秩,亦即各为矩阵 $\boldsymbol{A},\boldsymbol{B},\boldsymbol{C}$ 的秩.这些数为子空间 $AS,BR,A(BR)$ 的维数所确定.因 $BR\subset S$,所以 $A(BR)\subset AS$[②].再者,$A(BR)$ 的维数不能超过 BR 的维数[③].故有

$$r_{\boldsymbol{C}}\leqslant r_{\boldsymbol{A}},r_{\boldsymbol{C}}\leqslant r_{\boldsymbol{B}}$$

对于这些不等式,我们曾经在第1章 §2中,由关于两个矩阵的乘积中子式的公式求出来过.

视算子 A 为将 BR 映入 T 中的算子,那么这个算子的秩将等于空间 $A(BR)$ 的维数,亦即 $r_{\boldsymbol{C}}$.故由式(39),我们得出

$$r_{\boldsymbol{C}}=r_{\boldsymbol{B}}-d_1 \tag{40}$$

其中 d_1 为适合方程

---

① 对于这一个结果,我们已经在 §1中用另一种推理来得出(参考 §1,4的结尾)

② $R\subset S$ 的意义是集合 R 为 S 的部分集合.

③ 参考上面定义9的足注.

$$Ax = \mathbf{0} \tag{41}$$

的所有 BR 中诸向量的线性无关向量数的极大数. 但这一方程的属于 S 的所有解构成一个 d 维子空间,其中

$$d = n - r_A \tag{42}$$

为将 S 映入 T 中的算子 A 的亏数. 因为 $BR \subset S$,所以

$$d_1 \leqslant d \tag{43}$$

由(40),(42) 与(43) 我们得出

$$r_A + r_B - n \leqslant r_C$$

这样一来,我们得出了关于 $m \times n$ 维与 $n \times q$ 维两个长方矩阵 $\boldsymbol{A}$ 与 $\boldsymbol{B}$ 的乘积的秩的以下西尔维斯特不等式

$$r_A + r_B - n \leqslant r_{AB} \leqslant r_A, r_B \tag{44}$$

如果矩阵方程 $\boldsymbol{AXB} = \boldsymbol{C}$ 有解 $\boldsymbol{X}$,其中长方矩阵 $\boldsymbol{A}, \boldsymbol{X}, \boldsymbol{B}$ 的维数分别为 $m \times n$, $n \times p$, $p \times q$(参考 §2),那么从西尔维斯特不等式容易推出

$$r_C \leqslant r_X \leqslant r_C + n + p - r_A - r_B$$

可以证明,如果方程 $\boldsymbol{AXB} = \boldsymbol{C}$ 有任一解,那么它有任一秩为 r 的解,其中 r 在数 r_C 与 $r_C + n + p - r_A - r_B$ 之间.

§6　将 n 维空间映入其自己中的线性算子

将 n 维向量空间 R 映入其自己中(在这一情形中 $R \equiv S, n = m$) 的线性算子,我们将简称为 R 中线性算子.

R 中两个线性算子的和,与这种算子对数的乘积,都仍然是 R 中线性算子. 两个这种线性算子常可施行乘法,而且他们的乘积仍然是 R 中线性算子. 这样一来,R 中线性算子构成一个环[①]. 在这个环里面有单位算子,即是算子 E,对于它有

$$\boldsymbol{E}\boldsymbol{x} = \boldsymbol{x} \quad (\boldsymbol{x} \in R) \tag{45}$$

再者,对于 R 中任何一个算子 A 都有

$$EA = AE = A$$

如果 A 是 R 中线性算子, 那么 $A^2 = AA, A^3 = AAA, \cdots$, 一般的 $A^m = \underbrace{AA\cdots A}_{m个}$ 都有意义. 此外,我们设 $A^0 = E$. 那么容易看出,对于任何非负整数 p 与 q 都有

$$A^p A^q = A^{p+q}$$

设 $f(t) = \alpha_0 t^m + \alpha_1 t^{m-1} + \cdots + \alpha_{m-1} t + \alpha_m$ 为一个系数在域 K 中的纯量 t 的

① 这个环是一个代数. 参考第 1 章, § 3,3.

多项式.我们假设

$$f(A)=\alpha_0A^m+\alpha_1A^{m-1}+\cdots+\alpha_{m-1}A+\alpha_mE \tag{46}$$

此时对于任何两个多项式 $f(t)$ 与 $g(t)$ 都有 $f(A)g(A)=g(A)f(A)$.

设

$$\boldsymbol{y}=A\boldsymbol{x}\quad(\boldsymbol{x},\boldsymbol{y}\in R)$$

以 $x_1,x_2,\cdots,x_n$ 记向量 $\boldsymbol{x}$ 在任一基底 $\boldsymbol{e}_1,\boldsymbol{e}_2,\cdots,\boldsymbol{e}_n$ 中的坐标,而以 $y_1,y_2,\cdots,y_n$ 记向量 $\boldsymbol{y}$ 在同一基底中的坐标.那么

$$y_i=\sum_{k=1}^{n}a_{ik}x_k\quad(i=1,2,\cdots,n) \tag{47}$$

在基底 $\boldsymbol{e}_1,\boldsymbol{e}_2,\cdots,\boldsymbol{e}_n$ 中,线性算子 A 对应于方阵 $\boldsymbol{A}=(a_{ik})_1^n$①.读者注意(参考 §2)在这个矩阵中,位于第 k 列的是向量 $A\boldsymbol{e}_k(k=1,2,\cdots,n)$ 的坐标,即

$$A\boldsymbol{e}_k=\sum_{i=1}^{n}a_{ik}\boldsymbol{e}_i\quad(k=1,\cdots,n) \tag{47'}$$

引进坐标列 $\boldsymbol{x}=(x_1,x_2,\cdots,x_n)$ 与 $\boldsymbol{y}=(y_1,y_2,\cdots,y_n)$,我们的变换(46)可以写为矩阵的形式

$$\boldsymbol{y}=\boldsymbol{A}\boldsymbol{x} \tag{48}$$

两个算子 A 与 B 的和与乘积对应分别于其对应方阵 $\boldsymbol{A}=(a_{ik})_1^n$ 与 $\boldsymbol{B}=(b_{ik})_1^n$ 的和与乘积.乘积 αA 对应于矩阵 $\alpha\boldsymbol{A}$.单位算子 E 对应于单位矩阵 $\boldsymbol{E}=(\delta_{ik})_1^n$.这样一来,选定基底后就在 R 中线性算子环与元素在 K 中元素的 n 阶方阵环之间,建立了一个同构对应关系.此时多项式 $f(A)$ 对应于矩阵 $f(\boldsymbol{A})$.

考虑与基底 $\boldsymbol{e}_1,\boldsymbol{e}_2,\cdots,\boldsymbol{e}_n$ 同时的 R 中另一基底 $\boldsymbol{e}_1^*,\boldsymbol{e}_2^*,\boldsymbol{e}_n^*$.那么同(48)一样,有

$$\boldsymbol{y}^*=\boldsymbol{A}^*\boldsymbol{x}^* \tag{49}$$

其中 $\boldsymbol{x}^*,\boldsymbol{y}^*$ 为向量 $\boldsymbol{x},\boldsymbol{y}$ 在基底 $\boldsymbol{e}_1^*,\boldsymbol{e}_2^*,\cdots,\boldsymbol{e}_n^*$ 中的坐标所组成的单列矩阵,而 $\boldsymbol{A}^*=(a_{ik}^*)_1^n$ 为算子 A 在这一个基底中的对应方阵.把坐标的变换式写为矩阵形式

$$\boldsymbol{x}=\boldsymbol{T}\boldsymbol{x}^*,\boldsymbol{y}=\boldsymbol{T}\boldsymbol{y}^* \tag{50}$$

那么由(48)与(50)我们得出

$$\boldsymbol{y}^*=\boldsymbol{T}^{-1}\boldsymbol{A}\boldsymbol{T}\boldsymbol{x}^*$$

比较(49)即知

$$\boldsymbol{A}^*=\boldsymbol{T}^{-1}\boldsymbol{A}\boldsymbol{T} \tag{51}$$

公式(51)为本章 §5 中的式(31)的一个特例(在此时 $\boldsymbol{P}=\boldsymbol{T}^{-1},\boldsymbol{Q}=\boldsymbol{T}$).

定义 10 两个矩阵 $\boldsymbol{A}$ 与 $\boldsymbol{B}$,适合关系式

$$\boldsymbol{B}=\boldsymbol{T}^{-1}\boldsymbol{A}\boldsymbol{T} \tag{51'}$$

① 参考本章 §2.此时空间 $R\equiv S$,而在这些空间中基底 $\boldsymbol{e}_1,\boldsymbol{e}_2,\cdots,\boldsymbol{e}_n$ 与 $\boldsymbol{g}_1,\boldsymbol{g}_2,\cdots,\boldsymbol{g}_m$ 是相同的.

其中 $\boldsymbol{T}$ 为某一个满秩矩阵者，这两个矩阵称为相似的[①].

这样一来，我们证明了，对于不同的基底，对应于 R 中同一的线性算子的两个矩阵彼此相似，而且联结这些矩阵的矩阵 $\boldsymbol{T}$，与从第一基底变到第二基底去的坐标变换矩阵相同[参考(50)].

换句话说，R 中线性算子对应于彼此相似的全部矩阵所构成的矩阵类；这些矩阵是在不同的基底中这个算子相对应的矩阵.

研究 R 中线性算子的性质，就是研究相似矩阵类中诸矩阵所公有的性质，亦即研究矩阵的这种性质，当已知矩阵变为它的相似矩阵后所不变的性质.

还要注意，两个相似矩阵的行列式相等. 事实上，由(51′)知

$$|\boldsymbol{B}|=|\boldsymbol{T}|^{-1}|\boldsymbol{A}||\boldsymbol{T}|=|\boldsymbol{A}| \tag{52}$$

等式 $|\boldsymbol{B}|=|\boldsymbol{A}|$ 是 $\boldsymbol{A}$ 与 $\boldsymbol{B}$ 相似的必要条件而不是充分条件.

在第6章中，我们将建立起两个矩阵相似的判定，是即给出两个 n 阶矩阵彼此相似的充分必要条件.

按照等式(52)我们可以将 R 中线性算子的行列式($|A|$)，理解为对应于这个算子的任何一个矩阵的行列式.

如果 $|A|=0(\neq 0)$，那么算子 A 称为降秩的(满秩的). 按照这一个定义，在任一基底中降秩(满秩)算子对应于降秩(满秩)矩阵. 对于降秩算子有：

1° 常有向量 $\boldsymbol{x}\neq\boldsymbol{0}$ 存在使得 $A\boldsymbol{x}=\boldsymbol{0}$

2° AR 是 R 的真子空间.

对于满秩算子有：

1° 从 $A\boldsymbol{x}=\boldsymbol{0}$，得出 $\boldsymbol{x}=\boldsymbol{0}$；

2° $AR\equiv R$，亦即空间 R 中所有的向量都可以写成 $A\boldsymbol{x}\,(\boldsymbol{x}\in R)$ 的形状.

换句说话，R 中线性算子是降秩的或满秩的，要视其亏数大于或等于零而定.

如果 A 是一个满秩算子，那么在等式 $\boldsymbol{y}=A\boldsymbol{x}$ 中，向量 $\boldsymbol{y}\in R$ 的表达式就唯一地确定了向量 $\boldsymbol{x}\in R$. 事实上，向量 $\boldsymbol{x}$ 的存在可由 $A\boldsymbol{x}\,(\boldsymbol{x}\in R)$ 形向量填满整个空间 R 而推出. 另一方面，从等式 $\boldsymbol{y}=A\boldsymbol{x}'$ 与 $\boldsymbol{y}=A\boldsymbol{x}''(\boldsymbol{x}',\boldsymbol{x}''\in R)$ 推出 $A(\boldsymbol{x}'-\boldsymbol{x}'')=A\boldsymbol{x}'-A\boldsymbol{x}''=\boldsymbol{0}$，从而 $\boldsymbol{x}'-\boldsymbol{x}''=\boldsymbol{0}$，即 $\boldsymbol{x}'=\boldsymbol{x}''$. 因此由等式 $\boldsymbol{y}=A\boldsymbol{x}$ 知可以用等式 $\boldsymbol{x}=A^{-1}\boldsymbol{y}$ 确定逆算子 A^{-1}. 容易看出，R 中线性算子 A 的逆算子 A^{-1} 也是 R 中线性算子；这时

$$AA^{-1}=A^{-1}A=E$$

其中 E 是单位算子. 如果在某一基底中，满秩矩阵 $\boldsymbol{A}$ 对应满秩算子 A，那么在这

① 矩阵 $\boldsymbol{T}$ 常可这样选取，使得它的元素属于，矩阵 $\boldsymbol{A}$ 与 $\boldsymbol{B}$ 的元素所属的，基础数域 K 里面. 容易验证相似矩阵的以下三个性质：反身性(矩阵 $\boldsymbol{A}$ 常同它自己相似)，对称性(如果 $\boldsymbol{A}$ 与 $\boldsymbol{B}$ 相似，那么 $\boldsymbol{B}$ 亦与 $\boldsymbol{A}$ 相似)与传递性(如果 $\boldsymbol{A}$ 与 $\boldsymbol{B}$ 相似，$\boldsymbol{B}$ 与 $\boldsymbol{C}$ 相似，那么 $\boldsymbol{A}$ 亦与 $\boldsymbol{C}$ 相似.)

一基底中,矩阵 $\boldsymbol{A}^{-1}$ 对应逆算子 A^{-1}.

我们讨论 R 中一些特殊类型的线性算子.

1° R 中算子 J 称为对合的,如果 $J^2=E$. 对合算子是满秩的,且对它有 $J^{-1}=J$. 在任何基底中,对合算子对应对合矩阵 $\boldsymbol{J}$,即矩阵 $\boldsymbol{J}$,对于它有 $\boldsymbol{J}^2=\boldsymbol{E}$.

2° R 中算子 P 称为射影的,如果 $P^2=P$. 设给定把空间 R 任意分解为两个子空间 S 与 T:$R=S+T$. 那么对于任一向量 $\boldsymbol{x}\in R$,分解式 $\boldsymbol{x}=\boldsymbol{x}_S+\boldsymbol{x}_T$ 成立,其中 $\boldsymbol{x}_S\in S$,$\boldsymbol{x}_T\in T$. 向量 $\boldsymbol{x}_S$ 称为向量 $\boldsymbol{x}$ 在平行于子空间 T 的子空间 S 上的射影。①讨论算子 P,它把空间 R 投影到平行于子空间 T 的子空间 S 上,P 就是 R 中对任一向量 $\boldsymbol{x}\in R$ 用等式 $P\boldsymbol{x}=\boldsymbol{x}_S$ 确定的一算子. 显然,这一算子是线性的,但也是射影的,因为 $P\boldsymbol{x}=\boldsymbol{x}_S$,$P^2\boldsymbol{x}=P\boldsymbol{x}_S$,因此 $(P^2-P)\boldsymbol{x}=\boldsymbol{x}_S-\boldsymbol{x}_S=\boldsymbol{0}$,即 $P^2=P$.

容易验证逆命题. R 中任一射影算子 P 将整个空间 R 投影到平行于子空间 $T=(E-P)R$ 的子空间 $S=PR$ 上.

射影算子的任何自然数次方是射影算子. 如果 P 是一个射影算子,那么 $E-P$ 也是一个射影算子,因为 $(E-P)^2=E-2P+P^2=E-P$.

方阵 $\boldsymbol{P}$ 称为射影的,如果 $\boldsymbol{P}^2=\boldsymbol{P}$. 显然,在任一基底下,射影矩阵对应射影算子.

§7 线性算子的特征数与特征向量

在研究 R 中线性算子 A 的构造时,适合下式的向量 $\boldsymbol{x}$ 有重要的作用

$$A\boldsymbol{x}=\lambda\boldsymbol{x}\quad(\lambda\in K,\boldsymbol{x}\neq\boldsymbol{0})\tag{53}$$

这样的向量称为算子 A(矩阵 $\boldsymbol{A}$)的特征向量,而其对应数 λ 称为算子 A(矩阵 $\boldsymbol{A}$)的特征数.

为了求出算子 A 的特征数与特征向量,我们选定 R 中任一基底 $\boldsymbol{e}_1,\boldsymbol{e}_2,\cdots,\boldsymbol{e}_n$. 设 $\boldsymbol{x}=\sum\limits_{i=1}^{n}x_i\boldsymbol{e}_i$,而 $A=(a_{ik})_1^n$ 为在基底 $\boldsymbol{e}_1,\boldsymbol{e}_2,\cdots,\boldsymbol{e}_n$ 中算子 A 所对应的矩阵. 比较等式(53)中左右两边的对应的向量坐标,得出一组纯量方程组

$$\begin{cases}a_{11}x_1+a_{12}x_2+\cdots+a_{1n}x_n=\lambda x_1\\ a_{21}x_1+a_{22}x_2+\cdots+a_{2n}x_n=\lambda x_2\\ \qquad\qquad\vdots\\ a_{n1}x_1+a_{n2}x_2+\cdots+a_{nn}x_n=\lambda x_n\end{cases}\tag{54}$$

这个方程组亦可以写为

① 同理,向量 $\boldsymbol{x}_T$ 是向量 $\boldsymbol{x}$ 在平行于子空间 S 的子空间 T 上的射影.

$$\begin{cases}(a_{11}-\lambda)x_1+a_{12}x_2+\cdots+a_{1n}x_n=0\\ a_{21}x_1+(a_{22}-\lambda)x_2+\cdots+a_{2n}x_n=0\\ \vdots\\ a_{n1}x_1+a_{n2}x_2+\cdots+(a_{nn}-\lambda)x_n=0\end{cases} \tag{55}$$

因为所要找出的向量不能等于零,所以在它的坐标 $x_1,x_2,\cdots,x_n$ 中,至少有一个坐标必须不等于零.

为了使齐次方程组(55) 有非零解的充分必要条件是这一个方程组的行列式等于零

$$\begin{vmatrix}a_{11}-\lambda & a_{12} & \cdots & a_{1n}\\ a_{21} & a_{22}-\lambda & \cdots & a_{2n}\\ \vdots & \vdots & & \vdots\\ a_{n1} & a_{n2} & \cdots & a_{nn}-\lambda\end{vmatrix}=0 \tag{56}$$

方程(56) 是关于λ的一个n次代数方程.这个方程的系数在矩阵$\boldsymbol{A}=(a_{ik})_1^n$的元素所在的同一的数域里面,亦即在域 K 里面.

方程(56) 常在几何学、力学、天文学、物理学的各种问题中遇到,称为矩阵$\boldsymbol{A}=(a_{ik})_1^n$ 的特征方程或长期方程[①](这个方程的左边称为矩阵的特征多项式).

这样一来,线性算子A的每一个特征数λ 都是特征方程(56) 的根.反之,如果某一个数 λ 是方程(56) 的根,那么对于这一个值 λ,方程组(55),因而(54) 有非零解 $x_1,x_2,\cdots,x_n$,亦即这一个数 λ 对应于算子 A 的特征向量 $\boldsymbol{x}=\sum x_i\boldsymbol{e}_i$.

由上述结果,知 R 中任一线性算子 A 不能有多于 n 个不同的特征数.

如果K是所有复数的域,那么R中任一线性算子都至少在R中有一个特征向量与对应于这个特征向量的特征数 λ[②].这可以从复数的基本定理来得出,因为代数方程(56) 在复数域中至少有一个根.

写方程(56) 为展开式

$$|\boldsymbol{A}-\lambda\boldsymbol{E}|\equiv(-\lambda)^n+S_1(-\lambda)^{n-1}+S_2(-\lambda)^{n-2}+\cdots+S_{n-1}(-\lambda)+S_n=0 \tag{57}$$

不难看出,在此处有

$$S_1=\sum_{i=1}^{n}a_{ii},S_2=\sum_{1\leqslant i<k\leqslant n}\boldsymbol{A}\begin{pmatrix}i & k\\ i & k\end{pmatrix},\cdots \tag{58}$$

① 这一名称是这样来的,因为在长期的行星摄动的研究中遇到过这一个方程.

② 如果 K 是任何一个代数闭合域,亦即系数在这个域中的所有代数方程都有根在这个域的里面,那么这个论断对于这一种更普遍的情形仍然正确.

一般的，S_p 等于矩阵 $\boldsymbol{A}=(a_{ik})_1^n$ 的所有 p 阶主子式的和（$p=1,2,\cdots,n$）①.
特别的，$S_n=|\boldsymbol{A}|$.

以 $\widetilde{\boldsymbol{A}}$ 记在另一基底中对应于同一算子 A 的矩阵. 矩阵 $\widetilde{\boldsymbol{A}}$ 与矩阵 $\boldsymbol{A}$ 相似

$$\widetilde{\boldsymbol{A}}=\boldsymbol{T}^{-1}\boldsymbol{A}\boldsymbol{T}$$

故有

$$\widetilde{\boldsymbol{A}}-\lambda\boldsymbol{E}=\boldsymbol{T}^{-1}(\boldsymbol{A}-\lambda\boldsymbol{E})\boldsymbol{T}$$

因而

$$|\widetilde{\boldsymbol{A}}-\lambda\boldsymbol{E}|=|\boldsymbol{A}-\lambda\boldsymbol{E}| \tag{59}$$

这样一来，相似矩阵 $\boldsymbol{A}$ 与 $\widetilde{\boldsymbol{A}}$ 有相同的特征多项式. 这个多项式有时称为算子 A 的特征多项式且记之为 $|A-\lambda E|$.

如果 $\boldsymbol{x},\boldsymbol{y},\boldsymbol{z},\cdots$ 是算子 A 的特征向量，都对应于同一特征数 λ，而 $\alpha,\beta,\gamma,\cdots$ 为 K 中任何数，那么向量 $\alpha\boldsymbol{x}+\beta\boldsymbol{y}+\gamma\boldsymbol{z}+\cdots$ 或等于零，或者是算子 A 的对应于同一数 λ 的特征向量. 事实上，由

$$A\boldsymbol{x}=\lambda\boldsymbol{x},A\boldsymbol{y}=\lambda\boldsymbol{y},A\boldsymbol{z}=\lambda\boldsymbol{z},\cdots$$

知有

$$A(\alpha\boldsymbol{x}+\beta\boldsymbol{y}+\gamma\boldsymbol{z}+\cdots)=\lambda(\alpha\boldsymbol{x}+\beta\boldsymbol{y}+\gamma\boldsymbol{z}+\cdots)$$

因此，对应于同一特征数 λ 的线性无关的特征向量构成一个"特征"子空间的基底，这一子空间中每一个向量都是对应于同一数 λ 的特征向量. 特别的，每一个特征向量产生一个一维特征子空间，成一个"特征方向".

但是如果算子 A 的一些特征向量对应于不同的特征数，那么这些特征向量的线性组合，一般地说，不是算子 A 的特征向量.

特征向量与特征数对于线性算子的研究的价值，将在下节中用单构线性算子为例来予以说明.

---

① 幂 $(-\lambda)^{n-p}$ 只有在特征行列式(56) 中含有任何 $n-p$ 个对角线上元素

$$a_{j_1j_1}-\lambda;a_{j_2j_2}-\lambda,\cdots,a_{j_{n-p}j_{n-p}}-\lambda$$

的项中才能出现. 这些对角线上元素的乘积在行列式(56) 中有因子等于主子式

$$\boldsymbol{A}\begin{pmatrix}i_1 & i_2 & \cdots & i_p\\ i_1 & i_2 & \cdots & i_p\end{pmatrix}$$

其中下标 $i_1,i_2,\cdots,i_p$ 与下标 $j_1,j_2,\cdots,j_{n-p}$ 一同构成全部下标 $1,2,\cdots,n$.

$|\boldsymbol{A}-\lambda\boldsymbol{E}|=(a_{j_1j_1}-\lambda)(a_{j_2j_2}-\lambda)\cdots(a_{j_{n-p}j_{n-p}}-\lambda)\boldsymbol{A}\begin{pmatrix}i_1 & i_2 & \cdots & i_p\\ i_1 & i_2 & \cdots & i_p\end{pmatrix}+\cdots$ 此处须乘 $(-\lambda)^{n-p}$ 以 $\boldsymbol{A}\begin{pmatrix}i_1 & i_2 & \cdots & i_p\\ i_1 & i_2 & \cdots & i_p\end{pmatrix}$. 找出由下标 $1,2,\cdots,n$ 中取 $n-p$ 个 $j_1,j_2,\cdots,j_{n-p}$ 的所有可能的组合，我们就得出 $(-\lambda)^{n-p}$ 的系数 S_p，就是矩阵 $\boldsymbol{A}$ 的所有 p 阶主子式的和.

§8 单构线性算子

首先有以下引理.

引理 对应于两两不相等的特征数的诸特征向量常线性无关.

证明 设

$$A\boldsymbol{x}_i=\lambda_i\boldsymbol{x}_i \quad (\boldsymbol{x}_i\neq\boldsymbol{0};当\ i\neq k;i,k=1,2,\cdots,m\ 时,\lambda_i\neq\lambda_k) \tag{60}$$

且设

$$\sum_{i=1}^{m}c_i\boldsymbol{x}_i=\boldsymbol{0} \tag{61}$$

对这一等式的两边施行算子 A,我们得出

$$\sum_{i=1}^{m}c_i\lambda_i\boldsymbol{x}_i=\boldsymbol{0} \tag{62}$$

等式(61) 的两边乘以 λ_1 而后从(62) 中减去它,我们得出

$$\sum_{i=2}^{m}c_i(\lambda_i-\lambda_1)\boldsymbol{x}_i=\boldsymbol{0} \tag{63}$$

我们亦可以说,等式(63) 是从式(61) 逐项施行算子 $A-\lambda_1E$ 来得出的. 对(63) 逐项施行算子 $A-\lambda_2E,A-\lambda_3E,\cdots,A-\lambda_{m-1}E$,我们得出以下等式

$$c_m(\lambda_m-\lambda_{m-1})(\lambda_m-\lambda_{m-2})\cdots(\lambda_m-\lambda_1)\boldsymbol{x}_m=\boldsymbol{0}$$

故 $c_m=0$. 因为在式(61) 中,任何一项都可以放在最后一项的位置,所以在(61)中

$$c_1=c_2=\cdots=c_m=0$$

亦即在向量 $\boldsymbol{x}_1,\boldsymbol{x}_2,\cdots,\boldsymbol{x}_m$ 间不能有线性相关性. 我们的引理已经证明.

如果算子的特征方程有 n 个不同的根而且这些根都在域 K 果面,那么由以上引理知对应于这些根的特征向量线性无关.

定义 11 R 中线性算子 A 称为简单结构算子,(以下简记“单构算子”) 如果 A 在 R 中有 n 个线性无关的特征向量,其中 n 为 R 的维数.

这样一来,R 中线性算子是单构的,如果它的特征多项式的根都在域 K 里面而且彼此都不相等. 但这一条件并不是必要的. 有这样的单构线性算子存在,它的特征多项式含有重根.

讨论任一单构线性算子 A. 以 $\boldsymbol{g}_1,\boldsymbol{g}_2,\cdots,\boldsymbol{g}_n$ 记 R 中由这个算子的特征向量所组成的基底,亦即

$$A\boldsymbol{g}_k=\lambda_k\boldsymbol{g}_k \quad (k=1,2,\cdots,n)$$

如果

$$\boldsymbol{x}=\sum_{k=1}^{n}x_k\boldsymbol{g}_k$$

那么

$$Ax = \sum_{k=1}^{n} x_k A\boldsymbol{g}_k = \sum_{k=1}^{n} \lambda_k x_k \boldsymbol{g}_k$$

换句话说，单构算子 A 对向量 $\boldsymbol{x} = \sum_{k=1}^{n} x_k \boldsymbol{g}_k$ 的影响可叙述如下：

在 n 维向量空间 R 中，有 n 个线性无关的“方向”存在，单构算子 A 沿此方向得出系数为 $\lambda_1, \lambda_2, \cdots, \lambda_n$ 的“引申”．任一向量 $\boldsymbol{x}$ 都可以沿这些特征方向来分解分量．对这些分量取对应的“引申”后加起就得出向量 $A\boldsymbol{x}$．

不难看出，算子 A 在“特征”基底 $\boldsymbol{g}_1, \boldsymbol{g}_2, \cdots, \boldsymbol{g}_n$ 中对应于对角矩阵

$$\widetilde{\boldsymbol{A}} = (\lambda_i \delta_{ik})_1^n$$

如果我们以 $\boldsymbol{A}$ 记在任一基底 $\boldsymbol{e}_1, \boldsymbol{e}_2, \cdots, \boldsymbol{e}_n$ 中对应于算子 A 的矩阵，那么

$$\boldsymbol{A} = \boldsymbol{T}(\lambda_i \delta_{ik})_1^n \boldsymbol{T}^{-1} \tag{64}$$

与对角矩阵相似的矩阵称为单构矩阵．这样一来，在任一基底中，单构算子都对应于单构矩阵，反之亦然．

在等式(64) 中的矩阵 $\boldsymbol{T}$ 将基底 $\boldsymbol{e}_1, \boldsymbol{e}_2, \cdots, \boldsymbol{e}_n$ 变为基底 $\boldsymbol{g}_1, \boldsymbol{g}_2, \cdots, \boldsymbol{g}_n$．矩阵 $\boldsymbol{T}$ 的第 k 列是对应于矩阵 $\boldsymbol{A}$ 的特征数 λ_k 的特征向量 $\boldsymbol{g}_k$（在基底 $\boldsymbol{e}_1, \boldsymbol{e}_2, \cdots, \boldsymbol{e}_k$ 中）的坐标($k = 1, 2, \cdots, n$)．矩阵 $\boldsymbol{T}$ 称为关于矩阵 $\boldsymbol{A}$ 的基本矩阵．

等式(64) 可以写为

$$\boldsymbol{A} = \boldsymbol{TLT}^{-1} \quad (\boldsymbol{L} = \{\lambda_1, \lambda_2, \cdots, \lambda_n\}) \tag{64'}$$

化到第 p 层相伴矩阵($1 \leqslant p \leqslant n$)，我们得出(参考第 1 章的 §4)

$$\mathfrak{A}_p = \mathfrak{T}_p \mathfrak{L}_p \mathfrak{T}_p^{-1} \tag{65}$$

$\mathfrak{L}_p$ 为 N 阶对角矩阵($N = C_n^p$)，在其对角线上是从 $\lambda_1, \lambda_2, \cdots, \lambda_n$ 中取 p 个的所有可能的乘积．比较(65) 与(64′)，得到

定理 3　如果矩阵 $\boldsymbol{A} = (a_{ik})_1^n$ 是单构的，那么对于任何 $p \leqslant n$，其 p 层相伴矩阵 $\mathfrak{A}_p$ 亦是单构的；此时矩阵 $\mathfrak{A}_p$ 的特征数是从矩阵 $\boldsymbol{A}$ 的特征数 $\lambda_1, \lambda_2, \cdots, \lambda_n$ 中取 p 个的所有可能的乘积 $\lambda_{i_1} \lambda_{i_2} \cdots \lambda_{i_p}$ ($1 \leqslant i_1 < i_2 < \cdots < i_p \leqslant n$)，而矩阵 $\mathfrak{A}_p$ 的基本矩阵为矩阵 $\boldsymbol{A}$ 的基本矩阵 $\boldsymbol{T}$ 的 p 层相伴矩阵 $\mathfrak{T}_p$．

推论　如果单构矩阵 $\boldsymbol{A} = (a_{ik})_1^n$ 的特征数对应于有坐标 $t_{1k}, t_{2k}, \cdots, t_{nk}$ ($k = 1, 2, \cdots, n$) 的特征向量，而且 $\boldsymbol{T} = (t_{ik})_1^n$，那么矩阵 $\mathfrak{A}_p$ 的特征数 $\lambda_{k_1}, \lambda_{k_2}, \cdots, \lambda_{k_p}$ ($1 \leqslant k_1 < k_2 < \cdots < k_p \leqslant n$) 对应于有坐标

$$\boldsymbol{T}\begin{pmatrix} i_1 & i_2 & \cdots & i_p \\ k_1 & k_2 & \cdots & k_p \end{pmatrix} \quad (1 \leqslant i_1 < i_2 < \cdots < i_p \leqslant n) \tag{66}$$

的特征向量．

任一矩阵 $\boldsymbol{A} = (a_{ik})_1^n$ 都可以表为矩阵序列 $\boldsymbol{A}_m$ ($m \to \infty$) 的极限，其中每一个都没有多重特征数，因而是单构的．当 $m \to \infty$ 时，矩阵 $\boldsymbol{A}_m$ 的特征数 $\lambda_1^{(m)}$，$\lambda_2^{(m)}, \cdots, \lambda_n^{(m)}$ 的极限为矩阵 $\boldsymbol{A}$ 的特征数 $\lambda_1, \lambda_2, \cdots, \lambda_n$，亦即

$$\lim_{m\to\infty}\lambda_k^{(m)}=\lambda_k \quad (k=1,2,\cdots,n)$$

故有

$$\lim_{m\to\infty}\lambda_{k_1}^{(m)}\lambda_{k_2}^{(m)}\cdots\lambda_{k_p}^{(m)}=\lambda_{k_1}\lambda_{k_2}\cdots\lambda_{k_p} \quad (1\leqslant k_1<k_2<\cdots<k_p\leqslant n)$$

因为还有$\lim\limits_{m\to\infty}\mathfrak{A}_{(m)p}=\mathfrak{A}_p$,故从定理 3 推得:

定理 4(克罗内克) 如果$\lambda_1,\lambda_2,\cdots,\lambda_n$是任一矩阵$\boldsymbol{A}$的全部特征数,那么由数$\lambda_1,\lambda_2,\cdots,\lambda_n$中取出$p$个的所有可能的乘积为相伴矩阵$\mathfrak{A}_p$的全部特征数($p=1,2,\cdots,n$).

在这一节中,我们只研究单构算子与单构矩阵.至于算子与矩阵的一般类型的结构的研究将在第 6 与第 7 章中叙述.

第4章 矩阵的特征多项式与最小多项式

与每一个矩阵相联系的有两个多项式:特征多项式与最小多项式.这些多项式在矩阵论的各种问题中有重要的作用.例如,将在下章中引进的关于矩阵的函数概念就完全奠基于矩阵的最小多项式的概念.在这一章中我们来讨论特征多项式与最小多项式的性质.这些探讨开端于关于有矩阵系数的多项式与它们间的运算的基本性质.

§1 矩阵多项式的加法与乘法

讨论多项式的方阵 $\boldsymbol{A}(\lambda)$,亦即元素为 λ 的多项式(系数在已给数域 K 中)的方阵

$$\boldsymbol{A}(\lambda)=(a_{ik}(\lambda))_1^n=(a_{ik}^{(0)}\lambda^m+a_{ik}^{(1)}\lambda^{m-1}+\cdots+a_{ik}^{(m)})_1^n \quad (1)$$

矩阵 $\boldsymbol{A}(\lambda)$ 可以表为对 λ 来展开的以矩阵为系数的多项式

$$\boldsymbol{A}(\lambda)=\boldsymbol{A}_0\lambda^m+\boldsymbol{A}_1\lambda^{m-1}+\cdots+\boldsymbol{A}_m \quad (2)$$

其中

$$\boldsymbol{A}_j=(a_{ik}^{(j)})_1^n \quad (j=0,1,\cdots,m) \quad (3)$$

如果 $\boldsymbol{A}_0\neq\boldsymbol{0}$,数 m 称为多项式的次数.数 n 称为多项式的阶.如果 $|\boldsymbol{A}_0|\neq 0$,多项式(1)称为正则的.

以矩阵为系数的多项式,我们常称为矩阵多项式.为了与矩阵多项式有所区别,平常的以纯量为系数的多项式称为纯量多项式.

讨论矩阵多项式的基本运算.设给定两个同阶的矩阵多

项式 $\boldsymbol{A}(\lambda)$ 与 $\boldsymbol{B}(\lambda)$. 以 m 记这些多项式的较大次数. 这些多项式可以写为

$$\boldsymbol{A}(\lambda)=\boldsymbol{A}_0\lambda^m+\boldsymbol{A}_1\lambda^{m-1}+\cdots+\boldsymbol{A}_m$$
$$\boldsymbol{B}(\lambda)=\boldsymbol{B}_0\lambda^m+\boldsymbol{B}_1\lambda^{m-1}+\cdots+\boldsymbol{B}_m$$

那么

$$\boldsymbol{A}(\lambda)\pm\boldsymbol{B}(\lambda)=(\boldsymbol{A}_0\pm\boldsymbol{B}_0)\lambda^m+(\boldsymbol{A}_1\pm\boldsymbol{B}_1)\lambda^{m-1}+\cdots+(\boldsymbol{A}_m\pm\boldsymbol{B}_m)$$

亦即两个同阶的矩阵多项式的和(差)可以表为次数不超过所给多项式的较大次数的矩阵多项式.

设给定阶数同为 n,而次数各为 m 与 p 的两个矩阵多项式 $\boldsymbol{A}(\lambda)$ 与 $\boldsymbol{B}(\lambda)$

$$\boldsymbol{A}(\lambda)=\boldsymbol{A}_0\lambda^m+\boldsymbol{A}_1\lambda^{m-1}+\cdots+\boldsymbol{A}_m\quad(\boldsymbol{A}_0\neq\boldsymbol{0})$$
$$\boldsymbol{B}(\lambda)=\boldsymbol{B}_0\lambda^p+\boldsymbol{B}_1\lambda^{p-1}+\cdots+\boldsymbol{B}_p\quad(\boldsymbol{B}_0\neq\boldsymbol{0})$$

那么

$$\boldsymbol{A}(\lambda)\boldsymbol{B}(\lambda)=\boldsymbol{A}_0\boldsymbol{B}_0\lambda^{m+p}+(\boldsymbol{A}_0\boldsymbol{B}_1+\boldsymbol{A}_1\boldsymbol{B}_0)\lambda^{m+p-1}+\cdots+\boldsymbol{A}_m\boldsymbol{B}_p\tag{4}$$

如果我们以 $\boldsymbol{B}(\lambda)$ 乘 $\boldsymbol{A}(\lambda)$(亦即改变因子的次序),那么一般的我们得出另一多项式.

矩阵多项式的相乘还有一个特殊的性质. 与纯量多项式不同,矩阵多项式的乘积(4) 可能有小于 $m+p$ 的次数,亦即小于其因子的次数的和. 事实上,在(4) 中矩阵的乘积 $\boldsymbol{A}_0\boldsymbol{B}_0$,在 $\boldsymbol{A}_0\neq\boldsymbol{0}$,$\boldsymbol{B}_0\neq\boldsymbol{0}$ 时,可能等于零. 但如在矩阵 $\boldsymbol{A}_0$ 与 $\boldsymbol{B}_0$ 中有一个是满秩矩阵时,那么由 $\boldsymbol{A}_0\neq\boldsymbol{0}$ 与 $\boldsymbol{B}_0\neq\boldsymbol{0}$ 得出:$\boldsymbol{A}_0\boldsymbol{B}_0\neq\boldsymbol{0}$. 这样一来,两个矩阵多项式的乘积等于一个矩阵多项式,它的次数小于或等于因式的次数的和. 如果在两个因式中,至少有一个是正则多项式,那么在这种情形中乘积的次数常等于因式的次数的和.

n 阶矩阵多项式 $\boldsymbol{A}(\lambda)$ 可以写成两个形式

$$\boldsymbol{A}(\lambda)=\boldsymbol{A}_0\lambda^m+\boldsymbol{A}_1\lambda^{m-1}+\cdots+\boldsymbol{A}_m\tag{5}$$

与

$$\boldsymbol{A}(\lambda)=\boldsymbol{A}^m\boldsymbol{A}_0+\boldsymbol{A}^{m-1}\boldsymbol{A}_1+\cdots+\boldsymbol{A}_m\tag{5'}$$

这两个写法对纯量 λ 给出同一结果. 但是如果用 n 阶方程 $\boldsymbol{\Lambda}$ 代替纯量变数 λ,那么代入(5) 与(5′) 的结果一般说是不同的,因为矩阵 $\boldsymbol{\Lambda}$ 的幂对矩阵系数 $\boldsymbol{A}_0$,$\boldsymbol{A}_1,\cdots,\boldsymbol{A}_m$ 是不可交换的.

令

$$\boldsymbol{A}(\boldsymbol{\Lambda})=\boldsymbol{A}_0\boldsymbol{\Lambda}^m+\boldsymbol{A}_1\boldsymbol{\Lambda}^{m-1}+\cdots+\boldsymbol{A}_m\tag{6}$$

与

$$\hat{\boldsymbol{A}}(\boldsymbol{\Lambda})=\boldsymbol{\Lambda}^m\boldsymbol{A}_0+\boldsymbol{\Lambda}^{m-1}\boldsymbol{A}_1+\cdots+\boldsymbol{A}_m\tag{6'}$$

分别称为在矩阵 $\boldsymbol{\Lambda}$ 代入 λ 时矩阵多项式的右值与左值[①].

---

① 在 $\boldsymbol{A}(\lambda)$ 的"右"值("左"值) 中,矩阵 $\boldsymbol{\Lambda}$ 的幂在系数的右边(左边).

再讨论两个矩阵多项式

$$\boldsymbol{A}(\lambda)=\sum_{i=0}^{m}\boldsymbol{A}_{m-i}\lambda^{i},\boldsymbol{B}(\lambda)=\sum_{k=0}^{p}\boldsymbol{B}_{p-k}\lambda^{k} \tag{7}$$

与它们的乘积

$$\boldsymbol{P}(\lambda)=\sum_{i=0}^{m}\sum_{k=0}^{p}\boldsymbol{A}_{m-i}\lambda^{i}\boldsymbol{B}_{p-k}\lambda^{k}=\sum_{i=0}^{m}\sum_{k=0}^{p}\boldsymbol{A}_{m-i}\boldsymbol{B}_{p-k}\lambda^{i+k}=\sum_{j=0}^{m+p}\Big(\sum_{i+k=j}\boldsymbol{A}_{m-i}\boldsymbol{B}_{p-k}\Big)\lambda^{j} \tag{7'}$$

与

$$\boldsymbol{P}(\lambda)=\sum_{i=0}^{m}\sum_{k=0}^{p}\lambda^{i}\boldsymbol{A}_{m-i}\lambda^{k}\boldsymbol{B}_{p-k}=\sum_{i=0}^{m}\sum_{k=0}^{p}\lambda^{i+k}\boldsymbol{A}_{m-i}\boldsymbol{B}_{p-k}=\sum_{j=0}^{m+p}\lambda^{j}\sum_{i+k=j}\boldsymbol{A}_{m-i}\boldsymbol{B}_{p-k} \tag{7''}$$

如果只有矩阵 $\boldsymbol{\Lambda}$ 与所有矩阵系数 $\boldsymbol{B}_{p-k}$ 可交换[①]，那么恒等式(7′)中的变换在 λ 换为 n 阶矩阵 $\boldsymbol{\Lambda}$ 时仍然有效.类似地，如果矩阵 $\boldsymbol{\Lambda}$ 与所有系数 $\boldsymbol{A}_{m-i}$ 可交换，那么在恒等式(7″)中可以把纯量 λ 换为矩阵 $\boldsymbol{\Lambda}$. 在第一种情形下

$$\boldsymbol{P}(\boldsymbol{\Lambda})=\boldsymbol{A}(\boldsymbol{\Lambda})\boldsymbol{B}(\boldsymbol{\Lambda}) \tag{8'}$$

在第二种情形下

$$\hat{\boldsymbol{P}}(\boldsymbol{\Lambda})=\hat{\boldsymbol{A}}(\boldsymbol{\Lambda})\hat{\boldsymbol{B}}(\boldsymbol{\Lambda}) \tag{8''}$$

这样，如果矩阵变量 $\boldsymbol{\Lambda}$ 与右(左)余因子的所有系数可交换，那么两个矩阵多项式乘积的右(左)值等于余因子的右(左)值.

如果 $\boldsymbol{S}(\lambda)$ 是两个 n 阶矩阵多项式 $\boldsymbol{A}(\lambda)$ 与 $\boldsymbol{B}(\lambda)$ 的和，那么在纯量 λ 换为任一 n 阶矩阵 $\boldsymbol{\Lambda}$ 时，以下恒等式恒成立

$$\boldsymbol{S}(\boldsymbol{\Lambda})=\boldsymbol{A}(\boldsymbol{\Lambda})+\boldsymbol{B}(\boldsymbol{\Lambda}),\hat{\boldsymbol{S}}(\boldsymbol{\Lambda})=\hat{\boldsymbol{A}}(\boldsymbol{\Lambda})+\hat{\boldsymbol{B}}(\boldsymbol{\Lambda}) \tag{9}$$

§2　矩阵多项式的右除与左除.广义贝祖定理

设给定阶数同为 n 的两个矩阵多项式 $\boldsymbol{A}(\lambda)$ 与 $\boldsymbol{B}(\lambda)$，且设 $\boldsymbol{B}(\lambda)$ 是正则的

$$\boldsymbol{A}(\lambda)=\boldsymbol{A}_0\lambda^{m}+\boldsymbol{A}_1\lambda^{m-1}+\cdots+\boldsymbol{A}_m\quad(\boldsymbol{A}_0\neq\boldsymbol{0})$$

$$\boldsymbol{B}(\lambda)=\boldsymbol{B}_0\lambda^{p}+\boldsymbol{B}_1\lambda^{p-1}+\cdots+\boldsymbol{B}_p\quad(|\boldsymbol{B}_0|\neq 0)$$

我们说，在以 $\boldsymbol{B}(\lambda)$ 除 $\boldsymbol{A}(\lambda)$ 时，矩阵多项式 $\boldsymbol{Q}(\lambda)$ 与 $\boldsymbol{R}(\lambda)$ 各为其右商与右余，如果

$$\boldsymbol{A}(\lambda)=\boldsymbol{Q}(\lambda)\boldsymbol{B}(\lambda)+\boldsymbol{R}(\lambda) \tag{10}$$

而且 $\boldsymbol{R}(\lambda)$ 的次数小于 $\boldsymbol{B}(\lambda)$ 的次数.

同样的，在以 $\boldsymbol{B}(\lambda)$ 除 $\boldsymbol{A}(\lambda)$ 时，称矩阵多项式 $\hat{\boldsymbol{Q}}(\lambda)$ 与 $\hat{\boldsymbol{R}}(\lambda)$ 各为其左商与左余，如果

$$\boldsymbol{A}(\lambda)=\boldsymbol{B}(\lambda)\hat{\boldsymbol{Q}}(\lambda)+\hat{\boldsymbol{R}}(\lambda) \tag{11}$$

---

① 在这种情形下，矩阵 $\boldsymbol{\Lambda}$ 的任何幂可与所有系数 $\boldsymbol{B}_{p-k}$ 交换.

而且 $\hat{\boldsymbol{R}}(\lambda)$ 的次数小于 $\boldsymbol{B}(\lambda)$ 的次数.

读者要注意,在(5) 中以"除式"$\boldsymbol{B}(\lambda)$ 来"右" 除时(亦即求出其右商与右余),$\boldsymbol{B}(\lambda)$ 乘在商式 $\boldsymbol{Q}(\lambda)$ 的右边,而在(6) 中,以除式 $\boldsymbol{B}(\lambda)$ 来"左" 除时,$\boldsymbol{B}(\lambda)$ 乘在商式 $\hat{\boldsymbol{Q}}(\lambda)$ 的左边. 在一般的情形,多项式 $\boldsymbol{Q}(\lambda)$ 与 $\boldsymbol{R}(\lambda)$ 并不与 $\hat{\boldsymbol{Q}}(\lambda)$ 及 $\hat{\boldsymbol{R}}(\lambda)$ 重合.

我们来证明,如果除式是正则多项式,那么两个同阶矩阵多项式,无论右除或左除,常可唯一的施行.

讨论 $\boldsymbol{B}(\lambda)$ 右除 $\boldsymbol{A}(\lambda)$ 的情形. 如果 $m < p$,那么可以取 $\boldsymbol{Q}(\lambda) = \boldsymbol{0}, \boldsymbol{R}(\lambda) = \boldsymbol{A}(\lambda)$. 在 $m \geqslant p$ 时可以用平常的以多项式除多项式的方法来求出商式 $\boldsymbol{Q}(\lambda)$ 与余式 $\boldsymbol{R}(\lambda)$. 被除式的首项 $\boldsymbol{A}_0\lambda^m$"除" 以除式的首项 $\boldsymbol{B}_0\lambda^p$. 得出所求的商式的首项 $\boldsymbol{A}_0\boldsymbol{B}_0^{-1}\lambda^{m-p}$. 右乘这一项以 $\boldsymbol{B}(\lambda)$ 且在 $\boldsymbol{A}(\lambda)$ 中减去这一个乘积. 我们求出"第一个余式"$\boldsymbol{A}^{(1)}(\lambda)$

$$\boldsymbol{A}(\lambda) = \boldsymbol{A}_0\boldsymbol{B}_0^{-1}\lambda^{m-p}\boldsymbol{B}(\lambda) + \boldsymbol{A}^{(1)}(\lambda) \tag{12}$$

多项式 $\boldsymbol{A}^{(1)}(\lambda)$ 的次数 $m^{(1)}$ 小于 m

$$\boldsymbol{A}^{(1)}(\lambda) = \boldsymbol{A}_0^{(1)}\lambda^{m^{(1)}} + \cdots \quad (\boldsymbol{A}_0^{(1)}(\lambda) \neq \boldsymbol{0}, m^{(1)} < m) \tag{13}$$

如果 $m^{(1)} \geqslant p$,那么重复这一做法,我们得出

$$\begin{cases} \boldsymbol{A}^{(1)}(\lambda) = \boldsymbol{A}_0^{(1)}\boldsymbol{B}_0^{-1}\lambda^{m^{(1)}-p}\boldsymbol{B}(\lambda) + \boldsymbol{A}^{(2)}(\lambda) \\ \boldsymbol{A}^{(2)}(\lambda) = \boldsymbol{0} \text{ 或 } \boldsymbol{A}^{(2)}(\lambda) = \boldsymbol{A}_0^{(2)}\lambda^{m^{(2)}} + \cdots \quad (m^{(2)} < m^{(1)}) \end{cases} \tag{14}$$

诸如此类.

因为多项式 $\boldsymbol{A}(\lambda), \boldsymbol{A}^{(1)}(\lambda), \boldsymbol{A}^{(2)}(\lambda), \cdots$ 的次数逐一下降,所以在某一步骤后,我们得出余式 $\boldsymbol{R}(\lambda)$ 的次数小于 p. 那么由(12) ~ (14) 等,我们得出

$$\boldsymbol{A}(\lambda) = \boldsymbol{Q}(\lambda)\boldsymbol{B}(\lambda) + \boldsymbol{R}(\lambda)$$

其中

$$\boldsymbol{Q}(\lambda) = \boldsymbol{A}_0\boldsymbol{B}_0^{-1}\lambda^{m-p} + \boldsymbol{A}_0^{(1)}\boldsymbol{B}_0^{-1}\lambda^{m^{(1)}-p} + \cdots$$

现在来证明右除的唯一性,设同时有

$$\boldsymbol{A}(\lambda) = \boldsymbol{Q}(\lambda)\boldsymbol{B}(\lambda) + \boldsymbol{R}(\lambda) \tag{15}$$

与

$$\boldsymbol{A}(\lambda) = \boldsymbol{Q}^*(\lambda)\boldsymbol{B}(\lambda) + \boldsymbol{R}^*(\lambda) \tag{15'}$$

其中多项式 $\boldsymbol{R}(\lambda)$ 与 $\boldsymbol{R}^*(\lambda)$ 的次数小于 $\boldsymbol{B}(\lambda)$ 的次数,亦即小于 p. 由(15) 减去(15′),我们得出

$$[\boldsymbol{Q}(\lambda) - \boldsymbol{Q}^*(\lambda)]\boldsymbol{B}(\lambda) = \boldsymbol{R}^*(\lambda) - \boldsymbol{R}(\lambda) \tag{16}$$

如果 $\boldsymbol{Q}(\lambda) - \boldsymbol{Q}^*(\lambda) \neq \boldsymbol{0}$,那么因为 $|\boldsymbol{B}_0| \neq 0$,等式(16) 的左边的次数等于 $\boldsymbol{B}(\lambda)$ 与 $\boldsymbol{Q}(\lambda) - \boldsymbol{Q}^*(\lambda)$ 的次数的和,所以大于或等于 p. 这是不可能的,因为等式(16) 的右边的多项式不能有大于或等于 p 的次数. 这样一来,$\boldsymbol{Q}(\lambda) - \boldsymbol{Q}^*(\lambda) \equiv \boldsymbol{0}$,因而由(16) 得 $\boldsymbol{R}^*(\lambda) - \boldsymbol{R}(\lambda) = \boldsymbol{0}$,亦即

$$Q(\lambda)=Q^*(\lambda),R(\lambda)=R^*(\lambda)$$

同理,可以证明左商与左余的存在与其唯一性①.

例1 有如下式子

$$A(\lambda)=\begin{bmatrix}\lambda^3+\lambda & 2\lambda^3+\lambda^2\\ -\lambda^3-2\lambda^2+1 & 3\lambda^3+\lambda\end{bmatrix}=$$

$$\overbrace{\begin{pmatrix}1 & 2\\ -1 & 3\end{pmatrix}}^{A_0}\lambda^3+\begin{pmatrix}0 & 1\\ -2 & 0\end{pmatrix}\lambda^2+\begin{pmatrix}1 & 0\\ 0 & 1\end{pmatrix}\lambda+\begin{pmatrix}0 & 0\\ 1 & 0\end{pmatrix}$$

$$B(\lambda)=\begin{bmatrix}2\lambda^2+3 & -\lambda^2+1\\ -\lambda^2-1 & \lambda^2+2\end{bmatrix}=\overbrace{\begin{pmatrix}2 & -1\\ -1 & 1\end{pmatrix}}^{B_0}\lambda^2+\begin{pmatrix}3 & 1\\ -1 & 2\end{pmatrix}$$

$$|B_0|=1,B_0^{-1}=\begin{pmatrix}1 & 1\\ 1 & 2\end{pmatrix},A_0B_0^{-1}=\begin{pmatrix}3 & 5\\ 2 & 5\end{pmatrix},A_0B_0^{-1}B(\lambda)=\begin{bmatrix}\lambda^2+4 & 2\lambda^2+13\\ -\lambda^2+1 & 3\lambda^2+12\end{bmatrix}$$

$$A^{(1)}(\lambda)=\begin{bmatrix}\lambda^3+\lambda & 2\lambda^3+\lambda^2\\ -\lambda^3-2\lambda^2+1 & 3\lambda^3+\lambda\end{bmatrix}-\begin{bmatrix}\lambda^3+4\lambda & 2\lambda^3+13\lambda\\ -\lambda^3+\lambda & 3\lambda^3+12\lambda\end{bmatrix}=$$

$$\begin{bmatrix}-3\lambda & \lambda^2-13\lambda\\ -2\lambda^2-\lambda+1 & -11\lambda\end{bmatrix}$$

$$A^{(1)}(\lambda)=\begin{pmatrix}0 & 1\\ -2 & 0\end{pmatrix}\lambda^2+\begin{pmatrix}-3 & -13\\ -1 & -11\end{pmatrix}\lambda+\begin{pmatrix}0 & 0\\ 1 & 0\end{pmatrix}$$

$$A_0^{(1)}B_0^{-1}=\begin{pmatrix}0 & 1\\ -2 & 0\end{pmatrix}\cdot\begin{pmatrix}1 & 1\\ 1 & 2\end{pmatrix}=\begin{pmatrix}1 & 2\\ -2 & -2\end{pmatrix}$$

$$A_0^{(1)}B_0^{-1}B(\lambda)=\begin{pmatrix}1 & 2\\ -2 & -2\end{pmatrix}\cdot\begin{bmatrix}2\lambda^2+3 & -\lambda^2+1\\ -\lambda^2-1 & \lambda^2+2\end{bmatrix}=\begin{bmatrix}1 & \lambda^2+5\\ -2\lambda^2-4 & -6\end{bmatrix}$$

$$R(\lambda)=A^{(1)}(\lambda)-A_0^{(1)}B_0^{(-1)}B(\lambda)=$$

$$\begin{bmatrix}-3\lambda & \lambda^2-13\lambda\\ -2\lambda^2-\lambda+1 & -11\lambda\end{bmatrix}-\begin{bmatrix}1 & \lambda^2+5\\ -2\lambda^2-4 & -6\end{bmatrix}=$$

---

① 注意,以 $B(\lambda)$ 来左除 $A(\lambda)$ 的可能性与唯一性可以从转置矩阵 $A'(\lambda)$ 与 $B'(\lambda)$ 的右除的可能性与唯一性来得出.(由 $B(\lambda)$ 的正则性可推出 $B'(\lambda)$ 的正则性.)事实上,由

$$A'(\lambda)=Q_1(\lambda)B'(\lambda)+R_1(\lambda)\tag{11}$$

得出(参考第1章,§3,3,4°)

$$A(\lambda)=B(\lambda)Q'_1(\lambda)+R'_1(\lambda)\tag{11'}$$

由于同样的推理我们得出 $A(\lambda)$ 左除以 $B(\lambda)$ 的唯一性,因为由 $A(\lambda)$ 左除以 $B(\lambda)$ 的非唯一性将推得 $A'(\lambda)$ 右除以 $B'(\lambda)$ 的非唯一性.

比较(11)与(11′),我们得出

$$\hat{Q}(\lambda)=Q'_1(\lambda),\hat{R}(\lambda)=R'_1(\lambda)$$

$$\begin{pmatrix} -3\lambda-1 & -13\lambda-5 \\ -\lambda+5 & -11\lambda+6 \end{pmatrix}$$

$$\boldsymbol{Q}(\lambda)=\boldsymbol{A}_0\boldsymbol{B}_0^{-1}\lambda+\boldsymbol{A}_0^{(1)}\boldsymbol{B}_0^{-1}=\begin{pmatrix} 3 & 5 \\ 2 & 5 \end{pmatrix}\lambda+\begin{pmatrix} 1 & 2 \\ -2 & -2 \end{pmatrix}=\begin{pmatrix} 3\lambda+1 & 5\lambda+2 \\ 2\lambda-2 & 5\lambda-2 \end{pmatrix}$$

让读者自己去验证下式来作为练习

$$\boldsymbol{A}(\lambda)=\boldsymbol{Q}(\lambda)\boldsymbol{B}(\lambda)+\boldsymbol{R}(\lambda)$$

讨论任一 n 阶矩阵多项式

$$\boldsymbol{F}(\lambda)=\boldsymbol{F}_0\lambda^m+\boldsymbol{F}_1\lambda^{m-1}+\cdots+\boldsymbol{F}_m \quad (\boldsymbol{F}_0=0) \tag{17}$$

将它右除与左除以二项式 $\lambda\boldsymbol{E}-\boldsymbol{A}$

$$\boldsymbol{F}(\lambda)=\boldsymbol{Q}(\lambda)(\lambda\boldsymbol{E}-\boldsymbol{A})+R,\boldsymbol{F}(\lambda)=(\lambda\boldsymbol{E}-\boldsymbol{A})\hat{\boldsymbol{Q}}(\lambda)+\hat{\boldsymbol{R}} \tag{18}$$

在这种情形下右余式 $\boldsymbol{R}$ 与左余式 $\hat{\boldsymbol{R}}$ 将与 λ 无关. 为了确定右值 $\boldsymbol{F}(\boldsymbol{A})$ 与左值 $\hat{\boldsymbol{F}}(\boldsymbol{A})$,可以分别在恒等式(18) 中将纯量 λ 换为矩阵 $\boldsymbol{A}$,因为矩阵 $\boldsymbol{A}$ 与二项式 $\lambda\boldsymbol{E}-\boldsymbol{A}$ 的矩阵系数是可交换的(参考 §1)

$$F(A)=\boldsymbol{Q}(\boldsymbol{A})(\boldsymbol{A}-\boldsymbol{A})+\boldsymbol{R}=\boldsymbol{R},\hat{\boldsymbol{F}}(\boldsymbol{A})=(\boldsymbol{A}-\boldsymbol{A})\hat{\boldsymbol{Q}}(\boldsymbol{A})+\hat{\boldsymbol{R}}=\hat{\boldsymbol{R}} \tag{19}$$

我们证明了:

定理 1(广义贝祖定理) 当矩阵多项式 $\boldsymbol{F}(\lambda)$ 右(左) 除以二项式 $\lambda\boldsymbol{E}-\boldsymbol{A}$ 时,除得的余式为 $\boldsymbol{F}(\boldsymbol{A})[\hat{\boldsymbol{F}}(\boldsymbol{A})]$.

由所证明的定理推知,右(左) 除多项式 $\boldsymbol{F}(\lambda)$ 以二项式 $\lambda\boldsymbol{E}-\boldsymbol{A}$ 能够整除的充分必要条件是,$\boldsymbol{F}(\boldsymbol{A})=\boldsymbol{0}[\hat{\boldsymbol{F}}(\boldsymbol{A})=\boldsymbol{0}]$.

例 2 设 $\boldsymbol{A}=(a_{ik})_1^n$,而 $f(\lambda)$ 为 λ 的多项式. 那么

$$\boldsymbol{F}(\lambda)=f(\lambda)\boldsymbol{E}-f(\boldsymbol{A})$$

可以被 $\lambda\boldsymbol{E}-\boldsymbol{A}$ 所整除(左或右),这可以直接从广义贝祖定理来得出,因为在此时

$$\boldsymbol{F}(\boldsymbol{A})=\hat{\boldsymbol{F}}(\boldsymbol{A})=\boldsymbol{0}$$

§3 矩阵的特征多项式. 伴随矩阵

1. 讨论矩阵 $\boldsymbol{A}=(a_{ik})_1^n$. 称矩阵 $\lambda\boldsymbol{E}-\boldsymbol{A}$ 为矩阵 $\boldsymbol{A}$ 的特征矩阵. 特征矩阵的行列式

$$\Delta(\lambda)=|\lambda\boldsymbol{E}-\boldsymbol{A}|=|\lambda\delta_{ik}-a_{ik}|_1^n$$

是一个 λ 的纯量多项式且称为矩阵 $\boldsymbol{A}$ 的特征多项式(参考第 3 章 §7)[①].

矩阵 $\boldsymbol{B}(\lambda)=(b_{ik}(\lambda))_1^n$,其中 $b_{ik}(\lambda)$ 为元素 $\lambda\delta_{ki}-a_{ki}$ 在行列式 $\Delta(\lambda)$ 中的代数余子式,称为关于矩阵 $\boldsymbol{A}$ 的伴随矩阵.

例如,对于矩阵

① 第 3 章 §7 中所引进的多项式与多项式 $\Delta(\lambda)$ 只差一个因子 $(-1)^n$.

$$A = \begin{pmatrix} a_{11} & a_{12} & a_{13} \\ a_{21} & a_{22} & a_{23} \\ a_{31} & a_{32} & a_{33} \end{pmatrix}$$

我们有

$$\lambda E - A = \begin{pmatrix} \lambda - a_{11} & -a_{12} & -a_{13} \\ -a_{21} & \lambda - a_{22} & -a_{23} \\ -a_{31} & -a_{32} & \lambda - a_{33} \end{pmatrix}$$

$$\Delta(\lambda) = |\lambda E - A| = \lambda^3 - (a_{11} + a_{22} + a_{33})\lambda^2 + \cdots$$

$$B(\lambda) = \begin{pmatrix} \lambda^2 - (a_{22} + a_{33})\lambda + a_{22}a_{33} - a_{23}a_{32} & * & * \\ a_{21}\lambda + a_{23}a_{31} - a_{21}a_{33} & * & * \\ a_{31}\lambda + a_{21}a_{32} - a_{22}a_{31} & * & * \end{pmatrix}$$

由上述定义，我们得出关于 λ 的恒等式

$$(\lambda E - A)B(\lambda) = \Delta(\lambda)E \tag{20}$$

$$B(\lambda)(\lambda E - A) = \Delta(\lambda)E \tag{20'}$$

这些等式的右边可以视为有矩阵系数的多项式（每一系数都等于一个纯量与单位矩阵 E 的乘积）. 多项式矩阵 $B(\lambda)$，可以对 λ 的幂展开，表为多项式的形状. 等式(20) 与(20′) 证明了以 $\lambda E - A$ 左或右除 $\Delta(\lambda)E$ 都能除尽. 由广义贝祖定理，这只有在余式 $\Delta(A)E = \Delta(A)$ 等于零时才能成立. 我们证明了：

定理 2(哈密顿 - 凯利) 每一个方阵 A 都适合它的特征方程，亦即

$$\Delta(A) = 0 \tag{21}$$

例 3 有如下式子

$$A = \begin{pmatrix} 2 & 1 \\ -1 & 3 \end{pmatrix}$$

$$\Delta(\lambda) = \begin{vmatrix} \lambda - 2 & -1 \\ 1 & \lambda - 3 \end{vmatrix} = \lambda^2 - 5\lambda + 7$$

$$\Delta(A) = A^2 - 5A + 7E = \begin{pmatrix} 3 & 5 \\ -5 & 8 \end{pmatrix} - 5\begin{pmatrix} 2 & 1 \\ -1 & 3 \end{pmatrix} + 7\begin{pmatrix} 1 & 0 \\ 0 & 1 \end{pmatrix} = \begin{pmatrix} 0 & 0 \\ 0 & 0 \end{pmatrix} = 0$$

2. 以 $\lambda_1, \lambda_2, \cdots, \lambda_n$ 记矩阵 A 的所有特征数，亦即特征多项式 $\Delta(\lambda)$ 的所有的根（每一个数 λ_i 在这一序列中所重复出现的次数等于其作为多项式 $\Delta(\lambda)$ 的根的重数）. 那么

$$\Delta(\lambda) = |\lambda E - A| = (\lambda - \lambda_1)(\lambda - \lambda_2)\cdots(\lambda - \lambda_n) \tag{22}$$

设给定任一纯量多项式 $g(\mu)$. 求出矩阵 $g(A)$ 的特征数. 为此可分解 $g(\mu)$ 为线性因子的乘积

$$g(\mu) = a_0(\mu - \mu_1)(\mu - \mu_2)\cdots(\mu - \mu_l) \tag{23}$$

在这一恒等式的两边中，以矩阵 A 代 μ

$$g(\boldsymbol{A})=a_0(\boldsymbol{A}-\mu_1\boldsymbol{E})(\boldsymbol{A}-\mu_2\boldsymbol{E})\cdots(\boldsymbol{A}-\mu_l\boldsymbol{E}) \tag{24}$$

在等式(24)的两边取行列式且应用等式(22)与(23),我们得出

$$\begin{aligned}|g(\boldsymbol{A})|&=a_0^n|\boldsymbol{A}-\mu_1\boldsymbol{E}||\boldsymbol{A}-\mu_2\boldsymbol{E}|\cdots|\boldsymbol{A}-\mu_l\boldsymbol{E}|=\\&(-1)^{nl}a_0^n\Delta(\mu_1)\Delta(\mu_2)\cdots\Delta(\mu_l)=\\&(-1)^{nl}a_0^n\prod_{i=1}^{l}\prod_{k=1}^{n}(\mu_i-\lambda_k)=g(\lambda_1)g(\lambda_2)\cdots g(\lambda_n)\end{aligned}$$

在等式

$$[g(\boldsymbol{A})]=g(\lambda_1)g(\lambda_2)\cdots g(\lambda_n) \tag{25}$$

中把多项式 $g(\mu)$ 换为 $\lambda-g(\mu)$,其中 λ 为一个参变数,我们得出

$$|\lambda\boldsymbol{E}-g(\boldsymbol{A})|=[\lambda-g(\lambda_1)][\lambda-g(\lambda_2)]\cdots[\lambda-g(\lambda_n)] \tag{26}$$

由这一个等式推得以下的:

定理 3 如果 $\lambda_1,\lambda_2,\cdots,\lambda_n$ 为矩阵 $\boldsymbol{A}$ 所有的特征数(多重根重复计入),而 $g(\mu)$ 为某一纯量多项式,那么 $g(\lambda_1),g(\lambda_2),\cdots,g(\lambda_n)$ 为矩阵 $g(\boldsymbol{A})$ 所有的特征数.

特别的,如果矩阵 $\boldsymbol{A}$ 有特征数 $\lambda_1,\lambda_2,\cdots,\lambda_n$,那么矩阵 $\boldsymbol{A}^k$ 有特征数 $\lambda_1^k,\lambda_2^k,\cdots,\lambda_n^k(k=0,1,2,3,\cdots)$.

3. 我们来指出伴随矩阵 $\boldsymbol{B}(\lambda)$ 由特征多项式 $\Delta(\lambda)$ 来表示的有效公式.

设

$$\Delta(\lambda)=\lambda^n-p_1\lambda^{n-1}-p_2\lambda^{n-2}-\cdots-p_n \tag{27}$$

差 $\Delta(\lambda)-\Delta(\mu)$ 可以被 $\lambda-\mu$ 所整除.因此

$$\begin{aligned}\delta(\lambda,\mu)=\frac{\Delta(\lambda)-\Delta(\mu)}{\lambda-\mu}&=\lambda^{n-1}+(\mu-p_1)\lambda^{n-2}+\\&(\mu^2-p_1\mu-p_2)\lambda^{n-3}+\cdots\end{aligned} \tag{28}$$

是 λ 与 μ 的多项式.

恒等式

$$\Delta(\lambda)-\Delta(\mu)=\delta(\lambda,\mu)(\lambda-\mu) \tag{29}$$

仍然成立,如果我们在它里面以彼此可交换的矩阵 $\lambda\boldsymbol{E}$ 与 $\boldsymbol{A}$ 代替 λ 与 μ.那么,因由哈密顿－凯利定理 $\Delta(\boldsymbol{A})=\boldsymbol{0}$,故有

$$\Delta(\lambda)\boldsymbol{E}=\delta(\lambda\boldsymbol{E},\boldsymbol{A})(\lambda\boldsymbol{E}-\boldsymbol{A}) \tag{30}$$

比较等式(20′)与(30),由于商式的唯一性,我们得出所求的公式

$$\boldsymbol{B}(\lambda)=\delta(\lambda\boldsymbol{E},\boldsymbol{A}) \tag{31}$$

故由(28)

$$\boldsymbol{B}(\lambda)=\lambda^{n-1}+\boldsymbol{B}_1\lambda^{n-2}+\boldsymbol{B}_2\lambda^{n-3}+\cdots+\boldsymbol{B}_{n-1} \tag{32}$$

其中

$$\boldsymbol{B}_1=\boldsymbol{A}-p_1\boldsymbol{E},\boldsymbol{B}_2=\boldsymbol{A}^2-p_1\boldsymbol{A}-p_2\boldsymbol{E},\cdots$$

而一般的有

$$\boldsymbol{B}_k = \boldsymbol{A}^k - p_1\boldsymbol{A}^{k-1} - p_2\boldsymbol{A}^{k-2} - \cdots - p_k\boldsymbol{E} \quad (k=1,2,\cdots,n-1) \tag{33}$$

矩阵 $\boldsymbol{B}_1, \boldsymbol{B}_2, \cdots, \boldsymbol{B}_{n-1}$ 可以从以下递推关系式中顺次计算出来

$$\boldsymbol{B}_k = \boldsymbol{A}\boldsymbol{B}_{k-1} - p_k\boldsymbol{E} \quad (k=1,2,\cdots,n-1;\boldsymbol{B}_0=\boldsymbol{E}) \tag{34}$$

此时有

$$\boldsymbol{A}\boldsymbol{B}_{n-1} - p_n\boldsymbol{E} = \boldsymbol{0} \text{[1]} \tag{35}$$

关系式(34) 与(35) 可以直接从恒等式(20) 来得出,只要我们在这一恒等式中使两边中 λ 的同幂的系数相等.

如果 $\boldsymbol{A}$ 是满秩矩阵,那么

$$p_n = (-1)^{n-1} \mid \boldsymbol{A} \mid \neq 0$$

且由(35) 得出

$$\boldsymbol{A}^{-1} = \frac{1}{p_n}\boldsymbol{B}_{n-1} \tag{36}$$

设 λ_0 为矩阵 $\boldsymbol{A}$ 的特征数,亦即 $\Delta(\lambda_0)=0$. 在(20) 中代入以 λ_0,我们得出

$$(\lambda_0\boldsymbol{E} - \boldsymbol{A})\boldsymbol{B}(\lambda_0) = \boldsymbol{0} \tag{37}$$

我们设矩阵 $\boldsymbol{B}(\lambda_0) \neq 0$,且以 $\boldsymbol{b}$ 记这一矩阵的任何一个非零列. 那么由(37) 有 $(\lambda_0\boldsymbol{E} - \boldsymbol{A})\boldsymbol{b} = \boldsymbol{0}$ 或

$$\boldsymbol{A}\boldsymbol{b} = \lambda_0\boldsymbol{b} \tag{38}$$

故知矩阵 $\boldsymbol{B}(\lambda_0)$ 的任何一个非零列定出一个对应于特征数 λ_0 的特征向量[2].

这样一来,如果已经知道特征多项式的系数,那么可以由式(31) 来求出附加矩阵. 如果给予了满秩矩阵 $\boldsymbol{A}$,那么由式(36) 可以求出逆矩阵 $\boldsymbol{A}^{-1}$. 如果 λ_0 是矩阵 $\boldsymbol{A}$ 的特征数,那么矩阵 $\boldsymbol{B}(\lambda_0)$ 的非零列都是矩阵 $\boldsymbol{A}$ 的对应于 $\lambda=\lambda_0$ 的特征向量.

例 4　有如下式子

$$\boldsymbol{A} = \begin{pmatrix} 2 & -1 & 1 \\ 0 & 1 & 0 \\ -1 & 1 & 1 \end{pmatrix}$$

$$\Delta(\lambda) = \mid \lambda\boldsymbol{E} - \boldsymbol{A} \mid = \begin{vmatrix} \lambda-2 & 1 & -1 \\ 0 & \lambda-1 & -1 \\ 1 & -1 & \lambda-1 \end{vmatrix} = \lambda^3 - 4\lambda^2 + 5\lambda - 2$$

---

① 从(34) 可以得出等式(33). 如果把(33) 中的 $\boldsymbol{B}_{n-1}$ 表示式代入(35),那么我们就得出:$\Delta(\boldsymbol{A}) = \boldsymbol{0}$. 这一个哈密顿 — 凯利定理的结果并没有明显的用到广义贝祖定理,但是暗中是含有这一定理的.

② 参考第 3 章 §7. 如果特征数 λ_0 对应于 d_0 个线性无关的特征向量($n-d_0$ 为矩阵 $\lambda_0\boldsymbol{E}-\boldsymbol{A}$ 的秩),那单位矩阵 $\boldsymbol{B}(\lambda_0)$ 的秩不能超过 d_0. 特别的,如果 λ_0 只对应于一个特征向量,那么在矩阵 $\boldsymbol{B}(\lambda_0)$ 中任何两列的元素都是成比例的.

$$\delta(\lambda,\mu)=\frac{\Delta(\lambda)-\Delta(\mu)}{\lambda-\mu}=\lambda^2+\lambda(\mu-4)+\mu^2-4\mu+5$$

$$\boldsymbol{B}(\lambda)=\delta(\lambda\boldsymbol{E},\boldsymbol{A})=\lambda^2\boldsymbol{E}+\lambda\underbrace{(\boldsymbol{A}-4\boldsymbol{E})}_{\boldsymbol{B}_1}+\underbrace{\boldsymbol{A}^2-4\boldsymbol{A}+5\boldsymbol{E}}_{\boldsymbol{B}_2}$$

但

$$\boldsymbol{B}_1=\boldsymbol{A}-4\boldsymbol{E}=\begin{bmatrix}-2&-1&1\\0&-3&1\\-1&1&-3\end{bmatrix},\boldsymbol{B}_2=\boldsymbol{A}\boldsymbol{B}_1+5\boldsymbol{E}=\begin{bmatrix}0&2&-2\\-1&3&-2\\1&-1&2\end{bmatrix}$$

$$\boldsymbol{B}(\lambda)=\begin{bmatrix}\lambda^2-2\lambda&-\lambda+2&\lambda-2\\-1&\lambda^2-3\lambda+3&\lambda-2\\-\lambda+1&\lambda-1&\lambda^2-3\lambda+2\end{bmatrix}$$

$$|\boldsymbol{A}|=2,\boldsymbol{A}^{-1}=\frac{1}{2}\boldsymbol{B}_2=\begin{bmatrix}0&1&-1\\-\frac{1}{2}&\frac{3}{2}&-1\\\frac{1}{2}&-\frac{1}{2}&1\end{bmatrix}$$

再者
$$\Delta(\lambda)=(\lambda-1)^2(\lambda-2)$$

矩阵 $\boldsymbol{B}(1)$ 的第一列给予了对应于特征数 $\lambda=1$ 的特征向量(1,1,0).

矩阵 $\boldsymbol{B}(2)$ 的第一列给予了对应于特征数 $\lambda=2$ 的特征向量(0,1,1).

§4 同时计算伴随矩阵与特征多项式的系数的德·克·法捷耶夫方法

德·克·法捷耶夫[①]提供了同时定出特征多项式

$$\Delta(\lambda)=\lambda^n-p_1\lambda^{n-1}-p_2\lambda^{n-2}-\cdots-p_n \tag{39}$$

的纯系数 $p_1,p_2,\cdots,p_n$ 与附加矩阵 $\boldsymbol{B}(\lambda)$ 的矩阵系数 $\boldsymbol{B}_1,\boldsymbol{B}_2,\cdots,\boldsymbol{B}_{n-1}$ 的方法.

为了叙述德·克·法捷耶夫[②]的方法首先引进关于矩阵的迹概念.

矩阵 $\boldsymbol{A}=(a_{ik})_1^n$ 的迹(记为:Sp $\boldsymbol{A}$)是这个矩阵的对角线上诸元素的和

$$\mathrm{Sp}\,\boldsymbol{A}=\sum_{i=1}^{n}a_{ii} \tag{40}$$

不难看出

$$\mathrm{Sp}\,\boldsymbol{A}=p_1=\sum_{i=1}^{n}\lambda_i \tag{41}$$

① 参考 Сборник задач по высшей алгебре(1949).

② 另一个计算特征多项式的系数的有效方法是阿·恩·克雷洛夫的方法,我们将在第7章 §7中告知读者.

如果 $\lambda_1,\lambda_2,\cdots,\lambda_n$ 是矩阵 $\boldsymbol{A}$ 的特征数,亦即

$$\Delta(\lambda)=(\lambda-\lambda_1)(\lambda-\lambda_2)\cdots(\lambda-\lambda_n) \tag{42}$$

因为由定理 3,矩阵幂 $\boldsymbol{A}^k$ 的特征数为幂 $\lambda_1^k,\lambda_2^k,\cdots,\lambda_n^k(k=0,1,2,\cdots)$,所以

$$\mathrm{Sp}\ \boldsymbol{A}^k=s_k=\sum_{i=1}^{n}\lambda_i^k \quad (k=0,1,2,\cdots) \tag{43}$$

多项式(39) 诸根的幂之和 $s_k(k=1,2,\cdots,n)$ 与这一多项式的系数之间有牛顿公式

$$kp_k=s_k-p_1s_{k-1}-\cdots-p_{k-1}s_1 \quad (k=1,2,\cdots,n) \tag{44}$$

如果计算出矩阵 $\boldsymbol{A},\boldsymbol{A}^2,\cdots,\boldsymbol{A}^n$ 的迹 $s_1,s_2,\cdots,s_n$,那么可以由方程(44) 依次定出系数 $p_1,p_2,\cdots,p_n$. 对此有连凡里方法由矩阵幂的迹来求出特征多项式的系数.

德·克·法捷耶夫代替幂 $\boldsymbol{A},\boldsymbol{A}^2,\cdots,\boldsymbol{A}^n$ 的迹来顺次计算另一些矩阵 $\boldsymbol{A}_1$, $\boldsymbol{A}_2,\cdots,\boldsymbol{A}_n$ 的迹且利用他们来定出 $p_1,p_2,\cdots,p_n$ 与 $\boldsymbol{B}_1,\boldsymbol{B}_2,\cdots,\boldsymbol{B}_n$,他提供了以下诸式

$$\left\{\begin{array}{lll}
\boldsymbol{A}_1=\boldsymbol{A} & p_1=\mathrm{Sp}\ \boldsymbol{A}_1 & \boldsymbol{B}_1=\boldsymbol{A}_1-p_1\boldsymbol{E}\\
\boldsymbol{A}_2=\boldsymbol{A}\boldsymbol{B}_1 & p_2=\dfrac{1}{2}\mathrm{Sp}\ \boldsymbol{A}_2 & \boldsymbol{B}_2=\boldsymbol{A}_2-p_2\boldsymbol{E}\\
\quad\vdots & \quad\vdots & \quad\vdots\\
\boldsymbol{A}_{n-1}=\boldsymbol{A}\boldsymbol{B}_{n-2} & p_{n-1}=\dfrac{1}{n-1}\mathrm{Sp}\ \boldsymbol{A}_{n-1} & \boldsymbol{B}_{n-1}=\boldsymbol{A}_{n-1}-p_{n-1}\boldsymbol{E}\\
\boldsymbol{A}_n=\boldsymbol{A}\boldsymbol{B}_{n-1} & p_n=\dfrac{1}{n}\mathrm{Sp}\ \boldsymbol{A}_n & \boldsymbol{B}_n=\boldsymbol{A}_n-p_n\boldsymbol{E}=\boldsymbol{0}
\end{array}\right. \tag{45}$$

最后的等式 $\boldsymbol{B}_n=\boldsymbol{A}_n-p_n\boldsymbol{E}=\boldsymbol{0}$ 可以作为验算之用.

为了证明由式(45) 所顺次定出的数 $p_1,p_2,\cdots,p_n$ 与矩阵 $\boldsymbol{B}_1,\boldsymbol{B}_2,\cdots,\boldsymbol{B}_{n-1}$ 是 $\Delta(\lambda)$ 与 $\boldsymbol{B}(\lambda)$ 的系数,我们注意由(45) 可推得关于 $\boldsymbol{A}_k$ 与 $\boldsymbol{B}_k(k=1,2,\cdots,n)$ 的以下诸式

$$\begin{gathered}
\boldsymbol{A}_k=\boldsymbol{A}^k-p_1\boldsymbol{A}^{k-1}-\cdots-p_{k-1}\boldsymbol{A}\\
\boldsymbol{B}_k=\boldsymbol{A}^k-p_1\boldsymbol{A}^{k-1}-\cdots-p_{k-1}\boldsymbol{A}-p_k\boldsymbol{E}
\end{gathered} \tag{46}$$

在其第一式中比较左右两边的迹;我们得出

$$kp_k=s_k-p_1s_{k-1}-\cdots-p_{k-1}s_1$$

但是这些式子与牛顿公式(44) 相同,从他们可以顺次定出特征多项式 $\Delta(\lambda)$ 的系数. 因此,由式(45) 所定出的数 $p_1,p_2,\cdots,p_n$ 是 $\Delta(\lambda)$ 的系数. 又因(46) 的第二式与式(33) 一致,从他们可以顺次定出附加矩阵 $\boldsymbol{B}(\lambda)$ 的矩阵系数 $\boldsymbol{B}_1$, $\boldsymbol{B}_2,\cdots,\boldsymbol{B}_{n-1}$,故式(45) 确定了矩阵多项式 $\boldsymbol{B}(\lambda)$ 的系数 $\boldsymbol{B}_1,\boldsymbol{B}_2,\cdots,\boldsymbol{B}_{n-1}$.

例 5[①] 有如下式子

$$\boldsymbol{A}=\begin{pmatrix}2&-1&1&2\\0&1&1&0\\-1&1&1&1\\1&1&1&0\end{pmatrix},p_1=\mathrm{Sp}\,\boldsymbol{A}=4,\boldsymbol{B}_1=\boldsymbol{A}-4\boldsymbol{E}=\begin{pmatrix}-2&-1&1&2\\0&-3&1&0\\-1&1&-3&1\\1&1&1&-4\end{pmatrix}$$

$$2\quad 2\quad 4\quad 3$$

$$\boldsymbol{A}_2=\boldsymbol{A}\boldsymbol{B}_1=\begin{pmatrix}-3&4&0&-3\\-1&-2&-2&1\\2&0&-2&-5\\-3&-3&-1&3\end{pmatrix},p_2=\frac{1}{2}\mathrm{Sp}\,\boldsymbol{A}_2=-2$$

$$-5\quad -1\quad -5\quad -4$$

$$\boldsymbol{B}_2=\boldsymbol{A}_2+2\boldsymbol{E}=\begin{pmatrix}-1&4&0&-3\\-1&0&-2&1\\2&0&0&-5\\-3&-3&-1&3\end{pmatrix}$$

$$\boldsymbol{A}_3=\boldsymbol{A}\boldsymbol{B}_2=\begin{pmatrix}-5&2&0&-2\\1&0&-2&-4\\-1&-7&-3&4\\0&4&-2&-7\end{pmatrix},p_4=\frac{1}{3}\mathrm{Sp}\,\boldsymbol{A}_3=-5$$

$$-5\quad -1\quad -7\quad -9$$

$$\boldsymbol{B}_3=\boldsymbol{A}_3+5\boldsymbol{E}=\begin{pmatrix}0&2&0&-2\\1&5&-2&4\\-1&-7&2&4\\0&4&-2&-2\end{pmatrix}$$

$$\boldsymbol{A}_4=\boldsymbol{A}\boldsymbol{B}_3=\begin{pmatrix}-2&0&0&0\\0&-2&0&0\\0&0&-2&0\\0&0&0&-2\end{pmatrix},p_4=-2$$

$$\Delta(\lambda)=\lambda^4-4\lambda^3+2\lambda^2+5\lambda+2$$

---

① 为了验算起见，我们在每一个矩阵 $\boldsymbol{A}_1,\boldsymbol{A}_2,\boldsymbol{A}_3$ 的下面都注上他们的诸行的和数. 以乘积中第一个因子的诸行总和顺次乘第二个因子的某一个列上元素后相加，必须得出乘积的同一列上诸行的和数.

$$|\boldsymbol{A}|=2,\boldsymbol{A}^{-1}=\frac{1}{p_4}\boldsymbol{B}_3=\begin{pmatrix}0 & -1 & 0 & 1\\ -\frac{1}{2} & -\frac{5}{2} & 1 & -2\\ \frac{1}{2} & \frac{7}{2} & -1 & -2\\ 0 & -2 & 1 & 1\end{pmatrix}$$

注　如果我们要定出 p_1,p_2,p_3,p_4 且只要得出 $\boldsymbol{B}_1,\boldsymbol{B}_2,\boldsymbol{B}_3$ 的第一列,那么只需要在 $\boldsymbol{A}_2$ 中算出其第一列的元素与其余诸列在对角线上的元素,在 $\boldsymbol{A}_3$ 中第一列的元素与在 $\boldsymbol{A}_4$ 中第一列的第一与第三个元素.

§5　矩阵的最小多项式

定义 1　纯量多项式 $f(\lambda)$ 称为方阵 $\boldsymbol{A}$ 的零化多项式,如果

$$f(\boldsymbol{A})=\boldsymbol{0}$$

首项系数等于 1 且其次数最小的零化多项式 $\psi(\lambda)$ 称为矩阵 $\boldsymbol{A}$ 的最小多项式.

由哈密顿－凯利定理知矩阵 $\boldsymbol{A}$ 的特征多项式 $\Delta(\lambda)$ 是这一矩阵的零化多项式. 但是,有如后面的叙述,在一般的情形他不一定是最小的.

任一零化多项式 $f(\lambda)$ 除以其最小多项式

$$f(\lambda)=\psi(\lambda)q(\lambda)+r(\lambda)$$

其中 $r(\lambda)$ 如不为零则其次数小于 $\psi(\lambda)$ 的次数. 故有

$$f(\boldsymbol{A})=\psi(\boldsymbol{A})q(\boldsymbol{A})+r(\boldsymbol{A})$$

因为 $f(\boldsymbol{A})=\boldsymbol{0}$ 与 $\psi(\boldsymbol{A})=\boldsymbol{0}$,所以得出 $r(\boldsymbol{A})=\boldsymbol{0}$. 但如 $r(\lambda)$ 有次数时,其次数将小于最小多项式 $\psi(\lambda)$ 的次数. 故 $r(\lambda)\equiv 0$[①]. 这样一来,矩阵的任何零化多项式都被其最小多项式所整除.

设两个多项式 $\psi(\lambda)$ 与 $\psi'(\lambda)$ 都是同一矩阵的最小多项式. 那么每一个都可以被另一个所整除,亦即这两个多项式只能有常数因子的差别. 这个常数因子必须等于 1,因为 $\psi(\lambda)$ 与 $\psi'(\lambda)$ 的首项系数都等于 1. 我们就证明了一个已知矩阵的最小多项式的唯一性.

求出最小多项式与特征多项式间的关系式.

以 $D_{n-1}(\lambda)$ 记特征矩阵 $\lambda\boldsymbol{E}-\boldsymbol{A}$ 中所有 $n-1$ 阶子式的最大公因式,亦即伴随矩阵 $\boldsymbol{B}(\lambda)=(b_{ik}(\lambda))_1^n$ 中所有元素的最大公因式(参考上节). 那么

$$\boldsymbol{B}(\lambda)=D_{n-1}(\lambda)\boldsymbol{C}(\lambda) \tag{47}$$

其中 $\boldsymbol{C}(\lambda)$ 为一个多项式矩阵,它是对于矩阵 $\lambda\boldsymbol{E}-\boldsymbol{A}$ 的"约化"伴随矩阵. 由

① 否则将有一个零化多项式存在,其次数小于最小多项式的次数.

(20) 与(47) 我们得出

$$\Delta(\lambda)\boldsymbol{E}=(\lambda\boldsymbol{E}-\boldsymbol{A})\boldsymbol{C}(\lambda)D_{n-1}(\lambda) \tag{48}$$

故知 $\Delta(\lambda)$ 为 $D_{n-1}(\lambda)$ 所整除①

$$\frac{\Delta(\lambda)}{D_{n-1}(\lambda)}=\psi(\lambda) \tag{49}$$

其中 $\psi(\lambda)$ 为 λ 的一个多项式. 在恒等式(48) 的两边中约去 $D_{n-1}(\lambda)$②

$$\psi(\lambda)\boldsymbol{E}=(\lambda\boldsymbol{E}-\boldsymbol{A})\boldsymbol{C}(\lambda) \tag{50}$$

因为 $\psi(\lambda)\boldsymbol{E}$ 为 $\lambda\boldsymbol{E}-\boldsymbol{A}$ 所左整除,所以由广义贝祖定理

$$\psi(\boldsymbol{A})=\boldsymbol{0}$$

这样一来,为式(49) 所确定的多项式 $\psi(\lambda)$ 是矩阵 $\boldsymbol{A}$ 的零化多项式. 我们来证明,它就是 $\boldsymbol{A}$ 的最小多项式.

以 $\psi^*(\lambda)$ 记最小多项式. 那么 $\psi(\lambda)$ 可被 $\psi^*(\lambda)$ 所整除

$$\psi(\lambda)=\psi^*(\lambda)\chi(\lambda) \tag{51}$$

因为 $\psi^*(\boldsymbol{A})=\boldsymbol{0}$,所以由广义贝祖定理,矩阵多项式 $\psi^*(\lambda)\boldsymbol{E}$ 为 $\lambda\boldsymbol{E}-\boldsymbol{A}$ 所左整除

$$\psi^*(\lambda)\boldsymbol{E}=(\lambda\boldsymbol{E}-\boldsymbol{A})\boldsymbol{C}^*(\lambda) \tag{52}$$

由(51) 与(52) 得出

$$\psi(\lambda)\boldsymbol{E}=(\lambda\boldsymbol{E}-\boldsymbol{A})\boldsymbol{C}^*(\lambda)\chi(\lambda) \tag{53}$$

恒等式(50) 与(53) 说明 $\boldsymbol{C}(\lambda)$ 与 $\boldsymbol{C}^*(\lambda)\chi(\lambda)$ 都是以 $\lambda\boldsymbol{E}-\boldsymbol{A}$ 除 $\psi(\lambda)\boldsymbol{E}$ 所得出的左商. 由除法唯一性知

$$\boldsymbol{C}(\lambda)=\boldsymbol{C}^*(\lambda)\chi(\lambda)$$

故知 $\chi(\lambda)$ 为多项式矩阵 $\boldsymbol{C}(\lambda)$ 的所有元素的公因式. 但是另一方面,导出伴随矩阵 $\boldsymbol{C}(\lambda)$ 的所有元素的最大公因式等于 1,因为这个矩阵是从 $\boldsymbol{B}(\lambda)$ 除以 $D_{n-1}(\lambda)$ 所得出来的. 故有 $\chi(\lambda)=$ 常数. 因为在 $\psi(\lambda)$ 与 $\psi^*(\lambda)$ 中,首项系数都等于1,所以在式(51) 中 $\chi(\lambda)=1$,亦即 $\psi(\lambda)=\psi^*(\lambda)$,这就是所要证明的结果.

我们对于最小多项式已经建立了以下公式

$$\psi(\lambda)=\frac{\Delta(\lambda)}{D_{n-1}(\lambda)} \tag{54}$$

类似于公式(31)(在 §4,3),对于约化伴随矩阵 $\boldsymbol{C}(\lambda)$,我们有公式

$$\boldsymbol{C}(\lambda)=\boldsymbol{\Psi}(\lambda\boldsymbol{E},\boldsymbol{A}) \tag{55}$$

其中 $\boldsymbol{\Psi}(\lambda,\mu)$ 为以下等式所确定的多项式

---

① 这可以直接从特征行列式 $\Delta(\lambda)$ 按照它的任一行展开来证明.

② 在所给的情形,与(50) 并列的有恒等式[参考(20′)]

$$\psi(\lambda)\boldsymbol{E}=\boldsymbol{C}(\lambda)(\lambda\boldsymbol{E}-\boldsymbol{A})$$

亦即 $\boldsymbol{C}(\lambda)$ 同时为以 $\lambda\boldsymbol{E}-\boldsymbol{A}$ 除 $\psi(\lambda)\boldsymbol{E}$ 所得出的左商与右商.

$$\Psi(\lambda,\mu)=\frac{\psi(\lambda)-\psi(\mu)}{\lambda-\mu}\text{①} \tag{56}$$

再者

$$(\lambda \boldsymbol{E}-\boldsymbol{A})\boldsymbol{C}(\lambda)=\psi(\lambda)\boldsymbol{E} \tag{57}$$

在等式(57)的两边取行列式,我们得出

$$\Delta(\lambda)\mid \boldsymbol{C}(\lambda)\mid=[\psi(\lambda)]^{n} \tag{58}$$

这样一来,$\Delta(\lambda)$ 可以为 $\psi(\lambda)$ 所整除,而 $\psi(\lambda)$ 的某一个幂又为 $\Delta(\lambda)$ 所整除,亦即在多项式 $\Delta(\lambda)$ 与 $\psi(\lambda)$ 中所有不相等的根是彼此一致的.换句话说,$\psi(\lambda)$ 的根是矩阵 $\boldsymbol{A}$ 的所有不相等的特征数.

如果

$$\Delta(\lambda)=(\lambda-\lambda_1)^{n_1}(\lambda-\lambda_2)^{n_2}\cdots(\lambda-\lambda_s)^{n_s} \tag{59}$$

$$(i\neq j\text{ 时 }\lambda_i\neq\lambda_j;n_i>0,i,j=1,2,\cdots,s)$$

那么

$$\psi(\lambda)=(\lambda-\lambda_1)^{m_1}(\lambda-\lambda_2)^{m_2}\cdots(\lambda-\lambda_s)^{m_s} \tag{60}$$

其中

$$0<m_k\leqslant n_k\quad(k=1,2,\cdots,s) \tag{61}$$

还要注意矩阵 $\boldsymbol{C}(\lambda)$ 的一个性质.设 λ_0 为矩阵 $\boldsymbol{A}=(a_{ik})_1^n$ 的任一特征数.那么 $\psi(\lambda_0)=0$,故由(57)

$$(\lambda_0\boldsymbol{E}-\boldsymbol{A})\boldsymbol{C}(\lambda_0)=\boldsymbol{0} \tag{62}$$

我们注意,常有 $\boldsymbol{C}(\lambda_0)\neq\boldsymbol{0}$.事实上,在相反的情形,导出伴随矩阵 $\boldsymbol{C}(\lambda)$ 的所有元素都将为 $\lambda-\lambda_0$ 所整除,这是不可能的.

以 $\boldsymbol{c}$ 记矩阵 $\boldsymbol{C}(\lambda_0)$ 的任一非零列.那么由(62)

$$(\lambda_0\boldsymbol{E}-\boldsymbol{A})\boldsymbol{c}=\boldsymbol{0}$$

亦即

$$\boldsymbol{A}\boldsymbol{c}=\lambda_0\boldsymbol{c} \tag{63}$$

换句话说,矩阵 $\boldsymbol{C}(\lambda_0)$ 的任一非零列(这种列常能存在)确定了 $\lambda=\lambda_0$ 的一个特征向量.

例 6　有如下式子

$$\boldsymbol{A}=\begin{pmatrix}3&-3&2\\-1&5&-2\\-1&3&0\end{pmatrix}$$

$$\Delta(\lambda)=\begin{vmatrix}\lambda-3&3&-2\\1&\lambda-5&2\\1&-3&\lambda\end{vmatrix}=\lambda^3-8\lambda^2+20\lambda-16=(\lambda-2)^2(\lambda-4)$$

---

① 式(55)可以完全与式(31)相类似的来得出.在恒等式 $\psi(\lambda)-\psi(\mu)=(\lambda-\mu)\psi(\lambda,\mu)$ 的两边代 λ 与 μ 以矩阵 $\lambda\boldsymbol{E}$ 与 $\boldsymbol{A}$,我们得出与(50)相同的矩阵等式.

$$\delta(\lambda,\mu)=\frac{\Delta(\mu)-\Delta(\lambda)}{\mu-\lambda}=\mu^2+\mu(\lambda-8)+\lambda^2-8\lambda+20$$

$$\boldsymbol{B}(\lambda)=\boldsymbol{A}^2+(\lambda-8)\boldsymbol{A}+(\lambda^2-8\lambda+20)\boldsymbol{E}=\begin{pmatrix}10 & -18 & 12\\ -6 & 22 & -12\\ -6 & 18 & -8\end{pmatrix}+$$

$$(\lambda-8)\begin{pmatrix}3 & -3 & 2\\ -1 & 5 & -2\\ -1 & 3 & 0\end{pmatrix}+(\lambda^2-8\lambda+20)\begin{pmatrix}1 & 0 & 0\\ 0 & 1 & 0\\ 0 & 0 & 1\end{pmatrix}=$$

$$\begin{pmatrix}\lambda^2-5\lambda+6 & -3\lambda+6 & 2\lambda-4\\ -\lambda+2 & \lambda^2-3\lambda+2 & -2\lambda+4\\ -\lambda+2 & 3\lambda-6 & \lambda^2-8\lambda+12\end{pmatrix}$$

矩阵 $\boldsymbol{B}(\lambda)$ 中所有元素都为 $D_2(\lambda)=\lambda-2$ 所除尽. 约去这个因子,我们得出

$$\boldsymbol{C}(\lambda)=\begin{pmatrix}\lambda-3 & -3 & 2\\ -1 & \lambda-1 & -2\\ -1 & 3 & \lambda-6\end{pmatrix}$$

与

$$\psi(\lambda)=\frac{\Delta(\lambda)}{\lambda-2}=(\lambda-2)(\lambda-4)$$

在 $\boldsymbol{C}(\lambda)$ 中代 λ 以值 $\lambda_0=2$

$$\boldsymbol{C}(2)=\begin{pmatrix}-1 & -3 & 2\\ -1 & 1 & -2\\ -1 & 3 & -4\end{pmatrix}$$

第一列给出对于 $\lambda_0=2$ 的特征向量(1,1,1). 第二列给出对于同一特征数 $\lambda_0=2$ 的特征向量(−3,1,3). 第三列是前两列的线性组合.

同样的,取 $\lambda=4$,由矩阵 $\boldsymbol{C}(4)$ 的第一列得出对应于特征数 $\lambda_0=4$ 的特征向量(1,−1,−1).

我们还要提醒读者,$\psi(\lambda)$ 与 $\boldsymbol{C}(\lambda)$ 可以用另一方法来得出.

首先求出 $D_2(\lambda)$. $D_2(\lambda)$ 的根只能是 2 与 4. 在 $\lambda=4$ 时,$\Delta(\lambda)$ 的二阶子式 $\begin{vmatrix}1 & \lambda-5\\ 1 & -3\end{vmatrix}=-\lambda+2$ 不能化为零. 所以有 $D_2(4)\neq 0$. 当 $\lambda=2$ 时,矩阵 $\boldsymbol{A}$ 的诸列彼此成比例. 故在 $\Delta(\lambda)$ 中,所有二阶子式当 $\lambda=2$ 时都等于零:$D_2(2)=0$. 因为所计算出来的子式有一次幂的存在,所以 $D_2(\lambda)$ 不能为 $(\lambda-2)^2$ 所除尽. 故

$$D_2(\lambda)=\lambda-2$$

因此

$$\psi(\lambda)=\frac{\Delta(\lambda)}{\lambda-2}=(\lambda-2)(\lambda-4)=\lambda^2-6\lambda+8$$

$$\psi(\lambda,\mu)=\frac{\psi(\mu)-\psi(\lambda)}{\mu-\lambda}=\mu+\lambda-6$$

$$\boldsymbol{C}(\lambda)=\psi(\lambda\boldsymbol{E},\boldsymbol{A})=\boldsymbol{A}+(\lambda-6)\boldsymbol{E}=\begin{bmatrix}\lambda-3 & -3 & 2\\ -1 & \lambda-1 & -2\\ -1 & 3 & \lambda-6\end{bmatrix}$$

矩阵函数

第5章

§1　矩阵函数的定义

1. 设给定方阵 $\mathbf{A}=(a_{ik})_1^n$ 与纯量变数 λ 的函数 $f(\lambda)$. 需要定出 $f(\mathbf{A})$ 的意义,亦即要推广函数 $f(\lambda)$ 到以矩阵值为变数的意义.

对于最简单的特殊情形,即 $f(\lambda)=\gamma_0\lambda^l+\gamma_1\lambda^{l-1}+\cdots+\gamma_l$ 为 λ 的多项式时,我们已经知道这个问题的解答. 在此时 $f(\mathbf{A})=\gamma_0\mathbf{A}^l+\gamma_1\mathbf{A}^{l-1}+\cdots+\gamma_l\boldsymbol{E}$. 从这一特殊情形试图得出一般情形的 $f(\mathbf{A})$.

以

$$\psi(\lambda)=(\lambda-\lambda_1)^{m_1}(\lambda-\lambda_2)^{m_2}\cdots(\lambda-\lambda_s)^{m_s} \tag{1}$$

记矩阵 $\mathbf{A}$ 的最小多项式①(此处 $\lambda_1,\lambda_2,\cdots,\lambda_s$ 为矩阵 $\mathbf{A}$ 的所有不同的特征数). 这个多项式的次数 $m=\sum\limits_{k=1}^{s}m_k$.

这两个多项式 $g(\lambda)$ 与 $h(\lambda)$ 有

$$g(\mathbf{A})=h(\mathbf{A}) \tag{2}$$

那么差 $d(\lambda)=g(\lambda)-h(\lambda)$ 是矩阵 $\mathbf{A}$ 的零化多项式,可被 $\psi(\lambda)$ 所整除,我们写之为

$$g(\lambda)\equiv h(\lambda)(\bmod\ \psi(\lambda)) \tag{3}$$

故由(1)

$$d(\lambda_k)=0,d'(\lambda_k)=0,\cdots,d^{(m_k-1)}(\lambda_k)=0\quad(k=1,2,\cdots,s)$$

---

① 参考第4章,§5.

亦即

$$g(\lambda_k)=h(\lambda_k),g'(\lambda_k)=h'(\lambda_k),\cdots,g^{(m_k-1)}(\lambda_k)=h^{(m_k-1)}(\lambda_k)\quad(k=1,2,\cdots,s)\tag{4}$$

m 个数

$$f(\lambda_k),f'(\lambda_k),\cdots,f^{(m_k-1)}(\lambda_k)\quad(k=1,2,\cdots,s)\tag{5}$$

我们约定称为函数 $f(\lambda)$ 在矩阵 $\mathbf{A}$ 的谱上的值且以符号写法 $f(\Lambda_{\mathbf{A}})$ 记这些值的全部集合.如果对于函数 $f(\lambda)$,诸值(5)存在(亦即有意义),那么我们说,函数 $f(\lambda)$ 确定于矩阵 $\mathbf{A}$ 的谱上.

等式(4)说明多项式 $g(\lambda)$ 与 $h(\lambda)$ 在矩阵 $\mathbf{A}$ 的谱上有相同的值.用符号写法为

$$g(\Lambda_{\mathbf{A}})=h(\Lambda_{\mathbf{A}})$$

我们的讨论是可逆的:由(4)推出(3),因而得出(2).

这样一来,如果给定了矩阵 $\mathbf{A}$,那么多项式 $g(\lambda)$ 在矩阵 $\mathbf{A}$ 的谱上的值完全确定矩阵 $g(\mathbf{A})$,亦即所有多项式 $g(\lambda)$,如在矩阵 $\mathbf{A}$ 的谱上有相同的值,那么就有相同的矩阵值 $g(\mathbf{A})$.

我们要使得在一般情形时 $f(\mathbf{A})$ 的定义服从这样的原则:函数 $f(\lambda)$ 在矩阵 $\mathbf{A}$ 的谱上的值必须完全确定 $f(\mathbf{A})$,亦即所有的函数 $f(\lambda)$,如果在矩阵 $\mathbf{A}$ 的谱上有相同的值,那就必须有相同的矩阵值 $f(\mathbf{A})$.

但是显然,对于一般情形中 $f(\mathbf{A})$ 的定义只要选取这样的多项式 $g(\lambda)$,使其在矩阵 $\mathbf{A}$ 的谱上与 $f(\lambda)$ 取相同的值①,且令

$$f(\mathbf{A})=g(\mathbf{A})$$

即已足够.

这样一来,我们得到以下定义:

定义 1 如果函数 $f(\lambda)$ 定义于矩阵 $\mathbf{A}$ 的谱上,那么

$$f(\mathbf{A})=g(\mathbf{A})$$

其中 $g(\lambda)$ 为任一多项式,在矩阵 $\mathbf{A}$ 的谱上与 $f(\lambda)$ 取相同的值

$$f(\Lambda_{\mathbf{A}})=g(\Lambda_{\mathbf{A}})$$

在系数为复数的所有多项式中,在谱上与 $f(\lambda)$ 取同值的只有一个多项式 $r(\lambda)$,其次数小于 m②.这一多项式 $r(\lambda)$ 为以下诸内插条件所唯一确定

$$r(\lambda_k)=f(\lambda_k),r'(\lambda_k)=f'(\lambda_k),\cdots,r^{(m_k-1)}(\lambda_k)=f^{(m_k-1)}(\lambda_k)\tag{6}$$

$$(k=1,2,\cdots,s)$$

---

① 在 §2 中我们将证明,这样的内插多项式常能存在,且给予计算最小次数内插多项式的系数的算法.

② 这个多项式可从任何另一有相同谱值的多项式,除以 $\psi(\lambda)$ 后的余式来得出.

多项式$r(\lambda)$称为在矩阵$\mathbf{A}$的谱上函数$f(\lambda)$的拉格朗日—西尔维斯特内插多项式. 定义 1 还可以叙述为:

定义 1′ 设$f(\lambda)$为确定于矩阵$\mathbf{A}$的谱上的函数,而$r(\lambda)$为其对应的拉格朗日—西尔维斯特内插多项式. 那么

$$f(\mathbf{A})=r(\mathbf{A})$$

注 如果矩阵$\mathbf{A}$的最小多项式$\psi(\lambda)$没有重根[1][在等式(1)中$m_1=m_2=\cdots=m_s=1;s=m$],那么为了使得$f(\mathbf{A})$有意义,只要函数$f(\lambda)$定义于特征点$\lambda_1,\lambda_2,\cdots,\lambda_m$上就已足够. 如果$\psi(\lambda)$有多重根存在,那么在某些特征点上,必须定出$f(\lambda)$至已知阶导数的值[参考(6)].

例 1 讨论矩阵[2]

$$\boldsymbol{H}=\overbrace{\begin{bmatrix}0&1&0&\cdots&0\\0&0&1&\cdots&0\\\vdots&\vdots&\vdots&&\vdots\\0&0&0&\cdots&1\\0&0&0&\cdots&0\end{bmatrix}}^{n}$$

它的最小多项式为λ^n. 所以$f(\lambda)$在$\boldsymbol{H}$的谱上的值为数$f(0),f'(0),\cdots,f^{(n-1)}(0)$,而且多项式$r(\lambda)$有以下形状

$$r(\lambda)=f(0)+\frac{f'(0)}{1!}\lambda+\cdots+\frac{f^{(n-1)}(0)}{(n-1)!}\lambda^{n-1}$$

这样一来

$$f(\boldsymbol{H})=f(0)\boldsymbol{E}+\frac{f'(0)}{1!}\boldsymbol{H}+\cdots+\frac{f^{(n-1)}(0)}{(n-1)!}\boldsymbol{H}^{n-1}=$$

$$\begin{bmatrix}f(0)&\frac{f'(0)}{1!}&\cdots&\frac{f^{(n-1)}(0)}{(n-1)!}\\&f(0)&\ddots&\vdots\\&&\ddots&\frac{f'(0)}{1!}\\\mathbf{0}&&&f(0)\end{bmatrix}$$

---

① 在第 6 章中就会明白,在此时亦只有在这一情形,矩阵$\mathbf{A}$才是单构矩阵(参考第 3 章,§8).

② 关于矩阵$\boldsymbol{H}$的性质,见第 1 章,§3,1 的例子.

例 2 讨论矩阵

$$J=\overbrace{\begin{pmatrix}\lambda_0 & 1 & & \mathbf{0}\\ & \lambda_0 & 1 & \\ & & \ddots & \ddots \\ & & & 1\\ \mathbf{0} & & & \lambda_0\end{pmatrix}}^{n}$$

注意,$J=\lambda_0E+H$,故有 $J-\lambda_0E=H$. 矩阵 J 的最小多项式显然是$(\lambda-\lambda_0)^n$. 对于函数 $f(\lambda)$ 的内插多项式 $r(\lambda)$ 为以下等式

$$r(\lambda)=f(\lambda_0)+\frac{f'(\lambda_0)}{1!}(\lambda-\lambda_0)+\cdots+\frac{f^{(n-1)}(\lambda_0)}{(n-1)!}(\lambda-\lambda_0)^{n-1}$$

故有

$$f(J)=r(J)=f(\lambda_0)E+\frac{f'(\lambda_0)}{1!}H+\cdots+\frac{f^{(n-1)}(\lambda_0)}{(n-1)!}H^{n-1}=$$

$$\begin{pmatrix}f(\lambda_0) & \frac{f'(\lambda_0)}{1!} & \cdots & \frac{f^{(n-1)}(\lambda_0)}{(n-1)!}\\ & f(\lambda_0) & \ddots & \vdots\\ & & \ddots & \frac{f'(\lambda_0)}{1!}\\ \mathbf{0} & & & f(\lambda_0)\end{pmatrix}$$

指出矩阵函数的三个性质.

我们指出矩阵函数的三个性质.

1° 如果 $\lambda_1,\lambda_2,\cdots,\lambda_n$ 是 n 阶矩阵 A 的特征数,那么 $f(\lambda_1),f(\lambda_2),\cdots,f(\lambda_n)$ 是矩阵 $f(A)$ 的特征数完备组.

在 $f(\lambda)$ 是多项式的特殊情形,这个命题已在第 4 章中证明了.一般情形的证明可化为这一特殊情形,因为(由定义 1′)$f(A)=r(A)$ 与 $f(\lambda_i)=r(\lambda_i)(i=1,\cdots,n)$,其中 $r(\lambda)$ 是函数 $f(\lambda)$ 的拉格朗日 — 西尔维斯特内插多项式.

2° 如果两个矩阵 A 与 B 相似,矩阵 T 将 A 变换为 B

$$B=T^{-1}AT$$

那么矩阵 $f(A)$ 与 $f(B)$ 相似而且同一矩阵 T 将 $f(A)$ 变换为 $f(B)$

$$f(B)=T^{-1}f(A)T$$

事实上,两个相似矩阵有相同的最小多项式[①],故知函数 $f(\lambda)$ 在矩阵 B 的

① 从 $B=T^{-1}AT$ 得出 $B^k=T^{-1}A^kT(k=0,1,2,\cdots)$. 故对于任一多项式 $g(\lambda)$ 都有 $g(B)=-T^{-1}g(A)T$. 因此,由 $g(A)=0$ 推知 $g(B)=0$,反之亦然.

谱上与在矩阵 $\boldsymbol{A}$ 的谱上都取同样的值.因此有内插多项式 $r(\lambda)$ 存在,使得

$$f(\mathbf{A})=r(\mathbf{A}),f(\boldsymbol{B})=r(\boldsymbol{B})$$

但是由等式 $r(\boldsymbol{B})=\boldsymbol{T}^{-1}r(\mathbf{A})\boldsymbol{T}$,得知

$$f(\boldsymbol{B})=\boldsymbol{T}^{-1}f(\mathbf{A})\boldsymbol{T}$$

3° 如果 $\boldsymbol{A}$ 为拟对角矩阵

$$\mathbf{A}=\{\mathbf{A}_1,\mathbf{A}_2,\cdots,\mathbf{A}_u\}$$

那么

$$f(\mathbf{A})=\{f(\mathbf{A}_1),f(\mathbf{A}_2),\cdots,f(\mathbf{A}_u)\}$$

以 $r(\lambda)$ 记对于在矩阵 $\mathbf{A}$ 的谱上的函数 $f(\lambda)$ 的拉格朗日－西尔维斯特内插多项式.那么易知

$$f(\mathbf{A})=r(\mathbf{A})=\{r(\mathbf{A}_1),r(\mathbf{A}_2),\cdots,r(\mathbf{A}_u)\} \tag{7}$$

另一方面,$\mathbf{A}$ 的最小多项式是每一个矩阵 $\mathbf{A}_1,\mathbf{A}_2,\cdots,\mathbf{A}_u$ 的化零多项式.故由等式

$$f(\Lambda_{\mathbf{A}})=r(\Lambda_{\mathbf{A}})$$

得出

$$f(\Lambda_{\mathbf{A}_1})=r(\Lambda_{\mathbf{A}_1}),\cdots,f(\Lambda_{\mathbf{A}_u})=r(\Lambda_{\mathbf{A}_u})$$

因此

$$f(\mathbf{A}_1)=r(\mathbf{A}_1),\cdots,f(\mathbf{A}_u)=r(\mathbf{A}_u)$$

且等式(7) 可以写为

$$f(\mathbf{A})=\{f(\mathbf{A}_1),f(\mathbf{A}_2),\cdots,f(\mathbf{A}_u)\} \tag{8}$$

例 3 如果单构矩阵为

$$\mathbf{A}=\boldsymbol{T}[\lambda_1,\lambda_2,\cdots,\lambda_n]\boldsymbol{T}^{-1}$$

那么

$$f(\mathbf{A})=\boldsymbol{T}\{f(\lambda_1),f(\lambda_2),\cdots,f(\lambda_n)\}\boldsymbol{T}^{-1}$$

$f(\mathbf{A})$ 是有意义的,如果函数 $f(\lambda)$ 在点 $\lambda_1,\lambda_2,\cdots,\lambda_n$ 上是确定的.

2. 矩阵 $\boldsymbol{J}$ 有以下拟对角形

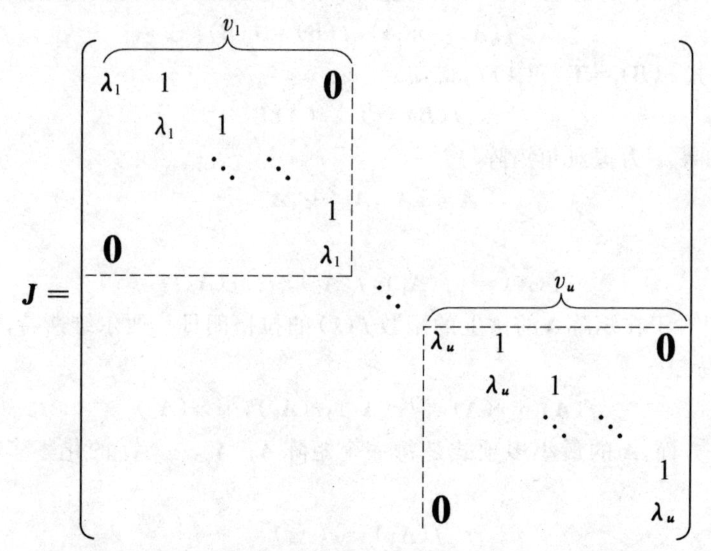

不在对角线上的诸子块中所有元素都等于零. 由公式(8)(参考第1章,§3,1的例子)

$$
f(\boldsymbol{J})=\begin{pmatrix}
\begin{matrix}
f(\lambda_1) & \frac{f'(\lambda_1)}{1!} & \cdots & \frac{f^{(v_1-1)}(\lambda_1)}{(v_1-1)!} \\
 & f(\lambda_1) & \ddots & \vdots \\
 & & \ddots & \frac{f'(\lambda_1)}{1!} \\
\boldsymbol{0} & & & f(\lambda_1)
\end{matrix} & & \\
 & \ddots & \\
 & & \begin{matrix}
f(\lambda_u) & \frac{f'(\lambda_u)}{1!} & \cdots & \frac{f^{(v_u-1)}(\lambda_u)}{(v_u-1)!} \\
 & f(\lambda_u) & \ddots & \vdots \\
 & & \ddots & \frac{f'(\lambda_u)}{1!} \\
\boldsymbol{0} & & & f(\lambda_u)
\end{matrix}
\end{pmatrix}
$$

此处,与在矩阵 $\boldsymbol{J}$ 中一样,不在对角线上诸子块中的元素全等于零①.

① 以后(在第6章的§6或第7章的§7)将证明,任一矩阵 $\boldsymbol{A}=(a_{ik})_1^n$ 都常能与某一个 $\boldsymbol{J}$ 形矩阵相似:$\boldsymbol{A}=\boldsymbol{T}\boldsymbol{J}\boldsymbol{T}^{-1}$. 故常有 $f(\boldsymbol{A})=\boldsymbol{T}f(\boldsymbol{J})\boldsymbol{T}^{-1}$.

§2 拉格朗日－西尔维斯特内插多项式

1. 首先讨论特征方程 $|\lambda\boldsymbol{E}-\boldsymbol{A}|=0$ 没有多重根的情形. 记这一个方程的根——矩阵 $\boldsymbol{A}$ 的特征数——以 $\lambda_1,\lambda_2,\cdots,\lambda_n$. 那么

$$\psi(\lambda)=|\lambda\boldsymbol{E}-\boldsymbol{A}|=(\lambda-\lambda_1)(\lambda-\lambda_2)\cdots(\lambda-\lambda_n)$$

且条件(6) 可写为

$$r(\lambda_k)=f(\lambda_k)\quad(k=1,2,\cdots,n)$$

在这一个情形 $r(\lambda)$ 是函数 $f(\lambda)$ 在点 $\lambda_1,\lambda_2,\cdots,\lambda_n$ 上平常的拉格朗日内插多项式

$$r(\lambda)=\sum_{k=1}^{n}\frac{(\lambda-\lambda_1)\cdots(\lambda-\lambda_{k-1})(\lambda-\lambda_{k+1})\cdots(\lambda-\lambda_n)}{(\lambda_k-\lambda_1)\cdots(\lambda_k-\lambda_{k-1})(\lambda_k-\lambda_{k+1})\cdots(\lambda_k-\lambda_n)}f(\lambda_k)$$

由定义 1′

$$f(\boldsymbol{A})=r(\boldsymbol{A})=\sum_{k=1}^{n}\frac{(\boldsymbol{A}-\lambda_1\boldsymbol{E})\cdots(\boldsymbol{A}-\lambda_{k-1}\boldsymbol{E})(\boldsymbol{A}-\lambda_{k+1}\boldsymbol{E})\cdots(\boldsymbol{A}-\lambda_n\boldsymbol{E})}{(\lambda_k-\lambda_1)\cdots(\lambda_k-\lambda_{k-1})(\lambda_k-\lambda_{k+1})\cdots(\lambda_k-\lambda_n)}f(\lambda_k)$$

2. 现在假设，特征多项式有多重根，但是作为特征多项式因式的最小多项式则只有单重根存在[①]

$$\psi(\lambda)=(\lambda-\lambda_1)(\lambda-\lambda_2)\cdots(\lambda-\lambda_m)$$

在这一情形(同上面的一样) 式(1) 中所有的指数 m_k 都等于 1，且等式(6) 化为

$$r(\lambda_k)=f(\lambda_k)\quad(k=1,2,\cdots,m)$$

$r(\lambda)$ 仍然是平常的拉格朗日内插多项式且有

$$f(\boldsymbol{A})=\sum_{k=1}^{m}\frac{(\boldsymbol{A}-\lambda_1\boldsymbol{E})\cdots(\boldsymbol{A}-\lambda_{k-1}\boldsymbol{E})(\boldsymbol{A}-\lambda_{k+1}\boldsymbol{E})\cdots(\boldsymbol{A}-\lambda_m\boldsymbol{E})}{(\lambda_k-\lambda_1)\cdots(\lambda_k-\lambda_{k-1})(\lambda_k-\lambda_{k+1})\cdots(\lambda_k-\lambda_m)}f(\lambda_k)$$

3. 讨论一般的情形

$$\psi(\lambda)=(\lambda-\lambda_1)^{m_1}(\lambda-\lambda_2)^{m_2}\cdots(\lambda-\lambda_s)^{m_s}\quad(m_1+m_2+\cdots+m_s=m)$$

表真分式函数 $\dfrac{r(\lambda)}{\psi(\lambda)}$ 为简分式的和

$$\frac{r(\lambda)}{\psi(\lambda)}=\sum_{k=1}^{s}\left[\frac{\alpha_{k1}}{(\lambda-\lambda_k)^{m_k}}+\frac{\alpha_{k2}}{(\lambda-\lambda_k)^{m_k-1}}+\cdots+\frac{\alpha_{k,m_k}}{\lambda-\lambda_k}\right]\tag{9}$$

其中 $\alpha_{kj}(j=1,2,\cdots,m_k;k=1,2,\cdots,s)$ 为某一些数.

为了定出简分式的分子 α_{kj}，乘这一等式的两边以 $(\lambda-\lambda_k)^{m_k}$ 且以 $\psi^k(\lambda)$ 记多项式 $\dfrac{\psi(\lambda)}{(\lambda-\lambda_k)^{m_k}}$. 我们得出

$$\frac{r(\lambda)}{\psi^k(\lambda)}=\alpha_{k1}+\alpha_{k2}(\lambda-\lambda_k)+\cdots+\alpha_{k,m_k}(\lambda-\lambda_k)^{m_k-1}+(\lambda-\lambda_k)^{m_k}\rho(\lambda)\tag{10}$$

---

① 参考上节注的足注.

$$(k=1,2,\cdots,s)$$

其中 $\rho(\lambda)$ 是一个有理函数，当 $\lambda=\lambda_k$ 时是正则的[①]. 故

$$\begin{cases}\alpha_{k1}=\left[\dfrac{r(\lambda)}{\psi^k(\lambda)}\right]_{\lambda=\lambda_k}\\ \alpha_{k2}=\left[\dfrac{r(\lambda)}{\psi^k(\lambda)}\right]'_{\lambda=\lambda_k}=r(\lambda_k)=\left[\dfrac{1}{\psi^k(\lambda)}\right]'_{\lambda=\lambda_k}+r'(\lambda_k)\dfrac{1}{\psi^k(\lambda_k)},\cdots\end{cases}\tag{11}$$

$$(k=1,2,\cdots,s)$$

式(11) 证明了，在等式(9) 的右边中诸分子 α_{kj} 可以由多项式 $r(\lambda)$ 在矩阵 $\boldsymbol{A}$ 的谱上诸值来表出，而这些值都是已知的，它们等于函数 $f(\lambda)$ 与其导数的对应值. 所以

$$\alpha_{k1}=\frac{f(\lambda_k)}{\psi^k(\lambda_k)},\alpha_{k2}=f(\lambda_k)\left[\frac{1}{\psi^k(\lambda)}\right]'_{\lambda=\lambda_k}+f'(\lambda_k)\frac{1}{\psi^k(\lambda_k)},\cdots\quad(k=1,2,\cdots,s)\tag{12}$$

式(12) 还可以缩写为

$$\alpha_{kj}=\frac{1}{(j-1)!}\left[\frac{f(\lambda)}{\psi^k(\lambda)}\right]^{(j-1)}_{\lambda=\lambda_k}\quad(j=1,2,\cdots,m_k;k=1,2,\cdots,s)\tag{13}$$

在求出所有的 α_{kj} 以后，我们可以由下列公式来定出 $r(\lambda)$，这是用 $\psi(\lambda)$ 来乘等式(9) 的两边所得出的

$$r(\lambda)=\sum_{k=1}^{s}[\alpha_{k1}+\alpha_{k2}(\lambda-\lambda_k)+\cdots+\alpha_{k,m_k}(\lambda-\lambda_k)^{m_k-1}]\psi^k(\lambda)\tag{14}$$

在这个公式中，位于 $\psi^k(\lambda)$ 前面的因式，即在方括号中的表示式，由(13) 知其等于函数 $\dfrac{f(\lambda)}{\psi^k(\lambda)}$ 按 $(\lambda-\lambda_k)$ 的幂展开的戴劳展开式中前 m_k 个项的和.

例 4 已知有

$$\psi(\lambda)=(\lambda-\lambda_1)^2(\lambda-\lambda_2)^3\quad(m=5)$$

那么

$$\frac{r(\lambda)}{\psi(\lambda)}=\frac{\alpha}{(\lambda-\lambda_1)^2}+\frac{\beta}{\lambda-\lambda_1}+\frac{\gamma}{(\lambda-\lambda_2)^3}+\frac{\delta}{(\lambda-\lambda_2)^2}+\frac{\varepsilon}{\lambda-\lambda_2}$$

故

$$r(\lambda)=[\alpha+\beta(\lambda-\lambda_1)](\lambda-\lambda_2)^3+[\gamma+\delta(\lambda-\lambda_2)+\varepsilon(\lambda-\lambda_2)^2](\lambda-\lambda_1)^2$$

因而

$$r(\boldsymbol{A})=[\alpha\boldsymbol{E}+\beta(\boldsymbol{A}-\lambda_1\boldsymbol{E})](\boldsymbol{A}-\lambda_2\boldsymbol{E})^3+$$
$$[\gamma\boldsymbol{E}+\delta(\boldsymbol{A}-\lambda_2\boldsymbol{E})+\varepsilon(\boldsymbol{A}-\lambda_2\boldsymbol{E})^2](\boldsymbol{A}-\lambda_1\boldsymbol{E})^2$$

$\alpha,\beta,\gamma,\delta,\varepsilon$ 可由以下诸式来求出

---

① 是即当 $\lambda=\lambda_k$ 时不会变为 ∞.

$$\alpha=\frac{f(\lambda_1)}{(\lambda_1-\lambda_2)^3},\beta=-\frac{3}{(\lambda_1-\lambda_2)^4}f(\lambda_1)+\frac{1}{(\lambda_1-\lambda_2)^3}f'(\lambda_1)$$

$$\gamma=\frac{f(\lambda_2)}{(\lambda_2-\lambda_1)^2},\delta=-\frac{2}{(\lambda_2-\lambda_1)^3}f(\lambda_2)+\frac{1}{(\lambda_2-\lambda_1)^2}f'(\lambda_2)$$

$$\varepsilon=\frac{3}{(\lambda_2-\lambda_1)^4}f(\lambda_2)-\frac{2}{(\lambda_2-\lambda_1)^3}f'(\lambda_2)+\frac{1}{2}\frac{1}{(\lambda_2-\lambda_1)^2}f''(\lambda_2)$$

注 1　拉格朗日－西尔维斯特内插多项式亦可以由拉格朗日内插多项式取极限来得出.

设　$\psi(\lambda)=(\lambda-\lambda_1)^{m_1}(\lambda-\lambda_2)^{m_2}\cdots(\lambda-\lambda_s)^{m_s}\quad(m=\sum_{k=1}^{s}m_k)$

记由 m 点

$$\lambda_1^{(1)},\lambda_1^{(2)},\cdots,\lambda_1^{(m_1)};\lambda_2^{(1)},\lambda_2^{(2)},\cdots,\lambda_2^{(m_2)};\cdots;\lambda_s^{(1)},\lambda_s^{(2)},\cdots,\lambda_s^{(m_s)}$$

所构成的拉格朗日内插多项式为

$$L(\lambda)=L\left[\begin{matrix}\lambda_1^{(1)},\cdots,\lambda_1^{(m_1)};\cdots;\lambda_s^{(1)},\cdots,\lambda_s^{(m_s)};\\ f(\lambda_1^{(1)}),\cdots,f(\lambda_1^{(m_1)});\cdots;f(\lambda_s^{(1)}),\cdots,f(\lambda_s^{(m_s)})\end{matrix}\ \lambda\right]$$

那么不难证明,所要求出的拉格朗日－西尔维斯特内插多项式为以下所确定

$$r(\lambda)=\lim_{\substack{\lambda_1^{(1)},\cdots,\lambda_1^{(m_1)}\to\lambda_1\\ \vdots\\ \lambda_s^{(1)},\cdots,\lambda_s^{(m_s)}\to\lambda_s}}L(\lambda)$$

注 2　令 $\mathbf{A}=(a_{ik})$ 是实矩阵,即含实元素的矩阵,则最小多项式 $\psi(\lambda)$ 有实系数[①],且它的根,即特征数 λ_i 或是实数,或是两两复共轭的,并且如果 $\lambda_g=\bar{\lambda}_h$,那么相应的重根相等:$m_g=m_h$. 我们约定说,函数 $f(\lambda)$ 在矩阵 $\mathbf{A}$ 的谱上是实的,如果对于实数 λ_i,它在谱上所有的值 $f(\lambda_i),f'(\lambda_i),\cdots$,是实数,而对于两个复共轭特征数 h_h 与 h_g,它在谱上相应的值是复共轭的:$f(\lambda_g)=\overline{f(\lambda_h)},f'(\lambda_g)=\overline{f'(\lambda_h)},\cdots$[②]. 在这种情形下 $f(\mathbf{A})$ 是实矩阵. 实际上,在这种情形下,由公式(12)知 $\alpha_{i1},\alpha_{i2},\cdots$,是实数,$\alpha_{g1}=\overline{\alpha_{h1}},\alpha_{g2}=\overline{\alpha_{h2}},\cdots$;此时对于实数 λ_i,多项式 $\psi^i(\lambda)=\frac{\psi(\lambda)}{(\lambda-\lambda_i)^{m_i}}$ 有实系数,当 $\lambda_g=\overline{\lambda_h}$ 时多项式 $\psi^h(\lambda)$ 与 $\psi^g(\lambda)$ 的系数是复共轭的. 因此由公式(14),内插多项式 $r(\lambda)$ 有实系数. 但是此时 $r(\mathbf{A})$,也就是说,$f(\mathbf{A})=r(\mathbf{A})$ 是实矩阵.

---

① 这直接由最小多项式的定义或由第 4 章 §5 公式(54) 推出.

② 被表示为含实系数的幂级数之和的函数在任一矩阵的谱上是实的,其特征数在这个级数的收敛圆内部.

§3 $f(\mathbf{A})$ 的定义的其他形式. 矩阵 $\mathbf{A}$ 的分量

我们回到 $r(\lambda)$ 的公式(14). 把诸系数 α 的表示式(12) 代到这一公式中,且将含有相同的 $f(\lambda)$ 的函数值或其导数的值的诸项合并在一起,我们表 $r(\lambda)$ 为以下形式

$$r(\lambda)=\sum_{k=1}^{s}[f(\lambda_k)\varphi_{k1}(\lambda)+f'(\lambda_k)\varphi_{k2}(\lambda)+\cdots+f^{(m_k-1)}(\lambda_k)\varphi_{k,m_k}(\lambda)] \quad (15)$$

此处的 $\varphi_{kj}(\lambda)(j=1,2,\cdots,m_k;k=1,2,\cdots,s)$ 是容易计算出来的次数小于 m 的 λ 的多项式. 这些多项式完全为所给的 $\psi(\lambda)$ 所确定而与所选取的函数 $f(\lambda)$ 无关. 这些多项式的个数等于函数 $f(\lambda)$ 在矩阵 $\mathbf{A}$ 的谱上诸值的个数,亦即等于 m[m 为最小多项式 $\psi(\lambda)$ 的次数]. 函数 $\varphi_{kj}(\lambda)$ 表示对于这样的一种函数的拉格朗日 — 西尔维斯特内插多项式, 这种函数在矩阵 $\mathbf{A}$ 的谱上除开有一个 $f^{(j-1)}(\lambda_k)$ 等于 1 外其余诸值都等于零.

从公式(15) 得出 $f(\mathbf{A})$ 的基本公式

$$f(\mathbf{A})=\sum_{k=1}^{s}[f(\lambda_k)\mathbf{Z}_{k1}+f'(\lambda_k)\mathbf{Z}_{k2}+\cdots+f^{(m_k-1)}(\lambda_k)\mathbf{Z}_{k,m_k}] \quad (16)$$

其中

$$\mathbf{Z}_{kj}=\varphi_{kj}(\mathbf{A}) \quad (j=1,2,\cdots,m_k;k=1,2,\cdots,s) \quad (17)$$

矩阵 $\mathbf{Z}_{kj}$ 完全为所给的矩阵$\mathbf{A}$ 所确定而与函数$f(\lambda)$ 的选取无关. 在式(16) 的右边中函数 $f(\lambda)$ 只是表出其在矩阵 $\mathbf{A}$ 的谱上的诸值.

矩阵 $\mathbf{Z}_{kj}(j=1,2,\cdots,m_k;k=1,2,\cdots,s)$ 称为所给矩阵 $\mathbf{A}$ 的分量矩阵.

分量 $\mathbf{Z}_{kj}(j=1,2,\cdots,m_k;k=1,2,\cdots,s)$ 总是线性无关.

事实上,设

$$\sum_{k=1}^{s}\sum_{j=1}^{m_k}c_{kj}\mathbf{Z}_{kj}=\sum_{k=1}^{s}\sum_{j=1}^{m_k}c_{kj}\varphi_{kj}(\mathbf{A})=\mathbf{0} \quad (18)$$

由以下 m 个条件确定内插多项式 $r(\lambda)$

$$r^{(j-1)}(\lambda_k)=c_{kj} \quad (j=1,2,\cdots,m_k;k=1,2,\cdots,n) \quad (19)$$

则按公式(15)

$$r(\lambda)=\sum_{k=1}^{s}\sum_{j=1}^{m_k}c_{kj}\varphi_{kj}(\lambda) \quad (20)$$

比较公式(18) 与(19) 得出

$$r(\lambda)=0 \quad (21)$$

但是给出的内插多项式 $r(\lambda)$ 的次数小于 m,即小于最小多项式 $\psi(\lambda)$ 的次数. 因此从等式(2) 推出恒等式 $r(\lambda)=0$.

但由式(19)

$$c_{kj}=0 \quad (j=1,2,\cdots,m_k;k=1,2,\cdots,s)$$

这就是所要证明的结果.

由矩阵分量 $\mathbf{Z}_{kj}$ 的线性无关性知道在这些矩阵中没有一个能等于零.还要注意,分量 $\mathbf{Z}_{kj}$ 中任何两个都是可交换的且都与矩阵 $\mathbf{A}$ 可交换,因为它们都是 $\mathbf{A}$ 的纯量多项式.

对于 $f(\mathbf{A})$ 的公式(16)特别便于用来处理同一矩阵 $\mathbf{A}$ 的若干函数,或者用来处理函数 $f(\lambda)$,它不仅与 λ 有关且与某一参数 t 有关.在后一情形公式(16)的右边中诸分量 $\mathbf{Z}_{kj}$ 与 t 无关,而参数 t 只是在这些矩阵的纯量系数中出现.

在上节末尾的例中,$\psi(\lambda)=(\lambda-\lambda_1)^2(\lambda-\lambda_2)^3$,我们可以建立 $r(\lambda)$ 的以下形式

$$r(\lambda)=f(\lambda_1)\varphi_{11}(\lambda)+f'(\lambda_1)\varphi_{12}(\lambda)+f(\lambda_2)\varphi_{21}(\lambda)+ f'(\lambda_2)\varphi_{22}(\lambda)+f''(\lambda_2)\varphi_{23}(\lambda)$$

其中

$$\varphi_{11}(\lambda)=\left(\frac{\lambda-\lambda_2}{\lambda_1-\lambda_2}\right)^3\left[1-\frac{3(\lambda-\lambda_1)}{\lambda_1-\lambda_2}\right]$$

$$\varphi_{12}(\lambda)=\frac{(\lambda-\lambda_1)(\lambda-\lambda_2)^3}{(\lambda_1-\lambda_2)^3}$$

$$\varphi_{21}(\lambda)=\left(\frac{\lambda-\lambda_1}{\lambda_2-\lambda_1}\right)^2\left[1-\frac{2(\lambda-\lambda_2)}{\lambda_2-\lambda_1}+\frac{3(\lambda-\lambda_2)^2}{(\lambda_2-\lambda_1)^2}\right]$$

$$\varphi_{22}(\lambda)=\frac{(\lambda-\lambda_1)^2(\lambda-\lambda_2)}{(\lambda_2-\lambda_1)^2}\left[1-\frac{2(\lambda-\lambda_2)}{\lambda_2-\lambda_1}\right]$$

$$\varphi_{23}(\lambda)=\frac{(\lambda-\lambda_1)^2(\lambda-\lambda_2)^2}{2(\lambda_2-\lambda_1)^2}$$

故有

$$f(\mathbf{A})=f(\lambda_1)\mathbf{Z}_{11}+f'(\lambda_1)\mathbf{Z}_{12}+f(\lambda_2)\mathbf{Z}_{21}+f'(\lambda_2)\mathbf{Z}_{22}+f''(\lambda_2)\mathbf{Z}_{23}$$

其中

$$\mathbf{Z}_{11}=\varphi_{11}(\mathbf{A})=\frac{1}{(\lambda_1-\lambda_2)^3}(\mathbf{A}-\lambda_2\mathbf{E})^3\left[\mathbf{E}-\frac{3}{\lambda_1-\lambda_2}(\mathbf{A}-\lambda_1\mathbf{E})\right]$$

$$\mathbf{Z}_{12}=\varphi_{12}(\mathbf{A})=\frac{1}{(\lambda_1-\lambda_2)^3}(\mathbf{A}-\lambda_1\mathbf{E})(\mathbf{A}-\lambda_2\mathbf{E})^3$$

诸如此类.

如果给定了矩阵 $\mathbf{A}$,那么为了具体的找出这个矩阵的分量可以在基本公式(16)中取 $f(\mu)=\dfrac{1}{\lambda-\mu}$,其中 λ 为某一参数.这样我们得出

$$(\lambda\mathbf{E}-\mathbf{A})^{-1}=\frac{\mathbf{C}(\lambda)}{\psi(\lambda)}=\sum_{k=1}^{s}\left[\frac{\mathbf{Z}_{k1}}{\lambda-\lambda_k}+\frac{1!\ \mathbf{Z}_{k2}}{(\lambda-\lambda_k)^2}+\cdots+\frac{(m_k-1)!\ \mathbf{Z}_{k,m_k}}{(\lambda-\lambda_k)^{m_k}}\right] \tag{22}$$

其中 $C(\lambda)$ 为 $\lambda E - A$ 的约化伴随矩阵(第 4 章，§6)[①].

矩阵 $(j-1)!\ Z_{kj}$ 是在展开式(22) 中最简分式的分子，故与展开式(9) 一样这些分子可以由 $C(\lambda)$ 在矩阵 A 的谱上诸值用与式(11) 相似的公式来表出

$$(m_k-1)!\ Z_{k,m_k}=\frac{C(\lambda_k)}{\psi^k(\lambda_k)},(m_k-2)!\ Z_{k,m_k-1}=\left[\frac{C(\lambda)}{\psi^k(\lambda)}\right]'_{\lambda=\lambda_k},\cdots$$

因此

$$Z_{kj}=\frac{1}{(j-1)!\ (m_k-j)!}\left[\frac{C(\lambda_k)}{\psi^k(\lambda)}\right]^{(m_k-j)}_{\lambda=\lambda_k} \tag{23}$$

$$(j=1,2,\cdots,mk;k=1,2,\cdots,s)$$

以这些分量矩阵的表示式(22) 代入式(16)，我们可以把基本公式(17) 表示为以下形式

$$f(A)=\sum_{k=1}^{s}\frac{1}{(m_k-1)!}\left[\frac{C(\lambda)}{\psi^k(\lambda)}f(\lambda)\right]^{(m_k-1)}_{\lambda=\lambda_k} \tag{24}$$

例 5 有如下式子

$$A=\begin{pmatrix}2&-1&1\\0&1&1\\-1&1&1\end{pmatrix}\begin{matrix}2\\2^{②}\\1\end{matrix},\lambda E-A=\begin{pmatrix}\lambda-2&1&-1\\0&\lambda-1&-1\\1&1&\lambda-1\end{pmatrix}$$

在所给的情形，$\Delta(\lambda)=|\lambda E-A|=(\lambda-1)^2(\lambda-2)$. 因为元素[1,2] 在 $\lambda E-A$ 中的子式等于 1，所以 $D_2(\lambda)=1$，故有

$$\psi(\lambda)=\Delta(\lambda)=(\lambda-1)^2(\lambda-2)=\lambda^3-4\lambda^2+5\lambda-2$$

$$\Psi(\lambda,\mu)=\frac{\psi(\mu)-\psi(\lambda)}{\mu-\lambda}=\mu^2+(\lambda-4)\mu+\lambda^2-4\lambda+5$$

且有

$$C(\lambda)=\Psi(\lambda E,A)=A^2+(\lambda-4)A+(\lambda^2-4\lambda+5)E=$$

$$\begin{pmatrix}3&-2&2\\-1&2&2\\-3&3&1\end{pmatrix}\begin{matrix}3\\3\\1\end{matrix}+(\lambda-4)\begin{pmatrix}2&-1&1\\0&1&1\\-1&1&1\end{pmatrix}+$$

$$(\lambda^2-4\lambda+5)\begin{pmatrix}1&0&0\\0&1&0\\0&0&1\end{pmatrix}$$

---

① 当 $f(\mu)=\frac{1}{\lambda-\mu}$ 时有 $f(A)=(\lambda E-A)^{-1}$. 事实上，$f(A)=r(A)$，其中 $r(\mu)$ 为拉格朗日 — 西尔维斯特内插多项式. 由 $f(\mu)$ 与 $r(\mu)$ 在矩阵 A 的谱上重合推出，在这一谱上 $(\lambda-\mu)r(\mu)$ 与 $(\lambda-\mu)\cdot f(\mu)=1$ 一致. 所以 $(\lambda E-A)r(A)=(\lambda E-A)f(A)=E$.

② 旁边的数字表示行的元素总和. 矩阵 A 的行乘以矩阵 B 的列的总和，我们得乘积 AB 的列的元素总和.

此时基本公式有以下形式

$$f(\boldsymbol{A})=f(1)\boldsymbol{Z}_1+f'(1)\boldsymbol{Z}_2+f(2)\boldsymbol{Z}_3 \tag{25}$$

现在取 $f(\mu)=\dfrac{1}{\lambda-\mu}$,求得

$$(\lambda\boldsymbol{E}-\boldsymbol{A})^{-1}=\frac{\boldsymbol{C}(\lambda)}{\psi(\lambda)}=\frac{\boldsymbol{Z}_1}{\lambda-1}+\frac{\boldsymbol{Z}_2}{(\lambda-1)^2}+\frac{\boldsymbol{Z}_3}{\lambda-2}$$

故有

$$\boldsymbol{Z}_1=-\boldsymbol{C}(1)-\boldsymbol{C}'(1),\boldsymbol{Z}_2=-\boldsymbol{C}(1),\boldsymbol{Z}_3=\boldsymbol{C}(2)$$

应用上面所得出的 $\boldsymbol{C}(\lambda)$ 的表示式来计算 $\boldsymbol{Z}_1,\boldsymbol{Z}_2,\boldsymbol{Z}_3$,且将其结果代入式(25)

$$f(\boldsymbol{A})=f(1)\begin{pmatrix}1&0&0\\1&0&0\\1&-1&1\end{pmatrix}+f'(1)\begin{pmatrix}1&-1&1\\1&-1&1\\0&0&0\end{pmatrix}+f(2)\begin{pmatrix}0&0&0\\-1&1&0\\-1&1&0\end{pmatrix}=$$

$$\begin{pmatrix}f(1)+f'(1)&-f'(1)&f'(1)\\f(1)+f'(1)-f(2)&-f'(1)+f(2)&f'(1)\\f(1)-f(2)&-f(1)+f(2)&f(1)\end{pmatrix} \tag{25'}$$

例 6 我们指出可以仅由基本公式出发来确定 $f(\boldsymbol{A})$. 仍设

$$\boldsymbol{A}=\begin{pmatrix}2&-1&1\\0&1&1\\-1&1&1\end{pmatrix},\psi(\lambda)=(\lambda-1)^2(\lambda-2)$$

那么

$$f(\boldsymbol{A})=f(1)\boldsymbol{Z}_1+f'(1)\boldsymbol{Z}_2+f(2)\boldsymbol{Z}_3 \tag{25''}$$

在公式(25″)中依次以 $1,\lambda-1,(\lambda-1)^2$ 代入 $f(\lambda)$

$$\boldsymbol{Z}_1+\boldsymbol{Z}_3=\boldsymbol{E}=\begin{pmatrix}1&0&0\\0&1&0\\0&0&1\end{pmatrix}$$

$$\boldsymbol{Z}_2+\boldsymbol{Z}_3=\boldsymbol{A}-\boldsymbol{E}=\begin{pmatrix}1&-1&1\\0&0&1\\-1&1&0\end{pmatrix}\begin{matrix}1\\1\\0\end{matrix}$$

$$\boldsymbol{Z}_3=(\boldsymbol{A}-\boldsymbol{E})^2=\begin{pmatrix}0&0&0\\-1&1&0\\-1&1&0\end{pmatrix}\begin{matrix}0\\0\\0\end{matrix}$$

从前两个等式减去第三个等式,我们定出了所有 $\boldsymbol{Z}_k$ 代入式(25″),我们就得出 $f(\boldsymbol{A})$ 的表示式.

上述例子说明有三种方法可以实际的求出 $f(\boldsymbol{A})$,在第一种方法中,我们求出内插多项式 $r(\lambda)$ 而取 $f(\boldsymbol{A})=r(\boldsymbol{A})$. 在第二种方法中,我们应用展开式(22),把公式(16)中的分量 $\boldsymbol{Z}_{kj}$ 用约化伴随矩阵 $\boldsymbol{C}(\lambda)$ 在矩阵 $\boldsymbol{A}$ 的谱上诸导数值来表

出.在第三种方法中,我们从基本公式(16)出发,顺次代其 $f(\lambda)$ 以某些简单的多项式,由所得出线性方程组来决定矩阵分量 $\boldsymbol{Z}_{kj}$.

第三种方法可能是实际上最方便的.它的一般形式可述说如下:

在公式(16)中顺次以某些多项式 $g_1(\lambda),g_2(\lambda),\cdots,g_m(\lambda)$ 代入 $f(\lambda)$

$$g_i(\boldsymbol{A})=\sum_{k=1}^{s}[g_i(\lambda_k)\boldsymbol{Z}_{k1}+g'_i(\lambda_k)\boldsymbol{Z}_{k2}+\cdots+g_i^{(m_k-1)}(\lambda_k)\boldsymbol{Z}_{k,m_k}] \qquad (26)$$

$$(i=1,2,\cdots,m)$$

从 m 个方程(26)确定 m 个矩阵 $\boldsymbol{Z}_{kj}$ 且以所得出的表示式代入式(16)中.

从 $m+1$ 个等式(26)与(16)消去 $\boldsymbol{Z}_{kj}$ 的结果可以定成下式

$$\begin{vmatrix} f(\boldsymbol{A}) & f(\lambda_1) & \cdots & f^{(m_1-1)}(\lambda_1) & \cdots & f(\lambda_s) & \cdots & f^{(m_s-1)}(\lambda_s) \\ g_1(\boldsymbol{A}) & g_1(\lambda_1) & \cdots & g_1^{(m_1-1)}(\lambda_1) & \cdots & g_1(\lambda_s) & \cdots & g_1^{(m_s-1)}(\lambda_s) \\ \vdots & \vdots & & \vdots & & \vdots & & \vdots \\ g_m(\boldsymbol{A}) & g_m(\lambda_1) & \cdots & g_m^{(m_1-1)}(\lambda_1) & \cdots & g_m(\lambda_s) & \cdots & g_m^{(m_s-1)}(\lambda_s) \end{vmatrix}=0$$

按照第一列的元素展开这一个行列式,我们得出所需要的 $f(\lambda)$ 的表示式.令 $\lambda=\boldsymbol{A}$,则求出 $f(\boldsymbol{A})$.此时与 $f(\boldsymbol{A})$ 相乘的因子为行列式 $\Delta=|g_i^{(j)}(\lambda_k)|$(位于行列式 Δ 的第 i 行的是多项式 $g_i(\lambda)$ 在矩阵 $\boldsymbol{A}$ 的谱上诸值;$i=1,2,\cdots,m$).为了可以确定 $f(\boldsymbol{A})$,必须有 $\Delta\neq 0$.这是成立的,如果没有一个多项式 $g_1(\lambda)$,$g_2(\lambda),\cdots,g_m(\lambda)$ 的线性组合[①]在矩阵 $\boldsymbol{A}$ 的谱上全变为零,亦即不能被 $\psi(\lambda)$ 所整除.

条件 $\Delta\neq 0$ 常能适合,如果多项式 $g_1(\lambda),g_2(\lambda),\cdots,g_m(\lambda)$ 的次数各等于 $0,1,2,\cdots,m-1$[②].

在结束时,我们注意对于高次矩阵 $\boldsymbol{A}^n$,用基本公式(16)将 $f(\lambda)$ 换为 λ^n 来计算比较方便[③].

例 7　给定矩阵 $\boldsymbol{A}=\begin{pmatrix}5 & -4\\ 4 & -3\end{pmatrix}$.要计算幂 $\boldsymbol{A}^{100}$ 的元素.所给矩阵的最小多项式为 $\psi(\lambda)=(\lambda-1)^2$.

基本公式在此时为

$$f(\boldsymbol{A})=f(1)\boldsymbol{Z}_1+f'(1)\boldsymbol{Z}_2$$

顺次以 1 与 $\lambda-1$ 代替 $f(\lambda)$,我们得出

$$\boldsymbol{Z}_1=\boldsymbol{E},\boldsymbol{Z}_2=\boldsymbol{A}-\boldsymbol{E}$$

故有

---

① 系数不全等于零.

② 在上面最后一例中,$m=3,g_1(\lambda)=1,g_2(\lambda)=\lambda-1,g_3(\lambda)=(\lambda-1)^2$.

③ 则如果我们取 $f(\lambda)=\frac{1}{\lambda}$,又在式(22)中取 $\lambda=0$,公式(16)可以用来计算逆矩阵 $\boldsymbol{A}^{-1}$.

$$f(\mathbf{A}) = f(1)\boldsymbol{E} + f'(1)(\mathbf{A} - \boldsymbol{E})$$

取 $f(\lambda) = \lambda^{100}$，我们求得

$$\mathbf{A}^{100} = \boldsymbol{E} + 100(\mathbf{A} - \boldsymbol{E}) = \begin{pmatrix} 1 & 0 \\ 0 & 1 \end{pmatrix} + 100\begin{pmatrix} 4 & -4 \\ 4 & -4 \end{pmatrix} = \begin{pmatrix} 401 & -400 \\ 400 & -399 \end{pmatrix}$$

§4　矩阵函数的级数表示

设给定有最小多项式 $\psi(\lambda) = (\lambda - \lambda_1)^{m_1}(\lambda - \lambda_2)^{m_2}\cdots(\lambda - \lambda_s)^{m_s}$ $(m = \sum_{k=1}^{s} m_k)$ 的矩阵 $\mathbf{A} = (a_{ik})_1^n$. 再设函数 $f(\lambda)$ 与函数序列 $f_1(\lambda), f_2(\lambda), \cdots, f_p(\lambda), \cdots$ 确定于矩阵 $\mathbf{A}$ 的谱上.

我们说，当 $p \to \infty$ 时，函数序列 $f_p(\lambda)$ 在矩阵 $\mathbf{A}$ 的谱上趋于某一极限，如果有以下诸极限存在

$$\lim_{p\to\infty} f_p(\lambda_k), \lim_{p\to\infty} f'_p(\lambda_k), \cdots, \lim_{p\to\infty} f_p^{(m_k-1)}(\lambda_k) \quad (k = 1, 2, \cdots, s)$$

我们说，当 $p \to \infty$ 时，函数序列 $f_p(\lambda)$ 在矩阵 $\mathbf{A}$ 的谱上趋于函数 $f(\lambda)$，且写为

$$\lim_{p\to\infty} f_p(\Lambda_{\mathbf{A}}) = f(\Lambda_{\mathbf{A}})$$

如果

$$\lim_{p\to\infty} f_p(\lambda_k) = f(\lambda_k), \lim_{p\to\infty} f'_p(\lambda_k) = f'(\lambda_k), \cdots,$$
$$\lim_{p\to\infty} f_p^{(m_k-1)}(\lambda_k) = f^{(m_k-1)}(\lambda_k) \quad (k = 1, 2, \cdots, s)$$

基本公式

$$f(\mathbf{A}) = \sum_{k=1}^{s} [f(\lambda_k)\mathbf{Z}_{k1} + f'(\lambda_k)\mathbf{Z}_{k2} + \cdots + f^{(m_k-1)}(\lambda_k)\mathbf{Z}_{k,m_k}]$$

用 $f(\lambda)$ 在矩阵 $\mathbf{A}$ 的谱上诸值表出 $f(\mathbf{A})$. 如果视矩阵为 n^2 维空间 R_{n^2} 的向量，那么由基本公式与矩阵 $\mathbf{Z}_{kj}$ 的线性无关性，知道(对于给定的 $\mathbf{A}$) 所有 $f(\mathbf{A})$ 构成 R_{n^2} 中的 m 维子空间，有一基底为 $\mathbf{Z}_{kj}$ $(j = 1, 2, \cdots, m_k; k = 1, 2, \cdots, s)$. 在这一个基底中"向量" $f(\mathbf{A})$ 的坐标就是函数 $f(\lambda)$ 在矩阵 $\mathbf{A}$ 的谱上的 m 个值.

这些探究给出了以下非常明显的定理：

定理 1　为了使矩阵 $f_p(\mathbf{A})$ 当 $p \to \infty$ 时趋于某一极限的充分必要条件是：当 $p \to \infty$ 时序列 $f_p(\lambda)$ 在矩阵 $\mathbf{A}$ 的谱上趋于某一极限，即极限

$$\lim_{p\to\infty} f_p(\mathbf{A}), \lim_{p\to\infty} f_p(\Lambda_{\mathbf{A}})$$

常能同时存在. 这样，等式

$$\lim_{p\to\infty} f_p(\Lambda_{\mathbf{A}}) = f(\Lambda_{\mathbf{A}}) \tag{27}$$

推出等式

$$\lim_{p\to\infty} f_p(\mathbf{A}) = f(\mathbf{A}) \tag{28}$$

反之亦然.

证明 (1) 如果 $f_p(\lambda)$ 在矩阵 $\mathbf{A}$ 的谱上诸值当 $p\to\infty$ 时有极限值,那么由公式

$$f_p(\mathbf{A})=\sum_{k=1}^{s}[f_p(\lambda_k)\mathbf{Z}_{k1}+f'_p(\lambda_k)\mathbf{Z}_{k2}+\cdots+f_p^{(m_k-1)}(\lambda_k)\mathbf{Z}_{k,m_k}] \tag{29}$$

知有极限 $\lim\limits_{p\to\infty}f_p(\mathbf{A})$ 存在.从这一个式子与公式(16)由(27)推得式(28).

(2) 反之,设 $\lim\limits_{p\to\infty}f_p(\mathbf{A})$ 存在.因为 m 个矩阵 $\mathbf{Z}$ 分量线性无关,所以我们可以由式(29)把 $f_p(\lambda)$ 在矩阵 $\mathbf{A}$ 的谱上的 m 个值用矩阵 $f_p(\mathbf{A})$ 的 m 个元素来表出(为线性型).故知极限 $\lim\limits_{p\to\infty}f_p(\Lambda_{\mathbf{A}})$ 存在,且由等式(28)的成立得出等式(27).

按照所建立的定理,如果多项式序列 $g_p(\lambda)(p=1,2,\cdots)$ 在矩阵 $\mathbf{A}$ 的谱上趋于函数 $f(\lambda)$,那么

$$\lim_{p\to\infty}g_p(\mathbf{A})=f(\mathbf{A})$$

这一公式强调了我们给出的 $f(\mathbf{A})$ 的定义的自然性与普遍性.如果多项式序列 $g_p(\lambda)$ 在矩阵 $\mathbf{A}$ 的谱上收敛于 $f(\lambda)$,$f(\mathbf{A})$ 常可从 $g_p(\mathbf{A})$ 当 $p\to\infty$ 时的极限来得出.最后这一个条件是当 $p\to\infty$ 时极限 $\lim\limits_{p\to\infty}g_p(\mathbf{A})$ 存在的必要条件.

我们约定说,级数 $\sum\limits_{p=0}^{\infty}u_p(\lambda)$ 在矩阵 $\mathbf{A}$ 的谱上收敛于函数 $f(\lambda)$,且写为

$$f(\Lambda_{\mathbf{A}})=\sum_{p=0}^{\infty}u_p(\Lambda_{\mathbf{A}}) \tag{30}$$

如果所有在此处出现的函数都定义于矩阵 $\mathbf{A}$ 的谱上,且有等式

$$f(\lambda_k)=\sum_{p=0}^{\infty}u_p(\lambda_k),f'(\lambda_k)=\sum_{p=0}^{\infty}u'_p(\lambda_k),\cdots,$$

$$f^{m_k-1}(\lambda_k)=\sum_{p=0}^{\infty}u_p^{(m_k-1)}(\lambda_k)\quad(k=1,2,\cdots,s)$$

而且位于这些等式的右边都是收敛级数.换句话说,如果令

$$s_p(\lambda)=\sum_{q=0}^{p}u_q(\lambda)\quad(p=0,1,2,\cdots)$$

那么等式(30)等价于等式

$$f(\Lambda_{\mathbf{A}})=\lim_{p\to\infty}s_p(\Lambda_{\mathbf{A}}) \tag{31}$$

显然,对于上面所证明的定理可以给出以下等价的说法:

定理 1′ 为了使级数 $\sum\limits_{p=0}^{\infty}u_p(\mathbf{A})$ 收敛于某一矩阵的充分必要条件为:级数 $\sum\limits_{p=0}^{\infty}u_p(\lambda)$ 在矩阵 $\mathbf{A}$ 的谱上是收敛的.此时由等式

$$f(\Lambda_{\mathbf{A}})=\sum_{p=0}^{\infty}u_p(\Lambda_{\mathbf{A}})$$

得出等式

$$f(\mathbf{A})=\sum_{p=0}^{\infty}u_p(\mathbf{A})$$

反之亦然.

设给定一个有收敛圆 $|\lambda-\lambda_0|<R$ 的幂级数且其和为 $f(\lambda)$

$$f(\lambda)=\sum_{p=0}^{\infty}\alpha_p(\lambda-\lambda_0)^p \quad (|\lambda-\lambda_0|<R) \tag{32}$$

因为幂级数可以在其收敛圆内逐项微分到任何多次,所以级数(32) 在任一矩阵的谱上都是收敛的,只要这个矩阵的特征数都在收敛圆中.

这样一来,就得出:

定理 2 如果函数 $f(\lambda)$ 在收敛圆 $|\lambda-\lambda_0|<r$ 中展开为幂级数

$$f(\lambda)=\sum_{p=0}^{\infty}\alpha_p(\lambda-\lambda_0)^p \tag{33}$$

那么这一展开式是成立的,如果以任一矩阵 $\mathbf{A}$ 代替纯量 λ,只要这个矩阵的特征数都位于收敛圆中.

注 在这一定理中可以假设矩阵 $\mathbf{A}$ 的特征数 λ_k 落在收敛圆的圆周上,但此时要补充一个条件,就是级数(33) 的 m_k-1 次逐项微分出来的级数在点 $\lambda=\lambda_k$ 上收敛. 因而,如所熟知,级数(33) 的 j 次微分出来的级数在点 λ_k 收敛于 $f^{(j)}(\lambda_k), j=0,1,2,\cdots,m_k-1$.

由所证明的定理可以推得,例如,以下诸展开式①

$$\mathrm{e}^{\mathbf{A}}=\sum_{p=0}^{\infty}\frac{\mathbf{A}^p}{p!},\cos\mathbf{A}=\sum_{p=0}^{\infty}\frac{(-1)^p}{(2p)!}\mathbf{A}^{2p}$$

$$\sin\mathbf{A}=\sum_{p=0}^{\infty}(-1)^p\frac{\mathbf{A}^{2p+1}}{(2p+1)!}$$

$$\mathrm{ch}\,\mathbf{A}=\sum_{p=0}^{\infty}\frac{\mathbf{A}^{2p}}{(2p)!},\mathrm{sh}\,\mathbf{A}=\sum_{p=0}^{\infty}\frac{\mathbf{A}^{2p+1}}{(2p+1)!}$$

$$(\mathbf{E}-\mathbf{A})^{-1}=\sum_{p=0}^{\infty}\mathbf{A}^p \quad (|\lambda_k|<1;k=1,2,\cdots,s)$$

$$\ln\mathbf{A}=\sum_{p=1}^{\infty}\frac{(-1)^{p-1}}{p}(\mathbf{A}-\mathbf{E})^p \quad (|\lambda_k-1|<1;k=1,2,\cdots,s)$$

(此处 $\ln\lambda$ 是指多值函数 $\ln\lambda$ 的主值,亦即对于 $\ln 1=0$ 的这一支).

§3 的公式(22) 允许容易地把解析函数的柯西积分公式推广到矩阵函数.

在复变数 λ 平面上讨论一个正则区域,它以闭回路 Γ 为界并在其内部包含矩阵 $\mathbf{A}$ 的特征数 $\lambda_1,\lambda_2,\cdots,\lambda_n$. 我们取一个在这个区域内(包括边界 Γ) 正则的

① 前两行的展开式对于任何矩阵 $\mathbf{A}$ 都能成立.

解析函数 $f(\lambda)$，那么由熟知的柯西公式[①]得

$$f(\lambda_k)=\frac{1}{2\pi i}\int_\Gamma \frac{f(\lambda)}{\lambda-\lambda_k}d\lambda,\ f'(\lambda_k)=\frac{1}{2\pi i}\int_\Gamma \frac{f(\lambda)}{(\lambda-\lambda_k)^2}d\lambda,\cdots,$$

$$f^{(m_k-1)}(\lambda_k)=\frac{(m_k-1)!}{2\pi i}\int_\Gamma \frac{f(\lambda)}{(\lambda-\lambda_k)^{m_k}}d\lambda \quad (k=1,\cdots,s)$$

矩阵等式(22)的两边乘以 $\frac{f(\lambda)}{2\pi i}$，并沿 Γ[②]积分，得

$$\frac{1}{2\pi i}\int_\Gamma (\lambda\boldsymbol{E}-\boldsymbol{A})^{-1}f(\lambda)d\lambda=\sum_{k=1}^{s}[f(\lambda_k)\boldsymbol{Z}_{k1}+f'(\lambda_k)\boldsymbol{Z}_{k2}+\cdots+f^{(m_k-1)}(\lambda_k)\boldsymbol{Z}_{k,m_k}]$$

这由基本公式(16)又给出

$$f(\boldsymbol{A})=\frac{1}{2\pi i}\int_\Gamma (\lambda\boldsymbol{E}-\boldsymbol{A})^{-1}f(\lambda)d\lambda \tag{34}$$

这些推理表明，如果矩阵 $\boldsymbol{A}$ 的所有特征数在闭路 Γ 外，那么等式(34)右边的积分等于 $\boldsymbol{0}$(当 $f(\boldsymbol{A})\neq\boldsymbol{0}$ 时)，如果特征数 $\lambda_1,\cdots,\lambda_q$ 在闭路内，而 $\lambda_{q+1},\cdots,\lambda_n$ 在 Γ 外，那么这个积分等于

$$\sum_{k=1}^{q}[f(\lambda_k)\boldsymbol{Z}_{k1}+f'(\lambda_k)\boldsymbol{Z}_{k2}+\cdots+f^{(m_k-1)}(\lambda_k)\boldsymbol{Z}_{km_k}] \quad (q<s)$$

公式(34)可以作为解析矩阵函数的定义.

§5 矩阵函数的某些性质

在本节中，我们证明一些命题，允许把对纯量变数的函数正确的恒等式推广到矩阵的变量值.

1° 设 $\boldsymbol{G}(u_1,u_2,\cdots,u_l)$ 为 $u_1,u_2,\cdots,u_l$ 的多项式；$f_1(\lambda),f_2(\lambda),\cdots,f_l(\lambda)$ 为 λ 的函数，定义于矩阵 $\boldsymbol{A}$ 的谱上，且有

$$g(\lambda)\equiv\boldsymbol{G}[f_1(\lambda),f_2(\lambda),\cdots,f_l(\lambda)] \tag{35}$$

那么由

$$g(\Lambda_{\boldsymbol{A}})=\boldsymbol{0}$$

得出

$$\boldsymbol{G}[f_1(\boldsymbol{A}),f_2(\boldsymbol{A}),\cdots,f_l(\boldsymbol{A})]=\boldsymbol{0}$$

事实上，以 $r_1(\lambda),r_2(\lambda),\cdots,r_l(\lambda)$ 记 $f_1(\lambda),f_2(\lambda),\cdots,f_l(\lambda)$ 的拉格朗日－

---

① 例如参考：И・И・普利瓦洛夫著《复变函数论引论》，莫斯科，科学出版社，1984，第166页.（有中译本）

② 矩阵的积分定义为"按元素"求积分的结果. 因此

$$\int_\Gamma (\lambda\boldsymbol{E}-\boldsymbol{A})^{-1}f(\lambda)d\lambda=\left(\int_\Gamma (\lambda\boldsymbol{E}-\boldsymbol{A})^{-1}_{ik}f(\lambda)d\lambda\right)_{i,k=1}^{n}$$

其中 $(\lambda\boldsymbol{E}-\boldsymbol{A})^{-1}_{ik}=\frac{b_{ik}}{\Delta(\lambda)}(i,k=1,\cdots,n)$ 是矩阵 $(\lambda\boldsymbol{E}-\boldsymbol{A})^{-1}$ 的元素（参考第4章 §3）.

西尔维斯特内插多项式且设

$$h(\lambda)=\boldsymbol{G}[r_1(\lambda),r_2(\lambda),\cdots,r_l(\lambda)]$$

那么由(35) 推得

$$h(\Lambda_{\boldsymbol{A}})=\boldsymbol{0} \tag{35'}$$

故知

$$\boldsymbol{G}[f_1(\boldsymbol{A}),f_2(\boldsymbol{A}),\cdots,f_l(\boldsymbol{A})]=\boldsymbol{G}[r_1(\boldsymbol{A}),r_2(\boldsymbol{A}),\cdots,r_l(\boldsymbol{A})]=h(\boldsymbol{A})=\boldsymbol{0}$$

这就是所要证明的结果.

根据命题 1°,由恒等式

$$\cos^2\lambda+\sin^2\lambda=1$$

得出对于任何矩阵 $\boldsymbol{A}$ 都有

$$\cos^2\boldsymbol{A}+\sin^2\boldsymbol{A}=\boldsymbol{E}$$

(在此时:$\boldsymbol{G}(u_1,u_2)=u_1^2+u_2^2-1,f_1(\lambda)=\cos\lambda,f_2(\lambda)=\sin\lambda$).

同样的对于任何矩阵 $\boldsymbol{A}$ 都有

$$\mathrm{e}^{\boldsymbol{A}}\mathrm{e}^{-\boldsymbol{A}}=\boldsymbol{E}$$

亦即

$$\mathrm{e}^{-\boldsymbol{A}}=(\mathrm{e}^{\boldsymbol{A}})^{-1}$$

再者,对于任何矩阵 $\boldsymbol{A}$ 都有

$$\mathrm{e}^{\mathrm{i}\boldsymbol{A}}=\cos\boldsymbol{A}+\mathrm{i}\sin\boldsymbol{A}$$

设给定满秩矩阵 $\boldsymbol{A}(|\boldsymbol{A}|\neq 0)$. 以$\sqrt{\lambda}$ 记多值函数$\sqrt{\lambda}$ 的单值支,定义于一个不含零而含有矩阵 $\boldsymbol{A}$ 的所有特征数的区域中. 那么$\sqrt{\boldsymbol{A}}$ 是有意义的. 此时由 $(\sqrt{\lambda})^2-\lambda=0$ 得出[①]

$$(\sqrt{\boldsymbol{A}})^2=\boldsymbol{A}$$

设 $f(\lambda)=\dfrac{1}{\lambda}$,而 $\boldsymbol{A}=(a_{ik})_1^n$ 为一满秩矩阵,那么函数 $f(\lambda)$ 定义于矩阵 $\boldsymbol{A}$ 的谱上,故在等式

$$\lambda f(\lambda)=1$$

中可以 $\boldsymbol{A}$ 代替 λ

$$\boldsymbol{A}f(\boldsymbol{A})=\boldsymbol{E}$$

亦即

$$f(\boldsymbol{A})=\boldsymbol{A}^{-1}$$ [②]

以 $r(\lambda)$ 记函数$\dfrac{1}{\lambda}$ 的内插多项式,我们可以把逆矩阵 $\boldsymbol{A}^{-1}$ 表为矩阵 $\boldsymbol{A}$ 的多项

---

① 在第 8 章 §6 与 §7 中,将给出$\sqrt{\boldsymbol{A}}$ 更一般的定义,即它是矩阵方程 $\boldsymbol{X}^2=\boldsymbol{A}$ 的任一解.

② 这一情形我们已经在本章 §3 中用到. 参考该节的第一个足注.

式

$$A^{-1}=r(A)$$

讨论有理函数 $\rho(\lambda)=\dfrac{g(\lambda)}{h(\lambda)}$,其中 $g(\lambda)$ 与 $h(\lambda)$ 为 λ 的互质多项式.这一函数定义于矩阵 $\boldsymbol{A}$ 的谱上的充分必要条件为:矩阵 $\boldsymbol{A}$ 的特征数不是多项式 $h(\lambda)$ 的根,亦即[①] $|h(\boldsymbol{A})|\neq 0$.在这一条件适合时,我们可以在恒等式

$$\rho(\lambda)h(\lambda)=g(\lambda)$$

中以 $\boldsymbol{A}$ 代替 λ

$$\rho(\boldsymbol{A})h(\boldsymbol{A})=g(\boldsymbol{A})$$

故有

$$\rho(\boldsymbol{A})=g(\boldsymbol{A})[h(\boldsymbol{A})]^{-1}=[h(\boldsymbol{A})]^{-1}g(\boldsymbol{A})$$

2° 如果复合函数

$$g(\lambda)\equiv h[f(\lambda)]$$

定义在矩阵 $\boldsymbol{A}$ 的谱上,那么

$$g(\boldsymbol{A})=g[f(\boldsymbol{A})]$$

即 $g(\boldsymbol{A})=h(\boldsymbol{B})$,其中 $\boldsymbol{B}=f(\boldsymbol{A})$.

在证明这一命题时,同前设

$$\psi(\lambda)=(\lambda-\lambda_1)^{m_1}(\lambda-\lambda_2)^{m_2}\cdots(\lambda-\lambda_s)^{m_s}$$

是矩阵 $\boldsymbol{A}$ 的最小多项式.那么 $g(\lambda)$ 在矩阵 $\boldsymbol{A}$ 的谱上的函数值由以下公式确定[②]

$$\begin{aligned}&g(\lambda_k)=h(\mu_k),g'(\lambda_k)=h'(\mu_k)f'(\lambda_k),\cdots,\\&g^{(m_k-1)}(\lambda_k)=h^{(m_k-1)}(\mu_k)[f'(\lambda_k)]^{(m_k-1)}+\cdots+h'(\mu_k)f^{(m_k-1)}(\lambda_k)\end{aligned}\tag{36}$$

其中 $\mu_k=f(\lambda_k)(k=1,\cdots,s)$.多项式

$$x(\mu)=(\mu-\mu_1)^{m_1}(\mu-\mu_2)^{m_2}\cdots(\mu-\mu_s)^{m_s}$$

将是矩阵 $\boldsymbol{B}$ 的零化多项式.事实上,每个数 λ_k 至少是函数

$$q(\lambda)\equiv x[f(\lambda)]=\prod_{k=1}^{s}[f(\lambda)-f(\lambda_k)]^{m_k}$$

的 m_k 重根.因此

$$q(\Lambda_A)=\mathbf{0}$$

且由 1° 知

$$q(\boldsymbol{A})=x[f(\boldsymbol{A})]=x(\boldsymbol{B})=\mathbf{0}$$

---

① 参考第4章§3,2.

② 从 $\boldsymbol{B}=\boldsymbol{T}^{-1}\boldsymbol{A}\boldsymbol{T}$ 推出 $\boldsymbol{B}^k=\boldsymbol{T}^{-1}\boldsymbol{A}^k\boldsymbol{T}(k=0,1,2,\cdots)$.从而对任一多项式 $g(\lambda)$ 有 $g(\boldsymbol{B})=\boldsymbol{T}^{-1}g(\boldsymbol{A})\boldsymbol{T}$.因此从 $g(\boldsymbol{A})=\mathbf{0}$ 推出 $g(\boldsymbol{B})=\mathbf{0}$,反之亦然.

所以在值

$$h(\mu_1),h'(\mu_1),\cdots,h^{(m_k-1)}(\mu_k)\quad(k=1,\cdots,s)\tag{37}$$

中包含 $h(\mu)$ 在矩阵 $\boldsymbol{B}$ 的谱上的所有函数值. 根据(37) 的值,作函数 $h(\lambda)$ 的插值多项式 $r(\lambda)$. 那么,一方面

$$h(\boldsymbol{B})=r(\boldsymbol{B})$$

另一方面,正如公式(36) 所指出,函数 $g(\lambda)$ 与 $g_1(\lambda)=r[f(\lambda)]$ 在矩阵 $\mathbf{A}$ 的谱上相等. 因此将命题 1° 用到差 $g(\lambda)-r[f(\lambda)]$,得

$$g(\mathbf{A})-r[f(\mathbf{A})]=\mathbf{0}$$

但是此时

$$g(\mathbf{A})=r[f(\mathbf{A})]=r(\boldsymbol{B})=h(\boldsymbol{B})=h[f(\mathbf{A})]$$

这就是所要证明的.

联合命题 1° 与 2°,得出命题 1° 的以下推广.

3° 令

$$g(\lambda)\equiv \boldsymbol{G}[f_1(\lambda),f_2(\lambda),\cdots,f_l(\lambda)]$$

其中函数 $f_1(\lambda),f_2(\lambda),\cdots,f_l(\lambda)$ 在矩阵 $\mathbf{A}$ 的谱上确定,而函数 $G(u_1,u_2,\cdots,u_l)$ 是逐次将加、减、乘以数的运算应用到量 $u_1,u_2,\cdots,u_l$ 上并代入它的任意函数值而得出的,那么从

$$g(\Lambda_{\mathbf{A}})=\mathbf{0}$$

推出

$$\boldsymbol{G}[f_1(\mathbf{A}),f_2(\mathbf{A}),\cdots,f_l(\mathbf{A})]=\mathbf{0}$$

这样,例如令 $\mathbf{A}$ 是满秩矩阵($|\mathbf{A}|\neq 0$). 记 $\ln\lambda$ 为多值函数 $\ln\lambda$ 的一个单值分支,此分支确定在某一区域上,这个区域不含数 0 而含矩阵 $\mathbf{A}$ 的所有特征数,那么在纯量恒等式

$$e^{\ln\lambda}-\lambda=0$$

中可把纯量变数 λ 换为矩阵 $\mathbf{A}$

$$e^{\ln\mathbf{A}}-\mathbf{A}=\mathbf{0}$$

即 $e^{\ln\mathbf{A}}=\mathbf{A}$. 换言之,矩阵 $\boldsymbol{X}=\ln\mathbf{A}$ 满足矩阵方程 $e^{\boldsymbol{X}}=\mathbf{A}$,即是矩阵 $\mathbf{A}$ 的“自然对数”.

取多值函数 $\ln\lambda$ 的另一个单值分支作为 $\ln\lambda$,我们得出矩阵 $\mathbf{A}$ 的其他对数①. 令 $\mathbf{A}=(a_{ik})_1^n$ 是实满秩矩阵. 在第 8 章 §8 中将确定使实矩阵有实自然对数的充分必要条件. 我们这里讨论两种特殊情形.

1) 矩阵 $\mathbf{A}$ 没有实的负特征数. 记 $\ln_0\lambda$ 为函数 $\ln\lambda$ 在复 λ 平面上的一个单值

---

① 但是用这一方法不能得出矩阵的所有对数. 包括矩阵 $\mathbf{A}$ 的所有对数的一般公式将在第 8 章 §8 中给出.

分支，此平面沿负实轴有一截口，$\ln_0\lambda$ 由以下等式确定

$$\ln_0\lambda = +\mathrm{i}\varphi, -\pi < \varphi < \pi \quad (\lambda = re^{\mathrm{i}\varphi})$$

函数 $\ln_0\lambda$ 在正实数 λ 时取实数值，在复共轭值 λ 时取复共轭值. 因此函数 $\ln_0\lambda$ 在矩阵 $\boldsymbol{A}$ 的谱上是实函数(参考第 5 章 §2)，$\ln_0\boldsymbol{A}$ 是实矩阵.

2) $\boldsymbol{A}=\boldsymbol{B}^2$，其中 $\boldsymbol{B}$ 是实矩阵①. 与函数 $\ln_0\lambda$ 并列，在讨论中引入复 λ 平面上函数 $\ln\lambda$ 的以下两个单值分支(该平面沿正实轴有一截口)

$$\ln_1\lambda = \ln r + \mathrm{i}\varphi, 0 \leqslant \varphi < 2\pi \quad (\lambda = re^{\mathrm{i}\varphi})$$

$$\ln_2\lambda = \ln r + \mathrm{i}\varphi, -2\pi < \varphi \leqslant 0 \quad (\lambda = re^{\mathrm{i}\varphi})$$

令矩阵 $\boldsymbol{B}$ 有不同的特征数 $\lambda_k(k=1,\cdots,s)$. 取点 $\lambda_k(k=1,\cdots,s)$ 的圆形邻域，使它们不相交，且不含原点 $\lambda=0$. 在由这些领域组成的区域中，用以下等式来规定函数 $f(\lambda)$：

$f(\lambda)=\ln_0\lambda^2$，如果 $\lambda\in G_k$ 与 $\mathrm{Re}\,\lambda_k\neq 0$；

$f(\lambda)=\ln_1\lambda^2$，如果 $\lambda\in G_k$ 与 $\mathrm{Re}\,\lambda_k=0, \mathrm{Im}\,\lambda_k>0$；

$f(\lambda)=\ln_2\lambda^2$，如果 $\lambda\in G_k$ 与 $\mathrm{Re}\,\lambda_k=0, \mathrm{Im}\,\lambda_k<0$.

那么函数 $f(\lambda)$ 是函数 $\ln\lambda^2$ 的单值分支，在矩阵 $\boldsymbol{B}$ 的谱上是确定的实函数. 因此 $f(\boldsymbol{B})$ 是实矩阵，且

$$e^{f(\boldsymbol{B})} = \boldsymbol{B}^2 = \boldsymbol{A}$$

即矩阵 $f(\boldsymbol{B})$ 是矩阵 $\boldsymbol{A}$ 的实自然对数.

注 1 如果 A 是 n 维空间 R 中的线性算子，那么 $f(A)$ 完全与 $f(\boldsymbol{A})$ 一样地确定

$$f(A)=r(A)$$

其中 $r(\lambda)$ 是 $f(\lambda)$ 在算子 A 的谱上的拉格朗日－西尔维斯特插值多项式(算子 A 的谱由算子 A 的最小零化多项式 $\psi(\lambda)$ 确定).

按照这一定义，如果在空间某一基底下，矩阵 $\boldsymbol{A}=(a_{ik})_1^n$ 对应于算子 A，那么在这一基底下，矩阵 $f(\boldsymbol{A})$ 对应算子 $f(A)$. 在本章中包含矩阵 $\boldsymbol{A}$ 的所有结论与表述，在把矩阵 $\boldsymbol{A}$ 换为算子后仍然成立.

注 2 根据特征多项式

$$\Delta(\lambda)=\prod_{k=1}^{s}(\lambda-\lambda_k)^{n_k}$$

并把它们换为最小多项式 $\psi(\lambda)=\prod_{k=1}^{s}(\lambda-\lambda_k)^{m_k}$，可以定义矩阵数 $f(\boldsymbol{A})$②. 同时令 $f(\boldsymbol{A})=g(\boldsymbol{A})$，其中 $g(\lambda)$ 是函数 $f(\lambda)$ 按 $\mathrm{mod}\,\Delta(\lambda)$ 且次数小于 n 的插值多

① 在这种情形下，如果矩阵 $\boldsymbol{B}$ 有纯虚数的特征数，那么矩阵 $\boldsymbol{A}$ 的负特征数.

② 例如参考：马克－B・Д・米林《固体动力学》，莫斯科，ИЛ 出版，1951，从 403 页及其后.

项式[1]. 公式(16),(22) 与(24) 换为公式

$$f(\mathbf{A})=\sum_{k=1}^{s}[f(\lambda_k)\hat{\mathbf{Z}}_{k1}+f'(\lambda_k)\hat{\mathbf{Z}}_{k2}+\cdots+f^{(n_k-1)}(\lambda_k)\hat{\mathbf{Z}}_{kn_k}] \tag{16'}$$

$$(\lambda\boldsymbol{E}-\mathbf{A})^{-1}=\frac{\boldsymbol{B}(\lambda)}{\Delta(\lambda)}=\sum_{k=1}^{s}\left[\frac{\hat{\mathbf{Z}}_{k1}}{\lambda-\lambda_k}+\frac{1!\ \hat{\mathbf{Z}}_{k2}}{(\lambda-\lambda_k)^2}+\cdots+\frac{(n_k-1)!\ \hat{\mathbf{Z}}_{kn_k}}{(\lambda-\lambda_k)^{n_k-1}}\right] \tag{22'}$$

$$f(\mathbf{A})=\sum_{k=1}^{s}\frac{1}{(n_k-1)!}\left[\frac{\boldsymbol{B}(\lambda)}{\Delta_k(\lambda)}f(\lambda)\right]_{\lambda=\lambda_k}^{(n_k-1)} \text{[2]} \tag{24'}$$

其中

$$\Delta_k(\lambda)=\frac{\Delta(\lambda)}{(\lambda-\lambda_k)^{n_k}}\quad(k=1,2,\cdots,s)$$

但是在公式(16′) 中包含的值 $f^{(m_k)}(\lambda_k),f^{(m_k+1)}(\lambda_k),\cdots,f^{(n_k-1)}(\lambda_k)$ 只是假设的,因为从比较(22) 与(22′) 可推出

$$\hat{\mathbf{Z}}_{k1}=\mathbf{Z}_{k1},\cdots,\hat{\mathbf{Z}}_{km_k}=\mathbf{Z}_{km_k},\hat{\mathbf{Z}}_{k,m_k+1}=\cdots=\hat{\mathbf{Z}}_{kn_k}=\mathbf{0}$$

§6　矩阵函数对于常系数线性微分方程组的积分的应用

1. 首先讨论一阶常系数齐次线性微分方程组

$$\begin{cases}\dfrac{\mathrm{d}x_1}{\mathrm{d}t}=a_{11}x_1+a_{12}x_2+\cdots+a_{1n}x_n\\ \dfrac{\mathrm{d}x_2}{\mathrm{d}t}=a_{21}x_1+a_{22}x_2+\cdots+a_{2n}x_n\\ \quad\vdots\\ \dfrac{\mathrm{d}x_n}{\mathrm{d}t}=a_{n1}x_1+a_{n2}x_2+\cdots+a_{nn}x_n\end{cases} \tag{38}$$

此处 t 为独立变数,$x_1,x_2,\cdots,x_n$ 为 t 的未知函数,而 $a_{ik}(i,k=1,2,\cdots,n)$ 为复数.

研究由其系数所构成的方阵 $\mathbf{A}=(a_{ik})_1^n$ 与单列矩阵 $\boldsymbol{x}=(x_1,x_2,\cdots,x_n)$. 那么方程组(38) 可以写为一个矩阵微分方程

$$\frac{\mathrm{d}\boldsymbol{x}}{\mathrm{d}t}=\mathbf{A}\boldsymbol{x} \tag{39}$$

此处及以后,所谓矩阵的导数是指把所有元素用已知方法换为其导数所得出的矩阵,故 $\dfrac{\mathrm{d}\boldsymbol{x}}{\mathrm{d}t}$ 是元素为 $\dfrac{\mathrm{d}x_1}{\mathrm{d}t},\dfrac{\mathrm{d}x_2}{\mathrm{d}t},\cdots,\dfrac{\mathrm{d}x_n}{\mathrm{d}t}$ 的单列矩阵.

我们要找出适合原始条件

---

① 多项式 $g(\lambda)$ 不能由等式 $f(\mathbf{A})=g(\mathbf{A})$ 与条件“次数小于 n”唯一确定.

② 公式(24′) 在 $f(\lambda)=\lambda^h$ 时的特殊情形有时称为佩龙公式.

$$x_1\big|_{t=0}=x_{10},x_2\big|_{t=0}=x_{20},\cdots,x_n\big|_{t=0}=x_{n0}$$

或缩写为

$$\boldsymbol{x}\big|_{t=0}=x_0 \tag{40}$$

的微分方程组的解.

照 t 的幂把列 $\boldsymbol{x}$ 展成马克劳林级数

$$\boldsymbol{x}=x_0+\dot{x}_0 t+\ddot{x}_0\frac{t^2}{2!}+\cdots \quad \left(\dot{x}_0=\frac{\mathrm{d}\boldsymbol{x}}{\mathrm{d}t}\bigg|_{t=0},\ddot{x}_0=\frac{\mathrm{d}^2\boldsymbol{x}}{\mathrm{d}t^2}\bigg|_{t=0},\text{依此类推}\right) \tag{41}$$

但由逐项微分(39) 我们得出

$$\frac{\mathrm{d}^2\boldsymbol{x}}{\mathrm{d}t^2}=\boldsymbol{A}\frac{\mathrm{d}\boldsymbol{x}}{\mathrm{d}t}=\boldsymbol{A}^2\boldsymbol{x},\frac{\mathrm{d}^3\boldsymbol{x}}{\mathrm{d}t^3}=\boldsymbol{A}\frac{\mathrm{d}^2\boldsymbol{x}}{\mathrm{d}t^2}=\boldsymbol{A}^3\boldsymbol{x},\cdots \tag{42}$$

以值 $t=0$ 代入式(39) 与式(42),我们得出

$$\dot{x}_0=\boldsymbol{A}x_0,\ddot{x}_0=\boldsymbol{A}^2x_0,\cdots$$

现在级数式(41) 可以写为

$$\boldsymbol{x}=x_0+t\boldsymbol{A}x_0+\frac{t^2}{2!}\boldsymbol{A}^2x_0+\cdots=\mathrm{e}^{\boldsymbol{A}t}x_0 \tag{43}$$

直接代入式(39),可以证明式(43) 是微分方程式(39) 的解①. 在式(43) 中,取 $t=0$,我们得出:$\boldsymbol{x}\big|_{t=0}=x_0$.

这样一来,公式(43) 给出微分方程组解.适合初始条件(40)

在式(16) 中取 $f(\lambda)=\mathrm{e}^{\lambda t}$.那么

$$\mathrm{e}^{\boldsymbol{A}t}=(q_{ik}(t))_1^n=\sum_{k=1}^{s}(\boldsymbol{Z}_{k1}+\boldsymbol{Z}_{k2}t+\cdots+\boldsymbol{Z}_{km_k}t^{m_k-1})\mathrm{e}^{\lambda_k t} \tag{44}$$

现在我们的解(43) 可以写为以下形式

$$\begin{cases}x_1=q_{11}(t)x_{10}+q_{12}(t)x_{20}+\cdots+q_{1n}(t)x_{n0}\\x_2=q_{21}(t)x_{10}+q_{22}(t)x_{20}+\cdots+q_{2n}(t)x_{n0}\\\qquad\vdots\\x_n=q_{n1}(t)x_{10}+q_{n2}(t)x_{20}+\cdots+q_{nn}(t)x_{n0}\end{cases} \tag{45}$$

其中 $x_{10},x_{20},\cdots,x_{n0}$ 为等于未知函数 $x_1,x_2,\cdots,x_n$ 的初始值的任意常数.

这样一来,所给微分方程组的积分化为矩阵 $\mathrm{e}^{\boldsymbol{A}t}$ 的元素的计算.

如果取值 $t=t_0$ 来作为自变数的初始值,那么式(43) 须换为公式

$$\boldsymbol{x}=\mathrm{e}^{\boldsymbol{A}(t-t_0)}x_0 \tag{46}$$

---

① $\frac{\mathrm{d}}{\mathrm{d}t}(\mathrm{e}^{\boldsymbol{A}t})=\frac{\mathrm{d}}{\mathrm{d}t}\left(\boldsymbol{E}+\boldsymbol{A}t+\frac{\boldsymbol{A}^2t^2}{2!}+\cdots\right)=\boldsymbol{A}+\boldsymbol{A}^2t+\frac{\boldsymbol{A}^3t^2}{2!}+\cdots=\boldsymbol{A}\mathrm{e}^{\boldsymbol{A}t}$

例 8　有如下式子

$$\frac{\mathrm{d}x_1}{\mathrm{d}t}=3x_1-x_2+x_3$$

$$\frac{\mathrm{d}x_2}{\mathrm{d}t}=2x_1-x_3$$

$$\frac{\mathrm{d}x_3}{\mathrm{d}t}=x_1-x_2+2x_3$$

系数矩阵为

$$\boldsymbol{A}=\begin{pmatrix}3 & -1 & 1\\ 2 & 0 & 1\\ 1 & -1 & 2\end{pmatrix}$$

建立特征行列式

$$\Delta(\lambda)=-\begin{pmatrix}3-\lambda & 1 & 1\\ 2 & -\lambda & 1\\ 1 & 1 & 2-\lambda\end{pmatrix}=(\lambda-1)(\lambda-2)^2$$

这一行列式的二阶子式的最大公因式 $D_2(\lambda)=1$. 故有

$$\psi(\lambda)=\Delta(\lambda)=(\lambda-1)(\lambda-2)^2$$

基本公式在此时为

$$f(\boldsymbol{A})=f(1)\boldsymbol{Z}_1+f(2)\boldsymbol{Z}_2+f'(2)\boldsymbol{Z}_3$$

顺次取 $f(\lambda)$ 为 $1,\lambda-2,(\lambda-2)^2$,我们得出

$$\boldsymbol{Z}_1+\boldsymbol{Z}_2=\boldsymbol{E}=\begin{pmatrix}1 & 0 & 0\\ 0 & 1 & 0\\ 0 & 0 & 1\end{pmatrix}$$

$$-\boldsymbol{Z}_1+\boldsymbol{Z}_3=\boldsymbol{A}-2\boldsymbol{E}=\begin{pmatrix}1 & -1 & 1\\ 2 & -2 & 1\\ 1 & -1 & 0\end{pmatrix}$$

$$\boldsymbol{Z}_1=(\boldsymbol{A}-2\boldsymbol{E})^2=\begin{pmatrix}0 & 0 & 0\\ -1 & 1 & 0\\ -1 & 1 & 0\end{pmatrix}$$

求出 $\boldsymbol{Z}_1,\boldsymbol{Z}_2$ 与 $\boldsymbol{Z}_3$ 且代入基本公式,得

$$f(\boldsymbol{A})=f(1)\begin{pmatrix}0 & 0 & 0\\ -1 & 1 & 0\\ -1 & 1 & 0\end{pmatrix}+f(2)\begin{pmatrix}1 & 0 & 0\\ 1 & 0 & 0\\ 1 & -1 & 1\end{pmatrix}+f'(2)\begin{pmatrix}1 & -1 & 1\\ 1 & -1 & 1\\ 0 & 0 & 0\end{pmatrix}$$

把 $f(\lambda)$ 换为 $\mathrm{e}^{\lambda t}$,即有

$$\mathrm{e}^{\boldsymbol{A}t}=\mathrm{e}^{t}\begin{pmatrix}0 & 0 & 0\\ -1 & 1 & 0\\ -1 & 1 & 0\end{pmatrix}+\mathrm{e}^{2t}\begin{pmatrix}1 & 0 & 0\\ 1 & 0 & 0\\ 1 & -1 & 1\end{pmatrix}+t\mathrm{e}^{2t}\begin{pmatrix}1 & -1 & 1\\ 1 & -1 & 1\\ 0 & 0 & 0\end{pmatrix}=$$

$$\begin{pmatrix} (1+t)e^{2t} & -te^{2t} & te^{2t} \\ -e^{t}+(1+t)e^{2t} & e^{t}-te^{2t} & te^{2t} \\ -e^{t}+e^{2t} & e^{t}-e^{2t} & e^{2t} \end{pmatrix}$$

这样一来

$$x_1 = \boldsymbol{C}_1(1+t)e^{2t} - \boldsymbol{C}_2 te^{2t} + \boldsymbol{C}_3 te^{2t}$$

$$x_2 = \boldsymbol{C}_1[-e^{t}+(1+t)e^{2t}] + \boldsymbol{C}_2(e^{t}-te^{2t}) + \boldsymbol{C}_3 te^{2t}$$

$$x_3 = \boldsymbol{C}_1(-e^{t}+e^{2t}) + \boldsymbol{C}_2(e^{t}-e^{2t}) + \boldsymbol{C}_3 e^{2t}$$

其中 $$\boldsymbol{C}_1 = x_{10}, \boldsymbol{C}_2 = x_{20}, \boldsymbol{C}_3 = x_{30}$$

2. 现在来讨论常系数非齐次线性微分方程组

$$\begin{cases} \dfrac{dx_1}{dt} = a_{11}x_1 + a_{12}x_2 + \cdots + a_{1n}x_n + f_1(t) \\ \dfrac{dx_2}{dt} = a_{21}x_1 + a_{22}x_2 + \cdots + a_{2n}x_n + f_2(t) \\ \qquad \vdots \\ \dfrac{dx_n}{dt} = a_{n1}x_1 + a_{n2}x_2 + \cdots + a_{nn}x_n + f_n(t) \end{cases} \tag{47}$$

其中 $f_i(t)(i=1,2,\cdots,n)$ 为在区间 $t_0 \leqslant t \leqslant t_1$ 中的连续函数. 以 $\boldsymbol{f}(t)$ 记元素为 $f_1(t), f_2(t), \cdots, f_n(t)$ 的单列矩阵,且仍设 $\boldsymbol{A} = (a_{ik})_1^n$,方程组(47) 这样写

$$\frac{d\boldsymbol{x}}{dt} = \boldsymbol{A}\boldsymbol{x} + \boldsymbol{f}(t) \tag{48}$$

引进新的单列未知函数 $\boldsymbol{z}$ 来代替 $\boldsymbol{x}$,$\boldsymbol{z}$ 与 $\boldsymbol{x}$ 之间有关系式

$$\boldsymbol{x} = e^{\boldsymbol{A}t}\boldsymbol{z} \tag{49}$$

逐项微分(49) 且把所得出的 $\dfrac{d\boldsymbol{x}}{dt}$ 的表示式代入(48),我们得出[①]

$$e^{\boldsymbol{A}t}\frac{d\boldsymbol{z}}{dt} = \boldsymbol{f}(t) \tag{50}$$

故

$$\boldsymbol{z}(t) = \boldsymbol{c} + \int_{t_0}^{t} e^{-\boldsymbol{A}\tau}\boldsymbol{f}(\tau)d\tau \text{②} \tag{51}$$

且因而由式(49) 得

---

① 参考本节 1 的足注.

② 正如对特殊情形已经证明 那样(见足注),如果给予了纯量自变数的矩阵函数 $\boldsymbol{B}(\tau) = (b_{ik}(\tau))(i=1,2,\cdots,m;k=1,2,\cdots,n;t_1 \leqslant \tau \leqslant t_2)$,那么积分$\int_{t_1}^{t_2}\boldsymbol{B}(\tau)d\tau$ 自然地由下式定义

$$\int_{t_1}^{t_2}\boldsymbol{B}(\tau)d\tau = \left(\int_{t_1}^{t_2}b_{ik}(\tau)d\tau\right) \quad (i=1,2,\cdots,m;k=1,2,\cdots,n)$$

$$\boldsymbol{x}=\mathrm{e}^{\boldsymbol{A}t}\left[\boldsymbol{c}+\int_{t_0}^{t}\mathrm{e}^{-\boldsymbol{A}\tau}\boldsymbol{f}(\tau)\mathrm{d}\tau\right]=\mathrm{e}^{\boldsymbol{A}t}\boldsymbol{c}+\int_{t_0}^{t}\mathrm{e}^{(\boldsymbol{A}t-\tau)}\boldsymbol{f}(\tau)\mathrm{d}\tau \tag{52}$$

此处 $\boldsymbol{c}$ 为任一有常数元素的单列矩阵.

在式(52) 中给出变数 t 以值 t_0,我们求得

$$\boldsymbol{c}=\mathrm{e}^{-\boldsymbol{A}t_0}x_0$$

因而解式(52) 可以写为

$$\boldsymbol{x}=\mathrm{e}^{\boldsymbol{A}(t-t_0)}x_0+\int_{t_0}^{t}\mathrm{e}^{\boldsymbol{A}(t-\tau)}\boldsymbol{f}(\tau)\mathrm{d}\tau \tag{53}$$

设 $\mathrm{e}^{\boldsymbol{A}t}=(q_{ij}(t))_1^n$,我们可以写解(53) 为展开式

$$\begin{cases} x_1=q_{11}(t-t_0)x_{10}+\cdots+q_{1n}(t-t_0)x_{n0}+ \\ \quad \int_{t_0}^{t}[q_{11}(t-\tau)f_1(\tau)+\cdots+q_{1n}(t-\tau)f_n(\tau)]\mathrm{d}\tau \\ \quad \vdots \\ x_n=q_{n1}(t-t_0)x_{10}+\cdots+q_{nn}(t-t_0)x_{n0}+ \\ \quad \int_{t_0}^{t}[q_{n1}(t-\tau)f_1(\tau)+\cdots+q_{nn}(t-\tau)f_n(\tau)]\mathrm{d}\tau \end{cases} \tag{54}$$

3. 作为一个例子,我们来考虑地球运动时在地球表面邻近的真空里面有重量质点的运动. 在这一情形,如所熟知,质点对于地球的加速度为重力常数 mg 与科里奥利惯性力 $-2m\omega\times\boldsymbol{v}$[①] 所确定($\boldsymbol{v}$ 是质点对于地球的速度,$\boldsymbol{\omega}$ 是地球的角速度常量),故质点运动的微分方程有以下形式[②]

$$\frac{\mathrm{d}\boldsymbol{v}}{\mathrm{d}t}=g-2\boldsymbol{\omega}\times\boldsymbol{v} \tag{55}$$

以等式

$$A\boldsymbol{x}=-2\boldsymbol{\omega}\times\boldsymbol{x} \tag{56}$$

来确定一个三维欧几里得空间中线性算子 A 且写(55) 为

$$\frac{\mathrm{d}\boldsymbol{v}}{\mathrm{d}t}=A\boldsymbol{v}+\boldsymbol{g} \tag{57}$$

比较式(57) 与式(48),与式(53) 易知

$$\boldsymbol{v}=\mathrm{e}^{At}\boldsymbol{v}_0+\int_0^t\mathrm{e}^{At}\mathrm{d}t\cdot\boldsymbol{g}\quad(\boldsymbol{v}_0=\boldsymbol{v}\,|_{t=0})$$

逐项积分,定出动点的向量径

$$\boldsymbol{r}=\boldsymbol{r}_0+\int_0^t\mathrm{e}^{At}\mathrm{d}t\cdot\boldsymbol{v}_0+\int_0^t\mathrm{d}t\int_0^t\mathrm{e}^{At}\mathrm{d}t\cdot\boldsymbol{g} \tag{58}$$

其中

$$\boldsymbol{r}_0=\boldsymbol{r}_{t=0},\boldsymbol{v}_0=\boldsymbol{v}_{t=0}$$

---

① 例如,参考格·克·苏斯洛夫《理论力学》141 节(俄文,1944 年版).

② 此处的符号"×"表示向量乘积.

将 e^{At} 换为级数

$$E + A\frac{t}{1!} + A^2\frac{t^2}{2!} + \cdots$$

且将算子 A 换为其表示式(56)，我们有

$$\boldsymbol{r} = \boldsymbol{r}_0 + \boldsymbol{v}_0 t + \frac{1}{2}\boldsymbol{g}t^2 - \boldsymbol{\omega} \times \left(\boldsymbol{v}_0 t^2 + \frac{1}{3}\boldsymbol{g}t^3\right) +$$

$$\boldsymbol{\omega} \times \left[\boldsymbol{\omega} \times \left(\frac{2}{3}\boldsymbol{v}_0 t^3 + \frac{1}{6}\boldsymbol{g}t^4\right)\right] + \cdots$$

对于数值很小的角速度 $\boldsymbol{\omega}$(对于地球 $\boldsymbol{\omega} \approx 7.3 \times 10^{-5}$ 弧度 / 秒) 可以不计含有 $\boldsymbol{\omega}$ 的二次与高次幂，关于补足由地球转动所引起的点的偏差，我们得出近似公式

$$\boldsymbol{d} = -\boldsymbol{\omega} \times \left(\boldsymbol{v}_0 t^2 + \frac{1}{3}\boldsymbol{g}t^3\right)$$

回到式(58) 的正确解，我们要计算 e^{At}. 首先确定算子 A 的最小多项式有以下形式

$$\psi(\lambda) = \lambda(\lambda^2 + 4\boldsymbol{\omega}^2)$$

事实上，由式(56) 求得

$$A^2 x = 4\boldsymbol{\omega} \times (\boldsymbol{\omega} \times \boldsymbol{x}) = 4(\boldsymbol{\omega}\boldsymbol{x})\boldsymbol{\omega} - 4\boldsymbol{\omega}^2 \boldsymbol{x}$$

$$A^3 x = -2\boldsymbol{\omega} \times A^2 \boldsymbol{x} = 8\boldsymbol{\omega}^2(\boldsymbol{\omega} \times \boldsymbol{x})$$

故由式(56) 知算子 E, A, A^2 线性无关，而

$$A^3 + 4\boldsymbol{\omega}^2 A = 0$$

最小多项式 $\psi(\lambda)$ 只有单根 $0, 2\boldsymbol{\omega}\mathrm{i}, -2\boldsymbol{\omega}\mathrm{i}$. 对于 e^{At} 的拉格朗日内插多项式有以下形式

$$1 + \frac{\sin 2\boldsymbol{\omega}t}{2\boldsymbol{\omega}}\lambda + \frac{1 - \cos 2\boldsymbol{\omega}t}{4\boldsymbol{\omega}^2}\lambda^2$$

故有

$$e^{At} = E + \frac{\sin 2\boldsymbol{\omega}t}{2\boldsymbol{\omega}}A + \frac{1 - \cos 2\boldsymbol{\omega}t}{4\boldsymbol{\omega}^2}A^2$$

在式(58) 中代入 e^{At} 的这一个表示式且换算子 A 为其表示式(56)，我们得出

$$\boldsymbol{r} = \boldsymbol{r}_0 + \boldsymbol{v}_0 t + \boldsymbol{g}\frac{t^2}{2} - \boldsymbol{\omega} \times \left(\frac{1 - \cos 2\boldsymbol{\omega}t}{2\boldsymbol{\omega}^2}\boldsymbol{v}_0 + \frac{2\boldsymbol{\omega}t - \sin 2\boldsymbol{\omega}t}{4\boldsymbol{\omega}^3}g\right) +$$

$$\boldsymbol{\omega} \times \left[\boldsymbol{\omega} \times \left(\frac{2\boldsymbol{\omega}t - \sin 2\boldsymbol{\omega}t}{2\boldsymbol{\omega}^3}\boldsymbol{v}_0 + \frac{-1 + 2\boldsymbol{\omega}^2 t^2 + \cos 2\boldsymbol{\omega}t}{4\boldsymbol{\omega}^4}\boldsymbol{g}\right)\right] \tag{59}$$

讨论特殊情形 $\boldsymbol{v}_0 = \boldsymbol{0}$. 此时，展开三重向量乘积，我们得出

$$\boldsymbol{r} = \boldsymbol{r}_0 + \boldsymbol{g}\frac{t^2}{2} + \frac{2\boldsymbol{\omega}t - \sin 2\boldsymbol{\omega}t}{4\boldsymbol{\omega}^3}(\boldsymbol{g} \times \boldsymbol{\omega}) +$$

$$\frac{\cos 2\boldsymbol{\omega}t - 1 + 2\boldsymbol{\omega}^2 t^2}{4\boldsymbol{\omega}^3}(\boldsymbol{g}\sin\varphi\boldsymbol{\omega} + \boldsymbol{\omega}\boldsymbol{g})$$

其中 φ 为地球上给定点的纬度. 项

$$\frac{2\boldsymbol{\omega}t-\sin 2\boldsymbol{\omega}t}{4\boldsymbol{\omega}^3}(\boldsymbol{g}\times\boldsymbol{\omega})$$

表示向东垂直于子午线平面方向的偏差,而上式右边的最后一项给出在子午线平面上离开地轴方向(垂直于地轴)的偏差.

4. 现在设给定以下二阶线性微分方程组

$$\begin{cases}\dfrac{\mathrm{d}^2x_1}{\mathrm{d}t^2}+a_{11}x_1+a_{12}x_2+\cdots+a_{1n}x_n=0\\ \dfrac{\mathrm{d}^2x_2}{\mathrm{d}t^2}+a_{21}x_1+a_{22}x_2+\cdots+a_{2n}x_n=0\\ \qquad\vdots\\ \dfrac{\mathrm{d}^2x_n}{\mathrm{d}t^2}+a_{n1}x_1+a_{n2}x_2+\cdots+a_{nn}x_n=0\end{cases}\tag{60}$$

其中 $a_{ik}(i,k=1,2,\cdots,n)$ 为常系数. 仍然引入列 $\boldsymbol{x}=(x_1,x_2,\cdots,x_n)$ 与方阵 $\boldsymbol{A}=(a_{ik})_1^n$,我们化方程组(60) 为矩阵形式

$$\frac{\mathrm{d}^2\boldsymbol{x}}{\mathrm{d}t^2}+\boldsymbol{A}\boldsymbol{x}=\boldsymbol{0}\tag{60$'$}$$

首先讨论 $|\boldsymbol{A}|\neq 0$ 的情形. 如果 $n=1$,亦即 $\boldsymbol{x}$ 与 $\boldsymbol{A}$ 都是纯量而 $\boldsymbol{A}\neq\boldsymbol{0}$,那么方程(60) 的一般解可以写为

$$\boldsymbol{x}=\cos(\sqrt{\boldsymbol{A}}t)x_0+(\sqrt{\boldsymbol{A}})^{-1}\sin(\sqrt{\boldsymbol{A}}t)\dot{x}_0\tag{61}$$

其中 $x_0=x_{t=0},\dot{x}_0=\left(\dfrac{\mathrm{d}\boldsymbol{x}}{\mathrm{d}t}\right)\Big|_{t=0}$.

直接验算,证明(61) 是对于任何 $n,\boldsymbol{x}$ 为单列矩阵而 $\boldsymbol{A}$ 为满秩方阵①时,方程(60) 的解. 此处我们用及公式

$$\begin{cases}\cos(\sqrt{\boldsymbol{A}}t)=\boldsymbol{E}-\dfrac{1}{2!}\boldsymbol{A}t^2+\dfrac{1}{4!}\boldsymbol{A}^2t^4-\cdots\\ (\sqrt{\boldsymbol{A}})^{-1}\sin(\sqrt{\boldsymbol{A}}t)=\boldsymbol{E}t-\dfrac{1}{3!}\boldsymbol{A}t^3+\dfrac{1}{5!}\boldsymbol{A}^2t^5-\cdots\end{cases}\tag{62}$$

公式(61) 包含了方程组(60) 或(60$'$) 的全部解,因为初始值 x_0 与 $\dot{x}_0$ 是可以任意选取的.

公式(62) 的右边在 $|\boldsymbol{A}|=0$ 时亦有意义. 因此如果函数 $\cos(\sqrt{\boldsymbol{A}}t)$ 与函数 $(\sqrt{\boldsymbol{A}})^{-1}\sin(\sqrt{\boldsymbol{A}}t)$ 只是指(62) 右边的表示式,那么即使 $|\boldsymbol{A}|=0$ 时式(61) 都是所给微分方程组的一般解.

---

① 这里 $\sqrt{\boldsymbol{A}}$ 是指一个矩阵其平方等于 $\boldsymbol{A}$. 当 $|\boldsymbol{A}|\neq 0$ 时,$\sqrt{\boldsymbol{A}}$ 显然存在(参考本章 §4).

让读者验证，适合初始条件 $\boldsymbol{x}_{t=0}=x_0$ 与 $\left(\frac{\mathrm{d}\boldsymbol{x}}{\mathrm{d}t}\right)\bigg|_{t=0}=\dot{x}_0$ 的非齐次方程组

$$\frac{\mathrm{d}^2\boldsymbol{x}}{\mathrm{d}t^2}+\boldsymbol{A}\boldsymbol{x}=f(t) \tag{63}$$

的一般解可以写为

$$\begin{aligned}\boldsymbol{x}=&\cos(\sqrt{\boldsymbol{A}}t)x_0+(\sqrt{\boldsymbol{A}})^{-1}\sin(\sqrt{\boldsymbol{A}}t)\dot{x}_0+\\&(\sqrt{\boldsymbol{A}})^{-1}\int_0^t\sin[\sqrt{\boldsymbol{A}}(t-\tau)]\boldsymbol{f}(\tau)\mathrm{d}\tau\end{aligned} \tag{64}$$

如果取 $t=t_0$ 作为开始时间，那么在公式(61)与式(64)中要换 $\cos(\sqrt{\boldsymbol{A}}t)$ 与 $\sin(\sqrt{\boldsymbol{A}}t)$ 为 $\cos\sqrt{\boldsymbol{A}}(t-t_0)$ 与 $\sin\sqrt{\boldsymbol{A}}(t-t_0)$，而且要换 $\int_0^t$ 为 $\int_{t_0}^t$.

§7　在线性系统情形中运动的稳定性

设 $x_1,x_2,\cdots,x_n$ 为参数，刻画所在研究的运动与给定的力学系统中"扰动"运动的偏差①，且设这些参数适合一阶微分方程组

$$\frac{\mathrm{d}x_i}{\mathrm{d}t}=f_i(x_1,x_2,\cdots,x_n,t)\quad(i=1,2,\cdots,n) \tag{65}$$

此处的独立变数 t 表示时间，而右边 $f_i(x_1,x_2,\cdots,x_n,t)$ 为量 $x_1,x_2,\cdots,x_n$ 在某一区域(含有点 $x_1=0,x_2=0,\cdots,x_n=0$)内对于所有 $t>t_0$(t_0 为开始时刻)的连续函数.

引进李雅普诺夫的运动稳定性的定义②.

所研究的运动称为稳定的，如果对于任何数 $\varepsilon>0$，可以找出这样的数 $\delta>0$，使得对于任何参数的初始值($t=t_0$ 时)$x_{10},x_{20},\cdots,x_{n0}$ 的模都小于数 δ 时，参数 $x_1,x_2,\cdots,x_n$ 在所有运动时间($t\geqslant t_0$)中，其模都小于数 ε，亦即对于任何 $\varepsilon>0$，都可以得出这样的 $\delta>0$，使得在

$$|x_{i0}|<\delta\quad(i=1,2,\cdots,n) \tag{66}$$

时得出

$$|x_i(t)|<\varepsilon\quad(t\geqslant t_0) \tag{67}$$

如果我们增加条件，说对于某一个 $\delta>0$，常有 $\lim\limits_{t\to+\infty}x_l(t)=0(i=1,2,\cdots,n)$，只要 $|x_{i0}|<\delta(i=1,2,\cdots,n)$，那么所研究的运动称为渐近稳定的.

现在来讨论线性组，亦即这样的特殊情形，方程组(65)是一个齐次线性微

① 在这些参数中，所研究的运动的性质为常数零值 $x_1=0,x_2=0,\cdots,x_n=0$ 所描出，故在这一问题的数学处理时，述及微分方程组(65)的零解的稳定性.

② 参考 Общая задача об устойчивости движения(1950) 中第 4 页；Устойчивость движения(1946) 中第 1 页或 Теория устойуивости движения(1952) 中第 1 ～ 3 页.

分方程组

$$\frac{\mathrm{d}x_i}{\mathrm{d}t}=\sum_{k=1}^{n}p_{ik}(t)x_k \tag{68}$$

其中 $p_{ik}(t)$ 为 $t\geqslant t_0$ 时的连续函数($i,k=1,2,\cdots,n$).

用矩阵的写法,式(68) 可以写为

$$\frac{\mathrm{d}\boldsymbol{x}}{\mathrm{d}t}=\boldsymbol{P}(t)\boldsymbol{x} \tag{68'}$$

此处 $\boldsymbol{x}$ 是元素为 $x_1,x_2,\cdots,x_n$ 的单列矩阵,而 $\boldsymbol{P}(t)=(p_{ik}(t))_1^n$ 为系数矩阵.

记

$$q_{1j}(t),q_{2j}(t),\cdots,q_{nj}(t)\quad (j=1,2,\cdots,n) \tag{69}$$

为方程组(68) 的 n 个线性无关解[①]. 以此诸解为列的矩阵 $\boldsymbol{Q}(t)=(q_{ij})_1^n$ 称为方程组(68) 的积分矩阵.

齐次线性微分方程组的任何解都可以从以下 n 个线性无关解的常系数的线性组合来得出

$$x_i=\sum_{j=1}^{n}c_jq_{ij}(t)\quad (i=1,2,\cdots,n)$$

或用矩阵的写法

$$\boldsymbol{x}=\boldsymbol{Q}(t)\boldsymbol{c} \tag{70}$$

其中 $\boldsymbol{c}$ 为元素是任意常数 $c_1,c_2,\cdots,c_n$ 的单列矩阵.

现在选取特殊的积分矩阵,对于它有

$$\boldsymbol{Q}(t_0)=\boldsymbol{E} \tag{71}$$

换句话说,在选取 n 个线性无关解式(69) 时,由以下特殊的初始条件出发[②]

$$q_{ij}(t_0)=\delta_{ij}=\begin{cases}0 & (i\neq j)\\ 1 & (i=j)\end{cases}\quad (i,j=1,2,\cdots,n)$$

那么在式(70) 中取 $t=t_0$,由式(71) 求得

$$x_0=\boldsymbol{c}$$

所以式(70) 有形式

$$\boldsymbol{x}=\boldsymbol{Q}(t)x_0 \tag{72}$$

或者写为展开式

$$x_i=\sum_{j=1}^{n}q_{ij}(t)x_{j0}\quad (i=1,2,\cdots,n) \tag{72'}$$

讨论三种情形:

1° $\boldsymbol{Q}(t)$ 是在区间$(t_0,+\infty)$ 中有界的矩阵,亦即有这样的数 M 存在,使得

---

① 此处第二个下标是指解的序数.

② 任何初始条件确定了而且是唯一的确定了所给方程组的某一个解.

$$|q_{ij}(t)| \leqslant M \quad (t \geqslant t_0; i,j=1,2,\cdots,n)$$

在这一情形，由式(72′)得出

$$|x_i(t)| \leqslant nM \max |x_{j0}|$$

稳定性条件能够适合．(只要在式(66)，(67)中取 $\delta < \frac{\varepsilon}{nM}$.) 零解 $x_1=0$，$x_2=0,\cdots,x_n=0$ 所描出的运动是稳定的．

2° $\lim\limits_{t\to+\infty} \boldsymbol{Q}(t)=\boldsymbol{0}$．在这一情形，矩阵 $\boldsymbol{Q}(t)$ 在区间 $(t_0,+\infty)$ 中是有界的，故由上述，知此运动是稳定的．再者，由式(72)得出

$$\lim_{t\to+\infty} \boldsymbol{x}(t)=\boldsymbol{0}$$

对于任何 x_0 都能成立．运动是渐近稳定的．

3° $\boldsymbol{Q}(t)$ 在区间 $(t_0,+\infty)$ 中是无界的矩阵．这就是说，在函数 $q_{ij}(t)$ 中至少有一个，例如 $q_{hk}(t)$，在区间 $(t_0,+\infty)$ 中无界．取初始条件 $x_{10}=0,\cdots,x_{k0}\neq 0,\cdots,x_{n0}=0$，那么

$$x_h(t)=q_{hk}(t)x_{k0}$$

不管 x_{k0} 的模如何小，函数 $x_h(t)$ 是无界的．条件(67)对于任何 δ 都不能适合．运动不是稳定的．

现在来讨论，在方程组(68)中系数全为常数的特殊情形

$$\boldsymbol{P}(t)=\boldsymbol{P}=\text{常数} \tag{73}$$

在这一情形(参考 §5)

$$\boldsymbol{x}=\mathrm{e}^{\boldsymbol{P}(t-t_0)}x_0 \tag{74}$$

比较式(72)与式(74)，我们在所给情形得出

$$\boldsymbol{Q}(t)=\mathrm{e}^{\boldsymbol{P}(t-t_0)} \tag{75}$$

以 $\qquad \psi(\lambda)=(\lambda-\lambda_1)^{m_1}(\lambda-\lambda_2)^{m_2}\cdots(\lambda-\lambda_s)^{m_s}$

记系数矩阵 $\boldsymbol{P}$ 的最小多项式．

为了研究积分矩阵(75)，我们应用本章 §3 的公式(16)．在这一情形，$f(\lambda)=\mathrm{e}^{\lambda(t-t_0)}$(视 t 为参数)，$f^{(j)}(\lambda_k)=(t-t_0)^j\mathrm{e}^{\lambda_k(t-t_0)}$．公式(16)给出

$$\mathrm{e}^{\boldsymbol{P}(t-t_0)}=\sum_{k=1}^{s}[\boldsymbol{Z}_{k1}+\boldsymbol{Z}_{k2}(t-t_0)+\cdots+\boldsymbol{Z}_{km_k}(t-t_0)^{m_k-1}]\mathrm{e}^{\lambda_k(t-t_0)} \tag{76}$$

讨论三种情形：

1° $\mathrm{Re}\,\lambda_k \leqslant 0(k=1,2,\cdots,s)$，而且对于有 $\mathrm{Re}\,\lambda_k=0$ 的 λ_k 都对应 $m_k=1$(亦即纯虚数的特征数是最小多项式的单根)．

2° $\mathrm{Re}\,\lambda_k<0(k=1,2,\cdots,s)$．

3° 对于某些 k 有 $\mathrm{Re}\,\lambda_k>0$ 或 $\mathrm{Re}\,\lambda_k=0$，但是 $m_k>1$．

由公式(76)知在第一种情形，矩阵 $\boldsymbol{Q}(t)=\mathrm{e}^{\boldsymbol{P}(t-t_0)}$ 在区间 $(t_0,+\infty)$ 中是有界的；在第二种情形，当 $t\to+\infty$ 时，$\mathrm{e}^{\boldsymbol{P}(t-t_0)}\to 0$；而在第三种情形，矩阵 $\mathrm{e}^{\boldsymbol{P}(t-t_0)}$ 在

区间$(t_0,+\infty)$中无界的①.

这里只需要特别讨论以下情形：在$e^{P(t-t_0)}$的表示式(76)中有一些最大增长量的项(当$t\to+\infty$时)，即具有最大$\operatorname{Re}\lambda_k=\alpha_0\geqslant 0$与(在已知$\operatorname{Re}\lambda_k=\alpha_0$时)具有最大值$m_k=m_0$的项，那么表示式(76)可以表示为

$$e^{P(t-t_0)}=e^{\alpha_0(t-t_0)}(t-t_0)^{m_0-1}\left[\sum_{j=1}^{r}Z_{k_jm_0}e^{i\beta_j(t-t_0)}+(*)\right] \tag{77}$$

其中$\beta_1,\beta_2,\cdots,\beta_r$是不同的实数，而$(*)$表示$t\to+\infty$时趋于0的矩阵. 从这个表示式推出，矩阵$e^{P(t-t_0)}$在$\alpha_0+m_0-1>0$②时是无界的，因为矩阵

$$\sum_{j=1}^{r}Z_{k_jm_0}e^{i\beta_j(t-t_0)}$$

在$t\to+\infty$时不能趋于0. 以后我们将相信，如果证明，函数

$$f(t)=\sum_{j=1}^{r}c_je^{i\beta_jt} \tag{78}$$

只有在$f(t)\equiv 0$的情形，在$t\to+\infty$时能趋于0，其中c_j是复数，β_j彼此不同的实数. 但是事实上

$$\overline{f(t)}=\sum_{j=1}^{r}\bar{c}_je^{-i\beta_jt} \tag{78'}$$

等式(78)与(78)逐项相乘，并在范围从0到T对t求积分，得

$$\lim_{T\to+\infty}\frac{1}{T}\int_0^T|f(t)|^2dt=\sum_{j=1}^{r}|c_j|^2 \tag{79}$$

---

① 此处的特殊讨论只需要讨论以下情形：在$e^{P(t-t_0)}$的表示式(76)中有某些极大增长项(当$t\to+\infty$)，亦即有极大的$\operatorname{Re}\lambda_k=\alpha$与(对于已予的$\operatorname{Re}\lambda_k=\alpha$)有极大值：$m_k=m_0$. 那么表示式(76)可以表示成形状

$$e^{P(t-t_0)}=e^{\alpha_0(t-t_0)}(t-t_0)^{m_0-1}\left[\sum_{j=1}^{r}Z_{k_jm_0}e^{i\beta_j(t-t_0)}+(*)\right]$$

其中$\beta_1,\beta_2,\cdots,\beta_r$为不同的实数，而$(*)$记当$t\to+\infty$时趋于零的矩阵. 由这一表示式推知矩阵$e^{P(t-t_0)}$当$\alpha_0+m_0>0$时是无界的，因为当$t\to+\infty$时矩阵$\sum_{j=1}^{r}Z_{k_j}m_0e^{i\beta_j(t-t_0)}$不能趋于零. 我们证明了后一论断，如果我们能够证明函数

$$f(t)=\sum_{j=1}^{r}c_je^{i\beta_jt}$$

其中c_j为复数，而β_j为彼此不同的实数时，只有在$f(t)\equiv 0$的情形才能当$t\to+\infty$时它趋于零. 但是，事实上，由于$\lim\limits_{t\to+\infty}f(t)=0$推知

$$\sum_{j=1}^{r}|c_j|^2=\lim_{T\to+\infty}\frac{1}{T}\int_0^T|f(t)|^2dt=0$$

故有

$$c_1=c_2=\cdots=c_n=0$$

② 换个说法，当$\alpha_0>0$或$\alpha_0=0$时，但是$m_0>1$. —— 编者注

但是从 $\lim\limits_{t\to+\infty} f(t)=0$ 推出

$$\lim_{T\to+\infty}\frac{1}{T}\int_0^T |f(t)|^2\,\mathrm{d}t=0$$

因此从等式(79) 求出 $c_1=c_2=\cdots=c_r=0$,即 $f(t)\equiv 0$.

所以在情形 1 中运动($x_1=0,x_2=0,\cdots,x_n=0$) 是稳定的,在情形 2 中运动是渐近稳定的,在情形 3 中运动是不稳定的.

故在第一种情形,运动($x_1=0,x_2=0,\cdots,x_n=0$) 是稳定的,在第二种情形是渐近稳定的,而在第三种情形是不稳定的.

所研究的结果可以总结为以下定理①:

定理 3 按照李雅普诺夫的定义,当 $\boldsymbol{P}=$ 常量时,线性组(68) 的零解是稳定的,如果(1) 矩阵 $\boldsymbol{P}$ 的所有特征数有负或零实数部分,(2) 所有实数部分为零的特征数,亦即为纯虚数的特征数(如果有的时候),都是矩阵 $\boldsymbol{P}$ 的最小多项式的单根;如果对于条件(1),(2) 至少有一个不能适合,那么线性组(68) 的零解是不稳定的.

线性组(68) 的零解是渐近稳定的充分必要条件为:矩阵 $\boldsymbol{P}$ 的所有特征数都有负实数部分.

在常数矩阵 $\boldsymbol{P}$ 的特征数为任何值的一般情形,上述推理可以推得关于积分矩阵 $\mathrm{e}^{\boldsymbol{P}(t-t_0)}$ 的性状的判断.

定理 4 当 $\boldsymbol{P}=$ 常量时,线性组(68) 的积分矩阵 $\mathrm{e}^{\boldsymbol{P}(t-t_0)}$ 常可表示成以下形式

$$\mathrm{e}^{\boldsymbol{P}(t-t_0)}=\boldsymbol{Z}_-(t)+\boldsymbol{Z}_0+\boldsymbol{Z}_+(t)$$

其中(1) $\lim\limits_{t\to+\infty}\boldsymbol{Z}_-(t)=\boldsymbol{0}$,(2)$\boldsymbol{Z}_0$ 或等于常量或为在区间($t_0,+\infty$) 中有界矩阵,而当 $t\to+\infty$ 时,没有极限存在,(3)$\boldsymbol{Z}_+(t)$ 或 $\equiv\boldsymbol{0}$,或在区间($t_0,+\infty$) 中是无界矩阵.

证明 分等式(76) 的右边中诸项为三部分. 以 $\boldsymbol{Z}_-(t)$ 记含有因子 $\mathrm{e}^{\lambda_k(t-t_0)}$ 且其 $\mathrm{Re}\,\lambda_k<0$ 的所有诸项的和. 以 $\boldsymbol{Z}_+(t)$ 记含有因子 $(t-t_0)^\gamma$ 且其中 $v>0$ 时,$\mathrm{Re}\,\lambda_k>0$ 或 $\mathrm{Re}\,\lambda_k=0$ 的所有诸项的和. 以 $\boldsymbol{Z}_0(t)$ 记所有其余诸项的和. 以上的推理证明了 $\lim\limits_{t\to+\infty}\boldsymbol{Z}_-(t)=\boldsymbol{0}$,而函数 $\boldsymbol{Z}_+(t)$ 不恒等 $\boldsymbol{0}$ 时,$\boldsymbol{Z}_+(t)$ 是无界的. 函数 $\boldsymbol{Z}_0(t)$ 有界. 我们来证明,由极限 $\lim\limits_{t\to+\infty}\boldsymbol{Z}_0(t)=\boldsymbol{B}$ 的存在推出 $\boldsymbol{Z}_0(t)=$ 常数. 实际上,由等式(77) 可将差 $\boldsymbol{Z}_0(t)-\boldsymbol{B}$ 表示为和 $\sum\limits_{j=1}^{r}\boldsymbol{Z}_{k_jm_0}\mathrm{e}^{\mathrm{i}\beta_j(t-t_0)}$. 关于这种形式的和,上面已证明了,只有当它恒等于 $\boldsymbol{0}$ 时,它在 $t\to+\infty$ 时才能有极限 $\boldsymbol{0}$.

定理 4 得证.

---

① 更细致的关于近似线性组(亦即非线性组在其中略去非线性项来化为线性组) 的稳定性与不稳定性的判定,参考下册第 14 章, § 3.

多项式矩阵的等价变换.初等因子的解析理论

第6章

本章前三节从事于多项式矩阵等价性的研究.根据这一个研究在此后三节中建立初等因子的解析理论,亦即化常数(非多项式)方阵$\boldsymbol{A}$为法式$\widetilde{\boldsymbol{A}}$($\boldsymbol{A}=\boldsymbol{T}\widetilde{\boldsymbol{A}}\boldsymbol{T}$)的理论.在本章的最后两节中给出变换矩阵$\boldsymbol{T}$的两个构成方法.

§1　多项式矩阵的初等变换

定义1　多项式矩阵或λ－矩阵是指一个长方矩阵,其元素为λ的多项式

$$\boldsymbol{A}(\lambda)=(a_{ik}(\lambda))=(a_{ik}^{(0)}\lambda^{l}+a_{ik}^{(1)}\lambda^{l-1}+\cdots+a_{ik}^{(l)})$$

$$(i=1,2,\cdots,m;k=1,2,\cdots,n)$$

此处l为多项式$a_{ik}(\lambda)$的最大次数.

设

$$\boldsymbol{A}_{j}=(a_{ik}^{(j)})\quad(i=1,2,\cdots,m;k=1,2,\cdots,n;j=0,1,\cdots,l)$$

我们可以表多项式矩阵为关于λ的矩阵多项式的形式,亦即为有矩阵系数的多项式

$$\boldsymbol{A}(\lambda)=\boldsymbol{A}_{0}\lambda^{l}+\boldsymbol{A}_{1}\lambda^{l-1}+\cdots+\boldsymbol{A}_{l-1}\lambda+\boldsymbol{A}_{l}$$

在讨论中引进多项式矩阵$\boldsymbol{A}(\lambda)$上的以下诸初等运算:

1°任何一行(例如第i行),乘以数$c\neq 0$.

2°任何一行(例如第i行),加到另一行(例如第j行),与任何多项式$b(\lambda)$的乘积.

3°交换任何两行,例如第i行与第j行的位置.

让读者验证，运算 1°，2°，3° 分别相当于多项式矩阵，$\boldsymbol{A}(\lambda)$ 左乘以下 m 阶方阵[①]

$$
\left\{
\begin{aligned}
\boldsymbol{S}' &= \begin{pmatrix} 1 & \cdots & \overset{(i)}{\cdots} & \cdots & 0 \\ \vdots & \ddots & \vdots & & \vdots \\ \vdots & & c & & \vdots \\ \vdots & & & \ddots & \vdots \\ 0 & \cdots & \cdots & \cdots & 1 \end{pmatrix} \\
\boldsymbol{S}'' &= \begin{pmatrix} 1 & \cdots & \cdots & \cdots & \overset{(j)}{\cdots} & 0 \\ \vdots & \ddots & & & \vdots & \vdots \\ \vdots & & 1 & \cdots & b(\lambda) & \vdots \\ \vdots & & & \ddots & & \vdots \\ \vdots & & & & \ddots & \vdots \\ 0 & \cdots & \cdots & \cdots & \cdots & 1 \end{pmatrix} \cdots (i) \\
\boldsymbol{S}''' &= \begin{pmatrix} 1 & \cdots & \overset{(i)}{\cdots} & \cdots & \overset{(j)}{\cdots} & \cdots & 0 \\ \vdots & \ddots & & & & & \vdots \\ \vdots & & 0 & \cdots & 1 & & \vdots \\ \vdots & & \vdots & \ddots & \vdots & & \vdots \\ \vdots & & 1 & \cdots & 0 & & \vdots \\ \vdots & & & & & \ddots & \vdots \\ 0 & \cdots & \cdots & \cdots & \cdots & \cdots & 1 \end{pmatrix}
\end{aligned}
\right. \tag{1}
$$

亦即应用运算 1°，2°，3° 于矩阵 $\boldsymbol{A}(\lambda)$ 的结果各变为矩阵 $\boldsymbol{S}' \cdot \boldsymbol{A}(\lambda)$，$\boldsymbol{S}'' \cdot \boldsymbol{A}(\lambda)$，$\boldsymbol{S}''' \cdot \boldsymbol{A}(\lambda)$. 故 1°，2°，3° 型运算称为左初等运算.

完全相类似的定义矩阵多项式上右初等运算（这些运算不是施行于多项式矩阵的行上而是施行于其列上）与其对应的（n 阶）矩阵[②]

$$
\boldsymbol{T}' = \begin{pmatrix} 1 & \cdots & \cdots & \cdots & 0 \\ \vdots & \ddots & & & \vdots \\ \vdots & & c & \cdots & \vdots \\ \vdots & & & \ddots & \vdots \\ 0 & \cdots & \cdots & \cdots & 1 \end{pmatrix} \cdots (i)
$$

① 在矩阵(1)中，所有没有注明的元素，在主对角线上的都等于 1 而在其余地方都等于零.

② 同上注.

$$
\boldsymbol{T}''=\begin{pmatrix}
1 & \cdots & \cdots & \cdots & \cdots & \cdots & 0\\
\vdots & \ddots & & & & & \vdots\\
\vdots & & 1 & \cdots & \cdots & \cdots & \vdots\\
\vdots & & \vdots & & & & \vdots\\
\vdots & & b(\lambda) & \cdots & \cdots & \cdots & \vdots\\
\vdots & & & & & \ddots & \vdots\\
0 & \cdots & \cdots & \cdots & \cdots & \cdots & 1
\end{pmatrix}
\begin{matrix}\\ \\ \cdots(i)\\ \\ \cdots(j)\\ \\ \\ \end{matrix}
$$

$$
\boldsymbol{T}'''=\begin{pmatrix}
1 & \cdots & \cdots & \cdots & \cdots & \cdots & 0\\
\vdots & \ddots & & & & & \vdots\\
\vdots & & 0 & \cdots & 1 & \cdots & \vdots\\
\vdots & & \vdots & \ddots & \vdots & & \vdots\\
\vdots & & 1 & \cdots & 0 & \cdots & \vdots\\
\vdots & & & & & \ddots & \vdots\\
0 & \cdots & \cdots & \cdots & \cdots & \cdots & 1
\end{pmatrix}
\begin{matrix}\\ \\ \cdots(i)\\ \\ \cdots(j)\\ \\ \\ \end{matrix}
$$

应用右初等运算于矩阵 $\boldsymbol{A}(\lambda)$ 的结果是右乘以对应矩阵 $\boldsymbol{T}$.

我们将 $\boldsymbol{S}',\boldsymbol{S}'',\boldsymbol{S}'''$ 型矩阵(或者同样的,$\boldsymbol{T}',\boldsymbol{T}'',\boldsymbol{T}'''$ 型矩阵) 称为初等矩阵.

任何初等矩阵的行列式与 λ 无关且不等于零.故对每一个左(右) 初等运算都有逆运算存在,它们亦是左(右) 初等运算[①].

定义 2 两个多项式矩阵 $\boldsymbol{A}(\lambda)$ 与 $\boldsymbol{B}(\lambda)$ 称为(1) 左等价的,(2) 右等价的,(3) 等价的,如果其中的某一个可以从另一个分别应用(1) 左初等运算,(2) 右初等运算,(3) 左与右初等运算来得出[②].

设矩阵 $\boldsymbol{B}(\lambda)$ 系由 $\boldsymbol{A}(\lambda)$ 应用左初等运算,对应矩阵为 $\boldsymbol{S}_1,\boldsymbol{S}_2,\cdots,\boldsymbol{S}_p$ 者所得出的,那么

$$\boldsymbol{B}(\lambda)=\boldsymbol{S}_p\boldsymbol{S}_{p-1}\cdots\boldsymbol{S}_1\boldsymbol{A}(\lambda) \tag{2}$$

以 $\boldsymbol{P}(\lambda)$ 记乘积 $\boldsymbol{S}_0\boldsymbol{S}_{p-1}\cdots\boldsymbol{S}_1$,我们写等式(2) 为

$$\boldsymbol{B}(\lambda)=\boldsymbol{P}(\lambda)\boldsymbol{A}(\lambda) \tag{3}$$

其中 $\boldsymbol{P}(\lambda)$ 与矩阵 $\boldsymbol{S}_1,\boldsymbol{S}_2,\cdots,\boldsymbol{S}_p$ 的每一个一样,有不为零的常数行列式[③].

在下节中将证明,每一个有不为零的常数行列式的 λ - 方阵都可以表为初等矩阵的乘积的形式.所以等式(3) 与等式(2) 等价,因而它说明了矩阵 $\boldsymbol{A}(\lambda)$ 与 $\boldsymbol{B}(\lambda)$ 的左等价性.

---

① 故知,如果矩阵 $\boldsymbol{B}(\lambda)$ 可由 $\boldsymbol{A}(\lambda)$ 应用左(右;左与右) 初等运算来得出,那么反过来,矩阵 $\boldsymbol{A}(\lambda)$ 亦可由 $\boldsymbol{B}(\lambda)$ 应用同类型的初等运算来得出.左初等运算与右初等运算都构成群.

② 由定义知道,左等价、右等价或单纯的等价都只是对于有相同维数的长方矩阵而言的.

③ 这就是说与 λ 无关.

对于多项式矩阵 $\boldsymbol{A}(\lambda)$ 与 $\boldsymbol{B}(\lambda)$ 的右等价性可以换等式(3) 为等式

$$\boldsymbol{B}(\lambda)=\boldsymbol{A}(\lambda)\boldsymbol{Q}(\lambda) \tag{3'}$$

而对于(两边) 等价性,则有等式

$$\boldsymbol{B}(\lambda)=\boldsymbol{P}(\lambda)\boldsymbol{A}(\lambda)\boldsymbol{Q}(\lambda) \tag{3''}$$

此处的 $\boldsymbol{P}(\lambda)$ 与 $\boldsymbol{Q}(\lambda)$ 仍然是这样的矩阵,它的行列式不为零且与 λ 无关.

这样一来,定义 2 可以换为以下等价的定义.

定义 2′ 两个 $\lambda-$长方矩阵 $\boldsymbol{A}(\lambda)$ 与 $\boldsymbol{B}(\lambda)$ 称为(1) 左等价的,(2) 右等价的,(3) 等价的,如果各有

$$(1)\boldsymbol{B}(\lambda)=\boldsymbol{P}(\lambda)\boldsymbol{A}(\lambda)$$
$$(2)\boldsymbol{B}(\lambda)=\boldsymbol{A}(\lambda)\boldsymbol{Q}(\lambda)$$
$$(3)\boldsymbol{B}(\lambda)=\boldsymbol{P}(\lambda)\boldsymbol{A}(\lambda)\boldsymbol{Q}(\lambda)$$

其中 $\boldsymbol{P}(\lambda)$ 与 $\boldsymbol{Q}(\lambda)$ 为有不为零的常数行列式的多项式方阵.

所有上面所引进的概念可以用以下重要的例子来说明.

讨论变数为 t 的 n 个未知函数 $x_1,x_2,\cdots,x_n$ 与 m 个方程的 l 阶常系数齐次线性微分方程组

$$\begin{cases}a_{11}(\boldsymbol{D})x_1+a_{12}(\boldsymbol{D})x_2+\cdots+a_{1n}(\boldsymbol{D})x_n=0\\a_{21}(\boldsymbol{D})x_1+a_{22}(\boldsymbol{D})x_2+\cdots+a_{2n}(\boldsymbol{D})x_n=0\\\qquad\vdots\\a_{m1}(\boldsymbol{D})x_1+a_{m2}(\boldsymbol{D})x_2+\cdots+a_{mn}(\boldsymbol{D})x_n=0\end{cases} \tag{4}$$

此处

$$a_{ik}(\boldsymbol{D})=a_{ik}^{(0)}\boldsymbol{D}^l+a_{ik}^{(1)}\boldsymbol{D}^{l-1}+\cdots+a_{ik}^{(l)}\quad(i=1,2,\cdots,m;k=1,2,\cdots,n)$$

是一个有常系数的关于 $\boldsymbol{D}$ 的多项式,而 $\boldsymbol{D}=\frac{\mathrm{d}}{\mathrm{d}t}$ 是一个微分算子.

算子系数矩阵

$$\boldsymbol{A}(\boldsymbol{D})=(a_{ik}(\boldsymbol{D}))\quad(i=1,2,\cdots,m;k=1,2,\cdots,n)$$

是一个多项式矩阵或 $\boldsymbol{D}-$矩阵.

显然,对矩阵 $\boldsymbol{A}(\boldsymbol{D})$ 的左初等运算 1° 表示以数 $c\neq 0$ 逐项乘微分方程组的第 i 个方程. 左初等运算 2° 表示以第 j 个方程作微分运算 $b(\boldsymbol{D})$ 后的结果,逐项加到第 i 个方程. 左初等运算 3° 表示交换第 i 个与第 j 个方程的位置.

这样一来,如果在方程组(4) 中将算子系数矩阵 $\boldsymbol{A}(\boldsymbol{D})$ 换为其左等价矩阵 $\boldsymbol{B}(\boldsymbol{D})$,那么我们得出一个新的方程组. 相反的,因为原方程组可以由这个方程组用类似算法得出,所以这两组方程是等价的①.

---

① 此处我们是承认了,所求的函数 $x_1,x_2,\cdots,x_n$ 在所遇到的变换中,对于这些函数的所有用到的各阶导数都是存在的. 在这一个限制之下,有左等价矩阵 $\boldsymbol{A}(\boldsymbol{D})$ 与 $\boldsymbol{B}(\boldsymbol{D})$ 的两组方程有同一解.

不难从所出的例子来说明右等价运算.这些运算的第一个运算表示未知函数中的一个函数 x_i 换为新未知函数 $x'_i=\frac{1}{c}x_i$;第二个初等运算表示引进新未知函数 $x'_j=x_j+b(\boldsymbol{D})x_i$(来代换 x_j);第三个运算表示在方程组中交换各含 x_i 与 x_j 的项(亦即 $x_i=x'_j,x_j=x'_i$).

§2 λ—矩阵的范式

1. 首先弄清楚,只应用左初等运算可以化多项式长方矩阵 $\boldsymbol{A}(\lambda)$ 为怎样的较简单的形式.

我们假设在矩阵 $\boldsymbol{A}(\lambda)$ 的第一列中有不恒等于零的元素.在它们里面取次数最小的多项式且调动行的次序使得这一个元素为 $a_{11}(\lambda)$.此后多项式 $a_{i1}(\lambda)$ 除以 $a_{11}(\lambda)$;记其商式与余式为 $q_{i1}(\lambda)$ 与 $r_{i1}(\lambda)(i=1,2,\cdots,m)$

$$a_{i1}(\lambda)=a_{11}(\lambda)q_{i1}(\lambda)+r_{i1}(\lambda)\quad(i=2,\cdots,m)$$

现在从第 i 行减去第一行与 $q_{i1}(\lambda)$ 的乘积$(i=1,2,\cdots,m)$.如果此时余式 $r_{i1}(\lambda)$ 不全恒等于零,那么在他们里面,有一个不等于零而且是次数最小的多项式,我们可以调动行的次序使其位于 $a_{11}(\lambda)$ 的地方.这些运算的结果可以使多项式 $a_{11}(\lambda)$ 的次数降低.

现在我们重复这一方法来继续进行.因为多项式 $a_{11}(\lambda)$ 的次数是有限的,所以在某一个步骤之后,这一过程将不能继续进行,亦即在此时所有元素 $a_{21}(\lambda),a_{31}(\lambda),\cdots,a_{m1}(\lambda)$ 都变成恒等于零.

此后我们取元素 $a_{22}(\lambda)$ 且应用同样的方法于序数为 $2,3,\cdots,m$ 的诸行.那就会得到 $a_{32}(\lambda)=\cdots=a_{m2}(\lambda)=0$.继续如此进行,最后我们化矩阵 $\boldsymbol{A}(\lambda)$ 为以下形式

$$\begin{pmatrix} b_{11}(\lambda) & b_{12}(\lambda) & \cdots & b_{1m}(\lambda) & \cdots & b_{1n}(\lambda) \\ 0 & b_{22}(\lambda) & \cdots & b_{2m}(\lambda) & \cdots & b_{2n}(\lambda) \\ \vdots & \vdots & & \vdots & & \vdots \\ 0 & 0 & \cdots & b_{mm}(\lambda) & \cdots & b_{mn}(\lambda) \end{pmatrix} \ (m\leqslant n),\quad \begin{pmatrix} b_{11}(\lambda) & b_{12}(\lambda) & \cdots & b_{1n}(\lambda) \\ 0 & b_{22}(\lambda) & \cdots & b_{2n}(\lambda) \\ \vdots & \vdots & & \vdots \\ 0 & 0 & \cdots & b_{nn}(\lambda) \\ 0 & 0 & \cdots & 0 \\ \vdots & \vdots & & \vdots \\ 0 & 0 & \cdots & 0 \end{pmatrix} \ (m\geqslant n) \tag{5}$$

如果多项式 $b_{22}(\lambda)$ 不恒等于零,那么应用第二种左初等运算,可以使元素 $b_{12}(\lambda)$ 的次数小于 $b_{22}(\lambda)$ 的次数(如果 $b_{22}(\lambda)$ 是零次的,那么 $b_{12}(\lambda)$ 可以变为恒等于零).完全一样的,如果 $b_{33}(\lambda)\neq 0$,那么应用第二种左初等运算,可以使元

素 $b_{13}(\lambda)$，$b_{23}(\lambda)$ 的次数都小于 $b_{33}(\lambda)$ 的次数，而且并不变动元素 $b_{12}(\lambda)$，诸如此类.

我们建立了以下定理：

定理 1 任一 $m\times n$ 维多项式长方矩阵都可以应用左初等运算化为(5) 的形式，其中多项式 $b_{1k}(\lambda),b_{2k}(\lambda),\cdots,b_{k-1,k}(\lambda)$ 的次数都小于 $b_{kk}(\lambda)$ 的次数，如果只有 $b_{kk}(\lambda)\not\equiv 0$；而全都恒等于零，如果 $b_{kk}(\lambda)=$ 常数 $\neq 0(k=2,3,\cdots,\min(m,n))$.

完全一样的可以证明.

定理 2 任一 $m\times n$ 维多项式长方矩阵都可以应用右初等运算化为以下形式

$$\begin{pmatrix} c_{11}(\lambda) & 0 & \cdots & 0 & 0 & \cdots & 0 \\ c_{21}(\lambda) & c_{22}(\lambda) & \cdots & 0 & 0 & \cdots & 0 \\ \vdots & \vdots & & \vdots & \vdots & & \vdots \\ c_{m1}(\lambda) & c_{m2}(\lambda) & \cdots & c_{mm}(\lambda) & 0 & \cdots & 0 \end{pmatrix} (m\leqslant n),\quad \begin{pmatrix} c_{11}(\lambda) & 0 & \cdots & 0 \\ c_{21}(\lambda) & c_{22}(\lambda) & \cdots & 0 \\ \vdots & \vdots & & \vdots \\ c_{n1}(\lambda) & c_{n2}(\lambda) & \cdots & c_{nn}(\lambda) \\ \vdots & \vdots & & \vdots \\ c_{m1}(\lambda) & c_{m2}(\lambda) & \cdots & c_{mn}(\lambda) \end{pmatrix} (m\geqslant n) \tag{6}$$

其中多项式 $c_{k1}(\lambda),c_{k2}(\lambda),\cdots,c_{k,k-1}(\lambda)$ 的次数都小于 $c_{kk}(\lambda)$ 的次数，如果 $c_{kk}(\lambda)\not\equiv 0$；而全部恒等于零，如果 $c_{kk}(\lambda)=$ 常数 $\neq 0(k=2,3,\cdots,\min(m,n))$.

2. 从定理 1 与 2 推得以下的：

推论 如果多项式方阵 $\boldsymbol{P}(\lambda)$ 的行列式与 λ 无关且不等于零，那么这一个矩阵可以表为有限个初等矩阵的乘积.

事实上，按照定理 1 可以应用左初等运算化矩阵 $\boldsymbol{P}(\lambda)$ 为以下形式

$$\begin{pmatrix} b_{11}(\lambda) & b_{12}(\lambda) & \cdots & b_{1n}(\lambda) \\ 0 & b_{22}(\lambda) & \cdots & b_{2n}(\lambda) \\ \vdots & \vdots & & \vdots \\ 0 & 0 & \cdots & b_{nn}(\lambda) \end{pmatrix} \tag{7}$$

其中 n 为矩阵 $\boldsymbol{P}(\lambda)$ 的阶数. 因为应用初等运算于多项式方阵时，这个矩阵的行列式只是乘上一个不为零的常数因子，所以矩阵(7) 的行列式，与 $\boldsymbol{P}(\lambda)$ 的行列式一样，与 λ 无关且不等于零，亦即

$$b_{11}(\lambda)b_{22}(\lambda)\cdots b_{nn}(\lambda)=\text{常数}\neq 0$$

故有

$$b_{kk}(\lambda)=\text{常数}\neq 0\quad (k=1,2,\cdots,n)$$

但是再从定理 1 知矩阵(7) 有对角形的形式 $(b_k\delta_{ik})_1^n$，故可应用第一种左初等运

算使其化为单位矩阵 $\boldsymbol{E}$. 那么反过来，单位矩阵 $\boldsymbol{E}$ 可以经由矩阵为 $\boldsymbol{S}_1,\boldsymbol{S}_2,\cdots,\boldsymbol{S}_p$ 的左初等运算化为 $\boldsymbol{P}(\lambda)$. 因此

$$\boldsymbol{P}(\lambda)=\boldsymbol{S}_p\boldsymbol{S}_{p-1}\cdots\boldsymbol{S}_1\boldsymbol{E}=\boldsymbol{S}_p\boldsymbol{S}_{p-1}\cdots\boldsymbol{S}_1$$

从所证明的推论推知，有如上节所述的，多项式矩阵等价性的两个定义 2 与 $2'$ 的等价性.

3. 回到我们的例子 —— 微分方程组(4). 应用定理 1 于算子系数矩阵 $(a_{ik}(\boldsymbol{D}))$. 那么，有如上节中所指出的，可以换组(4) 为等价组

$$\begin{cases}b_{11}(\boldsymbol{D})x_1+b_{12}(\boldsymbol{D})x_2+\cdots+b_{1s}(\boldsymbol{D})x_s=-b_{1,s+1}(\boldsymbol{D})x_{s+1}-\cdots-b_{1n}(\boldsymbol{D})x_n\\ b_{22}(\boldsymbol{D})x_2+\cdots+b_{2s}(\boldsymbol{D})x_s=-b_{2,s+1}(\boldsymbol{D})x_{s+1}-\cdots-b_{2n}(\boldsymbol{D})x_n\\ \qquad\vdots\\ b_{ss}(\boldsymbol{D})x_s=-b_{s,s+1}(\boldsymbol{D})x_{s+1}-\cdots-b_{sn}(\boldsymbol{D})x_n\end{cases}\tag{4'}$$

其中 $s=\min(m,n)$. 在这一组中，函数 $x_{s+1},\cdots,x_n$ 可以任意选取，此后再顺次定出函数 $x_s,x_{s-1},\cdots,x_1$，而且在确定这些函数的每一个步骤只要积分一个仅含一未知函数的微分方程.

4. 现在来用左与右初等运算于多项式长方矩阵 $\boldsymbol{A}(\lambda)$，使其化为范式.

在矩阵 $\boldsymbol{A}(\lambda)$ 的所有不恒等于零的元素 $a_{ik}(\lambda)$ 中，取其关于 λ 的次数最小者，经适宜的行列调动，使这一个元素为 $a_{11}(\lambda)$. 此后求出多项式 $a_{i1}(\lambda)$ 与 $a_{1k}(\lambda)$ 被 $a_{11}(\lambda)$ 除后的商式与余式

$$a_{i1}(\lambda)=a_{11}(\lambda)q_{i1}(\lambda)+r_{i1}(\lambda),a_{1k}(\lambda)=a_{11}(\lambda)q_{1k}(\lambda)+r_{1k}(\lambda)$$
$$(i=2,3,\cdots,m;k=2,3,\cdots,n)$$

如果在余式 $r_{i1}(\lambda),r_{1k}(\lambda)(i=2,\cdots,m;k=2,\cdots,n)$ 中，至少有一个例如 $r_{1k}(\lambda)$ 不是恒等于零，那么从第 k 列减去第一列与 $q_{1k}(\lambda)$ 的乘积，我们就换元素 $a_{1k}(\lambda)$ 为余式 $r_{1k}(\lambda)$，它的次数小于 $a_{11}(\lambda)$ 的次数. 那么我们就有可能再来降低位于矩阵左上角这一元素的次数，使在这个地方的元素关于 λ 的次数最小.

如果所有的余式 $r_{21}(\lambda),\cdots,r_{m1}(\lambda);r_{12}(\lambda),\cdots,r_{1n}(\lambda)$ 都恒等于零，那么从第 i 行减去第一行与 $q_{i1}(\lambda)$ 的乘积 $(i=2,\cdots,m)$，而从第 k 列减去第一列与 $q_{1k}(\lambda)$ 的乘积 $(k=2,\cdots,n)$ 我们化原多项式矩阵为以下形式

$$\begin{pmatrix}a_{11}(\lambda) & 0 & \cdots & 0\\ 0 & a_{22}(\lambda) & \cdots & a_{2n}(\lambda)\\ \vdots & \vdots & & \vdots\\ 0 & a_{m2}(\lambda) & \cdots & a_{mn}(\lambda)\end{pmatrix}$$

如果在此时在元素 $a_{ik}(\lambda)(i=2,\cdots,m;k=2,\cdots,n)$ 中，至少有一个不能为 $a_{11}(\lambda)$ 所除尽，那么对第一列加上含有这一个元素的那一列，我们就得出前面的一种情形，因此仍可换元素 $a_{11}(\lambda)$ 为一个次数较低的多项式.

因为原先的元素 $a_{11}(\lambda)$ 有一定的次数而降低这个次数的步骤不能无限制的继续下去，所以经过有限次初等运算后，我们一定得出以下形式的矩阵

$$\begin{pmatrix} a_1(\lambda) & 0 & \cdots & 0 \\ 0 & b_{22}(\lambda) & \cdots & b_{2n}(\lambda) \\ \vdots & \vdots & & \vdots \\ 0 & b_{m2}(\lambda) & \cdots & b_{mn}(\lambda) \end{pmatrix} \tag{8}$$

其中所有元素 $b_{ik}(\lambda)$ 都可以被 $a_1(\lambda)$ 所除尽．如果在这些元素 $b_{ik}(\lambda)$ 中有不恒等于零的元素，那么对于序数为 $2,\cdots,m$ 的行与序数为 $2,\cdots,n$ 的列应用上述的同样方法，我们可以化矩阵(8) 为以下形式

$$\begin{pmatrix} a_1(\lambda) & 0 & 0 & \cdots & 0 \\ 0 & a_2(\lambda) & 0 & \cdots & 0 \\ 0 & 0 & c_{33}(\lambda) & \cdots & c_{3n}(\lambda) \\ \vdots & \vdots & \vdots & & \vdots \\ 0 & 0 & c_{m3}(\lambda) & \cdots & c_{mn}(\lambda) \end{pmatrix}$$

其中 $a_2(\lambda)$ 为 $a_1(\lambda)$ 所除尽，而所有多项式 $c_{ik}(\lambda)$ 都为 $a_2(\lambda)$ 所除尽．继续施行这种方法，最后我们化原矩阵为以下形式

$$\begin{pmatrix} a_1(\lambda) & 0 & \cdots & 0 & 0 & \cdots & 0 \\ 0 & a_2(\lambda) & \cdots & 0 & 0 & \cdots & 0 \\ \vdots & \vdots & & \vdots & \vdots & & \vdots \\ 0 & 0 & \cdots & a_s(\lambda) & 0 & \cdots & 0 \\ 0 & 0 & \cdots & 0 & 0 & \cdots & 0 \\ \vdots & \vdots & & \vdots & \vdots & & \vdots \\ 0 & 0 & \cdots & 0 & 0 & \cdots & 0 \end{pmatrix} \tag{9}$$

其中多项式 $a_1(\lambda),a_2(\lambda),\cdots,a_s(\lambda)(s\leqslant m,n)$ 都不恒等于零，而且每一个都可以被其前一个所除尽．

前 s 行各乘以适宜的不为零的常数因子，我们可以使多项式 $a_1(\lambda)$，$a_2(\lambda),\cdots,a_s(\lambda)$ 的首项系数都等于 1．

定义 3　多项式长方矩阵称为对角矩阵范式，如果它有(9) 的形式，其中多项式 $a_1(\lambda),a_2(\lambda),\cdots,a_s(\lambda)$ 都不恒等于零，且有多项式 $a_2(\lambda),\cdots,a_s(\lambda)$ 中每一个都被其前一个所除尽．此处假定所有多项式 $a_1(\lambda),a_2(\lambda),\cdots,a_s(\lambda)$ 的首项系数都等于 1．

这样一来，我们证明了，任何多项式长方矩阵都与某一个对角矩阵范式等价．在下节中我们将证明，这些多项式 $a_1(\lambda),a_2(\lambda),\cdots,a_s(\lambda)$ 被所给矩阵 $\mathbf{A}(\lambda)$ 唯一确定，而且建立这些多项式与矩阵 $\mathbf{A}(\lambda)$ 的元素间的关系式．

§3 多项式矩阵的不变多项式与初等因子

1. 引进关于 λ－矩阵 $\boldsymbol{A}(\lambda)$ 的不变多项式的概念.

设多项式矩阵 $\boldsymbol{A}(\lambda)$ 的秩为 r,亦即在这个矩阵中有一个不恒等于零的 r 阶子式,同时所有阶数大于 r 的子式关于 λ 都恒等于零. 以 $D_j(\lambda)$ 记矩阵 $\boldsymbol{A}(\lambda)$ 中所有 j 阶子式的最大公因式($j=1,2,\cdots,r$)[①]. 那么不难看出,在序列

$$D_r(\lambda),D_{r-1}(\lambda),\cdots,D_1(\lambda),D_0(\lambda)\equiv 1$$

中每一个多项式都被其后一个所除尽[②]. 以 $i_1(\lambda),i_2(\lambda),\cdots,i_r(\lambda)$ 记其对应的商式

$$i_1(\lambda)=\frac{D_r(\lambda)}{D_{r-1}(\lambda)},i_2(\lambda)=\frac{D_{r-1}(\lambda)}{D_{r-2}(\lambda)},\cdots,i_r(\lambda)=\frac{D_1(\lambda)}{D_0(\lambda)}=D_1(\lambda) \qquad (10)$$

定义 4 为式(10) 所确定的多项式 $i_1(\lambda),i_2(\lambda),\cdots,i_r(\lambda)$ 称为长方矩阵 $\boldsymbol{A}(\lambda)$ 的不变多项式.

"不变多项式"这一名词与以下的探讨有关. 设 $\boldsymbol{A}(\lambda)$ 与 $\boldsymbol{B}(\lambda)$ 为两个等价多项式矩阵,那么它们彼此间都可由初等运算来得出. 但是不难直接验证,初等运算并不变动矩阵 $\boldsymbol{A}(\lambda)$ 的秩 r,亦不变动其多项式 $D_1(\lambda),D_2(\lambda),\cdots,D_r(\lambda)$. 事实上,应用恒等式(3″),把矩阵乘积的子式用其因子的子式来表出(参考第1章 §3 末尾),对于矩阵 $\boldsymbol{B}(\lambda)$ 的任一子式,我们得出表示式

$$\boldsymbol{B}\begin{pmatrix} j_1 & j_2 & \cdots & j_p \\ k_1 & k_2 & \cdots & k_p \end{pmatrix};\lambda\Big)=\sum_{\substack{1\leqslant\alpha_1<\alpha_2<\cdots<\alpha_p\leqslant m\\ 1\leqslant\beta_1<\beta_2<\cdots<\beta_p\leqslant n}}\boldsymbol{P}\begin{pmatrix} j_1 & j_2 & \cdots & j_p \\ \alpha_1 & \alpha_2 & \cdots & \alpha_p \end{pmatrix}\times$$

$$\boldsymbol{A}\begin{pmatrix} \alpha_1 & \alpha_2 & \cdots & \alpha_p \\ \beta_1 & \beta_2 & \cdots & \beta_p \end{pmatrix};\lambda\Big)\times\boldsymbol{Q}\begin{pmatrix} \beta_1 & \beta_2 & \cdots & \beta_p \\ k_1 & k_2 & \cdots & k_p \end{pmatrix} \quad (p=1,2,\cdots,\min(m,n))$$

故知,矩阵 $\boldsymbol{B}(\lambda)$ 中所有阶数大于 r 的子式都等于零,因而对于矩阵 $\boldsymbol{B}(\lambda)$ 的秩 r^* 有

$$r^*\leqslant r$$

再者,从同一公式推知,矩阵 $\boldsymbol{B}(\lambda)$ 的所有 p 阶子式的最大公因式 $D_p^*(\lambda)$ 被 $D_p(\lambda)$ 所除尽($p=1,2,\cdots,\min(m,n)$). 但矩阵 $\boldsymbol{A}(\lambda)$ 与 $\boldsymbol{B}(\lambda)$ 可以交换其作用地位. 故 $r\leqslant r^*$,而且 $D_p(\lambda)$ 被 $D_p^*(\lambda)$ 所除尽($p=1,2,\cdots,\min(m,n)$). 因此[③]

$$r=r^*,D_1^*(\lambda)=D_1(\lambda),D_2^*(\lambda)=D_2(\lambda),\cdots,D_r^*(\lambda)=D_r(\lambda)$$

---

① 在 $D_j(\lambda)$ 中取其首项系数等于 $1(j=1,2,\cdots,r)$.

② 如果对任何一个 j 阶子式按照任一行的元素取贝祖展开式,那么在这一个展开式中每一项都被 $D_{j-1}(\lambda)$ 所除尽,故任何一个 j 阶子式,$D_j(\lambda)$ 被 $D_{j-1}(\lambda)$ 所除尽($j=1,2,\cdots,r$).

③ $D_p(\lambda)$ 与 $D_p^*(\lambda)(p=1,2,\cdots,r)$ 的首项系数都等于 1.

因为初等运算并不改变多项式 $D_1(\lambda),D_2(\lambda),\cdots,D_r(\lambda)$,所以它们亦不改变由公式(10)所确定的多项式 $i_1(\lambda),i_2(\lambda),\cdots,i_r(\lambda)$.

这样一来,从一个矩阵变到另一个与它等价的矩阵时,多项式 $i_1(\lambda)$,$i_2(\lambda),\cdots,i_r(\lambda)$ 是不变的.

如果多项式矩阵有对角范式(9),那么不难看出,对于这种矩阵有

$$D_1(\lambda)=a_1(\lambda),D_2(\lambda)=a_1(\lambda)a_2(\lambda),\cdots,D_r(\lambda)=a_1(\lambda)a_2(\lambda)\cdots a_r(\lambda)$$

但由关系式(10),知式(9)中对角线上多项式 $a_1(\lambda)a_2(\lambda)\cdots a_r(\lambda)$ 与不变多项式重合

$$i_1(\lambda)=a_r(\lambda),i_2(\lambda)=a_{r-1}(\lambda),\cdots,i_r(\lambda)=a_1(\lambda) \tag{11}$$

此处 $i_1(\lambda),i_2(\lambda),\cdots,i_r(\lambda)$ 同时又是原矩阵 $\boldsymbol{A}(\lambda)$ 的不变多项式,因为这个矩阵与矩阵(9)等价.

我们可以把所得出的结果总结为以下定理.

定理 3 多项式长方矩阵 $\boldsymbol{A}(\lambda)$ 常等价于对角矩阵范式

$$\begin{pmatrix} i_r(\lambda) & 0 & \cdots & 0 & 0 & \cdots & 0 \\ 0 & i_{r-1}(\lambda) & \cdots & 0 & 0 & \cdots & 0 \\ \vdots & \vdots & & \vdots & \vdots & & \vdots \\ 0 & 0 & \cdots & i_1(\lambda) & 0 & \cdots & 0 \\ 0 & 0 & \cdots & 0 & 0 & \cdots & 0 \\ \vdots & \vdots & & \vdots & \vdots & & \vdots \\ 0 & 0 & \cdots & 0 & 0 & \cdots & 0 \end{pmatrix} \tag{12}$$

其中 r 为矩阵 $\boldsymbol{A}(\lambda)$ 的秩,而 $i_1(\lambda),i_2(\lambda),\cdots,i_r(\lambda)$ 为由式(10)所确定的矩阵 $\boldsymbol{A}(\lambda)$ 的不变多项式.

推论 1 为了使两个同维数的长方矩阵 $\boldsymbol{A}(\lambda)$ 与 $\boldsymbol{B}(\lambda)$ 等价的充分必要条件是它们有相同的不变多项式.

事实上,这一条件的必要性已经在上面说明,其充分性可以这样来得出,两个有相同不变多项式的多项式矩阵都与同一个对角矩阵范式等价,因而彼此相等价.

这样一来,不变多项式构成 λ - 矩阵的完全不变系.

推论 2 在不变多项式序列

$$i_1(\lambda)=\frac{D_r(\lambda)}{D_{r-1}(\lambda)},i_2(\lambda)=\frac{D_{r-1}(\lambda)}{D_{r-2}(\lambda)},\cdots,i_r(\lambda)=\frac{D_1(\lambda)}{D_0(\lambda)} \quad (D_0(\lambda)\equiv 1) \tag{13}$$

中,从第二个开始,每一个多项式都是其前一个的因子.

这个论断不能从公式(13)直接推出.但是可以从多项式 $i_1(\lambda),i_2(\lambda),\cdots$,$i_r(\lambda)$ 与对角矩阵范式(9)中的多项式 $a_r(\lambda),a_{r-1}(\lambda),\cdots,a_1(\lambda)$ 重合来推出.

2. 我们指出对于拟对角 λ - 矩阵的不变多项式的计算方法,如果已经知道

位于对角线上诸子块的不变多项式.

定理 4 如果在拟对角长方矩阵

$$\boldsymbol{C}(\lambda)=\begin{pmatrix}\boldsymbol{A}(\lambda) & \mathbf{0}\\ \mathbf{0} & \boldsymbol{B}(\lambda)\end{pmatrix}$$

中,矩阵 $\boldsymbol{A}(\lambda)$ 的任一不变多项式都是多项式矩阵 $\boldsymbol{B}(\lambda)$ 的任一不变多项式的因子,那么合并多项式矩阵 $\boldsymbol{A}(\lambda)$ 与 $\boldsymbol{B}(\lambda)$ 的全部不变多项式就得出多项式矩阵 $\boldsymbol{C}(\lambda)$ 的全部不变多项式.

证明 以 $i'_1(\lambda),i'_2(\lambda),\cdots,i'_r(\lambda)$ 与 $i''_1(\lambda),i''_2(\lambda),\cdots,i''_q(\lambda)$ 各记 λ－矩阵 $\boldsymbol{A}(\lambda)$ 与 $\boldsymbol{B}(\lambda)$ 的不变多项式. 那么[①]

$$\boldsymbol{A}(\lambda)\sim\{i'_r(\lambda),\cdots,i'_1(\lambda),0,\cdots,0\},\boldsymbol{B}(\lambda)\sim\{i''_q(\lambda),\cdots,i''_1(\lambda),0,\cdots,0\}$$

因而

$$\boldsymbol{C}(\lambda)\sim\{i'_r(\lambda),\cdots,i'_1(\lambda),i''_q(\lambda),\cdots,i''_1(\lambda),0,\cdots,0\} \tag{14}$$

位于这一关系式的右边的 λ－矩阵有对角范式的形式. 那么按照定理 3,这一矩阵的对角线上不恒等于零的元素构成矩阵 $\boldsymbol{C}(\lambda)$ 的不变多项式的完备系. 定理即已证明.

为了在一般情形,由矩阵 $\boldsymbol{A}(\lambda)$ 与 $\boldsymbol{B}(\lambda)$ 的任意不变多项式来定出矩阵 $\boldsymbol{C}(\lambda)$ 的不变多项式,我们要利用关于初等因子的重要概念.

在所给数域 K 中分解不变多项式 $i_1(\lambda),i_2(\lambda),\cdots,i_r(\lambda)$ 为不可约因式的乘积

$$\begin{aligned}
i_1(\lambda)&=[\varphi_1(\lambda)]^{c_1}[\varphi_2(\lambda)]^{c_2}\cdots[\varphi_s(\lambda)]^{c_s}\\
i_2(\lambda)&=[\varphi_1(\lambda)]^{d_1}[\varphi_2(\lambda)]^{d_2}\cdots[\varphi_s(\lambda)]^{d_s}\qquad \begin{pmatrix}c_k\geqslant d_k\geqslant\cdots\geqslant l_k\geqslant 0\\ k=1,2,\cdots,s\end{pmatrix}^{②}\\
&\ \ \vdots\\
i_r(\lambda)&=[\varphi_1(\lambda)]^{l_1}[\varphi_2(\lambda)]^{l_2}\cdots[\varphi_s(\lambda)]^{l_s}
\end{aligned} \tag{15}$$

此处 $\varphi_1(\lambda),\varphi_2(\lambda),\cdots,\varphi_s(\lambda)$ 是在 $i_1(\lambda),i_2(\lambda),\cdots,i_r(\lambda)$ 中出现的所有在域 K 中不可约的不相同的多项式(其首项系数都等于 1).

定义 5 在分解式(15)的诸幂 $[\varphi_1(\lambda)]^{c_1},\cdots,[\varphi_s(\lambda)]^{l_s}$ 中,所有不等于 1 的幂称为矩阵 $\boldsymbol{A}(\lambda)$ 在域 K 中的初等因子[③].

定理 5 长方拟对角矩阵

$$\boldsymbol{C}(\lambda)=\begin{pmatrix}\boldsymbol{A}(\lambda) & \mathbf{0}\\ \mathbf{0} & \boldsymbol{B}(\lambda)\end{pmatrix}$$

---

① 此地我们以符号 $\sim$ 表示矩阵的等价性,而以大括号{} 表示型(12) 的对角长方矩阵.

② 指数 $c_k,d_k,\cdots,l_k(k=1,2,\cdots,s)$ 中的某些个可能等于零.

③ 式(15) 不仅给出由不变多项式来定出域 K 中矩阵 $\boldsymbol{A}(\lambda)$ 的初等因子的可能性,而且相反的,可由初等因子来得出不变多项式.

的全部初等因子,常可由合并矩阵 $\boldsymbol{A}(\lambda)$ 的初等因子与矩阵 $\boldsymbol{B}(\lambda)$ 的初等因子来得出.

证明 分解矩阵 $\boldsymbol{A}(\lambda)$ 与 $\boldsymbol{B}(\lambda)$ 的不变多项式为域 K 中不可约因式的乘积①

$$i'_1(\lambda)=[\varphi_1(\lambda)]^{c'_1}[\varphi_2(\lambda)]^{c'_2}\cdots[\varphi_s(\lambda)]^{c'_s},i''_1(\lambda)=[\varphi_1(\lambda)]^{c''_1}[\varphi_2(\lambda)]^{c''_2}\cdots[\varphi_s(\lambda)]^{c''_s}$$

$$i'_2(\lambda)=[\varphi_1(\lambda)]^{d'_1}[\varphi_2(\lambda)]^{d'_2}\cdots[\varphi_s(\lambda)]^{d'_s},i''_2(\lambda)=[\varphi_1(\lambda)]^{d''_1}[\varphi_2(\lambda)]^{d''_2}\cdots[\varphi_s(\lambda)]^{d''_s}$$

$$\vdots$$

$$i'_r(\lambda)=[\varphi_1(\lambda)]^{h'_1}[\varphi_2(\lambda)]^{h'_2}\cdots[\varphi_s(\lambda)]^{h'_s},i''_q(\lambda)=[\varphi_1(\lambda)]^{g''_1}[\varphi_2(\lambda)]^{g''_2}\cdots[\varphi_s(\lambda)]^{g''_s}$$

以

$$c_1\geqslant d_1\geqslant\cdots\geqslant l_1>0 \tag{16}$$

记 $c'_1,d'_1,\cdots,h'_1,c''_1,d''_1,\cdots,g''_1$ 中不等于零的诸数.

那么与矩阵(14) 等价的矩阵 $\boldsymbol{C}'$ 经调动行列后可以化为“对角形”形式

$$\{[\varphi_1(\lambda)]^{c_1}\cdot(*),[\varphi_1(\lambda)]^{d_1}\cdot(*),\cdots,[\varphi_1(\lambda)]^{l_1}\cdot(*),(**),\cdots,(**)\} \tag{17}$$

其中$(*)$是表示与 $\varphi_1(\lambda)$ 互质的多项式,而$(**)$表示与 $\varphi_1(\lambda)$ 互质或恒等于零的多项式. 由矩阵(17) 的形状,直接推得关于矩阵 $\boldsymbol{C}'$ 的多项式 $D_r(\lambda)$, $D_{r-1}(\lambda),\cdots$,与 $i_1(\lambda),i_2(\lambda),\cdots$ 的以下分解式

$$D_r(\lambda)=[\varphi_1(\lambda)]^{c_1+d_1+\cdots+l_1}\cdot(*),D_{r-1}(\lambda)=[\varphi_1(\lambda)]^{d_1+\cdots+l_1}\cdot(*)$$

诸如此类,有

$$i_1(\lambda)=[\varphi_1(\lambda)]^{c_1}\cdot(*),i_2(\lambda)=[\varphi_1(\lambda)]^{d_1}\cdot(*)$$

诸如此类.

故知$[\varphi_1(\lambda)]^{c_1},[\varphi_1(\lambda)]^{d_1},\cdots,[\varphi_1(\lambda)]^{l_1}$,亦即幂

$$[\varphi_1(\lambda)]^{c'_1},\cdots,[\varphi_1(\lambda)]^{h'_1},[\varphi_1(\lambda)]^{c''_1},\cdots,[\varphi_1(\lambda)]^{g''_1}$$

中所有不等于 1 的诸幂,是矩阵 $\boldsymbol{C}(\lambda)$ 的初等因子.

同样的,可定出矩阵 $\boldsymbol{C}(\lambda)$ 的关于 $\varphi_2(\lambda)$ 的幂的初等因子,诸如此类. 定理即已证明.

注 与上述完全类似的可以构成关于整数矩阵(亦即元素全为整数的矩阵)的等价性理论. 此处在 1°,2° 中(参考本章 §1),$c=\pm1$,换 $b(\lambda)$ 为整数,而在(3),(3′),(3″) 诸式中换 $\boldsymbol{P}(\lambda)$ 与 $\boldsymbol{Q}(\lambda)$ 为行列式等于 ±1 的整数矩阵.

3. 现在假设给出元素在域 K 中的矩阵 $\boldsymbol{A}=(a_{ik})_1^n$. 建立它的特征矩阵

---

① 如果某一个不可约多项式 $\varphi_k(\lambda)$ 使因式在一组不变多项式中出现,而不在其另一组不变多项式中出现,那么在另一组不变多项式中写上指数为 0 的 $\varphi_k(\lambda)$.

$$\lambda\boldsymbol{E}-\boldsymbol{A}=\begin{bmatrix}\lambda-a_{11} & -a_{12} & \cdots & -a_{1n}\\ -a_{21} & \lambda-a_{22} & \cdots & -a_{2n}\\ \vdots & \vdots & & \vdots\\ -a_{n1} & -a_{n2} & \cdots & \lambda-a_{nn}\end{bmatrix} \tag{18}$$

特征矩阵是一个秩为 n 的 λ — 矩阵．它的不变多项式

$$i_1(\lambda)=\frac{D_n(\lambda)}{D_{n-1}(\lambda)},i_2(\lambda)=\frac{D_{n-1}(\lambda)}{D_{n-2}(\lambda)},\cdots,i_n(\lambda)=\frac{D_1(\lambda)}{D_0(\lambda)}\quad (D_0(\lambda)\equiv 1) \tag{19}$$

称为矩阵 $\boldsymbol{A}$ 的不变多项式，而其在域 K 中的初等因子称为矩阵 $\boldsymbol{A}$ 在域 K 中的初等因子．第一个不变多项式 $i_1(\lambda)$ 与矩阵 $\boldsymbol{A}$[①] 的最小多项式全等．可用矩阵 $\boldsymbol{A}$ 的不变多项式（因而初等因子）的知识来研究矩阵 $\boldsymbol{A}$ 的结构．所以我们就关心到计算矩阵的不变多项式的实际方法．公式(19) 给出了计算这些不变多项式的算法，但是这一算法对于较大的 n 是非常麻烦的．

定理 3 给出了计算不变多项式的另一方法，它的要点是利用初等运算来化特征矩阵(18) 为对角矩阵范式．

例 1　有如下式子

$$\boldsymbol{A}=\begin{bmatrix}3 & 1 & 0 & 0\\ -4 & -1 & 0 & 0\\ 6 & 1 & 2 & 1\\ -14 & -5 & -1 & 0\end{bmatrix},\lambda\boldsymbol{E}-\boldsymbol{A}=\begin{bmatrix}\lambda-3 & -1 & 0 & 0\\ 4 & \lambda+1 & 0 & 0\\ -6 & -1 & \lambda-2 & -1\\ 14 & 5 & 1 & \lambda\end{bmatrix}$$

在特征矩阵 $\lambda\boldsymbol{E}-\boldsymbol{A}$ 中把第三行与 λ 的乘积加到第四行，我们得出

$$\begin{bmatrix}\lambda-3 & -1 & 0 & 0\\ 4 & \lambda+1 & 0 & 0\\ -6 & -1 & \lambda-2 & -1\\ 14-6\lambda & 5-\lambda & \lambda^2-2\lambda+1 & 0\end{bmatrix}$$

现在第四列乘以 $-6,-1,\lambda-2$ 后分别的加到第一、二、三列上，我们得出

$$\begin{bmatrix}\lambda-3 & -1 & 0 & 0\\ 4 & \lambda+1 & 0 & 0\\ 0 & 0 & 0 & -1\\ 14-6\lambda & 5-\lambda & \lambda^2-2\lambda+1 & 0\end{bmatrix}$$

以第二列与 $\lambda-3$ 的乘积加到第一列上，得

① 参阅第 4 章 §5 公式(49)，其中 $\Delta(\lambda)=D_n(\lambda)$．

$$\begin{pmatrix} 0 & -1 & 0 & 0 \\ \lambda^2-2\lambda+1 & \lambda+1 & 0 & 0 \\ 0 & 0 & 0 & -1 \\ -\lambda^2+2\lambda-1 & 5-\lambda & \lambda^2-2\lambda+1 & 0 \end{pmatrix}$$

以第一行与 $\lambda+1, 5-\lambda$ 的乘积分别加到第二、第四行上，我们有

$$\begin{pmatrix} 0 & -1 & 0 & 0 \\ \lambda^2-2\lambda+1 & 0 & 0 & 0 \\ 0 & 0 & 0 & -1 \\ -\lambda^2+2\lambda-1 & 0 & \lambda^2-2\lambda+1 & 0 \end{pmatrix}$$

以第二行加于第四行上，而后第一行与第三行乘以 -1. 经过行与列的调动后，我们得出

$$\begin{pmatrix} 1 & 0 & 0 & 0 \\ 0 & 1 & 0 & 0 \\ 0 & 0 & (\lambda-1)^2 & 0 \\ 0 & 0 & 0 & (\lambda-1)^2 \end{pmatrix}$$

矩阵 $\boldsymbol{A}$ 有两个初等因子：$(\lambda-1)^2$ 与 $(\lambda-1)^2$.

§4 线性二项式的等价性

在上节中我们讨论过长方 $\lambda-$矩阵. 在这一节中我们来讨论两个 n 阶 $\lambda-$方阵 $\boldsymbol{A}(\lambda)$ 与 $\boldsymbol{B}(\lambda)$，其中所有元素关于 λ 的次数不超过 1. 这些多项式矩阵可以表为矩阵的二项式

$$\boldsymbol{A}(\lambda)=\boldsymbol{A}_0\lambda+\boldsymbol{A}_1, \boldsymbol{B}(\lambda)=\boldsymbol{B}_0\lambda+\boldsymbol{B}_1$$

我们假设这些二项式是一次的而且是正则的，亦即有 $|\boldsymbol{A}_0|\neq 0$, $|\boldsymbol{B}_0|\neq 0$(参考第 4 章 §1).

以下定理给出了这种二项式的等价性的判定：

定理 6 如果两个一次正则二项式 $\boldsymbol{A}_0\lambda+\boldsymbol{A}_1$ 与 $\boldsymbol{B}_0\lambda+\boldsymbol{B}_1$ 等价，那么这些二项式是严格等价的，亦即在恒等式

$$\boldsymbol{B}_0\lambda+\boldsymbol{B}_1=\boldsymbol{P}(\lambda)(\boldsymbol{A}_0\lambda+\boldsymbol{A}_1)\boldsymbol{Q}(\lambda) \tag{20}$$

中，可以换(行列式为不等于零的常数的矩阵)$\boldsymbol{P}(\lambda)$ 与 $\boldsymbol{Q}(\lambda)$ 为满秩的常数矩阵 $\boldsymbol{P}$ 与 $\boldsymbol{Q}$[①]

$$\boldsymbol{B}_0\lambda+\boldsymbol{B}_1=\boldsymbol{P}(\boldsymbol{A}_0\lambda+\boldsymbol{A}_1)\boldsymbol{Q} \tag{21}$$

① 恒等式(21) 等价于两个矩阵等式：$\boldsymbol{B}_0=\boldsymbol{P}\boldsymbol{A}_0\boldsymbol{Q}$ 与 $\boldsymbol{B}_1=\boldsymbol{P}\boldsymbol{A}_1\boldsymbol{Q}$.

证明 因为矩阵 $\boldsymbol{P}(\lambda)$ 的行列式与 λ 无关且不等于零[①]，所以逆矩阵 $M(\lambda)=\boldsymbol{P}^{-1}(\lambda)$ 亦是一个多项式矩阵. 应用这一个矩阵，我们可以把恒等式(20)写为

$$\boldsymbol{M}(\lambda)(\boldsymbol{B}_0\lambda+\boldsymbol{B}_1)=(\boldsymbol{A}_0\lambda+\boldsymbol{A}_1)\boldsymbol{Q}(\lambda) \tag{22}$$

视 $\boldsymbol{M}(\lambda)$ 与 $\boldsymbol{Q}(\lambda)$ 为矩阵多项式，左除 $\boldsymbol{M}(\lambda)$ 以 $\boldsymbol{A}_0\lambda+\boldsymbol{A}_1$，而右除 $\boldsymbol{Q}(\lambda)$ 以 $\boldsymbol{B}_0\lambda+\boldsymbol{B}_1$

$$\boldsymbol{M}(\lambda)=(\boldsymbol{A}_0\lambda+\boldsymbol{A}_1)\boldsymbol{S}(\lambda)+\boldsymbol{M} \tag{23}$$

$$\boldsymbol{Q}(\lambda)=\boldsymbol{T}(\lambda)(\boldsymbol{B}_0\lambda+\boldsymbol{B}_1)+\boldsymbol{Q} \tag{24}$$

此处 $\boldsymbol{M}$ 与 $\boldsymbol{Q}$ 为 n 阶常数(与 λ 无关)方阵. 以所得出的对于 $\boldsymbol{M}(\lambda)$ 与 $\boldsymbol{Q}(\lambda)$ 的表示式代进式(22). 经过很少的一些变换，我们得出

$$(\boldsymbol{A}_0\lambda+\boldsymbol{A}_1)[\boldsymbol{T}(\lambda)-\boldsymbol{S}(\lambda)](\boldsymbol{B}_0\lambda+\boldsymbol{B}_1)=\boldsymbol{M}(\boldsymbol{B}_0\lambda+\boldsymbol{B}_1)-(\boldsymbol{A}_0\lambda+\boldsymbol{A}_1)\boldsymbol{Q} \tag{25}$$

位于中括号内的差必须等于零，因为，否则位于等式(25)左边的乘积，将有次数大于或等于 2，但是在这一等式右边的多项式不能超过 1 次. 所以

$$\boldsymbol{S}(\lambda)=\boldsymbol{T}(\lambda) \tag{26}$$

但此时由式(25)我们得出

$$\boldsymbol{M}(\boldsymbol{B}_0\lambda+\boldsymbol{B}_1)=(\boldsymbol{A}_0\lambda+\boldsymbol{A}_1)\boldsymbol{Q} \tag{27}$$

现在我们来证明 $\boldsymbol{M}$ 是一个满秩矩阵. 为此左除 $\boldsymbol{P}(\lambda)$ 以 $\boldsymbol{B}_0\lambda+\boldsymbol{B}_1$

$$\boldsymbol{P}(\lambda)=(\boldsymbol{B}_0\lambda+\boldsymbol{B}_1)\boldsymbol{U}(\lambda)+\boldsymbol{P} \tag{28}$$

由式(22)，(23)与(28)得出

$$\begin{aligned}\boldsymbol{E}=\boldsymbol{M}(\lambda)\boldsymbol{P}(\lambda)&=\boldsymbol{M}(\lambda)(\boldsymbol{B}_0\lambda+\boldsymbol{B}_1)\boldsymbol{U}(\lambda)+\boldsymbol{M}(\lambda)\boldsymbol{P}=\\&(\boldsymbol{A}_0\lambda+\boldsymbol{A}_1)\boldsymbol{Q}(\lambda)\boldsymbol{U}(\lambda)+(\boldsymbol{A}_0\lambda+\boldsymbol{A}_1)\boldsymbol{S}(\lambda)\boldsymbol{P}+\boldsymbol{MP}=\\&(\boldsymbol{A}_0\lambda+\boldsymbol{A}_1)[\boldsymbol{Q}(\lambda)\boldsymbol{U}(\lambda)+\boldsymbol{S}(\lambda)\boldsymbol{P}]+\boldsymbol{MP}\end{aligned} \tag{29}$$

因为这一串等式的最后部分关于 λ 必须是零次的(因其等于 $\boldsymbol{E}$)，所以在中括号内的表示式必须恒等于零. 故由式(29)知有

$$\boldsymbol{MP}=\boldsymbol{E} \tag{30}$$

因此得出：$|\boldsymbol{M}|\neq 0$ 与 $\boldsymbol{M}^{-1}=\boldsymbol{P}$.

左乘等式(27)的两边以 $\boldsymbol{P}$，我们得出

$$\boldsymbol{B}_0\lambda+\boldsymbol{B}_1=\boldsymbol{P}(\boldsymbol{A}_0\lambda+\boldsymbol{A}_1)\boldsymbol{Q}$$

从式(30)得出矩阵 $\boldsymbol{P}$ 的满秩性. 但是矩阵 $\boldsymbol{P}$ 与 $\boldsymbol{Q}$ 的满秩性亦可从恒等式

---

① 二项式 $\boldsymbol{A}_0\lambda+\boldsymbol{A}_1$ 与 $\boldsymbol{B}_0\lambda+\boldsymbol{B}_1$ 的等价性是说有恒等式(20)存在，其中 $|\boldsymbol{P}(\lambda)|=$ 常数 $\neq 0$，$|\boldsymbol{Q}(\lambda)|=$ 常数 $\neq 0$. 但是后两个关系在所予的情形中可以从恒等式(20)来推出. 事实上，一次正则二项式的行列式有次数 n：$|\boldsymbol{A}_0\lambda+\boldsymbol{A}_1|=|\boldsymbol{A}_0|\lambda^n+\cdots$，$|\boldsymbol{B}_0\lambda+\boldsymbol{B}_1|=|\boldsymbol{B}_0|\lambda^n+\cdots$；$|\boldsymbol{A}_0|\neq 0$，$|\boldsymbol{B}_0|\neq 0$. 故由 $|\boldsymbol{B}_0\lambda+\boldsymbol{B}_1|=|\boldsymbol{P}(\lambda)||\boldsymbol{A}_0\lambda+\boldsymbol{A}_1||\boldsymbol{Q}(\lambda)|$ 知有

$$|\boldsymbol{P}(\lambda)|=\text{常数}\neq 0,\ |\boldsymbol{Q}(\lambda)|=\text{常数}\neq 0$$

(21) 得出,因为从这一恒等式推得等式

$$\boldsymbol{B}_0=\boldsymbol{P}\boldsymbol{A}_0\boldsymbol{Q}$$

故有

$$|\boldsymbol{P}||\boldsymbol{A}_0||\boldsymbol{Q}|=|\boldsymbol{B}_0|\neq 0$$

定理已经证明.

注 从证明中知道[参考(24)与(28)],作为代换恒等式(20)中的λ-矩阵$\boldsymbol{P}(\lambda)$与$\boldsymbol{Q}(\lambda)$的常数矩阵$\boldsymbol{P}$与$\boldsymbol{Q}$,我们可以取$\boldsymbol{B}_0\lambda+\boldsymbol{B}_1$除$\boldsymbol{P}(\lambda)$与$\boldsymbol{Q}(\lambda)$所得出的左余与右余.

§5 矩阵相似的判定

设给出元素在域K中的矩阵$(a_{ik})_1^n$. 它的特征矩阵$\lambda\boldsymbol{E}-\boldsymbol{A}$是一个$n$阶$\lambda$-矩阵,故有$n$个不变多项式(参考§3)

$$i_1(\lambda),i_2(\lambda),\cdots,i_n(\lambda)$$

以下定理说明,如果把相似矩阵当作一个看待时,那么这些不变多项式决定了原矩阵$\boldsymbol{A}$.

定理7 为了使得两个矩阵$\boldsymbol{A}=(a_{ik})_1^n$与$\boldsymbol{B}=(b_{ik})_1^n$相似($\boldsymbol{B}=\boldsymbol{T}^{-1}\boldsymbol{A}\boldsymbol{T}$)的充分必要条件,是它们有相同的不变多项式或有相同的域K中的初等因子.

证明 条件的必要性 事实上,如果矩阵$\boldsymbol{A}$与$\boldsymbol{B}$相似,那么有这样的满秩矩阵$\boldsymbol{T}$存在,使得

$$\boldsymbol{B}=\boldsymbol{T}^{-1}\boldsymbol{A}\boldsymbol{T}$$

故有

$$\lambda\boldsymbol{E}-\boldsymbol{B}=\boldsymbol{T}^{-1}(\lambda\boldsymbol{E}-\boldsymbol{A})\boldsymbol{T}$$

这个等式证明,特征矩阵$\lambda\boldsymbol{E}-\boldsymbol{A}$与$\lambda\boldsymbol{E}-\boldsymbol{B}$等价,故有相同的不变多项式.

条件的充分性 设特征矩阵$\lambda\boldsymbol{E}-\boldsymbol{A}$与$\lambda\boldsymbol{E}-\boldsymbol{B}$有相同的不变多项式. 那么这些$\lambda$-矩阵是等价的(参考定理3的推论1),故有两个多项式矩阵$\boldsymbol{P}(\lambda)$与$\boldsymbol{Q}(\lambda)$存在,使得

$$\lambda\boldsymbol{E}-\boldsymbol{B}=\boldsymbol{P}(\lambda)(\lambda\boldsymbol{E}-\boldsymbol{A})\boldsymbol{Q}(\lambda) \tag{31}$$

应用定理6于二项矩阵$\lambda\boldsymbol{E}-\boldsymbol{A}$与$\lambda\boldsymbol{E}-\boldsymbol{B}$,我们可以在恒等式(31)中换$\lambda$-矩阵$\boldsymbol{P}(\lambda)$与$\boldsymbol{Q}(\lambda)$为常数矩阵

$$\lambda\boldsymbol{E}-\boldsymbol{B}=\boldsymbol{P}(\lambda\boldsymbol{E}-\boldsymbol{A})\boldsymbol{Q} \tag{32}$$

而且可以取$\lambda\boldsymbol{E}-\boldsymbol{B}$除$\boldsymbol{P}(\lambda)$与$\boldsymbol{Q}(\lambda)$所得出的左余与右余来作为$\boldsymbol{P}$与$\boldsymbol{Q}$(参考上节最后的注),亦即由广义贝祖定理可以取[①]

① 注意,$\hat{\boldsymbol{P}}(\boldsymbol{B})$为换$\lambda$为$\boldsymbol{B}$时多项式$\boldsymbol{P}(\lambda)$的左值,而$\boldsymbol{Q}(\boldsymbol{B})$为多项式$\boldsymbol{Q}(\lambda)$的右值(参考第4章,§3).

$$P=\hat{P}(B),Q=Q(B) \tag{33}$$

在等式(32)的左右两边中,使 λ 的零次与一次幂的系数相等,我们得出

$$B=PAQ,E=PQ$$

亦即

$$B=T^{-1}AT$$

其中

$$T=Q=P^{-1}$$

定理即已证明.

注 同时我们建立了以下论断,表述为:

定理 7 的补充 如果 $A=(a_{ik})_1^n$ 与 $B=(b_{ik})_1^n$ 为两个相似矩阵

$$B=T^{-1}AT \tag{34}$$

那么可以取以下矩阵作为变换矩阵 T

$$T=Q(B)=[\hat{P}(B)]^{-1} \tag{35}$$

其中 $P(\lambda)$ 与 $Q(\lambda)$ 是联系等价特征矩阵 $\lambda E-A$ 与 $\lambda E-B$ 的恒等式

$$\lambda E-B=P(\lambda)(\lambda E-A)Q(\lambda)$$

中的多项式矩阵;在式(35)中,$Q(B)$ 是换变量 λ 为矩阵 B 时矩阵多项式 $Q(\lambda)$ 的右值,而 $\hat{P}(B)$ 为矩阵多项式 $P(\lambda)$ 的左值.

§6 矩阵的范式

1. 设给出系数在域 K 中的某一多项式

$$g(\lambda)=\lambda^m+\alpha_1\lambda^{m-1}+\cdots+\alpha_{m-1}\lambda+\alpha_m$$

讨论 m 阶方阵

$$L=\begin{pmatrix} 0 & 0 & \cdots & 0 & -\alpha_m \\ 1 & 0 & \cdots & 0 & -\alpha_{m-1} \\ 0 & 1 & \cdots & 0 & -\alpha_{m-2} \\ \vdots & \vdots & & \vdots & \vdots \\ 0 & 0 & \cdots & 1 & -\alpha_1 \end{pmatrix} \tag{36}$$

不难验证多项式 $g(\lambda)$ 是矩阵 L 的特征多项式

$$|\lambda E-L|=\begin{vmatrix} \lambda & 0 & 0 & \cdots & 0 & \alpha_m \\ -1 & \lambda & 0 & \cdots & 0 & \alpha_{m-1} \\ 0 & -1 & \lambda & \cdots & 0 & \alpha_{m-2} \\ \vdots & \vdots & \vdots & & \vdots & \vdots \\ 0 & 0 & 0 & \cdots & -1 & \alpha_1+\lambda \end{vmatrix}=g(\lambda)$$

另一方面,在特征行列式中,元素 α_m 的子式等于 ± 1. 故 $D_{m-1}(\lambda)=1$,而

$$i_1(\lambda)=\frac{D_m(\lambda)}{D_{m-1}(\lambda)}=D_m(\lambda)=g(\lambda),i_2(\lambda)=\cdots=i_n(\lambda)=1.$$

这样一来，矩阵 $\boldsymbol{L}$ 有唯一不等于1的不变多项式，它等于 $g(\lambda)$.

我们称矩阵 $\boldsymbol{L}$ 为多项式 $g(\lambda)$ 的伴随矩阵.

设给出有不变多项式

$$i_1(\lambda),i_2(\lambda),\cdots,i_t(\lambda),i_{t+1}(\lambda)=1,\cdots,i_n(\lambda)=1 \tag{37}$$

的矩阵 $\boldsymbol{A}=(a_{ik})_1^n$. 此处所有多项式 $i_1(\lambda),i_2(\lambda),\cdots,i_t(\lambda)$ 的次数都大于零，而且在这些多项式中从第二个开始，第一个都是其前一个的因子. 以 $\boldsymbol{L}_1$，$\boldsymbol{L}_2,\cdots,\boldsymbol{L}_t$ 记这些多项式的伴随矩阵.

那么 n 阶拟对角矩阵

$$\boldsymbol{L}_{\mathrm{I}}=\{\boldsymbol{L}_1,\boldsymbol{L}_2,\cdots,\boldsymbol{L}_t\} \tag{38}$$

有不变多项式(37)(参考 §3,2 的定理4). 因为矩阵 $\boldsymbol{A}$ 与 $\boldsymbol{L}_{\mathrm{I}}$ 有相同的不变多项式，它们是相似的，亦即总有这样的满秩矩阵 $\boldsymbol{U}(|\boldsymbol{U}|\neq 0)$ 存在，使得

$$\boldsymbol{A}=\boldsymbol{U}\boldsymbol{L}_{\mathrm{I}}\boldsymbol{U}^{-1} \tag{I}$$

矩阵 $\boldsymbol{L}_{\mathrm{I}}$ 称为矩阵 $\boldsymbol{A}$ 的第一种自然范式. 这个范式的性质为以下诸条件所决定：(1) 拟对角形的形状(38)，(2) 对角线上子块(36)的特殊结构，与(3) 补充条件：在对角线上诸子块的特征多项式序列中，从第二个开始，第一个多项式都是其前一个的因子[①].

2. 现在以

$$\chi_1(\lambda),\chi_2(\lambda),\cdots,\chi_u(\lambda) \tag{39}$$

记矩阵 $\boldsymbol{A}=(a_{ik})_1^n$ 在数域 K 中的初等因子. 记其对应的伴随矩阵为

$$\boldsymbol{L}^{(1)},\boldsymbol{L}^{(2)},\cdots,\boldsymbol{L}^{(u)}$$

因为 $\chi_j(\lambda)$ 是矩阵 $\boldsymbol{L}^{(j)}$ 的唯一的初等因子 $(i=1,2,\cdots,u)$[②]，所以由定理5，拟对角矩阵

$$\boldsymbol{L}_{\mathrm{II}}=\{\boldsymbol{L}^{(1)},\boldsymbol{L}^{(2)},\cdots,\boldsymbol{L}^{(u)}\} \tag{40}$$

有初等因子(39).

矩阵 $\boldsymbol{A}$ 与 $\boldsymbol{L}_{\mathrm{II}}$ 在域 K 中有相同的初等因子. 所以这两个矩阵是相似的，亦即总有这样的满秩矩阵 $\boldsymbol{V}(|\boldsymbol{V}|\neq 0)$ 存在，使得

$$\boldsymbol{A}=\boldsymbol{V}\boldsymbol{L}_{\mathrm{II}}\boldsymbol{V}^{-1} \tag{II}$$

矩阵 $\boldsymbol{L}_{\mathrm{II}}$ 称为矩阵 $\boldsymbol{A}$ 的第二种自然范式. 这一种范式的性质为以下诸条件所决定：(1) 拟对角形的形状(40)，(2) 对角线上子块(36)的特殊结构，与(3) 补充条

---

① 从条件(1),(2),(3) 自动的得出，$\boldsymbol{L}_{\mathrm{I}}$ 中对角线上诸子块的特征多项式是矩阵 $\boldsymbol{L}_{\mathrm{I}}$，因而是矩阵 $\boldsymbol{A}$ 的不变多项式.

② $\chi_j(\lambda)$ 是矩阵 $\boldsymbol{L}^{(j)}$ 的唯一的不变多项式，同时 $\chi_j(\lambda)$ 又是域 K 中不可约多项式的幂.

件：每一个对角线上子块的特征多项式是在域 K 中不可约多项式的幂.

注 矩阵 $\mathbf{A}$ 的初等因子与其不变多项式所不同的主要是与所给的数域 K 有关.如果我们换原数域 K 为另一数域(在它里面亦含有所予矩阵 $\mathbf{A}$ 的诸元素),那么初等因子可能有所变动.矩阵的第二种自然范式就要与初等因子同时发生变动.

例如,设所予矩阵 $\mathbf{A}=(a_{ik})_1^n$ 的元素全为实数.这个矩阵的特征多项式的系数全为实数.此时这一个多项式可能有复根.如果 K 是实数域,那么在初等因子中可能有实系数的不可约二次三项式的幂出现.如果 K 是复数域,那么每一个初等因子都有 $(\lambda-\lambda_0)^p$ 的形状.

3. 现在假设数域 K 不只含有矩阵 $\mathbf{A}$ 的元素,而且含有这个矩阵的所有特征数①,那么矩阵 $\mathbf{A}$ 的初等因子就有以下形状

$$(\lambda-\lambda_1)^{p_1},(\lambda-\lambda_2)^{p_2},\cdots,(\lambda-\lambda_u)^{p_u}\quad(p_1+p_2+\cdots+p_u=n)\tag{41}$$

讨论这些初等因子中的某一个

$$(\lambda-\lambda_0)^p$$

且使它对应于以下 p 阶矩阵

$$\begin{pmatrix}\lambda_0 & 1 & 0 & \cdots & 0\\ 0 & \lambda_0 & 1 & \cdots & 0\\ \vdots & \vdots & \vdots & & \vdots\\ 0 & 0 & 0 & \cdots & 1\\ 0 & 0 & 0 & \cdots & \lambda_0\end{pmatrix}=\lambda_0\boldsymbol{E}^{(p)}+\boldsymbol{H}^{(p)}\tag{42}$$

不难验证,这个矩阵只有一个初等因子 $(\lambda-\lambda_0)^p$.我们称矩阵(42)为对应于初等因子 $(\lambda-\lambda_0)^p$ 的约当块.

以

$$\boldsymbol{J}_1,\boldsymbol{J}_2,\cdots,\boldsymbol{J}_u$$

来记对应于初等因子(41)的诸约当块.

那么拟对角矩阵

$$\boldsymbol{J}=\{\boldsymbol{J}_1,\boldsymbol{J}_2,\cdots,\boldsymbol{J}_u\}$$

的初等因子就是诸幂(41).

矩阵 $\boldsymbol{J}$ 还可以写为

$$\boldsymbol{J}=\{\lambda_1\boldsymbol{E}_1+\boldsymbol{H}_1,\lambda_2\boldsymbol{E}_2+\boldsymbol{H}_2,\cdots,\lambda_u\boldsymbol{E}_u+\boldsymbol{H}_u\}$$

其中

$$\boldsymbol{E}_k=\boldsymbol{E}^{(pk)},\boldsymbol{H}_k=\boldsymbol{H}^{(pk)}\quad(k=1,2,\cdots,u)$$

因为矩阵 $\mathbf{A}$ 与 $\boldsymbol{J}$ 有相同的初等因子,所以它们就彼此相似,亦即有这样的

① 如果 K 是复数域,则对于任何矩阵 $\mathbf{A}$ 都能成立.

满秩矩阵 $\boldsymbol{T}(|\boldsymbol{T}|\neq 0)$ 存在,使得

$$\boldsymbol{A}=\boldsymbol{T}\boldsymbol{J}\boldsymbol{T}^{-1}=\boldsymbol{T}\{\lambda_1\boldsymbol{E}_1+\boldsymbol{H}_1,\lambda_2\boldsymbol{E}_2+\boldsymbol{H}_2,\cdots,\lambda_u\boldsymbol{E}_u+\boldsymbol{H}_u\}\boldsymbol{T}^{-1} \qquad (\text{III})$$

矩阵 $\boldsymbol{J}$ 称为矩阵 $\boldsymbol{A}$ 的约当范式或简称约当式.约当式的性质为拟对角形的形状与其对角线上子块的特殊结构(42) 所确定.

以下阵列写出初等因子为 $(\lambda-\lambda_1)^2,(\lambda-\lambda_2)^3,\lambda-\lambda_3,(\lambda-\lambda_4)^2$ 的约当矩阵 $\boldsymbol{J}$

$$\boldsymbol{J}=\begin{pmatrix}\lambda_1 & 1 & 0 & 0 & 0 & 0 & 0 & 0\\ 0 & \lambda_1 & 0 & 0 & 0 & 0 & 0 & 0\\ 0 & 0 & \lambda_2 & 1 & 0 & 0 & 0 & 0\\ 0 & 0 & 0 & \lambda_2 & 1 & 0 & 0 & 0\\ 0 & 0 & 0 & 0 & \lambda_2 & 0 & 0 & 0\\ 0 & 0 & 0 & 0 & 0 & \lambda_3 & 0 & 0\\ 0 & 0 & 0 & 0 & 0 & 0 & \lambda_4 & 1\\ 0 & 0 & 0 & 0 & 0 & 0 & 0 & \lambda_4\end{pmatrix} \qquad (43)$$

如果矩阵 $\boldsymbol{A}$ 的所有初等因子都是一次的(亦只是在这一情形),约当式是对角矩阵且在此时我们有

$$\boldsymbol{A}=\boldsymbol{T}\{\lambda_1,\lambda_2,\cdots,\lambda_n\}\boldsymbol{T}^{-1} \qquad (44)$$

这样一来,矩阵 $\boldsymbol{A}$ 是单构的(参考第3章 §8) 充分必要条件是:它的所有初等因子都是一次的①.

有时代替约当块(42) 来讨论以下 p 阶"下"约当块

$$\begin{pmatrix}\lambda_0 & 0 & 0 & \cdots & 0 & 0\\ 1 & \lambda_0 & 0 & \cdots & 0 & 0\\ 0 & 1 & \lambda_0 & \cdots & 0 & 0\\ \vdots & \vdots & \vdots & & \vdots & \vdots\\ 0 & 0 & 0 & \cdots & \lambda_0 & 0\\ 0 & 0 & 0 & \cdots & 1 & \lambda_0\end{pmatrix}=\lambda_0\boldsymbol{E}^{(p)}+\boldsymbol{F}^{(p)}$$

这个矩阵亦只有一个初等因子 $(\lambda-\lambda_0)^p$. 初等因子(41) 对应于"下"约当矩阵②

$$\boldsymbol{J}_{(1)}=\{\lambda_1\boldsymbol{E}_1+\boldsymbol{F}_1,\lambda_2\boldsymbol{E}_2+\boldsymbol{F}_2,\cdots,\lambda_u\boldsymbol{E}_u+\boldsymbol{F}_u\}$$
$$(\boldsymbol{E}_k=\boldsymbol{E}^{(p_k)},\boldsymbol{F}_k=\boldsymbol{F}^{(p_k)};k=1,2,\cdots,u)$$

---

① 有时称"一次初等因子"为"线性初等因子"或"单重初等因子".

② 为了区别于下约当矩阵有 $\boldsymbol{J}_{(1)}$,有时称矩阵 $\boldsymbol{J}$ 为上约当矩阵.

任一有初等因子(41)的矩阵 $\mathbf{A}$,常与矩阵 $\boldsymbol{J}_{(1)}$ 相似,亦即有这样的满秩矩阵 $\boldsymbol{T}_1(|\boldsymbol{T}_1|\neq 0)$ 存在,使得

$$\mathbf{A}=\boldsymbol{T}_1\boldsymbol{J}_{(1)}\boldsymbol{T}_1^{-1}=\boldsymbol{T}_1\{\lambda_1\boldsymbol{E}_1+\boldsymbol{F}_1,\lambda_2\boldsymbol{E}_2+\boldsymbol{F}_2,\cdots,\lambda_u\boldsymbol{E}_u+\boldsymbol{F}_u\}\boldsymbol{T}_1^{-1} \tag{Ⅳ}$$

还要注意,如果 $\lambda_0\neq 0$,那么矩阵

$$\lambda_0(\boldsymbol{E}^{(p)}+\boldsymbol{H}^{(p)}),\lambda_0(\boldsymbol{E}^{(p)}+\boldsymbol{F}^{(p)})$$

中每一个矩阵都只有一个初等因子:$(\lambda-\lambda_0)^p$.所以对于有初等因子(41)的满秩矩阵 $\mathbf{A}$,与(Ⅲ),(Ⅳ)平行的有表示式

$$\mathbf{A}=\boldsymbol{T}_2\{\lambda_1(\boldsymbol{E}_1+\boldsymbol{H}_1),\lambda_2(\boldsymbol{E}_2+\boldsymbol{H}_2),\cdots,\lambda_u(\boldsymbol{E}_u+\boldsymbol{H}_u)\}\boldsymbol{T}_2^{-1} \tag{Ⅴ}$$

$$\mathbf{A}=\boldsymbol{T}_3\{\lambda_1(\boldsymbol{E}_1+\boldsymbol{F}_1),\lambda_2(\boldsymbol{E}_2+\boldsymbol{F}_2),\cdots,\lambda_u(\boldsymbol{E}_u+\boldsymbol{F}_u)\}\boldsymbol{T}_3^{-1} \tag{Ⅵ}$$

§7 矩阵 $f(\mathbf{A})$ 的初等因子

1. 在本节中讨论以下问题:

给出矩阵 $\mathbf{A}=(a_{ik})_1^n$ 的初等因子(在复数域中)且给出确定于矩阵 $\mathbf{A}$ 的谱上的函数 $f(\lambda)$.要定出矩阵 $f(\mathbf{A})$ 的初等因子(在复数域中).

以

$$(\lambda-\lambda_1)^{p_1},(\lambda-\lambda_2)^{p_2},\cdots,(\lambda-\lambda_u)^{p_u}$$

记矩阵 $\mathbf{A}$ 的初等因子①.那么矩阵 $\mathbf{A}$ 相似于约当矩阵 $\boldsymbol{J}$

$$\mathbf{A}=\boldsymbol{TJT}^{-1}$$

因而(参阅第 5 章 §1 中 2°)

$$f(\mathbf{A})=\boldsymbol{T}f(\boldsymbol{J})\boldsymbol{T}^{-1}$$

此处

$$\boldsymbol{J}=\{\boldsymbol{J}_1,\boldsymbol{J}_2,\cdots,\boldsymbol{J}_u\},\boldsymbol{J}_i=\lambda_i\boldsymbol{E}^{(p_i)}+\boldsymbol{H}^{(p_i)}\quad(i=1,2,\cdots,u)$$

而

$$f(\boldsymbol{J})=\{f(\boldsymbol{J}_1),f(\boldsymbol{J}_2),\cdots,f(\boldsymbol{J}_u)\} \tag{45}$$

其中(参考第 5 章,§3 的例 6)

$$f(\boldsymbol{J}_i)=\begin{pmatrix} f(\lambda_i) & \dfrac{f'(\lambda_i)}{1!} & \cdots & \dfrac{f^{(p_i-1)}(\lambda_i)}{(p_i-1)!} \\ & f(\lambda_i) & \ddots & \vdots \\ & & \ddots & \dfrac{f'(\lambda_i)}{1!} \\ \mathbf{0} & & & f(\lambda_i) \end{pmatrix} \tag{46}$$

因为矩阵 $f(\mathbf{A})$ 与 $f(\boldsymbol{J})$ 有相同的初等因子,故以后我们不讨论矩阵 $f(\mathbf{A})$ 而讨论矩阵 $f(\boldsymbol{J})$

① 在数 $\lambda_1,\lambda_2,\cdots,\lambda_u$ 中,有些可能彼此相等.

2. 首先确定矩阵 $f(\boldsymbol{A})$，或矩阵 $f(\boldsymbol{J})$ 的亏数 d[①]. 拟对角矩阵的亏数等于其对角线上诸子块的亏数的和，而矩阵 $f(\boldsymbol{J}_i)$ 的亏数[参考(46)] 等于数 k_i 与 p_i 中较小的一个，其中 k_i 为 $f(\lambda)$ 的根 λ_i 的重数[②]，因为

$$f(\lambda_i)=f'(\lambda_i)=\cdots=f^{(k_i-1)}(\lambda_i)=0, f^{(k_i)}(\lambda_i)\neq 0 \quad (i=1,2,\cdots,u)$$

我们得出了：

定理 8 设矩阵 $\boldsymbol{A}$ 有初等因子

$$(\lambda-\lambda_1)^{p_1},(\lambda-\lambda_2)^{p_2},\cdots,(\lambda-\lambda_u)^{p_u} \tag{47}$$

则矩阵 $f(\boldsymbol{A})$ 的亏数为下式所确定

$$d=\sum_{i=1}^{u}\min(k_i,p_i) \tag{48}$$

其中 k_i 为 $f(\lambda)$ 的根 λ_i 的重数 $(i=1,2,\cdots,u)$[③].

作为所证明的定理的应用，我们定出任一矩阵 $\boldsymbol{A}=(a_{ik})_1^n$ 对应于特征数 λ_0 的所有初等因子

$$\underbrace{\lambda-\lambda_0,\cdots,\lambda-\lambda_0}_{g_1};\underbrace{(\lambda-\lambda_0)^2,\cdots,(\lambda-\lambda_0)^2}_{g_2};\cdots;\underbrace{(\lambda-\lambda_0)^m,\cdots,(\lambda-\lambda_0)^m}_{g_m}$$

其中 $g_i\geqslant 0(i=1,2,\cdots,m-1), g_m>0$，如果已经给出了矩阵

$$\boldsymbol{A}-\lambda_0\boldsymbol{E},(\boldsymbol{A}-\lambda_0\boldsymbol{E})^2,\cdots,(\boldsymbol{A}-\lambda_0\boldsymbol{E})^m$$

的亏数

$$d_1,d_2,\cdots,d_m$$

对此我们取 $(\boldsymbol{A}-\lambda_0\boldsymbol{E})^j=f_j(\boldsymbol{A})$，其中 $f_j(\lambda)=(\lambda-\lambda_0)^j(j=1,2,\cdots,m)$. 所以为了确定矩阵 $(\boldsymbol{A}-\lambda_0\boldsymbol{E})^j$ 的亏数，在式(48)中对于与特征数 λ_0 相对应的初等因子取 $k_i=j$，而在所有其他各项都取 $k_i=0(j=1,2,\cdots,m)$. 这样一来，我们得出公式

$$\begin{cases} g_1+g_2+g_3+\cdots+g_m=d_1 \\ g_1+2g_2+2g_3+\cdots+2g_m=d_2 \\ g_1+2g_2+3g_3+\cdots+3g_m=d_3 \\ \qquad\vdots \\ g_1+2g_2+3g_3+\cdots+mg_m=d_m \end{cases} \tag{49}$$

---

① $d=n-r$，其中 r 为矩阵 $f(\boldsymbol{A})$ 的秩.

② 在 $f(\lambda)$ 不是多项式的一般情形，所谓函数 $f(\lambda)$ 的根的重数，指的是由条件(46′)确定的整数 k_i；k_i 也可能等于 0；在这种情形下 $f(\lambda_i)\neq 0$.

③ 在 $f(\lambda)$ 不是一个多项式的一般情形，在式(48)中的 $\min(k_i,p_i)$ 理解为数 p_i，如果 $f(\lambda_i)=f'(\lambda_i)=\cdots=f^{(p_i)}(\lambda_i)=0$，而为数 $k_i\leqslant p_i$，如果对于 k_i 有 $f(\lambda_i)=f'(\lambda_i)=\cdots=f^{(k_1-1)}(\lambda_i)=0$，$f^{k_i}(\lambda_i)\neq 0(i=1,2,\cdots,u)$.

故有①

$$g_j = 2d_j - d_{j-1} - d_{j+1} \quad (j=1,2,\cdots,m; d_0 = 0, d_{m+1} = d_m) \tag{50}$$

3. 回到定出矩阵 $f(\boldsymbol{A})$ 的初等因子的主要问题. 前面已经说过, $f(\boldsymbol{A})$ 的初等因子与 $f(\boldsymbol{J})$ 的初等因子相同,而拟对角矩阵的初等因子是由其对角线上诸子块的初等因子所组成的(参考定理 5). 所以我们的问题化为找出有正三角形形状的矩阵 $\boldsymbol{C}$ 的初等因子

$$\boldsymbol{C} = \sum_{k=0}^{p-1} a_k \boldsymbol{H}^k = \begin{pmatrix} a_0 & a_1 & \cdots & a_{p-1} \\ & a_0 & \ddots & \vdots \\ & & \ddots & a_1 \\ \boldsymbol{0} & & & a_0 \end{pmatrix} \tag{51}$$

讨论两种不同的情形:

1° $a_1 \neq 0$. 矩阵 $\boldsymbol{C}$ 的特征多项式显然等于

$$D_p(\lambda) = (\lambda - a_0)^p$$

那么,因为 $D_p(\lambda)$ 被 $D_{p-1}(\lambda)$ 所除尽,故有

$$D_{p-1}(\lambda) = (\lambda - a_0)^g \quad (g \leqslant p)$$

此处,以 $D_{p-1}(\lambda)$ 记特征矩阵

$$\lambda \boldsymbol{E} - \boldsymbol{C} = \begin{pmatrix} \lambda - a_0 & -a_1 & \cdots & -a_{p-1} \\ 0 & \lambda - a_0 & & \vdots \\ \vdots & \vdots & \ddots & \vdots \\ \vdots & \vdots & \ddots & -a_1 \\ +0 & 0 & \cdots & \lambda - a_0 \end{pmatrix}$$

中所有 $p-1$ 阶子式的最大公因式.

易知,有符号"+"的零元素的子式被 $\lambda - a_0$ 除后在余式中有一项 $(-a_1)^{p-1}$,在我们的这一情形它不等于零. 故此时 $g=0$. 但由

$$D_p(\lambda) = (\lambda - a_0)^p, D_{p-1}(\lambda) = 1$$

知矩阵 $\boldsymbol{C}$ 仅有一个初等因子 $(\lambda - a_0)^p$.

2° $a_1 = \cdots = a_{k-1} = 0, a_k \neq 0$. 在此时

$$\boldsymbol{C} = a_0 \boldsymbol{E} + a_k \boldsymbol{H}^k + \cdots + a_{p-1} \boldsymbol{H}^{p-1} \quad (\boldsymbol{H} = \boldsymbol{H}^{(p)})$$

所以对于任何正整数 j,矩阵

$$(\boldsymbol{C} - a_0 \boldsymbol{E})^j = a_k^j \boldsymbol{H}^{kj} + \cdots$$

的亏数为以下等式所决定

---

① 数 m 的性质确定于 $d_{m-1} < d_m = d_{m+j} (j=1,2,\cdots)$. 如果给定一个数列 $d_1, d_2, d_3, \cdots$,其中 d_j 是幂 $(A - \lambda_0 E)^j (j=1,2,3,\cdots)$ 的亏数,那么数 m[形如 $(\lambda - \lambda_0)^v$ 的幂指数中最大者]被定义为使 $d_{m-1} < d_m = d_{m+1}$ 的指数.

$$d_j = \begin{cases} kj & \text{如果 } kj \leqslant p \\ p & \text{如果 } kj > p \end{cases}$$

设

$$p = qk + h \quad (0 \leqslant h < k) \tag{52}$$

那么①

$$d_1 = k, d_2 = 2k, \cdots, d_q = qk, d_{q+1} = p \tag{53}$$

故由公式(50) 我们有

$$g_1 = \cdots = g_{q-1} = 0, g_q = k - h, g_{q+1} = h$$

这样一来,矩阵 $\boldsymbol{C}$ 有初等因子

$$\begin{gathered} \underbrace{(\lambda - a_0)^{q+1}, \cdots, (\lambda - a_0)^{q+1}}_{h} \\ \underbrace{(\lambda - a_0)^{q}, \cdots, (\lambda - a_0)^{q}}_{k-h} \end{gathered} \tag{54}$$

其中整数 $q > 0$ 与 $h \geqslant 0$ 为(52) 所确定.

4. 现在我们还要说明矩阵 $f(\boldsymbol{J})$ 有怎样的初等因子[参考式(45) 与(46)]. 矩阵 $\boldsymbol{A}$ 的每一个初等因子

$$(\lambda - \lambda_0)^p$$

对应于矩阵 $f(\boldsymbol{J})$ 的对角线上子块

$$f(\lambda_0 \boldsymbol{E} + \boldsymbol{H}) = \sum_{i=0}^{p-1} \frac{f^{(i)}(\lambda_0)}{i!} \boldsymbol{H}^i =$$

$$\begin{pmatrix} f(\lambda_0) & \dfrac{f'(\lambda_0)}{1!} & \cdots & \dfrac{f^{(p-1)}(\lambda_0)}{(p-1)!} \\ & f(\lambda_0) & \ddots & \vdots \\ & & \ddots & \dfrac{f'(\lambda_0)}{1!} \\ \boldsymbol{0} & & & f(\lambda_0) \end{pmatrix} \tag{55}$$

显然,我们的问题就化为求出(55) 形子块的初等因子. 但矩阵(55) 有正三角形的形状(51),而且此时

$$a_0 = f(\lambda_0), a_1 = f'(\lambda_0), a_2 = \frac{f''(\lambda_0)}{2!}, \cdots$$

这样一来,我们得到:

定理 9 矩阵 $f(\boldsymbol{A})$ 的初等因子可以从矩阵 $\boldsymbol{A}$ 的初等因子用以下办法来得出:矩阵 $\boldsymbol{A}$ 的初等因子

$$(\lambda - \lambda_0)^p \tag{56}$$

---

① 在所给予的情形,数 $q+1$ 在式(49) 与(50) 中起着数 m 的作用.(参阅上一个的足注)

当 $p=1$ 或当 $p>1$,而 $f'(\lambda_0)\neq 0$ 时对应于矩阵 $f(\boldsymbol{A})$ 的一个初等因子

$$(\lambda-f(\lambda_0))^p \tag{57}$$

当 $p>1, f'(\lambda_0)=\cdots=f^{(k-1)}(\lambda_0)=0, f^{(k)}(\lambda_0)\neq 0(k<p)$ 时,矩阵 $\boldsymbol{A}$ 的初等因子(56) 对应于矩阵 $f(\boldsymbol{A})$ 的次诸初等因子

$$\underbrace{(\lambda-f(\lambda_0))^{q+1},\cdots,(\lambda-f(\lambda_0))^{q+1}}_{h}$$

$$\underbrace{(\lambda-f(\lambda_0))^{q},\cdots,(\lambda-f(\lambda_0))^{q}}_{k-h} \tag{58}$$

其中

$$p=qk+h \quad (0\leqslant q, 0\leqslant h<k)$$

最后,当 $p>1, f'(\lambda_0)=f''(\lambda_0)=\cdots=f^{(p-1)}(\lambda_0)=0$ 时,初等因子(56) 对应于矩阵 $f(\boldsymbol{A})$ 的 p 个一次初等因子①

$$\lambda-f(\lambda_0),\cdots,\lambda-f(\lambda_0) \tag{59}$$

注意包含于这个定理里面的以下特殊论断.

1° 如果 $\lambda_1,\lambda_2,\cdots,\lambda_n$ 是矩阵 $\boldsymbol{A}$ 的特征数,那么 $f(\lambda_1),f(\lambda_2),\cdots,f(\lambda_n)$ 是矩阵 $f(\boldsymbol{A})$ 的特征数(在第一个序列与第二个序列中都是一样的,每一个特征数的重复次数与其为特征方程的根的重数一致)②.

2° 如果导数 $f'(\lambda)$ 在矩阵 $\boldsymbol{A}$ 的谱上不等于零③,那么从矩阵 $\boldsymbol{A}$ 转移到矩阵 $f(\boldsymbol{A})$ 时,初等因子并无“分解”,亦即如果矩阵 $\boldsymbol{A}$ 有初等因子

$$(\lambda-\lambda_1)^{p_1},(\lambda-\lambda_2)^{p_2},\cdots,(\lambda-\lambda_n)^{p_n}$$

那么矩阵 $f(\boldsymbol{A})$ 有初等因子

$$(\lambda-f(\lambda_1))^{p_1},(\lambda-f(\lambda_2))^{p_2},\cdots,(\lambda-f(\lambda_n))^{p_n}$$

§8　变换矩阵的一般的构成方法

在矩阵论及其应用的许多问题里面,只要知道从所予矩阵 $\boldsymbol{A}=(a_{ik})_1^n$ 经相似变换所得出的范式就已足够.它的范式是由其特征矩阵 $\lambda\boldsymbol{E}-\boldsymbol{A}$ 的不变因式所完全确定的.为了求出这些不变因式可以应用一定的公式[参考本章 §3 的公式(10)] 或者利用初等变换把特征矩阵 $\lambda\boldsymbol{E}-\boldsymbol{A}$ 化为对角范式.

在某些问题中,不仅要知道所予矩阵 $\boldsymbol{A}$ 的范式 $\widetilde{\boldsymbol{A}}$,还必须要知道它的满秩变换矩阵 $\boldsymbol{T}$.

下面将给出确定矩阵 $\boldsymbol{T}$ 的直接方法.

等式　$$\boldsymbol{A}=\boldsymbol{T}\widetilde{\boldsymbol{A}}\boldsymbol{T}^{-1}$$

---

① 由(58) 得出(57),如果取 $k=1$;由(58) 得出(59),如果取 $k=p$ 或 $k>p$.

② 论断 1 已经在第 5 章 §4,2 中得出.

③ 是即对于最小多项式的多重根 λ_i 都有 $f'(\lambda_i)\neq 0$.

可以写为

$$AT - T\widetilde{A} = 0$$

这个关于T的矩阵等式等价于关于矩阵T的n^2个未知元素有n^2个方程的齐次线性方程组.变换矩阵的确定就化为这个有n^2个方程的方程组的解出问题.此处必须从解的集合中选取这种解使得$|T| \neq 0$.由于矩阵A与$\widetilde{A}$有相同的不变多项式,可以保证这种解的存在[①].

我们注意,虽则范式是为所予矩阵A所唯一确定的[②],但对于变换矩阵T,我们常有无穷多个值,含于等式

$$T = UT_1 \tag{60}$$

中,其中T_1是变换矩阵的某一个,而U为任一与A可交换的矩阵[③].

定出变换矩阵T的上述方法,对于概念来说非常简单,但实际上毫无用处,因为常须艰巨的计算(例如当$n=4$时已经要解出有16个方程的方程组).

回来述说构成变换矩阵T的较有效的方法.这一方法奠基于定理7的补充(本章§5末尾).按照这一个补充,我们可以取矩阵

$$T = Q(\widetilde{A}) \tag{61}$$

作为变换矩阵,只要

$$\lambda E - \widetilde{A} = P(\lambda)(\lambda E - A)Q(\lambda)$$

从一等式表示特征矩阵$\lambda E - A$与$\lambda E - \widetilde{A}$等价.此处$P(\lambda)$与$Q(\lambda)$是有不等于零的常数行列式的多项式矩阵.

为了具体求出矩阵$Q(\lambda)$,我们利用相应的初等变换把$\lambda-$矩阵$\lambda E - A$与$\lambda E - \widetilde{A}$都化为标准对角形

$$\{i_n(\lambda), i_{n-1}(\lambda), \cdots, i_1(\lambda)\} = P_1(\lambda)(\lambda E - A)Q_1(\lambda) \tag{62}$$

$$\{i_n(\lambda), i_{n-1}(\lambda), \cdots, i_1(\lambda)\} = P_2(\lambda)(\lambda E - \widetilde{A})Q_2(\lambda) \tag{63}$$

其中

$$Q_1(\lambda) = T_1 T_2 \cdots T_{p_1}, Q_2(\lambda) = T_1^* T_2^* \cdots T_{p_2}^* \tag{64}$$

而$T_1, \cdots, T_{p_1}, T_1^*, \cdots, T_{p_2}^*$各对应于$\lambda-$矩阵$\lambda E - A$与$\lambda E - \widetilde{A}$诸列上初等运算的初等矩阵.由(62),(63)与(64)得出

$$\lambda E - \widetilde{A} = P(\lambda)(\lambda E - A)Q(\lambda)$$

其中

---

① 因为从这一事实得出矩阵A与$\widetilde{A}$相似.

② 这一论断并没有说只对于第一种自然范式才能成立.如果对于第二种自然范式或者对于约当范式,那么在不计对角线上诸子块的次序时,对它们的任何一种仍然是唯一确定的.

③ 公式(60)亦可以换为公式

$$T = T_1 V$$

其中V为任一与$\widetilde{A}$可交换的矩阵.

$$Q(\lambda)=Q_1(\lambda)Q_2^{-1}(\lambda)=T_1T_2\cdots T_{p_1}T_{p_2}^{*-1}T_{p_2-1}^{*-1}\cdots T_1^{*-1} \tag{65}$$

顺次对单位矩阵 $\boldsymbol{E}$ 施行对应于矩阵 $T_1,T_2,\cdots,T_{p_1},T_{p_2}^{*-1},\cdots,T_1^{*-1}$ 的初等运算，就可计算出矩阵 $Q(\lambda)$. 此后[按照公式(61)] 在 $Q(\lambda)$ 中换变量 λ 为矩阵 $\widetilde{\boldsymbol{A}}$.

例 2　有如下矩阵

$$\begin{pmatrix}1 & 0 & 1\\ 0 & 1 & -1\\ -1 & -1 & 1\end{pmatrix}$$

对左与右初等运算和相应的矩阵引进符号表示(参考第 6 章 §1)

$$s'=\{(c)i\},s''=\{i+(b(\lambda))j\},s'''=\{ij\}$$

$$T'=[(c)i],T''=[i+(b(\lambda))j],T'''=[ij]$$

读者容易检验，特征矩阵

$$\lambda E-A=\begin{pmatrix}\lambda-1 & 0 & -1\\ 0 & \lambda-1 & 1\\ 1 & 1 & \lambda-1\end{pmatrix}$$

利用以下依次进行的初等运算

$$[1+(\lambda-1)3],\{2+1\},\{3+(\lambda-1)1\},\{(-1)1\},[1-2],$$
$$[1-(\lambda^2-2\lambda+1)2],\{2-(\lambda-1)1\},\{(-1)2\},[13],\{23\} \tag{*}$$

可以化为标准的对角形式

$$\begin{pmatrix}1 & 0 & 0\\ 0 & 1 & 0\\ 0 & 0 & (\lambda-1)^2\end{pmatrix}$$

从矩阵 $\lambda E-A$ 的标准对角形式看出，矩阵 A 只有一个初等因子 $(\lambda-1)^3$. 因此矩阵

$$J=\begin{pmatrix}1 & 1 & 0\\ 0 & 1 & 1\\ 0 & 0 & 1\end{pmatrix}$$

是相应的约当型.

不难看出，特征矩阵 $\lambda E-J$ 利用以下初等运算化为相同的标准对角形式

$$\{3+(\lambda-1)2\},\{3+(\lambda^2-2\lambda+1)^3 1\},[2+(\lambda-1)3],$$
$$[1+(\lambda-1)2],\{(-1)1\},\{(-1)2\},[13],\{12\} \tag{**}$$

从(*)与(* *)中去掉用符号{...}表示的左初等运算，根据公式(64),(65),得

$$Q(\lambda)=Q_1(\lambda)Q_2^{-1}(\lambda)=$$
$$[1+(\lambda-1)3][1-2][1-(\lambda^2-2\lambda+$$

$$1)2][13][13][1-(\lambda-1)2][2-(\lambda-1)3]=$$
$$[1+(\lambda-1)3][1-(\lambda^2-\lambda+1)2][2-(\lambda-1)3]$$

将这些右初等运算依次用到单位矩阵上

$$\boldsymbol{E}=\begin{pmatrix}1&0&0\\0&1&0\\0&0&1\end{pmatrix}\to\begin{pmatrix}1&0&0\\0&1&0\\\lambda-1&0&1\end{pmatrix}\to\begin{pmatrix}1&0&0\\-\lambda^2+\lambda-1&1&0\\\lambda-1&0&1\end{pmatrix}\to$$
$$\begin{pmatrix}1&0&0\\-\lambda^2+\lambda-1&1&0\\\lambda-1&-\lambda+1&1\end{pmatrix}=\boldsymbol{Q}(\lambda)$$

这样

$$\boldsymbol{Q}(\lambda)=\begin{pmatrix}0&0&0\\-1&0&0\\0&0&0\end{pmatrix}\lambda^2+\begin{pmatrix}0&0&0\\1&0&0\\1&-1&0\end{pmatrix}\lambda+\begin{pmatrix}1&0&0\\-1&1&0\\-1&1&1\end{pmatrix}$$

注意到

$$\boldsymbol{J}^2=\begin{pmatrix}1&2&1\\0&1&2\\0&0&1\end{pmatrix}$$

求出

$$\boldsymbol{T}=\boldsymbol{Q}(\boldsymbol{J})=\begin{pmatrix}0&0&0\\-1&0&0\\0&0&0\end{pmatrix}\begin{pmatrix}1&2&1\\0&1&2\\0&0&1\end{pmatrix}+\begin{pmatrix}0&0&0\\1&0&0\\1&-1&0\end{pmatrix}\begin{pmatrix}1&1&0\\0&1&1\\0&0&1\end{pmatrix}+$$
$$\begin{pmatrix}1&0&0\\-1&1&0\\1&1&1\end{pmatrix}=\begin{pmatrix}1&0&0\\-1&0&-1\\0&1&0\end{pmatrix}$$

检验

$$\boldsymbol{AT}=\begin{pmatrix}1&1&0\\-1&-1&-1\\0&1&1\end{pmatrix},\boldsymbol{TJ}=\begin{pmatrix}1&1&0\\-1&-1&-1\\0&1&1\end{pmatrix},|\boldsymbol{T}|=\begin{vmatrix}1&0&0\\-1&0&-1\\0&1&0\end{vmatrix}=1$$

因此 $\boldsymbol{AT}=\boldsymbol{TJ}(|\boldsymbol{T}|\neq 0)$,即 $\boldsymbol{A}=\boldsymbol{TJT}^{-1}$.

§9　变换矩阵的第二种构成方法

1. 我们还要述说一种构成变换矩阵的方法,它常常给出比上节中的方法以较少的计算.但是这个第二种方法,只是用于约当范式而且是在已知所给予矩阵 $\boldsymbol{A}$ 的初等因子

$$(\lambda-\lambda_1)^{p_1},(\lambda-\lambda_2)^{p_2},\cdots \tag{66}$$

的时候.

设 $\boldsymbol{A}=\boldsymbol{TJT}^{-1}$,其中

$$\boldsymbol{J}=\{\lambda_1\boldsymbol{E}^{(p_1)}+\boldsymbol{H}^{(p_1)},\lambda_2\boldsymbol{E}^{(p_2)}+\boldsymbol{H}^{(p_2)},\cdots\}=\begin{pmatrix} \overbrace{\begin{matrix}\lambda_1 & 1 & \cdots & 0\\ \vdots & \ddots & \ddots & \vdots\\ \vdots & & \ddots & 1\\ 0 & \cdots & & \lambda_1\end{matrix}}^{p_1} & & \\ & \overbrace{\begin{matrix}\lambda_2 & 1 & \cdots & 0\\ \vdots & \ddots & \ddots & \vdots\\ \vdots & & \ddots & 1\\ 0 & \cdots & & \lambda_2\end{matrix}}^{p_2} & \\ & & \ddots \end{pmatrix}$$

如果以 t_k 记矩阵 $\boldsymbol{T}$ 的第 k 列($k=1,2,\cdots,n$),我们的矩阵等式

$$\boldsymbol{AT}=\boldsymbol{TJ}$$

就可换为等价的等式组

$$\boldsymbol{A}t_1=\lambda_1t_1,\boldsymbol{A}t_2=\lambda_1t_2+t_1,\cdots,\boldsymbol{A}t_{p_1}=\lambda_1t_{p_1}+t_{p_1-1} \tag{67}$$

$$\boldsymbol{A}t_{p_1+1}=\lambda_2t_{p_1+1},\boldsymbol{A}t_{p_1+2}=\lambda_2t_{p_1+2}+t_{p_1+1},\cdots,\boldsymbol{A}t_{p_1+p_2}=\lambda_2t_{p_1+p_2}+t_{p_1+p_2-1} \tag{68}$$

$$\vdots$$

这还可以写为

$$(\boldsymbol{A}-\lambda_1\boldsymbol{E})t_1=0,(\boldsymbol{A}-\lambda_1\boldsymbol{E})t_2=t_1,\cdots,(\boldsymbol{A}-\lambda_1\boldsymbol{E})t_{p_1}=t_{p_1-1} \tag{67'}$$

$$(\boldsymbol{A}-\lambda_2\boldsymbol{E})t_{p_1+1}=0,(\boldsymbol{A}-\lambda_2\boldsymbol{E})t_{p_1+2}=t_{p_1+1},\cdots,(\boldsymbol{A}-\lambda_2\boldsymbol{E})t_{p_1+p_2}=t_{p_1+p_2-1} \tag{68'}$$

$$\vdots$$

这样一来,矩阵 $\boldsymbol{T}$ 的所有列都分裂为列的"约当链":$[t_1,t_2,\cdots,t_{p_1}]$,$[t_{p_1+1},t_{p_1+2},\cdots,t_{p_1+p_2}]$,$\cdots$,$\boldsymbol{J}$ 中每一个约当子块[或者同样的,(66) 中每一个初等因子] 对应于它的列约当链,每一个列约当链为(67),(68) 等型的方程组所决定.

变换矩阵 $\boldsymbol{T}$ 的求出就化为列约当链的寻找,要求所得出的全部是 n 个线性无关列.

我们来证明,这些列约当链可以利用约化矩阵 $\boldsymbol{C}(\lambda)$(参考第 4 章 §6) 来定出.

对于矩阵 $\boldsymbol{C}(\lambda)$ 有恒等式

$$(\lambda\boldsymbol{E}-\boldsymbol{A})\boldsymbol{C}(\lambda)=\psi(\lambda)\boldsymbol{E} \tag{69}$$

其中 $\psi(\lambda)$ 为矩阵 $\boldsymbol{A}$ 的最小多项式.

设

$$\psi(\lambda)=(\lambda-\lambda_0)^m\chi(\lambda)\quad(\chi(\lambda_0)\neq 0)$$

对恒等式(69)逐项依次微分 $m-1$ 次

$$\begin{cases}(\lambda\boldsymbol{E}-\boldsymbol{A})\boldsymbol{C}'(\lambda)+\boldsymbol{C}(\lambda)=\psi'(\lambda)\boldsymbol{E}\\(\lambda\boldsymbol{E}-\boldsymbol{A})\boldsymbol{C}''(\lambda)+2\boldsymbol{C}'(\lambda)=\psi''(\lambda)\boldsymbol{E}\\\vdots\\(\lambda\boldsymbol{E}-\boldsymbol{A})\boldsymbol{C}^{(m-1)}(\lambda)+(m-1)\boldsymbol{C}^{(m-2)}(\lambda)=\psi^{(m-1)}(\lambda)\boldsymbol{E}\end{cases}\tag{70}$$

在(69),(70)中换 λ 为 λ_0 且注意其右边此时全变为零,我们得出

$$(\boldsymbol{A}-\lambda_0\boldsymbol{E})\boldsymbol{C}=\boldsymbol{0},(\boldsymbol{A}-\lambda_0\boldsymbol{E})\boldsymbol{D}=\boldsymbol{C},(\boldsymbol{A}-\lambda_0\boldsymbol{E})\boldsymbol{F}=\boldsymbol{D},\cdots,(\boldsymbol{A}-\lambda_0\boldsymbol{E})\boldsymbol{K}=\boldsymbol{G}\tag{71}$$

其中

$$\begin{cases}\boldsymbol{C}=\boldsymbol{C}(\lambda_0),\boldsymbol{D}=\dfrac{1}{1!}\boldsymbol{C}'(\lambda_0),\boldsymbol{F}=\dfrac{1}{2!}\boldsymbol{C}''(\lambda_0),\cdots,\boldsymbol{G}=\dfrac{1}{(m-2)!}\boldsymbol{C}^{(m-2)}(\lambda_0)\\\boldsymbol{K}=\dfrac{1}{(m-1)!}\boldsymbol{C}^{(m-1)}(\lambda_0)\end{cases}\tag{72}$$

在等式(71)中换诸矩阵(72)为其第 k 列($k=1,2,\cdots,n$),我们得出

$$(\boldsymbol{A}-\lambda_0\boldsymbol{E})\boldsymbol{C}_k=\boldsymbol{0},(\boldsymbol{A}-\lambda_0\boldsymbol{E})\boldsymbol{D}_k=\boldsymbol{C}_k,\cdots,(\boldsymbol{A}-\lambda_0\boldsymbol{E})\boldsymbol{K}_k=\boldsymbol{G}_k\quad(k=1,2,\cdots,n)\tag{73}$$

因为 $\boldsymbol{C}=\boldsymbol{C}(\lambda_0)\neq\boldsymbol{0}$①,故可选取这样的 $k(\leqslant n)$,使得

$$\boldsymbol{C}_k\neq\boldsymbol{0}\tag{74}$$

那么 m 个列

$$\boldsymbol{C}_k,\boldsymbol{D}_k,\boldsymbol{F}_k,\cdots,\boldsymbol{G}_k,\boldsymbol{K}_k\tag{75}$$

就线性无关.事实上,设

$$\gamma\boldsymbol{C}_k+\delta\boldsymbol{D}_k+\cdots+\kappa\boldsymbol{K}_k=\boldsymbol{0}\tag{76}$$

顺次乘(76)的两边以 $\boldsymbol{A}-\lambda_0\boldsymbol{E},\cdots,(\boldsymbol{A}-\lambda_0\boldsymbol{E})^{m-1}$,我们得出

$$\delta\boldsymbol{C}_k+\cdots+\kappa\boldsymbol{G}_k=\boldsymbol{0},\cdots,\kappa\boldsymbol{C}_k=\boldsymbol{0}\tag{77}$$

从(76)与(77)且应用(74)我们得出

$$\gamma=\delta=\cdots=\kappa=0$$

因为线性无关列(75)适合方程组(73),它们构成了对应于初等因子 $(\lambda-\lambda_0)^m$ 的列约当链[比较(73)与(67′)].

如果对于某一个 k 有 $\boldsymbol{C}_k=\boldsymbol{0}$,但 $\boldsymbol{D}_k\neq\boldsymbol{0}$,那么列 $\boldsymbol{D}_k,\cdots,\boldsymbol{G}_k,\boldsymbol{K}_k$ 构成有 $m-1$ 个列向量的约当链,诸如此类.

2. 我们首先指出,如何在矩阵 $\boldsymbol{A}$ 有两两互质的初等因子

---

① 从 $\boldsymbol{C}(\lambda_0)=\boldsymbol{0}$ 将得出 $\boldsymbol{C}(\lambda)$ 诸元素有一个次数大于零的公因式,与 $\boldsymbol{C}(\lambda)$ 的定义矛盾.

$$(\lambda-\lambda_1)^{m_1},(\lambda-\lambda_2)^{m_2},\cdots,(\lambda-\lambda_s)^{m_s}\quad(\text{当 } i\neq j \text{ 时 } \lambda_i\neq\lambda_j;i,j=1,2,\cdots,s)$$

时来构成变换矩阵 $\boldsymbol{T}$.

用上述方法构成对应于初等因子 $(\lambda-\lambda_j)^{m_j}$ 的列约当链 $\boldsymbol{C}^{(j)},\boldsymbol{D}^{(j)},\cdots,\boldsymbol{G}^{(j)},\boldsymbol{K}^{(j)}$. 那么

$$(\boldsymbol{A}-\lambda_j\boldsymbol{E})\boldsymbol{C}^{(j)}=\boldsymbol{0},(\boldsymbol{A}-\lambda_j\boldsymbol{E})\boldsymbol{D}^{(j)}=\boldsymbol{C}^{(j)},\cdots,(\boldsymbol{A}-\lambda_j\boldsymbol{E})\boldsymbol{K}^{(j)}=\boldsymbol{G}^{(j)}\tag{78}$$

给出 j 以值 $1,2,\cdots,s$, 我们得出全部含有 n 个列的 s 个约当链. 这些列是线性无关的.

事实上, 设

$$\sum_{j=1}^{s}[\gamma_j\boldsymbol{C}^{(j)}+\delta_j\boldsymbol{D}^{(j)}+\cdots+\kappa_j\boldsymbol{K}^{(j)}]=\boldsymbol{0}\tag{79}$$

左乘等式(79)的两边以乘积

$$(\boldsymbol{A}-\lambda_1\boldsymbol{E})^{m_1}\cdots(\boldsymbol{A}-\lambda_{j-1}\boldsymbol{E})^{m_j-1}(\boldsymbol{A}-\lambda_j\boldsymbol{E})^{m_j-1}(\boldsymbol{A}-\lambda_{j+1}\boldsymbol{E})^{m_j+1}\cdots(\boldsymbol{A}-\lambda_s\boldsymbol{E})^{m_s}\tag{80}$$

我们得出

$$\kappa_j=0$$

在(80)中顺次换 m_j-1 为 $m_j-2,m_j-3,\cdots$, 我们得出

$$\gamma_j=\delta_j=\cdots=\kappa_j=0\quad(j=1,2,\cdots,s)$$

这就是所要证明的结果.

矩阵 $\boldsymbol{T}$ 为以下公式所确定

$$\boldsymbol{T}=(\boldsymbol{C}^{(1)},\boldsymbol{D}^{(1)},\cdots,\boldsymbol{K}^{(1)};\boldsymbol{C}^{(2)},\boldsymbol{D}^{(2)},\cdots,\boldsymbol{K}^{(2)};\cdots;\boldsymbol{C}^{(s)},\boldsymbol{D}^{(s)},\cdots,\boldsymbol{K}^{(s)})\tag{81}$$

例 3　有如下矩阵

$$\boldsymbol{A}=\begin{pmatrix}8 & 3 & -10 & -3\\ 3 & -1 & -4 & 2\\ 2 & 3 & -2 & -4\\ 2 & -1 & -3 & 2\\ 1 & 2 & -1 & -3\end{pmatrix}$$

$$\begin{matrix}\vdots & \vdots & \vdots & \vdots\\ 3 & 2 & 2 & 1\\ \vdots & \vdots & \vdots & \vdots\\ 1 & 4 & 0 & 2\end{matrix}$$

$$\psi(\lambda)=\Delta(\lambda)=(\lambda-1)^2(\lambda+1)^2=\lambda^4-2\lambda^2+1$$

初等因子

$$(\lambda-1)^2,(\lambda+1)^2$$

$$\Psi(\lambda,\mu)=\frac{\psi(\mu)-\psi(\lambda)}{\mu-\lambda}=\mu^3+\lambda\mu^2+(\lambda^2-2)\mu+\lambda^3-2\lambda$$

$$C(\lambda)=\Psi(\lambda E, A)=A^3+\lambda A^2+(\lambda^2-2)A+(\lambda^3-2\lambda)E$$

建立第一列 $C_1(\lambda)$

$$C_1(\lambda)=[A^3]_1+\lambda[A^2]_1+(\lambda^2-2)A_1+(\lambda^3-2\lambda)E_1$$

为了计算矩阵 A^2 的第一列，我们乘所有矩阵 A 的行以矩阵 A 的第一列. 我们得出①：$[A^2]_1=(1,4,0,2)$. 这一列乘以矩阵 A 所有的行，求得 $[A^3]_1=(3,6,2,3)$. 故有

$$C_1(\lambda)=\begin{pmatrix}3\\6\\2\\3\end{pmatrix}+\lambda\begin{pmatrix}1\\4\\0\\2\end{pmatrix}+(\lambda^2-2)\begin{pmatrix}3\\2\\2\\1\end{pmatrix}+(\lambda^3-2\lambda)\begin{pmatrix}1\\0\\0\\0\end{pmatrix}=\begin{pmatrix}\lambda^3+3\lambda^2-\lambda-3\\2\lambda^2+4\lambda+2\\2\lambda^2-2\\\lambda^2+2\lambda+1\end{pmatrix}$$

因此，$C_1(1)=(0,8,0,4)$，$C'_1(1)=(8,8,4,4)$. 因为 $C_1(-1)=(0,0,0,0)$，所以对于第二列应用上述的类似运算，求得：$C_2(-1)=(-4,0,-4,0)$ 与 $C'_2(-1)=(4,-4,4,-4)$. 建立矩阵

$$(C_1(1),C'_1(1),C_2(-1),C'_2(-1))=\begin{pmatrix}0&8&-4&4\\8&8&0&-4\\0&4&-4&4\\4&4&0&-4\end{pmatrix}$$

约去②前两列的因子 4 与后两列的因子 -4

$$T=\begin{pmatrix}0&2&1&-1\\2&2&0&1\\0&1&1&-1\\1&1&0&1\end{pmatrix}$$

让读者验证

$$AT=T\cdot\begin{pmatrix}1&1&0&0\\0&1&0&0\\0&0&-1&1\\0&0&0&-1\end{pmatrix}$$

3. 转移到一般的情形，要找出对应于特征数 λ_0 的列约当链，假设对应于 λ_0 的初等因子为 p 个 $(\lambda-\lambda_0)^m$，q 个 $(\lambda-\lambda_0)^{m-1}$，$r$ 个 $(\lambda-\lambda_0)^{m-2}$，诸如此类.

预先建立以下诸矩阵的一些性质

$$C=C(\lambda_0),D=C'(\lambda_0),F=\frac{1}{2!}C''(\lambda_0),\cdots,K=\frac{1}{(m-1)!}C^{(m-1)}(\lambda_0) \quad (82)$$

---

① 我们把行乘以列所得出的列写成矩阵 A 下面的一个行. 矩阵 A 上面的斜体数字为诸行和的控制数.

② 乘约当链的所有列以数 $c\neq 0$ 后，仍然得出约当链.

1° 矩阵(82) 可以表为 $\boldsymbol{A}$ 的多项式的形状

$$\boldsymbol{C}=h_1(\boldsymbol{A}),\boldsymbol{D}=h_2(\boldsymbol{A}),\cdots,\boldsymbol{K}=h_m(\boldsymbol{A}) \tag{83}$$

其中

$$h_i(\lambda)=\frac{\psi(\lambda)}{(\lambda-\lambda_0)^i}\quad(i=1,2,\cdots,m) \tag{84}$$

事实上

$$\boldsymbol{C}(\lambda)=\boldsymbol{\Psi}(\lambda\boldsymbol{E},\boldsymbol{A})$$

其中

$$\boldsymbol{\Psi}(\lambda,\mu)=\frac{\psi(\mu)-\psi(\lambda)}{\mu-\lambda}$$

所以

$$\frac{1}{k!}\boldsymbol{C}^{(k)}(\lambda_0)=\frac{1}{k!}\boldsymbol{\Psi}^{(k)}(\lambda_0\boldsymbol{E},\boldsymbol{A}) \tag{85}$$

其中

$$\frac{1}{k!}\boldsymbol{\Psi}^{(k)}(\lambda_0,\mu)=\frac{1}{k!}\left[\frac{\partial^k}{\partial\lambda^k}\boldsymbol{\Psi}(\lambda,\mu)\right]_{\lambda=\lambda_0}=\frac{1}{k!}\left[\frac{\partial^k}{\partial\lambda^k}\frac{\psi(\mu)}{\mu-\lambda}\right]_{\lambda=\lambda_0}=$$

$$\frac{\psi(\mu)}{(\mu-\lambda_0)^{k+1}}=h_{k+1}(\mu) \tag{86}$$

由(82),(85) 与(86) 得出(83).

2° 矩阵(82) 有对应的秩

$$p,2p+q,3p+2q+r,\cdots$$

矩阵(82) 的这一性质可直接从 1° 与第 6 章的定理 8 来得出,如果取秩等于 $n-d$ 且利用关于 $\boldsymbol{A}$ 的函数的亏数的公式(48)(第 6 章,§ 7,2).

3° 在矩阵序列(82) 中,每一个矩阵的列都是在它后面的任一矩阵诸列的线性组合.

在序列(82) 中取两个矩阵 $h_i(\boldsymbol{A})$ 与 $h_k(\boldsymbol{A})$(参考 1°). 设 $i<h$. 那么由(84) 得出

$$h_i(\boldsymbol{A})=h_k(\boldsymbol{A})(\boldsymbol{A}-\lambda_0\boldsymbol{E})^{k-i}$$

故矩阵 $h_i(\boldsymbol{A})$ 的第 j 列 $y_j(j=1,2,\cdots,n)$ 可由矩阵 $h_k(\boldsymbol{A})$ 的列 $z_1,z_2,\cdots,z_n$ 线性表出

$$y_j=\sum_{g=1}^{n}\alpha_g z_g$$

其中 $\alpha_1,\alpha_2,\cdots,\alpha_n$ 是矩阵$(\boldsymbol{A}-\lambda_0\boldsymbol{E})^{k-i}$ 中第 j 列的元素.

4° 在矩阵 $\boldsymbol{C}$ 中把任一列换为所有列的任一线性组合,且在 $\boldsymbol{D},\cdots,\boldsymbol{K}$ 中作对应的代换,并不变动基本公式(71).

现在转移到对于初等因子

$$\underbrace{(\lambda-\lambda_0)^m,\cdots,(\lambda-\lambda_0)^m}_{p};\underbrace{(\lambda-\lambda_0)^{m-1},\cdots,(\lambda-\lambda_0)^{m-1}}_{q};\cdots$$

的列约当链的组成. 应用性质 2° 与 4°,我们变矩阵 $\boldsymbol{C}$ 为以下形状

$$\boldsymbol{C}=(\boldsymbol{C}_1,\boldsymbol{C}_2,\cdots,\boldsymbol{C}_p;\boldsymbol{0},\boldsymbol{0},\cdots,\boldsymbol{0}) \tag{87}$$

其中列 $\boldsymbol{C}_1,\boldsymbol{C}_2,\cdots,\boldsymbol{C}_p$ 彼此线性无关. 此时

$$\boldsymbol{D}=(\boldsymbol{D}_1,\boldsymbol{D}_2,\cdots,\boldsymbol{D}_p;\boldsymbol{D}_{p+1},\cdots,\boldsymbol{D}_n)$$

按照 3°,对于任何一个 $i(1\leqslant i\leqslant p)$,列 $\boldsymbol{C}_i$ 都是列 $\boldsymbol{D}_1,\boldsymbol{D}_2,\cdots,\boldsymbol{D}_n$ 的线性组合

$$\boldsymbol{C}_i=\alpha_1\boldsymbol{D}_1+\cdots+\alpha_p\boldsymbol{D}_p+\alpha_{p+1}\boldsymbol{D}_{p+1}+\cdots+\alpha_n\boldsymbol{D}_n \tag{88}$$

乘这个等式的两边以 $\boldsymbol{A}-\lambda_0\boldsymbol{E}$. 那么注意[参考(73)]

$$(\boldsymbol{A}-\lambda_0\boldsymbol{E})\boldsymbol{C}_i=\boldsymbol{0}(i=1,2,\cdots,p),(\boldsymbol{A}-\lambda_0\boldsymbol{E})\boldsymbol{D}_j=\boldsymbol{C}_j(j=1,2,\cdots,n)$$

由(87) 得出

$$\boldsymbol{0}=\alpha_1\boldsymbol{C}_1+\alpha_2\boldsymbol{C}_2+\cdots+\alpha_p\boldsymbol{C}_p$$

故在(88) 中

$$\alpha_1=\cdots=\alpha_p=0$$

所以列 $\boldsymbol{C}_1,\boldsymbol{C}_2,\cdots,\boldsymbol{C}_p$ 可以表为列 $\boldsymbol{D}_{p+1},\cdots,\boldsymbol{D}_n$ 的线性无关的组合,因而由 4° 与 2° 可以取列 $\boldsymbol{C}_1,\cdots,\boldsymbol{C}_p$ 代换 $\boldsymbol{D}_{p+1},\cdots,\boldsymbol{D}_{2p}$,且换 $\boldsymbol{D}_{2p+q+1},\cdots,\boldsymbol{D}_n$ 为零,并不变动矩阵 $\boldsymbol{C}$.

那么矩阵 $\boldsymbol{D}$ 有以下形状

$$\boldsymbol{D}=(\boldsymbol{D}_1,\cdots,\boldsymbol{D}_p;\boldsymbol{C}_1,\boldsymbol{C}_2,\cdots,\boldsymbol{C}_p;\boldsymbol{D}_{2p+1},\cdots,\boldsymbol{D}_{2p+q};\boldsymbol{0},\boldsymbol{0},\cdots,\boldsymbol{0}) \tag{89}$$

同样的,对于矩阵 $\boldsymbol{C}$ 与 $\boldsymbol{D}$ 保持(87) 与(89) 的形状,我们表矩阵 $\boldsymbol{F}$ 为以下形状

$$\begin{aligned}\boldsymbol{F}=(&\boldsymbol{F}_1,\cdots,\boldsymbol{F}_p;\boldsymbol{D}_1,\cdots,\boldsymbol{D}_p;\boldsymbol{F}_{2p+1},\cdots,\boldsymbol{F}_{2p+q};\boldsymbol{C}_1,\cdots,\boldsymbol{C}_p;\\&\boldsymbol{D}_{2p+1},\cdots,\boldsymbol{D}_{2p+q};\boldsymbol{F}_{3p+2q+1},\cdots,\boldsymbol{F}_{3p+2q+r};\boldsymbol{0},\cdots,\boldsymbol{0})\end{aligned} \tag{90}$$

诸如此类.

式(73) 给出约当链

$$\begin{cases}\underbrace{\overbrace{(\boldsymbol{C}_1,\boldsymbol{D}_1,\cdots,\boldsymbol{K}_1)}^{m},\cdots,\overbrace{(\boldsymbol{C}_p,\boldsymbol{D}_p,\cdots,\boldsymbol{K}_p)}^{m}}_{p};\\ \underbrace{\overbrace{(\boldsymbol{D}_{2p+1},\boldsymbol{F}_{2p+1},\cdots,\boldsymbol{K}_{2p+1})}^{m-1},\cdots,\overbrace{(\boldsymbol{D}_{2p+q},\boldsymbol{F}_{2p+q},\cdots,\boldsymbol{K}_{2p+q})}^{m-1}}_{q};\cdots\end{cases} \tag{91}$$

这些约当链彼此线性无关. 事实上,在链(91) 中所有的列 $\boldsymbol{C}_i$ 纯属无关,因为它们组成矩阵$\boldsymbol{C}$的 p 个线性无关列. 在(91) 中所有的列 $\boldsymbol{C}_i$ 与 $\boldsymbol{D}_i$ 线性无关,因为它们组成矩阵 $\boldsymbol{D}$ 中的 $2p+q$ 个线性无关列,诸如此类;最后,(91) 中所有的列线性无关,因为它们组成矩阵 $\boldsymbol{K}$ 中的 $n_0=mp+(m-1)q+\cdots$ 个线性无关列. 在(91) 中,列的个数等于对应于所予特征数 λ_0 的诸初数因子的次数之和.

设矩阵 $\boldsymbol{A}=(a_{ik})_1^n$ 有 s 个不同的特征数 λ_j[$j=1,2,\cdots,s;\Delta(\lambda)=(\lambda-\lambda_1)^{n_1}$ ·

$(\lambda-\lambda_2)^{n_2}\cdots(\lambda-\lambda_s)^{n_s}$；$\psi(\lambda)=(\lambda-\lambda_1)^{m_1}(\lambda-\lambda_2)^{m_2}\cdots(\lambda-\lambda_s)^{m_s}$]. 对于每一个特征数$\lambda_j$建立一组线性无关的约当链(91)；在这一组中列的个数等于$n_j(j=1,2,\cdots,s)$. 所有这样得出的链共含$n=n_1+n_2+\cdots+n_s$个列.

这n个列线性无关且构成所求的变换矩阵$\boldsymbol{T}$.

所得出的n个列的线性无关性可证明如下：

这n个列的任一线性组合可表为以下形状

$$\sum_{j=1}^{s}\boldsymbol{H}_j=\boldsymbol{0} \tag{92}$$

其中$\boldsymbol{H}_j$是对应于特征数$\lambda_j(j=1,2,\cdots,s)$的约当链(91)中诸列的线性组合. 但是对应于特征数λ_j的约当链中任何一列都适合方程

$$(\boldsymbol{A}-\lambda_j\boldsymbol{E})^{m_j}\boldsymbol{x}=\boldsymbol{0}$$

所以

$$(\boldsymbol{A}-\lambda_j\boldsymbol{E})^{m_j}\boldsymbol{H}_j=\boldsymbol{0} \tag{93}$$

取固定的数$j(1\leqslant j\leqslant s)$且用矩阵的谱上以下诸值

$$r(\lambda_i)=r'(\lambda_i)=\cdots=r^{(m_i-1)}(\lambda_i)=0 \quad (i\neq j)$$

与

$$r(\lambda_j)=1, r'(\lambda_j)=\cdots=r^{(m_j-1)}(\lambda_j)=0$$

者，来构成拉格朗日－西尔维斯特内插多项式$r(\lambda)$(参考第5章，§1,2).

那么对于任何$i\neq j$，$r(\lambda)$都被$(\lambda-\lambda_i)^{m_i}$所除尽，故由(93)

$$r(\boldsymbol{A})\boldsymbol{H}_i=\boldsymbol{0} \quad (i\neq j) \tag{94}$$

同样的道理，差$r(\lambda)-1$被$(\lambda-\lambda_j)^{m_j}$所除尽；故有

$$r(\boldsymbol{A})\boldsymbol{H}_j=\boldsymbol{H}_j \tag{95}$$

同乘(92)的两边以$r(\boldsymbol{A})$，根据(94)与(95)，我们得出

$$\boldsymbol{H}_j=\boldsymbol{0}$$

这对于任何$j=1,2,\cdots,s$都能成立. 但$\boldsymbol{H}_j$是对应于同一特征数λ_j的线性无关列的线性组合$(j=1,2,\cdots,s)$. 故在线性组合$\boldsymbol{H}_j(j=1,2,\cdots,s)$中所有系数都等于零，因而(92)中所有系数都等于零.

注 我们指出对于矩阵$\boldsymbol{T}$中列的某些变换，经过这些变换后所得出的矩阵仍然是同一约当型的变换矩阵(此时对角线上约当子块的位置并无改变)：

Ⅰ. 乘任一约当链的所有列以同一不为零的数.

Ⅱ. 加到约当链的每一列(从第二列起)以同一链中的前一列与同一数的乘积.

Ⅲ. 将另一个含有相同或更多个列且对应于同一特征数的约当链的对应列，加到约当链的所有列上.

例 4 有如下矩阵

$$A=\begin{pmatrix}1&0&0&1&-1\\0&1&-2&3&-3\\0&0&-1&2&-2\\1&-1&1&0&1\\1&-1&1&-1&2\end{pmatrix}$$

$$\Delta(\lambda)=(\lambda-1)^4(\lambda+1)$$

$$\psi(\lambda)=(\lambda-1)^2(\lambda+1)=\lambda^3-\lambda^2-\lambda+1$$

矩阵的初等因子为

$$(\lambda-1)^2,(\lambda-1)^2,\lambda+1$$

$$J=\begin{pmatrix}1&1&0&0&0\\0&1&0&0&0\\0&0&1&1&0\\0&0&0&1&0\\0&0&0&0&-1\end{pmatrix}$$

$$\Psi(\lambda,\mu)=\frac{\psi(\mu)-\psi(\lambda)}{\mu-\lambda}=\mu^2+(\lambda-1)\mu+\lambda^2-\lambda-1$$

$$C(\lambda)=\Psi(\lambda E,A)=A^2+(\lambda-1)A+(\lambda^2-\lambda-1)E$$

顺次计算矩阵 A^2 的列与矩阵 $C(\lambda),C(1),C'(\lambda),C'(1),C(-1)$ 中的对应列. 我们应当得出矩阵 $C(1)$ 的两个线性无关列与矩阵 $C(-1)$ 的一个不为零的列

$$C(\lambda)=\begin{pmatrix}1&0&0&2&*\\0&1&0&2&*\\0&0&1&0&*\\2&-2&2&-1&*\\2&-2&2&-2&*\end{pmatrix}+(\lambda-1)\begin{pmatrix}1&0&0&1&*\\0&1&-2&3&*\\0&0&-1&2&*\\1&-1&1&0&*\\1&-1&1&-1&*\end{pmatrix}+$$

$$(\lambda^2-\lambda-1)\begin{pmatrix}1&0&0&0&0\\0&1&0&0&0\\0&0&1&0&0\\0&0&0&1&0\\0&0&0&0&1\end{pmatrix}$$

$$C(+1)=\begin{pmatrix}0&0&0&2&*\\0&0&0&2&*\\0&0&0&0&*\\2&-2&2&-2&*\\2&-2&2&-2&*\end{pmatrix}$$

$$C'(\lambda)=\begin{pmatrix}1&0&0&1&*\\0&1&-2&3&*\\0&0&-1&2&*\\1&-1&1&0&*\\1&-1&1&-1&*\end{pmatrix}+(2\lambda-1)\begin{pmatrix}1&0&0&0&0\\0&1&0&0&0\\0&0&1&0&0\\0&0&0&1&0\\0&0&0&0&1\end{pmatrix}$$

$$C'(+1)=\begin{pmatrix}2&*&*&1&*\\0&*&*&3&*\\0&*&*&2&*\\1&*&*&1&*\\1&*&*&-1&*\end{pmatrix},C(-1)=\begin{pmatrix}0&0&0&*&*\\0&0&4&*&*\\0&0&4&*&*\\0&0&0&*&*\\0&0&0&*&*\end{pmatrix}$$

故有[①]

$$T=(C_1(+1),C'_1(+1),C_4(+1),C_4(+1),C_3(-1))=\begin{pmatrix}0&2&2&1&0\\0&0&2&3&4\\0&0&0&2&4\\2&1&-2&1&0\\2&1&-2&-1&0\end{pmatrix}$$

对于矩阵 T 还可予以简化.顺次：

(1) 第五列除以 4；

(2) 在第三列上加以第一列，在第四列上加以第二列；

(3) 从第四列减去第三列；

(4) 第一列与第二列除以 2；

(5) 第一列与第二列除以 2.

我们得出矩阵

$$T_1=\begin{pmatrix}0&1&2&1&0\\0&0&2&1&1\\0&0&0&2&1\\1&0&0&2&0\\1&0&0&0&0\end{pmatrix}$$

让读者验证，$AT_1=T_1J$ 与 $|T_1|\neq 0$.

① 此处以下标记列的序数；例如，$C'_4(+1)$ 记矩阵 $C'(+1)$ 中第四列.

例 5 有如下矩阵

$$A=\begin{pmatrix}1 & -1 & 1 & -1\\ -3 & 3 & -5 & 4\\ 8 & -4 & 3 & -4\\ 15 & -10 & 11 & -11\end{pmatrix}$$

$$\Delta(\lambda)=(\lambda+1)^4$$

$$\psi(\lambda)=(\lambda+1)^3$$

初等因子为

$$(\lambda+1)^3,(\lambda+1)$$

$$J=\begin{pmatrix}-1 & 1 & 0 & 0\\ 0 & -1 & 1 & 0\\ 0 & 0 & -1 & 0\\ 0 & 0 & 0 & -1\end{pmatrix}$$

建立多项式

$$h_1(\lambda)=\frac{\psi(\lambda)}{\lambda+1}=(\lambda+1)^2,h_2(\lambda)=\frac{\psi(\lambda)}{(\lambda+1)^2}=\lambda+1,h_3(\lambda)=\frac{\psi(\lambda)}{(\lambda+1)^3}=1$$

与矩阵[①]

$$C=h_1(A)=(A+E)^2,D=h_2(A)=A+E,F=E$$

$$C=\begin{pmatrix}0 & 0 & 0 & 0\\ 2 & -1 & 1 & -1\\ 0 & 0 & 0 & 0\\ -2 & 1 & -1 & 1\end{pmatrix},D=\begin{pmatrix}2 & -1 & 1 & -1\\ -3 & 4 & -5 & 4\\ 8 & -4 & 4 & -4\\ 15 & -10 & 11 & -10\end{pmatrix},F=\begin{pmatrix}1 & 0 & 0 & 0\\ 0 & 1 & 0 & 0\\ 0 & 0 & 1 & 0\\ 0 & 0 & 0 & 1\end{pmatrix}$$

可以取这些矩阵的前三个列作为矩阵 T 的前三个列:$T=(C_3,D_3,F_3,*)$.在矩阵 C,D,F 中,从第一列减去第三列的二倍,在第二与第四列上加上第三列,我们得出

$$\widetilde{C}=\begin{pmatrix}0 & 0 & 0 & 0\\ 0 & 0 & 1 & 0\\ 0 & 0 & 0 & 0\\ 0 & 0 & -1 & 0\end{pmatrix},\widetilde{D}=\begin{pmatrix}0 & 0 & 1 & 0\\ 7 & -1 & -5 & -1\\ 0 & 0 & 4 & 0\\ -7 & 1 & 11 & 1\end{pmatrix},\widetilde{F}F=\begin{pmatrix}1 & 0 & 0 & 0\\ 0 & 1 & 0 & 0\\ -2 & 1 & 1 & 1\\ 0 & 0 & 0 & 1\end{pmatrix}$$

在矩阵 $\widetilde{D},\widetilde{F}$ 中,将第四列与7的乘积加到第一列上,且从第二列减去第四列,我们得出

---

① 因为只有一个最高次初等因子,所以矩阵 C 的秩必须等于1.因此,例如,只要计算出位于矩阵 C 的第一列与第二行中的七个元素,即已足够.矩阵 C 的其余元素就能立即定出.

$$\widetilde{C}=\begin{pmatrix}0&0&0&0\\0&0&1&0\\0&0&0&0\\0&0&-1&0\end{pmatrix},\widetilde{\widetilde{D}}=\begin{pmatrix}0&0&1&0\\0&0&-5&-1\\0&0&4&0\\0&0&11&1\end{pmatrix},\widetilde{\widetilde{F}}=\begin{pmatrix}1&0&0&0\\0&1&0&0\\5&0&1&1\\7&-1&0&1\end{pmatrix}$$

取 $\widetilde{\widetilde{F}}$ 中第一列作为 T 中最后一列.

我们有

$$T=(C_2,D_3,F_3,\widetilde{\widetilde{F}})=\begin{pmatrix}0&1&0&1\\1&-5&0&0\\0&4&1&5\\-1&11&0&7\end{pmatrix}$$

为了验算可以验证 $AT=TJ$ 与 $|T|\neq 0$.

n 维空间中线性算子的结构（初等因子的几何理论）

第7章

上章所述的关于初等因子的解析理论使得我们能够对于任何方阵定出与它相似的“范式”或“标准”形式矩阵．另一方面，在第3章中我们已经看到，n 维空间中线性算子在不同的基底中的性状，是借助于一类相似矩阵来得出的．在这类矩阵中，有范式存在，是与 n 维空间中线性算子的重要而深入的性质有密切关系．本章从事于这些性质的研究．线性算子的结构的研究使得我们不依靠上章中所述的关于变换矩阵成范式的理论．因而本章的内容可以称为初等因子的几何理论[①]．

§1　空间的向量（关于已给予线性算子）的最小多项式

讨论域 K 上 n 维向量空间 R 与这一空间中线性算子 A．设 $\boldsymbol{x}$ 为 R 中任一向量．建立向量序列

$$\boldsymbol{x}, A\boldsymbol{x}, A^2\boldsymbol{x}, \cdots \tag{1}$$

由于空间维数的有限性可以求得这样的整数 $p(0 \leqslant p \leqslant n)$，使得向量 $\boldsymbol{x}, A\boldsymbol{x}, \cdots, A^{p-1}\boldsymbol{x}$ 线性无关，而 $A^p\boldsymbol{x}$ 是这些向量以域 K 中数为系数的线性组合

① 此处所述的初等因子的几何理论是根据著者的论文 Геометрическая теория элементарных делителей по Крулло(1935) 来说的．其他初等因子理论的几何构成可参考 Высшая геометрия(1939) 还有 Устойчивсcть линеарнзояанных систем(1949)．

$$A^p \boldsymbol{x} = -\gamma_1 A^{p-1} \boldsymbol{x} - \gamma_2 A^{p-2} \boldsymbol{x} - \cdots - \gamma_p \boldsymbol{x} \tag{2}$$

取多项式 $\varphi(\lambda) = \lambda^p + \gamma_1 \lambda^{p-1} + \cdots + \gamma_{p-1}\lambda + \gamma_p$. 那么等式(2) 可写为

$$\varphi(A)\boldsymbol{x} = \boldsymbol{0} \tag{3}$$

每一个可以适合等式(3) 的多项式 $\varphi(\lambda)$ 称为向量 $\boldsymbol{x}$ 的零化多项式[①]. 但是不难看出,从向量 $\boldsymbol{x}$ 的所有零化多项式中我们可以作出一个首项系数为 1 的次数最小的零化多项式. 这一个多项式我们称为向量 $\boldsymbol{x}$ 的最小零化多项式或简称为向量 $\boldsymbol{x}$ 的最小多项式.

我们注意,向量 $\boldsymbol{x}$ 的任一零化多项式 $\tilde{\varphi}(\lambda)$ 都被其最小多项式 $\varphi(\lambda)$ 所除尽.

事实上,设

$$\tilde{\varphi}(\lambda) = \varphi(\lambda)\kappa(\lambda) + \rho(\lambda) \tag{4}$$

其中 $\kappa(\lambda)$, $\rho(\lambda)$ 为以 $\varphi(\lambda)$ 除 $\tilde{\varphi}(\lambda)$ 所得出的商式与余式. 那么

$$\tilde{\varphi}(A)\boldsymbol{x} = \kappa(A)\varphi(A)\boldsymbol{x} + \rho(A)\boldsymbol{x} = \rho(A)\boldsymbol{x} \tag{5}$$

因而

$$\rho(A)\boldsymbol{x} = \boldsymbol{0} \tag{6}$$

但余式 $\rho(\lambda)$ 的次数应小于最小多项式 $\varphi(\lambda)$ 的次数. 这就说明了 $\rho(\lambda) \equiv 0$.

特别的,由所证明的结果,知每一个向量 $\boldsymbol{x}$ 只对应于一个最小多项式.

在空间 R 中选取某一基底 $\boldsymbol{e}_1, \boldsymbol{e}_2, \cdots, \boldsymbol{e}_n$. 以 $\varphi_1(\lambda), \varphi_2(\lambda), \cdots, \varphi_n(\lambda)$ 记基底中向量 $\boldsymbol{e}_1, \boldsymbol{e}_2, \cdots, \boldsymbol{e}_n$ 的最小多项式,且以 $\psi(\lambda)$ 记这些多项式的最小公倍式(取 $\psi(\lambda)$ 的首项系数为 1). 那么 $\psi(\lambda)$ 将为所有基底向量 $\boldsymbol{e}_1, \boldsymbol{e}_2, \cdots, \boldsymbol{e}_n$ 的零化多项式. 因为任一向量 $\boldsymbol{x} \in R$ 都可表为形状 $\boldsymbol{x} = x_1\boldsymbol{e}_1 + x_2\boldsymbol{e}_2 + \cdots + x_n\boldsymbol{e}_n$,所以

$$\psi(A)\boldsymbol{x} = x_1\psi(A)\boldsymbol{e}_1 + x_2\psi(A)\boldsymbol{e}_2 + \cdots + x_n\psi(A)\boldsymbol{e}_n = \boldsymbol{0}$$

亦即

$$\psi(A) = 0 \tag{7}$$

多项式 $\psi(\lambda)$ 是全部空间 R 的零化多项式. 设 $\tilde{\psi}(\lambda)$ 为全部空间 R 的任一零化多项式. 那么 $\tilde{\psi}(\lambda)$ 将为基底向量 $\boldsymbol{e}_1, \boldsymbol{e}_2, \cdots, \boldsymbol{e}_n$ 的零化多项式. 因此 $\tilde{\psi}(\lambda)$ 必须是这些向量的最小多项式 $\varphi_1(\lambda), \varphi_2(\lambda), \cdots, \varphi_n(\lambda)$ 的公倍数,所以多项式 $\tilde{\psi}(\lambda)$ 必须被最小公倍式 $\psi(\lambda)$ 所除尽. 故知,从全部空间 R 的所有零化多项式中得出一个首项系数为1的次数最小的多项式 $\psi(\lambda)$. 这一个多项式由所予空间 R 与算子 A 所唯一确定且算子 A 称为空间 R 的最小多项式[②]. 空间 R 的最小多项式的唯一性可从上面所建立的结果得出:空间 R 的任一零化多项式 $\tilde{\psi}(\lambda)$ 都被最小

---

① 自然含有"关于所给予算子 A" 在内. 我们为了简便起见这种情况在定义中没有说明,因为在这一章的全部范围内我们只讨论一个算子 A.

② 如果在某一基底 $\boldsymbol{e}_1, \boldsymbol{e}_2, \cdots, \boldsymbol{e}_n$ 中,算子 A 对应于矩阵 $\boldsymbol{A} = (a_{ik})_1^n$,那么空间 R(关于 A 的) 零化多项式或最小多项式就各为矩阵 $\boldsymbol{A}$ 的零化多项式与最小多形式,而且反之亦然. 比较第 4 章, § 6.

多项式 $\psi(\lambda)$ 所除尽. 虽则最小多项式 $\psi(\lambda)$ 的组成与所定出的基底 $\boldsymbol{e}_1,\boldsymbol{e}_2,\cdots,\boldsymbol{e}_n$ 有关,但是多项式 $\psi(\lambda)$ 却与这一基底的选择无关(此可从空间 R 的最小多项式的唯一性推出).

最后,还须注意,空间 R 的最小多项式是 R 中任一向量 $\boldsymbol{x}$ 的零化多项式,所以空间的最小多项式被这一空间中任何向量的最小多项式所除尽.

§2 分解为有互质最小多项式的不变子空间的分解式

子空间 $R'\subset R$ 称为关于已知算子 A 的不变子空间,如果 $AR'\subset R'$,即从 $x\in R'$ 推出 $A\boldsymbol{x}\in R'$. 换言之,算子 A 把不变子空间的向量再转换为这个子空间的向量.

以后我们将整个空间(参考第 3 章 §1) 分解为关于 A 的不变子空间. 这种分解将引起对算子在整个空间中的性质与在各个分子空间中的性质的研究.

我们现在来证明以下定理:

定理 1(关于分解空间为不变子空间的第一定理) 如果对于已给线性算子 A,空间 R 的最小多项式 $\psi(\lambda)$ 在域 K 中可表为两个互质多项式 $\psi_1(\lambda)$ 与 $\psi_2(\lambda)$(首相系数都等于 1) 的乘积

$$\psi(\lambda)=\psi_1(\lambda)\psi_2(\lambda) \tag{8}$$

那么空间 R 可以分解为两个不变子空间 I_1 与 I_2,有

$$R=I_1+I_2 \tag{9}$$

而且他们的最小多项式各为因式 $\psi_1(\lambda)$ 与 $\psi_2(\lambda)$.

证明 以 I_1 记适合方程 $\psi_1(A)\boldsymbol{x}=\boldsymbol{0}$ 的所有向量 $\boldsymbol{x}$ 的集合. 同样的利用方程 $\psi_2(A)\boldsymbol{x}=\boldsymbol{0}$ 来确定 I_2. 由这一定义知 I_1 与 I_2 都是 R 的子空间.

由 $\psi_1(\lambda)$ 与 $\psi_2(\lambda)$ 的互质推知有这样的多项式 $\chi_1(\lambda)$ 与 $\chi_2(\lambda)$ 存在(系数在 K 中) 使得以下恒等式能够成立

$$1=\psi_1(\lambda)\chi_1(\lambda)+\psi_2(\lambda)\chi_2(\lambda) \tag{10}$$

现在设 $\boldsymbol{x}$ 为 R 中任一向量. 在(10) 中换 λ 为 A 且将得出运算等式的两边应用于向量 $\boldsymbol{x}$

$$\boldsymbol{x}=\psi_1(A)\chi_1(A)\boldsymbol{x}+\psi_2(A)\chi_2(A)\boldsymbol{x} \tag{11}$$

亦即

$$\boldsymbol{x}=\boldsymbol{x}'+\boldsymbol{x}'' \tag{12}$$

其中

$$\boldsymbol{x}'=\psi_2(A)\chi_2(A)\boldsymbol{x},\boldsymbol{x}''=\psi_1(A)\chi_1(A)\boldsymbol{x} \tag{13}$$

再者

$$\psi_1(A)\boldsymbol{x}'=\psi(A)\chi_2(A)\boldsymbol{x}=\boldsymbol{0},\psi_2(A)\boldsymbol{x}''=\psi(A)\chi_1(A)\boldsymbol{x}=\boldsymbol{0}$$

亦即 $\boldsymbol{x}'\in I_1$ 与 $\boldsymbol{x}''\in I_2$.

I_1 与 I_2 没有不为零的公共向量. 事实上,如果 $\boldsymbol{x}_0 \in I_1$ 与 $\boldsymbol{x}_0 \in I_2$,亦即 $\psi_1(A)\boldsymbol{x}_0=\boldsymbol{0}$,及 $\psi_2(A)\boldsymbol{x}_0=\boldsymbol{0}$,那么由(11)

$$\boldsymbol{x}_0=\chi_1(A)\psi_1(A)\boldsymbol{x}_0+\chi_2(A)\psi_2(A)\boldsymbol{x}_0=\boldsymbol{0}$$

这样一来,我们已经证明了 $R=I_1+I_2$.

再设 $\boldsymbol{x}\in I_1$,那么 $\psi_1(A)\boldsymbol{x}=\boldsymbol{0}$. 这个等式的两边左乘 A 且交换 A 与 $\psi_1(A)$ 的位置,我们得出 $\psi_1(A)A\boldsymbol{x}=\boldsymbol{0}$,亦即 $A\boldsymbol{x}\in I_1$. 这就证明了,子空间 I_1 对 A 不变. 同样的可以证明子空间 I_2 的不变性.

现在我们来证明,$\psi_1(\lambda)$ 是 I_1 的最小多项式. 设 $\tilde{\psi}_1(\lambda)$ 为 I_1 的任一零化多项式,而 $\boldsymbol{x}$ 为 R 中任一向量. 利用已经建立的分解式(12),写出

$$\tilde{\psi}_1(A)\psi_2(A)\boldsymbol{x}=\psi_2(A)\tilde{\psi}_1(A)\boldsymbol{x}'+\tilde{\psi}_1(A)\psi_2(A)\boldsymbol{x}''=\boldsymbol{0}$$

因为 $\boldsymbol{x}$ 是 R 中任一向量,故知乘积 $\tilde{\psi}_1(\lambda)\psi_2(\lambda)$ 是 R 的零化多项式,因而可以被 $\psi(\lambda)=\psi_1(\lambda)\psi_2(\lambda)$ 所除尽;换句话说,$\tilde{\psi}_1(\lambda)$ 被 $\psi_1(\lambda)$ 所除尽. 但 $\tilde{\psi}_1(\lambda)$ 是空间 I_1 的任一零化多项式,而 $\psi_1(\lambda)$ 是这些零化多项式中的某一个(由 I_1 的定义). 这就说明了,$\psi_1(\lambda)$ 是 I_1 的最小多项式. 完全相类似的,可以证明 $\psi_2(\lambda)$ 是不变子空间 I_2 的最小多项式.

定理已经完全证明.

分解多项式 $\psi(\lambda)$ 为域 K 上不可约多项式的乘积

$$\psi(\lambda)=[\varphi_1(\lambda)]^{c_1}[\varphi_2(\lambda)]^{c_2}\cdots[\varphi_s(\lambda)]^{c_s} \tag{14}$$

(此处 $\varphi_1(\lambda),\varphi_2(\lambda),\cdots\varphi_s(\lambda)$ 是首项系数为 1 的域 K 上各不相同的不可约多项式). 那么根据已经证明的定理

$$R=I_1+I_2+\cdots+I_s \tag{15}$$

其中 I_k 是有最小多项式$[\varphi_k(\lambda)]^{c_k}$ 的不变子空间$(k=1,2,\cdots,s)$.

这样一来,所证明的定理把任一空间中线性算子的性质的研究化为最小多项式是 K 上不可约多项式的幂的空间中这一线性算子性质的研究. 这一情况可以用来证明以下重要的命题:

定理 2 在空间中,常有这样的向量存在,其最小多项式与空间的最小多项式重合.

证明 首先讨论这样的特殊情形,空间 R 的最小多项式是 K 上不可约多项式 $\varphi(\lambda)$ 的幂

$$\psi(\lambda)=[\varphi(\lambda)]^l$$

在 R 中取基底 $\boldsymbol{e}_1,\boldsymbol{e}_2,\cdots,\boldsymbol{e}_n$. 向量 $\boldsymbol{e}_i$ 的最小多项式是多项式 $\psi(\lambda)$ 的因子,故可表为$[\varphi(\lambda)]^{l_i}$ 的形状,其中 $l_i\leqslant l(i=1,2,\cdots,n)$.

但空间的最小多项式是基底向量的最小多项式的最小公倍式,亦即 $\psi(\lambda)$ 与幂$[\varphi(\lambda)]^{l_i}(i=1,2,\cdots,n)$ 中的最高幂相同. 换句话说,$\psi(\lambda)$ 与基底向量 $\boldsymbol{e}_1,\boldsymbol{e}_2,\cdots,\boldsymbol{e}_n$ 中某一个的最小多项式重合.

转移到一般的情形，我们预先证明以下引理：

引理 如果向量 e' 与 e'' 的最小多项式彼此互质，那么向量和 $e'+e''$ 的最小多项式等于诸向量项的最小多项式的乘积.

证明 事实上，设 $\chi_1(\lambda)$ 与 $\chi_2(\lambda)$ 各为向量 e' 与 e'' 的最小多项式. 由条件，$\chi_1(\lambda)$ 与 $\chi_2(\lambda)$ 互质. 设 $\chi(\lambda)$ 为向量 $e=e'+e''$ 的任一零化多项式. 那么

$$\chi_2(A)\chi(A)e'=\chi_2(A)\chi(A)e-\chi(A)\chi_2(A)e''=0$$

亦即 $\chi_2(\lambda)\chi(\lambda)$ 是 e' 的零化多项式. 故知 $\chi_2(\lambda)\chi(\lambda)$ 为 $\chi_1(\lambda)$ 所除尽. 因 $\chi_1(\lambda)$ 与 $\chi_2(\lambda)$ 互质，故 $\chi(\lambda)$ 为 $\chi_1(\lambda)$ 所除尽. 同理可证，$\chi(\lambda)$ 为 $\chi_2(\lambda)$ 所除尽. 但 $\chi_1(\lambda)$ 与 $\chi_2(\lambda)$ 互质，故 $\chi(\lambda)$ 为乘积 $\chi_1(\lambda)\chi_2(\lambda)$ 所除尽. 所以向量 e 的任一零化多项式都被零化多项式 $\chi_1(\lambda)\chi_2(\lambda)$ 所除尽. 因此，$\chi_1(\lambda)\chi_2(\lambda)$ 是向量 $e=e'+e''$ 的最小多项式.

回到定理 2，为了证明一般的情形，我们应用分解式(15). 因为子空间 $I_1, I_2, \cdots, I_s$ 的最小多项式都是不可约多项式的幂，所以对于这些多项式，我们的命题已经证明. 故有这样的向量 $e'\in I_1, e''\in I_2, \cdots, e^{(s)}\in I_s$ 存在，其最小多项式各为 $[\varphi_1(\lambda)]^{c_1}, [\varphi_2(\lambda)]^{c_2}, \cdots, [\varphi_s(\lambda)]^{c_s}$. 由引理知向量 $e=e'+e''+\cdots+e^{(s)}$ 的最小多项式等于乘积 $[\varphi_1(\lambda)]^{c_1}\cdot[\varphi_2(\lambda)]^{c_2}\cdot\cdots\cdot[\varphi_s(\lambda)]^{c_s}$，亦即等于空间 R 的最小多项式.

§3 同余式. 商空间

设给出某一子空间 $I\subset R$. 我们说，R 中两个向量 x 与 y 对模 I 同余，且写为 $x\equiv y(\mathrm{mod}\ I)$ 的充分必要条件是 $y-x\in I$. 容易验证，这样引进来的同余式概念有以下诸性质：对于任何 $x, y, z\in R$.

1° $x\equiv x(\mathrm{mod}\ I)$(同余式的自反性)；

2° 由 $x\equiv y(\mathrm{mod}\ I)$ 得出 $y\equiv x(\mathrm{mod}\ I)$(同余式的可逆性或对称性)；

3° 由 $x\equiv y(\mathrm{mod}\ I)$ 与 $y\equiv z(\mathrm{mod}\ I)$ 得出 $x\equiv z(\mathrm{mod}\ I)$(同余式的传递性).

同余式的这三个性质的存在给出了把整个向量空间来分类的可能性，在每一类中的向量都是两两对模 I 同余(不同的类中向量对模 I 不同余). 含有向量 x 的类记为 $\hat{x}$[①]. 子空间 I 本身为这些类中的一个，是即类 $\hat{0}$. 我们注意，每一个同余式 $x\equiv y(\mathrm{mod}\ I)$ 对应于对应类的等式[②]：$\hat{x}=\hat{y}$.

很容易证明，同余式可以逐项相加且可逐项乘以 K 中的数

1° 由 $x\equiv x', y\equiv y'(\mathrm{mod}\ I)$ 得出 $x+y\equiv x'+y'(\mathrm{mod}\ I)$.

---

① 因为每一个类中都有无穷多个向量，所以由于这一条件它是表示一个无穷集合.

② 是即重合.

2° 由 $\boldsymbol{x} \equiv \boldsymbol{x}'(\mathrm{mod}\ I)$ 得出 $\alpha\boldsymbol{x} \equiv \alpha\boldsymbol{x}'(\mathrm{mod}\ I)(\alpha \in K)$.

同余式的这些性质说明了,加法与 K 中数乘运算并不“破坏”诸类.如果取两个类 $\hat{x}$ 与 $\hat{y}$ 且把第一类中元素 $\boldsymbol{x},\boldsymbol{x}',\cdots$ 的任何一个与第二类中元素 $\boldsymbol{y},\boldsymbol{y}',\cdots$ 的任何一个相加,那么所有这样得出的和都属于同一个类,我们称之为类 $\hat{x}$ 与 $\hat{y}$ 的和且记之为 $\hat{x}+\hat{y}$. 同理,如果类 $\hat{x}$ 中所有向量 $\boldsymbol{x},\boldsymbol{x}',\cdots$ 乘以数 $\alpha \in K$,那么所得出的乘积都属于同一个类,记之以 $\alpha\boldsymbol{x}$.

这样一来,在所有类 $\hat{x},\hat{y},\cdots$ 的集合 $\hat{R}$ 中引进了两个运算:“加法”与对 K 中数的“乘法”.对于这些运算,很容易验证其含有向量空间定义中所述的一切性质(第3章,§1).所以 $\hat{R}$ 与 R 一样,是一个域 K 上的向量空间.我们称 $\hat{R}$ 为关于 R 的商空间.如果 $n,m,\hat{n}$ 各为空间 $R,I,\hat{R}$ 的维数,那么 $\hat{n}=n-m$.

所有在这一节中所引进来的概念可以用下例来做一个很好的说明.

例1 设 R 为三维空间中全部向量的集合,K 为实数域.为了更明显起见,表向量为由原点 O 引出的有向线段.设 I 为经过 O 的某一直线(更正确的说:是在一条通过 O 的直线上的全部向量集合:图4).

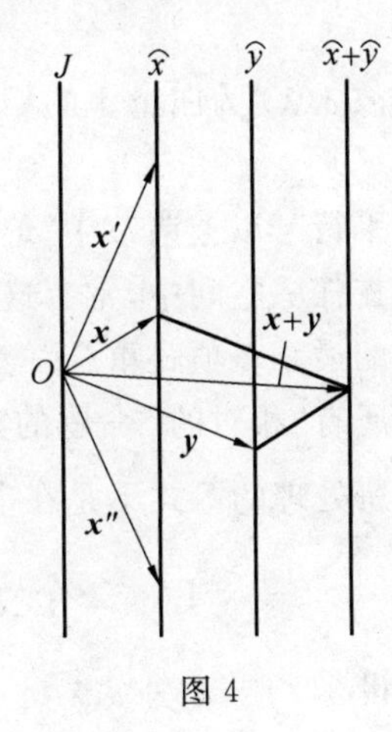

图4

同余式 $\boldsymbol{x} \equiv \boldsymbol{x}'(\mathrm{mod}\ I)$ 表示向量 $\boldsymbol{x}$ 与 $\boldsymbol{x}'$ 差一个 I 中的向量,亦即含有 $\boldsymbol{x}$ 与 $\boldsymbol{x}'$ 的末端且与直线 I 平行的线段.所以类 $\hat{x}$ 表示经过向量 $\boldsymbol{x}$ 的末端且与 I 平行的直线,更正确的说,是由 O 引出的“一丛”向量,其末端都在这一直线上.诸“丛”可以相加且可与实数相乘(为在这些丛中向量的相加与对数乘所确定).这些“丛”是商空间 $\hat{R}$ 的元素.在这个例子里面 $n=3,m=1,\hat{n}=2$.

我们可以得出另一例子,如果取经过点 O 的平面作为 I.对于这一个例子有 $n=3,m=2,\hat{n}=1$.

现在设在 R 中给出线性算子 A.且设 I 是对 A 不变的子空间.读者很容易证明,由 $\boldsymbol{x} \equiv \boldsymbol{x}'(\mathrm{mod}\ I)$ 得出 $A\boldsymbol{x} \equiv A\boldsymbol{x}'(\mathrm{mod}\ I)$,亦即在同余式的两边可以应用算子 A.换句话说,如果对某一类 $\hat{x}$ 中所有向量 $\boldsymbol{x},\boldsymbol{x}',\cdots$ 施行算子 A,那么所得出的向量 $A\boldsymbol{x},A\boldsymbol{x}',\cdots$ 亦都属于同一个类中,我们记这一个类以 $A\hat{x}$.线性算子 A 变类为类,故为 $\hat{R}$ 中的线性算子.

我们说,向量 $\boldsymbol{x}_1,\boldsymbol{x}_2,\cdots,\boldsymbol{x}_p$ 对模 I 线性相关,如果在 K 中有不全等于零的这样的数 $\alpha_1,\alpha_2,\cdots,\alpha_p$ 存在,使得

$$\alpha_1 \boldsymbol{x}_1 + \alpha_2 \boldsymbol{x}_2 + \cdots + \alpha_p \boldsymbol{x}_p \equiv \mathbf{0} (\bmod I) \tag{16}$$

我们注意，不但关于线性相关的概念，而在这一章中以前诸节中所引进来的所有概念、命题与推理都可以逐字重述，只不过换所有的"="号为符号"$\equiv (\bmod I)$"，其中 I 为某一个对 A 不变的固定子空间.

这样一来，引进了空间与向量的对模 I 的零化，最小多项式诸概念. 所有这些概念我们都称为"相对的"以区别于早先所引进的"绝对的"概念(对符号"="才有意义).

读者注意，(向量的，空间的)相对最小多项式是绝对最小多项式的因式. 例如设 $\sigma_1(\lambda)$ 为向量 $\boldsymbol{x}$ 的相对的最小多项式，而 $\sigma(\lambda)$ 为其对应的绝对的最小多项式.

那么
$$\sigma(A)\boldsymbol{x} = \mathbf{0}$$
但由此可得
$$\sigma(A)\boldsymbol{x} \equiv \mathbf{0} (\bmod I)$$

故 $\sigma(\lambda)$ 为向量 $\boldsymbol{x}$ 的相对的零化多项式，因而可为相对的最小多项式 $\sigma_1(\lambda)$ 所除尽.

平行于以上诸节中"绝对的"命题我们有"相对的"命题. 例如，我们有命题："在任一空间中，常有这样的向量存在，其相对的最小多项式与整个空间的相对的最小多项式重合".

所有"相对的"命题的正确性是建立于对模 I 的同余式的运算上，主要的是我们所处理的等式不是在空间 R 里面，而是在空间 $\hat{R}$ 里面.

§4　一个空间对于循环不变子空间的分解式

设 $\sigma(\lambda) = \lambda^p + \alpha_1 \lambda^{p-1} + \cdots + \alpha_{p-1}\lambda + \alpha_p$ 是向量 $\boldsymbol{e}$ 的最小多项式. 那么向量
$$\boldsymbol{e}, A\boldsymbol{e}, \cdots, A^{p-1}\boldsymbol{e} \tag{17}$$
线性无关，而且
$$A^p \boldsymbol{e} = -\alpha_p \boldsymbol{e} - \alpha_{p-1} A\boldsymbol{e} - \cdots - \alpha_1 A^{p-1} \boldsymbol{e} \tag{18}$$

向量(17)构成某一个 p 维子空间 I 的基底. 这一子空间称为循环的. 记住其有特殊性状基底(17)与等式(18)[①]. 算子 A 把(17)中的第一个向量变为第二个，第二个变为第三个，诸如此类. 基底向量中最后一个由算子 A 变为等式(18)所写出的基底向量的一个线性组合. 这样一来，算子 A 变任一基底向量为 I 中的一个向量；这就表示它变 I 中任一向量为 I 中的一个向量. 换句话说，循环子

---

① 正确的应称这一个子空间为对于线性算子 A 循环的. 但是因为所有的理论都是对于这一个算子 A 来构成的，我们为了简便起见删去"对于线性算子 A"诸字(参考本章 §1 中第一个足注中类似的注释).

空间常对 A 不变.

任一向量 $\boldsymbol{x} \in I$ 可表为基底向量(17) 的线性组合,亦即为以下形状

$$\boldsymbol{x} = \chi(A)\boldsymbol{e} \tag{19}$$

其中 $\chi(\lambda)$ 为系数在 K 中次数小于或等于 $p-1$ 的 λ 的多项式. 考查所有可能的系数在 K 中次数小于或等于 $p-1$ 的多项式 $\chi(\lambda)$,我们得出 I 中的所有向量,而且每一个向量 $\boldsymbol{x} \in \boldsymbol{I}$ 只表出一次,亦即只对应于一个多项式 $\chi(\lambda)$. 记住基底(17) 或公式(19),我们说,向量 $\boldsymbol{e}$ 产生子空间 I.

我们还要注意,所生成的向量 $\boldsymbol{e}$ 的最小多项式同时也是整个子空间 I 的最小多项式.

我们现在来建立全部理论的基本命题,由此分解空间 R 为循环子空间.

设 $\psi_1(\lambda) = \psi(\lambda) = \lambda^m + \alpha_1\lambda^{m-1} + \cdots + \alpha_m$ 是空间 R 的最小多项式. 那么在空间中有向量 $\boldsymbol{e}$ 存在,以这一个多项式为其最小多项式(本章,§2,定理 2). 设以 I_1 记有基底

$$\boldsymbol{e}, A\boldsymbol{e}, \cdots, A^{m-1}\boldsymbol{e} \tag{20}$$

的循环子空间.

如果 $n = m$,那么 $R = I_1$. 设 $n > m$ 且设多项式

$$\psi_2(\lambda) = \lambda^p + \beta_1\lambda^{p-1} + \cdots + \beta_p$$

为空间 R 对模 I_1 的最小多项式. 按照在 §3 末尾所述的注释,$\psi_2(\lambda)$ 是 $\psi_1(\lambda)$ 的因式,亦即有这样的多项式 $\kappa(\lambda)$ 存在,使得

$$\psi_1(\lambda) = \psi_2(\lambda)\kappa(\lambda) \tag{21}$$

再者,在 R 中有向量 $\boldsymbol{g}^*$ 存在,其相对的最小多项式为 $\psi_2(\lambda)$. 那么

$$\psi_2(A)\boldsymbol{g}^* \equiv \boldsymbol{0} (\bmod I_1) \tag{22}$$

亦即有次数小于或等于 $m-1$ 的这样的多项式 $\chi(\lambda)$ 存在,使得

$$\psi_2(A)\boldsymbol{g}^* = \chi(A)\boldsymbol{e} \tag{23}$$

在这个等式的两边应用算子 $\kappa(A)$. 那么由(21),在其左边得出 $\psi_1(A)\boldsymbol{g}^*$,亦即零向量,因为 $\psi_1(\lambda)$ 是空间的绝对的最小多项式;故有

$$\kappa(A)\chi(A)\boldsymbol{e} = \boldsymbol{0} \tag{24}$$

这个等式证明了乘积 $\kappa(\lambda)\chi(\lambda)$ 是向量 $\boldsymbol{e}$ 的零化多项式,因而为最小多项式 $\psi_1(\lambda) = \kappa(\lambda)\psi_2(\lambda)$ 所除尽,亦即 $\chi(\lambda)$ 为 $\psi_2(\lambda)$ 所除尽

$$\chi(\lambda) = \kappa_1(\lambda)\psi_2(\lambda) \tag{25}$$

其中 $\kappa_1(\lambda)$ 为某一多项式. 利用多项式 $\chi(\lambda)$ 的这一分解式,我们可以写等式(23) 为

$$\psi_2(A)\boldsymbol{g} = \boldsymbol{0} \tag{26}$$

其中向量 $\boldsymbol{g}$ 由以下等式确定

$$\boldsymbol{g} = \boldsymbol{g}^* - \kappa_1(A)\boldsymbol{e} \tag{27}$$

最后的等式证明了

$$\boldsymbol{g} \equiv \boldsymbol{g}^{*} (\bmod I_1) \tag{28}$$

因此这个式子表示 $\psi_2(\lambda)$ 是 $\boldsymbol{g}^{*}$，因而亦是 $\boldsymbol{g}$ 的相对的最小多项式. 从等式(26)就得出以下结果：$\psi_2(\lambda)$ 是向量 $\boldsymbol{g}$ 的相对的同时又是绝对的最小多项式.

因为 $\psi_2(\lambda)$ 是向量 $\boldsymbol{g}$ 的绝对的最小多项式，故知有基底

$$\boldsymbol{g}, A\boldsymbol{g}, \cdots, A^{p-1}\boldsymbol{g} \tag{29}$$

的子空间 I_2 是循环的.

由于 $\psi_2(\lambda)$ 是向量 $\boldsymbol{g}$ 对模 I_1 的相对的最小多项式，推知向量(29) 对模 I_1 线性无关，亦即没有一个系数不全等于零的向量(29) 的线性组合，可以等于向量(20) 的线性组合. 因为(20) 中诸向量线性无关，所以我们刚才的论断表示以下 $m+p$ 个向量

$$\boldsymbol{e}, A\boldsymbol{e}, \cdots, A^{m-1}\boldsymbol{e}; \boldsymbol{g}, A\boldsymbol{g}, \cdots, A^{p-1}\boldsymbol{g} \tag{30}$$

的纯属无关性.

向量(30) 构成 $m+p$ 维不变子空间 I_1+I_2 的基底.

如果 $n=m+p$，那么 $R=I_1+I_2$. 如果 $n>m+p$，那么我们对模 I_1+I_2 讨论 R，再继续用我们的方法来分出循环不变子空间. 因为空间 R 是有限维的，其维数为 n，所以这一方法必须停止于某一子空间 I_t，其中 $t \leqslant n$.

我们得到以下定理：

定理 3(关于分解空间为不变子空间的第二定理) 常可分解空间为各有最小多项式 $\psi_1(\lambda), \psi_2(\lambda), \cdots, \psi_t(\lambda)$，且对已给线性算子 A 循环的子空间 I_1, $I_2, \cdots, I_t$

$$R = I_1 + I_2 + \cdots + I_t \tag{31}$$

而且使得 $\psi_1(\lambda)$ 与整个空间的最小多项式重合，每一个 $\psi_i(\lambda)$ 都是 $\psi_{i-1}(\lambda)$ 的因子$(i=2,3,\cdots,t)$.

现在我们来提出循环空间的某些性质. 设 R 为 n 维循环空间，$\psi(\lambda) = \lambda^m + \cdots$ 为这一空间的最小多项式. 那么由循环空间的定义知有 $m=n$. 反之，设给出任一空间 R 且已知 $m=n$. 应用所证明的分解定理，我们表 R 为(31) 的形状. 但因 I_1 的最小多项式与整个空间的最小多项式重合，知循环子空间 I_1 的维数等于 m. 由条件 $m=n$ 得出 $R=I_1$，亦即 R 是一个循环子空间.

这样一来，得出了以下空间循环性的判定：

定理 4 空间是循环的充分必要条件是它的维数与其最小多项式的次数相同.

现在假设循环空间 R 有对两个不变子空间 I_1 与 I_2 的分解式

$$R = I_1 + I_2 \tag{32}$$

以 n, n_1, n_2 各记空间 R, I_1 与 I_2 的维数，以 $\psi(\lambda), \psi_1(\lambda)$ 与 $\psi_2(\lambda)$ 记这些空

间的最小多项式,以 m,m_1 与 m_2 记这些最小多项式的次数.那么

$$m_1 \leqslant n_1, m_2 \leqslant n_2 \tag{33}$$

把这两个不等式逐项相加,得

$$m_1 + m_2 \leqslant n_1 + n_2 \tag{34}$$

因为 $\psi(\lambda)$ 是多项式 $\psi_1(\lambda)$ 与 $\psi_2(\lambda)$ 的最小公倍式,所以

$$m \leqslant m_1 + m_2 \tag{35}$$

此外,由(32)得出

$$n = n_1 + n_2 \tag{36}$$

公式(34),(35)与(36)给出我们一串关系

$$m \leqslant m_1 + m_2 \leqslant n_1 + n_2 = n \tag{37}$$

由于空间 R 的循环性,知在这一串关系式两端的数 m 与 n,彼此相等.故在这一串关系式中,只能取等号,亦即

$$m = m_1 + m_2 = n_1 + n_2$$

因为 $m = m_1 + m_2$,知 $\psi_1(\lambda)$ 与 $\psi_2(\lambda)$ 互质.

由 $m_1 + m_2 = n_1 + n_2$ 与式(33),知有

$$m_1 = n_1, m_2 = n_2 \tag{38}$$

这些等式说明子空间 I_1 与 I_2 的循环性.

这样一来,我们得到以下命题:

定理 5　循环空间只能分解为这样的不变子空间,它们都是循环的,且有互质的最小多项式.

类似的推理(从相反的次序来进行)证明定理 5 是可逆的.

定理 6　如果能分解空间为不变子空间,而且它们是循环的,且有互质的最小多项式,那么原来的空间是循环的.

现在设 R 是循环空间且其最小多项式是域 K 中不可约多项式的幂:$\psi(\lambda) = [\varphi(\lambda)]^0$.在这一情形下 R 中任一不变子空间的最小多项式亦为这个不可约多项式 $\varphi(\lambda)$ 的幂.所以任何两个不变子空间的最小多项式不可能互质.故由所证明的命题知 R 不能分解为几个不变子空间.

相反的,设某一空间 R 不能分解为几个不变子空间.那么 R 是一个循环空间,否则它就可以利用第二分解定理分解为几个循环子空间;再者,R 的最小多项式必须是不可约多项式的幂,因为在相反的情形由第一分解定理,R 就可以分解为几个不变子空间.

这样一来,我们得到以下结果:

定理 7　空间不能分解为几个不变子空间的充分必要条件是,它是循环的,它的最小多项式是域 K 中不可约多项式的幂.

现在回到分解式(31)且把循环子空间 $I_1, I_2, \cdots, I_t$ 的最小多项式 $\psi_1(\lambda)$,

$\psi_2(\lambda),\cdots,\psi_t(\lambda)$ 分解为域 K 中不可约多项式的乘积

$$\begin{cases}\psi_1(\lambda)=[\varphi_1(\lambda)]^{c_1}[\varphi_2(\lambda)]^{c_2}\cdots[\varphi_s(\lambda)]^{c_s}\\ \psi_2(\lambda)=[\varphi_1(\lambda)]^{d_1}[\varphi_2(\lambda)]^{d_2}\cdots[\varphi_s(\lambda)]^{d_s}\\ \qquad\vdots\\ \psi_t(\lambda)=[\varphi_1(\lambda)]^{l_1}[\varphi_2(\lambda)]^{l_2}\cdots[\varphi_s(\lambda)]^{l_s}\end{cases}\tag{39}$$

$$(c_k\geqslant d_k\geqslant\cdots\geqslant l_k\geqslant 0;k=1,2,\cdots,s)$$ [①]

应用第一分解定理于 I_1，我们得出

$$I_1=I'_1+I''_1+\cdots+I_1^{(s)}$$

其中 $I'_1,I''_1,\cdots,I_1^{(s)}$ 为各有最小多项式 $[\varphi_1(\lambda)]^{c_1},[\varphi_2(\lambda)]^{c_2},\cdots,[\varphi_s(\lambda)]^{c_s}$ 的循环子空间. 类似的来分解子空间 $I_2,\cdots,I_t$. 这样，我们得出整个空间 R 的一个分解式，分解为有最小多项式 $[\varphi_k(\lambda)]^{c_k},[\varphi_k(\lambda)]^{d_k},\cdots,[\varphi_k(\lambda)]^{l_k}(k=1,2,\cdots,s)$ 的诸循环子空间(此处要舍弃对于指数等于零的诸幂). 由定理 7，知道这些循环子空间已经不能再行分解(为几个不变子空间). 我们得到以下定理：

定理 8(关于分解空间为不变子空间的第三定理) 常可分解空间为循环不变子空间

$$R=I'+I''+\cdots+I^{(u)}\tag{40}$$

使得这些循环子空间的每一个最小多项式都是不可约多项式的幂.

这一定理给出了空间分解成不能再行分解的不变子空间的分解式.

注 我们应用前两个分解定理来得出定理 8—— 第三分解定理. 但是第三分解定理亦可以用另外的方法来得出，是即为定理 7 的直接推论(几乎是毫不费力的).

事实上，如果空间 R 本来可以分解，那么它常可分解为不可再行分解的不变子空间

$$R=I'+I''+\cdots+I^{(u)}$$

根据定理 7，每一项子空间都是循环的且以 K 中不可约多项式的幂作为它的最小多项式.

§5 矩阵的范式

设 I_1 为 R 中 m 维不变子空间. 在 I_1 中选取任一基底 $\boldsymbol{e}_1,\boldsymbol{e}_2,\cdots,\boldsymbol{e}_m$ 且补成 R 的基底

$$\boldsymbol{e}_1,\boldsymbol{e}_2,\cdots,\boldsymbol{e}_m,\boldsymbol{e}_{m+1},\cdots,\boldsymbol{e}_n$$

我们来看一下，如何在这一基底中求出算子 A 的矩阵 $\boldsymbol{A}$. 读者要记得，矩阵

① 某些次数 $d_k,\cdots,l_k$，当 $k>1$ 时可能等于零.

$\boldsymbol{A}$ 的第 k 列是向量 $A\boldsymbol{e}_k(k=1,2,\cdots,n)$ 的坐标. 当 $k\leqslant m$ 时,向量 $A\boldsymbol{e}_k\in I_1$(由于 I_1 的不变性),所以向量 $A\boldsymbol{e}_k$ 的后 $n-m$ 个坐标全等于零. 因此矩阵 $\boldsymbol{A}$ 有这样的形式

$$\boldsymbol{A}=\begin{bmatrix}\overbrace{\boldsymbol{A}_1}^{m} & \overbrace{\boldsymbol{A}_3}^{n-m}\\ \boldsymbol{0} & \boldsymbol{A}_2\end{bmatrix}\begin{matrix}\}m\\ \}n-m\end{matrix} \tag{41}$$

其中 $\boldsymbol{A}_1$ 与 $\boldsymbol{A}_2$ 各为 m 阶与 $n-m$ 阶方阵,而 $\boldsymbol{A}_3$ 为一长方矩阵. 第四"块"等于零表示子空间 I_1 的不变性. 矩阵 $\boldsymbol{A}_1$ 给出 I_1 中算子 A(当其基底为 $\boldsymbol{e}_1,\boldsymbol{e}_2,\cdots,\boldsymbol{e}_m$ 时).

现在假设 $\boldsymbol{e}_{m+1},\cdots,\boldsymbol{e}_n$ 亦是某一不变子空间 I_2 的基底,亦即 $R=I_1+I_2$,而整个空间的基底是由不变子空间 I_1 与 I_2 的两部分基底所构成的. 那么,显然在(41) 中,块 $\boldsymbol{A}_3$ 须等于零而矩阵 $\boldsymbol{A}$ 有拟对角形

$$\boldsymbol{A}=\begin{bmatrix}\boldsymbol{A}_1 & \boldsymbol{0}\\ \boldsymbol{0} & \boldsymbol{A}_2\end{bmatrix}=\{\boldsymbol{A}_1,\boldsymbol{A}_2\} \tag{42}$$

其中 $\boldsymbol{A}_1$ 与 $\boldsymbol{A}_2$ 各为 m 阶与 $n-m$ 阶方阵,给出子空间 I_1 与 I_2 中的算子(各对于基底 $\boldsymbol{e}_1,\boldsymbol{e}_2,\cdots,\boldsymbol{e}_m$ 与 $\boldsymbol{e}_{m+1},\cdots,\boldsymbol{e}_n$). 不难看出,相反的,拟对角矩阵常对应于空间对不变子空间的一个分解式(此处整个空间的基底由子空间的基底所构成).

由于第二分解定理我们可以分解整个空间 R 为诸循环子空间 $I_1,I_2,\cdots,I_t$

$$R=I_1+I_2+\cdots+I_t \tag{43}$$

在这些子空间的最小多项式序列 $\psi_1(\lambda),\psi_2(\lambda),\cdots,\psi_t(\lambda)$ 中,每一个多项式都是前多项式的因式(故已自动的得出,第一个多项式是整个空间的最小多项式).

设

$$\begin{cases}\psi_1(\lambda)=\lambda^m+\alpha_1\lambda^{m-1}+\cdots+\alpha_m\\ \psi_2(\lambda)=\lambda^p+\beta_1\lambda^{p-1}+\cdots+\beta_p\\ \qquad\vdots\\ \psi_t(\lambda)=\lambda^v+\varepsilon_1\lambda^{v-1}+\cdots+\varepsilon_v\\ \qquad(m\geqslant p\geqslant\cdots\geqslant v)\end{cases} \tag{44}$$

以 $\boldsymbol{e},\boldsymbol{g},\cdots,\boldsymbol{l}$ 记产生子空间 $I_1,I_2,\cdots,I_t$ 的向量,且以诸循环子空间的基底来构成整个空间 R 的基底

$$\boldsymbol{e},A\boldsymbol{e},\cdots,A^{m-1}\boldsymbol{e};\boldsymbol{g},A\boldsymbol{g},\cdots,A^{p-1}\boldsymbol{g};\cdots;\boldsymbol{l},A\boldsymbol{l},\cdots,A^{v-1}\boldsymbol{l} \tag{45}$$

我们来看一下,在这一基底中,对应于算子 A 的矩阵 $\boldsymbol{L}_{\mathrm{I}}$ 是怎样的.

有如本节开始时所已说明,矩阵 $\boldsymbol{L}_{\mathrm{I}}$ 应当有拟对角形的形式

$$L_{\mathrm{I}}=\begin{pmatrix} L_1 & & & \mathbf{0} \\ & L_2 & & \\ & & \ddots & \\ \mathbf{0} & & & L_t \end{pmatrix} \tag{46}$$

矩阵 L_1 当基底为 $e_1=e, e_2=Ae, \cdots, e_m=A^{m-1}e$ 时对应 I_1 中的算子 A. 回忆一下在所给予基底中与所给予算子来构成矩阵的规则(第 3 章, §6),我们得出

$$L_1=\begin{pmatrix} 0 & 0 & \cdots & 0 & -\alpha_m \\ 1 & 0 & \cdots & 0 & -\alpha_{m-1} \\ 0 & 1 & \ddots & \vdots & \vdots \\ \vdots & \vdots & \ddots & 0 & -\alpha_2 \\ 0 & 0 & \cdots & 1 & -\alpha_1 \end{pmatrix} \tag{47}$$

同理

$$L_2=\begin{pmatrix} 0 & 0 & \cdots & 0 & -\beta_m \\ 1 & 0 & \cdots & 0 & -\beta_{m-1} \\ 0 & 1 & \ddots & \vdots & \vdots \\ \vdots & \vdots & \ddots & 0 & -\beta_2 \\ 0 & 0 & \cdots & 1 & -\beta_1 \end{pmatrix} \tag{48}$$

等.

计算矩阵 $L_1, L_2, \cdots, L_t$ 的特征多项式,我们得出

$$|\lambda E-L_1|=\psi_1(\lambda),\ |\lambda E-L_2|=\psi_2(\lambda),\cdots,\ |\lambda E-L_t|=\psi_t(\lambda)$$

(对于循环子空间,算子 A 的特征多项式与关于这个算子的子空间的最小多项式重合).

矩阵 L_{I} 在"标准"基底(45)中对应于算子 A. 如果 A 是在任一基底中对应于算子 A 的矩阵,那么矩阵 A 与矩阵 L_{I} 相似,亦即有这样的满秩矩阵 T 存在,使得

$$A=TL_{\mathrm{I}}T^{-1} \tag{49}$$

至于矩阵 L_{I} 我们说它是第一种自然范式. 第一种自然范式为以下诸特征所决定:

1° 拟对角形的形状(46).

2° 对角线上诸块(47),(48) 等的特殊结构.

3° 补充条件:每一对角线上子块的特征多项式为以下的子块的特征多项式所除尽.

相类似的,如果我们不从第二分解定理而从第三分解定理出发,那么在对应的基底中,算子 A 对应于矩阵 L_{II},它有第二种自然范式,为以下诸特征所决

定：

1° 拟对角形的形状

$$L_{\mathrm{II}}=\{L_1,L_2,\cdots,L_u\}$$

2° 对角线上诸块(47),(48) 等的特殊结构.

3° 补充条件:每一子块的特征多项式都是域 K 中不可约多项式的幂.

在下节中我们将证明,在对应于同一算子的相似矩阵类中,只有一个有第一种自然范式[①]的矩阵存在,亦只有一个有第二种自然范式[②]的矩阵存在.我们还要给出从矩阵 $\boldsymbol{A}$ 的元素来求出多项式 $\psi_1(\lambda),\psi_2(\lambda),\cdots,\psi_t(\lambda)$ 的算法.这些多项式的知识给出我们可能计算出矩阵 $\boldsymbol{L}_{\mathrm{I}}$ 与 $\boldsymbol{L}_{\mathrm{II}}$ 的所有元素,这两个矩阵是与矩阵 $\boldsymbol{A}$ 相似且有相应的第一种与第二种自然范式.

§6 不变多项式.初等因子

1[③]. 以 $D_p(\lambda)$ 记特征矩阵 $\boldsymbol{A}_\lambda=\lambda\boldsymbol{E}-\boldsymbol{A}$ 中所有 p 阶子式的最大公因式($p=1,2,\cdots,n$)[④].因为在序列

$$D_n(\lambda),D_{n-1}(\lambda),\cdots,D_1(\lambda)$$

中,每一个多项式都被其后一个所除尽,所以诸公式

$$i_1(\lambda)=\frac{D_n(\lambda)}{D_{n-1}(\lambda)},i_2(\lambda)=\frac{D_{n-1}(\lambda)}{D_{n-2}(\lambda)},\cdots,i_n(\lambda)=\frac{D_1(\lambda)}{D_0(\lambda)}\quad(D_0(\lambda)\equiv 1)\tag{50}$$

确定 n 个多项式,它们的乘积等于特征多项式

$$\Delta(\lambda)=|\lambda\boldsymbol{E}-\boldsymbol{A}|=D_n(\lambda)=i_1(\lambda)i_2(\lambda)\cdots i_n(\lambda)\tag{51}$$

分解多项式 $i_p(\lambda)(p=1,2,\cdots,n)$ 为域 K 中不可约多项式的乘积

$$i_p(\lambda)=[\varphi_1(\lambda)]^{\gamma_p}[\varphi_2(\lambda)]^{\delta_p}\cdots\quad(p=1,2,\cdots,n)\tag{52}$$

其中 $\varphi_1(\lambda),\varphi_2(\lambda),\cdots$ 为域 K 中不同的不可约多项式.

多项式 $i_1(\lambda),i_2(\lambda),\cdots,i_n(\lambda)$ 称为特征矩阵 $\boldsymbol{A}_\lambda=\lambda\boldsymbol{E}-\boldsymbol{A}$ 或简称矩阵 $\boldsymbol{A}$ 的不变因式,而在 $[\varphi_1(\lambda)]^{\gamma_p},[\varphi_2(\lambda)]^{\delta_p},\cdots$ 中所有不为常数的幂称为其初等因子.

全部初等因子的乘积,与全部不变因式的乘积一样,都等于特征多项式 $\Delta(\lambda)=|\lambda\boldsymbol{E}-\boldsymbol{A}|$.

"不变多项式"的名称是合理的,因为两个相似矩阵 $\boldsymbol{A}$ 与 $\widetilde{\boldsymbol{A}}$

$$\widetilde{\boldsymbol{A}}=\boldsymbol{T}^{-1}\boldsymbol{A}\boldsymbol{T}\tag{53}$$

常有相同的不变多项式

---

① 这并不表示只有一个形(45)标准基底存在.标准基底可能有许多个,但都对应于同一矩阵 $\boldsymbol{L}_1$.

② 不计对角线上诸子块的先后次序.

③ 在本节第一部分中对于特征矩阵重复第6章 §3 中对于任意多项式矩阵所建立的基本概念.

④ 在最大公因式中常选取其首项系数等于1.

$$i_p(\lambda)=\tilde{i}_p(\lambda) \quad (p=1,2,\cdots,n) \tag{54}$$

事实上，由(53)知

$$\widetilde{\boldsymbol{A}}_\lambda=\lambda\boldsymbol{E}-\widetilde{\boldsymbol{A}}=\boldsymbol{T}^{-1}(\lambda\boldsymbol{E}-\boldsymbol{A})\boldsymbol{T}=\boldsymbol{T}^{-1}\boldsymbol{A}_\lambda\boldsymbol{T} \tag{55}$$

故得(参考第1章，§2)相似矩阵$\boldsymbol{A}_\lambda$与$\widetilde{\boldsymbol{A}}_\lambda$的子式间的关系式

$$\widetilde{\boldsymbol{A}}_\lambda\begin{pmatrix}i_1 & i_2 & \cdots & i_p\\ k_1 & k_2 & \cdots & k_p\end{pmatrix}=\sum_{\substack{\alpha_1<\alpha_2<\cdots<\alpha_p\\ \beta_1<\beta_2<\cdots<\beta_p}}\boldsymbol{T}^{-1}\begin{pmatrix}i_1 & i_2 & \cdots & i_p\\ \alpha_1 & \alpha_2 & \cdots & \alpha_p\end{pmatrix}\cdot$$

$$\boldsymbol{A}_\lambda\begin{pmatrix}\alpha_1 & \alpha_2 & \cdots & \alpha_p\\ \beta_1 & \beta_2 & \cdots & \beta_p\end{pmatrix}\boldsymbol{T}\begin{pmatrix}\beta_1 & \beta_2 & \cdots & \beta_p\\ k_1 & k_2 & \cdots & k_p\end{pmatrix} \quad (p=1,2,\cdots,n) \tag{56}$$

这个等式证明了矩阵$\boldsymbol{A}_\lambda$中所有p阶子式的每一个公因式都是矩阵$\widetilde{\boldsymbol{A}}_\lambda$中所有$p$阶子式的公因式，反之亦然(因为矩阵$\boldsymbol{A}$与$\widetilde{\boldsymbol{A}}$可以交换其地位). 因此推知：$D_p(\lambda)=\widetilde{D}_p(\lambda)(p=1,2,\cdots,n)$，所以式(54)成立.

因为在各种基底中表示所给予算子的所有矩阵都是彼此相似的，故有相同的不变多项式，因而有相同的初等因子，所以我们可以述及算子A的不变多项式与初等因子.

2. 现在取有第一种自然范式的矩阵$\boldsymbol{L}_{\mathrm{I}}$作为$\widetilde{\boldsymbol{A}}$，且从$\widetilde{\boldsymbol{A}}_\lambda=\lambda\boldsymbol{E}-\widetilde{\boldsymbol{A}}$形式的矩阵出发来计算矩阵$\boldsymbol{A}$的不变多项式(在阵列(57)中是对于$m=5,p=4,q=4,r=3$的情形所写出的矩阵)

$$\left(\begin{array}{ccccc|cccc|cccc|ccc}
\lambda & 0 & 0 & 0 & \alpha_5 & 0 & 0 & 0 & 0 & 0 & 0 & 0 & 0 & 0 & 0 & 0\\
-1 & \lambda & 0 & 0 & \alpha_4 & 0 & 0 & 0 & 0 & 0 & 0 & 0 & 0 & 0 & 0 & 0\\
0 & -1 & \lambda & 0 & \alpha_3 & 0 & 0 & 0 & 0 & 0 & 0 & 0 & 0 & 0 & 0 & 0\\
0 & 0 & -1 & \lambda & \alpha_2 & 0 & 0 & 0 & 0 & 0 & 0 & 0 & 0 & 0 & 0 & 0\\
0 & 0 & 0 & -1 & \alpha_1+\lambda & 0 & 0 & 0 & 0 & 0 & 0 & 0 & 0 & 0 & 0 & 0\\
\hline
0 & 0 & 0 & 0 & 0 & \lambda & 0 & 0 & \beta_4 & 0 & 0 & 0 & 0 & 0 & 0 & 0\\
0 & 0 & 0 & 0 & 0 & -1 & \lambda & 0 & \beta_3 & 0 & 0 & 0 & 0 & 0 & 0 & 0\\
0 & 0 & 0 & 0 & 0 & 0 & -1 & \lambda & \beta_2 & 0 & 0 & 0 & 0 & 0 & 0 & 0\\
0 & 0 & 0 & 0 & 0 & 0 & 0 & -1 & \beta_1+\lambda & 0 & 0 & 0 & 0 & 0 & 0 & 0\\
\hline
0 & 0 & 0 & 0 & 0 & 0 & 0 & 0 & 0 & \lambda & 0 & 0 & \gamma_4 & 0 & 0 & 0\\
0 & 0 & 0 & 0 & 0 & 0 & 0 & 0 & 0 & -1 & \lambda & 0 & \gamma_3 & 0 & 0 & 0\\
0 & 0 & 0 & 0 & 0 & 0 & 0 & 0 & 0 & 0 & -1 & \lambda & \gamma_2 & 0 & 0 & 0\\
0 & 0 & 0 & 0 & 0 & 0 & 0 & 0 & 0 & 0 & 0 & -1 & \gamma_1+\lambda & 0 & 0 & 0\\
\hline
0 & 0 & 0 & 0 & 0 & 0 & 0 & 0 & 0 & 0 & 0 & 0 & 0 & \lambda & 0 & \varepsilon_3\\
0 & 0 & 0 & 0 & 0 & 0 & 0 & 0 & 0 & 0 & 0 & 0 & 0 & -1 & \lambda & \varepsilon_2\\
0 & 0 & 0 & 0 & 0 & 0 & 0 & 0 & 0 & 0 & 0 & 0 & 0 & 0 & -1 & \varepsilon_1+\lambda
\end{array}\right) \tag{57}$$

利用拉普拉斯定理，我们求得

$$\boldsymbol{D}_n(\lambda)=|\lambda\boldsymbol{E}-\widetilde{\boldsymbol{A}}|=|\lambda\boldsymbol{E}-\boldsymbol{L}_1||\lambda\boldsymbol{E}-\boldsymbol{L}_2|\cdots|\lambda\boldsymbol{E}-\boldsymbol{L}_t|=\psi_1(\lambda)\psi_2(\lambda)\cdots\psi_t(\lambda) \tag{58}$$

转向 $\boldsymbol{D}_{n-1}(\lambda)$ 的求出，注意元素 α_m 的子式. 如不计因子 ± 1，这一子式等于

$$|\lambda\boldsymbol{E}-\boldsymbol{L}_2|\cdots|\lambda\boldsymbol{E}-\boldsymbol{L}_t|=\psi_2(\lambda)\cdots\psi_t(\lambda) \tag{59}$$

我们来证明，这个 $n-1$ 阶子式是所有其余的 $n-1$ 阶子式的因式，因而

$$\boldsymbol{D}_{n-1}(\lambda)=\psi_2(\lambda)\cdots\psi_t(\lambda) \tag{60}$$

为此首先取位于对角线上诸子块外面的元素的子式，且证明这种子式等于零. 为了得出这一子式必须在形(57) 矩阵中删去一个行与一个列. 在所讨论的情形，删去的两条线穿过对角线上两个不同的子块，故在这两个子块的每一个里面删去了一条线. 例如，设在对角线上第 j 个子块中删去了一行. 取含有这一个对角线上子块的垂直带形中诸子式. 在这一个带形中有 s 个列，而且除开 $s-1$ 个行以外，其余诸行中的元素全等于零(此处我们以 s 记矩阵 $\boldsymbol{A}_j$ 的阶). 根据拉普拉斯定理，把所讨论的 $n-1$ 阶行列式，按照含于所指出的带形中诸 s 阶子式来展开，我们证明了它必须等于零.

现在取位于对角线上某一个子块中的元素的子式. 在这一情形删去的线只“伤坏”对角线上一个子块，例如第 j 个子块，而且子式的矩阵仍然是拟对角形的. 因此这种子式等于

$$\psi_1(\lambda)\cdots\psi_{j-1}(\lambda)\psi_{j+1}(\lambda)\cdots\psi_t(\lambda)\chi(\lambda) \tag{61}$$

其中 $\chi(\lambda)$ 是所“伤坏的”对角线上第 j 个子块的行列式. 由于 $\psi_i(\lambda)$ 为 $\psi_{i+1}(\lambda)$ $(i=1,2,\cdots,t-1)$ 所除尽，乘积(61) 为乘积(59) 所除尽. 这样一来，等式(60) 可算已经证明. 类似的推理我们得出

$$\begin{cases}D_{n-2}(\lambda)=\psi_3(\lambda)\cdots\psi_t(\lambda)\\ \quad\vdots\\ D_{n-t+1}(\lambda)=\psi_t(\lambda)\\ D_{n-t}(\lambda)=\cdots=D_1(\lambda)=1\end{cases} \tag{62}$$

从(58)，(60) 与(62) 我们求得

$$\begin{aligned}&\psi_1(\lambda)=\frac{D_n(\lambda)}{D_{n-1}(\lambda)}=i_1(\lambda),\psi_2(\lambda)=\frac{D_{n-1}(\lambda)}{D_{n-2}(\lambda)}=i_2(\lambda),\cdots,\\&\psi_t(\lambda)=\frac{D_{n-t+1}(\lambda)}{D_{n-t}(\lambda)}=i_t(\lambda),i_{t+1}(\lambda)=\cdots=i_n(\lambda)=1\end{aligned} \tag{63}$$

公式(63) 证明了多项式 $\psi_1(\lambda),\psi_2(\lambda),\cdots,\psi_t(\lambda)$ 与算子 A 中(或其对应的矩阵 $\boldsymbol{A}$) 的不变多项式是完全一致的.

但是此时展开式(39) 中不等于 1 的 $[\varphi_k(\lambda)]^{c_k},[\varphi_k(\lambda)^{d_k},\cdots,(k=1,2,\cdots)]$ 与算子 A(或相应的矩阵 $\boldsymbol{A}$) 的初等因子相同. 因此不变多项式的表示式或域 K 中初等因子表示式唯一地确定范式 $\boldsymbol{L}_{\mathrm{I}}$ 与 $\boldsymbol{L}_{\mathrm{II}}$ 的元素.

由式(54) 我们已经知道两个相似矩阵有相同的不变多项式. 现在假设，相

反的，两个元素在 K 中的矩阵$\boldsymbol{A}$与$\boldsymbol{B}$有相同的不变多项式. 因为矩阵$\boldsymbol{L}_{\mathrm{I}}$ 为所予的这些不变多项式所唯一确定的，所以两个矩阵$\boldsymbol{A}$与$\boldsymbol{B}$都同这一个$\boldsymbol{L}_{\mathrm{I}}$ 相似，因而彼此相似. 这样一来，我们得到以下命题：

定理 9 为了使得元素在 K 中的两个矩阵相似的充分必要条件是这两个矩阵有相同的不变多项式①.

算子 A 的特征多项式$\Delta(\lambda)$ 与 $D_n(\lambda)$ 重合，故等于全部不变多项式的乘积

$$\Delta(\lambda)=\psi_1(\lambda)\psi_2(\lambda)\cdots\psi_t(\lambda) \tag{64}$$

但 $\psi_1(\lambda)$ 是整个空间关于 A 的最小多项式，就是说 $\psi_1(A)=0$，故由(64)，有

$$\Delta(A)=0 \tag{65}$$

这样一来，我们同时得出了哈密顿 − 凯利定理(参考第 4 章，§4).

§7 矩阵的约当范式

设算子 A 的特征多项式$\Delta(\lambda)$ 的全部根都在域 K 中. 特别的，如果 K 是全部复数的域，这一情形常能成立.

在所讨论的情形，不变多项式对于域 K 中初等因子的分解式可以写为

$$\begin{aligned}
&i_1(\lambda)=(\lambda-\lambda_1)^{c_1}(\lambda-\lambda_2)^{c_2}\cdots(\lambda-\lambda_s)^{c_s}\\
&i_2(\lambda)=(\lambda-\lambda_1)^{d_1}(\lambda-\lambda_2)^{d_2}\cdots(\lambda-\lambda_s)^{d_s} \qquad \begin{pmatrix} c_k\geqslant d_k\geqslant\cdots\geqslant l_k\geqslant 0\\ c_k>0;k=1,2,\cdots,s\end{pmatrix}\\
&\qquad\vdots\\
&i_t(\lambda)=(\lambda-\lambda_1)^{l_1}(\lambda-\lambda_2)^{l_2}\cdots(\lambda-\lambda_s)^{l_s}
\end{aligned} \tag{66}$$

因为所有不变多项式的乘积等于特征多项式 $\Delta(\lambda)$，所以(66) 中的 $\lambda_1,\lambda_2,\cdots,\lambda_s$ 是特征多项式 $\Delta(\lambda)$ 的所有不同的根.

取任一初等因子

$$(\lambda-\lambda_0)^p \tag{67}$$

此处λ_0 是数$\lambda_1,\lambda_2,\cdots,\lambda_s$ 中的某一个，而 p 为指数$c_k,d_k,\cdots,l_k(k=1,2,\cdots,s)$ 中某一个(不等于零的) 数.

这一初等因子对应于分解式(40) 中一个确定的循环子空间 I，且以 $\boldsymbol{e}$ 记产生这一空间的向量. $(\lambda-\lambda_0)^p$ 就为这个向量 $\boldsymbol{e}$ 的最小多项式.

讨论向量

$$\boldsymbol{e}_1=(A-\lambda_0E)^{p-1}\boldsymbol{e},\boldsymbol{e}_2=(A-\lambda_0E)^{p-2}\boldsymbol{e},\cdots,\boldsymbol{e}_p=\boldsymbol{e} \tag{68}$$

向量$\boldsymbol{e}_1,\boldsymbol{e}_2,\cdots,\boldsymbol{e}_p$ 是线性无关的，因为否则将有次数小于 p 的为向量$\boldsymbol{e}$ 的零化多项式存在，而这是不可能的. 现在我们注意，有

$$(A-\lambda_0E)\boldsymbol{e}_1=\boldsymbol{0},(A-\lambda_0E)\boldsymbol{e}_2=\boldsymbol{e}_1,\cdots,(A-\lambda_0E)\boldsymbol{e}_p=\boldsymbol{e}_{p-1} \tag{69}$$

① 或者(同样的) 有相同的在域 K 中的初等因子.

或

$$Ae_1=\lambda_0 e_1, Ae_2=\lambda_0 e_2+e_1, \cdots, Ae_p=\lambda_0 e_p+e_{p-1} \tag{70}$$

有了等式(70),不难写出在基底(68)时对应于 I 中算子 A 的矩阵.这个矩阵有以下形状

$$\begin{pmatrix} \lambda_0 & 1 & & & \mathbf{0} \\ & \lambda_0 & 1 & & \\ & & \ddots & \ddots & \\ & & & & 1 \\ \mathbf{0} & & & & \lambda_0 \end{pmatrix}=\lambda_0 \boldsymbol{E}^{(p)}+\boldsymbol{H}^{(p)} \tag{71}$$

其中 $\boldsymbol{E}^{(p)}$ 为 p 阶单位矩阵,而 $\boldsymbol{H}^{(p)}$ 为一 p 阶矩阵,位于其"上对角线"上的元素全等于1而其余的元素全等于零.

适合等式(70)的线性无关的向量 $e_1, e_2, \cdots, e_p$ 构成了所谓 I 中向量的约当链.从子空间 $I', I'', \cdots, I^{(u)}$ 的每一个里面取出的约当链构成 R 中约当基底.如果现在记这些子空间的最小多项式,亦即算子 A 的初等因子,为

$$(\lambda-\lambda_1)^{p_1}, (\lambda-\lambda_2)^{p_2}, \cdots, (\lambda-\lambda_u)^{p_u} \tag{72}$$

(在数 $\lambda_1, \lambda_2, \cdots, \lambda_u$ 中可能有些是相等的),那么在约当基底中对应于算子 A 的矩阵 $\boldsymbol{J}$ 将有以下拟对角形

$$\boldsymbol{J}=\{\lambda_1 \boldsymbol{E}^{(p_1)}+\boldsymbol{H}^{(p_1)}, \lambda_2 \boldsymbol{E}^{(p_2)}+\boldsymbol{H}^{(p_2)}, \cdots, \lambda_u \boldsymbol{E}^{(p_u)}+\boldsymbol{H}^{(p_u)}\} \tag{73}$$

至于矩阵 $\boldsymbol{J}$,我们说它是约当范式或简称约当式.如果已知算子 $\boldsymbol{A}$ 在域 K 中的初等因子,而 K 含有特征方程 $\Delta(\lambda)=0$ 所有的根,那么立刻可以算出矩阵 $\boldsymbol{J}$.

任一矩阵 $\boldsymbol{A}$ 常与约当范式矩阵 $\boldsymbol{J}$ 相似,亦即对于任何矩阵 $\boldsymbol{A}$,常有这样的满秩矩阵 $\boldsymbol{T}(|\boldsymbol{T}|\neq 0)$ 存在,使得

$$\boldsymbol{A}=\boldsymbol{TJT}^{-1} \tag{74}$$

如果算子 A 的所有初等因子都是一次的(亦只有在这一情形),约当式是一个对角矩阵,且在这一情形我们有

$$\boldsymbol{A}=\boldsymbol{T}\{\lambda_1, \lambda_2, \cdots, \lambda_n\}\boldsymbol{T}^{-1} \tag{75}$$

这样一来,线性算子 A 是单构的(参考第3章,§8)充分必要条件,是算子 A 所有初等因子都是线性的.

等式(73)所定出的向量 $e_1, e_2, \cdots, e_p$ 以相反次序编号

$$g_1=e_p=e, g_2=e_{p-1}=(A-\lambda_0 E)e, \cdots, g_p=e_1=(A-\lambda_0 E)^{p-1}e \tag{76}$$

那么

$$(A-\lambda_0 E)g_1=g_2, (A-\lambda_0 E)g_2=g_3, \cdots, (A-\lambda_0 E)g_p=\mathbf{0} \tag{77}$$

故有

$$Ag_1=\lambda_0 g_1+g_2, Ag_2=\lambda_0 g_2+g_3, \cdots, Ag_p=\lambda_0 g_p \tag{78}$$

向量(76)构成分解式(40)中对应于初等因子$(\lambda-\lambda_0)^p$的循环不变子空间I基底.在这个基底中,容易看出,算子A对应于矩阵

$$\begin{pmatrix} \lambda_0 & & & & \mathbf{0} \\ 1 & \lambda_0 & & & \\ & 1 & \lambda_0 & & \\ & & \ddots & \ddots & \\ \mathbf{0} & & & 1 & \lambda_0 \end{pmatrix} \tag{79}$$

至于向量(76),我们说它们构成向量的下约当链.如果在分解式(40)的子空间$I', I'', \cdots, I^{(u)}$的每一个里面都取向量的下约当链,那么由这些链构成下约当基底,在这一基底中算子A对应于拟对角矩阵

$$\boldsymbol{J}_1=\{\lambda_1 \boldsymbol{E}^{(p_1)}+\boldsymbol{F}^{(p_1)}, \lambda_2 \boldsymbol{E}^{(p_2)}+\boldsymbol{F}^{(p_2)}, \cdots, \lambda_u \boldsymbol{E}^{(p_u)}+\boldsymbol{F}^{(p_u)}\} \tag{80}$$

至于矩阵$\boldsymbol{J}_1$,我们说它是一个下约当式.为了与矩阵(80)有所区别,我们有时称矩阵(78)为上约当矩阵.

这样一来,任一矩阵$\boldsymbol{A}$常可与某一上约当矩阵或某一下约当矩阵相似.

§8　长期方程的阿·恩·克雷洛夫变换方法

1. 如果给予矩阵$\boldsymbol{A}=(a_{ik})_1^n$,那么它的特征(长期)方程可写为

$$\Delta(\lambda)\equiv(-1)^n\begin{vmatrix} a_{11}-\lambda & a_{12} & \cdots & a_{1n} \\ a_{21} & a_{22}-\lambda & \cdots & a_{2n} \\ \vdots & \vdots & & \vdots \\ a_{n1} & a_{n2} & \cdots & a_{nn}-\lambda \end{vmatrix}=0 \tag{81}$$

这个方程的左边是n次特征多项式$\Delta(\lambda)$.为了直接计算这个多项式的系数需要展开特征行列式$|\lambda-\lambda\boldsymbol{E}|$,因为$\lambda$是在行列式对角线上的元素中出现,所以对于较大的$n$要有很大量的计算工作①

阿·恩·克雷洛夫院士在1937年在《О численном решении уравнения》中贡献了特征行列式的变换法,其结果使λ只在某一列(或行)的元素中出现.

克雷洛夫的变换主要是简化特征方程的系数的计算②.

---

① 我们记得,在$\Delta(\lambda)$中λ^k的系数等于(不计符号)矩阵$\boldsymbol{A}$中所有$n-k$阶主子式的和($k=1,2,\cdots,n$).这样一来,当$n=6$时为了直接计算$\Delta(\lambda)$中λ的系数已经需要计算6个五阶行列式,而对于λ^2的系数要计算15个四阶行列式,诸如此类.

② 对于长期方程变换的阿·恩·克雷洛夫方法的代数分析方面有一系列的研究工作(Крылова составления векового уравнения(1931)).Algebraische Reduction der Schaaren bilinearer Formen(1890),Ueber konvexe Matrixfunktionen,Math. Zeitschr(1936).

在本节中我们给予变换特征方程的代数推理，与克雷洛夫的推理有些差别①.

我们来讨论基底为 $\boldsymbol{e}_1, \boldsymbol{e}_2, \cdots, \boldsymbol{e}_n$ 的 n 维向量空间 R 与 R 中线性算子 A，它是在这一基底中为已给予矩阵 $\mathbf{A}=(a_{ik})_1^n$ 所决定的. 在 R 中选取任一向量 $\boldsymbol{x}\neq\mathbf{0}$ 且建立向量序列

$$\boldsymbol{x}, A\boldsymbol{x}, A^2\boldsymbol{x}, A^3\boldsymbol{x}, \cdots \tag{82}$$

设在这个序列中前 p 个向量 $\boldsymbol{x}, A\boldsymbol{x}, \cdots, A^{p-1}\boldsymbol{x}$ 线性无关，而第 $p+1$ 个向量 $A^p\boldsymbol{x}$ 是这 p 个向量的线性组合

$$A^p\boldsymbol{x}=-\alpha_p\boldsymbol{x}-\alpha_{p-1}A\boldsymbol{x}-\cdots-\alpha_1A^{p-1}\boldsymbol{x} \tag{83}$$

或

$$\varphi(A)\boldsymbol{x}=\mathbf{0} \tag{84}$$

其中

$$\varphi(\lambda)=\lambda^p+\alpha_1\lambda^{p-1}+\cdots+\alpha_p \tag{85}$$

序列(82) 中以后的所有诸向量亦可由这一序列中前 p 个向量线性表出②. 这样一来，在序列(82) 中有 p 个线性无关的向量，而且序列(82) 中这组有最大个数的诸线性无关向量常可在序列的前 p 个向量中实现.

多项式 $\varphi(\lambda)$ 是向量 $\boldsymbol{x}$ 对于算子 A 的最小(零化) 多项式(参考 §1). 阿·恩·克雷洛夫的方法是定出向量 $\boldsymbol{x}$ 的最小多项式的有效方法.

我们分两种不同的情形来讨论：正则情形(此时 $p=n$) 与特殊情形(此时 $p<n$).

多项式 $\varphi(\lambda)$ 是整个空间 R③ 的最小多项式 $\psi(\lambda)$ 的因式，而 $\psi(\lambda)$ 又是特征多项式 $\Delta(\lambda)$ 的因式. 故 $\varphi(\lambda)$ 恒为 $\Delta(\lambda)$ 的因式.

在正则情形中，$\varphi(\lambda)$ 与 $\Delta(\lambda)$ 有相同的次数 n，且因其首项系数是相等的，所以这些多项式重合. 这样一来，在正则情形

$$\Delta(\lambda)\equiv\psi(\lambda)\equiv\varphi(\lambda)$$

故在正则情形克雷洛夫方法是计算特征多项式 $\Delta(\lambda)$ 的系数的方法.

在特殊情形，有如我们在下面所看到的，克雷洛夫方法没有可能来定出 $\Delta(\lambda)$，而在这一情形它只是定出 $\Delta(\lambda)$ 的因式 —— 多项式 $\varphi(\lambda)$.

---

① 阿·恩·克雷洛夫从含有 n 个常系数微分方程的方程组的讨论出发来得出它的变换方法. 克雷洛夫推理的代数形式可以在，例如，О численном решении уравнения которым в технических вопросах определяются частоты кокебаний материальных систем(1931)，Крылова составления векового уравнения(1931) 或书 Устойчивость движения(1946) 的 §21 中找到.

② 在等式(83) 的两边应用算子 A，我们把向量 $A^{p+1}\boldsymbol{x}$ 由向量 $A\boldsymbol{x}, \cdots, A^{p-1}\boldsymbol{x}, A^p\boldsymbol{x}$ 线性表出. 但由(83)，$A^p\boldsymbol{x}$ 可由向量 $\boldsymbol{x}, A\boldsymbol{x}, \cdots, A^{p-1}\boldsymbol{x}$ 线性表出. 故对 $A^{p+1}\boldsymbol{x}$ 我们得出类似的表示式. 在向量 $A^{p+1}\boldsymbol{x}$ 的表示式上应用算子 A，我们可把 $A^{p+2}\boldsymbol{x}$ 来由 $\boldsymbol{x}, A\boldsymbol{x}, \cdots, A^{p-1}\boldsymbol{x}$ 线性表出，诸如此类.

③ $\psi(\lambda)$ 的矩阵 $\boldsymbol{A}$ 的最小多项式.

在叙述克雷洛夫变换时我们以 $a,b,\cdots,l$ 记向量 $\boldsymbol{x}$ 在所给予基底 $\boldsymbol{e}_1,\boldsymbol{e}_2,\cdots,\boldsymbol{e}_n$ 中的坐标，而以 $a_k,b_k,\cdots,l_k$ 记向量 $A^k\boldsymbol{x}$ 的坐标 $(k=1,2,\cdots,n)$.

2. 正则情形：$p=n$. 在这一情形向量 $\boldsymbol{x},A\boldsymbol{x},\cdots,A^{n-1}\boldsymbol{x}$ 线性无关，而且等式(83),(84),(85) 有形状

$$A^n\boldsymbol{x}=-\alpha_n\boldsymbol{x}-\alpha_{n-1}A\boldsymbol{x}-\cdots-\alpha_1A^{n-1}\boldsymbol{x} \tag{86}$$

或

$$\Delta(A)\boldsymbol{x}=\boldsymbol{0} \tag{87}$$

其中

$$\Delta(\lambda)=\lambda^n+\alpha_1\lambda^{n-1}+\cdots+\alpha_{n-1}\lambda+\alpha_n \tag{88}$$

向量 $\boldsymbol{x},A\boldsymbol{x},\cdots,A^{n-1}\boldsymbol{x}$ 线性无关的条件可以解析形式写为(参考第 3 章，§1)

$$M=\begin{vmatrix} a & b & \cdots & l \\ a_1 & b_1 & \cdots & l_1 \\ \vdots & \vdots & & \vdots \\ a_{n-1} & b_{n-1} & \cdots & l_{n-1} \end{vmatrix}\neq 0 \tag{89}$$

讨论由向量 $\boldsymbol{x},A\boldsymbol{x},\cdots,A^n\boldsymbol{x}$ 的坐标所构成的矩阵

$$\begin{pmatrix} a & b & \cdots & l \\ a_1 & b_1 & \cdots & l_1 \\ \vdots & \vdots & & \vdots \\ a_{n-1} & b_{n-1} & \cdots & l_{n-1} \\ a_n & b_n & \cdots & l_n \end{pmatrix} \tag{90}$$

在正则情形这个矩阵的秩等于 n. 这个矩阵的前 n 个行线性无关，而最后一行，即第 $n+1$ 行是前 n 行的线性组合.

由矩阵(90)诸行间的相关性，我们可以换向量等式(86)为含有 n 个纯量等式的等价方程组

$$\begin{cases} -\alpha_na-\alpha_{n-1}a_1-\cdots-\alpha_1a_{n-1}=a_n \\ -\alpha_nb-\alpha_{n-1}b_1-\cdots-\alpha_1b_{n-1}=b_n \\ \qquad\vdots \\ -\alpha_nl-\alpha_{n-1}l_1-\cdots-\alpha_1l_{n-1}=l_n \end{cases} \tag{91}$$

从这个含有 n 个线性方程的方程组，我们可以唯一的确定所求系数 $\alpha_1,\alpha_2,\cdots,\alpha_n$①，且将所得出的值代进(88)中. 从式(88)与(91)消去 $\alpha_1,\alpha_2,\cdots,\alpha_n$ 可以化为对称的形式. 为此写(88)与(91)为

① 由于式(89)这一组的行列式不等于零.

$$\begin{cases} a\alpha_n + a_1\alpha_{n-1} + \cdots + a_{n-1}\alpha_1 + a_n\alpha_0 = 0 \\ b\alpha_n + b_1\alpha_{n-1} + \cdots + b_{n-1}\alpha_1 + b_n\alpha_0 = 0 \\ \qquad\vdots \\ l\alpha_n + l_1\alpha_{n-1} + \cdots + l_{n-1}\alpha_1 + l_n\alpha_0 = 0 \\ 1\cdot\alpha_n + \lambda\alpha_{n-1} + \cdots + \lambda^{n-1}\alpha_1 + [\lambda^n - \Delta(\lambda)]\alpha_0 = 0 \end{cases} \quad (\alpha_0 = 1)$$

因为这一方程组有 $n+1$ 个方程与 $n+1$ 个未知量 $\alpha_0,\alpha_1,\cdots,\alpha_n$ 且有非零解 $(\alpha_0=1)$，所以它的系数行列式应当等于零

$$\begin{vmatrix} a & a_1 & \cdots & a_{n-1} & a_n \\ b & b_1 & \cdots & b_{n-1} & b_n \\ \vdots & \vdots & & \vdots & \vdots \\ l & l_1 & \cdots & l_{n-1} & l_n \\ 1 & \lambda & \cdots & \lambda^{n-1} & \lambda^n - \Delta(\lambda) \end{vmatrix} = 0 \tag{92}$$

因此，预先将行列式(92) 对主对角线转置后，我们定出 $\Delta(\lambda)$

$$M\Delta(\lambda) = \begin{vmatrix} a & b & \cdots & l & 1 \\ a_1 & b_1 & \cdots & l_1 & \lambda \\ \vdots & \vdots & & \vdots & \vdots \\ a_{n-1} & b_{n-1} & \cdots & l_{n-1} & \lambda^{n-1} \\ a_n & b_n & \cdots & l_n & \lambda^n \end{vmatrix} \tag{93}$$

其中常数因子 M 为式(89) 所确定，故不等于零.

恒等式(93) 表示一个克雷洛夫变换. 在位于这一恒等式右边的克雷洛夫行列式中，λ 只在其最后一列的元素中出现而这一行列式的其余诸元素都与 λ 无关.

注 在正则情形整个空间 R(对算子 A) 是循环的. 如果选取向量 $\boldsymbol{x}$，$A\boldsymbol{x},\cdots,A^{n-1}\boldsymbol{x}$ 作为基底，那么在这一基底中算子 A 对应于矩阵 $\mathbf{A}$，它是一个自然范式

$$\widetilde{\mathbf{A}} = \begin{pmatrix} 0 & 0 & \cdots & 0 & -\alpha_n \\ 1 & 0 & \cdots & 0 & -\alpha_{n-1} \\ \vdots & \ddots & \ddots & \vdots & \vdots \\ \vdots & & \ddots & 0 & -\alpha_2 \\ 0 & \cdots & \cdots & 1 & -\alpha_1 \end{pmatrix} \tag{94}$$

应用满秩变换矩阵

$$\boldsymbol{T} = \begin{pmatrix} a & a_1 & \cdots & a_{n-1} \\ b & b_1 & \cdots & b_{n-1} \\ \vdots & \vdots & & \vdots \\ l & l_1 & \cdots & l_{n-1} \end{pmatrix} \tag{95}$$

化基本基底 $\boldsymbol{e}_1,\boldsymbol{e}_2,\cdots,\boldsymbol{e}_n$ 为基底 $\boldsymbol{x},A\boldsymbol{x},\cdots,A^{n-1}\boldsymbol{x}$.

此处

$$\boldsymbol{A}=\boldsymbol{T}\widetilde{\boldsymbol{A}}\boldsymbol{T}^{-1} \tag{96}$$

3. 特殊情形：$p<n$. 在这一情形向量 $\boldsymbol{x},A\boldsymbol{x},\cdots,A^{n-1}\boldsymbol{x}$ 线性相关，故有

$$M=\begin{vmatrix} a & b & \cdots & l \\ a_1 & b_1 & \cdots & l_1 \\ \vdots & \vdots & & \vdots \\ a_{n-1} & b_{n-1} & \cdots & l_{n-1} \end{vmatrix}=0$$

等式(93)是在条件 $M\neq 0$ 时求得的. 但这一等式的两边都是 λ 与参数 a, $b,\cdots,l$① 的有理整函数. 故“由连续性的推究”知等式(93)当 $M=0$ 时亦能成立. 但此时在展开克雷洛夫行列式(93)后，所有系数全等于零. 这样一来，在特殊情形($p<n$)，式(93)变为平凡的恒等式 $0=0$.

讨论由向量 $\boldsymbol{x},A\boldsymbol{x},\cdots,A^p\boldsymbol{x}$ 的坐标所构成的矩阵

$$\begin{pmatrix} a & b & \cdots & l \\ a_1 & b_1 & \cdots & l_1 \\ \vdots & \vdots & & \vdots \\ a_{p-1} & b_{p-1} & \cdots & l_{p-1} \\ a_p & b_p & \cdots & l_p \end{pmatrix} \tag{97}$$

这个矩阵的秩等于 p，且其前 p 个行线性无关，其最后的即第 $p+1$ 行是系数为 $-\alpha_p,-\alpha_{p-1},\cdots,-\alpha_1$ 的前 p 个行的线性组合[参考(83)]. 从 n 个坐标 $a,b,\cdots,l$ 中我们可以选取这样的 p 个坐标 $c,f,\cdots,h$，使得由向量 $\boldsymbol{x},A\boldsymbol{x},\cdots,A^{p-1}\boldsymbol{x}$ 的这些坐标所组成的行列式不等于零

$$M^*=\begin{vmatrix} c & f & \cdots & h \\ c_1 & f_1 & \cdots & h_1 \\ \vdots & \vdots & & \vdots \\ c_{p-1} & f_{p-1} & \cdots & h_{p-1} \end{vmatrix}\neq 0 \tag{98}$$

再者，由(83)推知

$$\begin{cases} -\alpha_p c-\alpha_{p-1}c_1-\cdots-\alpha_1 c_{p-1}=c_p \\ -\alpha_p f-\alpha_{p-1}f_1-\cdots-\alpha_1 f_{p-1}=f_p \\ \qquad\vdots \\ -\alpha_p h-\alpha_{p-1}h_1-\cdots-\alpha_1 h_{p-1}=h_p \end{cases} \tag{99}$$

---

① $a_i=a_{11}^{(i)}a+a_{12}^{(i)}b+\cdots+a_{1n}^{(i)}l$，$b_i=a_{21}^{(i)}a+a_{22}^{(i)}b+\cdots+a_{2n}^{(i)}l$，诸如此类($i=1,2,\cdots,n$)，其中 $a_{jk}^{(i)}$($j,k=1,2,\cdots,n$)是矩阵 $\boldsymbol{A}^i$ 的元素($i=1,2,\cdots,n$).

从这一组方程唯一的确定多项式 $\varphi(\lambda)$（向量 $\boldsymbol{x}$ 的最小多项式）的系数 α_1，$\alpha_2,\cdots,\alpha_p$. 与正则情形完全相类似的（只是换 n 为 p，换字母 $a,b,\cdots,l$ 为字母 c，$f,\cdots,h$）我们可以从(85)与(99)消去 $\alpha_1,\alpha_2,\cdots,\alpha_p$ 且得出以下关于 $\varphi(\lambda)$ 的公式

$$M^*\varphi(\lambda)=\begin{vmatrix} c & f & \cdots & h & 1 \\ c_1 & f_1 & \cdots & h_1 & \lambda \\ \vdots & \vdots & & \vdots & \vdots \\ c_{p-1} & f_{p-1} & \cdots & h_{p-1} & \lambda^{p-1} \\ c_p & f_p & \cdots & h_p & \lambda^p \end{vmatrix} \tag{100}$$

4. 最后我们来阐明这样的问题，对于怎样的矩阵 $\boldsymbol{A}=(a_{ik})_1^n$ 与怎样选取初始的向量 $\boldsymbol{x}$，或者同样的，怎样选取初始的参数 $a,b,\cdots,l$ 使其成为正则情形.

我们已经看到在正则情形有

$$\Delta(\lambda)\equiv\psi(\lambda)\equiv\varphi(\lambda)$$

特征多项式 $\Delta(\lambda)$ 与最小多项式的重合，表示矩阵 $\boldsymbol{A}=(a_{ik})_1^n$ 没有两个初等因子有同一的特征数，亦即所有初等因子都两两互质. 在 $\boldsymbol{A}$ 是单构矩阵的情形，这一条件与以下条件等价，就是矩阵 $\boldsymbol{A}$ 的特征方程没有多重根.

多项式 $\psi(\lambda)$ 与 $\varphi(\lambda)$ 重合，表示所选取的作为向量 $\boldsymbol{x}$ 的向量，产生（借助于算子 A）整个空间 R. 根据 §2 的定理 2，这种向量常能存在.

如果条件 $\Delta(\lambda)\equiv\varphi(\lambda)$ 不能适合，那么不管怎样选取向量 $\boldsymbol{x}\neq\boldsymbol{0}$，我们不能得出多项式 $\Delta(\lambda)$，因为由克雷洛夫方法所得出的多项式 $\varphi(\lambda)$ 是 $\psi(\lambda)$ 的因式，在我们所讨论的情形 $\psi(\lambda)$ 不与多项式 $\Delta(\lambda)$ 重合，而只是它的一个因式. 变动向量 $\boldsymbol{x}$，我们可以用 $\psi(\lambda)$ 的任一因式作为 $\varphi(\lambda)$①.

我们可以把所得出的结果叙述为以下定理：

定理 14　克雷洛夫变换给予矩阵 $\boldsymbol{A}=(a_{ik})_1^n$ 的特征多项式 $\Delta(\lambda)$ 以行列式(93)的表示式，充分必要的是适合以下两个条件：

1° 矩阵 $\boldsymbol{A}$ 的初等因子两两互质.

2° 初始的参数 $a,b,\cdots,l$ 是向量 $\boldsymbol{x}$ 的坐标，$\boldsymbol{x}$ 产生（借助于与矩阵 $\boldsymbol{A}$ 相对应的算子 A）整个 n 维空间②.

在一般的情形，克雷洛夫变换得出特征多项式 $\Delta(\lambda)$ 的某一个因式 $\varphi(\lambda)$. 这个因式 $\varphi(\lambda)$ 是坐标为 $(a,b,\cdots,l)$ 的向量 $\boldsymbol{x}$ 的最小多项式（$a,b,\cdots,l$ 为克雷洛夫变换中原始参数）.

5. 我们来指出如何求得任一特征数 λ_0 所对应的特征向量 $\boldsymbol{y}$ 的坐标，其中 λ_0

① 参考，例如，О нормальных оиераторах в эрмитовом пространстве(1929) 中第 48 页.

② 这一条件的解析形状是列 $\boldsymbol{x},A\boldsymbol{x},\cdots,A^{n-1}\boldsymbol{x}$ 线性无关，其中 $\boldsymbol{x}=(a,b,\cdots,l)$.

是由克雷洛夫变换所得出的多项式 $\varphi(\lambda)$ 的根[①].

向量 $\boldsymbol{y}\neq\boldsymbol{0}$ 将在以下形状中找出

$$\boldsymbol{y}=\xi_1\boldsymbol{x}+\xi_2A\boldsymbol{x}+\cdots+\xi_pA^{p-1}\boldsymbol{x} \tag{101}$$

把 $\boldsymbol{y}$ 的这个表示式代进向量等式

$$A\boldsymbol{y}=\lambda_0\boldsymbol{y}$$

且利用式(101),我们得出

$$\xi_1A\boldsymbol{x}+\xi_2A^2\boldsymbol{x}+\cdots+\xi_{p-1}A^{p-1}\boldsymbol{x}+\xi_p(-\alpha_p\boldsymbol{x}-\alpha_{p-1}A\boldsymbol{x}-\cdots-\alpha_1A^{p-1}\boldsymbol{x})=$$
$$\lambda_0(\xi_1\boldsymbol{x}+\xi_2A\boldsymbol{x}+\cdots+\xi_pA^{p-1}\boldsymbol{x}) \tag{102}$$

故知 $\xi_p\neq 0$,因为由(102),等式 $\xi_p=0$ 将给予向量 $\boldsymbol{x},A\boldsymbol{x},\cdots,A^{p-1}\boldsymbol{x}$ 间的线性相关性. 以后我们取 $\xi_p=1$. 那么由式(102) 我们得出

$$\begin{aligned}&\xi_p=1,\xi_{p-1}=\lambda_0\xi_p+\alpha_1,\xi_{p-2}=\lambda_0\xi_{p-1}+\alpha_2,\cdots,\\&\xi_1=\lambda_0\xi_2+\alpha_{p-1},0=\lambda_0\xi_1+\alpha_p\end{aligned} \tag{103}$$

这些等式的前 p 个顺次定出 $\xi_p,\xi_{p-1},\cdots,\xi_1$(向量 $\boldsymbol{x}$ 在"新"基底 $\boldsymbol{x},A\boldsymbol{x},\cdots,A^{p-1}\boldsymbol{x}$ 中的坐标) 的值;最后一个等式是从前诸等式与关系式 $\lambda_0^p+\alpha_1\lambda_0^{p-1}+\cdots+\alpha_p=0$ 所得出的结果.

向量 $\boldsymbol{y}$ 在原基底中的坐标 $a',b',\cdots,l'$ 可以从(101) 推出的以下诸公式中求得

$$\begin{cases}a'=\xi_1a+\xi_2a_1+\cdots+\xi_pa_{p-1}\\b'=\xi_1b+\xi_2b_1+\cdots+\xi_pb_{p-1}\\\qquad\vdots\\l'=\xi_1l+\xi_2l_1+\cdots+\xi_pl_{p-1}\end{cases} \tag{104}$$

例 2 对读者推荐以下计算格式.

在所给予矩阵 $\boldsymbol{A}$ 下面写出的一个行是向量 $\boldsymbol{x}$ 的坐标:$a,b,\cdots,l$. 这些数是任意给予的(只有一个限制: 在这些数中至少有一个数不等于零). 在行 $a,b,\cdots,l$ 下面写出一行 $a_1,b_1,\cdots,l_1$,亦即向量 $A\boldsymbol{x}$ 的坐标. 数 $a_1,b_1,\cdots,l_1$ 可以由顺次乘行 $a,b,\cdots,l$ 以所给予矩阵 $\boldsymbol{A}$ 的行来得出. 例如 $a_1=a_{11}a+a_{12}b+\cdots+a_{1n}l,b_1=a_{21}a+a_{22}b+\cdots+a_{2n}l$,诸如此类,在行 $a_1,b_1,\cdots,l_1$ 下面写出行 $a_2,b_2,\cdots,l_2$,诸如此类. 所写出的每一个行,从第二行开始,都是由顺次乘其前面的行以所给予矩阵的行来得出的.

在所给矩阵各个行上面写出一行是行的校验和.

① 以下所讨论的无论对于正则情形 $p=n$ 或特殊情形 $p<n$ 都能成立.

$$
\begin{array}{r|rrrr|r|r}
 & 8 & 3 & -10 & -3 & & \\
 & 3 & -1 & -4 & 2 & & \\
\boldsymbol{A}= & 2 & 3 & -2 & -4 & & \\
 & 2 & -1 & -3 & 2 & & \\
 & 1 & 2 & -1 & -3 & \boldsymbol{y} & \boldsymbol{z} \\
\hline
\boldsymbol{x}=\boldsymbol{e}_1+\boldsymbol{e}_2 & 1 & 1 & 0 & 0 & -1 & -1 \\
A\boldsymbol{x} & 2 & 5 & 1 & 3 & -1 & -1 \\
A^2\boldsymbol{x} & 3 & 5 & 2 & 2 & 1 & -1 \\
A^3\boldsymbol{x} & 0 & 9 & -1 & 5 & 1 & 1 \\
A^4\boldsymbol{x} & 5 & 9 & 4 & 4 & & \\
\boldsymbol{y}\left\{\right. & 0 & 8 & 0 & 4 & & \\
 & 0 & 2 & 0 & 1 & & \\
\boldsymbol{z}\left\{\right. & -4 & 0 & -4 & 0 & & \\
 & 1 & 0 & 1 & 0 & &
\end{array}
$$

所给予的情形是正则情形,因为

$$
M=\begin{vmatrix}1 & 1 & 0 & 0\\ 2 & 5 & 1 & 3\\ 3 & 5 & 2 & 2\\ 0 & 9 & -1 & 5\end{vmatrix}=-16
$$

克雷洛夫行列式有形状

$$
-16\Delta(\lambda)=\begin{vmatrix}1 & 1 & 0 & 0 & 1\\ 2 & 5 & 1 & 3 & \lambda\\ 3 & 5 & 2 & 2 & \lambda^2\\ 0 & 9 & -1 & 5 & \lambda^3\\ 5 & 9 & 4 & 4 & \lambda^4\end{vmatrix}
$$

展开这个行列式且约去-16,我们求得

$$
\Delta(\lambda)=\lambda^4-2\lambda^2+1=(\lambda-1)^2(\lambda+1)^2
$$

以$\boldsymbol{y}=\xi_1\boldsymbol{x}+\xi_2A\boldsymbol{x}+\xi_3A^2\boldsymbol{x}+\xi_4A^3\boldsymbol{x}$记对应于特征数$\lambda_0=1$的矩阵$\boldsymbol{A}$的特征向量.我们用公式(103)来求出数$\xi_1,\xi_2,\xi_3,\xi_4$

$$
\xi_4=1,\xi_3=1\cdot\lambda_0+0=1,\xi_2=1\cdot\lambda_0-2=-1,\xi_1=-1\cdot\lambda_0+0=-1
$$

最后的验算等式$-1\cdot\lambda_0+1=0$当然是适合的.

我们把所得出的数ξ_1,ξ_2,ξ_3,ξ_4写在一个与向量列$\boldsymbol{x},A\boldsymbol{x},A^2\boldsymbol{x},A^3\boldsymbol{x}$平行的垂直列上面.乘列$\xi_1,\xi_2,\xi_2,\xi_4$以列$a_1,a_2,a_3,a_4$,我们得出向量$\boldsymbol{y}$在原基底$\boldsymbol{e}_1$,$\boldsymbol{e}_2,\boldsymbol{e}_3,\boldsymbol{e}_4$中的第一个坐标$a'$;同样的可以得出$b',c',d'$.我们就得出了向量$\boldsymbol{y}$的坐标(约去4之后):0,2,0,1.同样的定出对应于特征数$\lambda_0=-1$的特征向量$\boldsymbol{z}$的坐标1,0,1,0.

再者,根据(94)与(95)

$$\boldsymbol{A}=\boldsymbol{T}\widetilde{\boldsymbol{A}}\boldsymbol{T}^{-1}$$

其中

$$\widetilde{\boldsymbol{A}}=\begin{pmatrix}0&0&0&-1\\1&0&0&0\\0&1&0&2\\0&0&1&0\end{pmatrix},\boldsymbol{T}=\begin{pmatrix}1&2&3&0\\1&5&5&9\\0&1&2&-1\\0&3&2&5\end{pmatrix}$$

例 3　讨论同一矩阵 $\boldsymbol{A}$，但是取数 $a=1,b=0,c=0,d=0$ 作为初始参数.

$$\begin{matrix}8&3&-10&-3\end{matrix}$$

$$\boldsymbol{A}=\begin{pmatrix}3&-1&-4&2\\2&3&-2&-4\\2&-1&-3&2\\1&2&-1&-3\end{pmatrix}$$

$$\begin{array}{r|cccc}\boldsymbol{x}=\boldsymbol{e}_1&1&0&0&0\\A\boldsymbol{x}&3&2&2&1\\A^2\boldsymbol{x}&1&4&0&2\\A^3\boldsymbol{x}&3&6&2&3\end{array}$$

但在所给予情形

$$M=\begin{vmatrix}1&0&0&0\\3&2&2&1\\1&4&0&2\\3&6&2&3\end{vmatrix}=0$$

而 $p=3$. 我们得出特殊情形.

取向量 $\boldsymbol{x},A\boldsymbol{x},A^2\boldsymbol{x},A^3\boldsymbol{x}$ 的前三个坐标，写克雷洛夫行列式

$$\begin{vmatrix}1&0&0&1\\3&2&2&\lambda\\1&4&0&\lambda^2\\3&6&2&\lambda^3\end{vmatrix}$$

展开这个行列式且约去 -8，我们得出

$$\varphi(\lambda)=\lambda^3-\lambda^2-\lambda+1=(\lambda-1)^2(\lambda+1)$$

故求得三个特征数：$\lambda_1=1,\lambda_2=1,\lambda_3=-1$. 第四个特征数可以由所有特征数之和等于矩阵的迹这一条件来得出. 今有 $\mathrm{Sp}\,\boldsymbol{A}=0$，故得 $\lambda_4=-1$.

上述例子说明，在应用克雷洛夫方法时，顺次写出矩阵

$$\begin{pmatrix}a&b&\cdots&l\\a_1&b_1&\cdots&l_1\\a_2&b_2&\cdots&l_2\\\vdots&\vdots&&\vdots\end{pmatrix}\tag{105}$$

的行，应当注意所得出的矩阵的秩，使得在第一个（矩阵中第 $p+1$ 个行）出现的行为其以前诸行的线性组合时即行停止. 秩的定义与已知行列式的计算有关. 此外，得出(93) 或(100) 型的克雷洛夫行列式后，计算已知 $p-1$ 阶行列式（在正则情形为 $n-1$ 阶行列式），把它按照最后一列的元素来展开.

亦可以直接从方程组(91)[或(99)]定出系数 $\alpha_1,\alpha_2,\cdots$ 来代替克雷洛夫行列式的展开，此时可用任一有效的方法来解出这个方程组，例如用消去法来解它. 这个方法亦可以直接应用到矩阵

$$\begin{pmatrix} a & b & \cdots & l & 1 \\ a_1 & b_1 & \cdots & l_1 & \lambda \\ a_2 & b_2 & \cdots & l_2 & \lambda^2 \\ \vdots & \vdots & & \vdots & \vdots \end{pmatrix} \tag{106}$$

与由克雷洛夫方法来得出对应行，同时应用消去法. 那么我们就无须计算任何行列式，而及时的发现矩阵(105) 中与其前诸行线性相关的行.

我们来予以详细的说明. 在矩阵(106) 的第一行中选取任一元素 $c\neq 0$ 且利用他来使得位于他下面的元素 c_1 变为零，是即从第二行减去第一行与 $\dfrac{c_1}{c}$ 的乘积. 再在第二行中选取任一元素 $f_1^*\neq 0$ 且利用元素 c 与 f_1^* 使元素 c_2 与 f_2 都变为零，继续如此进行[①]. 这种变换的结果使在矩阵(106) 最后一列中换幂 λ^k 为 k 次多项式 $g_k(\lambda)=\lambda^k+\cdots(k=0,1,2,\cdots)$.

因为对于任何 k 经过我们的变换法，由矩阵(106) 的前 k 个行与前 n 个列所组成的矩阵的秩，并非变动，所以经过变换后，这个矩阵的第 $p+1$ 行将有以下形状

$$0,0,\cdots,0,g_p(\lambda)$$

进行我们的变换并不变动以下克雷洛夫行列式的值

$$\begin{vmatrix} c & f & \cdots & h & 1 \\ c_1 & f_1 & \cdots & h_1 & \lambda \\ \vdots & \vdots & & \vdots & \vdots \\ c_{p-1} & f_{p-1} & \cdots & h_{p-1} & \lambda^{p-1} \\ c_p & f_p & \cdots & h_p & \lambda^p \end{vmatrix} = M^*\varphi(\lambda)$$

所以

$$M^*\varphi(\lambda)=cf_1^*\cdots g_p(\lambda) \tag{107}$$

亦即[②] $g_p(\lambda)$ 就是所要找出的 $\varphi(\lambda)$：$g_p(\lambda)\equiv\varphi(\lambda)$.

---

① 元素 $c,f_1^*,\cdots$ 不许在含有 λ 的幂的最后一列中选取.

② 记住多项式 $\varphi(\lambda)$ 与 $g_p(\lambda)$ 的首项系数都等于 1.

推荐以下简化方法. 在矩阵(106)中得出第 k 个经过变换的行

$$a_{k-1}^{*}, b_{k-1}^{*}, \cdots, l_{k-1}^{*}, g_{k-1}(\lambda) \tag{108}$$

以后,下面的第 $k+1$ 行可由序列 $a_{k-1}^{*}, b_{k-1}^{*}, \cdots, l_{k-1}^{*}$(而不是原来的序列 a_{k-1}, $b_{k-1}, \cdots, l_{k-1}$)乘以所给予矩阵的诸行来得出[①]. 那么我们就求得第 $k+1$ 行,其形状为

$$\tilde{\alpha}_k, \tilde{b}_k, \cdots, \tilde{l}_k, \lambda g_{k-1}(\lambda)$$

而在减去其以前的诸行后我们得出

$$a_k^{*}, b_k^{*}, \cdots, l_k^{*}, g_k(\lambda)$$

我们所推荐的只有很少一些变动的克雷洛夫方法(与消去法相结合)可以立刻得出我们所关心的多项式 $\varphi(\lambda)$[在正则情形是 $\Delta(\lambda)$],并不需要任何行列式的计算与辅助方程组的解出[②].

例 有如下式子

$$\begin{array}{c} \quad\;\; 4 \quad\;\; 4 \quad\;\; 1 \quad\;\; 5 \quad\;\; 0 \\ \boldsymbol{A}=\begin{pmatrix} 1 & 1 & -1 & 1 & 0 \\ 1 & 2 & -1 & 0 & 1 \\ -1 & 2 & 3 & -1 & 0 \\ 1 & -2 & 1 & 2 & -1 \\ 2 & 1 & -1 & 3 & 0 \end{pmatrix} \end{array}$$

0	0	0	0	1	1
0	1	0	−1	0	λ
0	2	3	−4	−2	$\lambda^2[2-4\lambda]$
0	−2	3	0	0	$\lambda^2-4\lambda+2$
−5	−7	5	7	−5	$\lambda^3-4\lambda^2+2\lambda[5+7\lambda]$
−5	0	5	0	0	$\lambda^3-4\lambda^2+9\lambda+5$
−10	−10	20	0	−15	$\lambda^4-4\lambda^3+9\lambda^2+5\lambda[15-5(\lambda^2-4\lambda+2)-2(\lambda^3-4\lambda^2+9\lambda+5)]$
0	0	−5	0	0	$\lambda^4-6\lambda^3+12\lambda^2+7\lambda-5$
5	5	−15	−5	5	$\lambda^5-6\lambda^4+12\lambda^3+7\lambda^2-5\lambda[-5-5\lambda+(\lambda^3-4\lambda^2+9\lambda+5)-2(\lambda^4-6\lambda^3+12\lambda^2+7\lambda-5)]$
0	0	0	0	0	$\underbrace{\lambda^5-8\lambda^4+25\lambda^3-21\lambda^2-15\lambda+10}_{\Delta(\lambda)}$

① 简化法中还有这样的情形,在变换行(108)中有 $k-1$ 个元素等于零. 故乘这种行以矩阵 $\boldsymbol{A}$ 的行是较为简便的.

② 与阿·恩·克雷洛夫的方法相平行的,我们已经在第4章中使读者知道了德·克·法捷耶夫关于计算特征多项式的系数的方法. 德·克·法捷耶夫的方法比克雷洛夫的方法需要较多的计算,但是法捷耶夫的方法较为普遍,在它里面没有特殊情形. 读者还要注意阿·蒙·达尼列夫斯基的很有效的方法(Определение собственных значений и Функций некоторых операторов с помощью электрической цепи, 1947).

矩阵方程

第8章

在这一章里面，我们讨论在矩阵论及其应用的各种问题中遇到的矩阵方程的某些类型.

§1　方程 $AX = XB$

设给予方程

$$AX = XB \tag{1}$$

其中 A 与 B 为两个已知方阵(一般地说，有不同的阶)

$$A = (a_{ij})_1^m, B = (b_{kl})_1^n$$

而 X 为要求出的 $m \times n$ 维长方矩阵

$$X = (x_{jk}) \quad (j = 1, 2, \cdots, m; k = 1, 2, \cdots, n)$$

写出矩阵 A 与 B(在复数域中) 的初等因子

(A)：$(\lambda - \lambda_1)^{p_1}, (\lambda - \lambda_2)^{p_2}, \cdots, (\lambda - \lambda_u)^{p_u}$

$(p_1 + p_2 + \cdots + p_u = m)$

(B)：$(\lambda - \mu_1)^{q_1}, (\lambda - \mu_2)^{q_2}, \cdots, (\lambda - \mu_v)^{q_v}$

$(q_1 + q_2 + \cdots + q_v = n)$

对应于这些初等因子化矩阵 A 与 B 为约当范式

$$A = U\widetilde{A}U^{-1}, B = V\widetilde{B}V^{-1} \tag{2}$$

其中 U, V 都是满秩方阵，各有阶 m 与 n，而 $\widetilde{A}$ 与 $\widetilde{B}$ 为约当矩阵

$$\widetilde{A} = \{\lambda_1 E^{(p_1)} + H^{(p_1)}, \lambda_2 E^{(p_2)} + H^{(p_2)}, \cdots, \lambda_u E^{(p_u)} + H^{(p_u)}\}$$

$$\widetilde{B} = \{\mu_1 E^{(q_1)} + H^{(q_1)}, \mu_2 E^{(q_2)} + H^{(q_2)}, \cdots, \mu_v E^{(q_v)} + H^{(q_v)}\} \tag{3}$$

把 A 与 B 的表示式(2) 代进方程(1) 中,我们得出

$$U\widetilde{A}U^{-1}X = XV\widetilde{B}V^{-1}$$

左乘这个等式的两边以 U^{-1},而右乘以 V

$$\widetilde{A}U^{-1}XV = U^{-1}XV\widetilde{B} \tag{4}$$

换所求矩阵 X 以新的未知矩阵 $\widetilde{X}$(维数仍为 $m \times n$)

$$\widetilde{X} = U^{-1}XV \tag{5}$$

我们可以写方程(4) 为

$$\widetilde{A}\widetilde{X} = \widetilde{X}\widetilde{B} \tag{6}$$

我们已经把矩阵方程(1) 换为同形状的方程(6),但在此时所给予矩阵成约当范式.

与拟对角矩阵 $\widetilde{A}$ 和 $\widetilde{B}$ 相对应的分 $\widetilde{X}$ 为分块矩阵

$$\widetilde{X} = (X_{\alpha\beta}) \quad (\alpha = 1,2,\cdots,u;\beta = 1,2,\cdots,v)$$

(此处 $X_{\alpha\beta}$ 为 $p_\alpha \times q_\beta$ 维长方矩阵;$\alpha = 1,2,\cdots,u;\beta = 1,2,\cdots,v$).

应用分块矩阵与拟对角矩阵的乘法规则(参考第 2 章,§5,1),乘出方程(6) 的左边与右边,那么这个方程就分解为 uv 个矩阵方程

$$[\lambda_\alpha E^{(p_\alpha)} + H^{(p_\alpha)}]X_{\alpha\beta} = X_{\alpha\beta}[\mu_\beta E^{(q_\beta)} + H^{(q_\beta)}] \quad (\alpha = 1,2,\cdots,u;\beta = 1,2,\cdots,v)$$

还可以把它们写为

$$(\mu_\beta - \lambda_\alpha)X_{\alpha\beta} = H_\alpha X_{\alpha\beta} - X_{\alpha\beta}G_\beta \quad (\alpha = 1,2,\cdots,u;\beta = 1,2,\cdots,v) \tag{7}$$

此处我们引进了简写符号

$$H_\alpha = H^{(p_\alpha)}, G_\beta = H^{(q_\beta)} \quad (\alpha = 1,2,\cdots,u;\beta = 1,2,\cdots,v) \tag{8}$$

取方程(7) 的任何一个. 可能出现两种情况:

1° $\lambda_\alpha \neq \mu_\beta$. 重复运用等式(7)$r-1$ 次[①]

$$(\mu_\beta - \lambda_\alpha)^r X_{\alpha\beta} = \sum_{\sigma+\tau=r} (-1)^\tau H_\alpha^\sigma X_{\alpha\beta} G_\beta^\tau \tag{9}$$

注意,由(8) 有

$$H_\alpha^{p_\alpha} = G_\beta^{q_\beta} = 0 \tag{10}$$

如果在(9) 中取 $r \geqslant p_\alpha + q_\beta - 1$,那么位于等式(9) 右边的和中每一个项,至少适合以下关系式的某一个

$$\sigma \geqslant p_\alpha, \tau \geqslant q_\beta$$

故由(10) 或有 $H_\alpha^\sigma = 0$ 或有 $G_\beta^\tau = 0$. 再因我们所讨论的情形是 $\lambda_\alpha \neq \mu_\beta$,所以从(9) 求得

---

① 乘等式(7) 的两边以 $\mu_\beta - \lambda_\alpha$ 且在右边中把每一项的 $(\mu_\beta - \lambda_\alpha)X_{\alpha\beta}$ 换为 $H_\alpha X_{\alpha\beta} - X_{\alpha\beta}G_\beta$. 重复这种步骤至 $r-1$ 次.

$$X_{\alpha\beta}=\mathbf{0} \tag{11}$$

2° $\lambda_\alpha=\mu_\beta$. 在这一情形方程(7) 变为

$$H_\alpha X_{\alpha\beta}=X_{\alpha\beta}G_\beta \tag{12}$$

在矩阵 H_α 与 G_β 的第一上对角线中诸元素都等于 1,而所有其余的元素都等于零. 注意矩阵 H_α 与 G_β 的这种特殊结构且设

$$X_{\alpha\beta}=(\xi_{ik}) \quad (i=1,2,\cdots,p_\alpha;k=1,2,\cdots,q_\beta)$$

我们可以把矩阵方程(12) 换为以下与它等价的一组纯量关系①

$$\xi_{i+1,k}=\xi_{i,k-1} \quad (\xi_{i0}=\xi_{p_\alpha+1,k}=0;i=1,2,\cdots,p_\alpha;k=1,2,\cdots,q_\beta) \tag{13}$$

等式(13) 说明了:

(1) 在矩阵 $X_{\alpha\beta}$ 中,位于与主对角线平行的每一条线上的元素,彼此相等.

(2)$\xi_{21}=\xi_{31}=\cdots=\xi_{p_\alpha 1}=\xi_{p_\alpha 2}=\cdots=\xi_{p_\alpha,q_\beta-1}=0$.

设 $p_\alpha=q_\beta$. 在这一情形 $X_{\alpha\beta}$ 是一个方阵. 由(1),(2) 知在矩阵 $X_{\alpha\beta}$ 中位于主对角线下面的所有元素都等于零,主对角线上的所有元素都等于某一个数 $c_{\alpha\beta}$,第一上对角线中诸元素都等于某一个数 $c'_{\alpha\beta}$ 诸如此类,亦即

$$X_{\alpha\beta}=\begin{pmatrix} c_{\alpha\beta} & c'_{\alpha\beta} & \cdots & c_{\alpha\beta}^{(p_\alpha-1)} \\ & c_{\alpha\beta} & \ddots & \vdots \\ & & \ddots & c'_{\alpha\beta} \\ \mathbf{0} & & & c_{\alpha\beta} \end{pmatrix}=T_{p_\alpha} \quad (p_\alpha=q_\beta) \tag{14}$$

此处 $c_{\alpha\beta},c'_{\alpha\beta},\cdots,c_{\alpha\beta}^{(p_\alpha-1)}$ 为任意的参数(方程(12) 并没有给予这些参数以任何限制).

容易看出,当 $p_\alpha<q_\beta$ 时,有

$$X_{\alpha\beta}=(\overbrace{\mathbf{0}}^{q_\beta-q_\alpha} \quad T_{p_\alpha}) \tag{15}$$

而当 $p_\alpha>q_\beta$ 时,有

$$X_{\alpha\beta}=\begin{pmatrix} T_{q_\beta} \\ \mathbf{0} \end{pmatrix}\}\,p_\alpha-q_\beta \tag{16}$$

至于矩阵(14),(15) 与(16),我们说它们是正上三角形. $X_{\alpha\beta}$ 中任意的参数的个数等于数 p_α 与 q_β 中较小的一个. 下面所举的格式说明当 $\lambda_\alpha=\mu_\beta$ 时矩阵 $X_{\alpha\beta}$ 的结构(以 a,b,c,d 记任意的参数)

---

① 从矩阵 H_α 与 G_β 的结构,知道在 $X_{\alpha\beta}$ 中除去第一行把所有的行向上移动一个位置后以零填满其最后一行,即得乘积 $H_\alpha X_{\alpha\beta}$;同样的在 $X_{\alpha\beta}$ 中除去其最右边的列把所有的列向右边移动一个位置,再以零填满其第一列,即得乘积 $X_{\alpha\beta}G_\beta$(参考第 1 章,§ 3,1).

为了记号的简便起见,我们对 ξ_{ik} 并不再行补出指数 α,β.

$$\boldsymbol{X}_{\alpha\beta}=\begin{pmatrix}a&b&c&d\\0&a&b&c\\0&0&a&b\\0&0&0&a\end{pmatrix},\boldsymbol{X}_{\alpha\beta}=\begin{pmatrix}0&0&a&b&c\\0&0&0&a&b\\0&0&0&0&a\end{pmatrix},\boldsymbol{X}_{\alpha\beta}=\begin{pmatrix}a&b&c\\0&a&b\\0&0&a\\0&0&0\\0&0&0\end{pmatrix}$$

$$(p_\alpha=q_\beta=4)\qquad(p_\alpha=3,q_\beta=5)\qquad(p_\alpha=5,q_\beta=3)$$

为了在计算矩阵 $\widetilde{\boldsymbol{X}}$ 中任意的参数时可以包含情形 1,以 $d_{\alpha\beta}(\lambda)$ 记初等因子 $(\lambda-\lambda_\alpha)^{p_\alpha}$ 与 $(\lambda-\mu_\beta)^{q_\beta}$ 的最大公因式,而以 $\delta_{\alpha\beta}$ 记多项式 $d_{\alpha\beta}(\lambda)$ 的次数($\alpha=1,2,\cdots,u;\beta=1,2,\cdots,v$). 在情形 1 中 $\delta_{\alpha\beta}=0$;而在情形 2 中有:$\delta_{\alpha\beta}=\min(p_\alpha,q_\beta)$. 这样一来,在两种情形中 $\boldsymbol{X}_{\alpha\beta}$ 内任意参数的个数都等于 $\delta_{\alpha\beta}$. $\widetilde{\boldsymbol{X}}$ 中任意参数的个数为下式所确定

$$N=\sum_{\alpha=1}^{u}\sum_{\beta=1}^{v}\delta_{\alpha\beta}$$

以后,我们以 $\boldsymbol{X}_{\widetilde{A}\widetilde{B}}$ 来记方程(6)的一般解(直到现在为止我们是以符号 $\widetilde{\boldsymbol{X}}$ 来记这个解的),比较方便.

在这一节中所得出的结果可以叙述为以下定理:

定理 1　矩阵方程

$$\boldsymbol{AX}=\boldsymbol{XB}$$

$$\boldsymbol{A}=(a_{ik})_1^m=\boldsymbol{U}\widetilde{\boldsymbol{A}}\boldsymbol{U}^{-1}=\boldsymbol{U}\{\lambda_1\boldsymbol{E}^{(p_1)}+\boldsymbol{H}^{(p_1)},\cdots,\lambda_u\boldsymbol{E}^{(p_u)}+\boldsymbol{H}^{(p_u)}\}\boldsymbol{U}^{-1}$$

$$\boldsymbol{B}=(b_{ik})_1^n=\boldsymbol{V}\widetilde{\boldsymbol{B}}\boldsymbol{V}^{-1}=\boldsymbol{V}\{\mu_1\boldsymbol{E}^{(q_1)}+\boldsymbol{H}^{(q_1)},\cdots,\mu_v\boldsymbol{E}^{(q_v)}+\boldsymbol{H}^{(q_v)}\}\boldsymbol{V}^{-1}$$

该方程的一般解为下式所给出

$$\boldsymbol{X}=\boldsymbol{U}\boldsymbol{X}_{\widetilde{A}\widetilde{B}}\boldsymbol{V}^{-1}\tag{17}$$

此处 $\boldsymbol{X}_{\widetilde{A}\widetilde{B}}$ 是方程

$$\widetilde{\boldsymbol{A}}\widetilde{\boldsymbol{X}}=\widetilde{\boldsymbol{X}}\widetilde{\boldsymbol{B}}$$

的一般解,它有以下结构

写 $\boldsymbol{X}_{\widetilde{A}\widetilde{B}}$ 为分块矩阵

$$\boldsymbol{X}_{\widetilde{A}\widetilde{B}}=(\overbrace{\boldsymbol{X}_{\alpha\beta}}^{q_\beta})\}p_\alpha\quad(\alpha=1,2,\cdots,u;\beta=1,2,\cdots,v)$$

如果 $\lambda_\alpha\neq\mu_\beta$,那么位于 $\boldsymbol{X}_{\alpha\beta}$ 的地方是一个零矩阵,如果有 $\lambda_\alpha=\mu_\beta$,那么位于 $\boldsymbol{X}_{\alpha\beta}$ 的地方是一个任意的正上三角矩阵.

$\boldsymbol{X}_{\widetilde{A}\widetilde{B}}$,因而 $\boldsymbol{X}$ 与 N 个任意的参数 $c_1,c_2,\cdots,c_N$ 线性相关

$$\boldsymbol{X}=\sum_{j=1}^{N}c_j\boldsymbol{X}_j\tag{18}$$

其中 N 为下式所确定

$$N=\sum_{\alpha=1}^{u}\sum_{\beta=1}^{v}\delta_{\alpha\beta} \tag{19}$$

[此处 $\delta_{\alpha\beta}$ 表示 $(\lambda-\lambda_\alpha)^{p_\alpha}$ 与 $(\lambda-\mu_\beta)^{q_\beta}$ 的最大公因式的次数].

我们注意,固定在式(18)中的矩阵 $\boldsymbol{X}_1,\boldsymbol{X}_2,\cdots,\boldsymbol{X}_N$ 是原方程(1)的解[如果在 $\boldsymbol{X}$ 中给予参数 c_j 以值 1,而给予其余诸参数以值零 $(j=1,2,\cdots,N)$,我们就得出矩阵 $\boldsymbol{X}_j$]. 这些解是线性无关的,因为否则对于参数 $c_1,c_2,\cdots,c_N$ 的某些不全为零的值,将使矩阵 $\boldsymbol{X}$,因而 $\boldsymbol{X}_{\widetilde{A}\widetilde{B}}$ 等于零,而这是不可能的. 这样一来,等式(19)证明原方程的任一解可以表为 N 个线性无关解的线性组合.

如果 $\boldsymbol{A}$ 与 $\boldsymbol{B}$ 没有公共的特征数(特征多项式 $|\lambda\boldsymbol{E}-\boldsymbol{A}|$)与 $|\lambda\boldsymbol{E}-\boldsymbol{B}|$ 互质),那么 $N=\sum_{\alpha=1}^{u}\sum_{\beta=1}^{v}\delta_{\alpha\beta}=0$,因而 $\boldsymbol{X}=\boldsymbol{0}$,亦即在这一情形方程(1)只有明显的零解 $\boldsymbol{X}=\boldsymbol{0}$.

注 设矩阵 $\boldsymbol{A}$ 与 $\boldsymbol{B}$ 的元素在某一个数域 K 中. 那么不能断定,在公式(17)中所定出的矩阵 $\boldsymbol{U},\boldsymbol{V},\boldsymbol{X}_{\widetilde{A}\widetilde{B}}$ 的元素亦在域 K 中. 可以在扩展域 K_1 中选取这些矩阵的元素,K_1 是在域 K 中添加特征方程 $|\lambda\boldsymbol{E}-\boldsymbol{A}|=0$ 与 $|\lambda\boldsymbol{E}-\boldsymbol{B}|=0$ 的根所得出的. 基域的这种样子的扩展,在化所给予矩阵为约当范式时常是必要的.

但是矩阵方程(1)与有 mn 个方程的齐次线性方程组等价,在这组方程中以未知矩阵 $\boldsymbol{X}$ 的元素 $x_{jk}(j=1,2,\cdots,m;k=1,2,\cdots,n)$ 为其未知量

$$\sum_{j=1}^{m}a_{ij}x_{jk}=\sum_{h=1}^{n}x_{ih}b_{hk}\quad(i=1,2,\cdots,m;k=1,2,\cdots,n) \tag{20}$$

我们已经证明,这个方程组有 N 个线性无关解,其中 N 为公式(19)所确定. 但是已知,作为基底的线性无关解,可以在方程(20)的系数所在基域 K 中选取. 故在公式(18)中,可以这样的来选取矩阵 $\boldsymbol{X}_1,\boldsymbol{X}_2,\cdots,\boldsymbol{X}_N$,使得它们的元素都在域 K 中. 那么在公式(18)中给予任意参数以域 K 中所有可能的值,我们就得出适合方程(1)元素在 K 中的所有矩阵 $\boldsymbol{X}$①.

§2 特殊情形:$\boldsymbol{A}=\boldsymbol{B}$. 可交换矩阵

讨论方程(1)的特殊情形——方程

$$\boldsymbol{AX}=\boldsymbol{XA} \tag{21}$$

其中 $\boldsymbol{A}=(a_{ik})_1^n$ 是已给予的,而 $\boldsymbol{X}=(x_{ik})_1^n$ 是未知矩阵. 我们得到弗罗贝尼乌斯问题:定出与已给予矩阵 $\boldsymbol{A}$ 可交换的全部矩阵 $\boldsymbol{X}$.

---

① 矩阵 $\boldsymbol{A}=(a_{ij})_1^m$ 与 $\boldsymbol{B}=(b_{kl})_1^n$ 在 $m\times n$ 维长方矩阵 $\boldsymbol{X}$ 的空间中定出线性算子 $F(\boldsymbol{X})=\boldsymbol{AX}-\boldsymbol{XB}$. 这种类型的算子的研究可在论文 О структуре автоморфизмов комплексных простых групп Ли(1931)中找到.

化矩阵 $\boldsymbol{A}$ 为约当范式

$$\boldsymbol{A}=\boldsymbol{U}\widetilde{\boldsymbol{A}}\boldsymbol{U}^{-1}=\boldsymbol{U}\{\lambda_1\boldsymbol{E}^{(p_1)}+\boldsymbol{H}^{(p_1)},\cdots,\lambda_u\boldsymbol{E}^{(p_u)}+\boldsymbol{H}^{(p_w)}\}\boldsymbol{U}^{-1} \tag{22}$$

那么在公式(17)中取 $\boldsymbol{U}=\boldsymbol{V}$, $\widetilde{\boldsymbol{B}}=\widetilde{\boldsymbol{A}}$ 且简写 $\boldsymbol{X}_{\widetilde{A}\widetilde{A}}$ 为 $\boldsymbol{X}_{\widetilde{A}}$，我们得出方程(21)的所有解，亦即与 $\boldsymbol{A}$ 可交换的全部矩阵都有以下形状

$$\boldsymbol{X}=\boldsymbol{U}\boldsymbol{X}_{\widetilde{A}}\boldsymbol{U}^{-1} \tag{23}$$

其中 $\boldsymbol{X}_{\widetilde{A}}$ 记任一与 $\widetilde{\boldsymbol{A}}$ 可交换的矩阵. 有如上节中所阐明的，对应于约当矩阵 $\widetilde{\boldsymbol{A}}$ 的分块，分解 $\boldsymbol{X}_{\widetilde{A}}$ 为 u^2 个子块

$$\boldsymbol{X}_{\widetilde{A}}=(\boldsymbol{X}_{\alpha\beta})_1^u$$

$\boldsymbol{X}_{\alpha\beta}$ 为零矩阵或为任意的正上三角矩阵，则视 $\lambda_\alpha\neq\lambda_\beta$ 或 $\lambda_\alpha=\lambda_\beta$ 而定.

对于有以下诸初等因子的矩阵 $\boldsymbol{A}$，写出矩阵 $\boldsymbol{X}_{\widetilde{A}}$ 的元素为例

$$(\lambda-\lambda_1)^4,(\lambda-\lambda_1)^3,(\lambda-\lambda_2)^2,\lambda-\lambda_2 \quad (\lambda_1\neq\lambda_2)$$

在这一情形 $\boldsymbol{X}_{\widetilde{A}}$ 有这样的形状

$$\left(\begin{array}{cccc:ccc:cc:c}
a & b & c & d & e & f & g & 0 & 0 & 0\\
0 & a & b & c & 0 & e & f & 0 & 0 & 0\\
0 & 0 & a & b & 0 & 0 & e & 0 & 0 & 0\\
0 & 0 & 0 & a & 0 & 0 & 0 & 0 & 0 & 0\\
\hdashline
0 & h & k & l & m & p & q & 0 & 0 & 0\\
0 & 0 & h & k & 0 & m & p & 0 & 0 & 0\\
0 & 0 & 0 & h & 0 & 0 & m & 0 & 0 & 0\\
\hdashline
0 & 0 & 0 & 0 & 0 & 0 & 0 & r & s & t\\
0 & 0 & 0 & 0 & 0 & 0 & 0 & 0 & r & 0\\
\hdashline
0 & 0 & 0 & 0 & 0 & 0 & 0 & 0 & w & z
\end{array}\right) \quad (a,b,\cdots,z\ \text{是任意的参数})$$

在 $\boldsymbol{X}_{\widetilde{A}}$ 中参数的个数等于 N，其中 $N=\sum_{\alpha,\beta=1}^{u}\delta_{\alpha\beta}$；此处 $\delta_{\alpha\beta}$ 记多项式 $(\lambda-\lambda_\alpha)^{p_\alpha}$ 与 $(\lambda-\lambda_\beta)^{p_\beta}$ 的最大公因式的次数.

在讨论中我们引进矩阵 $\boldsymbol{A}$ 的不变多项式：$i_1(\lambda),i_2(\lambda),\cdots,i_t(\lambda)$；$i_{t+1}(\lambda)=\cdots=i_n(\lambda)=1$. 以 $n_1\geqslant n_2\geqslant\cdots\geqslant n_t>n_{t+1}=\cdots=0$ 记这些多项式的次数. 因为每一个不变多项式都是某些两两互质的初等因子的乘积，所以对于 N 的公式可以写为

$$N=\sum_{g,j=1}^{t}\kappa_{gj} \tag{24}$$

其中 κ_{gj} 为多项式 $i_g(\lambda)$ 与 $i_j(\lambda)$ 的最大公因式的次数 $(g,j=1,2,\cdots,t)$. 但是多项式 $i_g(\lambda)$ 与 $i_j(\lambda)$ 的最大公因式是它们里面的某一个，故有 $\kappa_{gj}=\min(n_g,n_j)$. 因此我们得出

$$N=n_1+3n_2+\cdots+(2t-1)n_t$$

数 N 是与矩阵$\boldsymbol{A}$ 可交换的线性无关矩阵的个数(可以认为这些矩阵的元素在含有矩阵 $\boldsymbol{A}$ 的元素的基域 K 里面;参考上节末尾的注释).我们得到以下定理:

定理 2　与矩阵 $\boldsymbol{A}=(a_{ik})_1^n$ 可交换的线性无关矩阵的个数为以下公式所确定

$$N=n_1+3n_2+\cdots+(2t-1)n_t \tag{25}$$

其中 $n_1,n_2,\cdots,n_t$ 为矩阵 $\boldsymbol{A}$ 的诸不为常数的不变多项式 $i_1(\lambda),i_2(\lambda),\cdots,i_t(\lambda)$ 的次数.

我们注意

$$n=n_1+n_2+\cdots+n_t \tag{26}$$

由(25)与(26)推知

$$N\geqslant n \tag{27}$$

而且等号能成立的充分必要条件是 $t=1$,亦即矩阵 $\boldsymbol{A}$ 的所有初等因子是两两互质的.

设 $g(\lambda)$ 为 λ 的某一个多项式,那么矩阵 $g(\boldsymbol{A})$ 与 $\boldsymbol{A}$ 可交换.提出相反的问题:在什么情形之下,任一与 $\boldsymbol{A}$ 可交换的矩阵,都能表为 $\boldsymbol{A}$ 的多项式?在此时任一与 $\boldsymbol{A}$ 可交换的矩阵,都可表为线性无关矩阵

$$\boldsymbol{E},\boldsymbol{A},\boldsymbol{A}^2,\cdots,\boldsymbol{A}^{n_1-1}$$

的线性组合.

在所讨论的情形 $N=n_1\leqslant n$,与(27)相比较,我们得出 $N=n_1=n$.这样一来,我们得到了:

定理 2 的推论 1　所有与$\boldsymbol{A}$可交换的矩阵都能表为$\boldsymbol{A}$ 的多项式的充分必要条件是 $n_1=n$,亦即矩阵 $\boldsymbol{A}$ 的所有初等因子两两互质.

与$\boldsymbol{A}$可交换的矩阵的多项式,亦与$\boldsymbol{A}$可交换.提出这样的问题:在什么情形之下,所有与 $\boldsymbol{A}$ 可交换的矩阵,都可以表为某一个(同一)矩阵 $\boldsymbol{C}$ 的多项式?我们假定这种情形能够成立.那么,因为矩阵 $\boldsymbol{C}$ 由于哈密顿－凯利定理适合它自己的特征方程,所以任一与 $\boldsymbol{C}$ 可交换的矩阵,都可以由矩阵

$$\boldsymbol{E},\boldsymbol{C},\boldsymbol{C}^2,\cdots,\boldsymbol{C}^{n-1}$$

线性表出.

故在所讨论的情形 $N\leqslant n$,与(27)相比较,我们求得 $N=n$.但是由(25)与(26)知 $n_1=n$.

定理 2 的推论 2　所有与 $\boldsymbol{A}$ 可交换的矩阵,都能表为同一矩阵 $\boldsymbol{C}$ 的多项式的充分必要条件是 $n_1=n$,亦即矩阵 $\lambda\boldsymbol{E}-\boldsymbol{A}$ 的所有初等因子两两互质.在这一情形所有与 $\boldsymbol{A}$ 可交换的矩阵都能表为 $\boldsymbol{A}$ 的多项式.

我们还要注意可交换矩阵的一项重要性质.

定理 3　如果两个矩阵 $\boldsymbol{A}=(a_{ik})_1^n$ 与 $\boldsymbol{B}=(b_{ik})_1^n$ 可交换，而且其中的一个，例如 $\boldsymbol{A}$ 有拟对角形

$$\boldsymbol{A}=\{\overbrace{\boldsymbol{A}_1}^{s_1},\overbrace{\boldsymbol{A}_2}^{s_2}\} \tag{28}$$

其中 $\boldsymbol{A}_1$ 与 $\boldsymbol{A}_2$ 没有公共的特征数，那么其另一矩阵亦有同样的拟对角形

$$\boldsymbol{B}=\{\overbrace{\boldsymbol{B}_1}^{s_1},\overbrace{\boldsymbol{B}_2}^{s_2}\} \tag{29}$$

证明　分解矩阵 $\boldsymbol{B}$ 为与拟对角形(28) 相对应的分块形

$$\boldsymbol{B}=\begin{pmatrix}\overbrace{\boldsymbol{B}_1}^{s_1} & \overbrace{\boldsymbol{X}}^{s_2}\\ \boldsymbol{Y} & \boldsymbol{B}_2\end{pmatrix}$$

由 $\boldsymbol{AB}=\boldsymbol{BA}$，我们得出四个矩阵等式

$$\boldsymbol{A}_1\boldsymbol{B}_1=\boldsymbol{B}_1\boldsymbol{A}_1,\boldsymbol{A}_1\boldsymbol{X}=\boldsymbol{X}\boldsymbol{A}_2,\boldsymbol{A}_2\boldsymbol{Y}=\boldsymbol{Y}\boldsymbol{A}_1,\boldsymbol{A}_2\boldsymbol{B}_2=\boldsymbol{B}_2\boldsymbol{A}_2 \tag{30}$$

方程(30) 中第二与第三式，有如 §1(注释的前面) 所已经阐明的，只有零解 $\boldsymbol{X}=\boldsymbol{0},\boldsymbol{Y}=\boldsymbol{0}$，因为矩阵 $\boldsymbol{A}_1$ 与 $\boldsymbol{A}_2$ 没有公共的特征数. 这样一来，我们的命题已经证明. 等式(30) 中第一与第四式表示矩阵 $\boldsymbol{A}_1$ 与 $\boldsymbol{B}_1$，$\boldsymbol{A}_2$ 与 $\boldsymbol{B}_2$ 的可交换性.

所证明的命题的几何说法可述为：

定理 3′　如果

$$R=I_1+I_2$$

是整个空间 R 对关于算子 A 不变的子空间 I_1 与 I_2 的分解式，而且这些子空间(关于 A 的) 最小多项式互质，那么这些子空间 I_1 与 I_2 对于任何一个与 A 可交换的线性算子 B 不变.

由所证明的定理推得以下推论：

推论 1　如果线性算子 $A,B,\cdots,L$ 两两可交换，那么可以分解整个空间 R 为对所有算子 $A,B,\cdots,L$ 不变的诸子空间

$$R=I_1+I_2+\cdots+I_w$$

且可使得这些子空间的任何一个关于算子 $A,B,\cdots,L$ 中任何一个的最小多项式都是不可约多项式的幂.

因此，作为特殊情形，我们得出：

推论 2　如果线性算子 $A,B,\cdots,L$ 两两可交换，而且所有这些算子的特征数都在基域 K 中，那么可以分解整个空间 R 为对所有算子 $A,B,\cdots,L$ 不变的诸子空间 $I_1,I_2,\cdots,I_w$，在它们里面的每一个关于算子 $A,B,\cdots,L$ 中任何一个，诸特征数是相等的.

最后，还要注意这个命题的一种特殊情形：

推论 3　如果单构算子 $A,B,\cdots,L$(参考第 3 章，§8) 两两可交换，那么可

以从这些算子的共同的特征向量来构成空间的基底.

我们还给予最后的命题一个矩阵的说法：

可交换单构矩阵可以用同一个相似变换同时将它们化为对角形的形状.

§3　方程 $AX-XB=C$

设给予矩阵方程

$$AX-XB=C \tag{31}$$

其中$A=(a_{ij})_1^m$，$B=(b_{kl})_1^n$是已知的m与n阶方阵，$C=(c_{jk})$是已知的，$X=(x_{jk})$是未知的，都是$m\times n$维长方矩阵.方程(31)与关于矩阵X的元素，有mn个纯量方程的线性方程组等价

$$\sum_{j=1}^{m}a_{ij}x_{jk}-\sum_{l=1}^{n}x_{il}b_{lk}=c_{ik}\quad(i=1,2,\cdots,m;k=1,2,\cdots,n)$$

其对应的齐次方程组为

$$\sum_{j=1}^{m}a_{ij}x_{jk}-\sum_{l=1}^{n}x_{il}b_{lk}=0\quad(i=1,2,\cdots,m;k=1,2,\cdots,n)$$

写为矩阵的形状是

$$AX-XB=0 \tag{32}$$

这样一来，如果方程(32)只有一个零解，那么方程(31)亦只有且只有一组解.但在§1中已经证明，方程(32)只有一个零解的充分必要条件是矩阵A与B没有公共的特征数.因此，如果矩阵A与B没有公共的特征数，那么方程(31)有且只有一组解；如果矩阵A与B有公共的特征数，那么与"常数项"C有关可以有两种情形出现：或者方程(31)是矛盾的，或者它有无穷多组解，为以下公式所给出

$$X=X_0+X_1$$

其中X_0为方程(31)的一组固定的特殊解，X_1为齐次方程组(32)的一般解(X_1的结构已经在§1中说明).

§4　纯量方程 $f(X)=0$

首先讨论方程

$$g(X)=0 \tag{33}$$

其中

$$g(\lambda)=(\lambda-\lambda_1)^{a_1}(\lambda-\lambda_2)^{a_2}\cdots(\lambda-\lambda_h)^{a_h}$$

是已知的变数λ的多项式，而X是一个n阶未知方阵.因为矩阵X的最小多项式，亦即其第一不变多项式$i_1(\lambda)$，必须是多项式$g(\lambda)$的因式，所以矩阵X的初等因子应当有以下形状

$$(\lambda-\lambda_{i_1})^{p_{i_1}},(\lambda-\lambda_{i_2})^{p_{i_2}},\cdots,(\lambda-\lambda_{i_v})^{p_{i_v}}\ \left[\begin{aligned}&i_1,i_2,\cdots,i_v=1,2,\cdots,h\\&p_{i_1}\leqslant a_{i_1},p_{i_2}\leqslant a_{i_2},\cdots,p_{i_h}\leqslant a_{i_h}\\&p_{i_1}+p_{i_2}+\cdots+p_{i_v}=n\end{aligned}\right]$$

(下标 $i_1,i_2,\cdots,i_v$ 中可能有些是相等的,n 是未知矩阵 $\boldsymbol{X}$ 的已给予阶).

表未知矩阵 $\boldsymbol{X}$ 为以下形状

$$\boldsymbol{X}=\boldsymbol{T}\{\lambda_{i_1}\boldsymbol{E}^{(p_{i_1})}+\boldsymbol{H}^{(p_{i_1})},\cdots,\lambda_{i_v}\boldsymbol{E}^{(p_{i_v})}+\boldsymbol{H}^{(p_{i_v})}\}\boldsymbol{T}^{-1}\tag{34}$$

其中 $\boldsymbol{T}$ 为任意的 n 阶满秩矩阵.有已知阶的矩阵方程(33) 的解集,按照式(34) 分解为有限个相似矩阵类.

例 1　给予方程

$$\boldsymbol{X}^m=\boldsymbol{0}\tag{35}$$

如果矩阵的某一个幂等于零,那么称这个矩阵为幂零的.使矩阵的幂等于零的诸方次中最小的指数称为所予矩阵的幂零性指标.

显然,方程(35) 的解是有幂零性指标 $\mu\leqslant m$ 的所有幂零矩阵.包含已知阶 n 的所有解的公式有以下形状

$$\boldsymbol{X}=\boldsymbol{T}\{\boldsymbol{H}^{(p_1)},\boldsymbol{H}^{(p_2)},\cdots,\boldsymbol{H}^{(p_v)}\}\boldsymbol{T}^{-1}\quad\begin{pmatrix}p_1,p_2,\cdots,p_v\leqslant m\\p_1+p_2+\cdots+p_v=n\end{pmatrix}\tag{36}$$

($\boldsymbol{T}$ 是任意的满秩矩阵).

例 2　给予方程

$$\boldsymbol{X}^2=\boldsymbol{X}\tag{37}$$

适合这个方程的矩阵称为等幂的.等幂矩阵的初等因子只能是 λ 或 $\lambda-1$.所以等幂矩阵可以确定为特征数等于零或 1 的单构矩阵(亦即可化为对角矩阵).包含所有已给予阶的等幂矩阵的公式有以下形状

$$\boldsymbol{X}=\boldsymbol{T}\underbrace{\{1,1,\cdots,1,0,\cdots,0\}}_{n}\boldsymbol{T}^{-1}\tag{38}$$

其中 $\boldsymbol{T}$ 为任意的 n 等满秩矩阵.

讨论更一般的方程

$$f(\boldsymbol{X})=\boldsymbol{0}\tag{39}$$

其中 $f(\lambda)$ 为平面上某一区域 G 中复变量 λ 的正则函数.对于所求的解 $\boldsymbol{X}=(x_{ik})_1^n$,我们要求其特征数都在区域 G 里面.写出函数 $f(\lambda)$ 在区域 G 里面的所有零点及其重数

$$\lambda_1,\lambda_2,\cdots$$

$$a_1,a_2,\cdots$$

与上面的情形一样,矩阵 $\boldsymbol{X}$ 的每一个初等因子必须有以下形状

$$(\lambda-\lambda_i)^{p_i}\quad(p_i\leqslant a_i)$$

故有

$$X=T\{\lambda_{i_1}E^{(p_{i_1})}+H^{(p_{i_1})},\cdots,\lambda_{i_v}E^{(p_{i_v})}+H^{(p_{i_v})}\}T^{-1} \tag{40}$$

$$(i_1,i_2,\cdots,i_v=1,2,\cdots;p_{i_1}\leqslant a_{i_1},p_{i_2}\leqslant a_{i_2},\cdots,p_{i_v}\leqslant a_{i_v};$$
$$p_{i_1}+p_{i_2}+\cdots+p_{i_v}=n)$$

（T是任意的满秩矩阵）

§5 矩阵多项式方程

讨论方程

$$A_0X^m+A_1X^{m-1}+\cdots+A_m=0 \tag{41}$$

$$Y^mA_0+Y^{m-1}A_1+\cdots+A_m=0 \tag{42}$$

其中 $A_0,A_1,\cdots,A_m$ 为已知的，而 X 与 Y 为未知的 n 阶方阵. 在上节中所讨论的方程(33)是方程(41)，(42)的很特殊的（可以说是很平凡的）情形，只要在(41)或(42)中取 $A_i=\alpha_iE$，其中 α_i 为域 K 中的数，而 $i=1,2,\cdots,m$，我们就得出方程(33).

以下定理建立了方程(41)，(42)与(33)之间的关系.

定理 4　矩阵方程

$$A_0X^m+A_1X^{m-1}+\cdots+A_m=0$$

的每一个解都适合纯量方程

$$g(X)=0 \tag{43}$$

其中

$$g(\lambda)\equiv|A_0\lambda^m+A_1\lambda^{m-1}+\cdots+A_m| \tag{44}$$

矩阵方程

$$Y^mA_0+Y^{m-1}A_1+\cdots+A_m=0$$

的任一解 Y 适合这个纯量方程.

证明　以 $F(\lambda)$ 记矩阵多项式

$$F(\lambda)=A_0\lambda^m+A_1\lambda^{m-1}+\cdots+A_m$$

那么方程(41)与(42)可以写为（参考第4章，§3）

$$F(X)=0,\hat{F}(Y)=0$$

根据广义贝祖定理（第3章，§3），如果 X 与 Y 是这些方程的解，那么矩阵多项式 $F(\lambda)$ 可被 $\lambda E-X$ 所右整除，被 $\lambda E-Y$ 所左整除

$$F(\lambda)=Q(\lambda)(\lambda E-X)=(\lambda E-Y)Q_1(\lambda)$$

故有

$$g(\lambda)=|F(\lambda)|=|Q(\lambda)|\Delta(\lambda)=|Q_1(\lambda)|\Delta_1(\lambda) \tag{45}$$

其中 $\Delta(\lambda)=|\lambda E-X|$ 与 $\Delta_1(\lambda)=|\lambda E-Y|$ 为矩阵 X 与 Y 的特征多项式. 由哈密顿－凯利定理（第4章，§4）

$$\Delta(X)=0,\Delta_1(Y)=0$$

故由(45)推知

$$g(\boldsymbol{X})=g(\boldsymbol{Y})=\boldsymbol{0}$$

定理已经证明.

我们证明了,方程(41)的每个解都满足次数小于或等于 mn 的纯量方程

$$g(\lambda)=0$$

但是这个含已知 n 阶的方程的矩阵解集,可分解为有限个彼此相似的矩阵类(参考 §4).因此方程(41)的所有解必须在形如

$$\boldsymbol{T}_i\boldsymbol{D}_i\boldsymbol{T}_i^{-1} \tag{46}$$

的矩阵中寻找(此处 $\boldsymbol{D}_i$ 是已知矩阵;需要时可以认为 $\boldsymbol{D}_i$ 有约当范式;$\boldsymbol{T}_i$ 是任何 n 阶满秩矩阵,$i=1,2,\cdots,h$).在(41)中用矩阵(46)代入 $\boldsymbol{X}$,选择一 $\boldsymbol{T}_i$,使方程(41)满足.对每一 $\boldsymbol{T}_i$ 得出其线性方程

$$\boldsymbol{A}_0\boldsymbol{T}_i\boldsymbol{D}_i^m+\boldsymbol{A}_1\boldsymbol{T}_i\boldsymbol{D}_i^{m-1}+\cdots+\boldsymbol{A}_m\boldsymbol{T}_i=\boldsymbol{0}\quad(i=1,2,\cdots,h) \tag{47}$$

我们可以对求方程(47)的解提出唯一的方法,是用关于未知矩阵 $\boldsymbol{T}_i$ 的元素的线性齐次方程组代替矩阵方程.方程(47)的每个满秩解 $\boldsymbol{T}_i$ 代入(46)后就给出已知方程(41)的解.可以对方程(42)进行类似的推理.

在以下两节中,我们将讨论方程(41)有关求矩阵 m 次方根的特殊情形.

注意,哈密顿-凯利定理是定理4的特殊情形.事实上,任一方阵 $\boldsymbol{A}$ 代替 λ 时将满足方程

$$\lambda\boldsymbol{E}-\boldsymbol{A}=\boldsymbol{0}$$

因此由所证明的定理知

$$\Delta(\boldsymbol{A})=\boldsymbol{0}$$

其中 $\Delta(\lambda)=|\lambda\boldsymbol{E}-\boldsymbol{A}|$.

我们注意,哈密顿-凯利定理是所证明的定理的一个特殊情形.事实上,以任何方阵 $\boldsymbol{A}$ 代 λ 都适合方程

$$\lambda\boldsymbol{E}-\boldsymbol{A}=\boldsymbol{0}$$

故由所证明的定理

$$\Delta(\boldsymbol{A})=\boldsymbol{0}$$

其中 $\Delta(\lambda)=|\lambda\boldsymbol{E}-\boldsymbol{A}|$.

定理4可以推广为以下形式:

定理5(菲利普萨)[①] 如果两两可交换的 n 阶方阵 $\boldsymbol{X}_0,\boldsymbol{X}_1,\cdots,\boldsymbol{X}_m$ 适合矩阵方程

$$\boldsymbol{A}_0\boldsymbol{X}_0+\boldsymbol{A}_1\boldsymbol{X}_1+\cdots+\boldsymbol{A}_m\boldsymbol{X}_m=\boldsymbol{0} \tag{48}$$

($\boldsymbol{A}_0,\boldsymbol{A}_1,\cdots,\boldsymbol{A}_m$ 是已知的 n 阶方阵),那么这些矩阵 $\boldsymbol{X}_0,\boldsymbol{X}_1,\cdots,\boldsymbol{X}_m$ 适合纯量方程

---

① 参考 Дискретные цепи Маркова(1948).

$$g(\boldsymbol{X}_0,\boldsymbol{X}_1,\cdots,\boldsymbol{X}_m)=\boldsymbol{0} \tag{49}$$

其中

$$g(\xi_0,\xi_1,\cdots,\xi_m)=|\boldsymbol{A}_0\xi_0+\boldsymbol{A}_1\xi_1+\cdots+\boldsymbol{A}_m\xi_m|^{①} \tag{50}$$

证明 设 $\boldsymbol{F}(\xi_0,\xi_1,\cdots,\xi_m)=(f_{ik}(\xi_0,\xi_1,\cdots,\xi_m))_1^n=\boldsymbol{A}_0\xi_0+\boldsymbol{A}_1\xi_1+\cdots+\boldsymbol{A}_m\xi_m$;$\xi_0,\xi_1,\cdots,\xi_m$ 为纯量变数.

以 $\hat{\boldsymbol{F}}(\xi_0,\xi_1,\cdots,\xi_m)=(\hat{f}_{ik}(\xi_0,\xi_1,\cdots,\xi_m))_1^n$ 记矩阵 $\boldsymbol{F}$ 的伴随矩阵[$\hat{f}_{ik}$ 是行列式 $|\boldsymbol{F}(\xi_0,\xi_1,\cdots,\xi_m)|=|f_{ik}|_1^n$ 中元素 f_{ki} 的代数余子式(余因子)($i,k=1,2,\cdots,m$)].那么矩阵 $\hat{\boldsymbol{F}}$ 的每一个元素 $\hat{f}_{ik}(i,k=1,2,\cdots,n)$ 都是 $\xi_0,\xi_1,\cdots,\xi_{m-1}$ 的 $n-1$ 次齐次多项式,故可表矩阵 $\hat{\boldsymbol{F}}$ 为

$$\hat{\boldsymbol{F}}=\sum_{j_0+j_1+\cdots+j_m=n-1}\boldsymbol{F}_{j_0j_1\cdots j_m}\xi_0^{j_0}\xi_1^{j_1}\cdots\xi_m^{j_m}$$

其中 $\boldsymbol{F}_{j_0j_1\cdots j_m}$ 为某些 n 阶常数矩阵.

由矩阵 $\hat{\boldsymbol{F}}$ 的定义知有恒等式

$$\hat{\boldsymbol{F}}\boldsymbol{F}=g(\xi_0,\xi_1,\cdots,\xi_m)\boldsymbol{E}$$

把这个恒等式写为以下形式

$$\sum_{j_0+j_1+\cdots+j_m=n-1}\boldsymbol{F}_{j_0j_1\cdots j_m}(\boldsymbol{A}_0\xi_0+\boldsymbol{A}_1\xi_1+\cdots+\boldsymbol{A}_m\xi_m)\xi_0^{j_0}\xi_1^{j_1}\cdots\xi_m^{j_m}=g(\xi_0,\xi_1,\cdots,\xi_m)\boldsymbol{E} \tag{51}$$

在恒等式(49)中展开括号且合并同类项,其左边就变为右边.此时只有变数 $\xi_0,\xi_1,\cdots,\xi_m$ 的彼此交换位置,而并没有把变数 $\xi_0,\xi_1,\cdots,\xi_m$ 与矩阵系数 $\boldsymbol{A}_i$,$\boldsymbol{F}_{j_0j_1\cdots j_m}$ 交换位置.所以等式(49)并未破坏,如果我们以两两可交换的矩阵 $\boldsymbol{X}_0$,$\boldsymbol{X}_1,\cdots,\boldsymbol{X}_m$ 代换变数 $\xi_0,\xi_1,\cdots,\xi_m$

$$\sum_{j_0+j_1+\cdots+j_m=n-1}\boldsymbol{F}_{j_0j_1\cdots j_m}(\boldsymbol{A}_0\boldsymbol{X}_0+\boldsymbol{A}_1\boldsymbol{X}_1+\cdots+\boldsymbol{A}_m\boldsymbol{X}_m)\boldsymbol{X}_0^{j_0}\boldsymbol{X}_1^{j_1}\cdots\boldsymbol{X}_m^{j_m}=g(\boldsymbol{X}_0,\boldsymbol{X}_1,\cdots,\boldsymbol{X}_m) \tag{52}$$

但由条件

$$\boldsymbol{A}_0\boldsymbol{X}_0+\boldsymbol{A}_1\boldsymbol{X}_1+\cdots+\boldsymbol{A}_m\boldsymbol{X}_m=\boldsymbol{0}$$

故由(50)我们求得

$$g(\boldsymbol{X}_0,\boldsymbol{X}_1,\cdots,\boldsymbol{X}_m)=\boldsymbol{0}$$

这就是所要证明的结果.

注 1 定理 5 仍然有效,如果换方程(48)为方程

$$\boldsymbol{X}_0\boldsymbol{A}_0+\boldsymbol{X}_1\boldsymbol{A}_1+\cdots+\boldsymbol{X}_m\boldsymbol{A}_m=\boldsymbol{0} \tag{53}$$

事实上,可应用定理 5 于方程

$$\boldsymbol{A}'_0\boldsymbol{X}_0+\boldsymbol{A}'_1\boldsymbol{X}_1+\cdots+\boldsymbol{A}'_m\boldsymbol{X}_m=\boldsymbol{0}$$

---

① $f_{ik}(\xi_0,\xi_1,\cdots,\xi_m)$ 中 $\xi_0,\xi_1,\cdots,\xi_m$ 的线性型($i,k=1,2,\cdots,n$).

而后在这个方程中逐项化为其转置矩阵.

注 2　定理 4 可以作为定理 5 的特殊情形来得出,只要取 $\boldsymbol{X}_0,\boldsymbol{X}_1,\cdots,\boldsymbol{X}_m$ 为

$$\boldsymbol{X}^m,\boldsymbol{X}^{m-1},\cdots,\boldsymbol{X},\boldsymbol{E}$$

§6　求出满秩矩阵的 m 次方根

在本节与下节中我们来研究方程

$$\boldsymbol{X}^m=\boldsymbol{A} \tag{54}$$

其中 $\boldsymbol{A}$ 是已知的,$\boldsymbol{X}$ 是未知的矩阵(都是 n 阶的),m 是已知正整数.

在这一节中,我们讨论 $|\boldsymbol{A}|\neq 0$($\boldsymbol{A}$ 为满秩矩阵)的情形. 在这一情形矩阵 $\boldsymbol{A}$ 的所有特征数都不等于零(因为 $|\boldsymbol{A}|$ 等于这些特征数的乘积).

以

$$(\lambda-\lambda_1)^{p_1},(\lambda-\lambda_2)^{p_2},\cdots,(\lambda-\lambda_u)^{p_u} \tag{55}$$

记矩阵 $\boldsymbol{A}$ 的初等因子且化矩阵 $\boldsymbol{A}$ 为约当式[①]

$$\boldsymbol{A}=\boldsymbol{U}\widetilde{\boldsymbol{A}}\boldsymbol{U}^{-1}=\boldsymbol{U}\{\lambda_1\boldsymbol{E}_1+\boldsymbol{H}_1,\cdots,\lambda_u\boldsymbol{E}_u+\boldsymbol{H}_u\}\boldsymbol{U}^{-1} \tag{56}$$

因为未知矩阵 $\boldsymbol{X}$ 的特征数的 m 次乘幂给出矩阵 $\boldsymbol{A}$ 的特征数,所以矩阵 $\boldsymbol{X}$ 的所有特征数都不等于零. 故在这些特征数上,$f(\lambda)=\lambda^m$ 的导数不等于零. 但在这种情形(参考第 6 章,§7)矩阵 $\boldsymbol{X}$ 的初等因子在矩阵 $\boldsymbol{X}$ 的 m 次幂时并无"分解". 因此,矩阵 $\boldsymbol{X}$ 的初等因子是

$$(\lambda-\xi_1)^{p_1},(\lambda-\xi_2)^{p_2},\cdots,(\lambda-\xi_u)^{p_u} \tag{57}$$

其中 $\xi_j^m=\lambda_j$,亦即 ξ_j 是 λ_j 的某一个 m 次方根($\xi_j=\sqrt[m]{\lambda_j}$;$j=1,2,\cdots,u$).

现在定义 $\sqrt[m]{\lambda_j\boldsymbol{E}_j+\boldsymbol{H}_j}$ 如下. 在 λ 一平面上取一个以点 λ_j 为圆心而不含点零的圆. 在这个圆中函数 $\sqrt[m]{\lambda}$ 有 m 个不同的分支. 这些分支可以由它们在圆心即点 λ_j 上所取的值来彼此分开. 以 $\sqrt[m]{\lambda}$ 记这个分支,它在点 λ_j 上的值与未知矩阵 $\boldsymbol{X}$ 的特征数 ξ_j 相等,且从这一分支出发,用以下有限级数来定义矩阵函数 $\sqrt[m]{\lambda_j\boldsymbol{E}_j+\boldsymbol{H}_j}$

$$\sqrt[m]{\lambda_j\boldsymbol{E}_j+\boldsymbol{H}_j}=\lambda_j^{\frac{1}{m}}\boldsymbol{E}_j+\frac{1}{m}\lambda_j^{\frac{1}{m}-1}\boldsymbol{H}_j+\frac{1}{2!}\frac{1}{m}\left(\frac{1}{m}-1\right)\lambda_j^{\frac{1}{m}-2}\boldsymbol{H}_j^2+\cdots \tag{58}$$

因为所讨论的函数 $\sqrt[m]{\lambda}$ 的导数在点 λ_j 上不等于零,所以矩阵(58)只有一个初等因子 $(\lambda-\xi_j)^{p_j}$,其中 $\xi_j=\sqrt[m]{\lambda_j}$(此处 $j=1,2,\cdots,u$). 故知拟对角矩阵

$$\{\sqrt[m]{\lambda_1\boldsymbol{E}_1+\boldsymbol{H}_1},\sqrt[m]{\lambda_2\boldsymbol{E}_2+\boldsymbol{H}_2},\cdots,\sqrt[m]{\lambda_u\boldsymbol{E}_u+\boldsymbol{H}_u}\}$$

有初等因子(57),亦即与未知矩阵 $\boldsymbol{X}$ 有相同的初等因子. 因此,有这样的满秩矩

---

① 此处 $\boldsymbol{E}_j=\boldsymbol{E}^{(p_j)}$,$\boldsymbol{H}_j=\boldsymbol{H}^{(p_j)}$ $(j=1,2,\cdots,u)$.

阵 $\boldsymbol{T}(|\boldsymbol{T}|\neq 0)$ 存在,使得

$$\boldsymbol{X}=\boldsymbol{T}\{\sqrt[m]{\lambda_1\boldsymbol{E}_1+\boldsymbol{H}_1},\sqrt[m]{\lambda_2\boldsymbol{E}_2+\boldsymbol{H}_2},\cdots,\sqrt[m]{\lambda_u\boldsymbol{E}_u+\boldsymbol{H}_u}\}\boldsymbol{T}^{-1} \tag{59}$$

为了定出矩阵 $\boldsymbol{T}$ 我们注意,在恒等式

$$(\sqrt[m]{\lambda})^m=\lambda$$

的两边以矩阵 $\lambda_j\boldsymbol{E}_j+\boldsymbol{H}_j(j=1,2,\cdots,u)$ 代入 λ,我们得出

$$(\sqrt[m]{\lambda_j\boldsymbol{E}_j+\boldsymbol{H}_j})^m=\lambda_j\boldsymbol{E}_j+\boldsymbol{H}_j \quad (j=1,2,\cdots,u)$$

现在从(54)与(59)得出

$$\boldsymbol{A}=\boldsymbol{T}\{\lambda_1\boldsymbol{E}_1+\boldsymbol{H}_1,\lambda_2\boldsymbol{E}_2+\boldsymbol{H}_2,\cdots,\lambda_u\boldsymbol{E}_u+\boldsymbol{H}_u\}\boldsymbol{T}^{-1} \tag{60}$$

比较(56)与(60),我们求得

$$\boldsymbol{T}=\boldsymbol{U}\boldsymbol{X}_{\tilde{A}} \tag{61}$$

其中 $\boldsymbol{X}_{\tilde{A}}$ 为任一与 $\tilde{\boldsymbol{A}}$ 可交换的满秩矩阵(矩阵 $\boldsymbol{X}_{\tilde{A}}$ 的结构在 §2 中有详细的叙述).

在(59)中以其表示式 $\boldsymbol{U}\boldsymbol{X}_{\tilde{A}}$ 代入 $\boldsymbol{T}$,我们得出一个包含方程(54)的全部解的公式

$$\boldsymbol{X}=\boldsymbol{U}\boldsymbol{X}_{\tilde{A}}\{\sqrt[m]{\lambda_1\boldsymbol{E}_1+\boldsymbol{H}_1},\sqrt[m]{\lambda_2\boldsymbol{E}_2+\boldsymbol{H}_2},\cdots,\sqrt[m]{\lambda_u\boldsymbol{E}_u+\boldsymbol{H}_u}\}\boldsymbol{X}_{\tilde{A}}^{-1}\boldsymbol{U}^{-1} \tag{62}$$

这个公式的右边的多值性同时有离散性与连续性:这个多值性的离散性(在所予的情形是有限的)是由于在拟对角矩阵诸不同子块中选取函数$\sqrt[m]{\lambda}$ 的不同分支所得出(此处即使在 $\lambda_j=\lambda_k$ 时,$\sqrt[m]{\lambda}$ 在对角线上第 j 个与第 k 个子块中可能取不同的分支);多值性的连续性是由于含在矩阵 $\boldsymbol{X}_{\tilde{A}}$ 中诸任意参数所得出的.

方程(54)的所有解都称为矩阵 $\boldsymbol{A}$ 的 m 次方根且记之以多值符号$\sqrt[m]{\boldsymbol{A}}$.要注意在一般的情形,$\sqrt[m]{\boldsymbol{A}}$ 不是矩阵 $\boldsymbol{A}$ 的函数(亦即不能表为 $\boldsymbol{A}$ 的多项式形状).

注 如果矩阵 $\boldsymbol{A}$ 的所有初等因子都两两互质,亦即数 $\lambda_1,\lambda_2,\cdots,\lambda_u$ 都不相同,那么矩阵 $\boldsymbol{X}_{\tilde{A}}$ 有拟对角形

$$\boldsymbol{X}_{\tilde{A}}=\{\boldsymbol{X}_1,\boldsymbol{X}_2,\cdots,\boldsymbol{X}_u\}$$

其中矩阵 $\boldsymbol{X}_j$ 与 $\lambda_j\boldsymbol{E}_j+\boldsymbol{H}_j$ 可交换,因而与矩阵 $\lambda_j\boldsymbol{E}_j+\boldsymbol{H}_j$ 的任一函数可交换,特别的与$\sqrt[m]{\lambda_j\boldsymbol{E}_j+\boldsymbol{H}_j}$ 可交换$(j=1,2,\cdots,u)$.故在所讨论的情形,公式(62)取以下形状

$$\boldsymbol{X}=\boldsymbol{U}\{\sqrt[m]{\lambda_1\boldsymbol{E}_1+\boldsymbol{H}_1},\sqrt[m]{\lambda_2\boldsymbol{E}_2+\boldsymbol{H}_2},\cdots,\sqrt[m]{\lambda_u\boldsymbol{E}_u+\boldsymbol{H}_u}\}\boldsymbol{U}^{-1}$$

这样一来,如果矩阵 $\boldsymbol{A}$ 的初等因子两两互质,那么 $\boldsymbol{X}=\sqrt[m]{\boldsymbol{A}}$ 的公式只有离散的多值性.在这一情形$\sqrt[m]{\boldsymbol{A}}$ 的任一值都可以表为 $\boldsymbol{A}$ 的多项式.

例 3 假设要找出矩阵

$$\boldsymbol{A}=\begin{pmatrix}1 & 1 & 0\\ 0 & 1 & 0\\ 0 & 0 & 1\end{pmatrix}$$

的所有平方根,亦即方程

$$\boldsymbol{X}^2=\boldsymbol{A}$$

的所有解.

在所予的情形矩阵 $\boldsymbol{A}$ 已经成约当范式.故在公式(62)中可取 $\boldsymbol{A}=\widetilde{\boldsymbol{A}},\boldsymbol{U}=\boldsymbol{E}$.矩阵 $\boldsymbol{X}_{\widetilde{A}}$ 的形状此时为

$$\boldsymbol{X}_{\widetilde{A}}=\begin{pmatrix}a & b & c\\ 0 & a & 0\\ 0 & d & e\end{pmatrix}$$

其中 a,b,c,d,e 为任意的参数.

给出所有未知矩阵 $\boldsymbol{X}$ 的解的公式(62),此时取以下形状

$$\boldsymbol{X}=\begin{pmatrix}a & b & c\\ 0 & a & 0\\ 0 & d & e\end{pmatrix}\cdot\begin{pmatrix}\varepsilon & \frac{\varepsilon}{2} & 0\\ 0 & \varepsilon & 0\\ 0 & 0 & \eta\end{pmatrix}\cdot\begin{pmatrix}a & b & c\\ 0 & a & 0\\ 0 & d & e\end{pmatrix}^{-1}\quad(\varepsilon^2=\eta^2=1)\qquad(63)$$

并不变动 $\boldsymbol{X}$,我们可以在公式(62)中乘以 $\boldsymbol{X}_{\widetilde{A}}$ 这样的纯量,使得 $|\boldsymbol{X}_{\widetilde{A}}|=1$.在所给予的情形,这就使得等式 $a^2e=1$ 成立,故有 $e=a^{-2}$.

我们来计算矩阵 $\boldsymbol{X}_{\widetilde{A}}^{-1}$ 的元素.为此写出系数矩阵为 $\boldsymbol{X}_{\widetilde{A}}$ 的线性变换

$$y_1=ax_1+bx_2+cx_3$$
$$y_2=ax_2$$
$$y_3=dx_2+a^{-2}x_3$$

在这方程组中对 x_1,x_2,x_3 解出.那么我们就得出逆矩阵 $\boldsymbol{X}_{\widetilde{A}}^{-1}$ 的变换

$$x_1=a^{-1}y_1-(a^{-2}b-cd)y_2-acy_3$$
$$x_2=a^{-1}y_2$$
$$x_3=-ady_2+a^2y_3$$

因此我们求得

$$\boldsymbol{X}_{\widetilde{A}}^{-1}=\begin{pmatrix}a & b & c\\ 0 & a & 0\\ 0 & d & a^{-2}\end{pmatrix}^{-1}=\begin{pmatrix}a^{-1} & cd-a^{-2}b & -ac\\ 0 & a^{-1} & 0\\ 0 & -ad & a^2\end{pmatrix}$$

公式(63)给予

$$\boldsymbol{X}=\begin{pmatrix}\varepsilon & (\varepsilon-\eta)acd+\frac{\varepsilon}{2} & a^2c(\eta-\varepsilon)\\ 0 & \varepsilon & 0\\ 0 & (\varepsilon-\eta)da^{-1} & \eta\end{pmatrix}=\begin{pmatrix}\varepsilon & (\varepsilon-\eta)vw+\frac{\varepsilon}{2} & (\eta-\varepsilon)v\\ 0 & \varepsilon & 0\\ 0 & (\varepsilon-\eta)w & \eta\end{pmatrix}$$

$$(v=a^2c;w=a^{-1}d) \tag{64}$$

解 $\boldsymbol{X}$ 与两个任意的参数 v,w 以及两个任意的符号 ε,η 有关.

§7 求出降秩矩阵的 m 次方根

转移到情形 $|\boldsymbol{A}|=0$($\boldsymbol{A}$ 为降秩矩阵) 的分析.

有如第一种情形,化矩阵 $\boldsymbol{A}$ 为约当范式

$$\boldsymbol{A}=\boldsymbol{U}\{\lambda_1\boldsymbol{E}^{(p_1)}+\boldsymbol{H}^{(p_1)},\cdots,\lambda_u\boldsymbol{E}^{(p_u)}+\boldsymbol{H}^{(p_u)},\boldsymbol{H}^{(q_1)},\boldsymbol{H}^{(q_2)},\cdots,\boldsymbol{H}^{(q_t)}\}\boldsymbol{U}^{-1} \tag{65}$$

此处我们以$(\lambda-\lambda_1)^{p_1},\cdots,(\lambda-\lambda_u)^{p_u}$ 记矩阵 $\boldsymbol{A}$ 对应于诸非零特征数的初等因子,而以 $\lambda^{q_1},\lambda^{q_2},\cdots,\lambda^{q_t}$ 记对应于零特征数的初等因子.

那么

$$\boldsymbol{A}=\boldsymbol{U}\{\boldsymbol{A}_1,\boldsymbol{A}_2\}\boldsymbol{U}^{-1} \tag{66}$$

其中

$$\boldsymbol{A}_1=\{\lambda_1\boldsymbol{E}^{(p_1)}+\boldsymbol{H}^{(p_1)},\cdots,\lambda_u\boldsymbol{E}^{(p_u)}+\boldsymbol{H}^{(p_u)}\}$$

$$\boldsymbol{A}_2=\{\boldsymbol{H}^{(q_1)},\boldsymbol{H}^{(q_2)},\cdots,\boldsymbol{H}^{(q_t)}\} \tag{67}$$

我们注意,$\boldsymbol{A}_1$ 是满秩矩阵($|\boldsymbol{A}_1|\neq 0$),而 $\boldsymbol{A}_2$ 是幂零性指标为 $\mu=\max(q_1,q_2,\cdots,q_t)$ 的幂零矩阵($\boldsymbol{A}_2^{\mu}=\boldsymbol{0}$).

由原方程(54) 得出矩阵 $\boldsymbol{A}$ 与未知矩阵 $\boldsymbol{X}$ 的可交换性,因而得出它们的相似矩阵

$$\boldsymbol{U}^{-1}\boldsymbol{A}\boldsymbol{U}=\{\boldsymbol{A}_1,\boldsymbol{A}_2\} \quad 与 \quad \boldsymbol{U}^{-1}\boldsymbol{X}\boldsymbol{U} \tag{68}$$

的可交换性.

有如 §2(定理 3) 中所已经证明,从矩阵(68) 的可交换性与矩阵 $\boldsymbol{A}_1,\boldsymbol{A}_2$ 没有公共特征数这一事实,推出(68) 中第二个矩阵有对应的拟地角形

$$\boldsymbol{U}^{-1}\boldsymbol{X}\boldsymbol{U}=\{\boldsymbol{X}_1,\boldsymbol{X}_2\} \tag{69}$$

以矩阵 $\boldsymbol{A}$ 与 $\boldsymbol{X}$ 的相似矩阵

$$\{\boldsymbol{A}_1,\boldsymbol{A}_2\} 与 \{\boldsymbol{X}_1,\boldsymbol{X}_2\}$$

代进方程(54),我们换方程(54) 为两个方程

$$\boldsymbol{X}_1^m=\boldsymbol{A}_1 \tag{70}$$

$$\boldsymbol{X}_2^m=\boldsymbol{A}_2 \tag{71}$$

因为 $|\boldsymbol{A}_1|\neq 0$,故对于方程(70) 可以应用上节的结果. 所以可由公式(62) 求得 $\boldsymbol{X}_1$

$$\boldsymbol{X}_1=\boldsymbol{X}_{\boldsymbol{A}_1}\{\sqrt[m]{\lambda_1\boldsymbol{E}^{(p_1)}+\boldsymbol{H}^{(p_1)}},\cdots,\sqrt[m]{\lambda_u\boldsymbol{E}^{(p_u)}+\boldsymbol{H}^{(p_u)}}\}\boldsymbol{X}_{\boldsymbol{A}_1}^{-1} \tag{72}$$

这样一来,只要讨论方程(71),亦即只要求出幂零矩阵 $\boldsymbol{A}_2$ 的所有 m 次方根,而且 $\boldsymbol{A}_2$ 是约当范式

$$\boldsymbol{A}_2=\{\boldsymbol{H}^{(q_1)},\boldsymbol{H}^{(q_2)},\cdots,\boldsymbol{H}^{(q_t)}\} \tag{73}$$

$\mu=\max(q_1,q_2,\cdots,q_t)$ 为矩阵 $\boldsymbol{A}_2$ 的幂零性指标. 从 $\boldsymbol{A}_2^{\mu}=\boldsymbol{0}$ 与(71) 我们得出

$$X_2^{m\mu}=\mathbf{0}$$

最后这个等式说明未知矩阵 X_2 亦是幂零的，其幂零性指标为 ν，且有 $m(\mu-1)<\nu\leqslant m\mu$. 化矩阵 X_2 为约当式

$$X_2=T\{H^{(v_1)},H^{(v_2)},\cdots,H^{(v_s)}\}T^{-1}\quad(v_1,v_2,\cdots,v_s\leqslant\nu)\tag{74}$$

把这一等式的两边求 m 次乘幂. 我们得出

$$A_2=X_2^m=T\{[H^{(v_1)}]^m,[H^{(v_2)}]^m,\cdots,[H^{(v_s)}]^m\}T^{-1}\tag{75}$$

现在我们来弄清楚，矩阵 $[H^{(v)}]^m$ 有些什么初等因子①. 以 H 记基底为 $e_1,e_2,\cdots,e_v$ 的 v－维向量空间中有所给予矩阵 $H^{(v)}$ 的线性算子. 那么从矩阵 $H^{(v)}$ 的形状(在矩阵 $H^{(v)}$ 中第一上对角线内诸元素都等于1而所有其余的元素都等于零)得出

$$He_1=\mathbf{0},He_2=e_1,\cdots,He_v=e_{v-1}\tag{76}$$

这些等式证明了，对于算子 H，向量 $e_1,e_2,\cdots,e_v$ 构成约当向量链，其所对应的初等因子为 λ^v.

等式(76)可以写为

$$He_j=e_{j-1}\quad(j=1,2,\cdots,v;e_0=\mathbf{0})$$

显然有

$$H^me_j=e_{j-m}\quad(j=1,2,\cdots,v,e_0=e_{-1}=\cdots=e_{-m+1}=\mathbf{0})\tag{77}$$

表数 v 为形状

$$v=km+r\quad(r<m)$$

其中 k,r 为非负整数. 将基底向量 $e_1,e_2,\cdots,e_v$ 分解为以下形式

$$\begin{matrix}e_1, & e_2, & \cdots, & e_m\\ e_{m+1}, & e_{m+2}, & \cdots, & e_{2m}\\ \vdots & \vdots & & \vdots\\ e_{(k-1)m+1}, & e_{(k-1)m+2}, & \cdots, & e_{km}\\ e_{km+1}, & e_{km+2}, & \cdots, & e_{km+r}\end{matrix}\tag{78}$$

在这个表式中，我们有 m 个列：前 r 个列的每一列中含有 $k+1$ 个向量，其余诸列中含有 k 个向量. 等式(77)说明了，每一列向量对于算子 H^m 构成向量的约当链. 如果对于向量(78)的序数不照行来顺次记出而按列来顺次记出，那么我们得出这样的新基底，使得算子 H^m 的矩阵有以下约当范式

$$\{\underbrace{H^{(k+1)},\cdots,H^{(k+1)}}_{r},\underbrace{H^{(k)},\cdots,H^{(k)}}_{m-r}\}$$②

① 第6章，§7末尾的定理9已经给予这个问题的答案. 此处我们必须用另一方法来研究这个问题，因为我们不仅要求出矩阵 $[H^{(v)}]^m$ 的初等因子，而且要求将矩阵 $[H^{(v)}]^m$ 变换为约当式的矩阵 $P_{v,m}$.

② 在 $k=0$ 时，诸子块 $\underbrace{H^{(k)},\cdots,H^{(k)}}_{m-r}$ 不会出现，而这个矩阵的形状为 $\underbrace{H^{(1)},\cdots,H^{(1)}}_{r}$.

故有

$$[\boldsymbol{H}^{(v)}]^m = \boldsymbol{P}_{v,m}\{\underbrace{\boldsymbol{H}^{(k+1)},\cdots,\boldsymbol{H}^{(k+1)}}_{r},\underbrace{\boldsymbol{H}^{(k)},\cdots,\boldsymbol{H}^{(k)}}_{m-r}\}\boldsymbol{P}_{v,m}^{-1} \tag{79}$$

其中矩阵 $\boldsymbol{P}_{v,m}$（从一个基底变为另一基底的矩阵）有以下形状（参考第 3 章，§4）

$$\boldsymbol{P}_{v,m} = \left[\begin{array}{cccccc} \multicolumn{5}{c}{\overbrace{\hphantom{1\ 0\ \cdots\ 0\ 0}}^{m}} \\ 1 & 0 & \cdots & 0 & 0 & \cdots \\ 0 & 0 & \cdots & 0 & 1 & \cdots \\ \vdots & \vdots & & \vdots & & \\ 0 & 0 & \cdots & 0 & & \\ 0 & 1 & \cdots & 0 & & \\ \vdots & \vdots & & \vdots & & \end{array}\right] \left.\vphantom{\begin{array}{c}1\\0\\ \vdots\end{array}}\right\} m \tag{80}$$

矩阵 $\boldsymbol{H}^{(v)}$ 有一个初等因子 $\lambda^{(v)}$. 把矩阵 $\boldsymbol{H}^{(v)}$ 求 m 次幂时这个初等因子就被"分解". 正如公式(79) 所说明，矩阵$[\boldsymbol{H}^{(v)}]$有以下诸初等因子

$$\underbrace{\lambda^{k+1},\cdots,\lambda^{k+1}}_{r},\underbrace{\lambda^{k},\cdots,\lambda^{k}}_{m-r}$$

现在回到等式(75)，假设

$$v_i = k_i m + r_i \quad (0 \leqslant r_i < m, k_i \geqslant 0; i=1,2,\cdots,s) \tag{81}$$

那么由于(79)，等式(75) 可以写为

$$\begin{aligned} \boldsymbol{A}_2 = \boldsymbol{X}_2^m = \boldsymbol{TP}\{&\underbrace{\boldsymbol{H}^{(k_1+1)},\cdots,\boldsymbol{H}^{(k_1+1)}}_{r_1},\underbrace{\boldsymbol{H}^{(k_1)},\cdots,\boldsymbol{H}^{(k_1)}}_{m-r_1}, \\ &\underbrace{\boldsymbol{H}^{(k_2+1)},\cdots,\boldsymbol{H}^{(k_2+1)}}_{r_2},\boldsymbol{H}^{(k_2)},\cdots\}\boldsymbol{P}^{-1}\boldsymbol{T}^{-1} \end{aligned} \tag{82}$$

其中
$$\boldsymbol{P} = \{\boldsymbol{P}_{v_1,m},\boldsymbol{P}_{v_2,m},\cdots,\boldsymbol{P}_{v_s,m}\}$$

比较(82) 与(73)，我们看到，如不计次序，诸子块

$$\boldsymbol{H}^{(k_1+1)},\cdots,\boldsymbol{H}^{(k_1+1)},\boldsymbol{H}^{(k_1)},\cdots,\boldsymbol{H}^{(k_1)},\boldsymbol{H}^{(k_2+1)},\cdots,\boldsymbol{H}^{(k_2+1)},\cdots \tag{83}$$

必须与以下诸子块重合

$$\boldsymbol{H}^{(q_1)},\boldsymbol{H}^{(q_2)},\cdots,\boldsymbol{H}^{(q_t)} \tag{84}$$

我们约定称初等因子组 $\lambda^{v_1},\lambda^{v_2},\cdots,\lambda^{v_s}$ 为 $\boldsymbol{X}_2$ 的可能因子组，如果把矩阵求 m 次幂后，这些初等因子可以分解来产生矩阵 $\boldsymbol{A}_2$ 的已知初等因子组：λ^{q_1}，$\lambda^{q_2},\cdots,\lambda^{q_t}$. 可能初等因子组的组数常为有限，因为

$$\max(v_1,v_2,\cdots,v_s) \leqslant m\mu, v_1+v_2+\cdots+v_s = n_2 \tag{85}$$

（n_2 为矩阵 $\boldsymbol{A}_2$ 的阶）

在每一个具体的情形对于 $\boldsymbol{X}_2$ 的可能初等因子组可以很容易的由有限次计算来定出.

我们来证明，对于每一可能初等因子组 $\lambda^{v_1},\lambda^{v_2},\cdots,\lambda^{v_s}$ 都有方程(71) 的对应解存在，且来定出所有的这些解. 在这一情形有变换矩阵 $\boldsymbol{Q}$ 存在，使得

$$\{\boldsymbol{H}^{(k_1+1)},\cdots,\boldsymbol{H}^{(k_1+1)},\boldsymbol{H}^{(k_1)},\cdots,\boldsymbol{H}^{(k_1)},\boldsymbol{H}^{(k_2+1)},\cdots\}=\boldsymbol{Q}^{-1}\boldsymbol{A}_2\boldsymbol{Q} \tag{86}$$

矩阵 $\boldsymbol{Q}$ 在拟对角矩阵中实行诸子块的置换，使基底中诸向量得到适当的序数. 所以矩阵 $\boldsymbol{Q}$ 是可以作为已知的. 应用(86)，我们从(82) 得出

$$\boldsymbol{A}_2=\boldsymbol{TPQ}^{-1}\boldsymbol{A}_2\boldsymbol{QP}^{-1}\boldsymbol{T}^{-1}$$

故有

$$\boldsymbol{TPQ}^{-1}=\boldsymbol{X}_{\boldsymbol{A}_2}$$

或

$$\boldsymbol{T}=\boldsymbol{X}_{\boldsymbol{A}_2}\boldsymbol{QP}^{-1} \tag{87}$$

其中 $\boldsymbol{X}_{\boldsymbol{A}_2}$ 是与 $\boldsymbol{A}_2$ 可交换的任意矩阵.

将 $\boldsymbol{T}$ 的表示式(87) 代入(74)，我们有

$$\boldsymbol{X}_2=\boldsymbol{X}_{\boldsymbol{A}_2}\boldsymbol{QP}^{-1}\{\boldsymbol{H}^{(v_1)},\boldsymbol{H}^{(v_2)},\cdots,\boldsymbol{H}^{(v_s)}\}\boldsymbol{PQ}^{-1}\boldsymbol{X}_{\boldsymbol{A}_2}^{-1} \tag{88}$$

由(69)，(72) 与(88)，我们得出包含所要求出的所有解的一般公式

$$\begin{aligned}\boldsymbol{X}=\boldsymbol{U}\{\boldsymbol{X}_{\boldsymbol{A}_1},\boldsymbol{X}_{\boldsymbol{A}_2}\boldsymbol{QP}^{-1}\}\cdot\{&\sqrt[m]{\lambda_1\boldsymbol{E}^{(p_1)}+\boldsymbol{H}^{(p_1)}},\cdots,\sqrt[m]{\lambda_u\boldsymbol{E}^{(p_u)}+\boldsymbol{H}^{(p_u)}},\\&\boldsymbol{H}^{(v_1)},\cdots,\boldsymbol{H}^{(v_s)}\}\cdot\{\boldsymbol{X}_{\boldsymbol{A}_1}^{-1},\boldsymbol{PQ}^{-1}\boldsymbol{X}_{\boldsymbol{A}_2}^{-1}\}\boldsymbol{U}^{-1}\end{aligned} \tag{89}$$

读者要注意，降秩矩阵的 m 次方根不一定常能存在. 它的存在与矩阵 $\boldsymbol{X}_2$ 的可能初等因子组的存在有关.

易知，例如方程

$$\boldsymbol{X}^m=\boldsymbol{H}^{(p)}$$

在 $m>1,p>1$ 时是没有解的.

例 4　要求出矩阵

$$\boldsymbol{A}=\begin{pmatrix}0&1&0\\0&0&0\\0&0&0\end{pmatrix}$$

的平方根，亦即求出方程

$$\boldsymbol{X}^2=\boldsymbol{A}$$

的所有解. 在所予的情形 $\boldsymbol{A}=\boldsymbol{A}_2,\boldsymbol{X}=\boldsymbol{X}_2,m=2,t=2,q_1=2,q_2=1$. 矩阵 $\boldsymbol{X}$ 只能有一个初等因子 λ^3. 故 $s=1,v_1=3,k_1=1,r_1=1$ 而且[参考(80)].

$$\boldsymbol{P}=\boldsymbol{P}_{3,2}=\begin{pmatrix}1&0&0\\0&0&1\\0&1&0\end{pmatrix}=\boldsymbol{P}^{-1},\boldsymbol{Q}=\boldsymbol{E}$$

此外，正如 §6 末尾的例，可以在公式(88) 中设

$$\boldsymbol{X}_{\boldsymbol{A}_2}=\begin{pmatrix}a&b&c\\0&a&0\\0&d&a^{-2}\end{pmatrix},\boldsymbol{X}_{\boldsymbol{A}_2}^{-1}=\begin{pmatrix}a^{-1}&cd-a^{-2}b&-ac\\0&a^{-1}&0\\0&-ad&a^2\end{pmatrix}$$

从这个公式我们得出

$$X = X_2 = X_{A_2} P^{-1} H^{(3)} P X_{A_2}^{-1} = \begin{pmatrix} 0 & \alpha & \beta \\ 0 & 0 & 0 \\ 0 & \beta^{-1} & 0 \end{pmatrix}$$

其中 $\alpha = ca^{-1} - a^2 d$ 与 $\beta = a^3$ 都是任意的参数.

§8　矩阵的对数

讨论矩阵方程

$$\mathrm{e}^{X} = A \tag{90}$$

这个方程的所有解称为矩阵 A 的(自然)对数且记之以 $\ln A$.

矩阵 A 的特征数 λ_j 与矩阵 X 的特征数 ξ_j 之间有公式 $\lambda_j = \mathrm{e}^{\xi_j}$. 故如果方程(90)有解,那么矩阵 A 的所有特征数都不等于零,因而矩阵 A 是满秩的($|A| \neq 0$). 这样一来,方程(90)有解存在的必要条件是 $|A| \neq 0$. 下面我们将看到这个条件亦是充分的.

故设 $|A| \neq 0$. 写出矩阵 A 的初等因子

$$(\lambda - \lambda_1)^{p_1}, (\lambda - \lambda_2)^{p_2}, \cdots, (\lambda - \lambda_u)^{p_u} \tag{91}$$

$$(\lambda_1, \lambda_2, \cdots, \lambda_u \neq 0, p_1 + p_2 + \cdots + p_u = n)$$

对应于这些初等因子,化矩阵 A 为约当范式

$$A = U\widetilde{A}U^{-1} = U\{\lambda_1 E^{(p_1)} + H^{(p_1)}, \lambda_2 E^{(p_2)} + H^{(p_2)}, \cdots, \lambda_u E^{(p_u)} + H^{(p_u)}\}U^{-1} \tag{92}$$

因为函数 e^{ξ} 的导数对于所有值 ξ 都不等于零,故(参考第6章,§7末尾)从矩阵 X 转移到矩阵 $A = \mathrm{e}^{X}$ 时,初等因子不能分解,亦即矩阵 X 有初等因子

$$(\lambda - \xi_1)^{p_1}, (\lambda - \xi_2)^{p_2}, \cdots, (\lambda - \xi_u)^{p_u} \tag{93}$$

其中 $\mathrm{e}^{\xi_j} = \lambda_j (j = 1, 2, \cdots, u)$,亦即 ξ_j 是 $\ln \lambda_j$ 的一个值($j = 1, 2, \cdots, u$).

在变数 λ 的复平面中我们取一个圆心在点 λ_j,半径 $< |\lambda_j|$ 的圆,且以 $f_j(\lambda) = \ln \lambda$ 记函数 $\ln \lambda$ 在所讨论的圆中的这一分支,使其在点 λ_j 所取的值等于矩阵 X 的特征数 $\xi_j (j = 1, 2, \cdots, u)$. 此后设

$$\ln(\lambda_j E^{(p_j)} + H^{(p_j)}) = f_j(\lambda_j E^{(p_j)} + H^{(p_j)}) = \ln \lambda_j E^{(p_j)} + \lambda_j^{-1} H^{(p_j)} + \cdots \tag{94}$$

因为 $\ln \lambda$ 的导数(在 λ 平面的有限部分)永远不等于零,所以矩阵(94)只有一个初等因子 $(\lambda - \xi_j)^{p_j}$. 因此拟准对角矩阵

$$\{\ln(\lambda_1 E^{(p_1)} + H^{(p_1)}), \ln(\lambda_2 E^{(p_2)} + H^{(p_2)}), \cdots, \ln(\lambda_u E^{(p_u)} + H^{(p_u)})\} \tag{95}$$

与未知矩阵 X 有相同的初等因子,故有这样的矩阵 $T(|T| \neq 0)$ 存在,使得

$$X = T\{\ln(\lambda_1 E^{(p_1)} + H^{(p_1)}), \cdots, \ln(\lambda_u E^{(p_u)} + H^{(p_u)})\}T^{-1} \tag{96}$$

为了定出矩阵 T,我们注意

$$A = \mathrm{e}^{X} = T\{\lambda_1 E^{(p_1)} + H^{(p_1)}, \cdots, \lambda_u E^{(p_u)} + H^{(p_u)}\}T^{-1} \tag{97}$$

比较(97)与(92),我们求得

$$T = UX_{\tilde{A}} \tag{98}$$

其中 $X_{\tilde{A}}$ 是与矩阵 $\tilde{A}$ 可交换的任意一个矩阵.在(96)中,代入 T 的表示式(98),我们得出包含矩阵的所有对数的一般公式

$$X = UX_{\tilde{A}}\{\ln(\lambda_1 E^{(p_1)} + H^{(p_1)}), \ln(\lambda_2 E^{(p_2)} + H^{(p_2)}), \cdots, \ln(\lambda_u E^{(p_u)} + H^{(p_u)})\}X_{\tilde{A}}^{-1}U^{-1} \tag{99}$$

注 如果矩阵 A 的所有初等因子两两互质,那么在等式(99)的右边可以删去因式 $X_{\tilde{A}}$ 与 $X_{\tilde{A}}^{-1}$(参考 §6 中类似的注).

我们来确定,实满秩矩阵 A 什么时候有 X 的实对数.设要求的矩阵有一些初等因子对应于 $\rho + \mathrm{i}\pi$ 形式的特征数:$(\lambda - \rho - \mathrm{i}\pi)^{q_1}, \cdots, (\lambda - \rho - \mathrm{i}\pi)^{q_i}$.因为 X 是实矩阵,所以它有共轭初等因子:$(\lambda - \rho + \mathrm{i}\pi)^{q_1}, \cdots, (\lambda - \rho + \mathrm{i}\pi)^{q_i}$.当把矩阵 X 转变为矩阵 A 时,初等因子未被分解,但在其中特征数 $\rho + \mathrm{i}\pi, \rho - \mathrm{i}\pi$ 被换为数 $\mathrm{e}^{\rho + \mathrm{i}\pi} = -\mu, \mathrm{e}^{\rho - \mathrm{i}\pi} = -\mu$,其中 $\mu = \mathrm{e}^{\rho} > 0$.因此在矩阵 A 的初等因子组中,对应于负特征数(如果这种数存在)的每个初等因子重复偶数次.我们现在来证明,这个必要条件也是充分条件,即实满秩矩阵 A 有 X 的实对数的充分必要条件,是矩阵 A 完全没有对应负特征数的初等因子[①],或每个这样的初等因子重复偶数次[②].

事实上,设这个条件满足.那么根据公式(94),在拟对角矩阵(95)中 λ_i 是正实数的子块中,我们对 $\ln \lambda_i$ 取实值;如果在任一子块中有一复数 λ_n,那么就找出具有 $\lambda_g = \overline{\lambda}_n$ 的相同维数的另一子块.在这些子块中对 $\ln \lambda_n$ 与 $\ln \lambda_g$ 取共轭复值.根据条件,每个子块在(98)中重复偶数次,并且保持子块的维数.那么在这些子块的一个位置上放 $\ln \lambda_k = \ln|\lambda_k| + \mathrm{i}\pi$,在另一个位置上放 $\ln \lambda_k = \ln|\lambda_k| - \mathrm{i}\pi$.于是在拟对角矩阵(98)中,对角子块或者是实的,或者是一对复共轭的.但是这样的拟对角矩阵常与实矩阵相似.因此存在这样的满秩矩阵 $T_1(|T_1| \neq 0)$,使矩阵

$$X_1 = T_1\{\ln(\lambda_1 E^{(p_1)} + H^{(p_1)}), \cdots, \ln(\lambda_n E^{(p_n)} + H^{(p_n)})\}T_1^{-1}$$

是实的.但是此时以下矩阵也是实的

$$A_1 = \mathrm{e}^{X_1} = T_1\{\lambda_1 E^{(p_1)} + H^{(p_1)}, \cdots, \lambda_n E^{(p_n)} + H^{(p_n)}\}T^{-1} \tag{100}$$

比较公式(100)与(92)可断言,矩阵 A 与 A_1 彼此相似(因为它们与同一个约当矩阵相似).但是利用某一满秩实矩阵 $W(|W| \neq 0)$,两个相似实矩阵彼此可以交换

$$A = WA_1W^{-1} = W\mathrm{e}^{X_1}W^{-1} = \mathrm{e}^{WX_1W^{-1}}$$

那么矩阵 $X = WX_1W^{-1}$ 也就是矩阵 A 所求的实对数.

---

① 在这种情形下存在的实的 $\ln A = r(A)$,其中 $r(\lambda)$ 是 $\ln(\lambda)$ 的规定的插值多项式.

② 这个条件特别在 $A = B^2$ 时满足,其中 B 是实矩阵.

第9章 U－空间中线性算子

§1 绪 言

在第3与第7章中我们曾经研究任意n维向量空间的线性算子. 这种空间的所有基底, 彼此的地位是均等的. 已给予线性算子在每一基底中对应于某一矩阵. 在不同的基底中, 同一算子所对应的矩阵, 都彼此相似. 这样一来, 在n维向量空间中线性算子的研究可能揭露相似矩阵类中诸矩阵所同时具有的性质.

在本章的开始, 我们在n维向量空间中引进一种度量, 就是对于每两个向量都与某一个数——它们的"纯量积"——有一种特殊的关系. 借助于纯量积我们定出向量的"长"与两个向量间"角的余弦". 如果基域K是所有复数的域. 这种度量给我们带来了U－空间, 如果K是所有实数的域, 带来了欧几里得空间.

在本章中, 我们要研究与度量空间有关的线性算子的性质. 对于度量空间并不是所有基底都是地位均等的. 但是所有正交基底的地位却是均等的. 从一个正交基底变到另一个正交基底在U－空间(欧几里得空间)中要借助于特殊的——U－(正交)——变换来得出. 所以U－空间(欧几里得空间)中, 在两个不同的基底里面, 对应于同一线性算子的两个矩阵, 彼此U－相似(正交相似). 这样一来, 在n维度量空间中研究线性算子, 就是研究矩阵的这种性质, 当其从已给予矩阵变到其

$U-$相似或正交相似矩阵时,并无变动的性质.这就很自然的使我们来研究特殊的(正规、埃尔米待、$U-$、对称、反对称、正交)矩阵类的性质.

§2 空间的度量

讨论复数域上的向量空间 R.设对 R 中每两个向量 $\boldsymbol{x}$ 与 $\boldsymbol{y}$,取定其次序后,对应于某一复数,这个复数称为这两个向量的纯量积,且记之以$(\boldsymbol{xy})$或$(\boldsymbol{x},\boldsymbol{y})$.再者,设"纯量积"有以下诸性质:

对于 R 中任何向量 $\boldsymbol{x},\boldsymbol{y},\boldsymbol{z}$ 与任一复数 α,都有

$$\begin{cases}1.\ (\boldsymbol{xy})=\overline{(\boldsymbol{yx})}\text{[1]}\\2.\ (\alpha\boldsymbol{x},\boldsymbol{y})=\alpha(\boldsymbol{xy})\\3.\ (\boldsymbol{x}+\boldsymbol{y},\boldsymbol{z})=(\boldsymbol{xz})+(\boldsymbol{yz})\end{cases}\tag{1}$$

在这一情形我们说在空间 R 中引进了埃尔米特度量.

我们还要注意,由1,2与3,对于 R 中任何 $\boldsymbol{x},\boldsymbol{y},\boldsymbol{z}$ 都有:

$2'.\ (\boldsymbol{x},\alpha\boldsymbol{y})=\bar{\alpha}(\boldsymbol{xy})$;

$3'.\ (\boldsymbol{x},\boldsymbol{y}+\boldsymbol{z})=(\boldsymbol{x},\boldsymbol{y})+(\boldsymbol{x},\boldsymbol{z})$.

从1推知,对于任何向量 $\boldsymbol{x}$,纯量积$(\boldsymbol{xx})$都是实数.这个数称为向量 $\boldsymbol{x}$ 的范数且记之以 $N\boldsymbol{x}$:$N\boldsymbol{x}=(\boldsymbol{xx})$.

如果对于 R 中任何向量都有:

$$4.\ N\boldsymbol{x}=(\boldsymbol{xx})\geqslant 0\tag{2}$$

那么埃尔米特度量称为非负的.如果还有:

$$5.\ N\boldsymbol{x}=(\boldsymbol{xx})>0\quad(\text{如其 }\boldsymbol{x}\neq\boldsymbol{0})\tag{3}$$

那么埃尔米特度量称为正定的.

定义1 有正定埃尔米特度量的向量空间 R 称为 $U-$空间[2].

在本章中我们要讨论有限维 $U-$空间[3].

向量 x 的长是指[4] $\sqrt{N\boldsymbol{x}}=|\boldsymbol{x}|=\sqrt{(\boldsymbol{x},\boldsymbol{x})}$.由2与5知每一个不等于零的向量有正的长而且只有零向量的长始能等于零.如果 $|\boldsymbol{x}|=1$,向量 $\boldsymbol{x}$ 称为赋范向量(亦称单位向量),为了"规范化"任一向量 $\boldsymbol{x}\neq\boldsymbol{0}$,只要乘这个向量以任一复

---

① 数上面的横线是指换原数为其共轭复数.

② 有任意度量的(不一定正定的)n 维向量空间的研究可以在论文 Эрмитовы операторы в пространстве с индефинитной метрикой(1944),还有书 Основы линейной алгебры(1948)(有柯召译本)的第9和第10章中找到.

③ 在本章 §2～§7的所有情形中,如果没有特别提出空间的有限维时,所有的讨论对于无限维空间仍然有效.

④ 此处符号"$\sqrt{\ }$"记方根的非负(算术)值.

数 λ,其绝对值 $|\lambda|=\frac{1}{|\boldsymbol{x}|}$.

与平常的三维向量空间相类似,两个向量 $\boldsymbol{x}$ 与 $\boldsymbol{y}$ 称为正交的(记之以 $\boldsymbol{x}\perp\boldsymbol{y}$),如果 $(\boldsymbol{x}\boldsymbol{y})=0$. 在此时由 1,3,3′ 得出

$$(\boldsymbol{x}+\boldsymbol{y},\boldsymbol{x}+\boldsymbol{y})=(\boldsymbol{x}\boldsymbol{x})+(\boldsymbol{y}\boldsymbol{y})$$

亦即(勾股定理)

$$|\boldsymbol{x}+\boldsymbol{y}|^2=|\boldsymbol{x}|^2+|\boldsymbol{y}|^2(\boldsymbol{x}\perp\boldsymbol{y})$$

设 U-空间 R 有有限维数 n. 在 R 中取任一基底 $\boldsymbol{e}_1,\boldsymbol{e}_2,\cdots,\boldsymbol{e}_n$. 以 x_i 与 y_i $(i=1,2,\cdots,n)$ 记向量 $\boldsymbol{x}$ 与 $\boldsymbol{y}$ 在这个基底中的对应坐标

$$\boldsymbol{x}=\sum_{i=1}^{n}x_i\boldsymbol{e}_i,\boldsymbol{y}=\sum_{i=1}^{n}y_i\boldsymbol{e}_i$$

那么由 2,3,2′ 与 3′,有

$$(\boldsymbol{x}\boldsymbol{y})=\sum_{i,k=1}^{n}h_{ik}x_i\overline{y}_k \tag{4}$$

其中

$$h_{ik}=(\boldsymbol{e}_i\boldsymbol{e}_k)\quad(i,k=1,2,\cdots,n) \tag{5}$$

特别的

$$(\boldsymbol{x}\boldsymbol{x})=\sum_{i,k=1}^{n}h_{ik}x_i\overline{x}_k \tag{6}$$

由 1 与(5) 得出

$$h_{ki}=\overline{h}_{ik}\quad(i,k=1,2,\cdots,n) \tag{7}$$

型 $\sum_{i,k=1}^{n}h_{ik}x_i\overline{x}_k$,其中 $h_{ki}=\overline{h}_{ik}(i,k=1,2,\cdots,n)$ 者,称为埃尔米特①. 这样一来,向量的长的平方就表为他的坐标的埃尔米特型. 故有"埃尔米特度量"的名称. 由 4 知位于等式(6) 右边的型是非负的,对于变数 $x_1,x_2,\cdots,x_n$ 的所有值都有

$$\sum_{i,k=1}^{n}h_{ik}x_i\overline{x}_k\geqslant 0 \tag{8}$$

由于补充条件 5,这个型是正定的,亦即式(8) 中的"=" 号只在所有 $x_i(i=1,2,\cdots,n)$ 都等于零时始能成立.

定义 2 向量组 $\boldsymbol{e}_1,\boldsymbol{e}_2,\cdots,\boldsymbol{e}_m$ 称为标准正交的,如果

$$(\boldsymbol{e}_i\boldsymbol{e}_k)=\delta_{ik}=\begin{cases}0 & \text{如果 } i\neq k\\ 1 & \text{如果 } i=k\end{cases}\quad(i,k=1,2,\cdots,m) \tag{9}$$

① 与这个表示式相对应的,位于等式(4) 右边的表示式,称为埃尔米特双线性型(关于值 $x_1,x_2,\cdots,x_n$ 与 $y_1,y_2,\cdots,y_n$ 的).

在 $m=n$ 时，其中 n 为空间的维数，我们得出空间的标准正交基底.

在 §7 中我们将证明，在每一个 n 维 $U-$空间中都有标准正交基底存在.

设 x_i 与 $y_i(i=1,2,\cdots,n)$ 各为向量 x 与 y 在标准正交基底中的坐标. 那么由于(4)，(5) 与(9)，我们有

$$\begin{cases}(\boldsymbol{xy})=\sum_{i=1}^{n}x_i\overline{y}_i\\ N\boldsymbol{x}=(\boldsymbol{xx})=\sum_{i=1}^{n}|x_i|^2\end{cases}\tag{10}$$

我们在 n 维空间 R 中任意固定某一个基底. 在这一基底下每一个度量间都与某一个埃尔米特正定型 $\sum_{i,k=1}^{n}h_{ik}x_i\overline{x}_k$ 有关，而且反转来，根据(4) 每一个这种型确定 R 中某一个埃尔米特正定度量. 但是所有这些度量并不给予本质不同的 n 维 $U-$空间. 事实上，设对两个这样的度量各取纯量积：$(\boldsymbol{xy})$ 与 $(\boldsymbol{xy})'$. 关于这些度量定出 R 中标准正交基底：$\boldsymbol{e}_i$ 与 $\boldsymbol{e}'_i(i=1,2,\cdots,n)$. 把 R 内在这些基底中有相同坐标的向量 $\boldsymbol{x}$ 与 $\boldsymbol{x}'$ 彼此相对应($\boldsymbol{x}\rightarrow\boldsymbol{x}'$). 这个对应是仿射的[①]. 此外，由(10) 有

$$(\boldsymbol{xy})=(\boldsymbol{x}'\boldsymbol{y}')'$$

这样一来，如不计空间的仿射变换时，n 维向量空间所有的埃尔米特正定度量都彼此重合.

如果基本数域 K 是实数域，那种适合公式 1,2,3,4 与 5 的度量称为欧几里得度量.

定义 3 有正欧几里得度量的实数域上向量空间 R 称为欧几里得空间.

如果 x_i 与 $y_i(i=1,2,\cdots,n)$ 是在 n 维欧几里得空间某一基底 $\boldsymbol{e}_1,\boldsymbol{e}_2,\cdots,\boldsymbol{e}_n$ 中向量 $\boldsymbol{x}$ 与 $\boldsymbol{y}$ 的坐标，那么

$$(\boldsymbol{xy})=\sum_{i,k=1}^{n}s_{ik}x_iy_k,N\boldsymbol{x}=|\boldsymbol{x}|^2=\sum_{i,k=1}^{n}s_{ik}x_ix_k$$

此处 $s_{ik}=s_{ki}(i,k=1,2,\cdots,n)$ 都是实数[②]. 表示式 $\sum_{i,k=1}^{n}s_{ik}x_ix_k$ 称为关于 $x_1,x_2,\cdots,x_n$ 的二次型. 由度量的正定性推知，以解析形式给出这个度量的二次型 $\sum_{i,k=1}^{n}s_{ik}x_ix_k$ 是正定的，亦即 $\sum_{i,k=1}^{n}s_{ik}x_ix_k>0$，如果 $\sum_{i=1}^{n}x_i^2>0$.

对于标准正交基底有

---

① 是即变 R 中向量 $\boldsymbol{x}$ 为 R 中向量 $\boldsymbol{x}'$ 的算子 A 是线性满秩的.

② $s_{ik}=(\boldsymbol{e}_i\boldsymbol{e}_k)(i,k=1,2,\cdots,n)$

$$(\boldsymbol{x}\boldsymbol{y})=\sum_{i=1}^{n}x_iy_i, N\boldsymbol{x}=|x|^2=\sum_{i=1}^{n}x_i^2 \tag{11}$$

当 $n=3$ 时,我们得出三维欧几里得空间中对于两个向量的纯量积与向量长的平方的已知公式.

§3 向量线性相关性的格拉姆判定

设欧几里得空间或 U-空间 R 中向量 $\boldsymbol{x}_1,\boldsymbol{x}_2,\cdots,\boldsymbol{x}_m$ 线性相关,亦即有这样的不同时等于零的数 $c_1,c_2,\cdots,c_m$[①] 存在,使得

$$c_1\boldsymbol{x}_1+c_2\boldsymbol{x}_2+\cdots+c_m\boldsymbol{x}_m=\boldsymbol{0} \tag{12}$$

顺次左乘这些等式的两边以 $\boldsymbol{x}_1,\boldsymbol{x}_2,\cdots,\boldsymbol{x}_m$ 我们得出

$$\begin{cases}(\boldsymbol{x}_1\boldsymbol{x}_1)\bar{c}_1+(\boldsymbol{x}_1\boldsymbol{x}_2)\bar{c}_2+\cdots+(\boldsymbol{x}_1\boldsymbol{x}_m)\bar{c}_m=0\\(\boldsymbol{x}_2\boldsymbol{x}_1)\bar{c}_1+(\boldsymbol{x}_2\boldsymbol{x}_2)\bar{c}_2+\cdots+(\boldsymbol{x}_2\boldsymbol{x}_m)\bar{c}_m=0\\\qquad\vdots\\(\boldsymbol{x}_m\boldsymbol{x}_1)\bar{c}_1+(\boldsymbol{x}_m\boldsymbol{x}_2)\bar{c}_2+\cdots+(\boldsymbol{x}_m\boldsymbol{x}_m)\bar{c}_m=0\end{cases} \tag{13}$$

视 $\bar{c}_1,\bar{c}_2,\cdots,\bar{c}_m$ 为齐次线性方程组(13) 的非零解,而方程(13) 的行列式为

$$\Gamma(\boldsymbol{x}_1,\boldsymbol{x}_2,\cdots,\boldsymbol{x}_m)=\begin{vmatrix}(\boldsymbol{x}_1\boldsymbol{x}_1)&(\boldsymbol{x}_1\boldsymbol{x}_2)&\cdots&(\boldsymbol{x}_1\boldsymbol{x}_m)\\(\boldsymbol{x}_2\boldsymbol{x}_1)&(\boldsymbol{x}_2\boldsymbol{x}_2)&\cdots&(\boldsymbol{x}_2\boldsymbol{x}_m)\\\vdots&\vdots&&\vdots\\(\boldsymbol{x}_m\boldsymbol{x}_1)&(\boldsymbol{x}_m\boldsymbol{x}_2)&\cdots&(\boldsymbol{x}_m\boldsymbol{x}_m)\end{vmatrix} \tag{14}$$

故此行列必须等于零

$$\Gamma(\boldsymbol{x}_1,\boldsymbol{x}_2,\cdots,\boldsymbol{x}_m)=0$$

行列式 $\Gamma(\boldsymbol{x}_1,\boldsymbol{x}_2,\cdots,\boldsymbol{x}_m)$ 称为向量 $\boldsymbol{x}_1,\boldsymbol{x}_2,\cdots,\boldsymbol{x}_m$ 所组成的格拉姆行列式.

反之,设格拉姆行列式(14) 等于零.那么方程组(13) 有非零解 $\bar{c}_1,\bar{c}_2,\cdots,\bar{c}_m$. 等式(13) 可以写为

$$\begin{cases}(\boldsymbol{x}_1,c_1\boldsymbol{x}_1+c_2\boldsymbol{x}_2+\cdots+c_m\boldsymbol{x}_m)=0\\(\boldsymbol{x}_2,c_1\boldsymbol{x}_1+c_2\boldsymbol{x}_2+\cdots+c_m\boldsymbol{x}_m)=0\\\qquad\vdots\\(\boldsymbol{x}_m,c_1\boldsymbol{x}_1+c_2\boldsymbol{x}_2+\cdots+c_m\boldsymbol{x}_m)=0\end{cases} \tag{13'}$$

这些等式顺次乘以 $c_1,c_2,\cdots,c_m$,而后相加,我们得出

$$|c_1\boldsymbol{x}_1+c_2\boldsymbol{x}_2+\cdots+c_m\boldsymbol{x}_m|^2=0$$

故由度量的正定性,知有

$$c_1\boldsymbol{x}_1+c_2\boldsymbol{x}_2+\cdots+c_m\boldsymbol{x}_m=\boldsymbol{0}$$

① 在欧几里得空间的情形,$c_1,c_2,\cdots,c_m$ 都是实数.

亦即，向量 $\boldsymbol{x}_1,\boldsymbol{x}_2,\cdots,\boldsymbol{x}_m$ 线性相关.

我们证明了：

定理 1　为了使得向量 $\boldsymbol{x}_1,\boldsymbol{x}_2,\cdots,\boldsymbol{x}_m$ 线性相关，充分必要的条件是由这些向量所组成的格拉姆行列式等于零.

我们要注意格拉姆行列式的以下性质.

如果格拉姆行列式的任一主子式等于零，那么这个格拉姆行列式亦等于零.

事实上，主子式是部分向量的格拉姆行列式. 由主子式的等于零得出这些向量的线性相关性，因此全部向量是线性相关的.

例 1　给予实变数 t 的 n 个复函数 $f_1(t),f_2(t),\cdots,f_n(t)$ 且都在闭区间 $[\alpha,\beta]$ 中分段连续. 要定出在什么条件之下，它们是线性相关的. 为此我们在 $[\alpha,\beta]$ 中分段连续函数空间里面引进正定度量，即取

$$(f,g)=\int_\alpha^\beta f(t)\,\overline{g(t)}\mathrm{d}t$$

那么应用格拉姆判定(定理 1) 到所予的函数就得出所求的条件

$$\begin{vmatrix} \int_\alpha^\beta f_1(t)\,\overline{f_1(t)}\mathrm{d}t & \cdots & \int_\alpha^\beta f_1(t)\,\overline{f_n(t)}\mathrm{d}t \\ \vdots & & \vdots \\ \int_\alpha^\beta f_n(t)\,\overline{f_1(t)}\mathrm{d}t & \cdots & \int_\alpha^\beta f_n(t)\,\overline{f_n(t)}\mathrm{d}t \end{vmatrix}=0$$

§4　正射影

设在 U - 空间或欧几里得空间 R 中，给予任一向量 $\boldsymbol{x}$ 与某一基底为 $\boldsymbol{x}_1,\boldsymbol{x}_2,\cdots,\boldsymbol{x}_m$ 的 m 维子空间 S. 我们要证明，向量 $\boldsymbol{x}$ 可以(而且是唯一的) 表为和的形状

$$\boldsymbol{x}=\boldsymbol{x}_S+\boldsymbol{x}_N\quad(\boldsymbol{x}_S\in S,\boldsymbol{x}_N\perp S)\tag{15}$$

(记号 $\perp$ 是表示向量的正交性；所谓子空间的正交性是指这个子空间中所有向量的正交性)；$\boldsymbol{x}_S$ 是向量在子空间 S 上的正射影，$\boldsymbol{x}_N$ 是射影向量.

例 2　设 R 为三维欧几里得向量空间，而 $m=2$. 所有的向量都从定点 O 引出. 此时 S 为一通过 O 的平面；$\boldsymbol{x}_S$ 为向量 $\boldsymbol{x}$ 在平面 S 上的正射影；$\boldsymbol{x}_N$ 为从向量 $\boldsymbol{x}$ 的末端到平面 S 上的垂线(图 5)；$h=|\boldsymbol{x}_N|$ 为向量 $\boldsymbol{x}$ 的末端至平面 S 的距离.

为了建立分解式(15)，表所求的 $\boldsymbol{x}_S$ 为形状

$$\boldsymbol{x}_S=c_1\boldsymbol{x}_1+c_2\boldsymbol{x}_2+\cdots+c_m\boldsymbol{x}_m\tag{16}$$

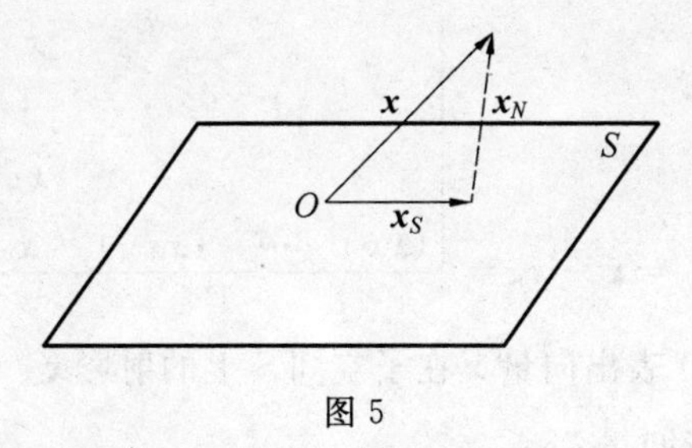

图 5

其中 $c_1, c_2, \cdots, c_m$ 为某些复数[①].

为了定出这些数,我们从以下关系式出发

$$(\boldsymbol{x}-\boldsymbol{x}_S, \boldsymbol{x}_k)=0 \quad (k=1,2,\cdots,m) \tag{17}$$

在(17) 中以 $\boldsymbol{x}_S$ 表示式(16) 代替 $\boldsymbol{x}_S$,我们得出

$$\begin{cases}(\boldsymbol{x}_1\boldsymbol{x}_1)c_1+\cdots+(\boldsymbol{x}_m\boldsymbol{x}_1)c_m+(\boldsymbol{x}\boldsymbol{x}_1)\cdot(-1)=0\\ \vdots \\ (\boldsymbol{x}_1\boldsymbol{x}_m)c_1+\cdots+(\boldsymbol{x}_m\boldsymbol{x}_m)c_m+(\boldsymbol{x}\boldsymbol{x}_m)\cdot(-1)=0\\ \boldsymbol{x}_1c_1+\cdots+\boldsymbol{x}_mc_m+\boldsymbol{x}_S\cdot(-1)=0\end{cases} \tag{18}$$

视这组等式为有非零解 $c_1, c_2, \cdots, c_m, -1$ 的齐次线性方程组,其系数行列式要等于零(预先对其主对角线转置)[②]

$$\begin{vmatrix}(\boldsymbol{x}_1\boldsymbol{x}_1) & \cdots & (\boldsymbol{x}_1\boldsymbol{x}_m) & \boldsymbol{x}_1\\ \vdots & & \vdots & \vdots\\ (\boldsymbol{x}_m\boldsymbol{x}_1) & \cdots & (\boldsymbol{x}_m\boldsymbol{x}_m) & \boldsymbol{x}_m\\ (\boldsymbol{x}\boldsymbol{x}_1) & \cdots & (\boldsymbol{x}\boldsymbol{x}_m) & \boldsymbol{x}_S\end{vmatrix}=0 \tag{19}$$

从这个行列式中,分出含有 $\boldsymbol{x}_S$ 的项,我们得到(很容易了解的约定的记法)

$$\boldsymbol{x}_S=-\frac{\begin{vmatrix} & & & \boldsymbol{x}_1\\ & \Gamma & & \vdots\\ & & & \boldsymbol{x}_m\\ (\boldsymbol{x}\boldsymbol{x}_1) & \cdots & (\boldsymbol{x}\boldsymbol{x}_m) & \mathbf{0}\end{vmatrix}}{\Gamma} \tag{20}$$

其中 $\Gamma=\Gamma(\boldsymbol{x}_1, \boldsymbol{x}_2, \cdots, \boldsymbol{x}_m)$ 为向量 $\boldsymbol{x}_1, \boldsymbol{x}_2, \cdots, \boldsymbol{x}_m$ 的格拉姆行列式(由于这些向量的线性无关性知 $\Gamma \neq 0$). 从(15) 与(20) 求得

---

① 在欧几里得空间中,$c_1, c_2, \cdots, c_m$ 都是实数.

② 位于等式(19) 左边的行列式表示一个向量,其第 i 个坐标是在最后一列将诸向量 $\boldsymbol{x}_1, \cdots, \boldsymbol{x}_m, \boldsymbol{x}_S$ 换为其第 i 个坐标($i=1,2,\cdots,n$) 来得出的;这些坐标是在某一个任意的基底中取定的. 为了说明从(18) 转移到(19) 的合理性,只要在(18) 的最后一个等式与(19) 的最后一列中,换向量 $\boldsymbol{x}_1, \boldsymbol{x}_2, \cdots, \boldsymbol{x}_m, \boldsymbol{x}_S$ 为其第 i 个坐标就能看出.

$$\boldsymbol{x}_N = \boldsymbol{x} - \boldsymbol{x}_S = \frac{\begin{vmatrix} & & & \boldsymbol{x}_1 \\ & \Gamma & & \vdots \\ & & & \boldsymbol{x}_m \\ (\boldsymbol{x}\boldsymbol{x}) & \cdots & (\boldsymbol{x}\boldsymbol{x}_m) & \boldsymbol{x} \end{vmatrix}}{\Gamma} \tag{21}$$

公式(20)与(21)表出向量 $\boldsymbol{x}$ 在子空间 S 上的射影 $\boldsymbol{x}_S$ 与经过所给予向量 $\boldsymbol{x}$ 与基子空间 S 的射影向量 $\boldsymbol{x}_N$.

还要注意一个重要公式,以 h 记向量 $\boldsymbol{x}_N$ 的长,那么由(15)与(21)得

$$h^2 = (\boldsymbol{x}_N\boldsymbol{x}_N) = (\boldsymbol{x}_N\boldsymbol{x}) = \frac{\begin{vmatrix} & & & (\boldsymbol{x}_1\boldsymbol{x}) \\ & \Gamma & & \vdots \\ & & & (\boldsymbol{x}_m\boldsymbol{x}) \\ (\boldsymbol{x}\boldsymbol{x}_1) & \cdots & (\boldsymbol{x}\boldsymbol{x}_m) & (\boldsymbol{x}\boldsymbol{x}) \end{vmatrix}}{\Gamma}$$

亦即

$$h^2 = \frac{\Gamma(\boldsymbol{x}_1, \boldsymbol{x}_2, \cdots, \boldsymbol{x}_m, \boldsymbol{x})}{\Gamma(\boldsymbol{x}_1, \boldsymbol{x}_2, \cdots, \boldsymbol{x}_m)} \tag{22}$$

长 h 还可以有以下解释:

从一点引出向量 $\boldsymbol{x}_1, \boldsymbol{x}_2, \cdots, \boldsymbol{x}_m, \boldsymbol{x}$,且以这些向量为边构成一个 $m+1$ 维的平行多面体. h 是从边 $\boldsymbol{x}$ 的末端到经过边 $\boldsymbol{x}_1, \boldsymbol{x}_2, \cdots, \boldsymbol{x}_m$ 的底面 S 的这一平行多面体的高.

设 $\boldsymbol{y}$ 为 S 中任一向量,而 $\boldsymbol{x}$ 为 R 中任一向量. 如果所有向量都从 n 维点空间的原点引出,那么 $|\boldsymbol{x}-\boldsymbol{y}|$ 与 $|\boldsymbol{x}-\boldsymbol{x}_S|$ 各等于从向量 $\boldsymbol{x}$ 的末端到超平面 S[①] 的斜高与高的值. 故在写出高不大于斜高时,我们有[②]

$$h = |\boldsymbol{x} - \boldsymbol{x}_S| \leqslant |\boldsymbol{x} - \boldsymbol{y}|$$

(只有 $\boldsymbol{y}=\boldsymbol{x}_S$ 时才有等号). 这样一来,在所有的向量 $\boldsymbol{y} \in S$ 之间,向量 $\boldsymbol{x}_S$ 到所予向量 $\boldsymbol{x} \in R$ 的最小的偏差值,$h = \sqrt{N(\boldsymbol{x}-\boldsymbol{x}_S)}$ 是近似值 $\boldsymbol{x} \approx \boldsymbol{x}_S$ 的标准差[③].

§5 格拉姆行列式的几何意义与一些不等式

1. 讨论任意的向量 $\boldsymbol{x}_1, \boldsymbol{x}_2, \cdots, \boldsymbol{x}_m$. 首先假设这些向量是线性无关的. 在这一情形,由这些向量中任意的一些向量所构成的格拉姆行列式都不等于零. 那么根据(22),有

---

① 参考本节开始时的例子.

② $(\boldsymbol{x}-\boldsymbol{y}) = N(\boldsymbol{x}_N + \boldsymbol{x}_S - \boldsymbol{y}) = N\boldsymbol{x}_N + N(\boldsymbol{x}_S - \boldsymbol{y}) \geqslant N(\boldsymbol{x}_N) = h^2$.

③ 关于度量函数空间对函数逼近问题的应用可参考 Лекций по теории аппроксимадии(1948).

$$\frac{\Gamma(\boldsymbol{x}_1,\boldsymbol{x}_2,\cdots,\boldsymbol{x}_{p+1})}{\Gamma(\boldsymbol{x}_1,\boldsymbol{x}_2,\cdots,\boldsymbol{x}_p)}=h_p^2>0 \quad (p=1,2,\cdots,m-1) \tag{23}$$

而把这些不等式与不等式

$$\Gamma(\boldsymbol{x}_1)=(\boldsymbol{x}_1\boldsymbol{x}_1)>0 \tag{24}$$

逐项相乘,我们得出

$$\Gamma(\boldsymbol{x}_1,\boldsymbol{x}_2,\cdots,\boldsymbol{x}_m)>0$$

这样一来,对于线性无关的向量,格拉姆行列式是正的,而对于线性相关的向量等于零.负的格拉姆行列式是不会有的.

为了简便计,引进记号 $\Gamma_p=\Gamma(\boldsymbol{x}_1,\boldsymbol{x}_2,\cdots,\boldsymbol{x}_p)(p=1,2,\cdots,m)$.那么由(23)与(24),有

$$\sqrt{\Gamma_1}=|\boldsymbol{x}_1|=V_1$$

$$\sqrt{\Gamma_2}=V_1h_1=V_2$$

其中 V_2 为由 $\boldsymbol{x}_1$ 与 $\boldsymbol{x}_2$ 所构成的平行四边形的面积.再者

$$\sqrt{\Gamma_3}=V_2h_2=V_3$$

其中 V_3 为由向量 $\boldsymbol{x}_1,\boldsymbol{x}_2,\boldsymbol{x}_3$ 所构成的平行六面体的体积.继续进行,我们得出

$$\sqrt{\Gamma_4}=V_3h_3=V_4$$

最后一般的有

$$\sqrt{\Gamma_m}=V_{m-1}h_{m-1}=V_m \tag{25}$$

很自然的,称 V_m 为由向量 $\boldsymbol{x}_1,\boldsymbol{x}_2,\cdots,\boldsymbol{x}_m$ 为边所构成的 m 维平行多面体的体积[①].

以 $x_{1k},x_{2k},\cdots,x_{nk}$ 记 R 中在某一标准正交基底下的向量 $\boldsymbol{x}_k(k=1,2,\cdots,m)$ 的坐标,且设

$$\boldsymbol{X}=(x_{ik}) \quad (i=1,2,\cdots,n;k=1,2,\cdots,m)$$

那么根据(10),我们有

$$\Gamma_m=|\boldsymbol{X}\overline{\boldsymbol{X}}|$$

因而[参考公式(25)]

$$V_m^2=\Gamma_m=\sum_{1\leqslant i_1<i_2<\cdots<i_m\leqslant n}\operatorname{mod}\begin{vmatrix} x_{i_11} & x_{i_12} & \cdots & x_{i_1m} \\ x_{i_21} & x_{i_22} & \cdots & x_{i_2m} \\ \vdots & \vdots & & \vdots \\ x_{i_m1} & x_{i_m2} & \cdots & x_{i_mm} \end{vmatrix}^2 \tag{26}$$

这个等式有以下几何意义:

平行多面体体积的平方等于其在所有 m 维坐标子空间上射影的体积平方

① 公式(25)给予 m 维平行多面体体积的归纳的定义.

和. 特别是在 $m=n$ 时由(26) 得出

$$V_n = \operatorname{mod}\begin{vmatrix} x_{11} & x_{12} & \cdots & x_{1n} \\ x_{21} & x_{22} & \cdots & x_{2n} \\ \vdots & \vdots & & \vdots \\ x_{n1} & x_{n2} & \cdots & x_{nn} \end{vmatrix} \tag{26'}$$

借助于公式(20),(21),(22),(26),(27),解决了 n 维欧几里得解析几何与 U - 解析几何中的一系列的基本度量问题.

2. 回到分解式(15). 由它直接得出

$$(\boldsymbol{x}\boldsymbol{x})=(\boldsymbol{x}_S+\boldsymbol{x}_N,\boldsymbol{x}_S+\boldsymbol{x}_N)=(\boldsymbol{x}_S,\boldsymbol{x}_S)+(\boldsymbol{x}_N,\boldsymbol{x}_N)\geqslant(\boldsymbol{x}_N\boldsymbol{x}_N)=h^2$$

结合(22) 就给出不等式(对于任何向量 $\boldsymbol{x}_1,\boldsymbol{x}_2,\cdots,\boldsymbol{x}_m,\boldsymbol{x}$)

$$\Gamma(\boldsymbol{x}_1,\boldsymbol{x}_2,\cdots,\boldsymbol{x}_m,\boldsymbol{x})\leqslant\Gamma(\boldsymbol{x}_1,\boldsymbol{x}_2,\cdots,\boldsymbol{x}_m)\Gamma(\boldsymbol{x}) \tag{27}$$

而且等号成立的充分必要条件是向量 $\boldsymbol{x}$ 与向量 $\boldsymbol{x}_1,\boldsymbol{x}_2,\cdots,\boldsymbol{x}_m$ 正交.

故不难得出阿达马不等式

$$\Gamma(\boldsymbol{x}_1,\boldsymbol{x}_2,\cdots,\boldsymbol{x}_m)\leqslant\Gamma(\boldsymbol{x}_1)\Gamma(\boldsymbol{x}_2)\cdots\Gamma(\boldsymbol{x}_m) \tag{28}$$

其中等号成立的充分必要条件是向量 $\boldsymbol{x}_1,\boldsymbol{x}_2,\cdots,\boldsymbol{x}_m$ 两两正交. 不等式(28) 可表为以下显明的几何事实:

平行多面体的体积不超过其边长的乘积,而且只在其为长方体时始能等于这一乘积.

可以给予阿达马不等式以其平常的形式,如在(28) 中取 $m=n$ 且讨论在某一标准正交基底中由向量 $\boldsymbol{x}_k(k=1,2,\cdots,n)$ 的坐标 $x_{1k},x_{2k},\cdots,x_{nk}$ 所构成的行列式 Δ

$$\Delta=\begin{vmatrix} x_{11} & \cdots & x_{1n} \\ \vdots & & \vdots \\ x_{n1} & \cdots & x_{nn} \end{vmatrix}$$

那么由(26) 与(28) 得出

$$|\Delta|^2\leqslant\sum_{i=1}^{n}|x_{i1}|^2\sum_{i=1}^{n}|x_{i2}|^2\cdots\sum_{i=1}^{n}|x_{in}|^2 \tag{28'}$$

3. 现在来建立一个包含不等式(27) 与不等式(28) 的广义的阿达马不等式

$$\Gamma(\boldsymbol{x}_1,\boldsymbol{x}_2,\cdots,\boldsymbol{x}_m)\leqslant\Gamma(\boldsymbol{x}_1,\cdots,\boldsymbol{x}_p)\Gamma(\boldsymbol{x}_{p+1},\cdots,\boldsymbol{x}_m) \tag{29}$$

而且等号成立的充分必要条件是向量 $\boldsymbol{x}_1,\boldsymbol{x}_2,\cdots,\boldsymbol{x}_p$ 的每一个都同向量 $\boldsymbol{x}_{p+1},\cdots,\boldsymbol{x}_m$ 中任何一个正交,或者行列式 $\Gamma(\boldsymbol{x}_1,\cdots,\boldsymbol{x}_p)$,$\Gamma(\boldsymbol{x}_{p+1},\cdots\boldsymbol{x}_m)$ 中至少有一个等于零.

不等式(28′) 有以下几何意义:

平行多面体的体积不超过两个互补“面” 的体积的乘积,而等于这一乘积的充分必要条件是这些“面” 互相正交或者在乘积中至少有一个体积等于零.

不等式(29)的正确性可以关于向量 $\boldsymbol{x}_{p+1},\cdots,\boldsymbol{x}_m$ 的个数用归纳法证明.当这个数等于1时不等式成立[参考公式(27)].

在讨论中引入分别有基底 $\boldsymbol{x}_1,\cdots,\boldsymbol{x}_{m-1}$ 与 $\boldsymbol{x}_{p+1},\cdots,\boldsymbol{x}_{m-1}$ 的两个子空间 S 与 S_1.显然 $S_1\subset S$.讨论正交分解

$$\boldsymbol{x}_m=\boldsymbol{x}_{S_1}+\boldsymbol{x}_{N_1}\quad(\boldsymbol{x}_{S_1}\in S_1,\boldsymbol{x}_{N_1}\perp S_1)$$

$$\boldsymbol{x}_{N_1}=\boldsymbol{x}'_S+\boldsymbol{x}_N\quad(\boldsymbol{x}'_S\in S,\boldsymbol{x}_N\perp S)$$

从而得

$$\boldsymbol{x}_m=\boldsymbol{x}_S+\boldsymbol{x}_N\quad(\boldsymbol{x}_S=\boldsymbol{x}_{S_1}+\boldsymbol{x}'_S,\boldsymbol{x}_N\perp S)$$

把平行六面体体积换为底面积的平方与高的平方的乘积[参考公式(22)],求出

$$\Gamma(\boldsymbol{x}_1,\cdots,\boldsymbol{x}_{m-1},\boldsymbol{x}_m)=\Gamma(\boldsymbol{x}_1,\cdots,\boldsymbol{x}_{m-1})\Gamma(\boldsymbol{x}_N)\tag{30}$$

$$\Gamma(\boldsymbol{x}_{p+1},\cdots,\boldsymbol{x}_{m-1},\boldsymbol{x}_m)=\Gamma(\boldsymbol{x}_{p+1},\cdots,\boldsymbol{x}_{m-1})\Gamma(\boldsymbol{x}_{N_1})\tag{30'}$$

同时从向量 $\boldsymbol{x}_N$ 的分解式推出

$$\Gamma(\boldsymbol{x}_N)\leqslant\Gamma(\boldsymbol{x}_{N_1})\tag{31}$$

并且此处等号只有在 $\boldsymbol{x}_{N_1}=\boldsymbol{x}_N$ 时才成立.

现在利用关系式(30),(30′),(31)与归纳法假设,得

$$\Gamma(\boldsymbol{x}_1,\cdots,\boldsymbol{x}_m)=\Gamma(\boldsymbol{x}_1,\cdots,\boldsymbol{x}_{m-1})\Gamma(\boldsymbol{x}_N)\leqslant\Gamma(\boldsymbol{x}_1,\cdots,\boldsymbol{x}_{m-1})\Gamma(\boldsymbol{x}_{N_1})\leqslant$$
$$\Gamma(\boldsymbol{x}_1,\cdots,\boldsymbol{x}_p)\Gamma(\boldsymbol{x}_{p+1},\cdots,\boldsymbol{x}_{m-1})\Gamma(\boldsymbol{x}_{N_1})=\Gamma(\boldsymbol{x}_1,\cdots,\boldsymbol{x}_p)\Gamma(\boldsymbol{x}_{p+1},\cdots,\boldsymbol{x}_m)\tag{32}$$

我们得出不等式(29).现在来阐明,在这个不等式中等号什么时候成立,并且 $\Gamma(\boldsymbol{x}_1,\cdots,\boldsymbol{x}_p)\neq 0$ 与 $\Gamma(\boldsymbol{x}_{p+1},\cdots,\boldsymbol{x}_m)\neq 0$.那么由(30′)也有 $\Gamma(\boldsymbol{x}_{p+1},\cdots,\boldsymbol{x}_{m-1})\neq 0$ 与 $\Gamma(\boldsymbol{x}_{N_1})\neq 0$.如果在关系式(32)中等号处处成立,那么 $\boldsymbol{x}_{N_1}=\boldsymbol{x}_N$,此外,根据归纳法假设,向量 $\boldsymbol{x}_{p+1},\cdots,\boldsymbol{x}_{m-1}$ 中每一个与向量 $\boldsymbol{x}_1,\cdots,\boldsymbol{x}_p$ 中每一个正交.显然以下向量也具有这个性质

$$\boldsymbol{x}_m=\boldsymbol{x}_{S_1}+\boldsymbol{x}_{N_1}=\boldsymbol{x}_{S_1}+\boldsymbol{x}_N$$

这样,广义阿达马不等式就完全建立起来了.

4. 广义阿达马不等式(32)可以给出解析的形式.

设 $\sum\limits_{i,k=1}^{n}h_{ik}x_i\overline{x}_k$ 为任一埃尔米特正定型.视 $\boldsymbol{x}_1,\boldsymbol{x}_2,\cdots,\boldsymbol{x}_n$ 为 n 维向量空间 R 内在基底 $\boldsymbol{e}_1,\boldsymbol{e}_2,\cdots,\boldsymbol{e}_n$ 中向量 $\boldsymbol{x}$ 的坐标,且取型 $\sum\limits_{i,k=1}^{n}h_{ik}x_i\overline{x}_k$ 为 R 中基本度量型(参考本章,§2).那么 R 是一个 U-空间.对于基底向量 $\boldsymbol{e}_1,\boldsymbol{e}_2,\cdots,\boldsymbol{e}_n$ 应用广义阿达马不等式

$$\Gamma(\boldsymbol{e}_1,\boldsymbol{e}_2,\cdots,\boldsymbol{e}_n)\leqslant\Gamma(\boldsymbol{e}_1,,\cdots,\boldsymbol{e}_p)\Gamma(\boldsymbol{e}_{p+1},\cdots,\boldsymbol{e}_n)$$

设 $\boldsymbol{H}=(h_{ik})_1^n$ 且注意 $(\boldsymbol{e}_i\boldsymbol{e}_k)=h_{ik}(i,k=1,2,\cdots,n)$,我们可以将最后的不等式写为

$$\boldsymbol{H}\begin{pmatrix}1&2&\cdots&n\\1&2&\cdots&n\end{pmatrix}\leqslant\boldsymbol{H}\begin{pmatrix}1&2&\cdots&p\\1&2&\cdots&p\end{pmatrix}\boldsymbol{H}\begin{pmatrix}p+1&\cdots&n\\p+1&\cdots&n\end{pmatrix}\quad(p<n)\tag{33}$$

而且等号成立的充分必要条件是 $h_{ik}=h_{ki}=0(i=1,2,\cdots,p;k=p+1,\cdots,n)$.

不等式(33)对于任一埃尔米特正定型的系数矩阵 $\boldsymbol{H}=(h_{ik})_1^n$ 都能成立.特别的,不等式(33)能够成立,如果 $\boldsymbol{H}$ 是二次正定型 $\sum_{i,k=1}^{n} h_{ik}x_i x_k$ 的实系数矩阵[①]

6. 读者要注意布尼亚可夫斯克不等式.

对于任何向量 $\boldsymbol{x},\boldsymbol{y}\in R$ 都有

$$|(\boldsymbol{xy})|^2 \leqslant N\boldsymbol{x}N\boldsymbol{y} \tag{34}$$

而且只是在向量 $\boldsymbol{x}$ 与 $\boldsymbol{y}$ 仅差一纯量因子时,等号才能成立.

布尼亚可夫斯克不等式的正确性可以从已经建立的以下不等式来立即推出

$$\Gamma(\boldsymbol{x},\boldsymbol{y})=\begin{vmatrix}(\boldsymbol{xx}) & (\boldsymbol{xy})\\ (\boldsymbol{yx}) & (\boldsymbol{yy})\end{vmatrix}\geqslant 0$$

与三维欧几里得空间中向量的纯量积相类似的,在 n 维 U - 空间中可以引进由以下关系式[②]所定义的向量 $\boldsymbol{x}$ 与 $\boldsymbol{y}$ 间的"角" θ

$$\cos\theta=\frac{|(\boldsymbol{xy})|^2}{N\boldsymbol{x}N\boldsymbol{y}}$$

由布尼亚可夫斯克不等式,知 θ 有实数值.

§6　向量序列的正交化

1. 以 $[\boldsymbol{x}_1,\boldsymbol{x}_2,\cdots,\boldsymbol{x}_p]$ 记含有向量 $\boldsymbol{x}_1,\boldsymbol{x}_2,\cdots,\boldsymbol{x}_p$ 的最小子空间.这个子空间是由向量 $\boldsymbol{x}_1,\boldsymbol{x}_2,\cdots,\boldsymbol{x}_p$ 的所有可能的线性组合 $c_1\boldsymbol{x}_1+c_2\boldsymbol{x}_2+\cdots+c_p\boldsymbol{x}_p$ 所构成的($c_1,c_2,\cdots,c_p$ 为复数)[③].如果向量 $\boldsymbol{x}_1,\boldsymbol{x}_2,\cdots,\boldsymbol{x}_p$ 线性无关,那么它们构成子空间 $[\boldsymbol{x}_1,\boldsymbol{x}_2,\cdots,\boldsymbol{x}_p]$ 的基底.在此时这个子空间是 p 维的.

含有有限的相同个数的向量或同含无限多个向量的两个向量序列

$$\boldsymbol{X}:\boldsymbol{x}_1,\boldsymbol{x}_2,\cdots$$

$$\boldsymbol{Y}:\boldsymbol{y}_1,\boldsymbol{y}_2,\cdots$$

称为等价的,如果对于所有可能的 p 都有

$$[\boldsymbol{x}_1,\boldsymbol{x}_2,\cdots,\boldsymbol{x}_p]\equiv[\boldsymbol{y}_1,\boldsymbol{y}_2,\cdots,\boldsymbol{y}_p]\quad(p=1,2,\cdots)$$

向量序列

---

① 广义阿达马不等式的解析推理会在书 Осцилляциопные матрицы и ядра и малые колебания механических систем(1950),§8中述及.

② 在欧几里得空间中,向量 $\boldsymbol{x}$ 与 $\boldsymbol{y}$ 间的角 θ 为下式所确定

$$\cos\theta=\frac{(\boldsymbol{xy})}{|\boldsymbol{x}||\boldsymbol{y}|}$$

③ 在欧几里得空间中,这些数都是实数.

$$\boldsymbol{X}: \boldsymbol{x}_1, \boldsymbol{x}_2, \cdots$$

称为满秩的,如果对于任何可能的 p,向量 $\boldsymbol{x}_1, \boldsymbol{x}_2, \cdots, \boldsymbol{x}_p$ 都是线性无关的.

向量序列称为正交的,如果这一序列中任何两个向量都是互相正交的.

所谓一个向量序列正交化是指将这一向量序列换为其等价的正交序列.

定理 2　每一个满秩向量序列都可以正交化.在不计纯量因子时,正交化过程得出唯一确定的向量.

证明　1° 我们先来证明定理的第二部分.设有两个正交序列 $\boldsymbol{Y}: \boldsymbol{y}_1, \boldsymbol{y}_2, \cdots$ 与 $\boldsymbol{Z}: \boldsymbol{z}_1, \boldsymbol{z}_2, \cdots$ 都与同一满秩序列 $\boldsymbol{X}: \boldsymbol{x}_1, \boldsymbol{x}_2, \cdots$ 等价.那么序列 $\boldsymbol{Y}$ 与 $\boldsymbol{Z}$ 彼此等价.故对任何一个 p 都有数 $c_{p1}, c_{p2}, \cdots, c_{pp}$ 存在,使得

$$\boldsymbol{z}_p = c_{p1}\boldsymbol{y}_1 + c_{p2}\boldsymbol{y}_2 + \cdots + c_{p,p-1}\boldsymbol{y}_{p-1} + c_{pp}\boldsymbol{y}_p \quad (p=1,2,\cdots)$$

在这一等式的两边对于 $\boldsymbol{y}_1, \boldsymbol{y}_2, \cdots, \boldsymbol{y}_{p-1}$ 顺次来取纯量积且注意序列 $\boldsymbol{Y}$ 的正交性与关系式

$$\boldsymbol{z}_p \perp [\boldsymbol{z}_1, \boldsymbol{z}_2, \cdots, \boldsymbol{z}_{p-1}] \equiv [\boldsymbol{y}_1, \boldsymbol{y}_2, \cdots, \boldsymbol{y}_{p-1}]$$

我们得出:$c_{p1} = c_{p2} = \cdots = c_{p,p-1} = 0$,因而

$$\boldsymbol{z}_{pp} = c_{pp}\boldsymbol{y}_p \quad (p=1,2,\cdots)$$

2° 对于任一满秩向量序列 $\boldsymbol{X}: \boldsymbol{x}_1, \boldsymbol{x}_2, \cdots$ 来具体实行正交化是由以下方法所得出的.

设 $S_p \equiv [\boldsymbol{x}_1, \boldsymbol{x}_2, \cdots, \boldsymbol{x}_p]$,$\Gamma_p = \Gamma(\boldsymbol{x}_1, \boldsymbol{x}_2, \cdots, \boldsymbol{x}_p)(p=1,2,\cdots)$.把向量 $\boldsymbol{x}_p$ 正射影于子空间 $S_{p-1}(p=1,2,\cdots)$[①]

$$\boldsymbol{x}_p = \boldsymbol{x}_{pS_{p-1}} + \boldsymbol{x}_{pN}, \boldsymbol{x}_{pS_{p-1}} \in S_{p-1}, \boldsymbol{x}_{pN} \perp S_{p-1} \quad (p=1,2,\cdots)$$

令

$$\boldsymbol{y}_p = \lambda_p \boldsymbol{x}_{pN} \quad (p=1,2,\cdots; \boldsymbol{x}_{1N} = \boldsymbol{x}_1)$$

其中 $\lambda_p(p=1,2,\cdots)$ 是任意不为零的数.

那么(很容易看出)

$$\boldsymbol{Y}: \boldsymbol{y}_1, \boldsymbol{y}_2, \cdots$$

是与序列 $\boldsymbol{X}$ 等价的正交序列.定理 2 已经证明.

根据(21),有

$$\boldsymbol{x}_{pN} = \frac{\begin{vmatrix} & & & \boldsymbol{x}_1 \\ & \Gamma_{p-1} & & \vdots \\ & & & \boldsymbol{x}_{p-1} \\ (\boldsymbol{x}_p\boldsymbol{x}_1) & \cdots & (\boldsymbol{x}_p\boldsymbol{x}_{p-1}) & \boldsymbol{x}_p \end{vmatrix}}{\Gamma_{p-1}} \quad (p=1,2,\cdots; \Gamma_0 = 1)$$

取 $\lambda_p = \Gamma_{p-1}(p=1,2,\cdots;\Gamma_0=1)$,我们对于正交化序列中向量得出以下诸

① 在 $p=1$ 时我们取:$\boldsymbol{x}_{1S_0} = \boldsymbol{0}, \boldsymbol{x}_{1N} = \boldsymbol{x}_1$.

公式

$$y_1 = x_1, y_2 = \begin{vmatrix} (x_1 x_1) & x_1 \\ (x_2 x_1) & x_2 \end{vmatrix}, \cdots,$$

$$y_p = \begin{vmatrix} (x_1 x_1) & \cdots & (x_1 x_{p-1}) & x_1 \\ \vdots & & \vdots & \vdots \\ (x_{p-1} x_1) & \cdots & (x_{p-1} x_{p-1}) & x_{p-1} \\ \vdots & & \vdots & \vdots \\ (x_p x_1) & \cdots & (x_p x_{p-1}) & x_p \end{vmatrix}, \cdots \quad (35)$$

由于(22),我们得出

$$N y_p = \Gamma_{p-1}^2 N x_{pN} = \Gamma_{p-1}^2 \cdot \frac{\Gamma_p}{\Gamma_{p-1}} = \Gamma_{p-1} \Gamma_p \quad (p = 1, 2, \cdots; \Gamma_0 = 1) \quad (36)$$

故如令

$$z_p = \frac{y_p}{\sqrt{\Gamma_{p-1} \Gamma_p}} \quad (p = 1, 2, \cdots) \quad (37)$$

我们就得出与所给予序列 $\boldsymbol{X}$ 等价的法正交序列 $\boldsymbol{Z}$.

例 3　在区间[$-1, +1$]中分段连续的实函数空间里面,以等式

$$(f, g) = \int_{-1}^{+1} f(x) g(x) \mathrm{d}x$$

来定出其纯量积.

讨论满秩"向量"序列

$$1, x, x^2, x^3, \cdots$$

把它们按照公式(35)来正交化

$$y_0 \equiv 1, y_m = \begin{vmatrix} \frac{1}{1} & 0 & \frac{1}{3} & 0 & \frac{1}{5} & 0 & \cdots & 1 \\ 0 & \frac{1}{3} & 0 & \frac{1}{5} & 0 & \frac{1}{7} & \cdots & x \\ \frac{1}{3} & 0 & \frac{1}{5} & 0 & \frac{1}{7} & 0 & \cdots & x^2 \\ \vdots & \vdots & \vdots & \vdots & \vdots & \vdots & & \vdots \\ \vdots & \vdots & \vdots & \vdots & \vdots & \vdots & & x^m \end{vmatrix} \quad (m = 1, 2, \cdots)$$

在不计常数因子时,这些彼此正交的多项式与已知的勒让德多项式一致①

$$P_0(x) = 1, P_m(x) = \frac{1}{2^m m!} \frac{d^m (x^2 - 1)^m}{dx^m} \quad (m = 1, 2, \cdots)$$

同一幂序列 $1, x, x^2, x^3, \cdots$ 在另一度量

① 参考 Общая задача об устойчивости движения(1950),第 77 与以后诸页.

$$(f,g)=\int_a^b f(x)g(x)\tau(x)\mathrm{d}x \quad [\tau(x)\geqslant 0(a\leqslant x\leqslant b)]$$

时给予另一正交多项式序列.

例如,当 $a=-1,b=1$ 而 $\tau(x)=\frac{1}{\sqrt{1-x^2}}$ 时,我们得出切比雪夫多项式

$$T_n(x)=\frac{1}{2^{n-1}}\cos(n\arccos x)$$

在 $a=-\infty,b=+\infty$ 而 $\tau(x)=\mathrm{e}^{-x^2}$ 时,我们得出切比雪夫－埃尔米特多项式,诸如此类①.

2. 还要注意对于标准正交向量序列 $\boldsymbol{Z}:\boldsymbol{z}_1,\boldsymbol{z}_2,\cdots$ 的所谓贝塞尔不等式. 设给予任一向量 $\boldsymbol{x}$. 以 ξ_p 记这一向量在单位向量 $\boldsymbol{z}_p$ 上的射影

$$\xi_p=(\boldsymbol{x}\boldsymbol{z}_p) \quad (p=1,2,\cdots)$$

那么向量 $\boldsymbol{x}$ 在子空间 $S_p=[\boldsymbol{z}_1,\boldsymbol{z}_2,\cdots,\boldsymbol{z}_p]$ 上的射影可表为以下形状[参考(20)]

$$\boldsymbol{x}_{S_p}=\xi_1\boldsymbol{z}_1+\xi_2\boldsymbol{z}_2+\cdots+\xi_p\boldsymbol{z}_p \quad (p=1,2,\cdots)$$

但 $\boldsymbol{x}_{S_p}=|\xi_1|^2+|\xi_2|^2+\cdots+|\xi_p|^2\leqslant \boldsymbol{x}$. 所以对于任何 p 都有

$$|\xi_1|^2+|\xi_2|^2+\cdots+|\xi_p|^2\leqslant N\boldsymbol{x} \tag{38}$$

这是贝塞尔不等式.

对于 n 维有限维空间,这个不等式有很明显的几何意义. 当 $p=n$ 时它变为勾股等式

$$|\xi_1|^2+|\xi_2|^2+\cdots+|\xi_n|^2=|\boldsymbol{x}|^2$$

对于无限维空间与无限序列 $\boldsymbol{Z}$,由(38)得出级数 $\sum_{k=1}^{\infty}|\xi_k|^2$ 的收敛性与不等式

$$\sum_{k=1}^{\infty}|\xi_k|^2\leqslant N\boldsymbol{x}=|\boldsymbol{x}|^2$$

建立级数

$$\sum_{k=1}^{\infty}\xi_k\boldsymbol{z}_k$$

这个级数(对于任何 p)的第 p 个部分

$$\xi_1\boldsymbol{z}_1+\xi_2\boldsymbol{z}_2+\cdots+\xi_p\boldsymbol{z}_p$$

等于向量 $\boldsymbol{x}$ 在子空间 $S_p=[\boldsymbol{z}_1,\boldsymbol{z}_2,\cdots,\boldsymbol{z}_p]$ 上的射影 $\boldsymbol{x}_{S_p}$,故为向量 $\boldsymbol{x}$ 在这一子空间中最好的近似值

$$N(\boldsymbol{x}-\sum_{k=1}^{p}\xi_k\boldsymbol{z}_k)\leqslant N(\boldsymbol{x}-\sum_{k=1}^{p}c_k\boldsymbol{z}_k)$$

① 有关它们的更详细的叙述可参考 Теория ортогональных многочленов(1950).

其中 $c_1, c_2, \cdots, c_p$ 为任何复数. 我们来算出其对应的标准差 δ_p

$$\delta_p^2 = N(\boldsymbol{x} - \sum_{k=1}^{p} \xi_k \boldsymbol{z}_k) = (\boldsymbol{x} - \sum_{k=1}^{p} \xi_k \boldsymbol{z}_k, \boldsymbol{x} - \sum_{k=1}^{p} \xi_k \boldsymbol{z}_k) = N\boldsymbol{x} - \sum_{k=1}^{p} |\xi_k|^2$$

故有
$$\lim_{p \to \infty} \delta_p^2 = N\boldsymbol{x} - \sum_{k=1}^{\infty} |\xi_k|^2$$

如果
$$\lim_{p \to \infty} \delta_p = 0$$

那么我们说级数 $\sum_{k=1}^{\infty} \xi_k \boldsymbol{z}_k$ 平均收敛(按范数收敛) 于向量 $\boldsymbol{x}$.

在这一情形对于 R 中向量 $\boldsymbol{x}$ 有以下等式(在无限维空间中的勾股定理)

$$(\boldsymbol{x}\boldsymbol{x}) = |\boldsymbol{x}|^2 = \sum_{k=1}^{\infty} |\xi_k|^2 \tag{39}$$

如果对于 R 中任一向量 $\boldsymbol{x}$, 级数 $\sum_{k=1}^{\infty} \xi_k \boldsymbol{z}_k$ 都平均收敛于向量 $\boldsymbol{x}$, 那么标准正交向量序列 $\boldsymbol{z}_1, \boldsymbol{z}_2, \cdots$ 称为完全的. 在这一情形, 在(39) 中换 $\boldsymbol{x}$ 为 $\boldsymbol{x} + \boldsymbol{y}$ 且对 $(\boldsymbol{x} + \boldsymbol{y})$, $\boldsymbol{x}$ 与 $\boldsymbol{y}$ 应用等式(39) 三次, 很容易得出

$$(\boldsymbol{x}\boldsymbol{y}) = \sum_{k=1}^{\infty} \xi_k \overline{\eta_k} \quad [\xi_k = (\boldsymbol{x}, \boldsymbol{z}_k), \eta_k = (\boldsymbol{y}, \boldsymbol{z}_k); k = 1, 2, \cdots] \tag{40}$$

例 4　讨论所有在闭区间 $[0, 2\pi]$ 中分段连续的复函数 $f(t)$(t 为实变数) 的空间. 两个函数 $f(t)$ 与 $g(t)$ 的纯量积为以下公式所规定

$$(f, g) = \int_0^{2\pi} f(t) \overline{g(t)} \mathrm{d}t$$

特别

$$(f, f) = \int_0^{2\pi} |f(t)|^2 \mathrm{d}t$$

取函数的无限序列

$$\frac{1}{\sqrt{2\pi}} \mathrm{e}^{\mathrm{i}kt} \quad (k = 0, \pm 1, \pm 2, \cdots)$$

这些函数构成一个正交序列, 因为

$$\int_0^{2\pi} \mathrm{e}^{\mathrm{i}\mu t} \mathrm{e}^{-\mathrm{i}\nu t} \mathrm{d}t = \int_0^{2\pi} \mathrm{e}^{\mathrm{i}(\mu - \nu)t} \mathrm{d}t = \begin{cases} 0 & (\mu \neq \nu) \\ 2\pi & (\mu = \nu) \end{cases}$$

级数

$$\sum_{k=-\infty}^{\infty} f_k \mathrm{e}^{\mathrm{i}kt} \quad (f_k = \frac{1}{2\pi} \int_0^{2\pi} f(t) \mathrm{e}^{-\mathrm{i}kt} \mathrm{d}t; k = 0, \pm 1, \pm 2, \cdots)$$

在区间 $[0, 2\pi]$ 中平均收敛于函数 $f(t)$. 这个级数称为函数 $f(t)$ 的傅里叶级数, 而系数 $f_k (k = 0, \pm 1, \pm 2, \cdots)$ 称为 $f(t)$ 的傅里叶系数.

在傅里叶级数论中证明了函数系 $e^{ikt}(k=0,\pm 1,\pm 2,\cdots)$ 是完全的[①].

完全的这一条件给予帕塞瓦尔等式[参考等式(40)]

$$\int_0^{2\pi} f(t)\,\overline{g(t)}\,\mathrm{d}t=\sum_{k=-\infty}^{+\infty}\frac{1}{2\pi}\int_0^{2\pi} f(t)\mathrm{e}^{-ikt}\,\mathrm{d}t\int_0^{2\pi}\overline{g(t)\mathrm{e}^{ikt}}\,\mathrm{d}t$$

如果 $f(t)$ 是实函数,那么 f_0 是实数,而 f_k 与 f_{-k} 为共轭复数($k=1,2,\cdots$).令

$$f_k=\frac{1}{2\pi}\int_0^{2\pi} f(t)\mathrm{e}^{-ikt}\,\mathrm{d}t=\frac{1}{2}(a_k+ib_k)$$

其中

$$a_k=\frac{1}{\pi}\int_0^{2\pi} f(t)\cos kt\,\mathrm{d}t,\ b_k=\frac{1}{\pi}\int_0^{2\pi} f(t)\sin kt\,\mathrm{d}t\quad(k=0,1,2,\cdots)$$

即得

$$f_k\mathrm{e}^{ikt}+f_{-k}\mathrm{e}^{-ikt}=a_k\cos kt+b_k\sin kt\quad(k=1,2,\cdots)$$

故对实函数 $f(t)$,傅里叶级数取以下形状

$$\frac{a_0}{2}+\sum_{k=1}^{\infty}(a_k\cos kt+b_k\sin kt)\qquad\left(\begin{aligned}a_k&=\frac{1}{\pi}\int_0^{2\pi} f(t)\cos kt\ \mathrm{d}t\\ b_k&=\frac{1}{\pi}\int_0^{2\pi} f(t)\sin kt\ \mathrm{d}t\end{aligned}\quad k=0,1,2,\cdots\right)$$

§7 标准正交基

在欧几里得空间或 U-空间 R 中任一有限维空间 S 的基底都是满秩向量序列,故由上节的定理2可以把它正交化与标准化.这样一来,在任一有限维子空间 S 中(特别是整个空间 R 中,如果它是有限维的),都有标准正交基存在.

设 $\boldsymbol{e}_1,\boldsymbol{e}_2,\cdots,\boldsymbol{e}_n$ 为空间R 的标准正交基.以 $x_1,x_2,\cdots,x_n$ 记任意向量$\boldsymbol{x}$ 在这一基底中的坐标

$$\boldsymbol{x}=\sum_{k=1}^{n}x_k\boldsymbol{e}_k$$

右乘这个等式的两边以 $\boldsymbol{e}_k$ 且注意到基底的标准正交性,易求出

$$x_k=(\boldsymbol{x}\boldsymbol{e}_k)\quad(k=1,2,\cdots,n)$$

亦即在标准正交基中,向量的每一坐标等于它与对应的基底单位向量的纯量积

$$\boldsymbol{x}=\sum_{k=1}^{n}(\boldsymbol{x}\boldsymbol{e}_k)\boldsymbol{e}_k\tag{41}$$

设 $x_1,x_2,\cdots,x_n$ 与 $x'_1,x'_2,\cdots,x'_n$ 为U-空间 R 中同一向量 $\boldsymbol{x}$ 在两个不同的标准正交基 $\boldsymbol{e}_1,\boldsymbol{e}_2,\cdots,\boldsymbol{e}_n$ 与 $\boldsymbol{e}'_1,\boldsymbol{e}'_2,\cdots,\boldsymbol{e}'_n$ 中的对应坐标.坐标的变换公式

---

① 例如参考 Методы математической физики(1951),第二章.

有以下形状

$$x_i = \sum_{k=1}^{n} u_{ik} x'_k \quad (i=1,2,\cdots,n) \tag{42}$$

此处,构成矩阵 $\boldsymbol{U}=(u_{ik})_1^n$ 的第 k 个列的系数 $u_{1k}, u_{2k}, \cdots, u_{nk}$,不难看出是向量 $\boldsymbol{e}'_k$ 在基底 $\boldsymbol{e}_1, \boldsymbol{e}_2, \cdots, \boldsymbol{e}_n$ 中的坐标.故在坐标中[见(10)]写出基底 $\boldsymbol{e}'_1, \boldsymbol{e}'_2, \cdots, \boldsymbol{e}'_n$ 的标准正交性条件,我们得出关系式

$$\sum_{i=1}^{n} u_{ik} \bar{u}_{il} = \delta_{kl} = \begin{cases} 1 & (k \neq l) \\ 0 & (k = l) \end{cases} \tag{43}$$

系数适合条件(43)的变换(42)称为U-变换,而其对应矩阵$\boldsymbol{U}$称为U-矩阵.这样一来,在 n 维 U-空间中从一个标准正交基转移到另一个标准正交基,是利用坐标的 U-变换来实现的.

设给予一个 n 维欧几里得空间R.从 R 中一个标准正交基转移到另一个标准正交基时,要施行坐标的变换

$$x_i = \sum_{k=1}^{n} v_{ik} x'_k \quad (i=1,2,\cdots,n) \tag{44}$$

其系数间有以下关系式

$$\sum_{i=1}^{n} v_{ik} v_{il} = \delta_{kl} \quad (k,l=1,2,\cdots,n) \tag{45}$$

这种坐标变换称为正交的,而其对应矩阵 $\boldsymbol{V}$ 称为正交矩阵.

注意一种有趣的正交化方法的矩阵写法.设 $\boldsymbol{A}=(a_{ik})_1^n$ 为任一元素为复数的满秩矩阵($|\boldsymbol{A}| \neq 0$).讨论有标准正交基 $\boldsymbol{e}_1, \boldsymbol{e}_2, \cdots, \boldsymbol{e}_n$ 的U-空间R且以下列诸等式来定出线性无关的向量 $\boldsymbol{a}_1, \boldsymbol{a}_2, \cdots, \boldsymbol{a}_n$

$$a_k = \sum_{i=1}^{n} a_{ik} \boldsymbol{e}_i \quad (k=1,2,\cdots,n)$$

对向量 $\boldsymbol{a}_1, \boldsymbol{a}_2, \cdots, \boldsymbol{a}_n$ 来进化正交化.得出 R 中标准正交基 $\boldsymbol{u}_1, \boldsymbol{u}_2, \cdots, \boldsymbol{u}_n$.设此时

$$\boldsymbol{u}_k = \sum_{i=1}^{n} u_{ik} \boldsymbol{e}_i \quad (k=1,2,\cdots,n)$$

那么

$$[\boldsymbol{a}_1, \boldsymbol{a}_2, \cdots, \boldsymbol{a}_p] = [\boldsymbol{u}_1, \boldsymbol{u}_2, \cdots, \boldsymbol{u}_p] \quad (p=1,2,\cdots,n)$$

亦即

$$\begin{gathered} \boldsymbol{a}_1 = c_{11} \boldsymbol{u}_1 \\ \boldsymbol{a}_2 = c_{12} \boldsymbol{u}_1 + c_{22} \boldsymbol{u}_2 \\ \vdots \\ \boldsymbol{a}_n = c_{1n} \boldsymbol{u}_1 + c_{2n} \boldsymbol{u}_2 + \cdots + c_{nn} \boldsymbol{u}_n \end{gathered}$$

其中 $c_{ik}(i,k=1,2,\cdots,n; i \leqslant k)$ 是某些复数.

当 $i>k$ 时取 $c_{ik}=0(i,k=1,2,\cdots,n)$，我们有

$$\boldsymbol{a}_k=\sum_{p=1}^{n}c_{pk}\boldsymbol{u}_p\quad(k=1,2,\cdots,n)$$

转移到坐标的关系且引进上三角矩阵 $\boldsymbol{C}=(c_{ik})_1^n$ 与 $U-$矩阵 $\boldsymbol{U}=(u_{ik})_1^n$，我们得出

$$a_{ik}=\sum_{p=1}^{n}u_{ip}c_{pk}\quad(i,k=1,2,\cdots,n)$$

或

$$\boldsymbol{A}=\boldsymbol{UC}\qquad(*)$$

根据这一公式，任一满秩矩阵 $\boldsymbol{A}=(a_{ik})_1^n$ 都可以表为一个 $U-$矩阵 $\boldsymbol{U}$ 与一个上三角矩阵 $\boldsymbol{C}$ 的乘积.

因为，在不计纯量因子 $\varepsilon_1,\varepsilon_2,\cdots,\varepsilon_n(|\varepsilon_i|=1;i=1,2,\cdots,n)$ 时，正交化方法唯一的确定向量 $\boldsymbol{u}_1,\boldsymbol{u}_2,\cdots,\boldsymbol{u}_n$，所以在公式(*)中，如不计对角形因子 $\boldsymbol{M}=\{\varepsilon_1,\varepsilon_2,\cdots,\varepsilon_n\}$，则其因子 $\boldsymbol{U}$ 与 $\boldsymbol{C}$ 都是唯一确定的

$$\boldsymbol{U}=\boldsymbol{U}_1\boldsymbol{M},\boldsymbol{C}=\boldsymbol{M}^{-1}\boldsymbol{C}_1$$

这是可以直接来验证的.

注 1　如果 $\boldsymbol{A}$ 是实矩阵，那么在公式(*)中可以取实因子 $\boldsymbol{U}$ 与 $\boldsymbol{C}$. 此时 $\boldsymbol{U}$ 是一个正交矩阵.

注 2　公式(*)对于降秩矩阵 $\boldsymbol{A}(|\boldsymbol{A}|)=\boldsymbol{0}$ 仍然有效. 这可以取 $\boldsymbol{A}=\lim\limits_{m\to\infty}\boldsymbol{A}_m$，其中 $|\boldsymbol{A}_m|\neq 0(m=1,2,\cdots)$ 来证明.

此时 $\boldsymbol{A}_m=\boldsymbol{U}_m\boldsymbol{C}_m(m=1,2,\cdots)$. 从序列 $\boldsymbol{U}_m$ 中选取收敛子序列 $\boldsymbol{U}_{m_p}$ $(\lim\limits_{p\to\infty}\boldsymbol{U}_{m_p}=\boldsymbol{U})$ 且取极限，由等式 $\boldsymbol{A}_{m_p}=\boldsymbol{U}_{m_p}\boldsymbol{C}_{m_p}$，当 $p\to\infty$ 时，我们得出所求的分解式 $\boldsymbol{A}=\boldsymbol{UC}$. 但在 $|\boldsymbol{A}|=0$ 的情形，即使不计对角形因子 $\boldsymbol{M}$，因子 $\boldsymbol{U}$ 与 $\boldsymbol{C}$ 不是唯一决定的.

注 3　代替式(*)可以有公式

$$\boldsymbol{A}=\boldsymbol{DW}\qquad(**)$$

其中 $\boldsymbol{D}$ 为下三角矩阵，而 $\boldsymbol{W}$ 为一个 $U-$矩阵. 事实上，应用上面所建立的公式(*)于转置矩阵 $\boldsymbol{A}'$，有

$$\boldsymbol{A}'=\boldsymbol{UC}$$

再取 $\boldsymbol{W}=\boldsymbol{U}',\boldsymbol{D}=\boldsymbol{C}'$，我们就得出(**)[①].

§8　共轭算子

设在 n 维 $U-$空间 R 中给予任一线性算子.

---

① 从矩阵 $\boldsymbol{U}$ 是一个 $U-$矩阵知矩阵 $\boldsymbol{U}'$ 亦是一个 $U-$矩阵，因为条件(43)可以写为矩阵的形式：$\boldsymbol{U}'\overline{\boldsymbol{U}}=\boldsymbol{E}$，即得：$\boldsymbol{U}\overline{\boldsymbol{U}}'=\boldsymbol{E}$.

定义 4　线性算子 A^* 称为关于算子 A 的共轭算子，如果对于 R 中任两向量 $\boldsymbol{x},\boldsymbol{y}$ 以下等式都能成立

$$(A\boldsymbol{x},\boldsymbol{y})=(\boldsymbol{x},A^*\boldsymbol{y}) \tag{46}$$

我们来证明，对于每一个线性算子 A 都有共轭算子 A^* 存在，而且只有一个. 在证明时，在 R 中选取某一标准正交基 $\boldsymbol{e}_1,\boldsymbol{e}_2,\cdots,\boldsymbol{e}_n$. 那么[参考(41)] 对于所求的算子 A^* 与 R 中任一向量 $\boldsymbol{y}$ 都应当适合等式

$$A^*\boldsymbol{y}=\sum_{k=1}^{n}(A^*\boldsymbol{y},\boldsymbol{e}_k)\boldsymbol{e}_k$$

由(46)，这个等式可以写为

$$A^*\boldsymbol{y}=\sum_{k=1}^{n}(\boldsymbol{y},A\boldsymbol{e}_k)\boldsymbol{e}_k \tag{47}$$

现在让我们承认等式(47) 为算子 A^* 的定义.

容易验证，这样定义的算子 A^* 是线性的，且对于 R 中任两向量 $\boldsymbol{x}$ 与 $\boldsymbol{y}$，都能适合等式(46). 此外根据给定的 A，等式(47) 唯一的确定算子 A^*. 这样一来，我们就证明了共轭算子 A^* 的存在与唯一性.

设 A 为 U－空间的线性算子，而 $\boldsymbol{A}=(a_{ik})_1^n$ 为在标准正交基 $\boldsymbol{e}_1,\boldsymbol{e}_2,\cdots,\boldsymbol{e}_n$ 中对应于这个算子的矩阵. 应用公式(41) 于向量 $A\boldsymbol{e}_k=\sum_{i=1}^{n}a_{ik}\boldsymbol{e}_i$，我们得出

$$a_{ik}=(A\boldsymbol{e}_k,\boldsymbol{e}_i)\quad(i,k=1,2,\cdots,n) \tag{48}$$

现在设共轭算子 A^* 在同一基底中对应于矩阵 $\boldsymbol{A}^*=(a_{ik}^*)_1^n$. 那么由公式(48)

$$a_{ik}^*=(A^*\boldsymbol{e}_k,\boldsymbol{e}_i)\quad(i,k=1,2,\cdots,n) \tag{49}$$

从(48) 与(49) 结合(46) 得出

$$a_{ik}^*=\overline{a}_{ki}\quad(i,k=1,2,\cdots,n)$$

亦即

$$\boldsymbol{A}^*=\overline{\boldsymbol{A}}'$$

矩阵 $\boldsymbol{A}^*$ 是 $\boldsymbol{A}$ 的复共轭转置矩阵. 这种矩阵通常称为关于 $\boldsymbol{A}$ 的共轭矩阵.

这样一来，在标准正交基中，共轭算子对应于共轭矩阵.

从共轭算子的定义推得以下诸性质：

1° $(A^*)^*=A$；

2° $(A+B)^*=A^*+B^*$；

3° $(\alpha A)^*=\overline{\alpha}A^*$（$\alpha$ 是一个纯量）；

4° $(AB)^*=B^*A^*$.

现在引进一个重要的概念. 设 S 为 R 中任一子空间. 以 T 记 R 中与 S 正交的所有向量 $\boldsymbol{y}$ 的集合. 易知，T 亦是 R 的子空间，而且 R 中每一个向量 $\boldsymbol{x}$ 都可以唯一的表为和 $\boldsymbol{x}=\boldsymbol{x}_S+\boldsymbol{x}_T$ 的形状，其中 $\boldsymbol{x}_S\in S$，$\boldsymbol{x}_T\in T$，亦即以下分解式是成

立的

$$R=S+T, S\perp T$$

应用§4中分解式(15)于R中任一向量$\boldsymbol{x}$,我们得出这一个分解式.T称为S的正交补空间.显然,S亦是T的正交补空间.我们写出$S\perp T$是了解为S中任何向量都与T中任一向量正交.

现在我们可以叙述共轭算子的基本性质:

5° 如果某一个子空间S对A不变,那么这个子空间的正交补空间T将对A^*不变.

事实上,设$\boldsymbol{x}\in S,\boldsymbol{y}\in T$.那么由$A\boldsymbol{x}\in S$得$(A\boldsymbol{x},\boldsymbol{y})=0$,故由(46)知$(\boldsymbol{x},A^*\boldsymbol{y})=0$.因为$\boldsymbol{x}$是$S$中任一向量,所以$A^*\boldsymbol{y}\in T$,这就是所要证明的结果.

引进以下定义:

定义 5　两组向量$\boldsymbol{x}_1,\boldsymbol{x}_2,\cdots,\boldsymbol{x}_m$与$\boldsymbol{y}_1,\boldsymbol{y}_2,\cdots,\boldsymbol{y}_m$称为双标准正交的,如果

$$(\boldsymbol{x}_i\boldsymbol{y}_k)=\delta_{ik}\quad(i,k=1,2,\cdots,m)\tag{50}$$

其中δ_{ik}为克罗内克符号.

现在我们来证明以下命题:

6° 如果A是一个单构线性算子,那么共轭算子A^*亦是单构的,而且可以这样来选取算子A与A^*的完全特征向量组$\boldsymbol{x}_1,\boldsymbol{x}_2,\cdots,\boldsymbol{x}_n$与$\boldsymbol{y}_1,\boldsymbol{y}_2,\cdots,\boldsymbol{y}_n$使得它们是双标准正交的

$$A\boldsymbol{x}_i=\lambda_i\boldsymbol{x}_i, A^*\boldsymbol{y}_i=\mu_i\boldsymbol{y}_i, (\boldsymbol{x}_i\boldsymbol{y}_k)=\delta_{ik}\quad(i,k=1,2,\cdots,n)$$

事实上,设$\boldsymbol{x}_1,\boldsymbol{x}_2,\cdots,\boldsymbol{x}_n$为算子$A$的完全特征向量组.引进记号

$$S_k=[\boldsymbol{x}_1,\cdots,\boldsymbol{x}_{k-1},\boldsymbol{x}_{k+1},\cdots,\boldsymbol{x}_n]\quad(k=1,2,\cdots,n)$$

讨论$n-1$维子空间S_k的一维正交补空间$T_k=[\boldsymbol{y}_k](k=1,2,\cdots,n)$.此时$T_k$对$A^*$不变

$$A^*y_k=\mu_k\boldsymbol{y}_k, \boldsymbol{y}_k\neq\boldsymbol{0}\quad(k=1,2,\cdots,n)$$

由$S_k\perp\boldsymbol{y}_k$得出:$(\boldsymbol{x}_k,\boldsymbol{y}_k)\neq 0$,因为,否则向量$\boldsymbol{y}_k$必须等于零.乘$\boldsymbol{x}_k,\boldsymbol{y}_k(k=1,2,\cdots,n)$以适当的数值因子,我们得出

$$(\boldsymbol{x}_i\boldsymbol{y}_k)=\delta_{ik}\quad(i,k=1,2,\cdots,n)$$

由向量组$\boldsymbol{x}_1,\boldsymbol{x}_2,\cdots,\boldsymbol{x}_n$与$\boldsymbol{y}_1,\boldsymbol{y}_2,\cdots,\boldsymbol{y}_n$的双标准正交性,知道每一组向量都是线性无关的.

还要注意这样的命题:

7° 如果运算子A与A^*有共同的特征向量,那么对应于共同特征向量的这些算子的特征数是复共轭的.

事实上,设$A\boldsymbol{x}=\lambda\boldsymbol{x}, A^*\boldsymbol{x}=\mu\boldsymbol{x}(\boldsymbol{x}\neq\boldsymbol{0})$.那么,在(46)中取$\boldsymbol{y}=\boldsymbol{x}$,就有$\lambda(\boldsymbol{x},\boldsymbol{x})=\overline{\mu}(\boldsymbol{x},\boldsymbol{x})$,故得$\lambda=\overline{\mu}$.

8° 设y是算子A^*的特征向量,并设$S^{(n-1)}$是一维子空间$T=[y]$的正交补.

因为 $A=(A^*)^*$，所以由命题 5° 知，子空间 $S^{(n-1)}$ 关于算子 A 不变. 这样，n 维 $U-$ 空间中的任何线性算子都存在一个 $(n-1)$ 维不变子空间.

接下讨论子空间 $S^{(n-1)}$ 中的算子 A，根据所证明的命题，可以指出算子 A 属于 $S^{(n-1)}$ 的 $(n-2)$ 维不变子空间 $S^{(n-2)}$. 重复推理，我们作出了算子 A 的 n 个依次嵌入不变子空间组成的链（上标表示维数）

$$S^{(1)} \subset S^{(2)} \subset \cdots \subset S^{(n-1)} \subset S^{(n)} = R$$

现在设 $\boldsymbol{e}_1$ 是属于 $S^{(1)}$ 的正规向量. 在 $S^{(2)}$ 中选取这样的正规向量 $\boldsymbol{e}_2$，使 $(\boldsymbol{e}_1, \boldsymbol{e}_2)=0$. 在 $S^{(3)}$ 中求出这样的向量 $\boldsymbol{e}_3$，使 $(\boldsymbol{e}_1, \boldsymbol{e}_3)=0$ 与 $(\boldsymbol{e}_2, \boldsymbol{e}_3)=0$. 继续这个程序，我们建立了一个正交向量基底

$$\boldsymbol{e}_1, \boldsymbol{e}_2, \cdots, \boldsymbol{e}_n$$

它具有以下性质

$$S^{(k)} = \{\boldsymbol{e}_1, \boldsymbol{e}_2, \cdots, \boldsymbol{e}_k\} \quad (k=1,2,\cdots,n)$$

关于算子 A 是不变的.

现在令 $(a_{ij})_1^n$ 是算子 A 在所作基底上的矩阵. 我们有 $A\boldsymbol{e}_i = \sum_{i=1}^{n} a_{ij}\boldsymbol{e}_i$，其中 $a_{ij}=(A\boldsymbol{e}_j, \boldsymbol{e}_i)$. 因为 $A\boldsymbol{e}_j$ 属于 $S^{(j)}$，所以当 $i>j$ 时，$a_{ij}=(A\boldsymbol{e}_j, \boldsymbol{e}_i)$，因此算子矩阵是上三角矩阵. 我们得到以下定理.

对于 n 维 $U-$ 空间中的任一线性算子，可以作出一个标准正交基底，使这个算子的矩阵是三角矩阵.

这个命题习惯上称为舒尔定理. 自然，把简化算子矩阵的一般定理应用到约当型，容易用约当基底连续正交化来证明舒尔定理. 所作的证明在本质上只利用线性算子的存在，此算子作用到 n 维 $U-$ 空间中的特征向量上.

§9 $U-$ 空间中的正规算子

定义 6 线性算子 A 称为正规的，如果它与它的共轭算子可交换

$$AA^* = A^*A \tag{51}$$

定义 7 线性算子 H 称为埃尔米特算子，如果与它的共轭运算子相等

$$H^* = H \tag{52}$$

定义 8 线性算子 U 称为 $U-$ 算子，如果它的逆算子等于它的共轭算子

$$UU^* = E \tag{53}$$

注意，$U-$ 算子亦可以定义为埃尔米特空间中等度量算子，亦即保持度量不变的运算子.

事实上，设对 R 中任两向量 $\boldsymbol{x}$ 与 $\boldsymbol{y}$，有

$$(U\boldsymbol{x}, U\boldsymbol{y}) = (\boldsymbol{x}, \boldsymbol{y}) \tag{54}$$

那么根据(46)

$$(U^* U\boldsymbol{x}, \boldsymbol{y}) = (\boldsymbol{x}, \boldsymbol{y})$$

故由向量 $\boldsymbol{y}$ 的任意性,有

$$U^* U\boldsymbol{x} = \boldsymbol{x}$$

亦即 $U^* U = E$ 或 $U^* = U^{-1}$. 反之,由(53) 可以得出(54).

从(53) 或(54) 推知,两个 U - 算子的乘积仍然是一个 U - 算子,单位算子 E 是一个 U - 算子,U - 算子的逆算子亦是一个 U - 运算子. 故所有 U - 算子的集合构成一个群[①]. 这个群称为 U - 群.

埃尔米特算子与 U - 算子都是正规算子的特殊形状.

定理 3　任何线性算子 A 常可表为以下形状

$$A = H_1 + \mathrm{i}H_2 \tag{55}$$

其中 H_1 与 H_2 都是埃尔米特算子(算子 A 的"埃尔米特分量"). 埃尔米特分量为所给予算子 A 唯一确定. 算子 A 是正规的充分必要的条件为其埃尔米特分量 H_1 与 H_2 彼此可交换.

证明　设式(55) 成立. 那么

$$A^* = H_1 - \mathrm{i}H_2 \tag{56}$$

由(55) 与(56) 求得

$$H_1 = \frac{1}{2}(A + A^*), H_2 = \frac{1}{2\mathrm{i}}(A - A^*) \tag{57}$$

反之,式(57) 定出埃尔米特算子 H_1 与 H_2,它们同 A 有等式(55) 的关系.

现在设 A 为正规算子:$AA^* = A^* A$. 那么由(57) 得:$H_1 H_2 = H_2 H_1$. 反之,由 $H_1 H_2 = H_2 H_1$ 与(55),(56) 得:$AA^* = A^* A$. 定理即已证明.

表任一线性算子 A 成(55) 的形状类似于表任一复数 z 为 $x_1 + \mathrm{i}x_2$ 的形状,其中 x_1, x_2 为两实数.

设在某一个标准正交基中算子 A, H 与 U 各对应于矩阵 $\boldsymbol{A}, \boldsymbol{H}, \boldsymbol{U}$. 那么算子等式

$$AA^* = A^* A, H^* = H, UU^* = E \tag{58}$$

就对应于矩阵等式

$$AA^* = A^* A, H^* = H, UU^* = E \tag{59}$$

所以我们定义正规矩阵为与其共轭矩阵可交换的矩阵,埃尔米特矩阵为与其共轭矩阵相等的矩阵,最后,U - 矩阵为其共轭矩阵的逆矩阵.

故在标准正交基中,正规算子,埃尔米特算子,U - 算子各对应于正规矩阵,埃尔米特矩阵与 U - 矩阵.

由(59) 知埃尔米特矩阵 $\boldsymbol{H} = (h_{ik})_1^n$ 为其元素间的关系式

---

① 参考第 1 章,§3 中 3 的第四个足注.

$$h_{ki} = \overline{h}_{ik} \quad (i,k=1,2,\cdots,n)$$

所确定,亦即埃尔米特矩阵常为某一埃尔米特型的系数矩阵(参考 §1).

由(59) 知 U - 矩阵 $\boldsymbol{U}=(u_{ik})_1^n$ 为其元素间的关系式

$$\sum_{j=1}^{n} u_{ij}\overline{u}_{kj} = \delta_{ik} \quad (i,k=1,2,\cdots,n) \tag{60}$$

所确定.因为由 $\boldsymbol{UU}^* = \boldsymbol{E}$ 得出 $\boldsymbol{U}^*\boldsymbol{U}=\boldsymbol{E}$,故由(60) 得出等价的关系式

$$\sum_{j=1}^{n} u_{ji}\overline{u}_{jk} = \delta_{ik} \quad (i,k=1,2,\cdots,n) \tag{61}$$

等式(60) 表出矩阵 $\boldsymbol{U}=(u_{ik})_1^n$ 中行的"标准正交性",而等式(61) 表出其诸列的标准正交性[①].

U - 矩阵是某一个 U - 变换的系数矩阵(参考 §7).

使 U - 空间 R 上的向量正交投影到给定子空间 S 上的算子 P 是埃尔米特射影算子.

事实上,这个算子是射影算子,即 $P^2=P$(参考第 3 章 §6).其次从向量 $\boldsymbol{x}_S=P\boldsymbol{x}$ 与 $\boldsymbol{y}-\boldsymbol{y}_S=(E-P)\boldsymbol{y}(x,y\in R)$ 的正交性推出

$$0=(P\boldsymbol{x},(E-P)\boldsymbol{y})=((E-P^*)P\boldsymbol{x},\boldsymbol{y})$$

从而由向量 $\boldsymbol{x},\boldsymbol{y}$ 的任意性得出

$$(E-P^*)P=0$$

即 $P=P^*P$.由此等式推出 P 是埃尔米特算子,因为$(P^*P)^*=P^*P$.

§10 正规算子,埃尔米特算子,U - 算子的谱

首先建立可交换算子的一个性质,叙述为以下引理的形式.

引理 1 可交换算子 A 与 $B(AB=BA)$ 常有公共的特征向量.

证明 设 x 是算子 A 的特征向量:$A\boldsymbol{x}=\lambda\boldsymbol{x},\boldsymbol{x}\neq\boldsymbol{0}$.那么由算子 A 与 B 的可交换性,得

$$AB^k\boldsymbol{x}=\lambda B^k\boldsymbol{x} \quad (k=0,1,2,\cdots) \tag{62}$$

设在向量序列

$$x,Bx,B^2x,\cdots$$

中前 p 个向量线性无关,而第 $p+1$ 个向量 $B^p\boldsymbol{x}$ 为其前诸向量的线性组合.那么子空间 $S\equiv[\boldsymbol{x},B\boldsymbol{x},\cdots,B^{p-1}\boldsymbol{x}]$ 对 B 不变,故在这一子空间 S 中有算子 B 的特征向量 $\boldsymbol{y}$ 存在:$B\boldsymbol{y}=\mu\boldsymbol{y},\boldsymbol{y}\neq\boldsymbol{0}$.另一方面,等式(62) 说明向量 $\boldsymbol{x},B\boldsymbol{x},\cdots,B^{p-1}\boldsymbol{x}$ 都是对应于同一特征数 λ 的算子 A 的特征向量.故这些向量的任一线性组合,特别是向量 $\boldsymbol{y}$,是对应于特征数 λ 的算子 A 的特征向量.这样一来,就证明了算子

① 这样一来,矩阵 $\boldsymbol{U}$ 中列的标准正交性是行的标准正交性的推论,反之亦然.

A 与 B 有公共的特征向量存在.

设 A 是 n 维埃尔米特空间 R 中任一正规算子. 此时算子 A 与 A^* 彼此可交换,故有公共特征向量 $\boldsymbol{x}_1$. 那么(参考 §8,7°)

$$A\boldsymbol{x}_1=\lambda_1\boldsymbol{x}_1, A^*\boldsymbol{x}_1=\bar{\lambda}_1\boldsymbol{x}_1 \quad (\boldsymbol{x}_1\neq\boldsymbol{0})$$

以 S_1 记含有向量 $\boldsymbol{x}_1$ 的一维子空间($S_1=[\boldsymbol{x}_1]$),而以 T_1 记 R 中 S_1 的正交补空间

$$R=S_1+T_1, S_1\perp T_1$$

因为 S_1 对 A 与 A^* 不变,故(参考 §8,5°)T_1 亦对这些算子不变. 因此,可交换运算子 A 与 A^* 在 T_1 中,由于引理 1 有公共特征向量 $\boldsymbol{x}_2$

$$A\boldsymbol{x}_2=\lambda_2\boldsymbol{x}_2, A^*\boldsymbol{x}_2=\lambda_2\boldsymbol{x}_2 \quad (\boldsymbol{x}_2\neq\boldsymbol{0})$$

显然,$\boldsymbol{x}_1\perp\boldsymbol{x}_2$. 令 $S_2=[\boldsymbol{x}_1,\boldsymbol{x}_2]$ 与

$$R=S_2+T_2, S_2\perp T_2$$

同理,在 T_2 中得出算子 A 与 A^* 的公共特征向量 $\boldsymbol{x}_3$. 显然有 $\boldsymbol{x}_1\perp\boldsymbol{x}_3$ 与 $\boldsymbol{x}_2\perp\boldsymbol{x}_3$. 继续施行这一方法,我们得出算子 A 与 A^* 的两两正交的 n 个公共特征向量 $\boldsymbol{x}_1,\boldsymbol{x}_2,\cdots,\boldsymbol{x}_n$

$$\left.\begin{array}{l}A\boldsymbol{x}_k=\lambda_k\boldsymbol{x}_k, A^*\boldsymbol{x}_k=\bar{\lambda}_k\boldsymbol{x}_k \quad (\boldsymbol{x}_k\neq\boldsymbol{0})\\ (\boldsymbol{x}_i\boldsymbol{x}_k)=0 \quad (i\neq k)\end{array}\right\} (i,k=1,2,\cdots,n) \tag{63}$$

可以使向量 $\boldsymbol{x}_1,\boldsymbol{x}_2,\cdots,\boldsymbol{x}_n$ 标准化而仍然保持等式(63)不变.

这样一来,我们证明了,正规算子常有完全标准正交[①]特征向量组.

因为由 $\lambda_k=\lambda_l$ 常可得出 $\bar{\lambda}_k=\bar{\lambda}_l$,故由等式(63)推知:

1° 如果 A 是一个正规算子,那么算子 A 的每一个特征向量都是其共轭算子 A^* 的特征向量,亦即如果 A 是正规算子,那么算子 A 与 A^* 有相同的特征向量.

现在相反的,设已知线性算子 A 有完全标准正交特征向量组

$$A\boldsymbol{x}_k=\lambda_k\boldsymbol{x}_k, (\boldsymbol{x}_i\boldsymbol{x}_k)=\delta_{ik} \quad (i,k=1,2,\cdots,n)$$

我们要证明,在此时 A 是一个正规算子. 事实上,设

$$\boldsymbol{y}_l=A^*\boldsymbol{x}_l-\bar{\lambda}_l\boldsymbol{x}_l$$

那么

$$(\boldsymbol{x}_k\boldsymbol{y}_l)=(\boldsymbol{x}_k,A^*\boldsymbol{x}_l)-\lambda_l(\boldsymbol{x}_k\boldsymbol{x}_l)=(A\boldsymbol{x}_k,\boldsymbol{x}_l)-\lambda_l(\boldsymbol{x}_k\boldsymbol{x}_l)=$$
$$(\lambda_k-\lambda_l)\delta_{kl}=0 \quad (k,l=1,2,\cdots,n)$$

故得
$$\boldsymbol{y}_l=A^*\boldsymbol{x}_l-\bar{\lambda}_l\boldsymbol{x}_l=\boldsymbol{0} \quad (l=1,2,\cdots,n)$$

---

① 所谓完全标准正交向量组,在此处及以后,都是指 n 个向量的标准正交组,其中 n 为空间的维数.

亦即(63) 中诸等式全能成立.

但此时

$$AA^*\boldsymbol{x}_k=\lambda_k\overline{\lambda}_k\boldsymbol{x}_k, A^*A\boldsymbol{x}_k=\lambda_k\overline{\lambda}_k\boldsymbol{x}_k \quad (k=1,2,\cdots,n)$$

故有

$$AA^*=A^*A$$

这样一来,我们得出正规算子A(平行于“外部的”谱特征:$AA^*=\boldsymbol{A}^*\boldsymbol{A}$)的以下“内部的”(谱的)特征:

定理 4 线性算子是正规的充分必要条件为这一算子有完全标准正交特征向量组.

特别的,我们证明了,正规算子永远是一个单构算子.

设A是有特征数$\lambda_1,\lambda_2,\cdots,\lambda_n$的正规算子.用拉格朗日内插公式从以下诸条件定出两个多项式$p(\lambda)$与$q(\lambda)$

$$p(\lambda_k)=\overline{\lambda}_k, q(\overline{\lambda}_k)=\lambda_k \quad (k=1,2,\cdots,n)$$

那么由(63),得

$$A^*=p(A), A=q(A^*) \tag{64}$$

亦即

2° 对于正规算子A,算子A与A^*的每一个都可以表为其另一个的算子多项式;而且这两个多项式都为算子A的已知特征数所确定.

设S为R中对于正规算子A不变的子空间,而$R=S+T, S\perp T$.那么根据 §8,5°,子空间T对A^*不变.但是$A=q(A^*)$,其中$q(\lambda)$是一个多项式.故T对所予算子A亦是不变的.

3° 如果S是对于正规算子A不变的子空间,而T是S的正交补空间,那么T亦是对A不变的子空间.

现在我们来讨论埃尔米特算子的谱.因为埃尔米特算子H是正规算子的特殊形式,故由已经证明的结果,它有完全标准正交特征向量组

$$H\boldsymbol{x}_k=\lambda_k\boldsymbol{x}_k, (\boldsymbol{x}_k\boldsymbol{x}_l)=\delta_{kl} \quad (k,l=1,2,\cdots,n) \tag{65}$$

从$H^*=H$得出

$$\overline{\lambda}_k=\lambda_k \quad (k=1,2,\cdots,n) \tag{66}$$

亦即埃尔米特算子H的所有特征数都是实数.

不难看出,相反的,特征数全为实数的正规算子总是一个埃尔米特算子.事实上,由(65),(66)与

$$H^*\boldsymbol{x}_k=\lambda_k\boldsymbol{x}_k \quad (k=1,2,\cdots,n)$$

得出

$$H^*\boldsymbol{x}_k=H\boldsymbol{x}_k \quad (k=1,2,\cdots,n)$$

亦即

$$H^*=H$$

这样一来,我们得出埃尔米特算子(平行于“外部的”特征:$H^*=H$)的以下“内部的”特征:

定理 5　线性算子 H 是埃尔米特算子的充分必要条件为其有特征数全为实数的完全标准正交特征向量组.

现在来讨论 U－算子的谱. 因为 U－算子 U 是正规的,故有完全标准正交特征向量组

$$U\boldsymbol{x}_k=\lambda_k\boldsymbol{x}_k,(\boldsymbol{x}_k\boldsymbol{x}_l)=\delta_{kl}\quad(k,l=1,2,\cdots,n)\tag{67}$$

此处

$$U^*\boldsymbol{x}_k=\overline{\lambda}_k\boldsymbol{x}_k\quad(k=1,2,\cdots,n)\tag{68}$$

从 $UU^*=E$ 求得

$$\lambda_k\overline{\lambda}_k=1\tag{69}$$

反之,由(67),(68),(69)得出:$UU^*=E$. 这样一来,在正规算子中间,U－算子是这样选出的,它的所有特征数的模都等于 1.

我们得出 U－算子(平行于"外部的"特征:$UU^*=E$)的以下"内部的"特征:

定理 6　线性算子是一个 U－算子的充分必要条件为其有特征数的模全等于 1 的完全标准正交特征向量组.

因为在标准正交基中,正规矩阵,埃尔米特矩阵,U－矩阵各为正规算子,埃尔米特算子,U－算子所确定,所以我们得以下诸命题:

定理 4′　矩阵 $\boldsymbol{A}$ 是正规的充分必要条件为其 U－相似于对角矩阵

$$\boldsymbol{A}=\boldsymbol{U}(\lambda_i\delta_{ik})_1^n\boldsymbol{U}^{-1}\quad(\boldsymbol{U}^*=\boldsymbol{U}^{-1})\tag{70}$$

定理 5′　矩阵 $\boldsymbol{H}$ 是埃尔米特矩阵的充分必要条件为其 U－矩阵相似于对角线上全为实数的对角矩阵

$$\boldsymbol{H}=\boldsymbol{U}(\lambda_i\delta_{ik})_1^n\boldsymbol{U}^{-1}\quad(\boldsymbol{U}^*=\boldsymbol{U}^{-1};\lambda_i=\overline{\lambda}_i;i=1,2,\cdots,n)\tag{71}$$

定理 6′　矩阵 $\boldsymbol{U}$ 是一个 U－矩阵的充分必要条件为其 U－矩阵相似于对角线上诸元素的模全等于 1 的对角矩阵

$$\boldsymbol{U}=\boldsymbol{U}_1(\lambda_i\delta_{ik})_1^n\boldsymbol{U}_1^{-1}\quad(\boldsymbol{U}_1^*=\boldsymbol{U}_1^{-1};|\lambda_i|=1,i=1,2,\cdots,n)\tag{72}$$

§11　非负定与正定埃尔米特算子

引进以下定义:

定义 9　埃尔米特算子 H 称为非负的,如果对于 R 中任一向量 $\boldsymbol{x}$ 都有

$$(H\boldsymbol{x},\boldsymbol{x})\geqslant 0$$

称为正定的,如果对于 R 中任一向量 $\boldsymbol{x}\neq\boldsymbol{0}$ 都有

$$(H\boldsymbol{x},\boldsymbol{x})>0$$

如果给予向量 $\boldsymbol{x}$ 以其在任意标准正交基中坐标 $x_1,x_2,\cdots,x_n$,那么易知 $(H\boldsymbol{x},\boldsymbol{x})$ 表示变数 $x_1,x_2,\cdots,x_n$ 的埃尔米特型,而且非负(正定)算子对应于非负(正定)埃尔米特(参考 §1).

从算子 H 的特征向量中选取标准正交基底 $\boldsymbol{x}_1,\boldsymbol{x}_2,\cdots,\boldsymbol{x}_n$

$$Hx_k=\lambda_k\boldsymbol{x}_k,(\boldsymbol{x}_k\boldsymbol{x}_l)=\delta_{kl}\quad(k,l=1,2,\cdots,n)\tag{73}$$

那么令 $\boldsymbol{x}=\sum_{k=1}^{n}\xi_k\boldsymbol{x}_k$，我们就有

$$(H\boldsymbol{x},\boldsymbol{x})=\sum_{k=1}^{n}\lambda_k\mid\xi_k\mid^2\quad(k=1,2,\cdots,n)$$

因此，立刻得出非负与正定算子的“内部的”特征：

定理 7　埃尔米特算子是非负(正定)的充分必要条件为其特征数全是非负的(正数).

从所述结果推知，正定埃尔米特算子是一个满秩非负埃尔米特算子.

设 H 是一个非负埃尔米特算子. 它有 $\lambda_k\geqslant0(k=1,2,\cdots,n)$ 的等式(73). 设 $\rho_k=\sqrt{\lambda_k}\geqslant0(k=1,2,\cdots,n)$ 且以等式

$$F\boldsymbol{x}_k=\rho_k\boldsymbol{x}_k\quad(k=1,2,\cdots,n)\tag{74}$$

确定算子 F，那么 F 亦是一个非负算子，而且

$$F^2=H\tag{75}$$

与含 H 的等式(75)有关的非负埃尔米特算子 F 称为算子 H 的二次算术根且记之为

$$F=\sqrt{H}$$

如果 H 是正定的算子，那么 F 亦是正定的.

以等式

$$g(\lambda_k)=\rho_k(=\sqrt{\lambda_k})\quad(k=1,2,\cdots,n)\tag{76}$$

定出拉格朗日内插多项式 $g(\lambda)$. 那么由(73)，(74)与(76)得出

$$F=g(H)\tag{77}$$

这个等式证明了，$\sqrt{H}$ 是 H 的多项式，且为所给予非负埃尔米特算子 H 所唯一确定[多项式 $g(\lambda)$ 的系数与算子 H 的特征数有关].

例如算子 AA^* 与 A^*A 都是非负埃尔米特算子，其中 A 为已知空间中任一线性算子. 事实上，对于任一向量 $\boldsymbol{x}$，都有

$$(AA^*\boldsymbol{x},\boldsymbol{x})=(A^*\boldsymbol{x},A^*\boldsymbol{x})\geqslant0$$

$$(A^*A\boldsymbol{x},\boldsymbol{x})=(A\boldsymbol{x},A\boldsymbol{x})\geqslant0$$

如果算子 A 是满秩的，那么 AA^* 与 A^*A 都是正定埃尔米特算子.

算子 AA^* 与 A^*A 有时称为算子 A 的左与右模，$\sqrt{AA^*}$ 与 $\sqrt{A^*A}$ 称为算子 A 的左模与右模.

正规算子的左模与右模是彼此相等的.

§12　U－空间中线性算子的极分解式. 凯利公式

证明以下定理：

定理 8 在U－空间中常可表任一线性算子A为以下形状

$$A=HU \tag{78}$$

$$A=U_1H_1 \tag{79}$$

其中H,H_1为非负埃尔米特算子，而U,U_1为U－算子. 算子A是一个正规算子的充分必要条件，是在分解式(78)[或(79)]中因子H与U(H_1与U_1)彼此可交换.

证明 由分解式(78)与(79)，知H与H_1是算子A的左模与右模.

事实上

$$AA^*=HUU^*H=H^2, A^*A=H_1U_1^*U_1H_1=H_1^2$$

我们注意，只要建立分解式(78)就已足够，因为应用这分解式于算子A^*，我们得出$A^*=HU$，因而

$$A=U^{-1}H$$

亦即关于算子A的分解式(79).

首先对于特殊情形，A是一个满秩算子($|A|\neq 0$)，来建立分解式(78). 令

$$H=\sqrt{AA^*}\ \ (\text{此处 } |H|^2=|A|^2\neq 0), U=H^{-1}A$$

且验证U是一个U－算子

$$UU^*=H^{-1}AA^*H^{-1}=H^{-1}H^2H^{-1}=E$$

我们注意，在所讨论的情形，在分解式(78)中不仅第一个因子H而且第二个因子U都为所给予满秩算子所唯一确定.

现在来讨论一般的情形，算子A可能是降秩的.

首先注意，算子A的完全标准正交特征向量组，由这个算子A的变换后，仍然是一组正交向量. 事实上，设

$$A^*A\boldsymbol{x}_k=\rho_k^2\boldsymbol{x}_k\quad [(\boldsymbol{x}_k\boldsymbol{x}_l)=\delta_{kl},\rho_k\geqslant 0;k,l=1,2,\cdots,n]$$

那么 $$(A\boldsymbol{x}_k,A\boldsymbol{x}_l)=(A^*A\boldsymbol{x}_k,\boldsymbol{x}_l)=\rho_k^2(\boldsymbol{x}_k\boldsymbol{x}_l)=0\quad (k\neq l)$$

此时 $$|A\boldsymbol{x}_k|^2=(A\boldsymbol{x}_k,A\boldsymbol{x}_k)=\rho_k^2\quad (k=1,2,\cdots,n)$$

故有这样的标准正交向量组$\boldsymbol{z}_1,\boldsymbol{z}_2,\cdots,\boldsymbol{z}_n$存在，便得

$$A\boldsymbol{x}_k=\rho_k\boldsymbol{z}_k\quad [(\boldsymbol{z}_k\boldsymbol{z}_l)=\delta_{kl};k,l=1,2,\cdots,n] \tag{80}$$

以等式

$$U\boldsymbol{x}_k=\boldsymbol{z}_k, H\boldsymbol{z}_k=\rho_k\boldsymbol{z}_k \tag{81}$$

来定义线性算子H与U. 由(80)与(81)我们求得

$$A=HU$$

此时由于(81)知H是一个非负埃尔米特算子，因为它有完全标准正交特征向量组$\boldsymbol{z}_1,\boldsymbol{z}_2,\cdots,\boldsymbol{z}_n$与非负特征数$\rho_1,\rho_2,\cdots,\rho_n$，又知$U$是一个$U$－算子，因为它变标准正交向量组$\boldsymbol{x}_1,\boldsymbol{x}_2,\cdots,\boldsymbol{x}_n$为标准正交组$\boldsymbol{z}_1,\boldsymbol{z}_2,\cdots,\boldsymbol{z}_n$.

这样一来，可以算作已经证明了，对于任何线性算子A分解式(78)与(79)

都能成立，而且埃尔米特因子 H 与 H_1 常为所予算子 A 所唯一确定（它们是算子 A 的左与右模），而 U－因子 U 与 U_1 只是在满秩的 A 这一情形才为 A 所唯一确定.

从(78)容易求得

$$AA^* = H^2, A^*A = U^{-1}H^2U \tag{82}$$

如果 A 是一个正规算子（$AA^* = A^*A$），那么由(82)推知

$$H^2U = UH^2 \tag{83}$$

因为 $H=\sqrt{H^2}=g(H^2)$（参考 §11），故由(83)得出 U 与 H 的可交换性. 反之，如果 H 与 U 彼此可交换，那么由(82)推知，A 是一个正规算子. 定理已经证明①

我想可以不必特别提出，与算子等式(78)与(79)相伴的有对应的矩阵等式.

算子 $H=\sqrt{AA^*}$ 的特征数（由(82)知此特征数也是算子 $H_1=\sqrt{A^*A}$ 的特征数）有时称为算子 A 的奇异数②.

分解式(78)与(79)类似于表复数 z 为 $z=ru$ 的形状，其中 $r=|z|$，而 $|u|=1$.

现在假设 $\boldsymbol{x}_1, \boldsymbol{x}_2, \cdots, \boldsymbol{x}_n$ 是任一 U－算子 U 的完全标准正交特征向量. 那么

$$U\boldsymbol{x}_k = e^{if_k}\boldsymbol{x}_k, (\boldsymbol{x}_k\boldsymbol{x}_l) = \delta_{kl} \quad (k, l = 1, 2, \cdots, n) \tag{84}$$

其中 $f_k(k=1,2,\cdots,n)$ 为实数. 以等式

$$F\boldsymbol{x}_k = f_k\boldsymbol{x}_k \quad (k=1,2,\cdots,n) \tag{85}$$

定义埃尔米特算子 F. 由(84)与(85)得出③

$$e^{iF}x_k = e^{if_k}x_k \quad (k=1,2,\cdots,n) \tag{85'}$$

$$U = e^{iF} \tag{86}$$

这样一来，U－算子 U 常可表为(86)的形状，其中 F 是一个埃尔米特算子. 反之，如果 F 是一个埃尔米特算子，那么 $U=e^{iF}$ 是一个 U－算子.

以式(86)代进分解式(78)与(79)给出以下诸等式

$$A = He^{iF} \tag{87}$$

---

① 如果把线性算子 A 的特征数 $\lambda_1, \lambda_2, \cdots, \lambda_n$ 与奇异 $\rho_1, \rho_2, \cdots, \rho_n$ 调动序数，使得

$$|\lambda_1| \geqslant |\lambda_2| \geqslant \cdots \geqslant |\lambda_n|, \rho_1 \geqslant \rho_2 \geqslant \cdots \geqslant \rho_n$$

那么参考 Inequalities between the two kinds of eigenvalues of a linear transformation(1949)，还有 On a theorem of Weyl concerning eigenvalues of linear transformations(Ⅰ. 1949; Ⅱ, 1950)与 Sur quelques applications des fonctions convexes et concaves au sensde J. Schur(1952)，以下魏尔不等式就能成立

$$|\lambda_1| \leqslant \rho_1, |\lambda_1|+|\lambda_2| \leqslant \rho_1+\rho_2, \cdots, |\lambda_1|+\cdots+|\lambda_n| \leqslant \rho_1+\cdots+\rho_n$$

② 关于这个问题更详细的内容可参阅书末补充 §30—— 编者注.

③ $e^{iF}=r(F)$，其中 $r(\lambda)$ 是函数 $e^{i\lambda}$ 在点 $f_1, f_2, \cdots, f_n$ 上的拉格朗日内插多项式.

$$A = e^{iF_1} H_1 \tag{88}$$

其中 H,F,H_1,F_1 都是埃尔米特算子，而且 H 与 H_1 是非负的.

分解式(87) 与(88) 类似于复数 z 的 $z = re^{i\varphi}$ 形的表示式，其中 $r \geqslant 0$，r 与 φ 都是实数.

注 在等式(86) 中算子 F 并不为所给予算子 U 所唯一确定. 事实上，运算子 F 是为诸数 $f_k(k=1,2,\cdots,n)$ 所确定的，而对于这些数的每一个都可以加上 2π 的任何倍数使得初始等式(84) 无任何变动. 选取 2π 的适当的倍数来加上，我们可以使得由 $e^{if_k} = e^{if_l}$ 常能得出：$f_k = f_l(1 \leqslant k,l \leqslant n)$. 那么可以从等式

$$g(e^{if_k}) = f_k \quad (k=1,2,\cdots,n) \tag{89}$$

定出内插多项式 $g(\lambda)$. 由(84)，(85) 与(89) 得出

$$F = g(U) = g(e^{iF}) \tag{90}$$

完全类似的可以标准化 F_1 的选取，使得

$$F_1 = h(U_1) = h(e^{iF_1}) \tag{91}$$

其中 $h(\lambda)$ 是一个多项式.

由于(90) 与(91) 以及 H 与 $U(H_1$ 与 $U_1)$ 的可交换性推得 H 与 F(相应的 H_1 与 F_1) 的可交换性，反之亦然. 故由定理 8，知算子 A 是正规的充分必要条件是这样的，如果要适当的正规化算子 $F(F_1)$ 的特征数，在式(87) 中 H 与 F[或在式(88) 中 H_1 与 F_1] 就彼此可交换.

作为公式(86) 基础的是这样的事实，函数相关性

$$\mu = e^{if} \tag{92}$$

化实数轴上任意 n 个数 $f_1,f_2,\cdots,f_n$ 为圆周 $|\mu|=1$ 上的某些数 $\mu_1,\mu_2,\cdots,\mu_n$，反之亦然.

可以换超越相关性(92) 为有理相关性

$$\mu = \frac{1+if}{1-if} \tag{93}$$

它亦变实轴 $f=\overline{f}$ 为圆周 $|\mu|=1$；而且使实轴上的无穷远点变为 $\mu=-1$. 由(93) 求得

$$f = i\,\frac{1-\mu}{1+\mu} \tag{94}$$

重复上面得到式(86) 的推理，我们由(93) 与(94) 得出两个互逆公式

$$\begin{cases} U = (E+iF)(E-iF)^{-1} \\ F = i(E-U)(E+U)^{-1} \end{cases} \tag{95}$$

我们已经得出凯利公式.这些公式在任一埃尔米特算子 F 与没有 -1[①] 这个特征数的 $U-$ 算子 U 之间建了一个一一对应.

在(86),(87),(88) 与式(95) 中把所有的算子换为对应的矩阵后,自然是仍旧成立的.

利用秩为 r 的矩阵 $\boldsymbol{A}$ 的极分解

$$\boldsymbol{A}=\boldsymbol{U}_1\boldsymbol{H}_1 \quad (\boldsymbol{H}_1=\sqrt{\boldsymbol{A}^*\boldsymbol{A}},\boldsymbol{U}^*\boldsymbol{U}_1=\boldsymbol{E}) \tag{96}$$

与公式(71)

$$\boldsymbol{H}_1=\boldsymbol{V}^{-1}(\mu_i\delta_{ik})_1^n\boldsymbol{V} \quad (\boldsymbol{V}^*\boldsymbol{V}=\boldsymbol{E},\mu_1>0,\cdots,\mu_r>0,\mu_{r+1}=\cdots=\mu_n=0) \tag{97}$$

可以把秩为 r 的任一方阵 $\boldsymbol{A}$ 表示为乘积形式

$$\boldsymbol{A}=\boldsymbol{UMV} \tag{98}$$

其中 $\boldsymbol{U}=\boldsymbol{U}_1\boldsymbol{V}^{-1}$ 与 $\boldsymbol{V}$ 是 $\boldsymbol{U}$ 矩阵($\boldsymbol{U}^*\boldsymbol{U}=\boldsymbol{V}^*\boldsymbol{V}=\boldsymbol{E}$),而 $\boldsymbol{M}$ 是对角矩阵

$$\boldsymbol{M}=\{\mu_1,\cdots,\mu_r,0,\cdots,0\} \quad (\mu_1>0,\cdots,\mu_r>0) \tag{98'}$$

其中对角线元素是矩阵 $\boldsymbol{A}$ 右模 $\boldsymbol{H}_1=\sqrt{\boldsymbol{A}^*\boldsymbol{A}}$(因此也是左模 $\boldsymbol{H}=\sqrt{\boldsymbol{AA}^*}$)的特征数.

公式(98) 可以写成

$$\boldsymbol{A}=\boldsymbol{X\Delta Y}^* \tag{99}$$

其中 $\boldsymbol{X}$ 与 $\boldsymbol{Y}$ 是由 $U-$ 矩阵 $\boldsymbol{U}$ 与 $\boldsymbol{V}^*$ 前 r 列构成的 $n\times r$ 矩阵,而 $\boldsymbol{\Delta}$ 是 r 阶对角矩阵

$$\boldsymbol{\Delta}=\{\mu_1,\cdots,\mu_r\} \quad (\mu_1>0,\cdots,\mu_r>0) \tag{100}$$

现在令 $\boldsymbol{A}$ 是任一秩为 r 的 $m\times n$ 的长方矩阵.首先取 $m\leqslant n$.用零行补充矩阵 $\boldsymbol{A}$ 成方阵 $\boldsymbol{A}_1$,然后利用公式

$$\boldsymbol{A}_1=\begin{pmatrix}\boldsymbol{A}\\ \boldsymbol{0}\end{pmatrix}=\boldsymbol{X}_1\boldsymbol{\Delta Y}^* \tag{101}$$

把 $n\times r$ 矩阵 $\boldsymbol{X}_1$ 表示为

$$\boldsymbol{A}=\begin{pmatrix}\overbrace{\boldsymbol{X}}^{r}\\ \hat{\boldsymbol{X}}\end{pmatrix}\begin{matrix}\}m\\ \}n-m\end{matrix}$$

于是从等式(101) 求出

$$\boldsymbol{A}=\boldsymbol{X\Delta Y}^* \tag{102}$$

与

---

① 可以换奇点 -1 为任一数 $\mu_0(|\mu|=1)$.为了这一目的,代替式(93) 应当取一个线性分式函数,使其表实数轴 $f=\bar{f}$ 为圆周 $|\mu|=1$,且变点 $f=\infty$ 为点 $\mu=\mu_0$.此时变更(94) 与式(95) 为相对应的形状.

$$\hat{\boldsymbol{X}}\boldsymbol{\Delta}\boldsymbol{Y}^* = \boldsymbol{0} \tag{103}$$

这个等式的两边右乘以$\boldsymbol{Y}$.那么,因为$\boldsymbol{Y}^*\boldsymbol{Y}=\boldsymbol{E}$,得$\hat{\boldsymbol{X}}\boldsymbol{\Delta}=\boldsymbol{0}$,即$\hat{\boldsymbol{X}}=\boldsymbol{0}$.但是和矩阵$\boldsymbol{Y}$的列一样,矩阵$\boldsymbol{X}$的彼此$\boldsymbol{U}$正交化与正规化的.

如果先用公式于矩阵$\boldsymbol{A}^*$,后从所得等式确定矩阵$\boldsymbol{A}$,那么$m \geqslant n$的情形可化为$m \leqslant n$的情形.我们建立了以下定理①.

定理 9　任一秩为r为$m \times n$长方矩阵常可表示为乘积

$$\boldsymbol{A} = \boldsymbol{X}\boldsymbol{\Delta}\boldsymbol{Y}^* \tag{104}$$

其中$\boldsymbol{X}$与$\boldsymbol{Y}$是维数分别为$m \times r$与$n \times r$关于列的$\boldsymbol{U}$长方矩阵,而$\boldsymbol{\Delta}$是具有正对角线元素$\mu_1,\cdots,\mu_r$的r阶对角矩阵②.

令$\boldsymbol{B}=\boldsymbol{X},\boldsymbol{C}=\boldsymbol{\Delta}\boldsymbol{Y}$,我们得出第1章 §5 所建立的分解式

$$\boldsymbol{A} = \boldsymbol{B}\boldsymbol{C} \tag{105}$$

其中矩阵$\boldsymbol{B}$与$\boldsymbol{C}$分别有维数$m \times r$与$r \times n$.但是所证明的定理使这个分解式更精确.它断言,因子$\boldsymbol{B}$与$\boldsymbol{C}$可以这样选取,使矩阵$\boldsymbol{B}$的所有列与矩阵$\boldsymbol{C}$的所有行都是$\boldsymbol{U}$正交的.

§13　欧几里得空间中线性算子

讨论n维欧几里得空间R.设在R中给予任一线性算子A.

定义 10　线性算子A'称为算子A的转置算子,如果对于R中任何向量$\boldsymbol{x}$与$\boldsymbol{y}$都有

$$(A\boldsymbol{x},\boldsymbol{y}) = (\boldsymbol{x},A'\boldsymbol{y}) \tag{106}$$

同 §8 中对于U-空间中共轭算子的处理完全类似的,可以建立转置算子的存在性与唯一性.

转置算子有以下诸性质:

1°$(A')'=A$;

2°$(A+B)'=A'+B'$;

3°$(\alpha A)'=\alpha A'$(α为一实数);

4°$(AB)'=B'A'$.

引进一系列的定义.

定义 11　线性算子A称为正规的,如果

$$AA' = A'A$$

① 参考:Lanzos C. Linear Systems in selfadjoint from // A mer. Math. Monthly. 1958. V. 65. p. 665-779;Schwerdtfeger H. Direct Proof of Lanzos's decomposition theorem // I bid. 1960. V. 67. p. 855-860.

② $\mu_1,\cdots,\mu_r$是矩阵$\sqrt{\boldsymbol{A}\boldsymbol{A}^*}$(或$\sqrt{\boldsymbol{A}^*\boldsymbol{A}}$)的不为0的特征数.

定义 12　线性算子 S 称为对称的，如果

$$S'=S$$

定义 13　对称算子 S 称为非负的，如果对于 R 中任何向量 $\boldsymbol{x}$ 都有

$$(S\boldsymbol{x},\boldsymbol{x})\geqslant 0$$

定义 14　对称算子 S 称为正定的，如果对于 R 中任何向量 $\boldsymbol{x}\neq\boldsymbol{0}$ 都有

$$(S\boldsymbol{x},\boldsymbol{x})>0$$

定义 15　线性算子 K 称为反对称的，如果

$$K'=-K$$

任何线性算子 A 常可唯一的表为以下形状

$$A=S+K \tag{107}$$

其中 S 是一个对称算子，而 K 是一个反对称算子.

事实上，由(97) 得出

$$A'=S-K \tag{108}$$

由(97) 与(98) 推知

$$S=\frac{1}{2}(A+A'),K=\frac{1}{2}(A-A') \tag{109}$$

反之，公式(99) 常定出对称算子 S 与反对称算子 K，而且对于它们等式(97) 成立.

S 与 K 称为算子 A 的对称分量与反对称分量.

定义 16　运算子 O 称为正交的，如果它保持空间的度量，亦即对于 R 中任两向量 $\boldsymbol{x}$ 与 $\boldsymbol{y}$ 都有

$$(O\boldsymbol{x},O\boldsymbol{y})=(\boldsymbol{x},\boldsymbol{y}) \tag{110}$$

由(96) 可把等式(100) 写为：$(\boldsymbol{x},O'O\boldsymbol{y})=(\boldsymbol{x},\boldsymbol{y})$. 故知

$$O'O=E \tag{111}$$

反之，由(111) 推得(110)(对于任意向量 $\boldsymbol{x}$ 与 $\boldsymbol{y}$ 来说①). 由(111) 得出：$|O|^2=1$，亦即

$$|O|=\pm 1$$

如果 $|O|=1$，则我们称正交算子 O 为第一种算子，如果 $|O|=-1$，则称为第二种算子.

对称的，反对称的，正交的算子都是正规算子的特殊形状.

在已给予欧几里得空间中取任一标准正交基. 设在这一基底中，线性算子 A 对应于矩阵 $\boldsymbol{A}=(a_{ik})_1^n$(此处所有 a_{ik} 都是实数). 读者不难证明，在同一基底中转置算子 A' 对应于转置矩阵 $\boldsymbol{A}'=(a'_{ik})_1^n$，其中 $a'_{ik}=a_{ki}(i,k=1,2,\cdots,n)$. 故知

---

① 在欧几里得空间中正交算子构成一个群(这个群称为正交群).

在标准正交基中,正规算子 A 对应于正规矩阵 $\boldsymbol{A}(\boldsymbol{A}\boldsymbol{A}' = \boldsymbol{A}'\boldsymbol{A})$,对称算子 S 对应于对称矩阵 $\boldsymbol{S} = (s_{ik})_1^n (\boldsymbol{S}' = \boldsymbol{S})$,反对称算子 K 对应于反对称矩阵 $\boldsymbol{K} = (k_{ij})_1^n$ $(\boldsymbol{K}' = -\boldsymbol{K})$ 最后,正交算子 O 对应于正交矩阵 $\boldsymbol{O}(\boldsymbol{O}\boldsymbol{O}' = \boldsymbol{E})$①.

类似于 §8 中对于共轭算子所做的工作,在此处建立以下命题:

如果 R 中某一子空间 S 对线性算子 A 不变,那么 R 中 S 的正交补空间 T 对算子 A' 不变.

为了研究欧几里得空间 R 中线性算子,我们扩展欧几里得空间 R 为某一个 U - 空间 $\tilde{R}$. 这种扩展可以用以下方式得出:

1° R 中诸向量称为"实"向量.

2° 研究"复"向量 $\boldsymbol{z} = \boldsymbol{x} + \mathrm{i}\boldsymbol{y}$,其中 $\boldsymbol{x}$ 与 $\boldsymbol{y}$ 为实向量,亦即 $\boldsymbol{x} \in R, \boldsymbol{y} \in R$.

3° 很自然的定义复向量的加法运算与其对复数的乘法. 那么所有复向量的集合构成一个含有 R 为其子空间的复数域上 n 维向量空间 $\tilde{R}$.

4° 在 $\tilde{R}$ 中引进埃尔米特度量,使得它在 R 中与其欧几里得度量重合. 读者容易验证,所求的埃尔米特度量可由以下方式给出:

如果 $\boldsymbol{z} = \boldsymbol{x} + \mathrm{i}\boldsymbol{y}, \boldsymbol{w} = \boldsymbol{u} + \mathrm{i}\boldsymbol{v} (\boldsymbol{x}, \boldsymbol{y}, \boldsymbol{u}, \boldsymbol{v} \in R)$,那么

$$(\boldsymbol{z}\boldsymbol{w}) = (\boldsymbol{x}\boldsymbol{u}) + (\boldsymbol{y}\boldsymbol{v}) + \mathrm{i}[(\boldsymbol{y}\boldsymbol{u}) - (\boldsymbol{x}\boldsymbol{v})]$$

此时令 $\bar{\boldsymbol{z}} = \boldsymbol{x} - \mathrm{i}\boldsymbol{y}, \bar{\boldsymbol{w}} = \boldsymbol{u} - \mathrm{i}\boldsymbol{v}$,我们有

$$(\bar{\boldsymbol{z}}\bar{\boldsymbol{w}}) = \overline{(\boldsymbol{z}\boldsymbol{w})}$$

如果选取实基底,亦即在 R 中的基底,那么 $\tilde{R}$ 表示在这个基底中有复坐标的所有向量的集合,而 R 为有实坐标的所有向量的集合.

R 中每一个线性算子 A 都可唯一的扩展为 $\tilde{R}$ 中线性算子

$$A(\boldsymbol{x} + \mathrm{i}\boldsymbol{y}) = A\boldsymbol{x} + \mathrm{i}A\boldsymbol{y}$$

在 $\tilde{R}$ 的所有线性算子中间,那些从 R 中算子经过这种扩展所得出的算子,是由把 R 变为 R 所决定的($AR \subset R$). 这种算子称为实算子.

在实基底中,实算子由实矩阵,亦即元素为实数的矩阵所确定.

实算子 A 把复共轭向量 $\boldsymbol{z} = \boldsymbol{x} + \mathrm{i}\boldsymbol{y}$ 与 $\bar{\boldsymbol{z}} = \boldsymbol{x} - \mathrm{i}\boldsymbol{y} (\boldsymbol{x}, \boldsymbol{y} \in R)$ 变为仍然是复共轭的向量

$$A\boldsymbol{z} = A\boldsymbol{x} + \mathrm{i}A\boldsymbol{y}, A\bar{\boldsymbol{z}} = A\boldsymbol{x} - \mathrm{i}A\boldsymbol{y} \quad (A\boldsymbol{x}, A\boldsymbol{y} \in R)$$

算子的长期方程的系数全为实数,故如有 p 重根 λ,则必有 p 重根 $\bar{\lambda}$. 由

---

① 从事于正交矩阵的结构的研究工作有 О симметрично сдвоенных ортогональных матрицах(1927),Векторное решение задачи о симметрически сдвоенных матрицах(1927),К структуре ортогональной матрицы(1929). 有如正交算子,我们称正交矩阵为第一种或二种矩阵,须视 $|\boldsymbol{O}| = +1$ 或 $|\boldsymbol{O}| = -1$ 而定.

$Az=\lambda z$ 得出:$A\bar{z}=\bar{\lambda}\bar{z}$,亦即对应于共轭特征数的是共轭特征向量①.

二维子空间$[z,\bar{z}]$有实基底:$x=\frac{1}{2}(z+\bar{z})$,$y=\frac{1}{2\mathrm{i}}(z-\bar{z})$,$R$中有这个基底的平面称为对应于特征数$\lambda,\bar{\lambda}$的算子$A$的不变平面.

设$\lambda=\mu+\mathrm{i}\nu$.那么易知

$$Ax=\mu x-\nu y$$
$$Ay=\nu x+\mu y$$

讨论有特征数

$$\lambda_{2k-1}=\mu_k+\mathrm{i}\nu_k,\lambda_{2k}=\mu_k-\mathrm{i}\nu_k,\lambda_l=\mu_l\quad(k=1,2,\cdots,q;l=2q+1,\cdots,n)$$

的单构实算子A,其中μ_k,ν_k,μ_l都是实数而且$\nu_k\neq 0(k=1,2,\cdots,q)$.

那么对应于这些特征数的特征向量$z_1,z_2,\cdots,z_n$,可以这样选取,使得

$$z_{2k-1}=x_k+\mathrm{i}y_k,z_{2k}=x_k-\mathrm{i}y_k,z_l=x_l\quad(k=1,2,\cdots,q;l=2q+1,\cdots,n)\tag{112}$$

向量

$$x_1,y_1,x_2,y_2,\cdots,x_q,y_q,x_{2q+1},\cdots,x_n\tag{113}$$

构成欧几里得空间R的基底.此处

$$\begin{aligned}Ax_k&=\mu_k x_k-\nu_k y_k\\Ay_k&=\nu_k x_k+\mu_k y_k\\Ax_l&=\mu_l x_l\end{aligned}\quad\begin{pmatrix}k=1,2,\cdots,q\\l=2q+1,\cdots,n\end{pmatrix}\tag{114}$$

在基底(103)中算子A对应于实拟对角阵

$$\left\{\begin{pmatrix}\mu_1&\nu_1\\-\nu_1&\mu_1\end{pmatrix},\cdots,\begin{pmatrix}\mu_q&\nu_q\\-\nu_q&\mu_q\end{pmatrix},\mu_{2q+1},\cdots,\mu_n\right\}\tag{115}$$

这样一来,对于欧几里得空间中每一个单构算子A有这样的基底存在,使得在这一基底中算子A对应于(115)形矩阵.由此得出每一个单构实矩阵相似于(115)形正规矩阵

$$\boldsymbol{A}=\boldsymbol{T}\left\{\begin{pmatrix}\mu_1&\nu_1\\-\nu_1&\mu_1\end{pmatrix},\cdots,\begin{pmatrix}\mu_q&\nu_q\\-\nu_q&\mu_q\end{pmatrix},\mu_{2q+1},\cdots,\mu_n\right\}\boldsymbol{T}^{-1}\quad(\boldsymbol{T}=\bar{\boldsymbol{T}})\tag{116}$$

R中A的转置算子A'在扩展后变为$\tilde{R}$中A的共轭算子A^*.因此,R中正规的,对称的,反对称的,正交的算子经扩展后各变为$\tilde{R}$中正规的,埃尔米特的,以i乘埃尔米特的正规算子与U-实算子.

不难证明,对于欧几里得空间中正规算子A,可以选取标准基底即标准正

① 如果实算子A的特征数λ对应于线性无关的特征向量$z_1,z_2,\cdots,z_p$,那么特征数$\bar{\lambda}$就对应于线性无关的特征向量$\bar{z}_1,\bar{z}_2,\cdots,\bar{z}_p$.

交基底(113),使得在这一基底中等式(114) 能够成立[①]. 故实正规矩阵常为实的正交的,且相似于(115) 形矩阵

$$\boldsymbol{A}=\boldsymbol{O}\left\{\begin{pmatrix}\mu_1 & \nu_1\\ -\nu_1 & \mu_1\end{pmatrix},\cdots,\begin{pmatrix}\mu_q & \nu_q\\ -\nu_q & \mu_q\end{pmatrix},\mu_{2q+1},\cdots,\mu_n\right\}\boldsymbol{O}^{-1} \tag{117}$$

$$(\boldsymbol{O}=\boldsymbol{O}'^{-1}=\overline{\boldsymbol{O}})$$

在欧几里得空间中对称算子 S 的特征数都是实数,因为在扩展后这个算子变为一个埃尔米特算子. 所以对于对称算子 S,在式(114) 中可以取 $q=0$. 我们就得出

$$S\boldsymbol{x}_l=\mu_l\boldsymbol{x}_l\ [(\boldsymbol{x}_k\boldsymbol{x}_l)=\delta_{kl};k,l=1,2,\cdots,n] \tag{118}$$

在欧几里得空间中对称算子 S 常有对应于实特征数的标准正交特征向量组[②]. 所以实对称矩阵常为实的正交的且相似于对角矩阵

$$\boldsymbol{S}=\boldsymbol{O}\{\mu_1,\mu_2,\cdots,\mu_n\}\boldsymbol{O}^{-1}\quad(\boldsymbol{O}=\boldsymbol{O}'^{-1}=\overline{\boldsymbol{O}}) \tag{119}$$

在欧几里得空间中反对称算子 K 的特征数都是纯虚数(在扩展后这个算子等于 i 与埃尔米特算子的乘积). 对于反对称算子在式(114) 中可取

$$\mu_1=\mu_2=\cdots=\mu_q=\mu_{2q+1}=\cdots=\mu_n=0$$

此后这一公式有以下形状

$$\begin{aligned}&K\boldsymbol{x}_k=-\boldsymbol{\nu}_k\boldsymbol{y}_k\\&K\boldsymbol{y}_k=\boldsymbol{\nu}_k\boldsymbol{x}_k\qquad(k=1,2,\cdots,q;l=2q+1,\cdots,n)\\&K\boldsymbol{x}_l=\boldsymbol{0}\end{aligned} \tag{120}$$

因为 K 是一个正规算子,基底(113) 可以作为是标准正交的. 这样一来,每一个实反对称矩阵常为实的正交的且相似于正规反对称矩阵

$$\boldsymbol{K}=\boldsymbol{O}\left\{\begin{pmatrix}0 & \nu_1\\ -\nu_1 & 0\end{pmatrix},\cdots,\begin{pmatrix}0 & \nu_q\\ -\nu_q & 0\end{pmatrix},0,\cdots,0\right\}\boldsymbol{O}^{-1}\quad(\boldsymbol{O}=\boldsymbol{O}'^{-1}=\overline{\boldsymbol{O}}) \tag{121}$$

在欧几里得空间中正交算子 O 的特征数的模都等于 1(在扩展后这个算子变为 $U-$运算子). 所以对于正交算子,在式(114) 中可以取

$$\mu_k^2+v_k^2=1,\mu_l=\pm 1\quad(k=1,2,\cdots,q;l=2q+1,\cdots,n)$$

此时基底(103) 可以作为是标准正交的. 公式(114) 可以表为以下形状

$$\begin{aligned}&O\boldsymbol{x}_k=\cos\varphi_k\boldsymbol{x}_k-\sin\varphi_k\boldsymbol{y}_k\\&O\boldsymbol{y}_k=\sin\varphi_k\boldsymbol{x}_k+\cos\varphi_k\boldsymbol{y}_k\qquad\begin{pmatrix}k=1,2,\cdots,q\\l=2q+1,\cdots,n\end{pmatrix}\\&O\boldsymbol{x}_l=\pm\boldsymbol{x}_l\end{aligned} \tag{122}$$

从所说的结果,知道每一个实正交 $-$ 矩阵是实的正交的,且相似于正规正

① 从埃尔米特度量中基底(112) 的标准正交性得出在对应的欧几里得度量中基底(113) 的标准正交性.

② 如果在(118) 中所有 $\mu_l>0$,则对称算子 S 是非负的,则 S 是正定的.

交矩阵

$$\boldsymbol{O}=\boldsymbol{O}_1\left\{\begin{pmatrix}\cos\varphi_1 & \sin\varphi_1\\ -\sin\varphi_1 & \cos\varphi_1\end{pmatrix},\cdots,\begin{pmatrix}\cos\varphi_q & \sin\varphi_q\\ -\sin\varphi_q & \cos\varphi_q\end{pmatrix},\pm 1,\cdots,\pm 1\right\}\boldsymbol{O}_1^{-1}$$

$$(\boldsymbol{O}_1=\boldsymbol{O}'^{-1}_1=\overline{\boldsymbol{O}}_1) \tag{123}$$

例 5　讨论在三维空间中绕点 O 的有限旋转. 它变有向线段 $\overrightarrow{OA}$ 为有向线段 $\overrightarrow{OB}$,故可视为(由所有可能的线段 $\overrightarrow{OA}$ 所构成的)三维向量空间中一个算子 O. 这个算子是线性的而且是正交的. 这个算子的行列式等于 1,因为算子 O 在空间中并不改变旋转方向.

故 O 为第一种正交算子. 公式(122) 对于它有以下形状

$$O\boldsymbol{x}_1=\cos\varphi_1\boldsymbol{x}_1-\sin\varphi_1\boldsymbol{y}_1$$

$$O\boldsymbol{y}_1=\sin\varphi_1\boldsymbol{x}_1+\cos\varphi_1\boldsymbol{y}_1$$

$$O\boldsymbol{x}_2=\pm\boldsymbol{x}_2$$

由等式 $|O|=1$ 知 $O\boldsymbol{x}_2=\boldsymbol{x}_2$. 这就说明了,经过点 O 与向量 $\boldsymbol{x}_2$ 平行的直线上所有的点都没有动. 这样一来,我们看到下列命题成立:

把刚体绕一个固定的点作任一有限旋转,等于把它绕一条经过这个点的不动的轴旋转某一个角 φ.

现在来讨论三维欧几里得空间中的任一有限运动,它把点 $\boldsymbol{x}$ 移到点

$$\boldsymbol{x}'=\boldsymbol{c}+O\boldsymbol{x} \tag{*}$$

运动把绕过坐标原点的某一轴旋转 O 与平移到向量 $\boldsymbol{c}$ 相加起来. 记 $\boldsymbol{u},\boldsymbol{z}_1,\boldsymbol{z}_2$ 为特征向量,其相应的特征数为 $\lambda=1,\lambda_1,\lambda_2$(此时 $\lambda_2=\overline{\lambda}_1,\boldsymbol{z}_2=\overline{\boldsymbol{z}}_1$)

$$O\boldsymbol{u}=\boldsymbol{u},O\boldsymbol{z}_1=\lambda_1\boldsymbol{z}_1,O\boldsymbol{z}_2=\lambda_2\boldsymbol{z}_2$$

我们来证明,存在使 $\boldsymbol{x}'_0-\boldsymbol{x}_0$ 为平行向量 $\boldsymbol{u}$(即平行有限旋转 O 的轴)的点 $\boldsymbol{x}_0$. 为此令

$$\boldsymbol{c}=r\boldsymbol{u}+r_1\boldsymbol{z}_1+r_2\boldsymbol{z}_2,\boldsymbol{x}_0=\xi\boldsymbol{u}+\xi_1\boldsymbol{z}_1+\xi_2\boldsymbol{z}_2\quad(r_2=\overline{r}_1,\xi_2=\overline{\xi}_1)$$

并求出

$$\boldsymbol{x}'_0-\boldsymbol{x}_0=\boldsymbol{c}+(0-E)\boldsymbol{x}_0=r_u+[r_1+(\lambda_1-1)\xi_1]\boldsymbol{z}_1+[r_2+(\lambda_2-1)\xi_2]\boldsymbol{z}_2$$

因此从等式

$$\xi_1=\frac{r_1}{1-\lambda_1},\xi_2=\frac{r_2}{1-\lambda_2}=\overline{\xi}_1$$

求出未知点 $\boldsymbol{x}_0$ 的坐标 ξ_1 与 ξ_2 后,得出点 $\boldsymbol{x}_0$ 平移所要求的公式

$$\boldsymbol{x}'_0-\boldsymbol{x}_0=\gamma\boldsymbol{u}$$

把这个等式与从(*) 导出的等式

$$\boldsymbol{x}'-\boldsymbol{x}'_0=O(\boldsymbol{x}-\boldsymbol{x}_0)$$

逐项相加,得

$$\boldsymbol{x}'-\boldsymbol{x}_0=O(\boldsymbol{x}-\boldsymbol{x}_0)+r\boldsymbol{u} \tag{* *}$$

这个公式表明,在研究的有限运动中,从 $\boldsymbol{x}_0$ 作出的点的向量径绕某一轴旋转一个固定角度;然后再加上一个平行轴的向量 $r\boldsymbol{u}$. 换言之,运动是绕过点 $\boldsymbol{x}_0$ 的轴的旋转平移且平行于向量 $\boldsymbol{u}$. 我们证明了:

欧拉-达朗贝尔定理,三维欧几里得空间中的有限运动是绕某一固定轴的旋转平移.

§14 欧几里得空间中算子的极分解式与凯利公式

1. 在 §12 中已经建立 U-空间内线性算子的极分解式. 完全相类似的我们可以得出欧几里得空间中线性算子的极分解式.

定理 9 线性算子 A 常可表为以下形式的乘积

$$A=SO \tag{124}$$

$$A=O_1S_1 \tag{125}$$

其中 S 与 S_1 为非负对称算子,而 O 与 O_1 为正交算子;而且 $S=\sqrt{AA'}=g(AA')$, $S_1=\sqrt{A'A}=h(A'A)$,其中 $g(\lambda)$, $h(\lambda)$ 为实系数多项式.

当且仅当 A 为正规算子时,因子 S 与 O(因子 S_1 与 O_1)彼此可交换[①].

对于矩阵有类似的命题.

注意公式(124)与(125)的几何内容. 以向量为 n 维欧几里得点空间中从坐标原点所引出的线段,那么每一个向量是空间中某一点的矢径. 算子 O(或 O_1)施行的正交变换是这个空间中一个"旋转",因为它保持欧几里得度量而且不变坐标原点的位置[②]. 对称算子 S(或 S_1)使 n 维空间"扩张"(亦即,沿 n 个互相垂直的方向,一般的是以不同的伸长系数 $\rho_1,\rho_2,\cdots,\rho_n$ 来"伸长",其中 $\rho_1,\rho_2,\cdots,\rho_n$ 是任意的非负数). 根据公式(124)与(125),n 维欧几里得空间中任一齐次线性变换都可以由顺次施行某一个旋转与某一个扩张(在任一次序)来得出.

2. 与在前节中对于 U-算子所做的相类似的,现在来讨论欧几里得空间 R 中正交算子的某些表示法.

设 K 为任一反对称算子($K'=-K$)与

$$O=\mathrm{e}^K \tag{126}$$

那么 O 是第一种正交算子. 事实上

$$O'=\mathrm{e}^{K'}=\mathrm{e}^{-K}=O^{-1}$$

且有

---

① 有如定理 8 所述,算子 S 与 S_1 为所给予的 A 所唯一确定. 如果 A 是一个满秩算子,那么正交因子 O 与 O_1 亦为 A 所唯一确定.

② 在 $|O|=1$ 时,这是一个真实的旋转;在 $|O|=-1$ 时,这是一个与对于某一坐标平面取镜像相合并的旋转.

$$|O|=1$$[①]

我们来证明任何第一种正交算子都可以表为(126)的形状.为了这一目的,取其对应的正交矩阵 $\boldsymbol{O}$.因为有 $|O|=1$,故由式(123)得[②]

$$\boldsymbol{O}=\boldsymbol{O}_1\left\{\begin{pmatrix}\cos\varphi_1 & \sin\varphi_1\\ -\sin\varphi_1 & \cos\varphi_1\end{pmatrix},\cdots,\begin{pmatrix}\cos\varphi_q & \sin\varphi_q\\ -\sin\varphi_q & \cos\varphi_q\end{pmatrix},+1,\cdots,+1\right\}\boldsymbol{O}_1^{-1}$$

$$(\boldsymbol{O}_1=\boldsymbol{O}_1'^{-1}=\overline{\boldsymbol{O}}_1) \tag{127}$$

用以下等式来定出反对称矩阵 $\boldsymbol{K}$

$$\boldsymbol{K}=\boldsymbol{O}_1\left\{\begin{pmatrix}0 & \varphi_1\\ -\varphi_1 & 0\end{pmatrix},\cdots,\begin{pmatrix}0 & \varphi_q\\ -\varphi_q & 0\end{pmatrix},0,\cdots,0\right\}\boldsymbol{O}_1^{-1} \tag{128}$$

因为

$$\mathrm{e}^{\begin{pmatrix}0 & \varphi\\ -\varphi & 0\end{pmatrix}}=\begin{pmatrix}\cos\varphi & \sin\varphi\\ -\sin\varphi & \cos\varphi\end{pmatrix}$$

故由(127)与(128)得出

$$\boldsymbol{O}=\mathrm{e}^{\boldsymbol{K}} \tag{129}$$

从矩阵等式(129)可推得算子等式(126).

为了表出第二种正交算子,在讨论中引进在某一标准正交基 $\boldsymbol{e}_1,\boldsymbol{e}_2,\cdots,\boldsymbol{e}_n$ 中以等式

$$W\boldsymbol{e}_1=\boldsymbol{e}_1,\cdots,W\boldsymbol{e}_{n-1}=\boldsymbol{e}_{n-1},W\boldsymbol{e}_n=-\boldsymbol{e}_n \tag{130}$$

所决定的特殊算子 W.

W 是一个第二种正交算子.如果 O 是任何一个第二种正交算子,那么 $W^{-1}O$ 与 OW^{-1} 是第一种算子,故可表为 e^K 与 e^{K_1} 的形状,其中 K 与 K_1 为反对称算子.所以对于第二种正交算子得出公式

$$O=W\mathrm{e}^K=\mathrm{e}^{K_1}W \tag{131}$$

在公式(130)中可以这样来选取基底 $\boldsymbol{e}_1,\boldsymbol{e}_2,\cdots,\boldsymbol{e}_n$,使得它与公式(120)与(122)中基底 $\boldsymbol{x}_k,\boldsymbol{y}_k,\boldsymbol{x}_l(k=1,2,\cdots,q;l=2q+1,\cdots,n)$ 重合.这样定出的算子 W 与 K 可交换;故(131)中两个公式可以合并为一个

$$O=W\mathrm{e}^K\quad(W=W'=W^{-1};K'=-K,WK=KW) \tag{132}$$

我们还要讨论欧几里得空间中建立正交算子与反对称算子之间联系的凯利公式.容易验证,公式

---

① 如果 $k_1,k_2,\cdots,k_n$ 是算子 K 的特征数,那么 $\mu_1=\mathrm{e}^{k_1},\mu_2=\mathrm{e}^{k_2},\cdots,\mu_n=\mathrm{e}^{k_n}$ 是算子 $O=\mathrm{e}^K$ 的特征数;此处 $|O|=\mu_1\mu_2\cdots\mu_n=\mathrm{e}^{\sum_{i=1}^n k_i}=1$,因为 $\sum_{i=1}^n k_i=0$.

② 在第一种正交矩阵 $\boldsymbol{O}$ 的特征数中,有偶数个等于 -1.对角矩阵 $\begin{pmatrix}-1 & 0\\ 0 & -1\end{pmatrix}$ 可以写为 $\begin{pmatrix}\cos\varphi & \sin\varphi\\ -\sin\varphi & \cos\varphi\end{pmatrix}$ 的形状,其中 $\varphi=\pi$.

$$O=(E-K)(E+K)^{-1} \tag{133}$$

变反对称算子 K 为正交算子 O. 由(133) 可以用 O 表出 K

$$K=(E-O)(E+O)^{-1} \tag{134}$$

公式(133) 与(134) 在反对称算子与没有特征数 -1 的正交算子之间建立了一个一一对应. 代替(133) 与(134) 可以取以下诸公式

$$O=-(E-K)(E+K)^{-1} \tag{135}$$

$$K=(E+O)(E-O)^{-1} \tag{136}$$

在此时数 $+1$ 有特殊点的作用.

3. 根据定理 9, 实矩阵的极分解式, 容许得出基本公式(117), (119), (121), (123), 而不必同前面所做的一样, 用一个 U－空间来包含欧几里得空间. 诸基本公式的第二种结论所依据的是以下定理:

定理 10　如果两个实正规矩阵相似

$$\boldsymbol{B}=\boldsymbol{T}^{-1}\boldsymbol{A}\boldsymbol{T} \quad (\boldsymbol{A}\boldsymbol{A}'=\boldsymbol{A}'\boldsymbol{A}, \boldsymbol{B}\boldsymbol{B}'=\boldsymbol{B}'\boldsymbol{B}, \boldsymbol{A}=\overline{\boldsymbol{A}}, \boldsymbol{B}=\overline{\boldsymbol{B}}) \tag{137}$$

那么这两个矩阵是实正交－相似的

$$\boldsymbol{B}=\boldsymbol{O}^{-1}\boldsymbol{A}\boldsymbol{O} \quad (\boldsymbol{O}=\overline{\boldsymbol{O}}=\boldsymbol{O}'^{-1}) \tag{138}$$

证明　因为正规矩阵 $\boldsymbol{A}$ 与 $\boldsymbol{B}$ 有相同的特征数, 所以(参考本章, §10 的 2°) 有这样的多项式 $g(\lambda)$ 存在, 使得

$$\boldsymbol{A}'=g(\boldsymbol{A}), \boldsymbol{B}'=g(\boldsymbol{B})$$

故从(127) 推得等式

$$g(\boldsymbol{B})=\boldsymbol{T}^{-1}g(\boldsymbol{A})\boldsymbol{T}$$

可以写为

$$\boldsymbol{B}'=\boldsymbol{T}^{-1}\boldsymbol{A}'\boldsymbol{T} \tag{139}$$

转置这一等式中两边的矩阵, 我们得出

$$\boldsymbol{B}=\boldsymbol{T}'\boldsymbol{A}\boldsymbol{T}'^{-1} \tag{140}$$

比较(137) 与(140) 给予

$$\boldsymbol{T}\boldsymbol{T}'\boldsymbol{A}=\boldsymbol{A}\boldsymbol{T}\boldsymbol{T}' \tag{141}$$

现在应用矩阵 T 的极分解式

$$\boldsymbol{T}=\boldsymbol{S}\boldsymbol{O} \tag{142}$$

其中 $\boldsymbol{S}=\sqrt{\boldsymbol{T}\boldsymbol{T}'}=h(\boldsymbol{T}\boldsymbol{T}')$[$h(\lambda)$ 为一多项式]是对称矩阵, 而 $\boldsymbol{O}$ 为实正交矩阵. 因由(141) 知矩阵 $\boldsymbol{A}$ 与 $\boldsymbol{T}\boldsymbol{T}'$ 可交换, 所以它亦与矩阵 $\boldsymbol{S}=h(\boldsymbol{T}\boldsymbol{T}')$ 可交换. 故以(142) 的 $\boldsymbol{T}$ 的表示式代入(137) 中, 即得

$$\boldsymbol{B}=\boldsymbol{O}^{-1}\boldsymbol{S}^{-1}\boldsymbol{A}\boldsymbol{S}\boldsymbol{O}=\boldsymbol{O}^{-1}\boldsymbol{A}\boldsymbol{O}$$

定理已经证明.

讨论实正规矩阵

$$\left\{\begin{pmatrix}\mu_1 & \nu_1\\ -\nu_1 & \mu_1\end{pmatrix},\cdots,\begin{pmatrix}\mu_q & \nu_q\\ -\nu_q & \mu_q\end{pmatrix},\mu_{2q+1},\cdots,\mu_n\right\} \tag{143}$$

矩阵(143) 是正规的且有特征数 $\mu_1 \pm i\nu_1,\cdots,\mu_q \pm i\nu_q,\mu_{2q+1},\cdots,\mu_n$. 因为正规矩阵是单构的,可以任何有与以上相同的特征数的正规矩阵相似于(由于定理 10 是实正交 - 相似于) 矩阵(143). 这样一来,就得到式(107).

完全类似的可以得出公式(119),(121),(123).

§15 可交换正规算子

在 §10 中我们已经证明,在 n 维 U - 空间中两个可交换算子 A 与 B 常有公共的特征向量. 用归纳法可以证明,这一结果不仅对于两个算子能够成立,即对任意有限多个可交换算子亦能成立. 事实上,如果给予 m 个两两可交换的算子 $A_1,A_2,\cdots,A_m$,在其前 $m-1$ 个里面有公共特征向量 $\boldsymbol{x}$,那么逐字重复引理 1(§10) 的推理[以任一 A_i 作为 $A(i=1,2,\cdots,m)$,而以算子 A_m 作为 B],我们得出算子 $A_1,A_2,\cdots,A_m$ 的公共特征向量 $\boldsymbol{y}$.

所证明的结果对于无限多个可交换算子亦能成立,因为这种集合只能含有有限个(小于或等于 n^2) 线性无关算子,而它们的公共特征向量就是所给予集合中所有算子的公共特征向量.

现在假设给予任意有限个或无限多个两两可交换的正规算子 $A,B,C,\cdots$,它们有公共特征向量 $\boldsymbol{x}_1$. 以 T_1 记 R 中正交于 $\boldsymbol{x}_1$ 的所有向量所构成的 $n-1$ 维子空间. 根据 §10,3°. 子空间 T_1 对算子 $A,B,C,\cdots$ 不变. 故所有这些算子在 T_1 中有公共的特征向量 $\boldsymbol{x}_2$. 讨论平面$[\boldsymbol{x}_1,\boldsymbol{x}_2]$ 的正交补空间 T_2,在它里面分出向量 $\boldsymbol{x}_3$,诸如此类. 这样一来,对于算子 $A,B,C,\cdots$,我们得出公共的正交特征向量组 $x_1,x_2,\cdots,x_n$. 可以使这些向量正规化. 我们证明了:

定理 11 如果在 U - 空间 R 中给予有限个或无限多个两两可交换的正规算子 $A,B,C,\cdots$,那么所有这些算子有公共的完全标准正交特征向量组 $\boldsymbol{z}_1,\boldsymbol{z}_2,\cdots,\boldsymbol{z}_n$

$$A\boldsymbol{z}_i=\lambda_i\boldsymbol{z}_i,B\boldsymbol{z}_i=\lambda'_i\boldsymbol{z}_i,C\boldsymbol{z}_i=\lambda'_i\boldsymbol{z}_i,\cdots \quad [(\boldsymbol{z}_i\boldsymbol{z}_k)=\delta_{ik};i,k=1,2,\cdots,n] \tag{144}$$

这个定理有矩阵的说法:

定理 11′ 如果给予有限个或无限多个两两可交换的正规矩阵,那么有同一 U - 变换存在使所有这些矩阵都变为对角形,亦即有这样的 U - 矩阵 $\boldsymbol{U}$ 存在,使得

$$\begin{cases}\boldsymbol{A}=\boldsymbol{U}\{\lambda_1,\cdots,\lambda_n\}\boldsymbol{U}^{-1},\boldsymbol{B}=\boldsymbol{U}\{\lambda'_1,\cdots,\lambda'_n\}\boldsymbol{U}^{-1}\\ \boldsymbol{C}=\boldsymbol{U}\{\lambda''_1,\cdots,\lambda''_n\}\boldsymbol{U}^{-1},\cdots \quad (\boldsymbol{U}=\boldsymbol{U}^{*-1})\end{cases} \tag{145}$$

现在设在欧几里得空间 R 中给予了可交换正规算子. 以 $A,B,C,\cdots$ 记它们

里面的线性无关算子(个数有限).有如§13中所做的一样,包含R在U-空间$\widetilde{R}$中(保持R的度量).那么根据定理11,算子$A,B,C,\cdots$在$\widetilde{R}$中有公共的完全标准正交特征向量组$\boldsymbol{z}_1,\boldsymbol{z}_2,\cdots,\boldsymbol{z}_n$,亦即等式(144)能够成立.

讨论算子$A,B,C,\cdots$的任意线性组合

$$P=\alpha A+\beta B+\gamma C+\cdots$$

对于任何实数值$\alpha,\beta,\gamma,\cdots$,算子$P$是$\widetilde{R}$中实($AR\subset R$)正规算子,且有

$$\begin{gathered}P\boldsymbol{z}_j=\Lambda_j\boldsymbol{z}_j,\Lambda_j=\alpha\lambda_j+\beta\lambda'_j+\gamma\lambda''_j+\cdots\\ [(\boldsymbol{z}_j\boldsymbol{z}_k)=\delta_{jk};j,k=1,2,\cdots,n]\end{gathered}\tag{146}$$

算子P的特征数$\Lambda_j(j=1,2,\cdots,n)$是关于$\alpha,\beta,\gamma,\cdots$的线性型.由于算子$P$是实算子,所以这些线性型可以分成成对复共轭型与实系数型;给予特征向量以适当的序数,我们有

$$\begin{gathered}\Lambda_{2k-1}=M_k+\mathrm{i}N_k,\Lambda_{2k}=M_k-\mathrm{i}N_k,\Lambda_l=M_l\\ (k=1,2,\cdots,q;l=2q+1,\cdots,n)\end{gathered}\tag{147}$$

其中M_k,N_k,M_l为$\alpha,\beta,\gamma,\cdots$的实系数线性型.

同这些相对应的,我们可以在(146)中视向量$\boldsymbol{z}_{2k-1}$与$\boldsymbol{z}_{2k}$复共轭,而$\boldsymbol{z}_l$为实向量

$$\begin{gathered}\boldsymbol{z}_{2k-1}=\boldsymbol{x}_k+\mathrm{i}\boldsymbol{y}_k,\boldsymbol{z}_{2k}=\boldsymbol{x}_k-\mathrm{i}\boldsymbol{y}_k,\boldsymbol{z}_l=\boldsymbol{x}_l\\ (k=1,2,\cdots,q;l=2q+1,\cdots,n)\end{gathered}\tag{148}$$

那么易知,实向量

$$\boldsymbol{x}_k,\boldsymbol{y}_k,\boldsymbol{x}_l\quad(k=1,2,\cdots,q;l=2q+1,\cdots,n)\tag{149}$$

构成R中标准正交基.此处有标准基底[①]

$$\begin{aligned}&P\boldsymbol{x}_k=M_k\boldsymbol{x}_k-N_k\boldsymbol{y}_k\\ &P\boldsymbol{y}_k=N_k\boldsymbol{x}_k+M_k\boldsymbol{y}_k\quad\begin{pmatrix}k=1,2,\cdots,q\\ l=2q+1,\cdots,n\end{pmatrix}\\ &P\boldsymbol{x}_l=M_l\boldsymbol{x}_l\end{aligned}\tag{150}$$

因为所予集合中所有算子都可以从P给予特殊值$\alpha,\beta,\gamma,\cdots$来得出,所以与这些参数无关的基底(139)是所有已给予算子的共同标准基底.

我们证明了:

定理 12 如果在欧几里得空间R中给予任何可交换正规线性算子的集合,那么所有这些算子有共同的标准正交基$\boldsymbol{x}_k,\boldsymbol{y}_k,\boldsymbol{x}_l$

$$\begin{cases}A\boldsymbol{x}_k=\mu_k\boldsymbol{x}_k-\nu_k\boldsymbol{y}_k,B\boldsymbol{x}_k=\mu'_k\boldsymbol{x}_k-\nu'_k\boldsymbol{y}_k,\cdots\\ A\boldsymbol{y}_k=\nu_k\boldsymbol{x}_k+\mu_k\boldsymbol{y}_k,B\boldsymbol{y}_k=\nu'_k\boldsymbol{x}_k+\mu'_k\boldsymbol{y}_k,\cdots\\ A\boldsymbol{x}_l=\mu_l\boldsymbol{x}_l,B\boldsymbol{x}_l=\mu'_l\boldsymbol{x}_l,\cdots\end{cases}\tag{151}$$

引进定理12的矩阵说法:

① 等式(150)可以从等式(146),(147)与(148)来得出.

定理 12′ 任意可交换实正规矩阵 $\boldsymbol{A},\boldsymbol{B},\boldsymbol{C},\cdots$ 的集合，可以借助于同一实正交变换 $\boldsymbol{O}$ 化为正规形状

$$\begin{cases}\boldsymbol{A}=\boldsymbol{O}\left\{\begin{pmatrix}\mu_1 & \nu_1\\ -\nu_1 & \mu_1\end{pmatrix},\cdots,\begin{pmatrix}\mu_q & \nu_q\\ -\nu_q & \mu_q\end{pmatrix},\mu_{2q+1},\cdots,\mu_k\right\}\boldsymbol{O}^{-1}\\ \boldsymbol{B}=\boldsymbol{O}\left\{\begin{pmatrix}\mu'_1 & \nu'_1\\ -\nu'_1 & \mu'_1\end{pmatrix},\cdots,\begin{pmatrix}\mu'_q & \nu'_q\\ -\nu'_q & \mu'_q\end{pmatrix},\mu'_{2q+1},\cdots,\mu'_n\right\}\boldsymbol{O}^{-1}\end{cases} \tag{152}$$

注 如果算子 $A,B,C,\cdots$(矩阵 $\boldsymbol{A},\boldsymbol{B},\boldsymbol{C},\cdots$) 中任何一个，例如 $A(\boldsymbol{A})$ 是对称的，那么在对应的公式(151)[对应的(152)] 中所有的 ν 都等于零. 在反对称的情形所有的 μ 都等于零. 如果 A 是正交算子($\boldsymbol{A}$ 是正交矩阵)，那么 $\mu_k=\cos\varphi_k,\nu_k=\sin\varphi_k,\mu_l=\pm 1(k=1,2,\cdots,q;l=2q+1,\cdots,n)$.

§16 伪逆算子

设给出任意一个线性算子 A，它把 n 维 U 空间 R 映入 m 维 U 空间(参考第 3 章 §2). 记 r 为算子 A 的秩，即子空间 AR 的维数. 讨论空间 R 与 S 的两个正交分解

$$R=R_1+R_2,R_1\perp R_2,R_2=N_A \tag{153}$$

$$S=S_1+S_2,S_1\perp S_2,S_1=AR \tag{154}$$

此处子空间 $R_2=N_A$ 由满足方程 $A\boldsymbol{x}=\boldsymbol{0}$ 的所有向量 $\boldsymbol{x}\in R$ 组成. 因此子空间 R_2 的维数等于 $d=n-r$(参考第 3 章，§5). 所以正交补 R_1 的维数等于 r.

另一方面，$AR_2\equiv 0$ 与 $AR_l\equiv AR\equiv S_l$. 因为子空间 R_1 与 S_1 有相同维数 r，所以线性算子 A 在子空间 R_1 与 S_1 的元素之间建立了一一对应关系. 因此唯一地确定了把 S_1 映入 R_1 的逆算子 A^{-1}.

把 S 映入 R 且用以下等式确定的线性算子称为算子 A 的伪逆算子 A^+

$$\begin{aligned}A^+\boldsymbol{y}&=A^{-1}\boldsymbol{y}\quad(\boldsymbol{y}\in S_1)\\ A^+\boldsymbol{y}&=\boldsymbol{0}\quad(\boldsymbol{y}\in S_2)\end{aligned} \tag{155}$$

伪逆算子 A^+ 用把空间 R 映入 S 的线性算子 A 表示式与空间 R 与 S 中度量表示式唯一确定. 当空间 R 与 S 中度量改变时，伪逆算子 A^+ 也改变[①]

伪逆算子的作用可用以下几何解释来阐明.

方程

$$A\boldsymbol{x}=\boldsymbol{y} \tag{156}$$

---

① 与逆算子 A^{-1} 不同的是，A^{+1} 的确定与度量无关. 但是在一般情形下伪逆算子 A^+ 是对任何 m，n，r 确定的，而逆算子 A^{-1} 只有在以下特殊情形下才能确定：线性算子 A 在空间 R 与 S 的元素之间建立了一一对应关系，即 $m=n=r$. 在这一特殊情形下算子 A^+ 不依赖空间 R 与 S 的度量，并且与逆算子 A^{-1} 相同.

在已知 $\boldsymbol{y}\in S$ 时，或者在 R 中没有解（如果 $\boldsymbol{y}$ 不属于子空间 $S=AR$），或者有解（如果 $\boldsymbol{y}\in AR$）. 在后一情形，方程(156) 的所有解可由一个解 $\boldsymbol{x}^{\circ}$ 加上任一向量 $\boldsymbol{x}_2\in R_2=N_A$ 得出.

我们来证明，向量

$$\boldsymbol{x}^{\circ}=A^{+}\boldsymbol{y} \tag{157}$$

是方程(156) 的最佳近似解，即

$$|A\boldsymbol{x}^{\circ}-\boldsymbol{y}|=\min|A\boldsymbol{x}-\boldsymbol{y}| \quad (\boldsymbol{x}\in R) \tag{158}$$

并且对于获得这个最小值的所有向量 $\boldsymbol{x}\in R$ 中，向量 $\boldsymbol{x}^{\circ}$ 有最小长度 $|\boldsymbol{x}^{\circ}|$.

事实上，令 $\boldsymbol{y}=\boldsymbol{y}_1+\boldsymbol{y}_2(\boldsymbol{y}_1\in S_1,\boldsymbol{y}_2\in S_2)$ 与 $\boldsymbol{x}^{\circ}=A^{+}\boldsymbol{y}=A^{+}\boldsymbol{y}_1$，那么 $\boldsymbol{y}_1=A\boldsymbol{x}^{\circ}$ 是向量 $\boldsymbol{y}$ 在子空间 $S=AR$ 上的正交射影，此空间由所有形如 $A\boldsymbol{x}$ 的向量构成，其中 $\boldsymbol{x}\in R$. 因此等式(158) 成立. 另一方面，令 $\boldsymbol{x}'\in R$ 是使(158) 获得最小值的任一其他向量. 那么

$$A\boldsymbol{x}'=A\boldsymbol{x}^{\circ}=\boldsymbol{y}_1 \tag{159}$$

因此

$$A(\boldsymbol{x}'-\boldsymbol{x}^{\circ})=\boldsymbol{0} \tag{160}$$

即 $\boldsymbol{x}'-\boldsymbol{x}^{\circ}\in R_2$. 因为 $\boldsymbol{x}^{\circ}\perp(\boldsymbol{x}'_0-\boldsymbol{x}^{\circ})$，所以根据勾股定理由等式 $\boldsymbol{x}'=\boldsymbol{x}^{\circ}+(\boldsymbol{x}'-\boldsymbol{x}^{\circ})$，求出

$$|\boldsymbol{x}'|^2=|\boldsymbol{x}^{\circ}|^2+|\boldsymbol{x}'-\boldsymbol{x}^{\circ}|^2>|\boldsymbol{x}^{\circ}|^2 \tag{161}$$

这样，方程(156) 只存在一个最佳近似解，这个解由公式(157) 确定.

在空间 R 与 S 中选取一些标准正交基底. 在这些基底中向量 $\boldsymbol{x}\in R$ 与 $\boldsymbol{y}\in S$ 的长度的平方由以下公式确定

$$|\boldsymbol{x}|^2=\sum_{i=1}^{n}|x_i|^2,\ |\boldsymbol{y}|^2=\sum_{i=1}^{n}|y_i|^2 \tag{162}$$

并且向量等式

$$A\boldsymbol{x}=\boldsymbol{y},\boldsymbol{x}^{\circ}=A^{+}\boldsymbol{y}$$

化为矩阵等式

$$\boldsymbol{A}\boldsymbol{x}=\boldsymbol{y},\boldsymbol{x}^{\circ}=\boldsymbol{A}^{+}\boldsymbol{y} \tag{163}$$

因为对任何 $\boldsymbol{y},\boldsymbol{x}^{\circ}$ 是线性方程组的最佳近似解[在度量(162) 的意义下]；所以 $\boldsymbol{A}^{+}$ 是长方矩阵 $\boldsymbol{A}$ 的伪逆矩阵(参考第 1 章 §4). 这样，如果在空间 R 与 S 中选取标准正交基底，那么在这些基底下，互为伪逆矩阵 $\boldsymbol{A}$ 与 $\boldsymbol{A}^{+}$ 对应于算子 A 与 A^{+}.

第10章 二次型与埃尔米特型

§1 二次型中变数的变换

1. 关于 n 个变数 $x_1, x_2, \cdots, x_n$ 的二次齐次多项式称为二次型.二次型常可表为以下形状

$$\sum_{i,k=1}^{n} a_{ik} x_i x_k \quad (a_{ik} = a_{ki}; i, k = 1, 2, \cdots, n)$$

其中 $\boldsymbol{A} = (a_{ik})_1^n$ 是一个对称矩阵.

以 $\boldsymbol{x}$ 记单列矩阵 $(x_1, x_2, \cdots, x_n)$ 且用二次型的简化写法

$$\boldsymbol{A}(\boldsymbol{x}, \boldsymbol{x}) = \sum_{i,k=1}^{n} a_{ik} x_i x_k \tag{1}$$

我们可以写为

$$\boldsymbol{A}(\boldsymbol{x}, \boldsymbol{x}) = \boldsymbol{x}' \boldsymbol{A} \boldsymbol{x} \text{ ①} \tag{2}$$

如果 $\boldsymbol{A} = (a_{ik})_1^n$ 是一个实对称矩阵,那么称型(1)为实二次型.在这一章中我们主要是讨论实二次型.

行列式 $|\boldsymbol{A}| = |a_{ik}|_1^n$ 称为二次型 $\boldsymbol{A}(\boldsymbol{x}, \boldsymbol{x})$ 的判别式.称二次型为奇异的,如果它的判别式等于零.

每一个二次型对应于一个双线性型

$$\boldsymbol{A}(\boldsymbol{x}, \boldsymbol{y}) = \sum_{i,k=1}^{n} a_{ik} x_i y_k \tag{3}$$

或

---

① 符号 ′ 表示转置的意思.在公式(2)中二次型表为三个矩阵的乘积:行矩阵 $\boldsymbol{x}'$,方阵 $\boldsymbol{A}$ 与列矩阵 $\boldsymbol{x}$ 的乘积.

$$\boldsymbol{A}(\boldsymbol{x},\boldsymbol{y})=\boldsymbol{x}'\boldsymbol{A}\boldsymbol{y} \quad [\boldsymbol{x}=(x_1,\cdots,x_n),\boldsymbol{y}=(y_1,\cdots,y_n)] \tag{4}$$

如果 $\boldsymbol{x}^1,\boldsymbol{x}^2,\cdots,\boldsymbol{x}^l,\boldsymbol{y}^1,\boldsymbol{y}^2,\cdots,\boldsymbol{y}^m$ 都是列矩阵，而 $c_1,c_2,\cdots,c_l,d_1,d_2,\cdots,d_m$ 都是纯量，那么由变线性型[参考(4)] $\boldsymbol{A}(\boldsymbol{x},\boldsymbol{y})$ 得

$$\boldsymbol{A}\Big(\sum_{i=1}^{l}c_i\boldsymbol{x}^i,\sum_{j=1}^{m}d_j\boldsymbol{y}^j\Big)=\sum_{i=1}^{l}\sum_{j=1}^{m}c_id_j\boldsymbol{A}(\boldsymbol{x}^i,\boldsymbol{y}^j) \tag{5}$$

如果在 n 维欧几里得空间中给予某一个对称算子 A，而且这个算子在某一标准正交基 $\boldsymbol{e}_1,\boldsymbol{e}_2,\cdots,\boldsymbol{e}_n$ 中对应于矩阵 $\boldsymbol{A}=(a_{ik})_1^n$，那么对于任何向量

$$\boldsymbol{x}=\sum_{i=1}^{n}x_i\boldsymbol{e}_i,\boldsymbol{y}=\sum_{i=1}^{n}y_i\boldsymbol{e}_i$$

都有恒等式

$$\boldsymbol{A}(\boldsymbol{x},\boldsymbol{y})=(A\boldsymbol{x},\boldsymbol{y})(\boldsymbol{x},A\boldsymbol{y})^{①}$$

特别的

$$\boldsymbol{A}(\boldsymbol{x},\boldsymbol{x})=(A\boldsymbol{x},\boldsymbol{x})=(\boldsymbol{x},A\boldsymbol{x})$$

此处

$$a_{ik}=(A\boldsymbol{e}_i,\boldsymbol{e}_k) \quad (i,k=1,2,\cdots,n)$$

2. 我们来看一下，施行变数的变换

$$x_i=\sum_{k=1}^{n}t_{ik}\xi_k \quad (i=1,2,\cdots,n) \tag{6}$$

时，二次型的系数矩阵有怎样的变化. 在矩阵的写法中，这个变换可以写为

$$\boldsymbol{x}=\boldsymbol{T}\boldsymbol{\xi} \tag{6'}$$

此处 $\boldsymbol{x}$ 与 $\boldsymbol{\xi}$ 是单列矩阵：$\boldsymbol{x}=(x_1,x_2,\cdots,x_n)$ 与 $\boldsymbol{\xi}=(\xi_1,\xi_2,\cdots,\xi_n)$，而 $\boldsymbol{T}$ 为变换矩阵：$\boldsymbol{T}=(t_{ik})_1^n$.

以式(6′) 中 $\boldsymbol{x}$ 的表示式代进式(2)，我们得出

$$\boldsymbol{A}(\boldsymbol{x},\boldsymbol{x})=\boldsymbol{\xi}'\boldsymbol{T}'\boldsymbol{A}\boldsymbol{T}\boldsymbol{\xi}=\boldsymbol{\xi}'\widetilde{\boldsymbol{A}}\boldsymbol{\xi}=\widetilde{\boldsymbol{A}}(\boldsymbol{\xi},\boldsymbol{\xi})$$

其中

$$\widetilde{\boldsymbol{A}}=\boldsymbol{T}'\boldsymbol{A}\boldsymbol{T} \tag{7}$$

公式(7) 是把变换后的二次型 $\widetilde{\boldsymbol{A}}(\boldsymbol{\xi},\boldsymbol{\xi})=\sum_{i,k=1}^{n}\tilde{a}_{ik}\xi_i\xi_k$ 的系数矩阵 $\widetilde{\boldsymbol{A}}=(\tilde{a}_{ik})_1^n$ 用原始二次型的系数矩阵 $\boldsymbol{A}=(a_{ik})_1^n$ 与变换矩阵 $\boldsymbol{T}=(t_{ik})_1^n$ 来表出的表示式.

由公式(7) 知变换后二次型的判别式等于原判别式与变换行列式的平方的乘积

$$|\widetilde{\boldsymbol{A}}|=|\boldsymbol{A}||\boldsymbol{T}|^2 \tag{8}$$

以后我们完全应用变数的满秩变换($|\boldsymbol{T}|\neq 0$). 对于这种变换，由公式(7)

① 在 $\boldsymbol{A}(\boldsymbol{x},\boldsymbol{y})$ 中的括号是合并在一处的规定符号；在 $(A\boldsymbol{x},\boldsymbol{y})$ 与 $(\boldsymbol{x},A\boldsymbol{y})$ 中的括号是表示纯量积.

可以看出，系数矩阵的秩是没有变动的（矩阵$\boldsymbol{A}$的秩等于矩阵$\widetilde{\boldsymbol{A}}$的秩①）．系数矩阵的秩常称为型的秩．

定义1　两个对称矩阵$\boldsymbol{A}$与$\widetilde{\boldsymbol{A}}$，以等式(7)相联系，且有$|\boldsymbol{T}|\neq 0$者，称为相合的．

这样一来，每一个二次型都与两两相合的全部对称矩阵所构成的矩阵类有关．有如上面所提到过的，所有这些矩阵有同一的秩——型的秩．秩对所给予矩阵类是不变的．对于实二次型，还有第二个不变量称为二次型的"符号差"．我们将在下节中引进这一概念．

§2　化二次型为平方和．惯性定理

可以有无穷多种方法把实二次型$\boldsymbol{A}(\boldsymbol{x},\boldsymbol{x})$表为形状

$$\boldsymbol{A}(\boldsymbol{x},\boldsymbol{x})=\sum_{i=1}^{n}a_i\boldsymbol{X}_i^2 \tag{9}$$

其中$a_i\neq 0(i=1,2,\cdots,r)$，而

$$\boldsymbol{X}_i=\sum_{k=1}^{n}\alpha_{ik}x_k\quad(i=1,2,\cdots,r)$$

为变数$x_1,x_2,\cdots,x_n$的线性无关的实线性型（故$r\leqslant n$）．

考虑变数的满秩变换，使新变数$\xi_1,\xi_2,\cdots,\xi_n$与旧变数$x_1,x_2,\cdots,x_n$的前r个之间的关系为以下诸公式所规定②

$$\xi_i=\boldsymbol{X}_i\quad(i=1,2,\cdots,r)$$

那么对于新变数有

$$\boldsymbol{A}(\boldsymbol{x},\boldsymbol{x})=\widetilde{\boldsymbol{A}}(\boldsymbol{\xi},\boldsymbol{\xi})=\sum_{i=1}^{r}a_i\xi_i^2$$

因而矩阵$\widetilde{\boldsymbol{A}}$有对角形式$\widetilde{\boldsymbol{A}}=\{a_1,a_2,\cdots,a_r,0,\cdots,0\}$．但矩阵$\widetilde{\boldsymbol{A}}$的秩等于$r$．故在表示式(9)中平方的个数常等于型的秩．

我们来证明，对于型$\boldsymbol{A}(\boldsymbol{x},\boldsymbol{x})$的各种不同的表示式(9)，不仅平方个数不变，而且正平方的个数③（因而全部负平方的个数）亦是不变的．

定理1（二次型的惯性定律）　在表实二次型$\boldsymbol{A}(\boldsymbol{x},\boldsymbol{x})$为线性无关型的平方和④

---

① 参考第1章，§3,2．

② 我们应当这样来得出我们的变换，以线性型$\boldsymbol{X}_{r+1},\cdots,\boldsymbol{X}_n$来补足这组线性型$\boldsymbol{X}_1,\cdots,\boldsymbol{X}_r$使得$n$个型$\boldsymbol{X}_j(j=1,2,\cdots,n)$线性无关，而后取$\xi_j=\boldsymbol{X}_j(j=1,2,\cdots,n)$．

③ 所谓表示式(9)中正（负）平方的个数是指正（负）的a_i的个数．

④ 所谓线性无关的平方和是指形为式(9)的和，其中所有$a_i\neq 0$，而且型$\boldsymbol{X}_1,\boldsymbol{X}_2,\cdots,\boldsymbol{X}_r$是线性无关的．

$$A(x,x)=\sum_{i=1}^{r}a_iX_i^2$$

时,其正平方数与负平方数与把型表示成上述形状的方法无关.

证明 设与表示式(9)并列的有型 $A(x,x)$ 的另一表示式,亦表为线性无关型的平方和

$$A(x,x)=\sum_{i=1}^{r}b_iY_i^2$$

且设

$$a_1>0,a_2>0,\cdots,a_h>0,a_{h+1}<0,\cdots,a_r<0$$
$$b_1>0,b_2>0,\cdots,b_g>0,b_{g+1}<0,\cdots,b_r<0$$

假设 $h\neq g$,例如 $h<g$. 那么在恒等式

$$\sum_{i=1}^{r}a_iX_i^2=\sum_{i=1}^{r}b_iY_i^2 \tag{10}$$

中,给予变数 $x_1,x_2,\cdots,x_n$ 以数值,使其适合有 $r-(g-h)$ 个方程的方程组

$$X_1=0,X_2=0,\cdots,X_h=0,Y_{g+1}=0,\cdots,Y_r=0 \tag{11}$$

而且在型 $X_{h+1},\cdots,X_r$ 中至少有一个不为零①. 对于变数的这些值,恒等式的左边等于

$$\sum_{j=h+1}^{r}a_jX_j^2<0$$

而其右边等于

$$\sum_{k=1}^{g}b_kY_k^2\geqslant 0$$

这样一来,$h\neq g$ 的假设得出一个矛盾的结果. 定理已经证明.

定义 2 在型 $A(x,x)$ 的表示式中,正平方数 π 与负平方数 ν 的差 σ 称为型 $A(x,x)$ 的符号差{记为:$\sigma=\sigma[A(x,x)]$}.

秩 r 与符号差唯一的决定数 π 与 ν,因为

$$r=\pi+\nu,\sigma=\pi-\nu$$

还要注意,在公式(9)中可以把正因子 $\sqrt{|a_i|}$ 列入型 $X_i(i=1,2,\cdots,r)$ 的里面去. 此时公式(9)有以下形状

$$A(x,x)=X_1^2+X_2^2+\cdots+X_\pi^2-X_{\pi+1}^2-\cdots-X_r^2 \tag{12}$$

令 $\xi_i=X_i(i=1,2,\cdots,r)$②,我们化型 $A(x,x)$ 为范式

$$\widetilde{A}(\xi,\xi)=\xi_1^2+\xi_2^2+\cdots+\xi_\pi^2-\xi_{\pi+1}^2-\cdots-\xi_r^2 \tag{13}$$

---

① 这样的值是存在的,因为在相反的情形,方程 $X_{h+1}=0,\cdots,X_r=0$ 是说从 $r-(g-h)$ 个方程(11)得出几个方程 $X_1=0,\cdots,X_r=0$. 这是不可能的,因为线性型 $X_1,X_2,\cdots,X_r$ 线性无关.

② 参考本节的第一个足注.

故由定理 1 推知，每一个实对称矩阵 $\boldsymbol{A}$ 都相合于一个对角矩阵，其对角线上的元素等于 $+1$，-1 或 0

$$\boldsymbol{A}=\boldsymbol{T}'\{\underbrace{+1,\cdots,+1}_{\pi},\underbrace{-1,\cdots,-1}_{\nu},0,\cdots,0\}\boldsymbol{T} \tag{14}$$

在下节中我们将给予从二次型的系数来定出符号差的规则.

§3　化二次型为平方和的拉格朗日方法与雅可比公式

从上节的结果推知，为了定出型的秩与符号差，只要有任一方法化这一个型为线性无关型的平方和就已足够.

此处我们述说两个简化的方法：拉格朗日方法与雅可比公式.

1. 拉格朗日方法　设给予二次型

$$\boldsymbol{A}(\boldsymbol{x},\boldsymbol{x})=\sum_{i,k=1}^{n}a_{ik}x_ix_k$$

讨论两种情形：

(1) 对于某一个 $g(1\leqslant g\leqslant n)$ 对角线系数 $a_{gg}\neq 0$. 那么令

$$\boldsymbol{A}(\boldsymbol{x},\boldsymbol{x})=\frac{1}{a_{gg}}\left(\sum_{k=1}^{n}a_{gk}x_k\right)^2+\boldsymbol{A}_1(\boldsymbol{x},\boldsymbol{x}) \tag{15}$$

从直接验算可以证明，二次型 $\boldsymbol{A}_1(\boldsymbol{x},\boldsymbol{x})$ 已经不含变数 x_g. 只要矩阵 $\boldsymbol{A}=(a_{ik})_1^n$ 的对角线上有元素不等于零，从二次型中分出一个平方的这种方法常可施行.

(2) 系数 $a_{gg}=0$，$a_{hh}=0$，但 $a_{gh}\neq 0$. 在这一情形令

$$\boldsymbol{A}(x,x)=\frac{1}{2a_{hg}}\left[\sum_{k=1}^{n}(a_{gk}+a_{hk})x_k\right]^2-\frac{1}{2a_{hg}}\left[\sum_{k=1}^{n}(a_{gk}-a_{hk})x_k\right]^2+\boldsymbol{A}_2(\boldsymbol{x},\boldsymbol{x}) \tag{16}$$

线性型

$$\sum_{k=1}^{n}a_{gk}x_k,\ \sum_{k=1}^{n}a_{hk}x_k \tag{17}$$

线性无关，因为第一个含有 x_h 而不含有 x_g，相反的，第二个含有 x_g 而不含有 x_h. 故在式(16) 的中括号中两个线性型是线性无关的[因为是线性无关型(17) 的和与差].

这样一来，我们在 $\boldsymbol{A}(\boldsymbol{x},\boldsymbol{x})$ 中分出了两个线性无关型的平方. 每一个平方中都含有 x_g 与 x_h，而在型 $\boldsymbol{A}_2(\boldsymbol{x},\boldsymbol{x})$ 中，容易验证，并不含有这两个变数.

顺次适当的结合(1) 与(2) 法，常可利用有理运算化二次型 $\boldsymbol{A}(\boldsymbol{x},\boldsymbol{x})$ 为平方和，而且所得出的平方是无关的，因为在每一步骤中，分出的平方中含有一个变数是在以后诸平方中所没有的.

还须注意，基本公式(15) 与(16) 可以写为

$$\boldsymbol{A}(\boldsymbol{x},\boldsymbol{x})=\frac{1}{4a_{gg}}\left(\frac{\partial\boldsymbol{A}}{\partial x_g}\right)^2+\boldsymbol{A}_1(\boldsymbol{x},\boldsymbol{x}) \tag{15'}$$

$$\boldsymbol{A}(\boldsymbol{x},\boldsymbol{x})=\frac{1}{8a_{gh}}\left[\left(\frac{\partial\boldsymbol{A}}{\partial x_g}+\frac{\partial\boldsymbol{A}}{\partial x_h}\right)^2-\left(\frac{\partial\boldsymbol{A}}{\partial x_g}-\frac{\partial\boldsymbol{A}}{\partial x_h}\right)^2\right]+\boldsymbol{A}_2(\boldsymbol{x},\boldsymbol{x}) \tag{16'}$$

例 1 有如下式子

$$\boldsymbol{A}(\boldsymbol{x},\boldsymbol{x})=4x_1^2+x_2^2+x_3^2+x_4^2-4x_1x_2-4x_1x_3+4x_1x_4+4x_2x_3-4x_3x_4$$

应用公式(15′)($g=1$)

$$\boldsymbol{A}(\boldsymbol{x},\boldsymbol{x})=\frac{1}{16}(8x_1-4x_2-4x_3+4x_4)^2+\boldsymbol{A}_1(\boldsymbol{x},\boldsymbol{x})=$$
$$(2x_1-x_2-x_3+x_4)^2+\boldsymbol{A}_1(\boldsymbol{x},\boldsymbol{x})$$

其中
$$\boldsymbol{A}_1(\boldsymbol{x},\boldsymbol{x})=2x_2x_3+2x_2x_4-2x_3x_4$$

应用公式(16′)($g=2,h=3$)

$$\boldsymbol{A}_1(\boldsymbol{x},\boldsymbol{x})=\frac{1}{8}(2x_2+2x_3)^2-\frac{1}{8}(2x_3-2x_2+4x_4)^2+\boldsymbol{A}_2(\boldsymbol{x},\boldsymbol{x})=$$
$$\frac{1}{2}(x_2+x_3)^2-\frac{1}{2}(x_3-x_2+2x_4)^2+\boldsymbol{A}_2(\boldsymbol{x},\boldsymbol{x})$$

其中
$$\boldsymbol{A}_2(\boldsymbol{x},\boldsymbol{x})=2x_4^2$$

最后有

$$\boldsymbol{A}(\boldsymbol{x},\boldsymbol{x})=(2x_1-x_2-x_3+x_4)^2+\frac{1}{2}(x_2+x_3)^2-$$
$$\frac{1}{2}(x_3-x_2+2x_4)^2+2x_4^2$$
$$r=4,\sigma=2$$

2. 雅可比公式 以 r 记二次型 $\boldsymbol{A}(\boldsymbol{x},\boldsymbol{x})=\sum\limits_{i,k=1}^{n}a_{ik}x_ix_k$ 的秩,且设

$$D_k=\boldsymbol{A}\begin{pmatrix}1 & 2 & \cdots & k\\ 1 & 2 & \cdots & k\end{pmatrix}\neq 0\quad(k=1,2,\cdots,r) \tag{18}$$

因为 $a_{11}=D_1\neq 0$,所以用拉格朗日方法从二次型 $\boldsymbol{A}(\boldsymbol{x},\boldsymbol{x})$ 分出一个平方,得

$$\boldsymbol{A}(\boldsymbol{x},\boldsymbol{x})=\frac{1}{a_{11}}(a_{11}x_1+a_{12}x_2+\cdots+a_{1n}x_n)^2+\boldsymbol{A}_1(\boldsymbol{x},\boldsymbol{x}) \tag{19}$$

其中二次型

$$\boldsymbol{A}_1(\boldsymbol{x},\boldsymbol{x})=\sum_{i,k=2}^{n}a_{ik}^{(1)}x_ix_k\quad(a_{ik}^{(1)}=a_{ki}^{(1)},i,k=2,\cdots,n) \tag{20}$$

不含变数 x_1. 从恒等式(19) 推出,二次型 $\boldsymbol{A}_1(\boldsymbol{x},\boldsymbol{x})$ 的系数由以下公式确定

$$a_{ik}^{(1)}=a_{ik}-\frac{a_{1i}a_{1k}}{a_{11}}\quad(i,k=2,\cdots,n) \tag{21}$$

但是此时这些系数与以下矩阵的相应元素相同

$$G_1 = \begin{pmatrix} a_{11} & a_{12} & \cdots & a_{1n} \\ 0 & a_{22}^{(1)} & \cdots & a_{2n}^{(1)} \\ \vdots & \vdots & & \vdots \\ 0 & a_{n2}^{(1)} & \cdots & a_{nn}^{(1)} \end{pmatrix}$$

此矩阵是把高斯消去法第一步用到对称矩阵 $\mathbf{A}=(a_{ik})_1^n$ 后得出的[①](参考第 2 章，§1).

可见，用拉格朗日方法分出一个平方的过程在本质上与高斯算法的第一步相同. 矩阵 $\boldsymbol{G}_1$ 第一行的元素是被分出平方的系数；元素 a_{11} 的倒数值是平方的系数. 矩阵 $\boldsymbol{G}_1$ 的其余元素由二次型 $\boldsymbol{A}_1(\boldsymbol{x},\boldsymbol{x})$ 的系数确定. 为分出第二个平方，应该完成高斯算法的第二步，等. 由 r 步组成的完全高斯算法[②]用到对称矩阵 $\mathbf{A}=(a_{ij})_1^n$ 上，得出矩阵

$$G_r = \begin{pmatrix} a_{11} & a_{12} & \cdots & a_{1r} & a_{1,r+1} & \cdots & a_{1n} \\ 0 & a_{22}^{(1)} & \cdots & a_{2r}^{(1)} & a_{2,r+1}^{(1)} & \cdots & a_{2n}^{(1)} \\ \vdots & \vdots & & \vdots & \vdots & & \vdots \\ 0 & 0 & \cdots & a_{rr}^{(r-1)} & a_{r,r+1}^{(r-1)} & \cdots & a_{rn}^{(r-1)} \\ \vdots & \vdots & & \vdots & \vdots & & \vdots \\ 0 & 0 & \cdots & 0 & 0 & \cdots & 0 \end{pmatrix}$$

与二次型 $\mathbf{A}(\boldsymbol{x},\boldsymbol{x})$ 表示成以下平方和的相应表示式

$$\mathbf{A}(\boldsymbol{x},\boldsymbol{x}) = \sum_{k=1}^{r} \frac{1}{a_{kk}^{(k-1)}}(a_{kk}^{(k-1)}x_k + a_{k,k+1}^{(k-1)}x_{k+1} + \cdots + a_{kn}^{(k-1)}x_n)^2 \tag{22}$$

$$(a_{1j}^{(0)} = a_{1j};j=1,\cdots,n)$$

我们引进线性无关二次型

$$x_k = a_{kk}^{(k-1)}x_k + a_{k,k+1}^{(k-1)}x_{k+1} + \cdots + a_{kn}^{(k-1)}x_n \quad (a_{1k}^{(0)} = a_{1k}, k=1,\cdots,r) \tag{23}$$

的简化记号.

我们指出[③]

$$a_{kk}^{(k-1)} = \frac{D_k}{D_{k-1}} \quad (k=1,\cdots,r,D_0=1,a_{11}^{(0)}=a_{11}) \tag{24}$$

可以把恒等式(22) 写成

$$\mathbf{A}(\boldsymbol{x},\boldsymbol{x}) = \sum_{k=1}^{r} \frac{D_{k-1}}{D_k}\boldsymbol{X}_k^2 \quad (D_0=1) \tag{25}$$

---

① 从公式(21) 与矩阵 $\mathbf{A}=(a_{ik})_1^n$ 的对称性推出矩阵 $\mathbf{A}_1=(a_{ik})_2^n$ 的对称性.

② 由不等式(18)，算法才能完成. 从这些不等式推出 $a_{11}\neq 0,\cdots,a_{rr}^{(r-1)}\neq 0$(参考第 2 章 §1).

③ 参考第 2 章 §1；公式(24) 是用矩阵 $\mathbf{A}$ 与 $\boldsymbol{G}$ 中依次主子式 D_{k-1} 与 D_k 相等得出的；同时得出 $D_k=a_{11}a_{22}^{(1)}\cdots a_{kk}^{(k-1)}(k=1,2,\cdots,r)$

这个公式给出了二次型表成独立平方的表示式,称为雅可比公式[①].

对于在雅可比公式出现的线性型 $\boldsymbol{X}_k$ 的系数,以下等式成立[②]

$$a_{kq}^{(k-1)}=\frac{\boldsymbol{A}\begin{pmatrix}1 & \cdots & k-1 & k\\ 1 & \cdots & k-1 & q\end{pmatrix}}{\boldsymbol{A}\begin{pmatrix}1 & \cdots & k-1\\ 1 & \cdots & k-1\end{pmatrix}}\quad(k=1,\cdots,r)\tag{26}$$

如果记 $\boldsymbol{G}$ 为任一上三角矩阵,它的前 r 行与矩阵 $\boldsymbol{G}_r$ 的相应的行相同,那么根据雅可比公式可以断言,变量代换 $\boldsymbol{\xi}=\boldsymbol{G}\boldsymbol{x}$[其中 $\boldsymbol{\xi}=(\xi_1,\xi_2,\cdots,\xi_n)$],把具有系数对角矩阵 $\hat{\boldsymbol{D}}=\{\frac{1}{D_1},\frac{D_1}{D_2},\cdots,\frac{D_{r-1}}{D_r},0,\cdots,0\}$ 的二次型 $\sum_{k=1}^{n}\frac{D_{k-1}}{D_k\xi_k^2}$ 化为二次型 $\boldsymbol{A}(\boldsymbol{x},\boldsymbol{x})$. 但是此时[参考(7)]以下等式成立

$$\boldsymbol{A}=\boldsymbol{G}'\tilde{\boldsymbol{D}}\boldsymbol{G}$$

这个公式建立了对称矩阵 $\boldsymbol{A}$ 分解为三角形因子的分解式,并且与第2章 §4 的公式(55)相同.

雅可比公式常可表为另一形状.

引进线性无关型

$$\boldsymbol{Y}_k=D_{k-1}\boldsymbol{X}_k\quad(k=1,2,\cdots,r;D_0=1)\tag{27}$$

来代替 $\boldsymbol{X}_k(k=1,2,\cdots,r)$,那么雅可比公式(25)可写为

$$\boldsymbol{A}(\boldsymbol{x},\boldsymbol{x})=\sum_{k=1}^{r}\frac{\boldsymbol{Y}_k^2}{D_{k-1}D_k}\tag{28}$$

此处

$$\boldsymbol{Y}_k=c_{kk}x_k+c_{k,k+1}x_{k+1}+\cdots+c_{kn}x_n\quad(k=1,2,\cdots,r)\tag{29}$$

其中

$$c_{kq}=\boldsymbol{A}\begin{pmatrix}1 & 2 & \cdots & k-1 & k\\ 1 & 2 & \cdots & k-1 & q\end{pmatrix}\quad(q=k,k+1,\cdots,n;k=1,2,\cdots,r)\tag{30}$$

例 2 有如下式子

$$\boldsymbol{A}(\boldsymbol{x},\boldsymbol{x})=x_1^2+3x_2^2-3x_4^2-4x_1x_2+2x_1x_3-2x_1x_4-6x_2x_3+8x_2x_4+2x_3x_4$$

化矩阵

$$\boldsymbol{A}=\begin{pmatrix}1 & -2 & 1 & -1\\ -2 & 3 & -3 & 4\\ 1 & -3 & 0 & 1\\ -1 & 4 & 1 & -3\end{pmatrix}$$

---

① 不用高斯算法的雅可比公式的另一个推导,例如可以在 Осцилляционные матрицы и ядра и малые колеба-ния механических систем(1950)中找到.

② 参考第2章 §1 公式(13).

为高斯型

$$G=\begin{pmatrix}1 & -2 & 1 & -1\\0 & -1 & -1 & 2\\0 & 0 & 0 & 0\\0 & 0 & 0 & 0\end{pmatrix}$$

故 $r=2,a_{11}=1,a_{22}^{(1)}=-1$.

公式(22) 给出

$$\boldsymbol{A}(\boldsymbol{x},\boldsymbol{x})=(x_1-2x_2+x_3-x_4)^2-(-x_2-x_3+2x_4)^2$$

由雅可比公式(28) 推得:

定理 2(雅可比) 如果对于秩为 r 的二次型

$$\boldsymbol{A}(\boldsymbol{x},\boldsymbol{x})=\sum_{i,k=1}^{n}a_{ik}x_ix_k$$

有不等式

$$D_k=\boldsymbol{A}\begin{pmatrix}1 & 2 & \cdots & k\\1 & 2 & \cdots & k\end{pmatrix}\neq 0\quad(k=1,2,\cdots,r)\tag{31}$$

那么型 $\boldsymbol{A}(\boldsymbol{x},\boldsymbol{x})$ 的正平方数 π 与负平方数 ν 各等于数列

$$1,D_1,D_2,\cdots,D_r\tag{32}$$

中的同号数 P 与变号数 V,亦即 $\pi=P(1,D_1,D_2,\cdots,D_r),\nu=V(1,D_1,D_2,\cdots,D_r)$ 且其符号差为

$$\sigma=r-2V(1,D_1,D_2,\cdots,D_r)\tag{33}$$

注 1 如果在数列 $1,D_1,\cdots,D_r\neq 0$ 中有零出现,但没有三个相邻的数完全等于零,那么为了定出符号差,仍可应用公式

$$\sigma=r-2V(1,D_1,D_2,\cdots,D_r)$$

如果 $D_{k-1}D_{k+1}\neq 0$,则在其中除去等于零的 D_k,而在 $D_k=D_{k+1}=0$ 的时候,取

$$V(D_{k-1},D_k,D_{k+1},D_{k+2})=\begin{cases}1 & 如果\dfrac{D_{k+2}}{D_{k-1}}<0\\2 & 如果\dfrac{D_{k+2}}{D_{k-1}}>0\end{cases}\tag{34}$$

我们在此处引进了这一个规则,但是没有给予证明①.

注 2 如果在数列 $D_1,D_2,\cdots,D_{r-1}$ 中有三个相邻的零出现时,二次型的符号差不能用雅可比定理直接定出.在此时不为零的 D_k 的符号不能决定型的符号差.这可以用下例来说明

① 这个规则,在只有一个零 D_k 时为古杰尔菲格尔所建立,而在与零 D_k 相邻的还有两个零出现时则为弗洛别尼乌斯的 Ueber das Tragheitsgesetz der quadratischen Formen(1894) 所得出.

$$\boldsymbol{A}(\boldsymbol{x},\boldsymbol{x}) = 2a_1x_1x_4 + a_2x_2^2 + a_3x_3^2 \quad (a_1a_2a_3 \neq 0)$$

此处
$$D_1 = D_2 = D_3 = 0, D_4 = -a_1^2a_2a_3 \neq 0$$

同时有
$$\nu = \begin{cases} 1 & \text{如果 } a_2 > 0, a_3 > 0 \\ 3 & \text{如果 } a_2 < 0, a_3 < 0 \end{cases}$$

在这两种情形都有 $D_4 < 0$.

注 3　如果 $D_1 \neq 0, \cdots, D_{r-1} \neq 0$,而 $D_r = 0$,那么 $D_1, D_2, \cdots, D_{r-1}$ 的符号不能决定型的符号差.可以取以下型为例来说明

$$ax_1^2 + ax_2^2 + bx_3^2 + 2ax_1x_2 + 2ax_2x_3 + 2ax_1x_3 =$$
$$a(x_1 + x_2 + x_3)^2 + (b - a)x_3^2$$

但是在最后这一情形,可以把变数重新编号使不等式 $D_r \neq 0$ 也成立.事实上,令第 s 行($s \geqslant r$)与前 r 行线性无关.彼此交换变量 x_r 与 x_s 的号码.然后在新的系数矩阵 $\boldsymbol{A}$ 中,前 r 行,也就是(由于矩阵的对称性)前 r 列是线性无关的.那么在任一 r 阶子式 Δ_r 中,每一行可以表示为前 r 行的线性组合,然后每一列可以表示为前 r 列的线性组合.因此,把子式 Δ_r 分解为 r 阶行列式之和后,我们最后得出,子式 Δ_r 等于主子式 D_r 与某一数因子的乘积:$\Delta_r = CD_r$.但是在诸子式 Δ_r 中有一些不为 0 的子式,因为 r 是矩阵 $\boldsymbol{A}$ 的秩.因此 $D_r \neq 0$.

§4　正二次型

在这一节中我们来讨论特殊的但是重要的一类二次型 —— 正二次型.

定义 3　实二次型 $\boldsymbol{A}(\boldsymbol{x},\boldsymbol{x}) = \sum_{i,k=1}^{n} a_{ik}x_ix_k$ 称为非负的(非正的),如其对于变数的任何实数值都有

$$\boldsymbol{A}(\boldsymbol{x},\boldsymbol{x}) \geqslant 0 \quad (\leqslant 0) \tag{35}$$

在这种情形下,系数对称矩阵 $\boldsymbol{A}$ 称为正半定的(负半定的).

定义 4　实二次型 $\boldsymbol{A}(\boldsymbol{x},\boldsymbol{x}) = \sum_{i,k=1}^{n} a_{ik}x_ix_k$ 称为正定的(负定的),如果对于变数不全等于零的任何实数值($\boldsymbol{x} \neq \boldsymbol{0}$)都有

$$\boldsymbol{A}(\boldsymbol{x},\boldsymbol{x}) > 0 \quad (< 0) \tag{36}$$

在这种情形下,矩阵 $\boldsymbol{A}$ 也称为正定的(负定的).

正定(负定)二次型类是非负(非正)二次型类的一部分.

设给予非负型 $\boldsymbol{A}(\boldsymbol{x},\boldsymbol{x})$,表其为独立平方和

$$\boldsymbol{A}(\boldsymbol{x},\boldsymbol{x}) = \sum_{i=1}^{n} a_i\boldsymbol{X}_i^2 \tag{37}$$

在这一表示式中所有的平方系数都必须是正的

$$a_i > 0 \quad (i = 1, 2, \cdots, r) \tag{38}$$

事实上,如果有任何一个 $a_i < 0$,那么可以选取这样的值 $x_1, x_2, \cdots, x_n$,使得

$$\boldsymbol{X}_1 = \cdots = \boldsymbol{X}_{i-1} = \boldsymbol{X}_{i+1} = \cdots = \boldsymbol{X}_r = 0, \boldsymbol{X}_i \neq 0$$

但是对于变数的这些值,型 $\boldsymbol{A}(\boldsymbol{x}, \boldsymbol{x})$ 有负值,与我们的条件矛盾.显然,反之,由(37)与(38)得出型 $\boldsymbol{A}(\boldsymbol{x}, \boldsymbol{x})$ 的正性.

这样一来,非负二次型的特征是等式 $\sigma = r(\pi = r, \nu = 0)$.

现在假设 $\boldsymbol{A}(\boldsymbol{x}, \boldsymbol{x})$ 是一个正定型,那么 $\boldsymbol{A}(\boldsymbol{x}, \boldsymbol{x})$ 亦是一个非负型.故可表之为(37)的形状,其中所有 $a_i (i = 1, 2, \cdots, r)$ 都是正的.从型的正定性得出 $r = n$. 事实上,在 $r < n$ 时,可以选取这样的不全为零值 $x_1, x_2, \cdots, x_n$,使得所有的 $\boldsymbol{X}_i$ 都变为零.但是由于(37),在 $\boldsymbol{x} \neq \boldsymbol{0}$ 时有 $\boldsymbol{A}(\boldsymbol{x}, \boldsymbol{x}) = \boldsymbol{0}$,就与条件(36)矛盾.

容易看出,反之,如果在(37)中 $r = n$ 而且所有 $a_1, a_2, \cdots, a_n$ 都是正的,那么 $\boldsymbol{A}(\boldsymbol{x}, \boldsymbol{x})$ 是一个正定型.

换句话说,当且仅当非负型不是奇异型时,才为一个正定型.

以下定理,用型的系数必须适合的一些不等式来给予型的正定性的判定.此处,我们应用在上节中已经遇到的矩阵 $\boldsymbol{A}$ 的顺序的主子式记号

$$D_1 = a_1, D_2 = \begin{vmatrix} a_{11} & a_{12} \\ a_{21} & a_{22} \end{vmatrix}, \cdots, D_n = \begin{vmatrix} a_{11} & a_{12} & \cdots & a_{1n} \\ a_{21} & a_{22} & \cdots & a_{2n} \\ \vdots & \vdots & & \vdots \\ a_{n1} & a_{n2} & \cdots & a_{nn} \end{vmatrix}$$

定理 3　为了使得二次型是正定的,充分必要的,是适合以下诸不等式

$$D_1 > 0, D_2 > 0, \cdots, D_n > 0 \tag{39}$$

证明　条件(39)的充分性,可以直接从雅可比公式(28)来得出.条件(39)的必要性可以建立如下.由型 $\boldsymbol{A}(\boldsymbol{x}, \boldsymbol{x}) = \sum_{i,k=1}^{n} a_{ik} x_i x_k$ 的正定性得出其"截短"型[①]

$$\boldsymbol{A}_p(\boldsymbol{x}, \boldsymbol{x}) = \sum_{i,k=1}^{p} a_{ik} x_i x_k \quad (p = 1, 2, \cdots, n)$$

的正定性.但所有这些型都必须是非奇异的,亦即

$$D_p = |\boldsymbol{A}_p| \neq 0 \quad (p = 1, 2, \cdots, n)$$

现在我们有可能利用雅可比公式(28)(取 $r = n$).因为在这个公式的右边,所有平方数都是正的,所以

$$D_1 > 0, D_1 D_2 > 0, D_2 D_3 > 0, \cdots, D_{n-1} D_n > 0$$

故得不等式(39).定理已经证明.

---

① 如果在型 $\boldsymbol{A}(\boldsymbol{x}, \boldsymbol{x})$ 中,取 $x_{p+1} = \cdots = x_n = 0 (p = 1, 2, \cdots, n)$,我们就得出型 $\boldsymbol{A}_p(\boldsymbol{x}, \boldsymbol{x})$.

因为适当调动变数的次序后,可以使矩阵$\boldsymbol{A}$的任何一个主子式位于其左上角,故有以下的:

推论 对于正定二次型$\boldsymbol{A}(\boldsymbol{x},\boldsymbol{x})=\sum_{i,k=1}^{n}a_{ik}x_ix_k$,其系数矩阵的所有主子式都是正的[①]

$$\boldsymbol{A}\begin{pmatrix}i_1 & i_2 & \cdots & i_p\\ i_1 & i_2 & \cdots & i_p\end{pmatrix}>0\quad(1\leqslant i_1<i_2<\cdots<i_p\leqslant n;p=1,2,\cdots,n)\tag{40}$$

注 由顺序的主子式的非负性

$$D_1\geqslant 0,D_2\geqslant 0,\cdots,D_n\geqslant 0$$

不能得出型$\boldsymbol{A}(\boldsymbol{x},\boldsymbol{x})$的非负性.事实上,在型

$$a_{11}x_1^2+2a_{12}x_1x_2+a_{22}x_2^2$$

中,$a_{11}=a_{12}=0,a_{22}<0$就适合条件(40),但是它并不是非负的.

但是我们有以下的

定理4 为了使得二次型$\boldsymbol{A}(\boldsymbol{x},\boldsymbol{x})=\sum_{i,k=1}^{n}a_{ik}x_ix_k$是非负的,充分必要的条件是其系数矩阵的所有主子式都是非负的

$$\boldsymbol{A}\begin{pmatrix}i_1 & i_2 & \cdots & i_p\\ i_1 & i_2 & \cdots & i_p\end{pmatrix}\geqslant 0\quad(i\leqslant i_1<i_2<\cdots<i_p\leqslant n;p=1,2,\cdots,n)\tag{40'}$$

证明 引进辅助二次型

$$\boldsymbol{A}_\varepsilon(\boldsymbol{x},\boldsymbol{x})=\boldsymbol{A}(\boldsymbol{x},\boldsymbol{x})+\varepsilon\sum_{i=1}^{n}x_i^2\quad(\varepsilon>0)$$

显然,$\lim\limits_{\varepsilon\to 0}\boldsymbol{A}_\varepsilon(\boldsymbol{x},\boldsymbol{x})=\boldsymbol{A}(\boldsymbol{x},\boldsymbol{x})$.

从型$\boldsymbol{A}(\boldsymbol{x},\boldsymbol{x})$的非负性得出型$\boldsymbol{A}_\varepsilon(\boldsymbol{x},\boldsymbol{x})$的正定性,因而有不等式(参考定理3的推论)

$$\boldsymbol{A}_\varepsilon\begin{pmatrix}i_1 & i_2 & \cdots & i_p\\ i_1 & i_2 & \cdots & i_p\end{pmatrix}>0\quad(1\leqslant i_1<i_2<\cdots<i_p\leqslant n;p=1,2,\cdots,n)$$

当$\varepsilon\to 0$时取极限,我们得出条件(40′).

反之,设给予条件(40′).从这些条件得出

$$\boldsymbol{A}_\varepsilon\begin{pmatrix}i_1 & i_2 & \cdots & i_p\\ i_1 & i_2 & \cdots & i_p\end{pmatrix}=\varepsilon^p+\cdots\geqslant\varepsilon^p>0$$

$$(1\leqslant i_1<i_2<\cdots<i_p\leqslant n,p=1,2,\cdots,n)$$

---

① 这样一来,由实对称矩阵顺序的主子式的正定性得出所有其余主子式的正定性.

但是(由于定理3)$\boldsymbol{A}_\varepsilon(\boldsymbol{x},\boldsymbol{x})$ 是一个正定型

$$\boldsymbol{A}_\varepsilon(\boldsymbol{x},\boldsymbol{x})>0 \quad (x\neq 0)$$

故当 $\varepsilon\to 0$ 时取极限,我们得出

$$\boldsymbol{A}(\boldsymbol{x},\boldsymbol{x})\geqslant 0$$

定理即已证明.

如果把不等式(39)与(40)用到型 $\boldsymbol{A}(\boldsymbol{x},\boldsymbol{x})$,那么二次型的非正定性与负定性条件可以相应的从不等式(39)与(40′)得出.

定理 5 为了使得二次型 $\boldsymbol{A}(\boldsymbol{x},\boldsymbol{x})$ 负定,充分必要的条件是以下不等式成立

$$D_1<0,D_2>0,D_3<0,\cdots,(-1)^n D_n>0 \tag{39′}$$

定理 6 为了使得二次型 $\boldsymbol{A}(\boldsymbol{x},\boldsymbol{x})$ 非正,充分必要的条件是以下不等式成立

$$(-1)^p\boldsymbol{A}\begin{pmatrix} i_1 & i_2 & \cdots & i_p\\ i_1 & i_2 & \cdots & i_p\end{pmatrix}\geqslant 0 \tag{40″}$$

$$(1\leqslant i_1<i_2<\cdots<i_p\leqslant n,p=1,2,\cdots,n)$$

§5 化二次型到主轴上去

讨论任一实二次型

$$\boldsymbol{A}(\boldsymbol{x},\boldsymbol{x})=\sum_{i,k=1}^{n}a_{ik}x_ix_k$$

它的系数矩阵 $\boldsymbol{A}=(a_{ik})_1^n$ 是实对称的.所以(参考第9章,§13)它正交-相似于某一个实对角矩阵 $\boldsymbol{\Delta}$,亦即有这样的实正交矩阵 $\boldsymbol{O}$ 在,使得

$$\boldsymbol{\Delta}=\boldsymbol{O}^{-1}\boldsymbol{A}\boldsymbol{O}\quad (\boldsymbol{\Delta}=(\lambda_i\delta_{ik})_1^n,\boldsymbol{O}\boldsymbol{O}'=\boldsymbol{E}) \tag{41}$$

此处 $\lambda_1,\lambda_2,\cdots,\lambda_n$ 是矩阵 $\boldsymbol{A}$ 的特征数.

因为正交矩阵有等式 $\boldsymbol{O}^{-1}=\boldsymbol{O}'$,故由(41)知型 $\boldsymbol{A}(\boldsymbol{x},\boldsymbol{x})$ 由变数的正变变换

$$\boldsymbol{x}=\boldsymbol{O}\boldsymbol{\xi}\quad (\boldsymbol{O}\boldsymbol{O}'=\boldsymbol{E}) \tag{42}$$

或更详细地写为

$$x_i=\sum_{k=1}^{n}o_{ik}\xi_k\quad (\sum_{j=1}^{n}o_{ij}o_{jk}=\delta_{ik};i,k=1,2,\cdots,n) \tag{42′}$$

变为型

$$\boldsymbol{\Delta}(\boldsymbol{\xi},\boldsymbol{\xi})=\sum_{i=1}^{n}\lambda_i\xi_i^2 \tag{43}$$

定理 7 实二次型 $\boldsymbol{A}(\boldsymbol{x},\boldsymbol{x})=\sum\limits_{i,k=1}^{n}a_{ik}x_ix_k$ 常可由正交变换变为范式(43);而且 $\lambda_1,\lambda_2,\cdots,\lambda_n$ 是矩阵 $\boldsymbol{A}=(a_{ik})_1^n$ 的特征数.

用正交变换化二次型 $\boldsymbol{A}(\boldsymbol{x},\boldsymbol{x})$ 为范式(43)称为化到主轴上去.这个名称是

这样来的，因为有心二次超曲面的方程

$$\sum_{i,k=1}^{n} a_{ik}x_i x_k = c \quad (c=\text{常数} \neq 0) \tag{44}$$

可由变数的正交变换(42) 化为范式

$$\sum_{i=1}^{n} \varepsilon_i \frac{\xi_i^2}{a_i^2} = 1 \quad \left(\frac{\varepsilon_i}{a_i^2} = \frac{\lambda_i}{c}; \varepsilon_i = \pm 1; i=1,2,\cdots,n\right) \tag{45}$$

如果我们视 $x_1, x_2, \cdots, x_n$ 为 n 维欧几里得空间中某一个标准正交基中的坐标，那么 $\xi_1, \xi_2, \cdots, \xi_n$ 是同一空间中新的标准正交基中的坐标，而且对轴的"旋转"[①] 是施行正交变换(42) 所得出的. 新坐标轴是有心曲面(47) 的对称轴且被称为这个曲面的主轴的.

由式(43)，知型 $\boldsymbol{A}(\boldsymbol{x},\boldsymbol{x})$ 的秩 r 等于矩阵 $\boldsymbol{A}$ 的非零特征数的个数，而其符号差 σ 等于矩阵 $\boldsymbol{A}$ 的正特征数的个数与负特征数的个数的差.

因此，特别的，推得这样的结果：

如果连续的变动二次型的系数而保持其秩不变，那么系数的变动不会改变它的符号差.

此处我们是这样推理的，由于系数的连续变动得出特征数的连续变动. 只有在任一特征数变号时，始能变更符号差. 但是在某一中间时刻，所讨论的特征数须变为零，这就变动了型的秩.

从公式(43) 也推出，实对称矩阵 $\boldsymbol{A}$ 是正半定(正定) 的充分必要条件，是矩阵 $\boldsymbol{A}$ 的所有特征数是非负的(正的)[②]，即它可表示为

$$\boldsymbol{A} = \boldsymbol{O}(\lambda_i \delta_{ik})_1^n \boldsymbol{O}^{-1} \quad [\lambda_i \geqslant 0(>0); i=1,\cdots,n] \tag{46}$$

正半定(正定) 矩阵

$$\boldsymbol{F} = \boldsymbol{O}(\sqrt{\lambda_i}\delta_{ik})_1^n \boldsymbol{O}^{-1} \tag{47}$$

是正半定(正定) 矩阵 $\boldsymbol{A}$ 的平方根

$$\boldsymbol{F} = \sqrt{\boldsymbol{A}} \tag{48}$$

§6 二次型束

在微振动理论中必须同时讨论两个二次型，其中有一个给予系统的位能而第二个给予系统的动能，第二个型常是正定的.

---

① 如果 $|\boldsymbol{O}| = -1$，那么变换(45) 表示一个合并旋转与取镜像的结果(参考第 9 章，§14). 但是化到主轴上去常可用第一种正交矩阵 $\boldsymbol{O}(|\boldsymbol{O}|=1)$ 来得出. 这是可以这样来做的，并不变动范式，我们可以施行一个补充变换

$$\xi_i = \xi'_i (i=1,2,\cdots,n-1), \xi_n = -\xi'_n$$

② 由此立即推出，在欧几里得空间标准正交基底中，正半定(正定) 矩阵 $\boldsymbol{A}$ 对应于非负定(正定) 算子 A. 比较第 10 章 §4 的定义 3 与 4 和第 9 章 §11 的定义 9，直接可以相信这一结论.

我们在本节中从事于含有两个这种型的二次型组的研究.

两个实二次型

$$A(x,x)=\sum_{i,k=1}^{n}a_{ik}x_ix_k,\ B(x,x)=\sum_{i,k=1}^{n}b_{ik}x_ix_k$$

决定一个型束 $A(x,x)-\lambda B(x,x)$（λ 是一个参数）.

如果型 $B(x,x)$ 是正定的，那么称型束 $A(x,x)-\lambda B(x,x)$ 为正则的.

方程
$$|A-\lambda B|=0$$
称为型束 $A(x,x)-\lambda B(x,x)$ 的特征方程.

以 λ_0 记这个方程的任一个根. 因为矩阵 $A-\lambda_0 B$ 是降秩的，所以有这样的列 $z=(z_1,z_2,\cdots,z_n)\neq 0$ 存在，使得 $(A-\lambda_0 B)z=0$ 或

$$Az=\lambda_0 Bz \quad (z\neq 0)$$

我们称数 λ_0 为型束 $A(x,x)-\lambda B(x,x)$ 的特征数，而称 z 为这个型束的对应的主列或"主向量". 我们有以下的

定理 8　正则型束 $A(x,x)-\lambda B(x,x)$ 的特征方程

$$|A-\lambda B|=0$$

常有 n 个实根 $\lambda_k(k=1,2,\cdots,n)$，各对应于主向量 $z^k=(z_{1k},z_{2k},\cdots,z_{nk})(k=1,2,\cdots,n)$

$$Az^k=\lambda_k Bz^k \quad (k=1,2,\cdots,n) \tag{49}$$

这些主向量 z^k 可以这样来选取，使其适合关系式①

$$B(z^i,z^k)=\delta_{ik} \quad (i,k=1,2,\cdots,n) \tag{50}$$

证明　我们注意，等式(49) 可以写为

$$B^{-1}Az^k=\lambda_k z^k \quad (k=1,2,\cdots,n) \tag{49'}$$

这样一来，我们的定理断定，矩阵

$$D=B^{-1}A \tag{51}$$

有：1°1 单构的，2° 实特征数 $\lambda_1,\lambda_2,\cdots,\lambda_n$，3° 对应于这些特征数与满足关系式 (50) 的特征列（向量）$z^1,z^2,\cdots,z^n$②.

矩阵 D 是两个对称矩阵 B^{-1} 与 A 的乘积，其本身不一定是对称的，因为 $D=B^{-1}A$，而 $D'=AB^{-1}$. 但是令 $F=\sqrt{B}$③，从等式(51) 容易得出

$$D=F^{-1}SF \tag{52}$$

其中

---

① 有时说，等式(50) 表示 B 度量中的标准正交向量 $z^1,\cdots,z^n$.

② 如果矩阵 D 是对称的，那么性质 1°，2° 可以从对称运算子的性质来直接得出（第 9 章，§13）. 但是两个对称矩阵的乘积 D 不一定是对称的，因为 $D=B^{-1}A$，而 $D'=AB^{-1}$.

③ F 是正定矩阵（参考 §5）. 因此 $|F|\neq 0$.

$$\boldsymbol{S}=\boldsymbol{F}^{-1}\boldsymbol{A}\boldsymbol{F}^{-1} \tag{52'}$$

是对称矩阵.由矩阵 $\boldsymbol{D}$ 与对称矩阵 $\boldsymbol{S}$ 相似,立即推出命题 1°) 与 2°). 记 $u^k(k=1,\cdots,n)$ 为对称矩阵 $\boldsymbol{S}$ 的正规化特征向量组

$$\boldsymbol{S}\boldsymbol{u}^k=\lambda_k\boldsymbol{u}^k(k=1,\cdots,n),(\boldsymbol{u}^k)\boldsymbol{u}^l=\delta_{kl}(k,l=1,\cdots,n) \tag{53}$$

并令

$$\boldsymbol{u}^k=\boldsymbol{F}\boldsymbol{z}^k\quad(k=1,\cdots,n) \tag{54}$$

我们从等式(52),(52′),(54) 求出

$$\boldsymbol{D}\boldsymbol{z}^k=\lambda_k\boldsymbol{z}^k,\boldsymbol{B}(\boldsymbol{z}^k,\boldsymbol{z}^l)=(\boldsymbol{z}^k)'\boldsymbol{B}\boldsymbol{z}^l=\delta_{kl}$$

其中 $k,l=1,\cdots,n$,即证明了命题 3°,并且定理 8 得到完全证明.

我们注意,由(50) 知诸列 $z^1,z^2,\cdots,z^n$ 线性无关. 事实上,设

$$\sum_{k=1}^{n}c_k\boldsymbol{z}^k=0 \tag{55}$$

那么对于任何 $i(1\leqslant i\leqslant n)$ 根据(50) 有

$$0=\boldsymbol{B}(z^i,\sum_{k=1}^{n}c_kz^k)=\sum_{k=1}^{n}c_k\boldsymbol{B}(z^iz^k)=c_i$$

这样一来,在(55) 中所有的 c_i 都等于零,故列 $z^1,z^2,\cdots,z^n$ 间的线性相关性不能存在.

由适合关系式(50) 的诸主列 $z^1,z^2,\cdots,z^n$ 所构成的方阵

$$\boldsymbol{Z}=(z^1,z^2,\cdots,z^n)=(z_{ik})_1^n$$

称为型束 $\boldsymbol{A}(\boldsymbol{x},\boldsymbol{x})-\lambda\boldsymbol{B}(\boldsymbol{x},\boldsymbol{x})$ 的主矩阵. 主矩阵 $\boldsymbol{Z}$ 是满秩的($|\boldsymbol{Z}|\neq0$),因为它的列线性无关.

等式(50) 可以写为

$$\boldsymbol{z}^{i'}\boldsymbol{B}\boldsymbol{z}^k=\delta_{ik}\quad(i,k=1,2,\cdots,n) \tag{56}$$

再者,同时左乘等式(49) 的两边以行矩阵 $z^{i'}$,我们得出

$$\boldsymbol{z}^{i'}\boldsymbol{A}\boldsymbol{z}^k=\lambda_k\boldsymbol{z}^{i'}\boldsymbol{B}\boldsymbol{z}^k=\lambda_k\delta_{ik}\quad(i,k=1,2,\cdots,n) \tag{57}$$

引进主矩阵 $\boldsymbol{Z}=(z^1,z^2,\cdots,z^n)$,我们可以把等式(56) 与(57) 表为

$$\boldsymbol{Z}'\boldsymbol{A}\boldsymbol{Z}=(\lambda_k\delta_{ik})_1^n,\boldsymbol{Z}'\boldsymbol{B}\boldsymbol{Z}=\boldsymbol{E} \tag{58}$$

公式(58) 说明,满秩变换

$$\boldsymbol{x}=\boldsymbol{Z}\boldsymbol{\xi} \tag{59}$$

同时化二次型 $\boldsymbol{A}(\boldsymbol{x},\boldsymbol{x})$ 与 $\boldsymbol{B}(\boldsymbol{x},\boldsymbol{x})$ 为平方和

$$\sum_{k=1}^{n}\lambda_k\xi_k^2\quad与\quad\sum_{k=1}^{n}\xi_k^2 \tag{60}$$

变换(59) 的这个性质说明主矩阵 $\boldsymbol{Z}$ 的性质. 事实上,设变换(59) 同时化型 $\boldsymbol{A}(\boldsymbol{x},\boldsymbol{x})$ 与 $\boldsymbol{B}(\boldsymbol{x},\boldsymbol{x})$ 为范式(60). 那么等式(58) 必须成立,因而矩阵 $\boldsymbol{Z}$ 的列适合(56) 与(57). 由(58) 得出矩阵 $\boldsymbol{Z}$ 的满秩性($|\boldsymbol{Z}|\neq0$). 等式(52) 可以写为

$$z^{i'}(Az^k - \lambda_k Bz^k) = 0 \quad (i = 1, 2, \cdots, n) \tag{61}$$

此处 k 有任何固定的值$(1 \leqslant k \leqslant n)$. 等式组(61) 可以合并为一个等式

$$Z'(Az^k - \lambda_k Bz^k) = 0$$

因 Z' 是一个满秩矩阵,所以得

$$Az^k - \lambda_k Az^k = 0$$

亦即对于任何 k 都得出(49). 因此 Z 是一个主矩阵. 我们证明了:

定理 9　如果 $Z = (z_{ik})_1^n$ 是正则型束 $A(x,x) - \lambda B(x,x)$ 的主矩阵,那么变换

$$x = Z\xi \tag{62}$$

同时化型 $A(x,x)$ 与 $B(x,x)$ 为平方和

$$\sum_{k=1}^{n} \lambda_k \xi_k^2, \sum_{k=1}^{n} \xi_k^2 \tag{63}$$

在(63) 中的 $\lambda_1, \lambda_2, \cdots, \lambda_n$ 为型束 $A(x,x) - \lambda B(x,x)$ 的特征数,它们对应于矩阵 Z 的列 $z^1, z^2, \cdots, z^n$.

反之,如果某一变换(62) 同时化型 $A(x,x)$ 为(63) 的形状,那么 $Z = (z_{ik})_1^n$ 是正则型束 $A(x,x) - \lambda B(x,x)$ 的主矩阵.

有时用定理 9 中所述的变换(62) 的特性来构成主矩阵与定理 8 的证明. 为了这个目的,首先完成变数的变换 $x = Ty$,化型 $B(x,x)$ 为一个单位平方和 $\sum_{k=1}^{n} y_k^2$[因为 $B(x,x)$ 是一个正定型,这是永远可能的]. 此时变型 $A(x,x)$ 为某一个型 $A_1(y,y)$. 现在应用正交变换 $y = O\xi$ 化型 $A_1(y,y)$ 为 $\sum_{k=1}^{n} \lambda_k \xi_k^2$ 的形状(化到主轴上去). 此处,显然有① $\sum_{k=1}^{n} y_k^2 = \sum_{k=1}^{n} \xi_k^2$. 这样一来,变换 $x = Z\xi$,其中 $Z = TO$,化给所予的两个型为(63) 的形状. 此后证明(有如在定理9前面所做的一样)矩阵 Z 的列 $z^1, z^2, \cdots, z^n$ 适合关系式(49) 与(50).

在特别的情形,$B(x,x)$ 是一个单位型,亦即 $B(x,x) = \sum_{k=1}^{n} x_k^2$,因此 $B = E$,型束 $A(x,x) - \lambda B(x,x)$ 的特征方程与矩阵 A 的特征方程重合,而型束的主向量都是矩阵 A 的特征向量. 在此时,关系式(50) 可写为:$z^{i'} z^k = \delta_{ik} (i, k = 1, 2, \cdots, n)$,表示出列 $z^1, z^2, \cdots, z^n$ 的标准正交性.

定理 8 与 9 有明显的几何解释. 引进有基底 $e_1, e_2, \cdots, e_n$ 与基本度量型 $B(x,x)$ 的欧几里得空间 R. 在 R 中讨论有心二次超曲面,其方程为

---

① 正交变换并不变动变数的平方和,因为 $(Ox)'Ox = x'x$.

$$\boldsymbol{A}(\boldsymbol{x},\boldsymbol{x}) \equiv \sum_{i,k=1}^{n} a_{ik}x_i x_k = c \tag{64}$$

设 $\boldsymbol{Z}=(z_{ik})_1^n$ 为型束 $\boldsymbol{A}(\boldsymbol{x},\boldsymbol{x})-\lambda\boldsymbol{B}(\boldsymbol{x},\boldsymbol{x})$ 的主矩阵. 经坐标变换 $\boldsymbol{x}=\boldsymbol{Z\xi}$ 后,新的基底向量为向量 $\boldsymbol{z}^1,\boldsymbol{z}^2,\cdots,\boldsymbol{z}^n$,它们在旧基底中的坐标构成矩阵 $\boldsymbol{Z}$ 的列,亦即型束的主向量. 这些向量构成标准正交基,在这个基底中超曲面方程(64) 有以下形状

$$\sum_{k=1}^{n} \lambda_k \xi_k^2 = c \tag{65}$$

因此,型束的主向量 $\boldsymbol{z}^1,\boldsymbol{z}^2,\cdots,\boldsymbol{z}^n$ 与超曲面(64) 的主轴方向一致,而特征数 λ_1,$\lambda_2,\cdots,\lambda_n$ 定出半轴的值:$\lambda_k=\pm\frac{c}{a_k^2}(k=1,2,\cdots,n)$.

这样一来,定出正则型束 $\boldsymbol{A}(\boldsymbol{x},\boldsymbol{x})-\lambda\boldsymbol{B}(\boldsymbol{x},\boldsymbol{x})$ 的主向量与特征数的问题等价于把二次有心超曲面的方程(64) 化到主轴上去的问题此时超曲面的原方程是在一般的斜坐标系中所给出的[①],只要在这个坐标系中"单位球"的方程为 $\boldsymbol{B}(\boldsymbol{x},\boldsymbol{x})=1$.

例 3　给予在广义斜坐标系中二次曲面的方程

$$2x^2-2y^2-3z^2-10yz+2xz-4=0 \tag{66}$$

而且在这一坐标系中单位球的方程为

$$2x^2+3y^2+2z^2+2xz=1 \tag{67}$$

需要把方程(66) 化到主轴上去.

在所给予的情形,有

$$\boldsymbol{A}=\begin{pmatrix}2 & 0 & 1\\ 0 & -2 & -5\\ 1 & -5 & -3\end{pmatrix},\boldsymbol{B}=\begin{pmatrix}2 & 0 & 1\\ 0 & 3 & 0\\ 1 & 0 & 2\end{pmatrix}$$

型束的特征方程 $|\boldsymbol{A}-\lambda\boldsymbol{B}|=0$ 有以下形状

$$\begin{vmatrix}2-2\lambda & 0 & 1-\lambda\\ 0 & -2-3\lambda & -5\\ 1-\lambda & -5 & -3-2\lambda\end{vmatrix}=0 \tag{68}$$

这个方程有三个根:$\lambda_1=1,\lambda_2=1,\lambda_3=-4$.

以 u,v,w 记对应于特征数 1 的主向量的坐标. u,v,w 的值为一齐次线方程组所决定,这个方程组的系数与 $\lambda=1$ 时行列式(68) 的元素相同

$$0\cdot u+0\cdot v+0\cdot w=0$$
$$0\cdot u-5v-5w=0$$

---

① 这是沿坐标轴有不同长度比例的斜坐标系.

$$0 \cdot u - 5v - 5w = 0$$

实际上我们只有一个关系式

$$v + w = 0$$

特征数 $\lambda = 1$ 应当对应于两个标准正交主向量. 第一个向量的坐标可以任意选取,只要适合条件 $v + w = 0$.

我们取 $$u = 0, v, w = -v$$

取第二个主向量的坐标为

$$u', u', w' = -v'$$

且写出正交条件$[\boldsymbol{B}(z^1, z^2) = \boldsymbol{0}]$

$$2uu' + 3vv' + 2ww' + uw' + u'w = 0$$

故得:$u' = 5v'$. 这样一来,第二个主向量的坐标为

$$u' = 5v', v', w' = -v'$$

完全类似的,在特征行列式中取 $\lambda = -4$,求出对应的主向量

$$u'', v'' = -u'', w'' = -2u''$$

从以下条件:主向量的坐标必须适合单位球的方程$[\boldsymbol{B}(\boldsymbol{x}, \boldsymbol{x}) = 1]$,亦即方程(67),我们决定 v, v' 与 u'' 的值. 因此求得

$$v = \frac{1}{\sqrt{5}}, v' = \frac{1}{3\sqrt{5}}, u'' = -\frac{1}{3}$$

故所求之主矩阵为

$$\boldsymbol{Z} = \begin{pmatrix} 0 & \frac{\sqrt{5}}{3} & -\frac{1}{3} \\ \frac{1}{\sqrt{5}} & \frac{1}{3\sqrt{5}} & \frac{1}{3} \\ -\frac{1}{\sqrt{5}} & -\frac{1}{3\sqrt{5}} & \frac{2}{3} \end{pmatrix}$$

且其对应的坐标变换($\boldsymbol{x} = \boldsymbol{Z\xi}$) 化方程(66) 与(67) 为标准形式

$$\xi_1^2 + \xi_2^2 - 4\xi_3^2 - 4 = 0, \xi_1^2 + \xi_2^2 + \xi_3^2 = 1$$

这一个方程还可以写为

$$\frac{\xi_1^2}{4} + \frac{\xi_2^2}{4} - \frac{\xi_3^2}{1} = 1$$

这是有实半轴等于2,虚半轴等于1的旋转单叶双曲面的方程. 旋转轴上单位向量的坐标为矩阵 $\boldsymbol{Z}$ 的第三列所决定,是即等于 $-\frac{1}{3}, \frac{1}{3}, \frac{2}{3}$,其他两个正交轴上单位向量的坐标为矩阵 $\boldsymbol{Z}$ 的前两列所给出.

§7 正则型束的特征数的极值性质

1. 设给予两个二次型

$$A(x,x)=\sum_{i,k=1}^{n}a_{ik}x_ix_k \quad 与 \quad B(x,x)=\sum_{i,k=1}^{n}b_{ik}x_ix_k$$

其中型 $B(x,x)$ 是正定的.这样来记正则型束 $A(x,x)-\lambda B(x,x)$ 的特征数的次序,使其不为一个下降序列

$$\lambda_1\leqslant\lambda_2\leqslant\lambda_3\leqslant\cdots\leqslant\lambda_n \tag{69}$$

同前面一样,以 $z^1,z^2,\cdots,z^n$ 来记对应于这些特征数的主向量①

$$z^k=(z_{1k},z_{2k},\cdots,z_{nk})\quad(k=1,2,\cdots,n)$$

对于变数不全为零的所有可能的值($x\neq 0$),要定出型的比值$\dfrac{A(x,x)}{B(x,x)}$的最小值(极小).为了这一目的,利用变换

$$x=Z\xi\quad(x_i=\sum_{k=1}^{n}z_{ik}\xi_k;i=1,2,\cdots,n)$$

[其中 $Z=(z_{ik})_1^n$ 为型束 $A(x,x)-\lambda B(x,x)$ 的主矩阵],化到新的变数 $\xi_1,\xi_2,\cdots,\xi_n$.对于新变数可把型的比值表为以下形状[参考(63)]

$$\frac{A(x,x)}{B(x,x)}=\frac{\lambda_1\xi_1^2+\lambda_2\xi_2^2+\cdots+\lambda_n\xi_n^2}{\xi_1^2+\xi_2^2+\cdots+\xi_n^2} \tag{70}$$

在数轴上取 n 个点 $\lambda_1,\lambda_2,\cdots,\lambda_n$.在这些点上补写下对应的非负质量 $m_1=\xi_1^2,m_2=\xi_2^2,\cdots,m_n=\xi_n^2$.那么按照式(70),比值$\dfrac{A(x,x)}{B(x,x)}$是这些质量的中心的数值坐标.故有

$$\lambda_1\leqslant\frac{A(x,x)}{B(x,x)}\leqslant\lambda_n$$

暂时不管第二部分不等式,我们来说明在第一部分不等式中等号成立.为此,在(69)中分出相等的特征数组

$$\lambda_1=\cdots=\lambda_{p_1}<\lambda_{p_1+1}=\cdots=\lambda_{p_1+p_2}<\cdots \tag{71}$$

只有当所有在点 λ_1 以外的质量都等于零时,亦即在

$$\xi_{p_1+1}=\cdots=\xi_n=0$$

时,质量中心始能与最小点 λ_1 重合.在此时,对应的 x 将为主列 $z^1,z^2,\cdots,z^{p_1}$ 的线性组合②.因为所有这些列都对应于相等的特征数 λ_1,所以 x 是对于 $\lambda=\lambda_1$ 的主列(向量).

我们证明了:

---

① 此处所用的名词"主向量"是型束主列的意义(参考上节).在本节中一般的用几何意义的命名(参考上节),我们有时称列为向量.

② 从 $x=Z\xi$ 得出:$x=\sum_{k=1}^{n}\xi_kz^k$.

定理 10　正则型束 $\boldsymbol{A}(\boldsymbol{x},\boldsymbol{x})-\lambda\boldsymbol{B}(\boldsymbol{x},\boldsymbol{x})$ 的最小特征数是型 $\boldsymbol{A}(\boldsymbol{x},\boldsymbol{x})$ 与 $\boldsymbol{B}(\boldsymbol{x},\boldsymbol{x})$ 的比值的极小值

$$\lambda_1=\min\frac{\boldsymbol{A}(\boldsymbol{x},\boldsymbol{x})}{\boldsymbol{B}(\boldsymbol{x},\boldsymbol{x})} \tag{72}$$

而且这一极小值只当 $\boldsymbol{x}$ 为对应于特征数 λ_1 的主向量时始能达到.

2. 为了给出对于以下特征数 λ_2 的类似的"极小值",我们只讨论所有正交于 $\boldsymbol{z}^1$ 的向量 $\boldsymbol{x}$,亦即适合以下方程[①]的向量 $\boldsymbol{x}$

$$\boldsymbol{B}(\boldsymbol{z}^1,\boldsymbol{x})=\boldsymbol{0}$$

对于这些向量

$$\frac{\boldsymbol{A}(\boldsymbol{x},\boldsymbol{x})}{\boldsymbol{B}(\boldsymbol{x},\boldsymbol{x})}=\frac{\lambda_2\xi_2^2+\cdots+\lambda_n\xi_n^2}{\xi_2^2+\cdots+\xi_n^2}$$

故有

$$\min\frac{\boldsymbol{A}(\boldsymbol{x},\boldsymbol{x})}{\boldsymbol{B}(\boldsymbol{x},\boldsymbol{x})}=\lambda_2\quad[\boldsymbol{B}(\boldsymbol{z}^1,\boldsymbol{x})=\boldsymbol{0}]$$

此处,只有对于与 $\boldsymbol{z}^1$ 正交的,而且是特征数 λ_2 的主向量,始能达到相等.

转移到其余的特征数,最后我们得出以下定理:

定理 11　对于任何 $p(1\leqslant p\leqslant n)$,在序列(69)中第 p 个特征数 λ_p 的值是型的比值的极小值

$$\lambda_p=\min\frac{\boldsymbol{A}(\boldsymbol{x},\boldsymbol{x})}{\boldsymbol{B}(\boldsymbol{x},\boldsymbol{x})} \tag{73}$$

此时我们规定变动向量 $\boldsymbol{x}$ 要与前 $p-1$ 个标准正交主向量 $\boldsymbol{z}^1,\boldsymbol{z}^2,\cdots,\boldsymbol{z}^{p-1}$ 正交

$$\boldsymbol{B}(\boldsymbol{z}^1,\boldsymbol{x})=\boldsymbol{0},\cdots,\boldsymbol{B}(\boldsymbol{z}^{p-1},\boldsymbol{x})=\boldsymbol{0} \tag{74}$$

此处,只有对于适合条件(74)而且又是特征数 λ_p 的主向量,始能达到这一极小值.

3. 在定理 11 中所给出的特征数 λ_p 有其不方便的地方,因为它同前面的主向量 $\boldsymbol{z}^1,\boldsymbol{z}^2,\cdots,\boldsymbol{z}^{p-1}$ 有关,故只有在知道了这些向量以后,始能进行研究.此外,对于这些向量的选取还有一定的任意性.

为了使得特征数 $\lambda_p(p=1,2,\cdots,n)$ 的给出,能够避免所指出的缺点,我们在变数 $x_1,x_2,\cdots,x_n$ 上引入联结的概念.

设给予变数 $x_1,x_2,\cdots,x_n$ 的线性型

$$\boldsymbol{L}_k(\boldsymbol{x})=l_{1k}x_1+l_{2k}x_2+\cdots+l_{nk}x_k\quad(k=1,2,\cdots n) \tag{74'}$$

---

① 此处及以后所谓两个向量(列)$\boldsymbol{x},\boldsymbol{y}$ 的正交性,是指 $\boldsymbol{B}$ 度量的正交性,即等式 $\boldsymbol{B}(\boldsymbol{x},\boldsymbol{y})=\boldsymbol{0}$.这可与上节中所给予的几何解释完全相对应的来得出.我们视量 $x_1,x_2,\cdots,x_n$ 为欧几里得空间内某一基底中向量 $\boldsymbol{x}$ 的坐标,此时向量的长的平方(范数)为正定型 $\boldsymbol{B}(\boldsymbol{x},\boldsymbol{x})=\sum_{i,k=1}^{n}b_{ik}x_ix_k$ 所确定.在这个度量中向量 $\boldsymbol{z}^1,\boldsymbol{z}^2,\cdots,\boldsymbol{z}^n$ 构成一个标准正交基.故如果向量 $\boldsymbol{x}=\sum_{k=1}^{n}\xi_k\boldsymbol{z}^k$ 正交于 $\boldsymbol{z}^k$ 中的一个,那么对应的 $\xi_k=0$.

我们说在变数 $x_1,x_2,\cdots,x_n$ 或(相同的)在向量 $\boldsymbol{x}$ 上安置 h 个联结 $\boldsymbol{L}_1$, $\boldsymbol{L}_2,\cdots,\boldsymbol{L}_h$,如果所讨论的只是适合以下方程组的诸变数的值

$$\boldsymbol{L}_k(x)=\boldsymbol{0}\quad(k=1,2,\cdots,h)$$

对于任意的线性型保留(74′)的记法,而对于向量 $\boldsymbol{x}$ 与主向量 $\boldsymbol{z}^1,\boldsymbol{z}^2,\cdots,\boldsymbol{z}^n$ 的"纯量积",我们引进以下特殊记法

$$\widetilde{\boldsymbol{L}}_k(\boldsymbol{x})=\boldsymbol{B}(\boldsymbol{z}^k,\boldsymbol{x})\quad(k=1,2,\cdots,n)^{①}\tag{75}$$

再者,如对变动向量安置联结(74″),就记 $\min\dfrac{\boldsymbol{A}(\boldsymbol{x},\boldsymbol{x})}{\boldsymbol{B}(\boldsymbol{x},\boldsymbol{x})}$ 为

$$\mu\left(\frac{\boldsymbol{A}}{\boldsymbol{B}};\boldsymbol{L}_1,\boldsymbol{L}_2,\cdots,\boldsymbol{L}_h\right)$$

用这种记法,等式(73)可以写为

$$\lambda_p=\mu\left(\frac{\boldsymbol{A}}{\boldsymbol{B}};\widetilde{\boldsymbol{L}}_1,\widetilde{\boldsymbol{L}}_2,\cdots,\widetilde{\boldsymbol{L}}_{p-1}\right)\quad(p=1,2,\cdots,n)\tag{76}$$

讨论联结

$$\boldsymbol{L}_1(\boldsymbol{x})=\boldsymbol{0},\cdots,\boldsymbol{L}_{p-1}(\boldsymbol{x})=\boldsymbol{0}\tag{77}$$

与

$$\widetilde{\boldsymbol{L}}_{p+1}(\boldsymbol{x})=\boldsymbol{0},\cdots,\widetilde{\boldsymbol{L}}_n(\boldsymbol{x})=\boldsymbol{0}\tag{78}$$

因为联结(77)与(78)的方程总数少于 n,故有向量 $\boldsymbol{x}^{(1)}\neq\boldsymbol{0}$ 存在同时适合这些联结.因为联结(78)表示向量 $\boldsymbol{x}$ 对主向量 $\boldsymbol{z}^{p+1},\cdots,\boldsymbol{z}^q$ 的正交性,所以对应于向量 $\boldsymbol{x}^{(1)}$ 的坐标都等于零:$\xi_{p+1}=\cdots=\xi_n=0$.因此由(70)得

$$\frac{\boldsymbol{A}(\boldsymbol{x}^{(1)},\boldsymbol{x}^{(1)})}{\boldsymbol{B}(\boldsymbol{x}^{(1)},\boldsymbol{x}^{(1)})}=\frac{\lambda_1\xi_1^2+\cdots+\lambda_p\xi_p^2}{\xi_1^2+\cdots+\xi_p^2}\leqslant\lambda_p$$

但是此时

$$\mu\left(\frac{\boldsymbol{A}}{\boldsymbol{B}};L_1,L_2,\cdots,L_{p-1}\right)\leqslant\frac{\boldsymbol{A}(\boldsymbol{x}^{(1)},\boldsymbol{x}^{(1)})}{\boldsymbol{B}(\boldsymbol{x}^{(1)},\boldsymbol{x}^{(1)})}\leqslant\lambda_p$$

结合这个不等式与(76)证明对于变动联结 $\boldsymbol{L}_1,\boldsymbol{L}_2,\cdots,\boldsymbol{L}_{p-1}$,值 μ 常小于或等于 λ_p,而只在取特殊联结 $\widetilde{\boldsymbol{L}}_1,\widetilde{\boldsymbol{L}}_2,\cdots,\widetilde{\boldsymbol{L}}_{p-1}$ 时始能达到 λ_p.

我们证明了:

定理 12 如果我们对于任意 $p-1$ 个联结 $\boldsymbol{L}_1,\boldsymbol{L}_2,\cdots,\boldsymbol{L}_{p-1}$,讨论两个型的比值 $\dfrac{\boldsymbol{A}(\boldsymbol{x},\boldsymbol{x})}{\boldsymbol{B}(\boldsymbol{x},\boldsymbol{x})}$ 的极小值且变动这些联结,那么这些极小值中的极大值等于 λ_p

$$\lambda_p=\max\mu\left(\frac{\boldsymbol{A}}{\boldsymbol{B}};\boldsymbol{L}_1,\boldsymbol{L}_2,\cdots,\boldsymbol{L}_{p-1}\right)\tag{79}$$

不同于定理11中所讨论的"极小的"特征数,定理12给予"极大的极小"特

① $\widetilde{L}_k(x)=\boldsymbol{z}^{k'}\boldsymbol{B}\boldsymbol{x}=\tilde{l}_{1k}x_1+\tilde{l}_{2k}x_2+\cdots+\tilde{l}_{nk}x_n$,其中 $\tilde{l}_{1k},\tilde{l}_{2k},\cdots,\tilde{l}_{nk}$ 为行矩阵 $\boldsymbol{z}^{k'}\boldsymbol{B}$ 的元素($k=1,2,\cdots,n$).

征数 $\lambda_1, \lambda_2, \cdots, \lambda_n$.

4. 我们注意，如果型束 $\boldsymbol{A}(\boldsymbol{x},\boldsymbol{x})-\lambda\boldsymbol{B}(\boldsymbol{x},\boldsymbol{x})$ 中的 $\boldsymbol{A}(\boldsymbol{x},\boldsymbol{x})$ 换为 $-\boldsymbol{A}(\boldsymbol{x},\boldsymbol{x})$，那么型束的所有特征数都将变号，而对应的主向量并无变动. 这样一来，型束 $-\boldsymbol{A}(\boldsymbol{x},\boldsymbol{x})-\lambda\boldsymbol{B}(\boldsymbol{x},\boldsymbol{x})$ 的特征数为数

$$-\lambda_n \leqslant -\lambda_{n-1} \leqslant \cdots \leqslant -\lambda_1$$

再者，记

$$\nu\left(\frac{\boldsymbol{A}}{\boldsymbol{B}};\boldsymbol{L}_1,\boldsymbol{L}_2,\cdots,\boldsymbol{L}_h\right)=\max\frac{\boldsymbol{A}(\boldsymbol{x},\boldsymbol{x})}{\boldsymbol{B}(\boldsymbol{x},\boldsymbol{x})} \tag{80}$$

那么对变动向量安置联结 $\boldsymbol{L}_1,\boldsymbol{L}_2,\cdots,\boldsymbol{L}_h$，我们可以写出

$$\mu\left(-\frac{\boldsymbol{A}}{\boldsymbol{B}};\boldsymbol{L}_1,\boldsymbol{L}_2,\cdots,\boldsymbol{L}_h\right)=-\nu\left(\frac{\boldsymbol{A}}{\boldsymbol{B}};\boldsymbol{L}_1,\boldsymbol{L}_2,\cdots,\boldsymbol{L}_h\right)$$

与

$$\max\mu\left(-\frac{\boldsymbol{A}}{\boldsymbol{B}};\boldsymbol{L}_1,\boldsymbol{L}_2,\cdots,\boldsymbol{L}_h\right)=-\min\nu\left(\frac{\boldsymbol{A}}{\boldsymbol{B}};\boldsymbol{L}_1,\boldsymbol{L}_2,\cdots,\boldsymbol{L}_h\right)$$

故在应用定理 10,11,12 于比值 $-\dfrac{\boldsymbol{A}(\boldsymbol{x},\boldsymbol{x})}{\boldsymbol{B}(\boldsymbol{x},\boldsymbol{x})}$，代替公式(72),(76),(79)，我们得出公式

$$\lambda_n=\max\frac{\boldsymbol{A}(\boldsymbol{x},\boldsymbol{x})}{\boldsymbol{B}(\boldsymbol{x},\boldsymbol{x})}$$

$$\lambda_{n-p+1}=\nu\left(\frac{\boldsymbol{A}}{\boldsymbol{B}};\widetilde{\boldsymbol{L}}_n,\widetilde{\boldsymbol{L}}_{n-1},\cdots,\widetilde{\boldsymbol{L}}_{n-p+2}\right)$$

$$\lambda_{n-p+1}=\min\nu\left(\frac{\boldsymbol{A}}{\boldsymbol{B}};\boldsymbol{L}_1,\boldsymbol{L}_2,\cdots,\boldsymbol{L}_{p-1}\right)\quad(p=1,2,\cdots,n)$$

这些公式对应地建立了数 $\lambda_1,\lambda_2,\cdots,\lambda_n$ 的“极大”与“极小”的性质，我们将其叙述为以下定理：

定理 13　设正则型束 $\boldsymbol{A}(\boldsymbol{x},\boldsymbol{x})-\lambda\boldsymbol{B}(\boldsymbol{x},\boldsymbol{x})$ 的特征数

$$\lambda_1\leqslant\lambda_2\leqslant\cdots\leqslant\lambda_n$$

对应于型束的线性无关主向量 $\boldsymbol{z}^1,\boldsymbol{z}^2,\cdots,\boldsymbol{z}^n$. 那么

1° 最大特征数 λ_n 的型的比值的极大值

$$\lambda_n=\max\frac{\boldsymbol{A}(\boldsymbol{x},\boldsymbol{x})}{\boldsymbol{B}(\boldsymbol{x},\boldsymbol{x})} \tag{81}$$

而且只对应于特征数 λ_n 的型束主向量时才能达到这个极大值.

2° 第 p 个(从后面算起) 特征数 $\lambda_{n-p+1}(2\leqslant p\leqslant n)$ 亦是型的比值的极大值

$$\lambda_{n-p+1}=\max\frac{\boldsymbol{A}(\boldsymbol{x},\boldsymbol{x})}{\boldsymbol{B}(\boldsymbol{x},\boldsymbol{x})} \tag{82}$$

但是规定在变动向量 $\boldsymbol{x}$ 上须安置联结

$$\boldsymbol{B}(\boldsymbol{z}^n,\boldsymbol{x})=0,\boldsymbol{B}(\boldsymbol{z}^{n-1},\boldsymbol{x})=0,\cdots,\boldsymbol{B}(\boldsymbol{z}^{n-p+2},\boldsymbol{x})=0 \tag{83}$$

亦即

$$\lambda_{n-p+1}=\nu\left(\frac{\boldsymbol{A}}{\boldsymbol{B}};\widetilde{\boldsymbol{L}}_n,\widetilde{\boldsymbol{L}}_{n-1},\cdots,\widetilde{\boldsymbol{L}}_{n-p+2}\right) \tag{84}$$

这个极大值只有对应于特征数 λ_{n-p+1},且适合联结(83) 的型束主向量时才能达到.

3° 如果对于有联结

$$\boldsymbol{L}_1(\boldsymbol{x})=\boldsymbol{0},\cdots,\boldsymbol{L}_{p-1}(\boldsymbol{x})=\boldsymbol{0}$$

$(2\leqslant p\leqslant n)$ 的比值 $\dfrac{\boldsymbol{A}(\boldsymbol{x},\boldsymbol{x})}{\boldsymbol{B}(\boldsymbol{x},\boldsymbol{x})}$ 的极大值,变动诸联结,那么这些极大值中的最小值(极小) 就等于 λ_{n-p+1}

$$\lambda_{n-p+1}=\min\nu\left(\frac{\boldsymbol{A}}{\boldsymbol{B}};\boldsymbol{L}_1,\boldsymbol{L}_2,\cdots,\boldsymbol{L}_{p-1}\right) \tag{85}$$

5. 设给予 h 个无关的联结

$$\boldsymbol{L}_1^0(\boldsymbol{x})=\boldsymbol{0},\boldsymbol{L}_2^0(\boldsymbol{x})=\boldsymbol{0},\cdots,\boldsymbol{L}_h^0(\boldsymbol{x})=\boldsymbol{0}\text{①} \tag{86}$$

那么从这些关系可以在变换 $x_1,x_2,\cdots,x_n$ 中选出 h 个经其余的变数线性表出,以 $v_1,v_2,\cdots,v_{n-h}$ 来记这些变数. 故在安置联结(86) 时正则型束 $\boldsymbol{A}(\boldsymbol{x},\boldsymbol{x})-\lambda\boldsymbol{B}(\boldsymbol{x},\boldsymbol{x})$ 化为型束 $\boldsymbol{A}^0(\boldsymbol{v},\boldsymbol{v})-\lambda\boldsymbol{B}^0(\boldsymbol{v},\boldsymbol{v})$,其中 $\boldsymbol{B}^0(\boldsymbol{v},\boldsymbol{v})$ 仍然是恒正的(只含有 $n-h$ 个变数). 这样得出的正则型束有 $n-h$ 个实特征数

$$\lambda_1^0\leqslant\lambda_2^0\leqslant\cdots\leqslant\lambda_{n-h}^0 \tag{87}$$

在安置联结(86) 时,可以有不同的选取使所有变数经 $n-h$ 个无关的 $v_1,v_2,\cdots,v_{n-h}$ 表出. 但是特征数(87),与这种任意性无关,有完全确定的值. 这可由特征数的极大的极小性质来得出

$$\lambda_1^0=\min\frac{\boldsymbol{A}^0(\boldsymbol{v},\boldsymbol{v})}{\boldsymbol{B}^0(\boldsymbol{v},\boldsymbol{v})}=\mu\left(\frac{\boldsymbol{A}}{\boldsymbol{B}};\boldsymbol{L}_1^0,\boldsymbol{L}_2^0,\cdots,\boldsymbol{L}_h^0\right) \tag{88}$$

一般的有

$$\lambda_p^0=\max\mu\left(\frac{\boldsymbol{A}^0}{\boldsymbol{B}^0};\boldsymbol{L}_1,\boldsymbol{L}_2,\cdots,\boldsymbol{L}_{p-1}\right)=$$

$$\max\mu\left(\frac{\boldsymbol{A}}{\boldsymbol{B}};\boldsymbol{L}_1^0,\boldsymbol{L}_2^0,\cdots,\boldsymbol{L}_h^0,\boldsymbol{L}_1,\cdots,\boldsymbol{L}_{p-1}\right) \tag{89}$$

此时在式(89) 中只有联结 $\boldsymbol{L}_1,\boldsymbol{L}_2,\cdots,\boldsymbol{L}_{p-1}$ 是变动的.

我们有:

定理 14 如果 $\lambda_1\leqslant\lambda_2\leqslant\cdots\leqslant\lambda_n$ 是正则型束 $\boldsymbol{A}(\boldsymbol{x},\boldsymbol{x})-\lambda\boldsymbol{B}(\boldsymbol{x},\boldsymbol{x})$ 的特征数,而 $\lambda_1^0\leqslant\lambda_2^0\leqslant\cdots\leqslant\lambda_{n-h}^0$ 是同一型束在安置 h 个无关联结后的特征数,那么

$$\lambda_p\leqslant\lambda_p^0\leqslant\lambda_{p+h}\quad(p=1,2,\cdots,n-h) \tag{90}$$

---

① 只要位于联结方程左边的是无关的线性型 $\boldsymbol{L}_1^0(x),\boldsymbol{L}_2^0(x),\cdots,\boldsymbol{L}_h^0(x)$,联结(86) 就是无关的.

证明　不等式$\lambda_p \leqslant \lambda_p^0 (p=1,2,\cdots,n-h)$可立刻从式(79)与(89)得出. 事实上,在增加新的联结后,极小值$\mu\left(\frac{\boldsymbol{A}}{\boldsymbol{B}};\boldsymbol{L}_1,\cdots,\boldsymbol{L}_{p-1}\right)$可能增加亦可能不动. 故有

$$\mu\left(\frac{\boldsymbol{A}}{\boldsymbol{B}};\boldsymbol{L}_1,\cdots,\boldsymbol{L}_{p-1}\right) \leqslant \mu\left(\frac{\boldsymbol{A}}{\boldsymbol{B}};\boldsymbol{L}_1^0,\cdots,\boldsymbol{L}_h^0;\boldsymbol{L}_1,\cdots,\boldsymbol{L}_{p-1}\right)$$

因此

$$\lambda_p = \max\mu\left(\frac{\boldsymbol{A}}{\boldsymbol{B}};\boldsymbol{L}_1,\cdots,\boldsymbol{L}_{p-1}\right) \leqslant \lambda_p^0 =$$

$$\max\mu\left(\frac{\boldsymbol{A}}{\boldsymbol{B}};\boldsymbol{L}_1^0,\cdots,\boldsymbol{L}_h^0,\boldsymbol{L}_1,\cdots,\boldsymbol{L}_{p-1}\right)$$

由于以下关系式知不等式(90)的第二部分亦能成立

$$\lambda_p^0 = \max\ \mu\left(\frac{\boldsymbol{A}}{\boldsymbol{B}};\boldsymbol{L}_1^0,\cdots,\boldsymbol{L}_h^0,\boldsymbol{L}_1,\cdots,\boldsymbol{L}_{p-1}\right) \leqslant$$

$$\max\ \mu\left(\frac{\boldsymbol{A}}{\boldsymbol{B}};\boldsymbol{L}_1,\cdots,\boldsymbol{L}_{p-1},\boldsymbol{L}_p,\cdots,\boldsymbol{L}_{p+h-1}\right) = \lambda_{p+1}$$

此处在右边中不仅变动联结$\boldsymbol{L}_1,\cdots,\boldsymbol{L}_{p-1}$,而且变动联结$\boldsymbol{L}_p,\cdots,\boldsymbol{L}_{p+h-1}$;而在左边中代替后一部分联结为固定的联结$\boldsymbol{L}_1^0,\cdots,\boldsymbol{L}_h^0$.

定理已经证明.

6. 设给予两个正则型束

$$\boldsymbol{A}(\boldsymbol{x},\boldsymbol{x}) - \lambda\boldsymbol{B}(\boldsymbol{x},\boldsymbol{x}), \widetilde{\boldsymbol{A}}(\boldsymbol{x},\boldsymbol{x}) - \lambda\widetilde{\boldsymbol{B}}(\boldsymbol{x},\boldsymbol{x}) \tag{91}$$

且设对于任何$\boldsymbol{x} \neq \boldsymbol{0}$都有

$$\frac{\boldsymbol{A}(\boldsymbol{x},\boldsymbol{x})}{\boldsymbol{B}(\boldsymbol{x},\boldsymbol{x})} \leqslant \frac{\widetilde{\boldsymbol{A}}(\boldsymbol{x},\boldsymbol{x})}{\widetilde{\boldsymbol{B}}(\boldsymbol{x},\boldsymbol{x})}$$

那么显然有

$$\max\quad \mu\left(\frac{\boldsymbol{A}}{\boldsymbol{B}};\boldsymbol{L}_1,\boldsymbol{L}_2,\cdots,\boldsymbol{L}_{p-1}\right) \leqslant \max\ \mu\left(\frac{\widetilde{\boldsymbol{A}}}{\widetilde{\boldsymbol{B}}};\boldsymbol{L}_1,\boldsymbol{L}_2,\cdots,\boldsymbol{L}_{p-1}\right)$$

$$(p=1,2,\cdots,n)$$

故如以$\lambda_1 \leqslant \lambda_2 \leqslant \cdots \leqslant \lambda_n$与$\tilde{\lambda}_1 \leqslant \tilde{\lambda}_2 \leqslant \cdots \leqslant \tilde{\lambda}_n$记型束(91)对应的特征数,我们就有

$$\lambda_p \leqslant \tilde{\lambda}_p \quad (p=1,2,\cdots,n)$$

这样一来,我们已经证明了:

定理 15　如果给予各有特征数$\lambda_1 \leqslant \lambda_2 \leqslant \cdots \leqslant \lambda_n$与$\tilde{\lambda}_1 \leqslant \tilde{\lambda}_2 \leqslant \cdots \leqslant \tilde{\lambda}_n$的两个正则型束$\boldsymbol{A}(\boldsymbol{x},\boldsymbol{x}) - \lambda\boldsymbol{B}(\boldsymbol{x},\boldsymbol{x})$与$\widetilde{\boldsymbol{A}}(\boldsymbol{x},\boldsymbol{x}) - \lambda\widetilde{\boldsymbol{B}}(\boldsymbol{x},\boldsymbol{x})$,那么由同样的关系式

$$\frac{\boldsymbol{A}(\boldsymbol{x},\boldsymbol{x})}{\boldsymbol{B}(\boldsymbol{x},\boldsymbol{x})} \leqslant \frac{\widetilde{\boldsymbol{A}}(\boldsymbol{x},\boldsymbol{x})}{\widetilde{\boldsymbol{B}}(\boldsymbol{x},\boldsymbol{x})} \tag{92}$$

得出

$$\lambda_p \leqslant \tilde{\lambda}_n \quad (p=1,2,\cdots,n) \tag{93}$$

讨论在不等式(92)中$\boldsymbol{B}(\boldsymbol{x},\boldsymbol{x}) \equiv \tilde{\boldsymbol{B}}(\boldsymbol{x},\boldsymbol{x})$的特殊情形.在此时差$\tilde{\boldsymbol{A}}(\boldsymbol{x},\boldsymbol{x})-\boldsymbol{A}(\boldsymbol{x},\boldsymbol{x})$是一个非负二次型,故可表为独立的正平方和

$$\tilde{\boldsymbol{A}}(\boldsymbol{x},\boldsymbol{x})=\boldsymbol{A}(\boldsymbol{x},\boldsymbol{x})+\sum_{i=1}^{r}[\boldsymbol{X}_i(\boldsymbol{x})]^2$$

那么在安置r个无关联结

$$\boldsymbol{X}_1(\boldsymbol{x})=\boldsymbol{0},\boldsymbol{X}_2(\boldsymbol{x})=\boldsymbol{0},\cdots,\boldsymbol{X}_r(\boldsymbol{x})=\boldsymbol{0}$$

后,型$\boldsymbol{A}(\boldsymbol{x},\boldsymbol{x})$与$\tilde{\boldsymbol{A}}(x,x)$重合,而型束$\boldsymbol{A}(\boldsymbol{x},\boldsymbol{x})-\lambda\boldsymbol{B}(\boldsymbol{x},\boldsymbol{x})$与$\tilde{\boldsymbol{A}}(\boldsymbol{x},\boldsymbol{x})-\lambda\boldsymbol{B}(\boldsymbol{x},\boldsymbol{x})$有相同的特征数

$$\lambda_1^0 \leqslant \lambda_2^0 \leqslant \cdots \leqslant \lambda_{n-r}^0$$

应用定理14于每一个型束$\boldsymbol{A}(\boldsymbol{x},\boldsymbol{x})-\lambda\boldsymbol{B}(\boldsymbol{x},\boldsymbol{x})$与$\tilde{\boldsymbol{A}}(x,x)-\lambda\boldsymbol{B}(\boldsymbol{x},\boldsymbol{x})$,我们有

$$\tilde{\lambda}_p \leqslant \lambda_p^0 \leqslant \lambda_{p+r} \quad (p=1,2,\cdots,n-r)$$

合并这一不等式与不等式(93),得到了以下定理:

定理 16　如果$\lambda_1 \leqslant \lambda_2 \leqslant \cdots \leqslant \lambda_n$与$\tilde{\lambda}_1 \leqslant \tilde{\lambda}_2 \leqslant \cdots \leqslant \tilde{\lambda}_n$为两个正则型束$\boldsymbol{A}(\boldsymbol{x},\boldsymbol{x})-\lambda\boldsymbol{B}(\boldsymbol{x},\boldsymbol{x})$与$\tilde{\boldsymbol{A}}(\boldsymbol{x},\boldsymbol{x})-\lambda\boldsymbol{B}(\boldsymbol{x},\boldsymbol{x})$的特征数,其中

$$\tilde{\boldsymbol{A}}(\boldsymbol{x},\boldsymbol{x})=\boldsymbol{A}(\boldsymbol{x},\boldsymbol{x})+\sum_{i=1}^{r}[\boldsymbol{X}_i(\boldsymbol{x})]^2$$

而$\boldsymbol{X}_i(\boldsymbol{x})(i=1,2,\cdots,r)$为无关的线性型,那么就有不等式①

$$\lambda_p \leqslant \tilde{\lambda}_p \leqslant \lambda_{p+r} \quad (p=1,2,\cdots,n) \tag{94}$$

完全类似的可以证明:

定理 17　如果$\lambda_1 \leqslant \lambda_2 \leqslant \cdots \leqslant \lambda_n$与$\tilde{\lambda}_1 \leqslant \tilde{\lambda}_2 \leqslant \cdots \leqslant \tilde{\lambda}_n$为正则型束$\boldsymbol{A}(\boldsymbol{x},\boldsymbol{x})-\lambda\boldsymbol{B}(\boldsymbol{x},\boldsymbol{x})$与$\boldsymbol{A}(\boldsymbol{x},\boldsymbol{x})-\lambda\tilde{\boldsymbol{B}}(\boldsymbol{x},\boldsymbol{x})$的特征数,其中型$\tilde{\boldsymbol{B}}(\boldsymbol{x},\boldsymbol{x})$为由$\boldsymbol{B}(\boldsymbol{x},\boldsymbol{x})$加上$r$个正平方所得出的,那么就有不等式②

$$\lambda_{p-r} \leqslant \tilde{\lambda}_p \leqslant \lambda_p \quad (p=1,2,\cdots,n) \tag{95}$$

注　在定理16与17中可以断定,如果很明显的有$r \neq 0$,则对于某一个p有$\lambda_p < \tilde{\lambda}_p(\tilde{\lambda}_p < \lambda_p)$.

§8　有n个自由度的系统的微振动

上两节的结果在有n个自由度的力学系统的微振动理论中有重要的应用.

讨论在系统的稳定平衡位置近旁,有n个自由度的不变力学系统的自由振

① 这些不等式的第二部分只在$p \leqslant n-r$时才能成立.

② 这些不等式的第一部分只在$p > r$时才能成立.

动.这一系统对平衡位置的偏差是用无关的广义坐标 $q_1,q_2,\cdots,q_n$ 来给出的.而且它的平衡位置对应于这些坐标的零值:$q_1=0,q_2=0,\cdots,q_n=0$.那么系统的动能表为广义速度 $\dot{q}_1,\dot{q}_2,\cdots,\dot{q}_n$ 的二次型①

$$\boldsymbol{T}=\sum_{i,k=1}^{n} b_{ik}(q_1,q_2,\cdots,q_n)\dot{q}_i\dot{q}_k$$

按照 $q_1,q_2,\cdots,q_n$ 的次数的次序来排列 $b_{ik}(q_1,q_2,\cdots,q_n)$ 的系数

$$b_{ik}(q_1,q_2,\cdots,q_n)=b_{ik}+\cdots\quad(i,k=1,2,\cdots,n)$$

而且(由于 $q_1,q_2,\cdots,q_n$ 很微小的偏差)只保持常数项 b_{ik},我们有

$$\boldsymbol{T}=\sum_{i,k=1}^{n} b_{ik}\dot{q}_i\dot{q}_k\quad(b_{ik}=b_{ki};i,k=1,2,\cdots,n)$$

动能常是正的且只对于零速度 $\dot{q}_1=\dot{q}_2=\cdots=\dot{q}_n=0$ 才变为零.故型 $\sum\limits_{i,k=1}^{n} b_{ik}\dot{q}_i\dot{q}_k$ 是正定的.

系统的位能是坐标的函数:$\boldsymbol{n}(q_1,q_2,\cdots,q_n)$.毫不损失其一般性,可以取 $\boldsymbol{n}_0=\boldsymbol{n}(0,\cdots,0)=0$,那么按照 $q_1,q_2,\cdots,q_n$ 的次数的次序来分解位能,我们得出

$$\boldsymbol{n}=\sum_{i=1}^{n} a_i q_i+\sum_{i,k=1}^{n} a_{ik}q_iq_k+\cdots$$

因为在平衡位置,位能常有固定的值,所以

$$a_i=\left(\frac{\partial \boldsymbol{n}}{\partial q_i}\right)_0=0\quad(i=1,2,\cdots,n)$$

只保持 $q_1,q_2,\cdots,q_n$ 的二次项,我们有

$$\boldsymbol{n}=\sum_{i,k=1}^{n} a_{ik}q_iq_k\quad(a_{ik}=a_{ki};i,k=1,2,\cdots,n)$$

这样一来,位能 $\boldsymbol{n}$ 与动能 T 定出了两个二次型

$$\boldsymbol{n}=\sum_{i,k=0}^{n} a_{ik}q_iq_k,\boldsymbol{T}=\sum_{i,k=1}^{n} b_{ik}\dot{q}_i\dot{q}_k\tag{96}$$

而且第二个型是正定的.

现在写运动的微分方程为拉格朗日第二类方程的形式②

$$\frac{\mathrm{d}}{\mathrm{d}t}\frac{\partial \boldsymbol{T}}{\partial \dot{q}_i}-\frac{\partial \boldsymbol{T}}{\partial q_i}=-\frac{\partial \boldsymbol{n}}{\partial q_i}\quad(i=1,2,\cdots,n)\tag{97}$$

用 $\boldsymbol{T}$ 与 $\boldsymbol{n}$ 的表示(96)代替 $\boldsymbol{T}$ 与 $\boldsymbol{n}$,我们得出

$$\sum_{k=1}^{n} b_{ik}\ddot{q}_k+\sum_{k=1}^{n} a_{ik}q_k=0\quad(k=1,2,\cdots,n)\tag{98}$$

---

① 用点表示对时间的导数.

② 参考,格·克·苏斯洛夫,理论力学(俄文),§210或费·普·甘特马赫尔,分析力学讲义(俄文),§33.

在讨论中引进实对称矩阵

$$A=(a_{ik})_1^n \quad 与 \quad B=(b_{ik})_1^n$$

与列矩阵 $q=(q_1,q_2,\cdots,q_n)$，我们可以把方程组(97) 写为以下矩阵的形状

$$B\ddot{q}+Aq=0 \tag{98'}$$

把方程组(98) 的解写成调和振动

$$q_1=v_1\sin(pt+\alpha),q_2=v_2\sin(pt+\alpha),\cdots,q_n=v_n\sin(pt+\alpha)$$

其矩阵的写法为

$$q=v\sin(pt+\alpha) \tag{99}$$

此处 $v=(v_1,v_2,\cdots,v_n)$ 为常数的振幅列("向量")，p 为振动频率，而 α 为振动的初始位相.

用 q 的表示式(99) 代入(98′)，在约去 $\sin(pt+\alpha)$ 后，我们得出

$$Av=\lambda Bv \quad (\lambda=p^2)$$

但是这个方程与方程(49) 是一样的. 故所求的振幅向量是正则型束 $A(x,x)-\lambda B(x,x)$ 的主向量，而频率平方 $\lambda=p^2$ 是其对应的特征数.

我们对位能加上补充的限制，需要使函数 $n(q_1,q_2,\cdots,q_n)$ 在平衡位置有严格的极小值①.

那么根据勒让德－狄利克雷定理②，系统的平衡位置是稳定的，另一方面，我们所给的假设说明二次型 $n=A(q,q)$ 亦是正定的③

根据定理 8，正则型束 $A(x,x)-\lambda B(x,x)$ 有 n 个实特征数 $\lambda_1,\lambda_2,\cdots,\lambda_n$ 与对应于这些数的 n 个主向量 $v^1,v^2,\cdots,v^n[v^k=(v_{1k},v_{2k},\cdots,v_{nk});k=1,2,\cdots,n]$，它们适合条件

$$B(v^i,v^k)=\sum_{\mu,\nu=1}^{n} b_{\mu\nu}v_{\mu i}v_{\mu i}v_{\nu k}=\delta_{ik} \quad (i,k=1,2,\cdots,n) \tag{100}$$

从型 $A(x,x)$ 的正定性，知型束 $A(x,x)-\lambda B(x,x)$ 的所有特征数都是正的④

$$\lambda_k>0 \quad (k=1,2,\cdots,n)$$

但是此时有 n 个调和振动⑤

$$v^k\sin(p_kt+\alpha_k) \quad (p_k^2=\lambda_k,k=1,2,\cdots,n) \tag{101}$$

存在，其振幅向量 $v^k=(v_{1k},v_{2k},\cdots,v_{nk})(k=1,2,\cdots,n)$ 适合"标准正交性"条件(100).

---

① 是即使得在平衡位置时，值 n_0 小于函数在平衡位置邻近的所有其他值.

② 参考格・克・苏斯洛夫，理论力学，§210.

③ 这自然是一个补充命题. —— 编者注

④ 这可以从表示式(63) 来得出.

⑤ 此处初始位相 $\alpha_k(k=1,2,\cdots,n)$ 是任意常数.

由于方程(98′) 是线性的，任意的振动可以由叠加调和振动(101) 来得出

$$\boldsymbol{q}=\sum_{k=1}^{n}A_k\sin(p_kt+\alpha_k)\boldsymbol{v}^k \tag{102}$$

其中 $\boldsymbol{A}_k,\alpha_k(k=1,2,\cdots,n)$ 是任意常数. 事实上，对于这些常数的任何值，表示式(102) 都是方程(98′) 的解. 另一方面，可以使任意常数适合任何初始条件

$$\boldsymbol{q}\mid_{t=0}=\boldsymbol{q}_0,\dot{\boldsymbol{q}}\mid_{t=0}=\dot{\boldsymbol{q}}_0$$

事实上，由(102) 我们得出

$$\boldsymbol{q}_0=\sum_{k=1}^{n}A_k\sin\alpha_k\boldsymbol{v}^k,\dot{\boldsymbol{q}}_0=\sum_{k=1}^{n}p_kA_k\cos\alpha_k\boldsymbol{v}^k \tag{103}$$

因为主列 $\boldsymbol{v}^1,\boldsymbol{v}^2,\cdots,\boldsymbol{v}^n$ 永远线性无关，故由等式(103) 可唯一的确定诸值 $A_k\sin\alpha_k$ 与 $p_kA_k\cos\alpha_k(k=1,2,\cdots,n)$，因而定出任意常数 A_k 与 $\alpha_k(k=1,2,\cdots,n)$.

微分方程组(98) 的解(102) 可以更详细地写为

$$\boldsymbol{q}_i=\sum_{k=1}^{n}A_k\sin(p_kt+\alpha_k)v_{ik} \tag{104}$$

我们注意，可以从定理 9 出发来得出相同的公式(102) 与(104). 事实上，讨论矩阵为 $\boldsymbol{V}=(v_{ik})_1^n$ 的变数的满秩变换，他能同时化型 $\boldsymbol{A}(\boldsymbol{x},\boldsymbol{x})$ 与 $\boldsymbol{B}(\boldsymbol{x},\boldsymbol{x})$ 为标准形状(63). 令

$$q_i=\sum_{k=1}^{n}v_{ik}\theta_k\quad(i=1,2,\cdots,n) \tag{105}$$

或缩写为

$$\boldsymbol{q}=\boldsymbol{V\theta}\quad[\boldsymbol{\theta}=(\theta_1,\theta_2,\cdots,\theta_n)] \tag{106}$$

且注意 $\dot{\boldsymbol{q}}=\boldsymbol{V}\dot{\boldsymbol{\theta}}$，我们得出

$$\boldsymbol{n}=\boldsymbol{A}(\boldsymbol{q},\boldsymbol{q})=\sum_{i=1}^{n}\lambda_k\theta_k^2,\boldsymbol{T}=\boldsymbol{B}(\dot{\boldsymbol{q}},\dot{\boldsymbol{q}})=\sum_{k=1}^{n}\dot{\theta}_k^2 \tag{107}$$

使得位能与动能表为(107) 的形状的坐标 $\theta_1,\theta_2,\cdots,\theta_n$ 称为正规坐标.

应用第二类拉格朗日方程(98)，用 $\boldsymbol{n}$ 与 $\boldsymbol{T}$ 的表示式(107) 代入(98). 我们得出

$$\ddot{\theta}_k+\lambda_k\theta_k=0\quad(k=1,2,\cdots,n) \tag{108}$$

因为型 $\boldsymbol{A}(\boldsymbol{q},\boldsymbol{q})$ 是正定的，故所有数 $\lambda_1,\lambda_2,\cdots,\lambda_n$ 都是正的，因而可以表为以下形状

$$\lambda_k=p_k^2\quad(p_k>0;k=1,2,\cdots,n) \tag{109}$$

由(108) 与(109) 我们得出

$$\theta_k=A_k\sin(p_kt+\alpha_k)\quad(k=1,2,\cdots,n) \tag{110}$$

以 θ_k 的这些表示式代进等式(105)，我们仍然得出公式(104)，因而得出式(102). 在两种结论里面，值 $v_{ik}(i,k=1,2,\cdots,n)$ 是相同的，因为根据定理 9，

(106) 中矩阵 $\boldsymbol{V}=(v_{ik})_1^n$ 是正则型束 $\boldsymbol{A}(\boldsymbol{x},\boldsymbol{x})-\lambda\boldsymbol{B}(\boldsymbol{x},\boldsymbol{x})$ 的主矩阵.

还要注意定理 14 与 15 的力学解释.

调动力学系统所给出的频率 $p_1,p_2,\cdots,p_n$ 的序数,使其成为一个非减的序列

$$0<p_1\leqslant p_2\leqslant\cdots\leqslant p_n$$

它们为型束 $\boldsymbol{A}(\boldsymbol{x},\boldsymbol{x})-\lambda\boldsymbol{B}(\boldsymbol{x},\boldsymbol{x})$ 的对应特征数 $\lambda_k=p_k^2(k=1,2,\cdots,n)$ 的位置所确定

$$\lambda_1\leqslant\lambda_2\leqslant\cdots\leqslant\lambda_n$$

对所给予系统上安置 h 个无关的有限的平稳联结①. 因为偏差 $q_1,q_2,\cdots,q_n$ 都作为很小的值,所以这些联结可以视为 $q_1,q_2,\cdots,q_n$ 的线性关系

$$\boldsymbol{L}_1(\boldsymbol{q})=\boldsymbol{0},\boldsymbol{L}_2(\boldsymbol{q})=\boldsymbol{0},\cdots,\boldsymbol{L}_h(\boldsymbol{q})=\boldsymbol{0}$$

在安置联结之后,我们的系统只有 $n-h$ 个自由度. 这一系统的频率

$$p_1^0\leqslant p_2^0\leqslant\cdots\leqslant p_{n-h}^0$$

与在安置联结 $\boldsymbol{L}_1,\boldsymbol{L}_2,\cdots,\boldsymbol{L}_h$ 时,型束 $\boldsymbol{A}(\boldsymbol{x},\boldsymbol{x})-\lambda\boldsymbol{B}(\boldsymbol{x},\boldsymbol{x})$ 的特征数 $\lambda_1^0\leqslant\lambda_2^0\leqslant\cdots\leqslant\lambda_{n-h}^0$ 之间有关系式 $\lambda_j^0=p_j^{02}(j=1,2,\cdots,n-h)$ 存在. 故由定理 14 直接得出

$$p_j\leqslant p_j^0\leqslant p_{j+h}\quad(j=1,2,\cdots,n-h)$$

这样一来,在安置 h 个联结时,系统的频率只有可能增加,但此时新的第 j 个值 p_j^0 不能超过前面第 $j+h$ 个频率 p_{j+h}.

完全类似的根据定理 15 可以断定,在增强系统的硬度时,亦即增加关于位能的型 $\boldsymbol{A}(\boldsymbol{q},\boldsymbol{q})$[不变型 $\boldsymbol{B}(\boldsymbol{q},\boldsymbol{q})$] 时,频率只有可能增加,而在增强系统的惯性时,亦即在增加关于动能的型 $\boldsymbol{B}(\dot{\boldsymbol{q}},\dot{\boldsymbol{q}})$[不变型 $\boldsymbol{A}(\boldsymbol{q},\boldsymbol{q})$ 时,频率只有可能减少].

定理 16 与 17 对这种情况引进更加准确的补充.

§9　埃尔米特型②

这一章中 §1 ~ §7 内对于二次型所建立的所有结果,都可以转移到埃尔米特型上去.

记住③埃尔米特型是指表示式

$$\boldsymbol{H}(\boldsymbol{x},\boldsymbol{x})=\sum_{i,k=1}^{n}h_{ik}x_i\overline{x}_k\quad(h_{ik}=\overline{h}_{ki};i,k=1,2,\cdots,n)\tag{111}$$

---

① 有限的平稳联结由方程 $f(q_1,q_2,\cdots,q_n)=0$ 所表出,其中 $f(q_1,q_2,\cdots,q_n)$ 为广义坐标的某一函数.

② 在上节中所有的数与变数都是实数. 在这一节中所有的数都是复数而且变数都取复数值.

③ 参考第 9 章, §2.

埃尔米特型(111)对应于以下双线性埃尔米特型

$$\boldsymbol{H}(\boldsymbol{x},\boldsymbol{y})=\sum_{i,k=1}^{n}h_{ik}x_i\overline{y}_k \tag{112}$$

此时有

$$\boldsymbol{H}(\boldsymbol{y},\boldsymbol{x})=\overline{\boldsymbol{H}(\boldsymbol{x},\boldsymbol{y})} \tag{113}$$

特别的有

$$\boldsymbol{H}(\boldsymbol{x},\boldsymbol{x})=\overline{\boldsymbol{H}(\boldsymbol{x},\boldsymbol{x})} \tag{113'}$$

亦即型 $\boldsymbol{H}(\boldsymbol{x},\boldsymbol{x})$ 只能取实数值.

埃尔米特型的系数矩阵 $\boldsymbol{H}=(h_{ik})_1^n$ 是一个埃尔米特矩阵,亦即 $\boldsymbol{H}^*=\boldsymbol{H}$①

应用矩阵 $\boldsymbol{H}=(h_{ik})_1^n$ 可以表示 $\boldsymbol{H}(\boldsymbol{x},\boldsymbol{y})$,特别的,表示 $\boldsymbol{H}(\boldsymbol{x},\boldsymbol{x})$ 为三个矩阵(行矩阵,方阵与列矩阵)的乘积

$$\boldsymbol{H}(\boldsymbol{x},\boldsymbol{y})=\boldsymbol{x}'\boldsymbol{H}\overline{\boldsymbol{y}},\boldsymbol{H}(\boldsymbol{x},\boldsymbol{x})=\boldsymbol{x}'\boldsymbol{H}\overline{\boldsymbol{x}} \tag{114}$$

如果

$$\boldsymbol{x}=\sum_{i=1}^{m}c_i\boldsymbol{u}^i,\boldsymbol{y}=\sum_{k=1}^{p}d_k\boldsymbol{v}^k \tag{115}$$

其中 $\boldsymbol{u}^i,\boldsymbol{v}^k$ 是列矩阵,c_i,d_k 为复数($i=1,2,\cdots,m;k=1,2,\cdots,p$),那么

$$\boldsymbol{H}(\boldsymbol{x},\boldsymbol{y})=\sum_{i=1}^{m}\sum_{k=1}^{p}c_i\overline{d}_k\boldsymbol{H}(\boldsymbol{u}^i,\boldsymbol{v}^k) \tag{116}$$

对变数 $x_1,x_2,\cdots,x_n$ 取线性变换

$$x_i=\sum_{k=1}^{n}t_{ik}\xi_k\quad(i=1,2,\cdots,n) \tag{117}$$

或写为矩阵形状

$$\boldsymbol{x}=\boldsymbol{T}\boldsymbol{\xi}\quad(\boldsymbol{T}=(t_{ik})_1^n) \tag{117'}$$

经变换后埃尔米特型 $\boldsymbol{H}(\boldsymbol{x},\boldsymbol{x})$ 化为

$$\widetilde{\boldsymbol{H}}(\xi,\xi)=\sum_{i,k=1}^{n}\widetilde{h}_{ik}\xi_i\overline{\xi}_k$$

其中新系数矩阵 $\widetilde{\boldsymbol{H}}=(\widetilde{h}_{ik})_1^n$ 与旧系数矩阵 $\boldsymbol{H}=(h_{ik})_1^n$ 间有关系式

$$\widetilde{\boldsymbol{H}}=\boldsymbol{T}'\boldsymbol{H}\overline{\boldsymbol{T}} \tag{118}$$

这可以直接在(114)的第二个公式中把 $\boldsymbol{x}$ 换为 $\boldsymbol{T\xi}$ 来证明.

如果令 $\boldsymbol{T}=\overline{\boldsymbol{W}}$,那么公式(118)还可以写为

$$\widetilde{\boldsymbol{H}}=\boldsymbol{W}^*\boldsymbol{H}\boldsymbol{W} \tag{119}$$

如果变换(117)是满秩的($|\boldsymbol{T}|\neq 0$),那么由公式(118)知矩阵 $\boldsymbol{H}$ 与 $\widetilde{\boldsymbol{H}}$ 等秩.矩阵 $\boldsymbol{H}$ 的秩称为型 $\boldsymbol{H}(\boldsymbol{x},\boldsymbol{x})$ 的秩.

---

① 星号 * 表示由原矩阵化为共轭矩阵.

行列式$|\boldsymbol{H}|$称为埃尔米特型$\boldsymbol{H}(\boldsymbol{x},\boldsymbol{x})$的判别式.由(118)知在转移到新变数时判别式的变换公式为

$$|\widetilde{\boldsymbol{H}}|=|\boldsymbol{H}||\boldsymbol{T}||\overline{\boldsymbol{T}}|$$

埃尔米特型称为奇异的,如果它的判别式等于零.显然,奇异的型经任何变换(117)后,仍然是奇异的.

埃尔米特型$\boldsymbol{H}(\boldsymbol{x},\boldsymbol{x})$可以有无穷多种方法使其化为

$$\boldsymbol{H}(\boldsymbol{x},\boldsymbol{x})=\sum_{i=1}^{r}a_i\boldsymbol{X}_i\overline{\boldsymbol{X}}_i \tag{120}$$

其中$a_i\neq 0(i=1,2,\cdots,r)$为实数,而

$$\boldsymbol{X}_i=\sum_{k=0}^{n}\alpha_{ik}x_k\quad(i=1,2,\cdots,r)$$

为变数$x_1,x_2,\cdots,x_n$的无关的复线性型[①].

(120)的右边称为独立的平方和[②],而这个和中每一项是正的或负的平方,则视$a_i>0$或$a_i<0$而定.和二次型一样,(120)中数r等于型$\boldsymbol{H}(\boldsymbol{x},\boldsymbol{x})$的秩.

定理 18(埃尔米特型的惯性定律) 表示埃尔米特型$\boldsymbol{H}(\boldsymbol{x},\boldsymbol{x})$为无关平方和

$$\boldsymbol{H}(\boldsymbol{x},\boldsymbol{x})=\sum_{i=1}^{r}a_i\boldsymbol{X}_i\overline{\boldsymbol{X}}_i$$

时,其正平方的个数与负平方的个数与表出的方法无关.

其证明与定理1(本章 §2)的证明完全类似.

(120)中正平方的个数π与负平方的个数ν的差σ称为埃尔米特型$\boldsymbol{H}(\boldsymbol{x},\boldsymbol{x})$的符号差:$\sigma=\pi-\nu$.

化二次型为平方和的拉格朗日方法可以用于埃尔米特型,只是在此处 §3 中基本公式(15)与(16)应当换为公式[③]

$$\boldsymbol{H}(\boldsymbol{x},\boldsymbol{x})=\frac{1}{h_{gg}}\left|\sum_{k=1}^{n}h_{kg}x_k\right|^2+\boldsymbol{H}_1(\boldsymbol{x},\boldsymbol{x}) \tag{121}$$

$$\boldsymbol{H}(\boldsymbol{x},\boldsymbol{x})=\frac{1}{2}\left\{\left|\sum_{k=1}^{n}\left(h_{kf}+\frac{h_{kg}}{h_{fg}}\right)x_k\right|^2-\left|\sum_{k=1}^{n}\left(h_{kf}-\frac{h_{kg}}{h_{fg}}\right)x_k\right|^2\right\}+\boldsymbol{H}_2(\boldsymbol{x},\boldsymbol{x}) \tag{122}$$

现在来对r秩埃尔米特型$\boldsymbol{H}(\boldsymbol{x},\boldsymbol{x})=\sum_{i,k=1}^{u}h_{ik}x_i\overline{x}_k$,我们假设秩$r$满足不等式

① 故有$r\leqslant n$.

② 这个术语是这样来的,因为乘积$\boldsymbol{X}_i\overline{\boldsymbol{X}}_i$等于模$\boldsymbol{X}_i$的平方($\boldsymbol{X}_i\overline{\boldsymbol{X}}_i=|\boldsymbol{X}_i|^2$).

③ 在$h_{gg}\neq 0$时用公式(121),而在$h_{ff}=h_{gg}=0$,但是$h_{fg}\neq 0$时则用公式(122).

$$D_k = \boldsymbol{H}\begin{pmatrix}1 & 2 & \cdots & k \\ 1 & 2 & \cdots & k\end{pmatrix} \neq 0 \quad (k=1,2,\cdots,r) \tag{123}$$

那么完全与二次型一样(参考第 10 章 §3),得出两种形式的雅可比公式

$$\boldsymbol{H}(\boldsymbol{x},\boldsymbol{x}) = \sum_{k=1}^{n} \frac{D_{k-1}}{D_k}\boldsymbol{X}_k\overline{\boldsymbol{X}}_k, \boldsymbol{H}(\boldsymbol{x},\boldsymbol{x}) = \sum_{k=1}^{n} \frac{\boldsymbol{Y}_k\overline{\boldsymbol{Y}}_k}{D_{k-1}D_k} \quad (D_0=1) \tag{124}$$

其中

$$\boldsymbol{X}_k = \frac{1}{D_k}\boldsymbol{Y}_k, \boldsymbol{Y}_k = c_{kk}x_k + c_{k,k+1}x_{k+1} + \cdots + c_{kn}x_n \quad (k=1,\cdots,r) \tag{125}$$

而

$$c_{kq} = \boldsymbol{H}\begin{pmatrix}1 & \cdots & k-1 & k \\ 1 & \cdots & k-1 & q\end{pmatrix} \quad (q=k,k+1,\cdots,n;k=1,\cdots,r) \tag{126}$$

根据雅可比公式(124),知在型 $\boldsymbol{H}(\boldsymbol{x},\boldsymbol{x})$ 的表示式中,负平方的个数等于序列 $1,D_1,D_2,\cdots,D_r$ 中的变号数

$$\nu = \boldsymbol{V}(1,D_1,D_2,\cdots,D_r) \tag{127}$$

因而埃尔米特型 $\boldsymbol{H}(\boldsymbol{x},\boldsymbol{x})$ 的符号差是为以下公式所决定的

$$\sigma = r - 2\boldsymbol{V}(1,D_1,D_2,\cdots,D_r) \tag{128}$$

现在我们可以述及关于特殊情形的那些注释,即对于二次型所说的结果(§3),都自动转移到埃尔米特型上.

定义 5 埃尔米特型 $\boldsymbol{H}(\boldsymbol{x},\boldsymbol{x}) = \sum_{i,k=1}^{n} h_{ik}x_i\overline{x}_k$ 称为非负的(非正的),如果对于变数的任何值,都有

$$\boldsymbol{H}(\boldsymbol{x},\boldsymbol{x}) \geqslant 0 \quad (\leqslant 0)$$

定义 6 埃尔米特型 $\boldsymbol{H}(\boldsymbol{x},\boldsymbol{x}) = \sum_{i,k=1}^{n} h_{ik}x_i\overline{x}_k$ 称为正定的(负定的),如果对于任何不全等于零的变数 $x_1,x_2,\cdots,x_n$,都有

$$\boldsymbol{H}(\boldsymbol{x},\boldsymbol{x}) > 0 \quad (<0)$$

定理 19 为了使得埃尔米特型 $\boldsymbol{H}(\boldsymbol{x},\boldsymbol{x}) = \sum_{i,k=1}^{n} h_{ik}x_i\overline{x}_k$ 是正定的,充分必要的条件是以下诸不等式成立

$$D_k = \boldsymbol{H}\begin{pmatrix}1 & 2 & \cdots & k \\ 1 & 2 & \cdots & k\end{pmatrix} > 0 \quad (k=1,2,\cdots,n) \tag{129}$$

定理 20 为了使得埃尔米特型 $\boldsymbol{H}(\boldsymbol{x},\boldsymbol{x}) = \sum_{i,k=1}^{n} h_{ik}x_i\overline{x}_k$ 非负,充分必要的,是矩阵 $\boldsymbol{H}=(h_{ik})_1^n$ 的所有主子式都是非负的

$$\boldsymbol{H}\begin{vmatrix}i_1 & i_2 & \cdots & i_p \\ i_1 & i_2 & \cdots & i_p\end{vmatrix} \geqslant 0 \quad (i_1,i_2,\cdots,i_p=1,2,\cdots,n;p=1,2,\cdots,n) \tag{130}$$

定理 19 与 20 的证明与对于二次型定理 3 与 4 的证明完全类似.

埃尔米特型 $\boldsymbol{H}(\boldsymbol{x},\boldsymbol{x})$ 的负定性与非正性条件可从条件(129) 与(130) 相对应的来得出,如果用后两条件于型 $-\boldsymbol{H}(\boldsymbol{x},\boldsymbol{x})$.

从第 9 章 §10 的定理 5′ 得出关于化埃尔米特型到主轴上去的定理.

定理 21　常用可变数的 U - 变换

$$\boldsymbol{x}=\boldsymbol{U}\boldsymbol{\xi}\quad(\boldsymbol{U}\boldsymbol{U}^{*}=\boldsymbol{E})\tag{131}$$

把埃尔米特型 $\boldsymbol{H}(\boldsymbol{x},\boldsymbol{x})=\sum_{i,k=1}^{n}h_{ik}x_{i}\overline{x}_{k}$ 化为范式

$$\boldsymbol{\Lambda}(\boldsymbol{\xi},\boldsymbol{\xi})=\sum_{i=1}^{n}\lambda_{i}\xi_{i}\overline{\xi}_{i}\tag{132}$$

其中 $\lambda_1,\lambda_2,\cdots,\lambda_n$ 为矩阵 $\boldsymbol{H}=(h_{ik})_1^n$ 的特征数.

定理 21 的正确性可从以下公式推得

$$\boldsymbol{H}=\boldsymbol{U}(\lambda_i\delta_{ik})\boldsymbol{U}^{-1}=\boldsymbol{T}'(\lambda_i\delta_{ik})\overline{\boldsymbol{T}}\quad(\boldsymbol{U}'=\overline{\boldsymbol{U}}^{-1}=\boldsymbol{T})\tag{133}$$

设给予两个埃尔米特型

$$\boldsymbol{H}(\boldsymbol{x},\boldsymbol{x})=\sum_{i,k=1}^{n}h_{ik}x_{i}\overline{x}_{k}\text{ 与 }\boldsymbol{G}(\boldsymbol{x},\boldsymbol{x})=\sum_{i,k=1}^{n}g_{ik}x_{i}\overline{x}_{k}$$

讨论埃尔米特型束 $\boldsymbol{H}(\boldsymbol{x},\boldsymbol{x})-\lambda\boldsymbol{G}(\boldsymbol{x},\boldsymbol{x})$($\lambda$ 为实参数). 这个型束称为正则的,如果型 $\boldsymbol{G}(\boldsymbol{x},\boldsymbol{x})$ 是正定的. 用埃尔米特矩阵 $\boldsymbol{H}=(h_{ik})_1^n$ 与 $\boldsymbol{G}=(g_{ik})_1^n$ 我们建立方程

$$|\boldsymbol{H}-\lambda\boldsymbol{G}|=0$$

这个方程称为埃尔米特型束的特征方程. 这个方程的根称为型束的特征数.

如果 λ_0 是型束的特征数,那么有列 $\boldsymbol{z}=(z_1,z_2,\cdots,z_n)\neq\boldsymbol{0}$ 存在,使得

$$\boldsymbol{H}\boldsymbol{z}=\lambda_0\boldsymbol{z}$$

列 $\boldsymbol{z}$ 将称为对于应特征数 λ_0 的型束 $\boldsymbol{H}(\boldsymbol{x},\boldsymbol{x})-\lambda\boldsymbol{G}(\boldsymbol{x},\boldsymbol{x})$ 的主列或主向量.

我们有:

定理 22　正则埃尔米特型束 $\boldsymbol{H}(\boldsymbol{x},\boldsymbol{x})-\lambda\boldsymbol{G}(\boldsymbol{x},\boldsymbol{x})$ 的特征方程有 n 个实根 $\lambda_1,\lambda_2,\cdots,\lambda_n$,有 n 个对应于这些根的主向量 $\boldsymbol{z}^1,\boldsymbol{z}^2,\cdots,\boldsymbol{z}^n$,适合"标准正交性"条件

$$\boldsymbol{G}(\boldsymbol{z}^i,\boldsymbol{z}^k)=\delta_{ik}\quad(i,k=1,2,\cdots,n)$$

它的证明完全与定理 8 的证明类似.

正则二次型束特征数的所有极值性质对于埃尔米特型仍然有效.

定理 10 ～ 17 仍然有效,如果在这些定理中把所有的名词"二次型"都换为"埃尔米特型",定理的证明无何改变.

§10　冈恰列夫型

设给予 $2n-1$ 个 $s_0,s_1,\cdots,s_{2n-2}$,用这些数建立 n 个变数的二次型

$$\boldsymbol{S}(\boldsymbol{x},\boldsymbol{x})=\sum_{i,k=0}^{n-1}s_{i+k}x_ix_k \tag{134}$$

称二次型(134)为冈恰列夫型,与它对应的对称矩阵$\boldsymbol{S}=(s_{i+k})_0^{n-1}$亦称为冈恰列夫矩阵.这个矩阵的形状为

$$\boldsymbol{S}=\begin{pmatrix} s_0 & s_1 & s_2 & \cdots & s_{n-1} \\ s_1 & s_2 & s_3 & \cdots & s_n \\ s_2 & s_3 & s_4 & \cdots & s_{n+1} \\ \vdots & \vdots & \vdots & & \vdots \\ s_{n-1} & s_n & s_{n+1} & \cdots & s_{2n-2} \end{pmatrix}$$

以$D_1,D_2,\cdots,D_n$顺次记矩阵$\boldsymbol{S}$的诸主子式

$$D_p=|\ s_{i+k}\ |_0^{p-1}\quad (p=1,2,\cdots,n)$$

在本节中我们推出关于实冈恰列夫型的秩与符号差的弗罗贝尼乌斯主要的结果.

首先证明两个引理.

引理1 如在冈恰列夫矩阵$\boldsymbol{S}=(s_{i+k})_0^{n-1}$中,前$h$行线性无关,而前$h+1$行线性相关,那么

$$D_h\neq 0$$

证明 以$\Gamma_1,\Gamma_2,\cdots,\Gamma_h,\Gamma_{h+1}$记矩阵$\boldsymbol{S}$的前$h+1$行.由定理的条件,行$\Gamma_1$,$\Gamma_2,\cdots,\Gamma_h$线性无关,而行$\Gamma_{h+1}$可经这些行线性表出

$$\Gamma_{h+1}=\sum_{j=1}^{h}\alpha_j\Gamma_{h-j+1}$$

或

$$s_q=\sum_{j=1}^{h}\alpha_j s_{q-j}\quad (q=h,h+1,\cdots,h+n-1) \tag{135}$$

写出由矩阵$\boldsymbol{S}$的前h行$\Gamma_1,\Gamma_2,\cdots,\Gamma_h$所构成的矩阵

$$\begin{pmatrix} s_0 & s_1 & s_2 & \cdots & s_{n-1} \\ s_1 & s_2 & s_3 & \cdots & s_n \\ \vdots & \vdots & \vdots & & \vdots \\ s_{h-1} & s_h & s_{h+1} & \cdots & s_{h+n-2} \end{pmatrix} \tag{136}$$

这个矩阵的秩等于h.另一方面,由(135)知道这个矩阵的任一列都可由其前面的h个列线性表出,故矩阵的任一列都可由最前面的h列线性表出.但因矩阵(136)的秩等于h,矩阵(136)的最前面的h个列应当线性无关,亦即

$$D_h\neq 0$$

我们的引理已经证明.

引理2 如果对于矩阵$\boldsymbol{S}=(s_{i+k})_0^{n-1}$有某一个$h(<n)$存在,使得

$$D_h \neq 0, D_{h+1} = \cdots = D_n = 0 \tag{137}$$

且令

$$t_{ik} = \frac{S\begin{pmatrix}1 & \cdots & h & h+i+1 \\ 1 & \cdots & h & h+k+1\end{pmatrix}}{S\begin{pmatrix}1 & \cdots & h \\ 1 & \cdots & h\end{pmatrix}} = \frac{1}{D_h}\begin{vmatrix} & D_h & & \begin{matrix} s_{h+k} \\ \vdots \\ s_{2h+k-1} \end{matrix} \\ s_{h+i} & \cdots & s_{2h+i-1} & s_{2h+i+k} \end{vmatrix} \tag{138}$$

$$(i,k=0,1,\cdots,n-h-1)$$

那么矩阵 $\boldsymbol{T}=(t_{ik})_0^{n-h-1}$ 亦是一个冈恰列夫矩阵，且位于其第二对角线上方的所有元素全等于零，亦即有这样的数 $t_{n-h-1},\cdots,t_{2n-2h-2}$ 存在，使得

$$t_{ik} = t_{i+k} \quad (i,k=0,1,\cdots,n-h-1; t_0 = t_1 = \cdots = t_{n-h-2} = 0)$$

证明　在讨论中引进矩阵

$$\boldsymbol{T}_p = (t_{ik})_0^{p-1} \quad (p=1,2,\cdots,n-h)$$

对于这种记法有 $\boldsymbol{T}=\boldsymbol{T}_{n-h}$.

我们来证明，矩阵 $\boldsymbol{T}_p(p=1,2,\cdots,n-h)$ 中任何一个都是冈恰列夫矩阵而且当 $i+k \leqslant p-2$ 时，在它们里面有 $t_{ik}=0$，对 p 用数学归纳法来证明.

对于矩阵 $\boldsymbol{T}_1$ 我们的论断是非常明显的，对于矩阵 $\boldsymbol{T}_2$ 亦显然成立，因为

$$\boldsymbol{T}_2 = \begin{bmatrix} t_{00} & t_{01} \\ t_{10} & t_{11} \end{bmatrix}, t_{01} = t_{10} \quad (\text{由于 } \boldsymbol{S} \text{ 的对称性}) \text{ 与 } t_{00} = \frac{D_{h+1}}{D_h} = 0.$$

假设我们的论断对于矩阵 $\boldsymbol{T}_p(p < n-k)$ 是正确的，来证明它对于矩阵 $\boldsymbol{T}_{p+1}=(t_{ik})_0^p$ 亦能成立. 由假设知有这样的数 $t_{p-1},t_p,\cdots,t_{2p-2}$ 存在，且 $t_0=\cdots=t_{p-2}=0$

$$\boldsymbol{T}_p = (t_{i+k})_0^{p-1}$$

此时

$$|\boldsymbol{T}_p| = t_{p-1}^p \tag{139}$$

另一方面，应用行列式的西尔维斯特恒等式[参考第 2 章，§ 3，(29)]，我们求得

$$|\boldsymbol{T}_p| = \frac{D_{h+p}}{D_h} = 0 \tag{140}$$

比较(139) 与(140)，我们得出

$$t_{p-1} = 0 \tag{141}$$

再者由(148)，有

$$t_{ik} = s_{2h+i+k} + \frac{1}{D_h}\begin{vmatrix} & D_h & & \begin{matrix} s_{h+k} \\ \vdots \\ s_{2h+k-1} \end{matrix} \\ s_{h+i} & \cdots & s_{2h+i-1} & 0 \end{vmatrix} \tag{142}$$

根据以上引理，从(137) 知矩阵 $\boldsymbol{S}=(s_{i+k})_0^{n-1}$ 的第 $h+1$ 个行为其前 h 行的

线性组合

$$s_q=\sum_{g=1}^{h}\alpha_q s_{q-g}\quad(q=h,h+1,\cdots,h+n-1)\tag{143}$$

设 $i,k\leqslant p\leqslant i+k\leqslant 2p-1$，此时在数 i 与 k 中至少有一个小于 p. 并不损失讨论的一般性，可取 $i<p$. 那么，利用(143) 在位于等式(142) 右边的行列式中分解其最后一列，且再利用关系(142)，我们有

$$t_{ik}=s_{2h+i+k}+\sum_{g=1}^{h}\frac{\alpha_g}{D_h}\begin{vmatrix} & D_h & & s_{h+k-g}\\ & & & \vdots\\ & & & s_{2h+k-g-1}\\ s_{h+i} & \cdots & s_{2h+i-1} & 0\end{vmatrix}=$$

$$s_{2h+i+k}+\sum_{g=1}^{k}\alpha_g(t_{i,k-g}-s_{2h+i+k-g})\tag{144}$$

但由归纳法的假设(141) 是成立的，且因在(144) 中 $i<p,k-p<p$ 与 $i+k-g\leqslant 2p-2$，所以 $t_{i,k-g}=t_{i+k-g}$. 因此，当 $i+k<p$ 时，所有的 $t_{ik}=0$，而当 $p\leqslant i+k\leqslant 2p-1$ 时，由(144) 知值 t_{ik} 只与 $i+k$ 有关.

这样一来，$\boldsymbol{T}_{p+1}$ 是一个冈恰列夫矩阵，且在这个矩阵中位于第二对角线上方的元素 $t_0,t_1,\cdots,t_{p-1}$ 全等于零.

我们的引理已经证明.

应用引理 2，我们证明以下定理：

定理 23　如果冈恰列夫矩阵 $\boldsymbol{S}=(s_{i+k})_0^{n-1}$ 有秩 r 且对于某一个 $h(<r)$ 有

$$D_h\neq 0,D_{h+1}=\cdots=D_r=0$$

那么由矩阵 $\boldsymbol{S}$ 的前 h 个行与后 $r-h$ 个行所构成的 r 阶主子式不等于零

$$\boldsymbol{D}^{(r)}=\boldsymbol{S}\begin{pmatrix}1 & \cdots & h & n-r+h+1 & n-r+h+2 & \cdots & n\\ 1 & \cdots & h & n-r+h+1 & n-r+h+2 & \cdots & n\end{pmatrix}\neq 0$$

证明　根据上面的引理，矩阵

$$\boldsymbol{T}=(t_{ik})_0^{n-h-1}\left[t_{ik}=\frac{\boldsymbol{S}\begin{pmatrix}1 & \cdots & h & h+i+1\\ 1 & \cdots & h & h+k+1\end{pmatrix}}{\boldsymbol{S}\begin{pmatrix}1 & \cdots & h\\ 1 & \cdots & h\end{pmatrix}}\quad(i,k=0,1,\cdots,n-h-1)\right]$$

是一个冈恰列夫矩阵，在其第二对角线上方的元素全等于零. 故有

$$|\boldsymbol{T}|=t_{0,n-h-1}^{n-h}$$

另一方面[①]，$|\boldsymbol{T}|=\dfrac{D_n}{D_h}=0$. 因此，$t_{0,n-h-1}=0$，且矩阵 $\boldsymbol{T}$ 有形状

① 根据行列式的西尔维斯特恒等式[参考第 2 章，§ 3，(29)].

$$T=\begin{pmatrix} \mathbf{0} & & & & & 0 \\ & & & & \cdot^{\cdot^{\cdot}} & u_{n-h-1} \\ & & & \cdot^{\cdot^{\cdot}} & \cdot^{\cdot^{\cdot}} & \vdots \\ & & \cdot^{\cdot^{\cdot}} & \cdot^{\cdot^{\cdot}} & & \vdots \\ & \cdot^{\cdot^{\cdot}} & \cdot^{\cdot^{\cdot}} & & & u_2 \\ 0 & u_{n-h-1} & \cdots & \cdots & \cdots & u_2 u_1 \end{pmatrix}$$

矩阵 T 应当有秩 $r-h$[①]. 故当 $r<n-1$ 时，在矩阵 T 中的元素 $u_{r-h+1}=\cdots=u_{n-h+1}=0$ 且有

$$T=\begin{pmatrix} \mathbf{0} & & & & & 0 \\ & & & & \cdot^{\cdot^{\cdot}} & \vdots \\ & & & \cdot^{\cdot^{\cdot}} & & 0 \\ & & \cdot^{\cdot^{\cdot}} & & \cdot^{\cdot^{\cdot}} & u_{r-h} \\ & \cdot^{\cdot^{\cdot}} & & \cdot^{\cdot^{\cdot}} & \cdot^{\cdot^{\cdot}} & \vdots \\ 0 & \cdots & 0 & u_{r-h} & \cdots & u_1 \end{pmatrix} \quad (u_{r-h}\neq 0)$$

但由西尔维斯特恒等式(参考第 2 章，§ 3)

$$D^{(r)}=D_h T\begin{pmatrix} n-r+1 & \cdots & n-h \\ n-r+1 & \cdots & n-h \end{pmatrix}=D_h u_{r-h}^{r-h}\neq 0$$

这就是所要证明的结果.

讨论实[②]冈恰列夫型 $S(x,x)=\sum\limits_{i,k=0}^{\infty}s_{i+k}x_i x_k$ 且设其秩等于 r. 以 π,ν,σ 各记这个型的正平方数的个数、负平方数的个数与符号差

$$\pi+\nu=r,\sigma=\pi-\nu=r-2\nu$$

根据雅可比定理(本章，§ 3) 这些数值可以由讨论子式序列

$$D_0=1,D_1,D_2,\cdots,D_{r-1},D_r \tag{145}$$

的符号来决定，利用公式

$$\begin{cases}\pi=\mathbf{P}(1,D_1,\cdots,D_r),\nu=\mathbf{V}(1,D_1,\cdots,D_r)\\ \sigma=\mathbf{P}(1,D_1,\cdots,D_r),-\mathbf{V}(1,D_1,\cdots,D_r)=r-2\mathbf{V}(1,D_1,\cdots,D_r)\end{cases} \tag{146}$$

当序列(145) 中最后一项或任何三个相邻的项等于零时，这些公式不能应用(参考 § 3). 但是对于冈恰列夫型，有如弗罗贝尼乌斯所证明，在一般情形都可给予规则来应用公式(146)：

---

① 由西尔维斯特恒等式，矩阵 T 的所有阶大于 $r-h$ 的子式都等于零. 另一方面，矩阵 S 含有 r 阶的 D_h 的加边子式不等于零. 因此，矩阵 T 中有对应的 $r-h$ 阶子式不等于零.

② 在上面的引理 1,2 与定理 23 中可以取任意数域作为基域，特别的，可取所有复数的域或所有实数的域.

定理 24(弗罗贝尼乌斯) 对于秩为 r 的实冈恰列夫型 $\boldsymbol{S}(\boldsymbol{x},\boldsymbol{x})=\sum_{i,k=0}^{n-1}s_{i+k}x_ix_k$，$\pi,\nu,\sigma$ 的值可以由(146)式来决定，如果

(1) 当

$$D_h\neq 0,D_{h+1}=\cdots=D_r=0\quad (h<r) \tag{147}$$

时，在这些公式中换 D_r 为 $D^{(r)}$，其中

$$D^{(r)}=\boldsymbol{S}\begin{pmatrix}1 & \cdots & h & n-r+h+1 & \cdots & n\\ 1 & \cdots & h & n-r+h+1 & \cdots & n\end{pmatrix}\neq 0$$

(2) 当任意一组 p 中间子式等于零时

$$(D_h\neq 0)D_{h+1}=D_{h+2}=\cdots=D_{h+p}=0(D_{h+p+1}\neq 0) \tag{148}$$

对于这些零子式按照以下公式来选取符号

$$\text{符号 } D_{h+j}=(-1)^{\frac{j(j+1)}{2}}\text{ 符号 } D_h \tag{149}$$

此处对应于组(148)的值 $\boldsymbol{P},\boldsymbol{V},\boldsymbol{P}-\boldsymbol{V}$ 为①

(150)

	p 为奇数	p 为偶数
$\boldsymbol{P}_{h,p}=\boldsymbol{P}(D_h,D_{h+1},\cdots,D_{h+p+1})$	$\frac{p+1}{2}$	$\frac{p+1+\varepsilon}{2}$
$\boldsymbol{V}_{h,p}=\boldsymbol{V}(D_h,D_{h+1},\cdots,D_{h+p+1})$	$\frac{p+1}{2}$	$\frac{p+1-\varepsilon}{2}$
$\boldsymbol{P}_{h,p}-\boldsymbol{V}_{h,p}$	0	ε

$$\varepsilon=(-1)^{\frac{p}{2}}\text{ 符号}\frac{D_{h+p+1}}{D_h}$$

证明 首先讨论 $D_r\neq 0$ 的情形. 此时型 $\boldsymbol{S}(\boldsymbol{x},\boldsymbol{x})=\sum_{i,k=0}^{n-1}s_{i+k}x_ix_k$ 与 $\boldsymbol{S}_r(\boldsymbol{x},\boldsymbol{x})=\sum_{i,k=0}^{r-1}s_{i+k}x_ix_k$ 不仅有相同的秩 r 且有相同的符号差 σ. 事实上，设 $\boldsymbol{S}(\boldsymbol{x},\boldsymbol{x})=\sum_{i=1}^{r}\varepsilon_i\boldsymbol{Z}_i^2$，其中 $\boldsymbol{Z}_i$ 为实线性型，而 $\varepsilon_i=\pm 1(i=1,2,\cdots,r)$. 取 $x_{r+1}=\cdots=x_n=0$，那么型 $\boldsymbol{S}(\boldsymbol{x},\boldsymbol{x})$，$\boldsymbol{Z}_i$ 各化为 $\boldsymbol{S}_r(\boldsymbol{x},\boldsymbol{x})$，$\boldsymbol{Z}_i(i=1,2,\cdots,r)$，而且 $\boldsymbol{S}_r(\boldsymbol{x},\boldsymbol{x})=\sum_{i=1}^{r}\varepsilon_i\hat{\boldsymbol{Z}}_i^2$，亦即 $\boldsymbol{S}_r(\boldsymbol{x},\boldsymbol{x})$ 与 $\boldsymbol{S}(\boldsymbol{x},\boldsymbol{x})$ 有相同个数的正(负)独立平方②. 这样一来，知 σ 是型 $\boldsymbol{S}_r(\boldsymbol{x},\boldsymbol{x})$ 的符号差.

---

① 可应用(149)与式(150)于(147)的情形，只是此时应当取 $p=r-h-1$，而所谓 D_{h+p+1} 是指 $D^{(r)}\neq 0$，而不是 $D^{(r)}=0$.

② 线性型 $\hat{\boldsymbol{Z}}_1,\hat{\boldsymbol{Z}}_2,\cdots,\hat{\boldsymbol{Z}}_r$ 是线性无关的，因为二次型 $\boldsymbol{S}_r(\boldsymbol{x},\boldsymbol{x})=\sum_{i=1}^{r}\varepsilon_i\hat{\boldsymbol{Z}}_i^2$ 有秩 $r(D_r\neq 0)$.

连续变动参数 $s_0, s_1, \cdots, s_{2r-2}$ 使得对于新参数 $s_0^*, s_1^*, \cdots, s_{2r-2}^*$[①]，序列

$$1, D_1^*, D_2^*, \cdots, D_r^* \quad (D_q^* = | s_{i+k}^* |_0^{q-1}, q = 1, 2, \cdots, r)$$

中所有的项都不等于零，而且在变动过程中(145)中不为零的子式没有一个会变为零[②].

因为在变动参数时并不变更型 $\boldsymbol{S}_r(\boldsymbol{x}, \boldsymbol{x})$ 的秩，所以不变他的符号差(参考本章，§5 末尾). 因此

$$\sigma = \boldsymbol{P}(1, D_1^*, \cdots, D_r^*) - \boldsymbol{V}(1, D_1^*, \cdots, D_r^*) \tag{151}$$

如果对于某一个 i 有 $D_i \neq 0$，那么符号 D_i^* = 符号 D_i. 故所有的问题都化为定出对应于 $D_i = 0$ 的 D_i^* 中的符号的变化. 实际上是对于每一组(148)形的项，要决定

$$\boldsymbol{P}(D_h^*, D_{h+1}^*, \cdots, D_{h+p+1}^*) - \boldsymbol{V}(D_h^*, D_{h+1}^*, \cdots, D_{h+p}^*, D_{h+p+1}^*)$$

为了这个目的，令

$$t_{ik} = \frac{1}{D_h} \begin{vmatrix} & & & s_{h+k} \\ & D_h & & \vdots \\ & & & s_{2h+k-1} \\ s_{h+i} & \cdots & s_{2h+i-1} & s_{2h+i+k} \end{vmatrix} \quad (i, k = 0, 1, \cdots, p)$$

根据引理 2，矩阵 $\boldsymbol{T} = (t_{ik})_0^p$ 是一个冈恰列夫矩阵，而且其所有位于第二对角线上方的元素都等于零，亦即矩阵 $\boldsymbol{T}$ 有形状

$$\boldsymbol{T} = \begin{pmatrix} 0 & \cdots & 0 & t_p \\ \vdots & \iddots & \iddots & * \\ 0 & \iddots & \iddots & \vdots \\ t_p & * & \cdots & * \end{pmatrix} \tag{152}$$

以 $\hat{D}_1, \hat{D}_2, \cdots, \hat{D}_{p+1}$ 顺次记矩阵 $\boldsymbol{T}$ 的子式

$$\hat{D}_q = | t_{ik} |_0^{q-1} \quad (q = 1, 2, \cdots, p+1)$$

与矩阵 $\boldsymbol{T}$ 相平行的在讨论中引进矩阵

$$\boldsymbol{T}^* = (t_{ik}^*)_0^p$$

其中

$$t_{ik}^* = \frac{1}{D_h^*} \begin{vmatrix} & & & s_{h+k}^* \\ & D_h^* & & \vdots \\ & & & s_{2h+k-1}^* \\ s_{h+i}^* & \cdots & s_{2h+i-1}^* & s_{2h+i+k}^* \end{vmatrix} \quad (i, k = 0, 1, \cdots, p)$$

---

① 在本节中记号 * 不是表示转移到共轭矩阵去的意思.

② 这种变动常可施行，因为在参数 $s_0, s_1, \cdots, s_{2r-2}$ 的空间中，形为 $D_i = 0$ 的方程表示某一个代数超曲面. 如果一点落在某一些这种超曲面上，那么常可取一个与之要怎样接近就怎样接近的点使其在这些超曲面的外边.

且引进对应的行列式

$$\hat{D}_q^* = | t_{ik}^* |_0^{q-1} \quad (q=1,2,\cdots,p+1)$$

根据行列式的西尔维斯特恒等式

$$D_{h+q}^* = D_h^* \hat{D}_q^* \quad (q=1,2,\cdots,p+1)$$

故有

$$\boldsymbol{P}(D_h^*, D_{h+1}^*, \cdots, D_{h+p+1}^*) - \boldsymbol{V}(D_h^*, D_{h+1}^*, \cdots, D_{h+p+1}^*) =$$
$$\boldsymbol{P}(1, \hat{D}_1^*, \cdots, \hat{D}_{p+1}^*) - \boldsymbol{V}(1, \hat{D}_1^*, \cdots, \hat{D}_{p+1}^*) = \hat{\sigma}^* \tag{153}$$

其中 $\hat{\sigma}^*$ 是型 $\boldsymbol{T}^*(\boldsymbol{x},\boldsymbol{x}) = \sum_{i,k=0}^{p} t_{ik}^* x_i x_k$ 的符号差.

平行于型 $\boldsymbol{T}^*(\boldsymbol{x},\boldsymbol{x})$,讨论型

$$\boldsymbol{T}(\boldsymbol{x},\boldsymbol{x}) = \sum_{i,k=0}^{p} t_{i+k} x_i x_k \quad 与 \quad \boldsymbol{T}^{**}(\boldsymbol{x},\boldsymbol{x}) = t_p(x_0 x_p + x_1 x_{p-1} + \cdots + x_p x_0)$$

矩阵 $\boldsymbol{T}^{**}$ 是从矩阵 $\boldsymbol{T}$[参考(152)]中把位于第二对角线下方的元素全换为零来得出的,以 $\hat{\sigma}$ 与 $\hat{\sigma}^{**}$ 分别记型 $\boldsymbol{T}(\boldsymbol{x},\boldsymbol{x})$ 与 $\boldsymbol{T}^{**}(\boldsymbol{x},\boldsymbol{x})$ 的符号差. 因为型 $\boldsymbol{T}^*(\boldsymbol{x},\boldsymbol{x})$ 与 $\boldsymbol{T}^{**}(\boldsymbol{x},\boldsymbol{x})$ 都是从型 $\boldsymbol{T}(\boldsymbol{x},\boldsymbol{x})$ 这样来变动系数使得在变动过程中型的秩始终保持不变来得出的

$$\left(| \boldsymbol{T}^{**} | = | \boldsymbol{T} | = \frac{D_{h+p+1}}{D_h} \neq 0, \; | \boldsymbol{T}^* | = \frac{D_{h+p+1}^*}{D_h^*} \neq 0 \right)$$

所以型 $\boldsymbol{T}(\boldsymbol{x},\boldsymbol{x})$, $\boldsymbol{T}^*(\boldsymbol{x},\boldsymbol{x})$ 与 $\boldsymbol{T}^{**}(\boldsymbol{x},\boldsymbol{x})$ 的符号差应当相同

$$\hat{\sigma} = \hat{\sigma}^* = \hat{\sigma}^{**} \tag{154}$$

但是

$$\boldsymbol{T}^{**}(\boldsymbol{x},\boldsymbol{x}) = \begin{cases} 2t_p(x_0 x_{2k-1} + \cdots + x_{k-1} x_k) & (p=2k-1) \\ t_p[2(x_0 x_{2k} + \cdots + x_{k-1} x_{k+1}) + x_k^2] & (p=2k) \end{cases}$$

因为每一个 $x_\alpha x_\beta$ 形的乘积当 $\alpha \neq \beta$ 时可以换为平方差 $\left(\frac{x_\alpha + x_\beta}{2}\right)^2 - \left(\frac{x_\alpha - x_\beta}{2}\right)^2$,因而得出 $\boldsymbol{T}^{**}(\boldsymbol{x},\boldsymbol{x})$ 对独立实平方和的分解式,所以

$$\hat{\sigma}^{**} = \begin{cases} 0 & (p \text{ 为奇数}) \\ \text{符号 } t_p & (p \text{ 为偶数}) \end{cases} \tag{155}$$

另一方面,由(152)得

$$\frac{D_{h+p-1}}{D_h} = | \boldsymbol{T} | = (-1)^{\frac{p(p+1)}{2}} t_p^{p+1} \tag{156}$$

从(153),(154),(155)与(156)得出

$$\boldsymbol{P}(D_h^*, D_{h+1}^*, \cdots, D_{h+p+1}^*) - \boldsymbol{V}(D_h^*, D_{h+1}^*, \cdots, D_{h+p+1}^*) =$$
$$\begin{cases} 0 & (p \text{ 为奇数}) \\ \varepsilon & (p \text{ 为偶数}) \end{cases} \tag{157}$$

其中
$$\varepsilon=(-1)^{\frac{p}{2}}\text{ 符号}\frac{D_{h+p+1}}{D_h}$$

因为
$$\boldsymbol{P}(D_{h+1}^*,D_{h+2}^*,\cdots,D_{h+p+1}^*)+\boldsymbol{V}(D_{h+1}^*,D_{h+2}^*,\cdots,D_{h+p+1}^*)=p+1 \quad (158)$$
故由(157) 与(158) 推得表示式(150).

现在设 $D_r=0$,那么对于某一个 $h<r$
$$D_h\neq 0,D_{h+1}=\cdots=D_r=0$$
在此时根据定理 25 有
$$D^{(r)}=\boldsymbol{S}\begin{pmatrix}1 & \cdots & h & n-r+h+1 & \cdots & n\\ 1 & \cdots & h & n-r+h+1 & \cdots & n\end{pmatrix}\neq 0$$

在二次型 $\boldsymbol{S}(\boldsymbol{x},\boldsymbol{x})=\sum_{i,k=0}^{n-1}s_{i+k}x_ix_k$ 中调动变数的序数可以把所讨论的情形化到前面的情形去.令
$$\begin{gathered}\widetilde{x}_0=x_0,\cdots,\widetilde{x}_{h-1}=x_{h-1},\widetilde{x}_h=x_{n-r+h},\cdots,\widetilde{x}_{r-1}=x_{n-1},\\ \widetilde{x}_r=x_h,\cdots,\widetilde{x}_{n-1}=x_{n-r+h-1}\end{gathered} \quad (159)$$

此时 $\boldsymbol{S}(\boldsymbol{x},\boldsymbol{x})=\sum_{i,k=0}^{n-1}\tilde{s}_{i+k}x_ix_k$.

从矩阵 $\boldsymbol{T}$ 的结构(定理 23 的证明中所写出的)出发,且应用从行列式的西尔维斯特恒等式所得出的关系式
$$\hat{D}_j=\frac{D_{h+j}}{D_h},\hat{D}_j=\frac{\hat{D}_{h+j}}{D_h}\quad (j=1,2,\cdots,n-h)$$
我们从序列 $1,D_1,D_2,\cdots,D_n$ 换一个元素 D_r 为 $D^{(r)}$ 得出序列 $1,\widetilde{D}_1,\widetilde{D}_2,\cdots,\widetilde{D}_n$.

这样就证明了,在所有的情形中,可以利用式(150).

注意,当 p 为奇数时[p 是式(148) 中零行列式的个数],从公式(156) 推出
$$\operatorname{sign}\frac{D_{n+p+1}}{D_n}=(-1)^{p+\frac{1}{2}} \quad (160)$$

利用这个等式,读者容易检验,式(150) 对应于公式(149) 的符号由零行列式所决定.

定理得到完全证明了.[1]

[1] 不难相信,如果与第 10 章 §10 的约定一样,设 $D_0\equiv 1$,那么定理23与24在 $h=0$ 时仍然成立.

索 引

①2—1 表示第 2 章 § 1,下同.

哈尔滨工业大学出版社刘培杰数学工作室已出版(即将出版)图书目录

书　　名	出版时间	定　价	编号
新编中学数学解题方法全书(高中版)上卷	2007－09	38.00	7
新编中学数学解题方法全书(高中版)中卷	2007－09	48.00	8
新编中学数学解题方法全书(高中版)下卷(一)	2007－09	42.00	17
新编中学数学解题方法全书(高中版)下卷(二)	2007－09	38.00	18
新编中学数学解题方法全书(高中版)下卷(三)	2010－06	58.00	73
新编中学数学解题方法全书(初中版)上卷	2008－01	28.00	29
新编中学数学解题方法全书(初中版)中卷	2010－07	38.00	75
新编中学数学解题方法全书(高考复习卷)	2010－01	48.00	67
新编中学数学解题方法全书(高考真题卷)	2010－01	38.00	62
新编中学数学解题方法全书(高考精华卷)	2011－03	68.00	118
新编平面解析几何解题方法全书(专题讲座卷)	2010－01	18.00	61
新编中学数学解题方法全书(自主招生卷)	2013－08	88.00	261
数学眼光透视	2008－01	38.00	24
数学思想领悟	2008－01	38.00	25
数学应用展观	2008－01	38.00	26
数学建模导引	2008－01	28.00	23
数学方法溯源	2008－01	38.00	27
数学史话览胜	2008－01	28.00	28
数学思维技术	2013－09	38.00	260
从毕达哥拉斯到怀尔斯	2007－10	48.00	9
从迪利克雷到维斯卡尔迪	2008－01	48.00	21
从哥德巴赫到陈景润	2008－05	98.00	35
从庞加莱到佩雷尔曼	2011－08	138.00	136
数学奥林匹克与数学文化(第一辑)	2006－05	48.00	4
数学奥林匹克与数学文化(第二辑)(竞赛卷)	2008－01	48.00	19
数学奥林匹克与数学文化(第二辑)(文化卷)	2008－07	58.00	36′
数学奥林匹克与数学文化(第三辑)(竞赛卷)	2010－01	48.00	59
数学奥林匹克与数学文化(第四辑)(竞赛卷)	2011－08	58.00	87
数学奥林匹克与数学文化(第五辑)	2015－06	98.00	370

哈尔滨工业大学出版社刘培杰数学工作室已出版(即将出版)图书目录

书　名	出版时间	定　价	编号
世界著名平面几何经典著作钩沉——几何作图专题卷(上)	2009-06	48.00	49
世界著名平面几何经典著作钩沉——几何作图专题卷(下)	2011-01	88.00	80
世界著名平面几何经典著作钩沉(民国平面几何老课本)	2011-03	38.00	113
世界著名解析几何经典著作钩沉——平面解析几何卷	2014-01	38.00	273
世界著名数论经典著作钩沉(算术卷)	2012-01	28.00	125
世界著名数学经典著作钩沉——立体几何卷	2011-02	28.00	88
世界著名三角学经典著作钩沉(平面三角卷Ⅰ)	2010-06	28.00	69
世界著名三角学经典著作钩沉(平面三角卷Ⅱ)	2011-01	38.00	78
世界著名初等数论经典著作钩沉(理论和实用算术卷)	2011-07	38.00	126
发展空间想象力	2010-01	38.00	57
走向国际数学奥林匹克的平面几何试题诠释(上、下)(第1版)	2007-01	68.00	11,12
走向国际数学奥林匹克的平面几何试题诠释(上、下)(第2版)	2010-02	98.00	63,64
平面几何证明方法全书	2007-08	35.00	1
平面几何证明方法全书习题解答(第1版)	2005-10	18.00	2
平面几何证明方法全书习题解答(第2版)	2006-12	18.00	10
平面几何天天练上卷·基础篇(直线型)	2013-01	58.00	208
平面几何天天练中卷·基础篇(涉及圆)	2013-01	28.00	234
平面几何天天练下卷·提高篇	2013-01	58.00	237
平面几何专题研究	2013-07	98.00	258
最新世界各国数学奥林匹克中的平面几何试题	2007-09	38.00	14
数学竞赛平面几何典型题及新颖解	2010-07	48.00	74
初等数学复习及研究(平面几何)	2008-09	58.00	38
初等数学复习及研究(立体几何)	2010-06	38.00	71
初等数学复习及研究(平面几何)习题解答	2009-01	48.00	42
几何学教程(平面几何卷)	2011-03	68.00	90
几何学教程(立体几何卷)	2011-07	68.00	130
几何变换与几何证题	2010-06	88.00	70
计算方法与几何证题	2011-06	28.00	129
立体几何技巧与方法	2014-04	88.00	293
几何瑰宝——平面几何500名题暨1000条定理(上、下)	2010-07	138.00	76,77
三角形的解法与应用	2012-07	18.00	183
近代的三角形几何学	2012-07	48.00	184
一般折线几何学	即将出版	58.00	203
三角形的五心	2009-06	28.00	51
三角形趣谈	2012-08	28.00	212
解三角形	2014-01	28.00	265
三角学专门教程	2014-09	28.00	387

哈尔滨工业大学出版社刘培杰数学工作室已出版(即将出版)图书目录

书　　名	出版时间	定　价	编号
距离几何分析导引	2015－02	68.00	446
圆锥曲线习题集(上册)	2013－06	68.00	255
圆锥曲线习题集(中册)	2015－01	78.00	434
圆锥曲线习题集(下册)	即将出版		
近代欧氏几何学	2012－03	48.00	162
罗巴切夫斯基几何学及几何基础概要	2012－07	28.00	188
罗巴切夫斯基几何学初步	2015－06	28.00	474
用三角、解析几何、复数、向量计算解数学竞赛几何题	2015－03	48.00	455
美国中学几何教程	2015－04	88.00	458
三线坐标与三角形特征点	2015－04	98.00	460
平面解析几何方法与研究(第 1 卷)	2015－05	18.00	471
平面解析几何方法与研究(第 2 卷)	2015－06	18.00	472
平面解析几何方法与研究(第 3 卷)	2015－07	18.00	473
解析几何研究	2015－01	38.00	425
初等几何研究	2015－02	58.00	444
俄罗斯平面几何问题集	2009－08	88.00	55
俄罗斯立体几何问题集	2014－03	58.00	283
俄罗斯几何大师——沙雷金论数学及其他	2014－01	48.00	271
来自俄罗斯的 5000 道几何习题及解答	2011－03	58.00	89
俄罗斯初等数学问题集	2012－05	38.00	177
俄罗斯函数问题集	2011－03	38.00	103
俄罗斯组合分析问题集	2011－01	48.00	79
俄罗斯初等数学万题选——三角卷	2012－11	38.00	222
俄罗斯初等数学万题选——代数卷	2013－08	68.00	225
俄罗斯初等数学万题选——几何卷	2014－01	68.00	226
463 个俄罗斯几何老问题	2012－01	28.00	152
超越吉米多维奇.数列的极限	2009－11	48.00	58
超越普里瓦洛夫.留数卷	2015－01	28.00	437
超越普里瓦洛夫.无穷乘积与它对解析函数的应用卷	2015－05	28.00	477
超越普里瓦洛夫.积分卷	2015－06	18.00	481
超越普里瓦洛夫.基础知识卷	2015－06	28.00	482
超越普里瓦洛夫.数项级数卷	2015－07	38.00	489
初等数论难题集(第一卷)	2009－05	68.00	44
初等数论难题集(第二卷)(上、下)	2011－02	128.00	82,83
数论概貌	2011－03	18.00	93
代数数论(第二版)	2013－08	58.00	94
代数多项式	2014－06	38.00	289
初等数论的知识与问题	2011－02	28.00	95
超越数论基础	2011－03	28.00	96
数论初等教程	2011－03	28.00	97
数论基础	2011－03	18.00	98
数论基础与维诺格拉多夫	2014－03	18.00	292
解析数论基础	2012－08	28.00	216
解析数论基础(第二版)	2014－01	48.00	287
解析数论问题集(第二版)	2014－05	88.00	343

哈尔滨工业大学出版社刘培杰数学工作室已出版(即将出版)图书目录

书　　名	出版时间	定　价	编号
数论入门	2011－03	38.00	99
代数数论入门	2015－03	38.00	448
数论开篇	2012－07	28.00	194
解析数论引论	2011－03	48.00	100
Barban Davenport Halberstam 均值和	2009－01	40.00	33
基础数论	2011－03	28.00	101
初等数论 100 例	2011－05	18.00	122
初等数论经典例题	2012－07	18.00	204
最新世界各国数学奥林匹克中的初等数论试题(上、下)	2012－01	138.00	144,145
初等数论(Ⅰ)	2012－01	18.00	156
初等数论(Ⅱ)	2012－01	18.00	157
初等数论(Ⅲ)	2012－01	28.00	158
平面几何与数论中未解决的新老问题	2013－01	68.00	229
代数数论简史	2014－11	28.00	408
谈谈素数	2011－03	18.00	91
平方和	2011－03	18.00	92
复变函数引论	2013－10	68.00	269
伸缩变换与抛物旋转	2015－01	38.00	449
无穷分析引论(上)	2013－04	88.00	247
无穷分析引论(下)	2013－04	98.00	245
数学分析	2014－04	28.00	338
数学分析中的一个新方法及其应用	2013－01	38.00	231
数学分析例选:通过范例学技巧	2013－01	88.00	243
高等代数例选:通过范例学技巧	2015－06	88.00	475
三角级数论(上册)(陈建功)	2013－01	38.00	232
三角级数论(下册)(陈建功)	2013－01	48.00	233
三角级数论(哈代)	2013－06	48.00	254
三角级数	2015－07	28.00	263
超越数	2011－03	18.00	109
三角和方法	2011－03	18.00	112
整数论	2011－05	38.00	120
随机过程(Ⅰ)	2014－01	78.00	224
随机过程(Ⅱ)	2014－01	68.00	235
算术探索	2011－12	158.00	148
组合数学	2012－04	28.00	178
组合数学浅谈	2012－03	28.00	159
丢番图方程引论	2012－03	48.00	172
拉普拉斯变换及其应用	2015－02	38.00	447
同余理论	2012－05	38.00	163
[x]与{x}	2015－04	48.00	476
极值与最值. 上卷	2015－06	38.00	486
极值与最值. 中卷	2015－06	38.00	487
极值与最值. 下卷	2015－06	28.00	488
整数的性质	2012－11	38.00	192

哈尔滨工业大学出版社刘培杰数学工作室已出版(即将出版)图书目录

书　　名	出版时间	定　价	编号
历届美国中学生数学竞赛试题及解答(第一卷)1950－1954	2014－07	18.00	277
历届美国中学生数学竞赛试题及解答(第二卷)1955－1959	2014－04	18.00	278
历届美国中学生数学竞赛试题及解答(第三卷)1960－1964	2014－06	18.00	279
历届美国中学生数学竞赛试题及解答(第四卷)1965－1969	2014－04	28.00	280
历届美国中学生数学竞赛试题及解答(第五卷)1970－1972	2014－06	18.00	281
历届美国中学生数学竞赛试题及解答(第七卷)1981－1986	2015－01	18.00	424
历届 IMO 试题集(1959—2005)	2006－05	58.00	5
历届 CMO 试题集	2008－09	28.00	40
历届中国数学奥林匹克试题集	2014－10	38.00	394
历届加拿大数学奥林匹克试题集	2012－08	38.00	215
历届美国数学奥林匹克试题集:多解推广加强	2012－08	38.00	209
历届波兰数学竞赛试题集.第 1 卷,1949～1963	2015－03	18.00	453
历届波兰数学竞赛试题集.第 2 卷,1964～1976	2015－03	18.00	454
保加利亚数学奥林匹克	2014－10	38.00	393
圣彼得堡数学奥林匹克试题集	2015－01	48.00	429
历届国际大学生数学竞赛试题集(1994－2010)	2012－01	28.00	143
全国大学生数学夏令营数学竞赛试题及解答	2007－03	28.00	15
全国大学生数学竞赛辅导教程	2012－07	28.00	189
全国大学生数学竞赛复习全书	2014－04	48.00	340
历届美国大学生数学竞赛试题集	2009－03	88.00	43
前苏联大学生数学奥林匹克竞赛题解(上编)	2012－04	28.00	169
前苏联大学生数学奥林匹克竞赛题解(下编)	2012－04	38.00	170
历届美国数学邀请赛试题集	2014－01	48.00	270
全国高中数学竞赛试题及解答.第 1 卷	2014－07	38.00	331
大学生数学竞赛讲义	2014－09	28.00	371
亚太地区数学奥林匹克竞赛题	2015－07	18.00	492
高考数学临门一脚(含密押三套卷)(理科版)	2015－01	24.80	421
高考数学临门一脚(含密押三套卷)(文科版)	2015－01	24.80	422
新课标高考数学题型全归纳(文科版)	2015－05	72.00	467
新课标高考数学题型全归纳(理科版)	2015－05	82.00	468
王连笑教你怎样学数学:高考选择题解题策略与客观题实用训练	2014－01	48.00	262
王连笑教你怎样学数学:高考数学高层次讲座	2015－02	48.00	432
高考数学的理论与实践	2009－08	38.00	53
高考数学核心题型解题方法与技巧	2010－01	28.00	86
高考思维新平台	2014－03	38.00	259
30 分钟拿下高考数学选择题、填空题(第二版)	2012－01	28.00	146
高考数学压轴题解题诀窍(上)	2012－02	78.00	166
高考数学压轴题解题诀窍(下)	2012－03	28.00	167
北京市五区文科数学三年高考模拟题详解:2013～2015	2015－08	48.00	500
向量法巧解数学高考题	2009－08	28.00	54
整函数	2012－08	18.00	161
近代拓扑学研究	2013－04	38.00	239
多项式和无理数	2008－01	68.00	22
模糊数据统计学	2008－03	48.00	31
模糊分析学与特殊泛函空间	2013－01	68.00	241

哈尔滨工业大学出版社刘培杰数学工作室已出版(即将出版)图书目录

书　　名	出版时间	定　价	编号
受控理论与解析不等式	2012－05	78.00	165
解析不等式新论	2009－06	68.00	48
建立不等式的方法	2011－03	98.00	104
数学奥林匹克不等式研究	2009－08	68.00	56
不等式研究(第二辑)	2012－02	68.00	153
不等式的秘密(第一卷)	2012－02	28.00	154
不等式的秘密(第一卷)(第2版)	2014－02	38.00	286
不等式的秘密(第二卷)	2014－01	38.00	268
初等不等式的证明方法	2010－06	38.00	123
初等不等式的证明方法(第二版)	2014－11	38.00	407
不等式·理论·方法(基础卷)	2015－07	38.00	496
不等式·理论·方法(经典不等式卷)	2015－07	38.00	497
不等式·理论·方法(特殊类型不等式卷)	2015－07	48.00	498
谈谈不定方程	2011－05	28.00	119
数学奥林匹克在中国	2014－06	98.00	344
数学奥林匹克问题集	2014－01	38.00	267
数学奥林匹克不等式散论	2010－06	38.00	124
数学奥林匹克不等式欣赏	2011－09	38.00	138
数学奥林匹克超级题库(初中卷上)	2010－01	58.00	66
数学奥林匹克不等式证明方法和技巧(上、下)	2011－08	158.00	134,135
新编640个世界著名数学智力趣题	2014－01	88.00	242
500个最新世界著名数学智力趣题	2008－06	48.00	3
400个最新世界著名数学最值问题	2008－09	48.00	36
500个世界著名数学征解问题	2009－06	48.00	52
400个中国最佳初等数学征解老问题	2010－01	48.00	60
500个俄罗斯数学经典老题	2011－01	28.00	81
1000个国外中学物理好题	2012－04	48.00	174
300个日本高考数学题	2012－05	38.00	142
500个前苏联早期高考数学试题及解答	2012－05	28.00	185
546个早期俄罗斯大学生数学竞赛题	2014－03	38.00	285
548个来自美苏的数学好问题	2014－11	28.00	396
20所苏联著名大学早期入学试题	2015－02	18.00	452
161道德国工科大学生必做的微分方程习题	2015－05	28.00	469
500个德国工科大学生必做的高数习题	2015－06	28.00	478
德国讲义日本考题. 微积分卷	2015－04	48.00	456
德国讲义日本考题. 微分方程卷	2015－04	38.00	457
中国初等数学研究　2009卷(第1辑)	2009－05	20.00	45
中国初等数学研究　2010卷(第2辑)	2010－05	30.00	68
中国初等数学研究　2011卷(第3辑)	2011－07	60.00	127
中国初等数学研究　2012卷(第4辑)	2012－07	48.00	190
中国初等数学研究　2014卷(第5辑)	2014－02	48.00	288
中国初等数学研究　2015卷(第6辑)	2015－06	68.00	493

哈尔滨工业大学出版社刘培杰数学工作室已出版(即将出版)图书目录

书　名	出版时间	定　价	编号
博弈论精粹	2008－03	58.00	30
博弈论精粹.第二版(精装)	2015－01	88.00	461
数学 我爱你	2008－01	28.00	20
精神的圣徒　别样的人生——60位中国数学家成长的历程	2008－09	48.00	39
数学史概论	2009－06	78.00	50
数学史概论(精装)	2013－03	158.00	272
斐波那契数列	2010－02	28.00	65
数学拼盘和斐波那契魔方	2010－07	38.00	72
斐波那契数列欣赏	2011－01	28.00	160
数学的创造	2011－02	48.00	85
数学中的美	2011－02	38.00	84
数论中的美学	2014－12	38.00	351
数学王者　科学巨人——高斯	2015－01	28.00	428
振兴祖国数学的圆梦之旅:中国初等数学研究史话	2015－06	78.00	490
最新全国及各省市高考数学试卷解法研究及点拨评析	2009－02	38.00	41
2011年全国及各省市高考数学试题审题要津与解法研究	2011－10	48.00	139
2013年全国及各省市高考数学试题解析与点评	2014－01	48.00	282
全国及各省市高考数学试题审题要津与解法研究	2015－02	48.00	450
全国中考数学压轴题审题要津与解法研究	2013－04	78.00	248
新编全国及各省市中考数学压轴题审题要津与解法研究	2014－05	58.00	342
全国及各省市5年中考数学压轴题审题要津与解法研究	2015－04	58.00	462
新课标高考数学——五年试题分章详解(2007～2011)(上、下)	2011－10	78.00	140,141
中考数学专题总复习	2007－04	28.00	6
数学解题——靠数学思想给力(上)	2011－07	38.00	131
数学解题——靠数学思想给力(中)	2011－07	48.00	132
数学解题——靠数学思想给力(下)	2011－07	38.00	133
我怎样解题	2013－01	48.00	227
数学解题中的物理方法	2011－06	28.00	114
数学解题的特殊方法	2011－06	48.00	115
中学数学计算技巧	2012－01	48.00	116
中学数学证明方法	2012－01	58.00	117
数学趣题巧解	2012－03	28.00	128
高中数学教学通鉴	2015－05	58.00	479
和高中生漫谈:数学与哲学的故事	2014－08	28.00	369
自主招生考试中的参数方程问题	2015－01	28.00	435
自主招生考试中的极坐标问题	2015－04	28.00	463
近年全国重点大学自主招生数学试题全解及研究.华约卷	2015－02	38.00	441
近年全国重点大学自主招生数学试题全解及研究.北约卷	即将出版		
格点和面积	2012－07	18.00	191
射影几何趣谈	2012－04	28.00	175
斯潘纳尔引理——从一道加拿大数学奥林匹克试题谈起	2014－01	28.00	228
李普希兹条件——从几道近年高考数学试题谈起	2012－10	18.00	221
拉格朗日中值定理——从一道北京高考试题的解法谈起	2012－10	18.00	197
闵科夫斯基定理——从一道清华大学自主招生试题谈起	2014－01	28.00	198
哈尔测度——从一道冬令营试题的背景谈起	2012－08	28.00	202

哈尔滨工业大学出版社刘培杰数学工作室 已出版(即将出版)图书目录

书 名	出版时间	定 价	编号
切比雪夫逼近问题——从一道中国台北数学奥林匹克试题谈起	2013-04	38.00	238
伯恩斯坦多项式与贝齐尔曲面——从一道全国高中数学联赛试题谈起	2013-03	38.00	236
卡塔兰猜想——从一道普特南竞赛试题谈起	2013-06	18.00	256
麦卡锡函数和阿克曼函数——从一道前南斯拉夫数学奥林匹克试题谈起	2012-08	18.00	201
贝蒂定理与拉姆贝克莫斯尔定理——从一个拣石子游戏谈起	2012-08	18.00	217
皮亚诺曲线和豪斯道夫分球定理——从无限集谈起	2012-08	18.00	211
平面凸图形与凸多面体	2012-10	28.00	218
斯坦因豪斯问题——从一道二十五省市自治区中学数学竞赛试题谈起	2012-07	18.00	196
纽结理论中的亚历山大多项式与琼斯多项式——从一道北京市高一数学竞赛试题谈起	2012-07	28.00	195
原则与策略——从波利亚“解题表”谈起	2013-04	38.00	244
转化与化归——从三大尺规作图不能问题谈起	2012-08	28.00	214
代数几何中的贝祖定理(第一版)——从一道 IMO 试题的解法谈起	2013-08	18.00	193
成功连贯理论与约当块理论——从一道比利时数学竞赛试题谈起	2012-04	18.00	180
磨光变换与范·德·瓦尔登猜想——从一道环球城市竞赛试题谈起	即将出版		
素数判定与大数分解	2014-08	18.00	199
置换多项式及其应用	2012-10	18.00	220
椭圆函数与模函数——从一道美国加州大学洛杉矶分校(UCLA)博士资格考题谈起	2012-10	28.00	219
差分方程的拉格朗日方法——从一道 2011 年全国高考理科试题的解法谈起	2012-08	28.00	200
力学在几何中的一些应用	2013-01	38.00	240
高斯散度定理、斯托克斯定理和平面格林定理——从一道国际大学生数学竞赛试题谈起	即将出版		
康托洛维奇不等式——从一道全国高中联赛试题谈起	2013-03	28.00	337
西格尔引理——从一道第 18 届 IMO 试题的解法谈起	即将出版		
罗斯定理——从一道前苏联数学竞赛试题谈起	即将出版		
拉克斯定理和阿廷定理——从一道 IMO 试题的解法谈起	2014-01	58.00	246
毕卡大定理——从一道美国大学数学竞赛试题谈起	2014-07	18.00	350
贝齐尔曲线——从一道全国高中联赛试题谈起	即将出版		
拉格朗日乘子定理——从一道 2005 年全国高中联赛试题的高等数学解法谈起	2015-05	28.00	480
雅可比定理——从一道日本数学奥林匹克试题谈起	2013-04	48.00	249
李天岩-约克定理——从一道波兰数学竞赛试题谈起	2014-06	28.00	349
整系数多项式因式分解的一般方法——从克朗耐克算法谈起	即将出版		
布劳维不动点定理——从一道前苏联数学奥林匹克试题谈起	2014-01	38.00	273
压缩不动点定理——从一道高考数学试题的解法谈起	即将出版		
伯恩赛德定理——从一道英国数学奥林匹克试题谈起	即将出版		

 哈尔滨工业大学出版社刘培杰数学工作室已出版(即将出版)图书目录 

书 名	出版时间	定 价	编号
布查特－莫斯特定理——从一道上海市初中竞赛试题谈起	即将出版		
数论中的同余数问题——从一道普特南竞赛试题谈起	即将出版		
范·德蒙行列式——从一道美国数学奥林匹克试题谈起	即将出版		
中国剩余定理:总数法构建中国历史年表	2015－01	28.00	430
牛顿程序与方程求根——从一道全国高考试题解法谈起	即将出版		
库默尔定理——从一道 IMO 预选试题谈起	即将出版		
卢丁定理——从一道冬令营试题的解法谈起	即将出版		
沃斯滕霍姆定理——从一道 IMO 预选试题谈起	即将出版		
卡尔松不等式——从一道莫斯科数学奥林匹克试题谈起	即将出版		
信息论中的香农熵——从一道近年高考压轴题谈起	即将出版		
约当不等式——从一道希望杯竞赛试题谈起	即将出版		
拉比诺维奇定理	即将出版		
刘维尔定理——从一道《美国数学月刊》征解问题的解法谈起	即将出版		
卡塔兰恒等式与级数求和——从一道 IMO 试题的解法谈起	即将出版		
勒让德猜想与素数分布——从一道爱尔兰竞赛试题谈起	即将出版		
天平称重与信息论——从一道基辅市数学奥林匹克试题谈起	即将出版		
哈密尔顿－凯莱定理:从一道高中数学联赛试题的解法谈起	2014－09	18.00	376
艾思特曼定理——从一道 CMO 试题的解法谈起	即将出版		
一个爱尔特希问题——从一道西德数学奥林匹克试题谈起	即将出版		
有限群中的爱丁格尔问题——从一道北京市初中二年级数学竞赛试题谈起	即将出版		
贝克码与编码理论——从一道全国高中联赛试题谈起	即将出版		
帕斯卡三角形	2014－03	18.00	294
蒲丰投针问题——从 2009 年清华大学的一道自主招生试题谈起	2014－01	38.00	295
斯图姆定理——从一道"华约"自主招生试题的解法谈起	2014－01	18.00	296
许瓦兹引理——从一道加利福尼亚大学伯克利分校数学系博士生试题谈起	2014－08	18.00	297
拉格朗日中值定理——从一道北京高考试题的解法谈起	2014－01		298
拉姆塞定理——从王诗宬院士的一个问题谈起	2014－01		299
坐标法	2013－12	28.00	332
数论三角形	2014－04	38.00	341
毕克定理	2014－07	18.00	352
数林掠影	2014－09	48.00	389
我们周围的概率	2014－10	38.00	390
凸函数最值定理:从一道华约自主招生题的解法谈起	2014－10	28.00	391
易学与数学奥林匹克	2014－10	38.00	392
生物数学趣谈	2015－01	18.00	409
反演	2015－01		420
因式分解与圆锥曲线	2015－01	18.00	426
轨迹	2015－01	28.00	427
面积原理:从常庚哲命的一道 CMO 试题的积分解法谈起	2015－01	48.00	431
形形色色的不动点定理:从一道 28 届 IMO 试题谈起	2015－01	38.00	439
柯西函数方程:从一道上海交大自主招生的试题谈起	2015－02	28.00	440
三角恒等式	2015－02	28.00	442
无理性判定:从一道 2014 年"北约"自主招生试题谈起	2015－01	38.00	443
数学归纳法	2015－03	18.00	451

哈尔滨工业大学出版社刘培杰数学工作室已出版(即将出版)图书目录

书　　名	出版时间	定　价	编号
极端原理与解题	2015－04	28.00	464
法雷级数	2014－08	18.00	367
摆线族	2015－01	38.00	438
函数方程及其解法	2015－05	38.00	470
含参数的方程和不等式	2012－09	28.00	213
中等数学英语阅读文选	2006－12	38.00	13
统计学专业英语	2007－03	28.00	16
统计学专业英语(第二版)	2012－07	48.00	176
统计学专业英语(第三版)	2015－04	68.00	465
幻方和魔方(第一卷)	2012－05	68.00	173
尘封的经典——初等数学经典文献选读(第一卷)	2012－07	48.00	205
尘封的经典——初等数学经典文献选读(第二卷)	2012－07	38.00	206
代换分析:英文	2015－07	38.00	499
实变函数论	2012－06	78.00	181
非光滑优化及其变分分析	2014－01	48.00	230
疏散的马尔科夫链	2014－01	58.00	266
马尔科夫过程论基础	2015－01	28.00	433
初等微分拓扑学	2012－07	18.00	182
方程式论	2011－03	38.00	105
初级方程式论	2011－03	28.00	106
Galois 理论	2011－03	18.00	107
古典数学难题与伽罗瓦理论	2012－11	58.00	223
伽罗华与群论	2014－01	28.00	290
代数方程的根式解及伽罗瓦理论	2011－03	28.00	108
代数方程的根式解及伽罗瓦理论(第二版)	2015－01	28.00	423
线性偏微分方程讲义	2011－03	18.00	110
几类微分方程数值方法的研究	2015－05	38.00	485
N 体问题的周期解	2011－03	28.00	111
代数方程式论	2011－05	18.00	121
动力系统的不变量与函数方程	2011－07	48.00	137
基于短语评价的翻译知识获取	2012－02	48.00	168
应用随机过程	2012－04	48.00	187
概率论导引	2012－04	18.00	179
矩阵论(上)	2013－06	58.00	250
矩阵论(下)	2013－06	48.00	251
对称锥互补问题的内点法:理论分析与算法实现	2014－08	68.00	368
抽象代数:方法导引	2013－06	38.00	257
函数论	2014－11	78.00	395
反问题的计算方法及应用	2011－11	28.00	147
初等数学研究(Ⅰ)	2008－09	68.00	37
初等数学研究(Ⅱ)(上、下)	2009－05	118.00	46,47
数阵及其应用	2012－02	28.00	164
绝对值方程—折边与组合图形的解析研究	2012－07	48.00	186
代数函数论(上)	2015－07	38.00	494
代数函数论(下)	2015－07	38.00	495
闵嗣鹤文集	2011－03	98.00	102
吴从炘数学活动三十年(1951～1980)	2010－07	99.00	32
吴从炘数学活动又三十年(1981～2010)	2015－07	98.00	491

哈尔滨工业大学出版社刘培杰数学工作室已出版(即将出版)图书目录

书名	出版时间	定价	编号
趣味初等方程妙题集锦	2014-09	48.00	388
趣味初等数论选美与欣赏	2015-02	48.00	445
耕读笔记(上卷):一位农民数学爱好者的初数探索	2015-04	48.00	459
耕读笔记(中卷):一位农民数学爱好者的初数探索	2015-05	28.00	483
耕读笔记(下卷):一位农民数学爱好者的初数探索	2015-05	28.00	484
数贝偶拾——高考数学题研究	2014-04	28.00	274
数贝偶拾——初等数学研究	2014-04	38.00	275
数贝偶拾——奥数题研究	2014-04	48.00	276
集合、函数与方程	2014-01	28.00	300
数列与不等式	2014-01	38.00	301
三角与平面向量	2014-01	28.00	302
平面解析几何	2014-01	38.00	303
立体几何与组合	2014-01	28.00	304
极限与导数、数学归纳法	2014-01	38.00	305
趣味数学	2014-03	28.00	306
教材教法	2014-04	68.00	307
自主招生	2014-05	58.00	308
高考压轴题(上)	2015-01	48.00	309
高考压轴题(下)	2014-10	68.00	310
从费马到怀尔斯——费马大定理的历史	2013-10	198.00	Ⅰ
从庞加莱到佩雷尔曼——庞加莱猜想的历史	2013-10	298.00	Ⅱ
从切比雪夫到爱尔特希(上)——素数定理的初等证明	2013-07	48.00	Ⅲ
从切比雪夫到爱尔特希(下)——素数定理100年	2012-12	98.00	Ⅲ
从高斯到盖尔方特——二次域的高斯猜想	2013-10	198.00	Ⅳ
从库默尔到朗兰兹——朗兰兹猜想的历史	2014-01	98.00	Ⅴ
从比勃巴赫到德布朗斯——比勃巴赫猜想的历史	2014-02	298.00	Ⅵ
从麦比乌斯到陈省身——麦比乌斯变换与麦比乌斯带	2014-02	298.00	Ⅶ
从布尔到豪斯道夫——布尔方程与格论漫谈	2013-10	198.00	Ⅷ
从开普勒到阿诺德——三体问题的历史	2014-05	298.00	Ⅸ
从华林到华罗庚——华林问题的历史	2013-10	298.00	Ⅹ
吴振奎高等数学解题真经(概率统计卷)	2012-01	38.00	149
吴振奎高等数学解题真经(微积分卷)	2012-01	68.00	150
吴振奎高等数学解题真经(线性代数卷)	2012-01	58.00	151
钱昌本教你快乐学数学(上)	2011-12	48.00	155
钱昌本教你快乐学数学(下)	2012-03	58.00	171
第19~23届"希望杯"全国数学邀请赛试题审题要津详细评注(初一版)	2014-03	28.00	333
第19~23届"希望杯"全国数学邀请赛试题审题要津详细评注(初二、初三版)	2014-03	38.00	334
第19~23届"希望杯"全国数学邀请赛试题审题要津详细评注(高一版)	2014-03	28.00	335
第19~23届"希望杯"全国数学邀请赛试题审题要津详细评注(高二版)	2014-03	38.00	336
第19~25届"希望杯"全国数学邀请赛试题审题要津详细评注(初一版)	2015-01	38.00	416
第19~25届"希望杯"全国数学邀请赛试题审题要津详细评注(初二、初三版)	2015-01	58.00	417
第19~25届"希望杯"全国数学邀请赛试题审题要津详细评注(高一版)	2015-01	48.00	418
第19~25届"希望杯"全国数学邀请赛试题审题要津详细评注(高二版)	2015-01	48.00	419

哈尔滨工业大学出版社刘培杰数学工作室
已出版(即将出版)图书目录

书　名	出版时间	定　价	编号
高等数学解题全攻略(上卷)	2013－06	58.00	252
高等数学解题全攻略(下卷)	2013－06	58.00	253
高等数学复习纲要	2014－01	18.00	384
三角函数	2014－01	38.00	311
不等式	2014－01	38.00	312
数列	2014－01	38.00	313
方程	2014－01	28.00	314
排列和组合	2014－01	28.00	315
极限与导数	2014－01	28.00	316
向量	2014－09	38.00	317
复数及其应用	2014－08	28.00	318
函数	2014－01	38.00	319
集合	即将出版		320
直线与平面	2014－01	28.00	321
立体几何	2014－04	28.00	322
解三角形	即将出版		323
直线与圆	2014－01	28.00	324
圆锥曲线	2014－01	38.00	325
解题通法(一)	2014－07	38.00	326
解题通法(二)	2014－07	38.00	327
解题通法(三)	2014－05	38.00	328
概率与统计	2014－01	28.00	329
信息迁移与算法	即将出版		330
物理奥林匹克竞赛大题典——力学卷	2014－11	48.00	405
物理奥林匹克竞赛大题典——热学卷	2014－04	28.00	339
物理奥林匹克竞赛大题典——电磁学卷	即将出版		406
物理奥林匹克竞赛大题典——光学与近代物理卷	2014－06	28.00	345
历届中国东南地区数学奥林匹克试题集(2004～2012)	2014－06	18.00	346
历届中国西部地区数学奥林匹克试题集(2001～2012)	2014－07	18.00	347
历届中国女子数学奥林匹克试题集(2002～2012)	2014－08	18.00	348
几何变换(Ⅰ)	2014－07	28.00	353
几何变换(Ⅱ)	2015－06	28.00	354
几何变换(Ⅲ)	2015－01	38.00	355
几何变换(Ⅳ)	即将出版		356
美国高中数学竞赛五十讲.第1卷(英文)	2014－08	28.00	357
美国高中数学竞赛五十讲.第2卷(英文)	2014－08	28.00	358
美国高中数学竞赛五十讲.第3卷(英文)	2014－09	28.00	359
美国高中数学竞赛五十讲.第4卷(英文)	2014－09	28.00	360
美国高中数学竞赛五十讲.第5卷(英文)	2014－10	28.00	361
美国高中数学竞赛五十讲.第6卷(英文)	2014－11	28.00	362
美国高中数学竞赛五十讲.第7卷(英文)	2014－12	28.00	363
美国高中数学竞赛五十讲.第8卷(英文)	2015－01	28.00	364
美国高中数学竞赛五十讲.第9卷(英文)	2015－01	28.00	365
美国高中数学竞赛五十讲.第10卷(英文)	2015－02	38.00	366

哈尔滨工业大学出版社刘培杰数学工作室
已出版(即将出版)图书目录

书　　名	出版时间	定　价	编号
IMO 50 年. 第 1 卷(1959－1963)	2014－11	28.00	377
IMO 50 年. 第 2 卷(1964－1968)	2014－11	28.00	378
IMO 50 年. 第 3 卷(1969－1973)	2014－09	28.00	379
IMO 50 年. 第 4 卷(1974－1978)	即将出版		380
IMO 50 年. 第 5 卷(1979－1984)	2015－04	38.00	381
IMO 50 年. 第 6 卷(1985－1989)	2015－04	58.00	382
IMO 50 年. 第 7 卷(1990－1994)	即将出版		383
IMO 50 年. 第 8 卷(1995－1999)	即将出版		384
IMO 50 年. 第 9 卷(2000－2004)	2015－04	58.00	385
IMO 50 年. 第 10 卷(2005－2008)	即将出版		386
历届美国大学生数学竞赛试题集. 第一卷(1938—1949)	2015－01	28.00	397
历届美国大学生数学竞赛试题集. 第二卷(1950—1959)	2015－01	28.00	398
历届美国大学生数学竞赛试题集. 第三卷(1960—1969)	2015－01	28.00	399
历届美国大学生数学竞赛试题集. 第四卷(1970—1979)	2015－01	18.00	400
历届美国大学生数学竞赛试题集. 第五卷(1980—1989)	2015－01	28.00	401
历届美国大学生数学竞赛试题集. 第六卷(1990—1999)	2015－01	28.00	402
历届美国大学生数学竞赛试题集. 第七卷(2000—2009)	2015－08	18.00	403
历届美国大学生数学竞赛试题集. 第八卷(2010—2012)	2015－01	18.00	404
新课标高考数学创新题解题诀窍:总论	2014－09	28.00	372
新课标高考数学创新题解题诀窍:必修 1～5 分册	2014－08	38.00	373
新课标高考数学创新题解题诀窍:选修 2－1,2－2,1－1,1－2分册	2014－09	38.00	374
新课标高考数学创新题解题诀窍:选修 2－3,4－4,4－5 分册	2014－09	18.00	375
全国重点大学自主招生英文数学试题全攻略:词汇卷	即将出版		410
全国重点大学自主招生英文数学试题全攻略:概念卷	2015－01	28.00	411
全国重点大学自主招生英文数学试题全攻略:文章选读卷(上)	即将出版		412
全国重点大学自主招生英文数学试题全攻略:文章选读卷(下)	即将出版		413
全国重点大学自主招生英文数学试题全攻略:试题卷	即将出版		414
全国重点大学自主招生英文数学试题全攻略:名著欣赏卷	即将出版		415

联系地址:哈尔滨市南岗区复华四道街 10 号　**哈尔滨工业大学出版社刘培杰数学工作室**
网　　址:http://lpj.hit.edu.cn/
邮　　编:150006
联系电话:0451－86281378　　13904613167
E-mail:lpj1378@163.com